Schwimmbad „Festland“ Hamburg

Hochhauskomplex Dubai
Entwurf: Schweger Assoziierte Gesamtplanung GmbH, AG: Pearl Dubai FZ LLC

Meyer Werft Papenburg

Leichtathletiktrainingshalle Hamburg

UKE Forschungsgebäude Hamburg

Museumsbrücke HafenCity Hamburg

Triebwerksprobelaufstand Leipzig

Volksbank Arena Hamburg
Quelle: ECE

Silokomplex Kuwait

Beispiele zur Bemessung nach DIN 1045-1

Band 1: Hochbau

3. Auflage

Ernst & Sohn
A Wiley Company

Bau
Kompetenz
im Dialog

DEUTSCHER BETON- UND
BAUTECHNIK-VEREIN E.V.

Deutscher Beton- und Bautechnik-Verein E.V.

Beispiele zur Bemessung nach DIN 1045-1

Band 1: Hochbau

3. Auflage

Ernst & Sohn
A Wiley Company

Herausgeber:

Deutscher Beton- und Bautechnik-Verein E. V.
Postfach 110512
10835 Berlin

Titelfoto: Verfügungsbau des Bau- und Liegenschaftsbetriebes des Landes NRW, Aachen
Fotograf: Robert Mehl, Aachen

Bibliografische Information Der Deutschen Nationalbibliothek
Die Deutsche Nationalbibliothek verzeichnet diese Publikation in der Deutschen Nationalbibliografie; detaillierte bibliografische Daten sind im Internet über http://d-nb.ddb.de abrufbar.

Druck: Strauss GmbH, Mörlenbach
Bindung: Litges & Dopf Buchbinderei GmbH, Heppenheim

Printed in Germany

ISBN: 978-3-433-02926-8

Statik, die Spaß macht ...
RSTAB
Das Programm zur Berechnung räumlicher Stabwerke
für Stahl-, Holz- und Stahlbetonbau
Dynamische Analyse
Seile und Seilnetze
Biegedrillknicken
Biegeknicken
Beulen
Verbindungs-nachweise
Querschnittswerte
CAD-Anbindung
Nachweise el/el und el/pl
Visualisierung
DIN 18800
DIN 1045-1
DIN 1052
Eurocodes
RFEM
Das Finite-Elemente-Programm zur Berechnung räumlicher Tragwerke
für Stahl, Stahlbeton, Glas usw.
Spannungsanalyse
Stahlbetonbemessung
Stäbe, Schalen, Volumen in einem Modell
Verschneidung von beliebigen Flächen
Rotationsschalen
Orthotrope Platten
Theorie I., II. und III. Ordnung, Seiltheorie
Elastische Bettungen mit Zugfederausschaltung
Unterzüge und Rippen
Arbeiten in der visualisierten Struktur
Massivbau
Dynamik
BIM-Baustein
3D-FEM
Querschnit
Glasbau
Kostenloser Demo-Download
unter www.dlubal.de
Ingenieur-Software Dlubal GmbH
Am Zellweg 2 • D-93464 Tiefenbach
Tel.: +49 (0) 9673 9203-0
Fax: +49 (0) 9673 1770
E-Mail: info@dlubal.com
Ingenieur-Software Dlubal

Inhaltsverzeichnis

Vorwort zur 3. Auflage

Mit DIN 1045-1: Tragwerke aus Beton, Stahlbeton und Spannbeton, Teil 1: Bemessung und Konstruktion, wurde im Jahr 2001 eine moderne Norm für den Stahlbetonbau vorgelegt, die auf den Grundlagen des Eurocode 2 basiert. Sie ist in der Bundesrepublik Deutschland seit dem 01. Januar 2005 für die Tragwerksplanung von Neubauten allein verbindlich.

DIN 1045-1 unterscheidet sich grundsätzlich von ihren Vorgängernormen. Die wesentlichen Änderungen betreffen

- das Sicherheitskonzept;
- die Zusammenfassung der Bemessungs- und Konstruktionsregeln für Normal- und Leichtbeton mit der Erweiterung auf hochfeste Betonfestigkeitsklassen;
- die Erweiterung des Bemessungskonzeptes auf vorgespannte Tragwerke (Vorspannung mit und ohne Verbund, interne oder externe Spannglieder);
- die größere Bedeutung der Dauerhaftigkeit;
- die klare Trennung zwischen den Regelungsbereichen Bemessung und Konstruktion (DIN 1045-1), Betontechnologie (DIN EN 206-1 mit DIN 1045-2), Bauausführung (DIN 1045-3) und die Herstellung von Fertigteilen (DIN 1045-4).

Der Deutsche Beton- und Bautechnik-Verein E.V. hatte im Jahre 2001 den ersten Band: „Hochbau“ mit grundlegenden Bauteilen des üblichen Hochbaus und im Jahre 2003 den zweiten Band: „Ingenieurbau“ der Beispielsammlung zur DIN 1045-1 mit Anwendungsbeispielen zur neuen Norm vorgelegt, um damit deren Einführung in der Praxis zu unterstützen und zu erleichtern. Die erste und zweite Auflage haben eine außerordentlich positive Resonanz in der Fachöffentlichkeit gefunden.

Die Erstellung der Beispielsammlung erfolgte in einem Arbeitskreis [1)] unter ehrenamtlicher Mitarbeit vieler Kollegen aus der Praxis. Seither wurden mit der Anwendung der neuen Norm Erfahrungen gesammelt, die sich in Berichtigungen der DIN 1045-1 und des erläuternden DAfStb-Heftes 525 sowie in einer Vielzahl von Auslegungen zur Norm widerspiegeln. Darüber hinaus wurde im Jahr 2005 der neue Eurocode 2 (EC2) für den Hochbau als DIN EN 1992-1-1 in Deutschland veröffentlicht. Im Normenausschuss Bauwesen wurde unter intensiver Mitarbeit des DBV der Entwurf eines Nationalen Anhangs zum EC2 erarbeitet, der 2008 veröffentlicht wurde. Die Auseinandersetzung mit den aktuellen europäischen Regeln hat zu der Überlegung geführt, einige abweichende Regeln schon vor der zukünftigen Einführung des EC2 in die deutsche Bemessungspraxis zu übernehmen. Dies führte zur Herausgabe einer „konsolidierten“ DIN 1045-1, die alle Berichtigungen, die A1-Änderung, einige wichtige Auslegungen und redaktionelle Verbesserungen enthält. Diese Fassung von August 2008 soll die letzte Normausgabe vor der Einführung des Eurocode 2 sein.

Die wesentlichen Änderungen in der Neuausgabe DIN 1045-1:2008-08 sind:

- Einführung der Feuchtigkeitsklassen bei Alkali-Kieselsäurereaktion (AKR) aus der DAfStb-Alkali-Richtlinie,
- effektive Kriechzahl bei Druckgliedern aus dem EC2,
- Mindestquerkrafttragfähigkeit aus dem EC2,
- Übernahme des Nachweisformates für Schubkraftübertragung in Fugen aus dem EC2,
- modifizierte Betonstahleigenschaften bei Ermüdung,
- modifizierte rissbreitenbegrenzende Mindestbewehrung für dickere Bauteile.

[1)] Arbeitskreismitglieder: Dr.-Ing. *Fingerloos* (Obmann), Deutscher Beton- und Bautechnik-Verein E.V.; Dr.-Ing. *Bachmann*, Ed. Züblin AG; Dr.-Ing. *Bellmann* SOFISTIK AG; Dr.-Ing. *Cheng*, mb Software AG; Dr.-Ing. *Fabritius*, ehem. Institut für Stahlbetonbewehrung e.V.; Dr.-Ing. *Findeisen*, Weihermüller, Vogel, Findeisen und Partner; Dr.-Ing. *Fröhling*, Bauamt Hansestadt Rostock; Dr.-Ing. *Hochreither*, Hochreither + Vorndran Ingenieurgesellschaft mbH; Dipl.-Ing. *Keitel*, Wayss & Freytag Ingenieurbau AG; Dr.-Ing. *Litzner*, Deutscher Beton- und Bautechnik-Verein E.V.; Dr.-Ing. *Meyer*, HOCHTIEF Construction AG; Dr.-Ing. *Morgen*, WTM Engineers; Dr.-Ing. *Reinhardt*, Bilfinger Berger AG; Dr.-Ing. *Rötzer*, Dywidag International; Dipl.-Ing. *Schadow*, Essen; Dipl.-Ing. *Schwerm*, ehem. Bundesverband Deutsche Beton- und Fertigteilindustrie e.V.; Dipl.-Ing. *Stöber*, abacus computer GmbH

Die notwendig gewordene Überarbeitung für die 3. Auflage übernahm wieder Herr Dr.-Ing. *F. Fingerloos*. Bei dieser Überarbeitung wurde auch das neue Lieferprogramm 2008 für Betonstahllagermatten berücksichtigt.

Weitere Fachkollegen haben die überarbeiteten Beispiele der 3. Auflage durchgesehen, dafür danken wir ihnen ausdrücklich. Die beteiligten Fachkollegen sind:

Dr.-Ing.	*H. Bachmann*,	Stuttgart
Dr.-Ing.	*H.-U. Litzner*,	Berlin
Dr.-Ing.	*J. Meyer*,	Frankfurt/Main
Dr.-Ing.	*K. Morgen*,	Hamburg
Dr.-Ing.	*J. Rötzer*,	München
Dipl.-Ing.	*R. Schadow*,	Essen
Prof. Dr.-Ing.	*J. Schnell*,	Kaiserslautern
Dr.-Ing.	*A. Steffens*,	Hamburg
Dr.-Ing.	*G. Stenzel*,	Maisach
Dipl.-Ing.	*K. Stöber*,	Stuttgart
Dr.-Ing.	*T. Weil*,	Stuttgart

Unser Dank gilt ferner weiteren Fachleuten aus Hochschulen und Mitgliedsfirmen des Deutschen Beton- und Bautechnik-Vereins E.V., die uns in Einzelfragen mit ihrem Rat zur Seite standen.

Die Mitglieder des Arbeitskreises haben entsprechend ihrem Wissen, ihren Kenntnissen und ihren Erfahrungen zu den einzelnen Beispielen beigetragen. Die Anwendung und Auslegung der Norm soll daher nicht als dogmatisch vertretene Lehrmeinung verstanden werden.

Die Benutzer des Buches sind deshalb ausdrücklich aufgerufen, dem Deutschen Beton- und Bautechnik-Verein E.V. Meinungen, Kritiken und auch Hinweise auf Fehler zur Beispielsammlung mitzuteilen. Die Weiterentwicklung dieser Beispielsammlung und somit die Weiterentwicklung der Norm selbst kann nur durch die aktive Mitwirkung der Praxis gelingen.

Viele Leser und Nutzer der ersten beiden Auflagen unserer Beispielsammlung haben dies im Rahmen ihrer praktischen Aufgaben intensiv getan und uns mit wertvollen Hinweisen unterstützt. Diese Anregungen sind weitgehend in die 3. Auflage eingeflossen und haben zu Berichtigungen oder verständlicheren Kommentaren geführt.

Die Beispielsammlung zur DIN 1045-1 wird ein erwünschtes Hilfsmittel für die Bemessungs- und Konstruktionsaufgaben in der täglichen Praxis des Stahlbeton- und Spannbetonbaus bleiben. Auch Studierenden des Bauingenieurwesens soll sie Verständnis für den Ablauf der Nachweise und Anregungen für eigene Übungen vermitteln.

Die vorliegende Fassung möge daher eine ebenso freundliche Aufnahme finden, wie dies bei den bisherigen Ausgaben der Beispielsammlungen der Fall war.

Berlin, im September 2008

Dr.-Ing. Hans-Ulrich Litzner
Dr.-Ing. Frank Fingerloos

Deutscher Beton- und Bautechnik-Verein E.V.
Geschäftsführung

Hinweise für die Benutzung

Mit Rücksicht auf den Lehrbuchcharakter dieser Sammlung wurden die Beispiele so gewählt, dass ein möglichst vollständiger Überblick über die Bemessungs- und Konstruktionsregeln der DIN 1045-1 unter Berücksichtigung der Festlegungen zum Sicherheitskonzept in DIN 1055-100 gegeben wird. Wirtschaftliche Gesichtspunkte bei der Wahl der Bauteilmaße und bei der Bemessung und Konstruktion der Bewehrung konnten daher nicht immer maßgebend sein.

Die Beispiele sind bewusst ausführlich abgehandelt. In der täglichen Bemessungspraxis wird man auf diese Ausführlichkeit und einige Nachweise verzichten können, ohne dass die Berechnungen an Aussagekraft verlieren. Die Herausgeber sind davon ausgegangen, dass diese Ausführlichkeit nicht als allgemein verbindliche Empfehlung missverstanden, sondern als Hilfe zur schnellen Orientierung bei der Einarbeitung begrüßt wird.

Die Kommentarspalte wurde zum schnelleren Verständnis der Nachweisgänge erweitert und mit textlichen Auszügen aus DIN 1045-1 ergänzt. Diese Auszüge sind teilweise gekürzt oder sinngemäß umformuliert worden und ersetzen daher nicht die Nutzung und Textanalyse der Norm selbst. Die kursiv dargestellten DIN-Auszüge nehmen die konzeptionelle Unterscheidung der Norm nach Prinzipien und *Anwendungsregeln (kursiv)* auf. Prinzipien enthalten dabei die normativen Festlegungen, die keine Abweichung erlauben. *Anwendungsregeln* sind dagegen allgemein anerkannte Regeln, die die Anforderungen der Prinzipien erfüllen. Abweichungen von den Anwendungsregeln sind möglich, wenn die Prinzipienübereinstimmung und Gleichwertigkeit hinsichtlich der nach der Norm erzielten Tragfähigkeit, Gebrauchstauglichkeit und Dauerhaftigkeit vom Anwender nachgewiesen werden.

Besonderer Wert wurde auf die Bezeichnung des Betons mit den für die Betontechnologie nach DIN EN 206-1 und DIN 1045-2 wichtigen Angaben gelegt. Den aus der Tragwerksplanung abgeleiteten Angaben auf den Planunterlagen, wie Expositionsklassen, Größtkorn der Gesteinskörnung usw., kommt durch die in den unterschiedlichen Normteilen dokumentierte Arbeitsteilung innerhalb des Bauprozesses entscheidende Bedeutung zu.

Darüber hinaus sei auf Folgendes hingewiesen:

- Anforderungen des baulichen Brandschutzes (Ausnahme Beispiel 9), des Wärme- und Schallschutzes sind nicht Gegenstand dieser Beispielsammlung und wurden daher nicht speziell berücksichtigt.
- Längenmaße sind im Sinne der europäischen Normung grundsätzlich in den Einheiten m und mm angegeben, nur in Ausnahmefällen in cm.
- Die der Übersicht dienende Darstellung der Bewehrung am Ende jedes Beispiels enthält in der Regel nur das Prinzip der Bewehrungsführung und ist nicht immer als vollständiger Bewehrungsplan anzusehen. Rand- und Anschlussbewehrungen sind meist nicht dargestellt.

Ein Stichwortverzeichnis und einige Bemessungshilfsmittel befinden sich am Ende der vorliegenden Beispielsammlung.

Der Stand der Technik ist der zu einem bestimmten Zeitpunkt erreichte Stand technischer Einrichtungen, Erzeugnisse, Methoden und Verfahren, der sich nach Meinung der Fachleute in der Praxis bewährt hat oder dessen Eignung für die Praxis von ihnen als nachgewiesen angesehen wird.

Normen sind anerkannte Regeln der Technik.

Eine anerkannte Regel der Technik ist eine technische Festlegung, deren Inhalt von der Mehrheit der Fachleute als zutreffende Beschreibung des Standes der Technik zum Zeitpunkt der Veröffentlichung anerkannt wird. Dies ist bei technischen Festlegungen zu vermuten, die nach einem Verfahren zustande gekommen sind, das allen betroffenen Fachkreisen die Möglichkeit zur Mitwirkung bietet.

(Definitionen nach VDI-Nachrichten (1982) Heft 47, S. 24)

Beispiel 1: Vollplatte, einachsig gespannt

Inhalt

Beispiel 1: Vollplatte, einachsig gespannt

Aufgabenstellung

Zu bemessen ist eine Stahlbetondecke im Inneren eines Versammlungsgebäudes mit leichten Trennwänden.

DIN 1045-1, 3.1.1: üblicher Hochbau

Die Deckenplatte ist einachsig gespannt und läuft über zwei Felder durch. Es wird eine frei drehbare Lagerung auf den Mauerwerkswänden angenommen.

DIN 1045-1, 7.3.2: (1)
Sonstige Vereinfachungen

Die Decke ist keine horizontal aussteifende Scheibe.

DIN 1045-1, 3.1.21: Platte mit $b / h \geq 4$

Umgebungsbedingungen: trockener Innenraum.

Vorwiegend ruhende Einwirkung.

DIN 1045-1, 3.1.2: vorwiegend ruhende Einwirkung

Baustoffe:

- Beton: C20/25
- Betonstahl: BSt 500 S (A) (normalduktil)
- Betonstahlmatten: BSt 500 M (A) (normalduktil)

DIN 1045-1, 9.1: Beton
DIN 1045-1, 9.2: Betonstahl
(in DIN 488 mit B500A bezeichnet)

Balken / Stütze — Platte / Wand / Scheibe

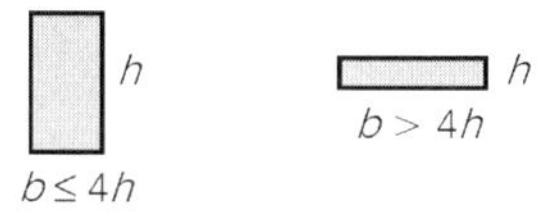

1 System, Bauteilmaße, Betondeckung

1.1 System

Längsschnitt

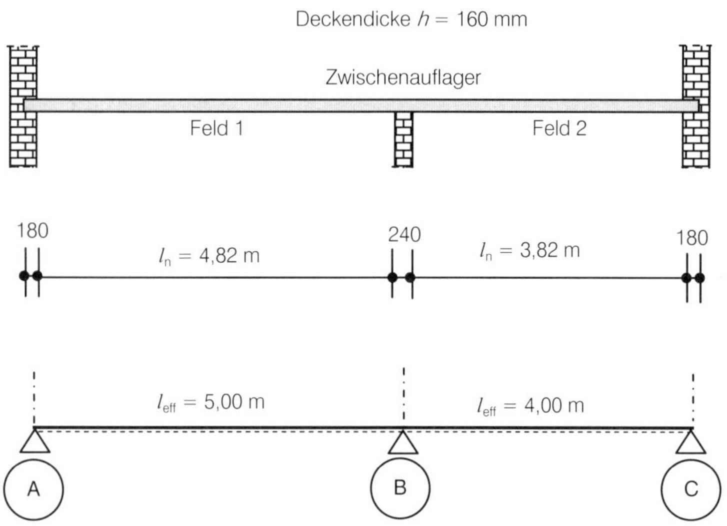

DIN 1045-1, 7.3.1: (6) und Bild 7
l_n *lichter Abstand zwischen den Auflagervorderkanten*
l_{eff} *effektive Stützweite*

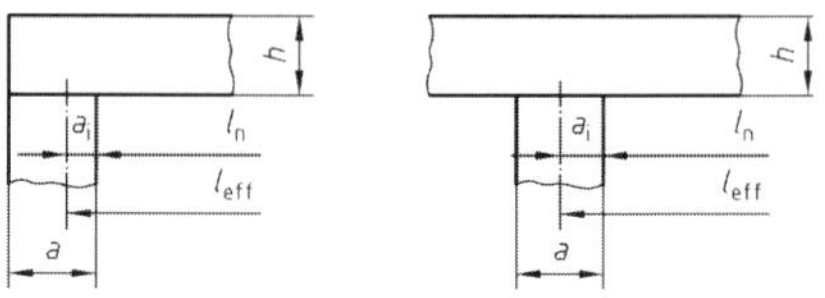

Statisches System der Deckenplatte

1.2 Effektive Stützweiten

$l_{eff} = l_n + a_1 + a_2$

$l_{eff,1} = 4{,}82 + 0{,}18 / 3 + 0{,}24 / 2 = 5{,}00$ m

$l_{eff,2} = 3{,}82 + 0{,}18 / 3 + 0{,}24 / 2 = 4{,}00$ m

DIN 1045-1, 7.3.1: (6)
Bild 7a) und b)
Endauflager: $a / 3 \leq a_i < a / 2$

(Hinweis:
Der Nachweis der Mauerwerkspressung ist nach DIN 1053 zu führen, nicht in diesem Beispiel.)

1.3 Mindestfestigkeitsklasse, Betondeckung

Expositionsklasse für Bewehrungskorrosion
infolge Karbonatisierung: → XC1
Mindestfestigkeitsklasse Beton → C16/20

Feuchtigkeitsklasse AKR: → WO

Gewählt: C20/25 XC1, WO

Betondeckung
wegen Expositionsklasse XC1:

→ Mindestbetondeckung	c_{min}	= 10 mm
+ Vorhaltemaß	Δc	= 10 mm
= Nennmaß der Betondeckung	c_{nom}	**= 20 mm**

= Verlegemaß c_v für die äußerste Bewehrungslage

Sicherstellung des Verbundes:
c_{min} = 10 mm darf nicht geringer sein als der Stabdurchmesser d_s
dies ist bei der Bewehrungswahl zu beachten!
→ max ∅ 10 mm einhalten oder c_{min} vergrößern!

DIN 1045-1, 6: Sicherstellung der Dauerhaftigkeit

DIN 1045-1, Tab. 3: Expositionsklassen
XC1 trocken (Bauteile in Innenräumen mit normaler Luftfeuchte)

WO – ohne Betonkorrosion infolge Alkali-Kieselsäurereaktion AKR (Innenbauteile des üblichen Hochbaus)

Die Expositions- und Feuchtigkeitsklasse ist anzugeben (wichtig für die Betontechnologie nach DIN 1045-2).

DIN 1045-1, Tab. 4: Mindestbetondeckung c_{min} und Vorhaltemaß Δc in Abhängigkeit von der Expositionsklasse. Keine Abminderung von c_{min} gemäß [a]) zulässig, da Expositionsklasse XC1.

DIN 1045-1, 6.3: (11)

DIN 1045-1, 6.3: (4)
d. h. max ∅ 10 bei der Bewehrungswahl einhalten oder ggf. c_{min} vergrößern!

(Hinweis: Betondeckung für Feuerwiderstand gemäß DIN 4102 [20] zusätzlich beachten!)

1.4 Bestimmung der Deckendicke aus der Begrenzung der Verformungen

Begrenzung der Biegeschlankheit:

Normale Anforderungen: $l_i / d \leq 35 \leq 150 / l_i$

$l_i = \alpha \cdot l$
$= 0{,}8 \cdot 5{,}00 = 4{,}00$ m

Grenzwert $150 / l_i = 150 / 4{,}00 = 37{,}5 > 35$
→ maßgebend ist 35!

erf $d \geq l_i / 35$
$= 4000 / 35 = 114$ mm

erf $h \geq$ erf $d + d_s / 2 + c_{nom}$
$= 114 + 10 / 2 + 20$
$= 139$ mm

gewählt: **h = 160 mm**
> erf h = 139 mm
> min h = 70 mm

Der vereinfachte Nachweis der Begrenzung der Durchbiegung nach DIN 1045-1 für die Deckenplatte des üblichen Hochbaus gilt damit als erbracht.

Die Bauteildicke kann außerdem durch Brandschutz-, Schallschutz- oder konstruktive Forderungen bestimmt werden – hier ohne Berücksichtigung.

DIN 1045-1, 11.3.2: *Nachweis der Begrenzung der Verformungen von Stahlbetonbauteilen ohne direkte Berechnung*
(2) *Für Deckenplatten des üblichen Hochbaus ist... i. Allg. eine Begrenzung der Biegeschlankheit auf den Wert $l_i / d \leq 35$ ausreichend.*
(für normale Anforderungen nach 11.3.1: (8) Begrenzung des Durchhangs $v < l / 250$)

DIN 1045-1, 11.3.2: (3) + (4)
Tab. 22: Ersatzstützweite $\alpha = 0{,}8$

(2) *Für Deckenplatten des üblichen Hochbaus mit höheren Anforderungen (nach 11.3.1: (10) Begrenzung des Durchhangs $v < l / 500$ u. a. bei rissempfindlichen leichten Trennwänden): Begrenzung von $l_i / d \leq 150 / l_i$*. Diese Grenze wird erst ab $l_i \geq 4{,}29$ m maßgebend.

DIN 1045-1, 13.3.1: min h für Vollplatte

Empfehlenswerte Alternative in [50]
→ Anhang A8:
mit l_i = 4 m; zul $v = l / 500$; q = 5 kN/m²:
erf $d \geq l_i / 23 = 4000 / 23 = 174$ mm
→ erf $h \geq 174 + 10 / 2 + 20 = 200$ mm
Dieses Ergebnis stellt eine zuverlässigere Begrenzung der Deckenverformung sicher (insbesondere unter Berücksichtigung des relativ hohen Dauerlastanteils der Nutzlast).

2 Einwirkungen

2.1 Charakteristische Werte

Bezeichnung der Einwirkungen	Wert
Ständig (Eigenlasten):	
• 160 mm Stahlbetonvollplatte: 0,16 m · 25 kN/m³	4,00 kN/m²
• 50 mm Trittschalldämmung: 5 cm · 0,01 kN/m²	0,05 kN/m²
• 60 mm Zementestrich: 0,06 m · 22 kN/m³	1,32 kN/m²
• 15 mm Kunststofffußboden: 1,5 cm · 0,15 kN/m²	0,23 kN/m²
Summe G:	g_k = **5,60 kN/m²**
Veränderlich (Nutzlast)	
• Versammlungsräume	$q_{k,1}$ = 4,00 kN/m²
• Trennwandzuschlag	Δq_k = 1,00 kN/m²
Summe Q:	q_k = **5,00 kN/m²**

Index k = charakteristisch

DIN 1055-1, Tab. 1: Stahlbeton
DIN 1055-1, Tab. 12: Faserdämmstoffe
DIN 1055-1, Tab. 11: Estriche und Kunststofffußboden

DIN 1055-3, 6.1, Tab. 1, Kat. C2: Versammlungsräume q_k = 4,0 kN/m² + gew. Trennwandzuschlag Δq_k = 1,0 kN/m²
4: (4) für leichte Trennwände mit Eigenlasten bis 3 kN/m ist der Zuschlag $\Delta q_k \geq$ 0,8 kN/m²

2.2 Bemessungswerte in den Grenzzuständen der Tragfähigkeit

Teilsicherheitsbeiwerte in den Grenzzuständen der Tragfähigkeit:

Einwirkungen:	günstig	ungünstig
• ständige	$\gamma_G = 1{,}0$	$\gamma_G = 1{,}35$
• veränderliche	$\gamma_Q = 0$	$\gamma_Q = 1{,}50$

DIN 1045-1, Tab. 1: Teilsicherheitsbeiwerte für die Einwirkungen auf Tragwerke ungünstig bzw. günstig

$$g_d = \gamma_G \cdot g_k = 1{,}35 \cdot 5{,}60 = 7{,}56 \text{ kN/m}^2$$
$$q_d = \gamma_Q \cdot q_k = 1{,}50 \cdot 5{,}00 = 7{,}50 \text{ kN/m}^2$$
$$e_d = \mathbf{15{,}06 \text{ kN/m}^2}$$

Index d = design (Bemessung)
Günstig bzw. ungünstig bezeichnet die Auswirkungen der Einwirkungen auf die Schnittgrößen und die Bemessungsergebnisse.

2.3 Repräsentative Werte in den Grenzzuständen der Gebrauchstauglichkeit

Kombinationsbeiwert für veränderliche Einwirkungen in den Grenzzuständen der Gebrauchstauglichkeit:

Einwirkungskombination:
- quasi-ständig $\psi_{2,1} = 0{,}60$

Grundlagen der Tragwerksplanung: DIN 1055-100, Tab. A.2
Nutzlasten Kategorie C: Versammlungsräume

Der erste Fußzeiger von $\psi_{j,i}$ bezeichnet die Einwirkungskombination, der zweite die veränderliche (Verkehrs-)Last, die mit $\psi_{j,i}$ multipliziert wird.

Quasi-ständige Einwirkungskombination (für Grenzzustand Rissbildung):

$$g_k = 5{,}60 \text{ kN/m}^2$$
$$\psi_{2,1} \cdot q_k = 0{,}6 \cdot 5{,}00 = 3{,}00 \text{ kN/m}^2$$

DIN 1055-100, 10.3: Bemessungssituationen
(1) Einteilung der Bemessungssituationen im Grenzzustand der Gebrauchstauglichkeit:
- seltene Situationen mit nicht umkehrbaren (bleibenden) Auswirkungen auf das Tragwerk,
- häufige Situationen mit umkehrbaren (nicht bleibenden) Auswirkungen auf das Tragwerk,
- quasi-ständige Situationen mit Langzeitauswirkungen auf das Tragwerk.

In diesem Beispiel ist ein Ansatz des Trennwandzuschlags Δq_k = 1,0 kN/m² ohne Kombinationsbeiwert wegen der im Vergleich relativ hohen Nutzlast $q_{k,1}$ = 4,0 N/m² bzw. dem großen Kombinationsbeiwert $\psi_{2,1} = 0{,}60$ nicht erforderlich. Er wird in diesem Beispiel auf der sicheren Seite liegend jedoch beispielhaft zur Illustration der Vorgehensweise vorgenommen:

$$g_k = 5{,}60 \text{ kN/m}^2$$
$$\Delta q_k = 1{,}00 \text{ kN/m}^2$$
$$\psi_{2,1} \cdot q_{k,1} = 0{,}6 \cdot 4{,}00 = 2{,}40 \text{ kN/m}^2$$

Differenz hier: +0,40 kN/m² vergrößerte quasi-ständige Einwirkung

Der Trennwandzuschlag zur Nutzlast sollte in Bezug auf seinen Dauerlastanteil ohne Abminderung mit ψ_2 angesetzt werden, wenn die Nutzlast selbst einen relativ geringen Anteil bzw. einen kleinen quasi-ständigen Kombinationsbeiwert ψ_2 hat. Bei Nutzlasten $q_k \geq$ 5,0 N/m² braucht dies nicht vorgenommen werden.

3 Schnittgrößenermittlung

3.1 Grenzzustände der Tragfähigkeit

Schnittgrößen: (kNm/m und kN/m)

	Lastfall	$m_{Ed,B}$	$m_{Ed,F1}$	$m_{Ed,F2}$	$v_{Ed,A}$	$v_{Ed,Bli}$	$v_{Ed,Bre}$	$v_{Ed,C}$
1	$g_d + q_{d,1}$ in Feld 1+2	–39,53	29,37	13,60	29,75	–45,55	40,00	–20,24
2	$g_d + q_{d,1}$ in Feld 1	–32,87	32,06	3,10	31,08	–44,22	23,34	–6,90
3	$g_d + q_{d,1}$ in Feld 2	–26,51	12,21	18,30	13,60	–24,20	36,75	–23,49

DIN 1045-1, 8.2: Linear-elastische Berechnung (3) *Für Durchlaufträger: bis C50/60 sollte die bezogene Druckzonenhöhe* $x/d \leq 0{,}45$ *sein.* (mit $N_{Ed} = 0$ zu erwarten, Überprüfung bei der Biegebemessung)

3.2 Grenzzustände der Gebrauchstauglichkeit

Schnittgrößen: (kNm/m und kN/m)

Die Gebrauchstauglichkeitsnachweise werden im Rahmen dieses Beispiels nur für die Begrenzung der Rissbreite unter der quasi-ständigen Einwirkungskombination geführt.

	Lastfall	$m_{p,B}$	$m_{p,F1}$	$m_{p,F2}$	$v_{p,A}$	$v_{p,Bli}$	$v_{p,Bre}$	$v_{p,C}$
1	$g_k + \Delta q_k + \psi_{2,1}\, q_{k,1}$ in Feld 1+2	–23,62	17,55	8,13	17,78	–27,22	23,90	–12,10

Z.1: quasi-ständige Einwirkungskombination in beiden Feldern (p = perm)

3.3 Schnittgrößenumlagerung über dem Zwischenauflager

DIN 1045-1, 8.3: Linear-elastische Berechnung mit Umlagerung im Grenzzustand der Tragfähigkeit

Annahme: $\delta = 0{,}85$ → d. h. 15 % des Stützmomentes werden umgelagert.

Wird bei Bemessung überprüft!

DIN 1045-1, 8.3: (3) Durchlaufträger bis C50/60 mit $l_1 / l_2 = 5\text{ m} / 4\text{ m} < 2{,}0$ und normalduktilem Betonstahl:
Gl. (14): $\delta \geq 0{,}64 + 0{,}8 x_d / d \geq 0{,}85$
δ = Verhältnis des umgelagerten zum Ausgangsmoment

$m_{Ed',B} = m_{Ed,B} \cdot \delta = -39{,}53 \cdot 0{,}85 \qquad = -33{,}60$ kNm/m

Sicherstellung des Gleichgewichts in Feld 1:

hier nur Moment und Last

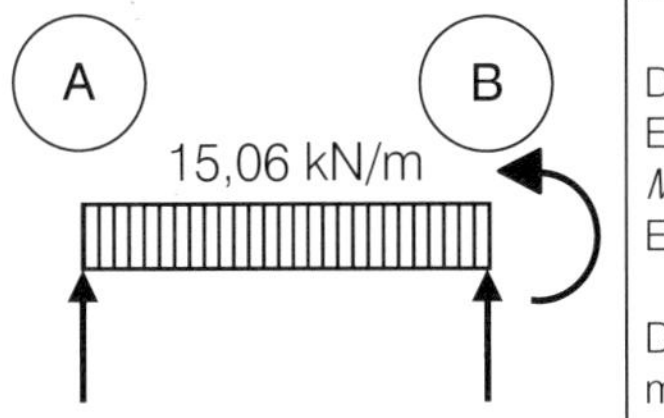

Die Momente der Lastfälle 2+3 mit $q_{d,1}$ in den Einzelfeldern werden hier nicht umgelagert, da $M_{Ed,B}$ des Volllastfalles größer ist als $M_{Ed,B}$ der Einzellastfälle.

DIN 1045-1, 8.3: (1) Schnittgrößen und Lasten müssen auch nach der Umlagerung im Gleichgewicht stehen.

$v_{Ed',A} = (15{,}06 \cdot 5{,}00^2 / 2 - 33{,}60) / 5{,}00 \qquad = 30{,}93$ kN/m

$v_{Ed',Bli} = (-15{,}06 \cdot 5{,}00^2 / 2 - 33{,}60) / 5{,}00 \qquad =$ **–44,37 kN/m**

Bemessungswert der Querkraft

$m_{Ed',F1} = 0{,}5 \cdot 30{,}93^2 / 15{,}06 \qquad = 31{,}76$ kNm/m

< **32,06 kNm/m**
$= m_{Ed,F1}$
LF2: $q_{d,1}$ nur im Feld 1

Vergleich mit Schnittgröße aus Tragfähigkeit

max m_F an Querkraftnullstelle:
$x_0 = v_{Ed',A} / (g+q)$
$m_F(x) = v_{Ed',A} \cdot x - (g+q) \cdot x^2 / 2$
max $m_F(x_0) = 0{,}5 \cdot v_{Ed',A}^2 / (g+q)$

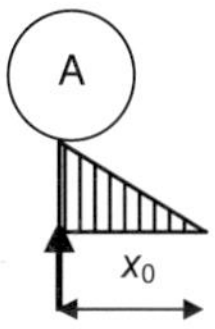

(siehe 3.1: Schnittgrößen)
Bemessungswert Feldmoment aus LF 2

Sicherstellung des Gleichgewichts in Feld 2:

$v_{Ed',C} = (-15{,}06 \cdot 4{,}00^2 / 2 + 33{,}60) / 4{,}00 = -21{,}72$ kN/m

$v_{Ed',Bre} = (15{,}06 \cdot 4{,}00^2 / 2 + 33{,}60) / 4{,}00 = 38{,}52$ kN/m

$m_{Ed',F2} = 0{,}5 \cdot 21{,}72^2 / 15{,}06 = 15{,}66$ kNm/m

$<$ **18,30 kNm/m** $= m_{Ed,F2}$
LF3: $q_{d,1}$ nur im Feld 2

(siehe 3.1: Schnittgrößen)
Bemessungswert Feldmoment aus LF 3

Momentengrenzlinien im Grenzzustand der Tragfähigkeit

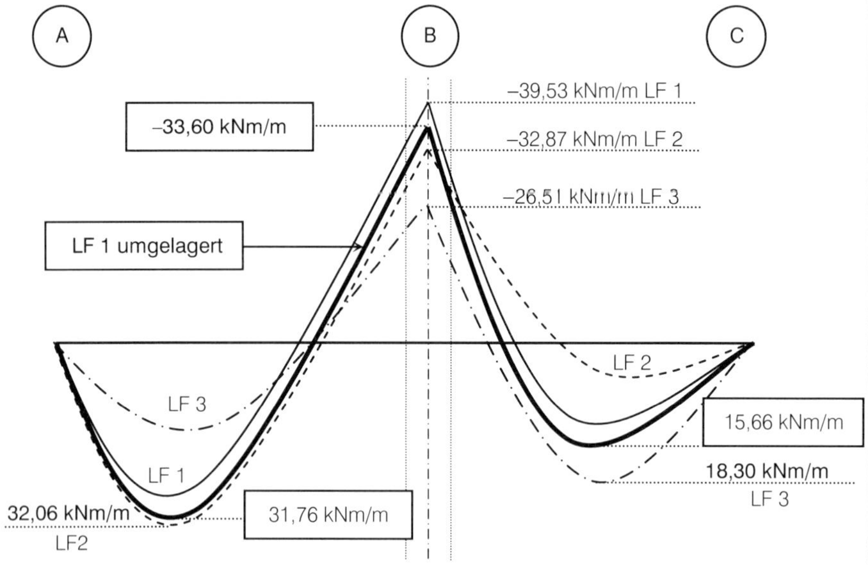

Darstellung nicht maßstäblich.

4 Bemessung in den Grenzzuständen der Tragfähigkeit

4.1 Bemessungswerte der Baustoffe

Teilsicherheitsbeiwerte in den Grenzzuständen der Tragfähigkeit:

- Beton < C55/67 $\gamma_c = 1{,}50$
- Betonstahl $\gamma_s = 1{,}15$

DIN 1045-1, 5.3.3: Tab. 2: Teilsicherheitsbeiwerte für die Bestimmung des Tragwiderstands Ständige und vorübergehende Bemessungssituation (Normalfall)

Beton C20/25: $f_{ck} = 20$ N/mm²
$f_{cd} = 0{,}85 \cdot 20 / 1{,}50$
$=$ **11,3 N/mm²**

DIN 1045-1, Tab. 9: Festigkeits- und Formänderungskennwerte von Normalbeton

DIN 1045-1, 9.1.6: (2) Abminderung mit $\alpha = 0{,}85$ berücksichtigt Langzeitwirkung

Betonstahlmatten und Betonstahl BSt 500 M (A) BSt 500 S (A): $f_{yk} = 500$ N/mm²
$f_{yd} = 500 / 1{,}15$
$=$ **435 N/mm²**

DIN 1045-1, Tab. 11: Eigenschaften der Betonstähle

4.2 Bemessung für Biegung

4.2.1 Bemessung über dem Zwischenauflager

Ausrundung des Stützmomentes:

Zulässige Reduktion:

$\Delta m_{Ed} = C_{Ed} \cdot a / 8$
$= (44{,}37 + 38{,}52) \cdot 0{,}24 / 8$
$= 2{,}49$ kNm/m

Bemessungsmoment:

$m_{Ed,B,red} = -33{,}60 + 2{,}49$
$= \mathbf{-31{,}11}$ **kNm/m**

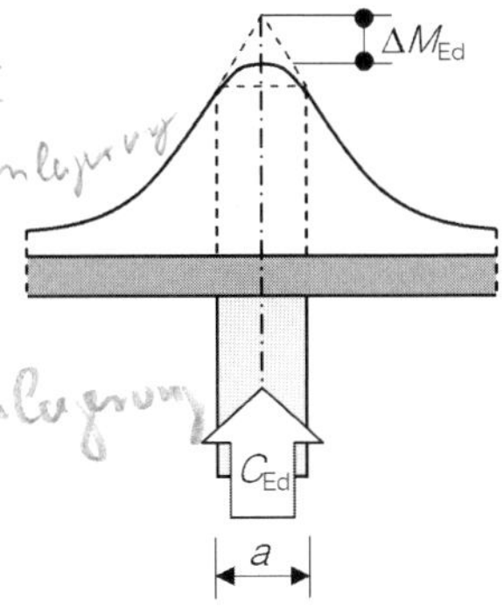

DIN 1045-1, 7.3.2: Sonstige Vereinfachungen
(2) *Ausrundung des Stützmomentes unabhängig vom Rechenverfahren zulässig (also auch nach Momentenumlagerung).*

DIN 1045-1: Gl. (11)

DIN 1045-1, 7.3.2: (3)
Eine Bemessung für das Moment am Auflagerrand wäre nur bei monolithischer Verbindung von Platte und Auflager zulässig.
C_{Ed} = Bemessungswert Auflagerreaktion nach Umlagerung siehe 3.3: $-V_{Ed',Bli} + V_{Ed',Bre}$
a = Auflagertiefe

Mindestwert des Bemessungsmomentes im Anschnitt am Zwischenauflager B:

min $m_{Ed,B}$ $= -0{,}65 \cdot e_d \cdot (l_{n,1} + a_1)^2 / 8$
$= -0{,}65 \cdot 15{,}06 \cdot 4{,}88^2 / 8$
$= \mathbf{-29{,}14}$ **kNm/m**

$|\min m_{Ed,B}| = 29{,}14 \text{ kNm/m} < |m_{Ed,B,red}| = 31{,}11$ kNm/m

Der Nachweis wird beispielhaft geführt, obwohl Platte und Auflager nicht monolithisch verbunden sind.

DIN 1045-1, 7.3.2: (3) bzw. 8.2: (5)
Bei monolithischer Verbindung von Platte und Auflager muss das Bemessungsmoment am Auflageranschnitt mindestens 65 % *des Momentes bei Volleinspannung am Auflagerrand betragen.*

Nutzhöhe über dem Zwischenauflager (auch für Felder):
$d = h - c_v - 0{,}5 \cdot d_s = 160 - 20 - 5 = 135$ mm

Bemessungsquerschnitt: $b / h / d =$ **1,00 / 0,16 / 0,135 m**

c_v siehe 1.3
Annahme: $\varnothing \le 10$ mm

Bemessung mit dimensionslosen Beiwerten (je lfdm):

$\mu_{Eds} = |m_{Ed,B,red}| / (b \cdot d^2 \cdot f_{cd}) = 31{,}11 \cdot 10^{-3} / (1{,}0 \cdot 0{,}135^2 \cdot 11{,}3) = 0{,}150$

Anhang A4: Werte für $\mu_{Eds} = 0{,}150$ abgelesen:

ω	ξ	ζ	σ_{sd}
0,1638	0,202	0,916	445,9 N/mm²

erf a_s $= \omega \cdot b \cdot d \cdot f_{cd} / \sigma_{sd}$
$= 0{,}1638 \cdot 100 \cdot 13{,}5 \cdot 11{,}3 / 445{,}9$
$=$ **5,60 cm²/m**

Die in dieser Beispielsammlung genutzten Bemessungshilfsmittel basieren auf der ansteigenden Spannungs-Dehnungslinie des Betonstahls nach DIN 1045-1, 9.2.4: Bild 27 mit Kurve 2.

Anhang A4:
Bemessungstabelle bis C50/60
Rechteckquerschnitt ohne Druckbewehrung
Biegung mit Längskraft
Bezogene Werte:
ω = mechanischer Bewehrungsgrad
ξ = Druckzonenhöhe x / d
ζ = innerer Hebelarm z / d

Zwischenauflager

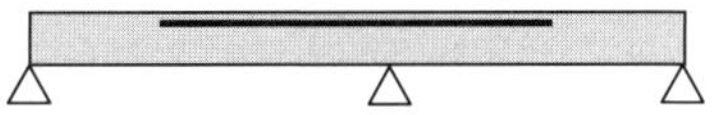

Gewählt:
Betonstahllistenmatte BSt 500 M (A)
(alternativ: Betonstahl BSt 500 S (A))
längs **Ø 10 / 125** = **6,28 cm²/m** > 5,60 cm²/m = erf $a_{s,l}$
quer **Ø 6 / 250** = 1,13 cm²/m > $0{,}20 \cdot$ erf $a_{s,l}$

DIN 1045-1, 13.3.2: Zugkraftdeckung
(2) einachsig gespannte Platten
Die Querbewehrung muss mindestens 20 % der Zugbewehrung betragen.

$d_s = 10 \text{ mm} \le c_{min}$
Sicherung des Verbundes siehe 1.2

DIN 1045-1, 13.3.2: (4)
Größtabstand s der Bewehrung beachten!
hier: längs / quer $s \le 160 / 250$ mm (interpoliert)

Überprüfung des Umlagerungsbeiwertes δ:

$$\min \delta = 0{,}64 + 0{,}8 \cdot x_d / d$$
$$= 0{,}64 + 0{,}8 \cdot 0{,}202 = \mathbf{0{,}80} < \text{vorh } \delta = 0{,}85$$

→ Die Momentenumlagerung von 15 % ist zulässig!

DIN 1045-1, 8.3: (3) Gl.(14)
Linear-eastische Berechnung mit Umlagerung

$x_d / d = \xi = 0{,}202 < 0{,}45$

4.2.2 Bemessung in den Feldern

Bemessungsquerschnitt: $b / h / d$ = **1,00 / 0,16 / 0,135 m**

Bemessung mit dimensionslosen Beiwerten (je lfdm):

Feld 1	Feld 2
$\mu_{Eds} = m_{Ed,F1} / (b \cdot d^2 \cdot f_{cd})$ $= 32{,}06 \cdot 10^{-3} / (1{,}0 \cdot 0{,}135^2 \cdot 11{,}3)$ $= 0{,}155$	$\mu_{Eds} = m_{Ed,F2} / (b \cdot d^2 \cdot f_{cd})$ $= 18{,}30 \cdot 10^{-3} / (1{,}0 \cdot 0{,}135^2 \cdot 11{,}3)$ $= 0{,}089 \approx 0{,}09$
A4 interpoliert für $\mu_{Eds} = 0{,}155$: $\omega = 0{,}170$ $\xi = 0{,}210$ $\sigma_{sd} = 445$ N/mm²	A4 abgelesen für $\mu_{Eds} = 0{,}09$: $\omega = 0{,}0946$ $\xi = 0{,}118$ $\sigma_{sd} = 456{,}5$ N/mm²
erf $a_s = \omega \cdot b \cdot d \cdot f_{cd} / \sigma_{sd}$ $= 0{,}17 \cdot 100 \cdot 13{,}5 \cdot 11{,}3 / 445$ = **5,83 cm²/m**	erf $a_s = \omega \cdot b \cdot d \cdot f_{cd} / \sigma_{sd}$ $= 0{,}0946 \cdot 100 \cdot 13{,}5 \cdot 11{,}3 / 456{,}5$ = **3,17 cm²/m**

Anhang A4:
Bemessungstabelle bis C50/60
Rechteckquerschnitt ohne Druckbewehrung
Biegung mit Längskraft

Gewählt:	Gewählt:
Betonstahllistenmatte BSt 500 M (A)	Betonstahl-Lagermatte **R335A**
= **125 · 10,0** / **200 · 6,0**	= **150 · 8,0** / **250 · 6,0**
= **6,28 cm²/m** / 1,41 cm²/m	= **3,35 cm²/m** / 1,13 cm²/m
> 5,83 cm²/m = erf $a_{s,l}$	> 3,17 cm²/m = erf $a_{s,l}$

Alternativ:
Betonstahl BSt 500 S (A) mit identischen Abmessungen

Lagermatten sind Betonstahlmatten mit bestimmten Mattenabmessungen, die im Lieferprogramm des Fachverbandes Betonstahlmatten e.V. enthalten sind, allgemein angeboten werden und über Händler zu beziehen sind (siehe Anhang A3).

Listenmatten sind Betonstahlmatten, deren Mattenumriss (Länge, Breite) und Mattenaufbau (Stababstände, -durchmesser, -längen) vom Konstrukteur bzw. Besteller entsprechend den bauteilbezogenen Anforderungen und den Möglichkeiten des Herstellers gewählt werden können.

DIN 1045-1, 13.3.2: (4)
Größtabstand s der Bewehrung beachten!
hier: längs / quer $s \leq 160 / 250$ mm (interpoliert)

DIN 1045-1, 13.3.2: Zugkraftdeckung
(2) einachsig gespannte Platten
Die Querbewehrung muss mindestens 20 % der Zugbewehrung betragen.

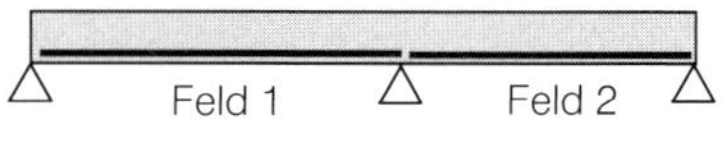

4.3 Bemessung für Querkraft

DIN 1045-1, 10.3: Querkraft

Der Nachweis wird für die extremale Querkraft am Auflager B links geführt.

$$|v_{Ed}'_{,Bli}| = 44{,}37 \text{ kN/m}$$

siehe 3.3, nach Umlagerung des Stützmomentes um 15 %

DIN 1045-1, 10.3.2: (1) *Bemessungswert der einwirkenden Querkraft*

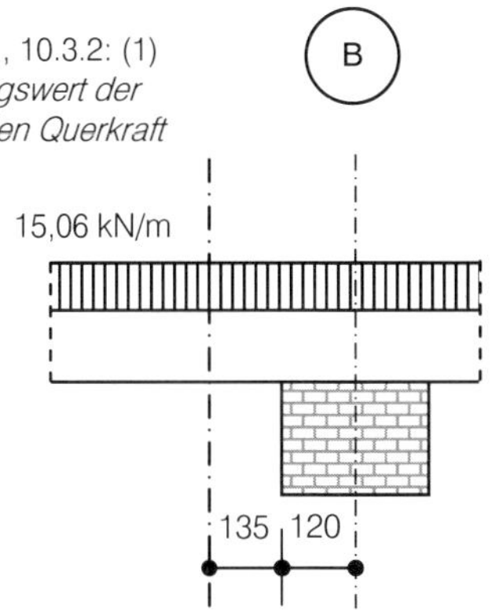

Der Ermittlung der Querkraftbewehrung darf bei gleichmäßig verteilter Belastung und direkter Auflagerung die Querkraft im Abstand *d* vom Auflagerrand zugrunde gelegt werden.

$$v_{Ed,red} = 44{,}37 - (0{,}12 + 0{,}135) \cdot 15{,}06$$
$$= \mathbf{40{,}53 \text{ kN/m}}$$

Aufnehmbare Querkraft $V_{Rd,ct}$ bei Bauteilen ohne Querkraftbewehrung:

$$v_{Rd,ct} = [(0{,}15 / \gamma_c) \cdot \kappa \cdot \eta_1 (100\rho_l \cdot f_{ck})^{1/3} - 0{,}12\sigma_{cd}] \cdot d$$

DIN 1045-1, 10.3.3: (1) Gl. (70) auf 1 m Plattenbreite bezogen

Dabei darf jedoch ein Mindestwert der Querkrafttragfähigkeit $v_{Rd,ct,min}$ biegebewehrter Bauteile ohne Querkraftbewehrung nach Gleichung (70a) und (70b) angesetzt werden.

Die Mindestquerkrafttragfähigkeit nach den Gln. (70a) und (70b) wird bei gering längsbewehrten Bauteilen (ca. ρ_l < 0,5 % bis 0,8 %) größer als die Querkrafttragfähigkeit nach Gl. (70).

$$v_{Rd,ct,min} = \left[\eta_1 \cdot \frac{\kappa_1}{\gamma_c} \cdot \sqrt{\kappa^3 \cdot f_{ck}} - 0{,}12\sigma_{cd}\right] \cdot d$$

DIN 1045-1, 10.3.3: (1) Gl. (70a) mit Gl. (70b) auf 1 m bezogen, Mindestquerkrafttragfähigkeit

Normalbeton: $\eta_1 = 1$
$f_{ck} = 20 \text{ N/mm}^2$

C20/25

$\kappa = 1 + (200 / d)^{1/2} \leq 2{,}0$
Wegen $d = 135$ mm < 200 mm: $\kappa = 2{,}0$

DIN 1045-1, 10.3.3: Gl. (71)

$\sigma_{cd} = N_{Ed} / A_c = 0$

$N_{Ed} = 0$ Längskraft im Querschnitt infolge äußerer Einwirkung oder infolge wirksamer Vorspannung

$\kappa_1 = 0{,}0525$ für $d \leq 600$ mm

$$v_{Rd,ct,min} = \left[\frac{0{,}0525}{1{,}5} \cdot \sqrt{2{,}0^3 \cdot 20}\right] \cdot 0{,}135 \cdot 10^3 = 59{,}8 \text{ kN/m}$$

$100\rho_l = a_{sl} / d = 6{,}28 / 13{,}5 = 0{,}46 \leq 2\ \%$

DIN 1045-1, Bild 32: A_{sl} = Fläche der Zugbewehrung, die mindestens um das Maß *d* über den betrachteten Querschnitt hinaus geführt und dort wirksam verankert wird.
Hier: $a_{sl} = 6{,}28 \text{ cm}^2/\text{m}$ siehe 4.2.1 – Bei Zwischenauflagern ist für diesen Nachweis die obere Bewehrung maßgebend!

$$v_{Rd,ct} = (0{,}15 / 1{,}5) \cdot 2{,}0 \cdot 1{,}0\ (0{,}46 \cdot 20)^{1/3} \cdot 0{,}135 \cdot 10^3$$
$$= 56{,}5 \text{ kN/m} < v_{Rd,ct,min}$$

$$v_{Ed,red} = 40{,}53 \text{ kN/m} < v_{Rd,ct,min} = \mathbf{59{,}8 \text{ kN/m}}$$

→ Keine Querkraftbewehrung erforderlich!

DIN 1045-1, 13.3.3: (2) Bei Platten ohne rechnerisch erforderliche Querkraftbewehrung ($v_{Ed} \leq v_{Rd,ct}$) mit einem Verhältnis $b / h > 5$ ist keine Mindestbewehrung für Querkraft erforderlich.

5 Nachweise in den Grenzzuständen der Gebrauchstauglichkeit

5.1 Begrenzung der Spannungen unter Gebrauchsbedingungen

DIN 1045-1, 11.1

Die Bedingungen nach DIN 1045-1, 11.1.1 (3) (siehe Kommentar) sind im Beispiel eingehalten, die Spannungsnachweise unter Gebrauchsbedingungen dürfen entfallen.

DIN 1045-1, 11.1.1: (3) *Die Spannungsnachweise nach 11.1.2 (Betondruckspannungen) und 11.1.3 (Betonstahlspannungen) dürfen für nicht vorgespannte Tragwerke des üblichen Hochbaus, die nach Abschnitt 10 bemessen wurden, im Allgemeinen entfallen, wenn die Schnittgrößen nach der Elastizitätstheorie ermittelt und im Grenzzustand der Tragfähigkeit um nicht mehr als 15 % umgelagert wurden und die bauliche Durchbildung nach Abschnitt 13 (Konstruktionsregeln) durchgeführt wird und insbesondere die Festlegungen für die Mindestbewehrung nach 13.1.1 eingehalten sind.*

5.2 Grenzzustände der Rissbildung

5.2.1 Mindestbewehrung zur Begrenzung der Rissbreite

DIN 1045-1, 11.2.2

Bei den vorliegenden Verhältnissen (Abmessungen, Lagerausbildung) kann davon ausgegangen werden, dass eine unter Umständen auftretende Zwangbeanspruchung der dünnen Platte die Rissschnittgröße nicht erreicht.

Auf den Nachweis der Mindestbewehrung zur Begrenzung der Rissbreite wird daher verzichtet.

DIN 1045-1, 11.2.1: (12) *Bei Platten in der Expositionsklasse XC1, die durch Biegung ohne wesentlichen zentrischen Zug beansprucht werden, sind keine Nachweise zur Begrenzung der Rissbreite notwendig, wenn deren Gesamtdicke* 200 mm *nicht übersteigt, die Festlegungen nach* 13.3 *(Konstruktionsregeln Vollplatten) eingehalten sind und keine strengere Begrenzung nach Absatz* (6) *erforderlich ist.*

5.2.2 Begrenzung der Rissbreite für die statisch erforderliche Bewehrung

Obwohl ein Nachweis zur Rissbreitenbegrenzung bei dünnen Platten unter der Expositionsklasse XC1 ohne wesentlichen zentrischen Zug nicht erforderlich ist, werden beispielhaft die Nachweise ohne direkte Berechnung der Rissbreite mit dem zulässigen Grenzdurchmesser und dem höchstzulässigen Stababstand geführt.

DIN 1045-1, 11.2.1: (12)

DIN 1045-1, 11.2.3: Begrenzung der Rissbreite ohne direkte Berechnung

Die Anforderungen an die Dauerhaftigkeit und das Erscheinungsbild des Tragwerks gelten bei der hier vorausgesetzten Umweltklasse XC1 als erfüllt, wenn der Rechenwert der Rissbreite auf w_k = 0,4 mm begrenzt wird (Anforderungsklasse F).

DIN 1045-1, 11.2.1: (6) Tabellen 18 und 19

Extremales Biegemoment unter quasi-ständiger Einwirkungskombination:

quasi-ständig wegen Anforderungsklasse F

$m_{perm,B}$ = –23,62 kNm/m
vorh a_s = 6,28 cm²/m

siehe 3.2, Z.1
eine Momentenumlagerung ist nur für die Grenzzustände der Tragfähigkeit zulässig, siehe DIN 1045-1, 8.3: (1)

$$\sigma_{s,perm} = |m_{perm,B}| / (a_s \cdot z) = 23{,}62 \cdot 10^{-3} / (6{,}28 \cdot 10^{-4} \cdot 0{,}9 \cdot 0{,}135) = \mathbf{310\ N/mm^2}$$

DIN 1045-1, 13.2.2: (3) $z = 0{,}9d$ angenommen

Zu beachten: DIN 1045-1, 11.2.3: (2)
Anwendbarkeit der Tab. 20 und 21 bei Rissen:
- Tab. 20 und 21 infolge Lastbeanspruchung
- Tab. 20 infolge Zwang

a) Begrenzung des Stabdurchmessers

Grenzdurchmesser für w_k = 0,4 mm und σ_s = 310 N/mm²: d_s^* = 15 mm

DIN 1045-1, 11.2.3: Tab. 20 bzw. Anhang A10
Grenzdurchmesser d_s^* bei Betonstählen

Der Grenzdurchmesser muss in Abhängigkeit von der wirksamen Betonzugfestigkeit modifiziert werden:

$d_s = d_s^* \cdot f_{ct,eff} / f_{ct,0}$
$= 15 \cdot 2{,}2 / 3{,}0$
$=$ **11 mm** > vorh d_s = 10 mm

→ Nachweis ist erfüllt!

DIN 1045-1, 11.2.3: Gl. (131)
Tabelle 20 ist auf $f_{ct,0}$ = 3,0 N/mm² bezogen.
DIN 1045-1, 9.1.7: Tab. 9:
C20/25 mit $f_{ct,eff} = f_{ctm}$ = 2,2 N/mm²

Hinweis: DIN 1045-1, 11.2.3: (8)
Wenn Betonstahlmatten mit Doppelstäben gewählt werden, darf der Durchmesser eines Einzelstabes begrenzt werden.
Voraussetzung: Die Konstruktionsregeln für die angeschweißte Querbewehrung nach 13.3.2 sind eingehalten.

b) Begrenzung des Stababstandes

Höchstwert des Stababstandes für w_k = 0,4 mm und σ_s = 310 N/mm²:

s_{max} = **162 mm**
> vorh s = 125 mm

→ Nachweis ist erfüllt!

Es genügt, wenn ein Nachweis a) oder b) erfolgreich ist!

DIN 1045-1, 11.2.3: Tab. 21: Höchstwerte der Stababstände von Betonstählen interpoliert

DIN 1045-1, 11.2.3: (1) Die Rissbreiten werden auf zulässige Werte begrenzt, wenn die Durchmesser oder die Abstände der Bewehrungsstäbe in Abhängigkeit von der Stahlspannung begrenzt werden.

5.3 Begrenzung der Verformungen

DIN 1045-1, 11.3

Der vereinfachte Nachweis durch eine Begrenzung der Biegeschlankheit wurde bei der Bestimmung der erforderlichen Deckendicke geführt.

Siehe in diesem Beispiel unter 1.4!

6 Bewehrungsführung, bauliche Durchbildung

6.1 Grundmaß der Verankerungslänge

DIN 1045-1, 12.6.2

Grundmaß:
$l_b = (d_s / 4) \cdot (f_{yd} / f_{bd})$

DIN 1045-1, 12.6.2: (2) Gl. (140)

gute Verbundbedingungen

Bemessungswert Verbundspannung: f_{bd} = 2,3 N/mm² für C20/25

Bemessungswert Stahlspannung : f_{yd} = 435 N/mm²

DIN 1045-1, 12.5: Tab. 25: d_s < 32 mm
und gute Verbundbedingungen 12.4: (2) b)
Waagerechte Stäbe und Bauteildicke in Betonierrichtung < 300 mm

Ort	Betonstahl d_s (mm)	l_b (mm)
Auflager B + Feld 1	10	**473**
Feld 2	8	**378**

Hinweis:
Sollte eine Stabverankerung oder ein Übergreifungsstoß im Bereich des maximalen Bemessungsmomentes unvermeidlich sein, ist bei Ausnutzung des ansteigenden Astes der Spannungs-Dehnungs-Linie des Betonstahls in der Bemessung im Bereich des Übergreifungsstoßes ggf. statt f_{yd} der Wert für σ_{sd} > 435 N/mm² einzusetzen bzw. beim Ausnutzungsfaktor ($a_{s,erf} / a_{s,vorh}$) ist $a_{s,erf}$ für f_{yd} = 435 N/mm² zu ermitteln.

6.2 Verankerung am Endauflager

Mindestens die Hälfte der (erforderlichen) Feldbewehrung ist zum Auflager zu führen und dort zu verankern.
Im Beispiel: Führung der gesamten Feldbewehrung über das Endauflager.

DIN 1045-1, 13.3.2: (1)
Zugkraftdeckung Platten

Zu verankernde Zugkraft Endauflager A:

$F_{sd} = V_{Ed} \cdot a_l / z + N_{Ed} \qquad \geq V_{Ed} / 2$ — DIN 1045-1, 13.2.2: (7) Gl. (148)

$v_{Ed} = 31{,}08$ kN/m $\qquad N_{Ed} = 0$ — siehe 3.1, LF 2

Versatzmaß $a_l = 1{,}0d \qquad = 135$ mm — DIN 1045-1, 13.3.2: (1) Platten ohne Querkraftbewehrung

$F_{sd} \quad = 31{,}08 \cdot 1{,}0 / 0{,}9 \qquad = 34{,}5$ kN/m — DIN 1045-1, 13.2.2: (3) $z = 0{,}9d$ angenommen.

$a_{s,erf} \quad = F_{sd} / f_{yd} = 0{,}0345 \cdot 10^4 / 435 \qquad = 0{,}79$ cm²/m

Erforderliche Verankerungslänge:

$l_{b,dir} \quad = 2/3 \cdot l_{b,net} \qquad \geq 6{,}7 d_s$ — DIN 1045-1, 13.2.2: (8) Gl. (149) bei direkter Auflagerung

$l_{b,net} \quad = \alpha_a \cdot l_b \cdot (a_{s,erf} / a_{s,vorh}) \qquad \geq l_{b,min}$ — DIN 1045-1, 12.6.2: (3) Gl. (141)

Kriterium	Betonstabstahl ∅ 10 / 125 mm	
$l_{b,min} = 0{,}3\ \alpha_a\ l_b$ $\geq 10 d_s$	gerade Stabenden: $\alpha_a = 1{,}0$ $l_{b,min} = 0{,}3 \cdot 1{,}0 \cdot 473$ $= \mathbf{142\ mm}$ $> 10 \cdot 10 = 100$ mm	DIN 1045-1, 12.6: Tab. 26: Verankerungsarten DIN 1045-1, 12.6.2: (3) $l_{b,min}$
$l_{b,net} = \alpha_a \cdot l_b \cdot (a_{s,erf} / a_{s,vorh})$ $\geq l_{b,min}$	$l_{b,net} = 1{,}0 \cdot 473 \cdot (0{,}79 / 6{,}28)$ $= 60$ mm $< \mathbf{142\ mm}$	DIN 1045-1, 12.6.2: (3) Gl. (141)
$l_{b,dir} = (2/3) \cdot l_{b,net}$ $\geq 6{,}7 d_s$	$l_{b,dir} = (2/3) \cdot 142$ $= \mathbf{95\ mm}$ $> 6{,}7 \cdot 10 = 67$ mm	DIN 1045-1, 13.2.2: (8) Gl. (149) bei direkter Auflagerung
Gewählt:	$\mathbf{l_{b,dir} = 140\ mm}$	

Die Feldbewehrung wird um das Maß 140 mm > erf $l_{b,dir}$ hinter die Auflagervorderkante von Endauflager A und C geführt.

Die Endauflager A und C werden aus konstruktiven Gründen gleich behandelt, insbesondere da hier $l_{b,min}$ maßgebend und ($V_{Ed,C} < V_{Ed,A}$) ist.

6.3 Verankerung am Zwischenauflager

Mindestens die Hälfte der (erforderlichen) Feldbewehrung ist zum Auflager zu führen und dort zu verankern.

DIN 1045-1, 13.3.2: (1)
Zugkraftdeckung Platten

Im Beispiel:
Führung der gesamten Feldbewehrung über das Auflager B.

min $l_{b,dir} > 6 d_s = 6 \cdot 10 = 60$ mm

DIN 1045-1, 13.2.2: (9) An Zwischenauflagern von durchlaufenden Bauteilen ist die erforderliche Bewehrung mindestens um das Maß $6d_s$ bis hinter den Auflagerrand zu führen.

Zur Aufnahme positiver Momente infolge außergewöhnlicher Beanspruchungen wegen unplanmäßiger Auflagersetzungen wird die Feldbewehrung über Auflager B kraftschlüssig gestoßen.

DIN 1045-1, 13.2.2: (10) *Zusätzlich sollte die unten liegende Bewehrung an Zwischenauflagern so ausgeführt werden, dass sie positive Momente infolge außergewöhnlicher Beanspruchungen aufnehmen kann (Auflagersetzungen, Explosion usw.).*

Annahme:
50 % der aufnehmbaren Zugkraft der (schwächeren) Feldbewehrung 2 soll im Stoß übertragen werden können.
Diese Annahme nimmt die Forderung nach mindestens der Hälfte der zum Auflager zu führenden und zu verankernden Feldbewehrung auf.

Eine Alternative dazu ist der Ausschluss außergewöhnlicher Einwirkungen. Das Auftreten und die Folgen einer außergewöhnlichen Einwirkung werden in der Praxis einem bestimmten Risiko zugeordnet. Dabei sollte die Schädigung im Verhältnis zur Schadensursache stehen. Z. B. Informativ in DIN 1055-9: Bemessung für Explosionen und Detonationen sind auf gesonderte Veranlassung durch den Bauherrn und in Abstimmung mit der zuständigen Behörde vorzunehmen.

Ein-Ebenen-Stöße können z. B. mit Randsparbereichen von Bewehrungsmatten oder den Stoß überdeckenden Zulagestäben hergestellt werden.

Übergreifungslänge über dem Zwischenauflager

Kriterium	Betonstahlmatte R335A: ∅ 8,0
	gerade Stabenden: $\alpha_a = 1{,}0$ $\alpha_1 = 1{,}0$
$l_{s,min} = 0{,}3 \cdot \alpha_a \cdot \alpha_1 \cdot l_b$ $\geq 15 d_s$ ≥ 200 mm	$l_{s,min} = 0{,}3 \cdot 1{,}0 \cdot 378 = 113$ mm $< 15 \cdot 8 = 120$ mm $<$ **200 mm**
$l_{b,net} = \alpha_a \cdot l_b \cdot (a_{s,erf} / a_{s,vorh})$ $\geq l_{b,min} = 0{,}3\ \alpha_a\ l_b$ $\geq 10 d_s$	$l_{b,net} = 1{,}0 \cdot 378 \cdot (0{,}5) = 189$ mm > 113 mm $> 10 \cdot 8 = 80$ mm
$l_s = l_{b,net} \cdot \alpha_1$ $\geq l_{s,min}$	$l_s = 189 \cdot 1{,}0 = 189$ mm $<$ **200 mm**
Gewählt:	l_s = **250 mm**

DIN 1045-1, 12.6: Tab. 26: Verankerungsarten
DIN 1045-1, 12.8.2: (1)
$\alpha_a = 1{,}0$ auch für BSt-Matte maßgebend, ein angeschweißter Querstab darf nicht angesetzt werden.
DIN 1045-1, Tab. 27: α_1 für gestoßene Stäbe > 33 % in der Zugzone und $d_s < 16$ mm, Bild 57: $s \geq 10 d_s$, daher [a]): $\alpha_1 = 1{,}0$ ansetzbar.
l_b siehe 6.1, Feld 2

DIN 1045-1, 12.6.2: Gl. (141), Annahme: 50 % der aufnehmbaren Zugkraft aus Feld 2 soll übertragen werden
$(a_{s,erf} / a_{s,vorh}) = 0{,}5$

DIN 1045-1, 12.8.2: Gl. (144), lichter Stababstand der gestoßenen Stäbe $\leq 4 d_s$

Querbewehrung im Stoßbereich

für C20/25 und $d_s < 16$ mm:
Die Querbewehrung ≥ 20 % von $a_{s,l}$ (wie gewählt) ist ausreichend!

DIN 1045-1, 12.8.3: (2) *Wenn der Durchmesser d_s der gestoßenen Stäbe kleiner als* 16 mm *bei Betonfestigkeitsklassen bis C55/67..ist...., dann darf die nach* Abschnitt 13 *vorhandene Querbewehrung als ausreichend angesehen werden.*

6.4 Verankerung außerhalb der Auflager

Die Stäbe der nichtgestaffelten oberen Biegebewehrung über Auflager B sind im Feld vom Nullpunkt der Zugkraftlinie um das Maß $l_{b,net}$ zu verankern.

DIN 1045-1, 13.2.2: Bild 66 Zugkraftdeckung

$$l_{b,net} = \alpha_a \cdot l_b \cdot (a_{s,erf} / a_{s,vorh}) = 0 \quad (\text{wegen } a_{s,erf} = 0)$$

$$< l_{b,min} = 0{,}3 \cdot 1{,}0 \cdot 473 = 142 \text{ mm}$$

DIN 1045-1, 12.6.2: Gl. (141)

l_b siehe 6.1, Auflager B

Gewählt: l_b = **150 mm**

6.5 Stöße der Querbewehrung

Variante Betonstahlmatte:

Der Übergreifungsstoß der Querbewehrung muss mindestens zwei Längsstäbe und mit $d_{s,q} \leq 6$ mm mindestens $l_{s,min} = 150$ mm überdecken.

DIN 1045-1, 12.8.4: (5) Stöße von Betonstahlmatten in 2 Ebenen, Bild 60 b) und Tab. 28: min s_l

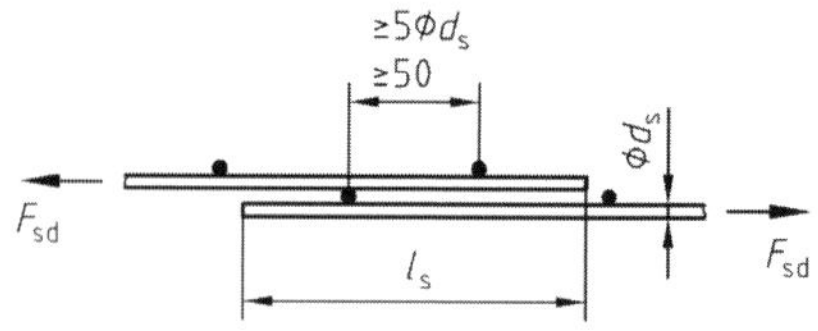

Variante Betonstahl:

Übergreifungslänge l_s
für $d_s \leq 6$ mm maßgebend $l_{s,min} = 200$ mm

DIN 1045-1, 12.8.2: Gl. (144)
Übergreifungslänge l_s für Bewehrungsstoß maßgebend wird $l_{s,min} = 200$ mm
s. 6.3: für $d_s = 8$ mm ist $l_s = l_{s,min} = 200$ mm, auch für $d_s = 6$ mm maßgebend!

6.6 Mindestbewehrung zur Sicherstellung eines duktilen Bauteilverhaltens

Rissmoment:

$$m_{cr} = f_{ctm} \cdot h^2 / 6$$
$$= 2{,}2 \cdot 10^3 \cdot 0{,}16^2 / 6$$
$$= \mathbf{9{,}39\ kNm/m}$$

Widerstandsmoment des ungerissenen Querschnitts: $W = b \cdot h^2 / 6$

$$\min a_s = m_{cr} / (f_{yk} \cdot z)$$
$$= 0{,}00939 \cdot 10^4 / (500 \cdot 0{,}9 \cdot 0{,}135)$$
$$= \mathbf{1{,}55\ cm^2/m}$$
$$< \text{vorh } a_{sl} = 6{,}28\ cm^2/m$$

DIN 1045-1, 13.1.1:
Mindestbewehrung und Höchstbewehrung
(1) Bemessung mit f_{ctm} und $\sigma_s = f_{yk}$

DIN 1045-1, Tab. 9:
$f_{ctm} = 2{,}2$ N/mm² für C20/25

$z = 0{,}9d$ angenommen.
siehe 4.2

6.7 Einspannbewehrung am Endauflager

erf $a_{s,E} = 0{,}25 \cdot$ erf $a_{s,F}$

erf $a_{s,E,1} = 0{,}25 \cdot 5{,}83 = \mathbf{1{,}46\ cm^2/m}$ Feld 1
erf $a_{s,E,2} = 0{,}25 \cdot 3{,}17 = \mathbf{0{,}79\ cm^2/m}$ Feld 2

DIN 1045-1, 13.2.1: (1) Rechnerisch nicht erfasste Einspannwirkungen an den Endauflagern müssen bei der baulichen Durchbildung berücksichtigt werden. Bei Annahme frei drehbarer Lagerung sind die Querschnitte der Endauflager für ein Stützmoment zu bemessen, das mindestens 25 % des benachbarten Feldmomentes entspricht. Die Bewehrung muss, vom Auflagerrand gemessen, mindestens über die 0,25fache Länge des Endfeldes eingelegt werden.

eingebaut auf 0,25facher Länge des Endfeldes:

$l_{1,E} = 0{,}25 \cdot 5{,}00$ m $= 1{,}25$ m
$l_{2,E} = 0{,}25 \cdot 4{,}00$ m $= 1{,}00$ m

Feldbewehrung siehe 4.2.2

Diese Bewehrung wird wie die Feldbewehrung 140 mm hinter die Auflagervorderkante geführt.

siehe 6.2

Gewählt:
Feld 1 und 2 oben
Betonstahl-Lagermatte BSt 500 M (A)
R188A $= 150 \cdot 6{,}0 \quad / 250 \cdot 6{,}0$
$= \mathbf{1{,}88\ cm^2/m}$
$> 1{,}46\ cm^2/m =$ erf $a_{s.E.1}$ längs
$> 0{,}79\ cm^2/m =$ erf $a_{s.E.2}$ längs

7 Darstellung der Bewehrung

Längsschnitt (Höhenmaßstab verzerrt)

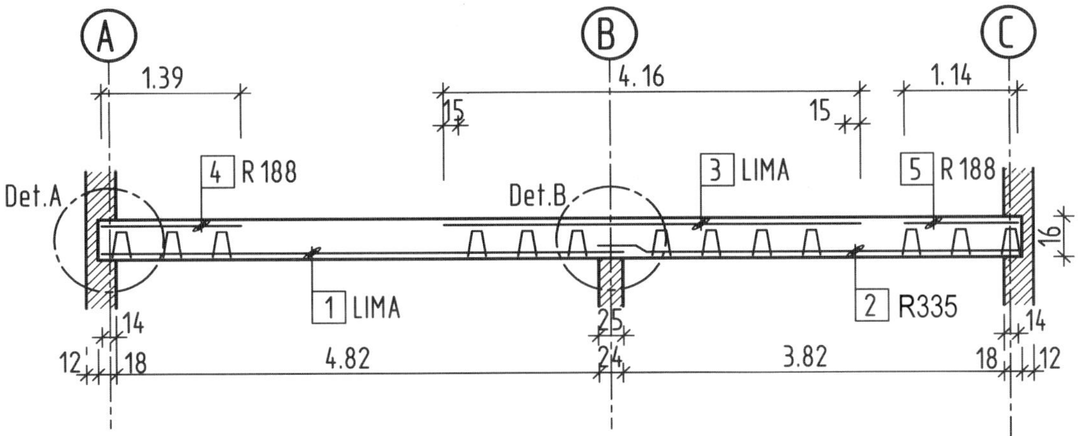

Zugkraftdeckungslinie

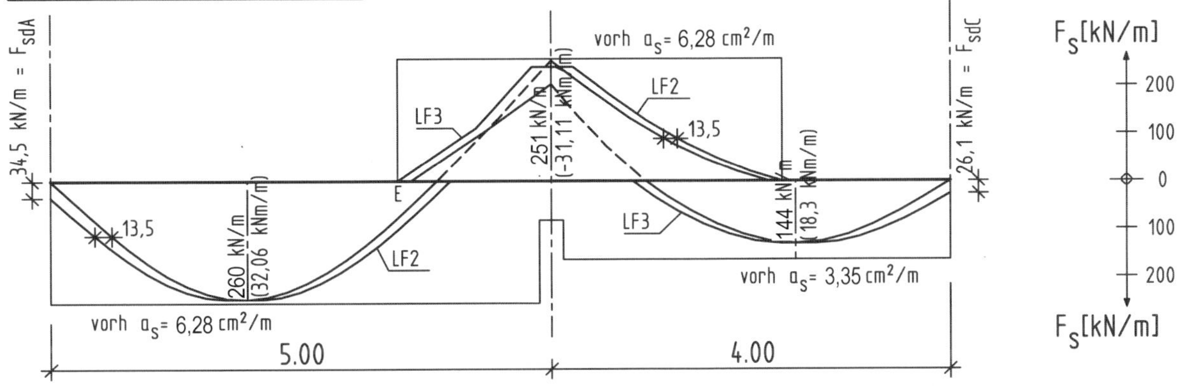

Detail A

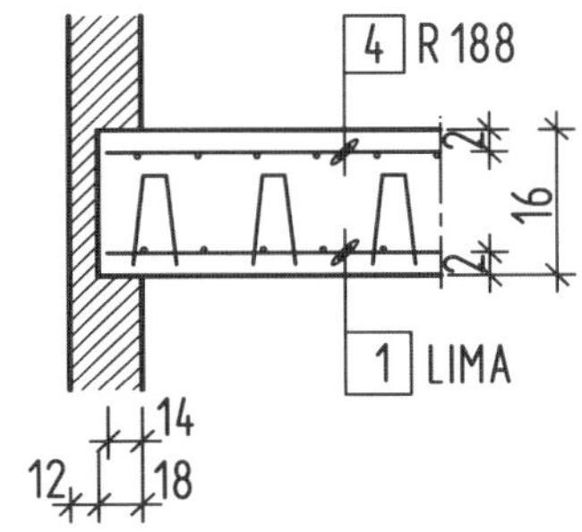

Detail B

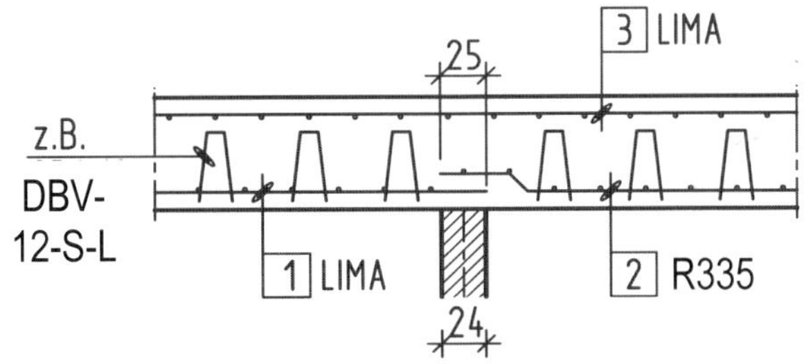

Liste der verwendeten Betonstahlmatten:

Pos.	Matte	Stab · Ø	Überstände	Maße
1	LIMA	125 * 10,0 / 200 * 6,0	150/300 / 325/25	5,20 / 2,30
2	R 335 A	150 * 8,0 / 250*6,0	125/125 / 25/25	4,21 / 2,30
3	LIMA	125 * 10,0 / 250 * 6,0	80/80 / 325/25	4,16 / 2,30
4	R 188 A	150*6,0 / 250*6,0	125/125 / 25/25	1,39 / 2,30
5	R 188 A	150*6,0 / 250*6,0	125/125 / 25/25	1,14 / 2,30

Beispiel 1

Vollplatte einachsig gespannt

Darstellung der Bewehrung

Baustoffe:
Beton: C20/25 XC1, WO
Betonstahl: BSt 500 M(A)

Betondeckung: c_v = 2,0cm Verlegemaß
Δc = 1.0cm Vorhaltemaß

FACHLITERATUR FÜR BAUINGENIEURE

Beton-Kalender 2009
Aktuelle Massivbaunormen – Konstruktiver Hochbau

Beton-Kalender 2008
Konstruktiver Wasserbau – Erdbebensicheres Bauen

Beton-Kalender 2007
Verkehrsbauten – Flächentragwerke

Beton-Kalender 2006
Turmbauwerke – Industriebauten

Mauerwerk-Kalender 2009
Ausführung von Mauerwerk

Stahlbau-Kalender 2008
Dynamik, Brücken

Bauphysik-Kalender 2008
Bauwerksabdichtung

Grundbau Taschenbuch
Teil 1: Geotechnische Unterlagen

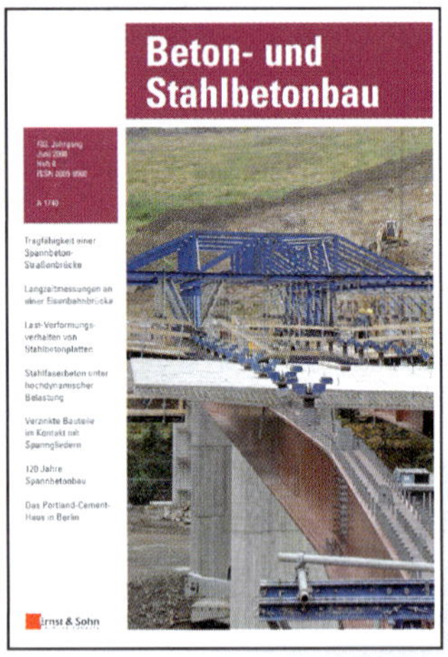

Zeitschrift
Beton- und Stahlbetonbau

Zeitschrift
Stahlbau

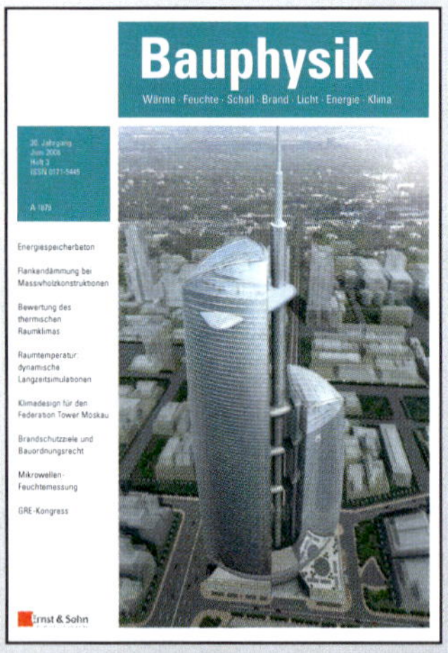

Zeitschrift
Bauphysik

Zeitschrift
Bautechnik

Ernst & Sohn
Verlag für Architektur und
technische Wissenschaften GmbH & Co. KG

Ernst & Sohn
A Wiley Company

Für Bestellungen und Kundenservice:
Verlag Wiley-VCH
Boschstraße 12
69469 Weinheim
Deutschland
Telefon: +49(0) 6201 / 606-400
Telefax: +49(0) 6201 / 606-184
E-Mail: service@wiley-vch.de

Beispiel 2: Vollplatte, zweiachsig gespannt

Inhalt

Beispiel 2: Vollplatte, zweiachsig gespannt

Aufgabenstellung

Zu bemessen ist die Deckenplatte der Dachterrasse eines Wohnhauses. Die Deckenplatte ist zweiachsig gespannt und läuft über zwei Felder durch. Es wird eine frei drehbare Lagerung auf den Mauerwerkswänden angenommen.

DIN 1045-1, 3.1.1: üblicher Hochbau

DIN 1045-1, 7.3.2: (1)
Sonstige Vereinfachungen

Umgebungsbedingungen:
unten: trockener Innenraum
oben: Bauteil mit Dämmung und Terrassenabdichtung

Vorwiegend ruhende Einwirkung.

DIN 1045-1, 3.1.2: vorwiegend ruhende Einwirkung

Baustoffe:

- Beton: C20/25
- Betonstahlmatten: BSt 500 M (A) (normalduktil)

DIN 1045-1, 9.1: Beton
DIN 1045-1, 9.2: Betonstahl
(in DIN 488 mit B500A bezeichnet)

1 System, Bauteilmaße, Betondeckung

1.1 System

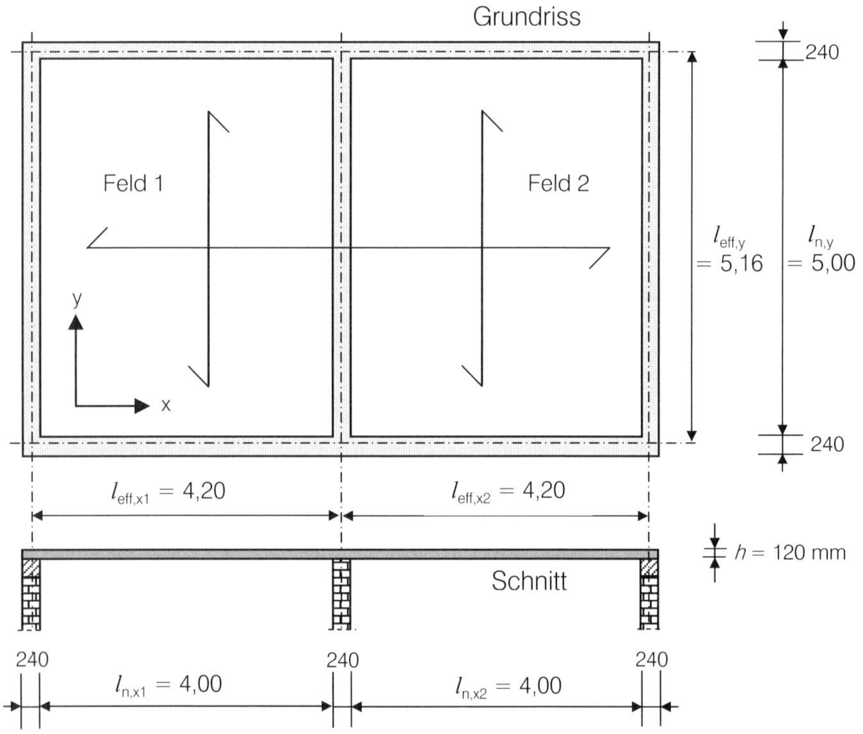

symmetrische Felder 1 und 2

DIN 1045-1, 7.3.1: (6) und Bild 7

l_n *lichter Abstand zwischen den Auflagervorderkanten*
l_{eff} *effektive Stützweite*

Hinweis:
Der Nachweis der Mauerwerkspressung ist nach DIN 1053 zu führen, nicht in diesem Beispiel.

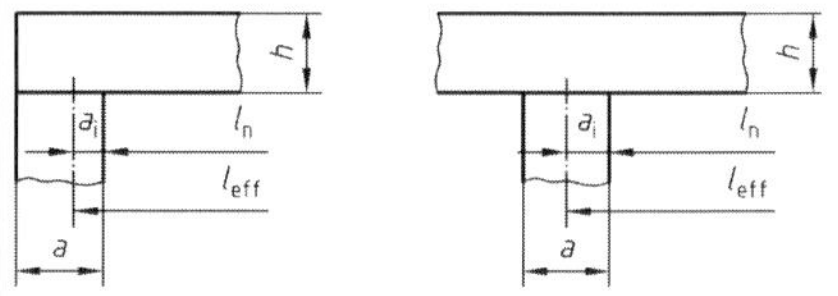

1.2 Effektive Stützweiten

$l_{eff} = l_n + a_1 + a_2$

$l_{eff,x} = 4{,}00 + 0{,}24 / 3 + 0{,}24 / 2 \qquad = 4{,}20$ m
$l_{eff,y} = 5{,}00 + 0{,}24 / 3 + 0{,}24 / 3 \qquad = 5{,}16$ m
$\varepsilon = l_{eff,y} / l_{eff,x} = 1{,}23$

DIN 1045-1, 7.3.1: Gl. (10)
Bild 7a) und b):
Endauflager: $a/3 \leq a_i < a/2$

Seitenverhältnis für Berechnungstafeln der Plattenschnittgrößen

1.3 Mindestfestigkeitsklasse, Betondeckung

Expositionsklasse für Bewehrungskorrosion
unten infolge Karbonatisierung: → XC1
oben infolge Karbonatisierung: → XC3
Mindestfestigkeitsklasse Beton → C20/25

Feuchtigkeitsklasse AKR: → WO

Gewählt: C20/25 XC3, WO

Betondeckung

unten wegen Expositionsklasse XC1:
→ Mindestbetondeckung c_{min} = 10 mm
+ Vorhaltemaß Δc = 10 mm
= Nennmaß der Betondeckung c_{nom} = **20 mm** = **Verlegemaß c_v**

oben wegen Expositionsklasse XC3:
→ Mindestbetondeckung c_{min} = 20 mm
+ Vorhaltemaß Δc = 15 mm
= Nennmaß der Betondeckung c_{nom} = **35 mm**
mit Unterstützung (auf Schalung) h_U = 70 mm der oberen 2 Lagen Ø 7 mm:
$c_v = h - h_U - d_{s1} - d_{s2} = 120 - 70 - 14$ = **36 mm** = **Verlegemaß c_v** $\geq c_{nom}$

Sicherstellung des Verbundes:
c_{min} = 10 mm unten darf nicht geringer sein als der Stabdurchmesser d_s bzw. der Vergleichsdurchmesser d_{sV},
dies ist bei der Bewehrungswahl zu beachten!
→ unten: max Ø 10 mm einhalten oder c_{min} vergrößern!
→ oben: max Ø 25 mm einhalten (35 mm – 10 mm Δc)

1.4 Bestimmung der Deckendicke aus der Begrenzung der Verformungen

Begrenzung der Biegeschlankheit:

normale Anforderungen: $l_i / d \leq 35$
$l_i = \alpha \cdot l$
$= 0{,}8 \cdot 4{,}20 = 3{,}36$ m

erf $d \geq l_i / 35$
erf $d \geq 3360 / 35 = 96$ mm

im Feld: $h \geq \text{erf } d + d_s / 2 + c_v$
$= 96 + 8 / 2 + 20$
$= 120$ mm

gewählt h **= 120 mm**
= erf h = 120 mm > min h = 70 mm

Der vereinfachte Nachweis der Begrenzung der Durchbiegung für die Deckenplatte des üblichen Hochbaus gilt damit nach DIN 1045-1 als erbracht.

DIN 1045-1, Tab. 3: Expositionsklassen
Unterseite: XC1 trocken (Bauteile in Innenräumen);
Oberseite: XC3 → Mit der Einordnung in XC3 für Dächer mit einer wasserdichten Dachhaut für die Seite, auf der die Dachhaut liegt, soll min C20/25 und c_{min} = 20 mm erreicht werden. In diesem Falle XC3 ist auch ein Vorhaltemaß von Δc = 10 mm ausreichend.
WO – ohne Betonkorrosion infolge Alkali-Kieselsäurereaktion (Innenbauteile des üblichen Hochbaus)

Bei unterschiedlichen Expositionsklassen gleicher Kategorie (hier Karbonatisierung XC) genügt im Allgemeinen die Angabe der höherbeanspruchten Expositionsklasse (wichtig für die Betontechnologie DIN 1045-2).

DIN 1045-1, Tab. 4: Mindestbetondeckung c_{min} und Vorhaltemaß Δc in Abhängigkeit von der Expositionsklasse.
Keine Abminderung von c_{min} um 5 mm gemäß [a]) zulässig, da für die Expositionsklasse XC3 die Betonmindestfestigkeitsklasse C20/25 gewählt wird!

DIN 1045-1, 6.3: (11)
Nennmaß $c_{nom} = c_v$ Verlegemaß für die äußere Bewehrungslage, da keine Bügel erforderlich!

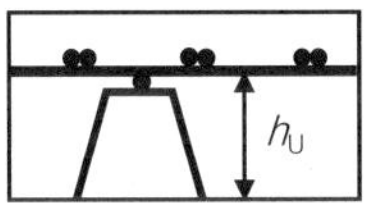

Unterstützung der oberen Bewehrung (z. B. DBV-Merkblatt Unterstützungen [59])

DIN 1045-1, 6.3: (4)
DIN 1045-1, 6.3: (8) Δc = 10 mm

(Hinweis: Betondeckung für Feuerwiderstand gemäß DIN 4102 [20] zusätzlich beachten!)

DIN 1045-1, 11.3.2: (2) *Für Deckenplatten des üblichen Hochbaus ist... im Allgemeinen eine Begrenzung der Biegeschlankheit auf den Wert $l_i / d \leq$ 35 ausreichend (für normale Anforderungen nach 11.3.1: (8) Begrenzung des Durchhangs $v < l$ / 250).*
Für Deckenplatten des üblichen Hochbaus mit höheren Anforderungen (nach 11.3.1: (10) Begrenzung des Durchhangs $v < l$ / 500 u. a. bei rissempfindlichen leichten Trennwänden): Begrenzung von $l_i / d \leq 150 / l_i$. Diese Grenze wird erst ab $l_i \geq 4{,}29$ m maßgebend. Die Decke mit $l_i = 3{,}36$ m erfüllt daher hier auch die höheren Anforderungen bezüglich der Durchbiegung!

DIN 1045-1, 11.3.2: (3) + (4)
Tab. 22: Ersatzstützweite $\alpha = 0{,}8$
Bei linienförmig gelagerten, rechteckigen Platten ist die kleinere der beiden Ersatzstützweiten l_{eff} maßgebend... (hier 4,20 m).

Annahme für Stabdurchmesser: Ø ≤ 8 mm.
Die untere Betondeckung ist maßgebend (Durchbiegung im Feld).
DIN 1045-1, 13.3.1: min h für Vollplatte

Empfehlung: Alternative in [50]→
Biegeschlankheit nach Anhang A8 verwenden.

2 Einwirkungen

2.1 Charakteristische Werte

Bezeichnung der Einwirkungen		Charakteristischer Wert (kN/m²)
Ständig (Eigenlasten):		
- 15 mm Gipsputz:		0,18
- 120 mm Stahlbetonvollplatte:	$0{,}12 \cdot 25$ kN/m³	3,00
- Dampfsperre inkl. Klebemasse		0,07
- 130 mm i. M. Gefälledämmung:	$13 \cdot 0{,}01$ kN/m²/cm	0,13
- 2 Lagen Bitumenschweißbahnen:	$2 \cdot 0{,}07$ kN/m²	0,14
- 40 mm Sand:	$0{,}04 \cdot 20$ kN/m³	0,80
- 20 mm Betonwerksteinplatten:	$2 \cdot 0{,}24$ kN/m²/cm	0,48
Summe:		g_k = **4,80**
Veränderlich (Nutzlast):		$q_{k,1}$ = **4,00**

Index k = charakteristisch

DIN 1055-1, Tab. 7: Putze
DIN 1055-1, Tab. 1: Stahlbeton
DIN 1055-1, Tab. 20: Abdichtungen
DIN 1055-1, Tab. 12: Faserdämmstoffe
DIN 1055-1, Tab. 20: Abdichtungen
DIN 1055-1, Tab. 8: Baustoffe als Lagerstoffe
DIN 1055-1, Tab. 11: Fußbodenbeläge

DIN 1055-3, 6.1, Tab. 1, Kategorie Z^d:
Dachterrassen $q_k = 4{,}0$ kN/m²
Die Einzellast $Q_k = 2{,}0$ kN ist hier nicht maßgebend.

2.2 Bemessungswerte in den Grenzzuständen der Tragfähigkeit

Teilsicherheitsbeiwerte in den Grenzzuständen der Tragfähigkeit:

Einwirkungen	günstig	ungünstig
• ständige	$\gamma_G = 1{,}0$	$\gamma_G = 1{,}35$
• veränderliche	$\gamma_Q = 0$	$\gamma_Q = 1{,}50$

DIN 1045-1, Tab. 1: Teilsicherheitsbeiwerte für die Einwirkungen auf Tragwerke ungünstig bzw. günstig

Index d = design (Bemessung)
Günstig bzw. ungünstig bezeichnet die Auswirkungen der Einwirkungen auf die Schnittgrößen und die Bemessungsergebnisse.

$$g_d = \gamma_G \cdot g_k = 1{,}35 \cdot 4{,}80 = 6{,}48 \text{ kN/m}^2$$
$$q_{d,1} = \gamma_Q \cdot q_{k,1} = 1{,}50 \cdot 4{,}00 = 6{,}00 \text{ kN/m}^2$$
$$e_d = \mathbf{12{,}48 \text{ kN/m}^2}$$

2.3 Repräsentative Werte in den Grenzzuständen der Gebrauchstauglichkeit

Kombinationsbeiwerte für veränderliche Einwirkungen in den Grenzzuständen der Gebrauchstauglichkeit:

Einwirkungskombination:

- selten $\psi_{0,1} = 0{,}70$
- häufig $\psi_{1,1} = 0{,}50$
- quasi-ständig $\psi_{2,1} = 0{,}30$

$\psi_{0,i}$ nur bei i >1, d. h. mehr als einer veränderlichen Einwirkung, in diesem Beispiel nicht relevant.

DIN 1055-3, 6.1, Tab. 1, Kategorie Z^d:
[d] Für die Einwirkungskombination die Nutzlastkategorie des jeweiligen Gebäudes zuordnen → hier: Wohngebäude = Kategorie A
DIN 1055-100, Tab. A.2
Nutzlasten Kategorie A: Wohnräume

In diesem Beispiel wird nur die quasi-ständige Einwirkungskombination benötigt (für die Rissbreitenbegrenzung):

$$g_k = 4{,}80 \text{ kN/m}^2$$
$$\psi_{2,1} \cdot q_{k,1} = 0{,}3 \cdot 4{,}00 = 1{,}20 \text{ kN/m}^2$$
$$e_{perm} = \mathbf{6{,}00 \text{ kN/m}^2}$$

DIN 1055-100, 10.3: Bemessungssituationen
(1) Die Bemessungssituationen im Grenzzustand der Gebrauchstauglichkeit werden wie folgt eingeteilt:
- seltene Situationen mit nicht umkehrbaren (bleibenden) Auswirkungen auf das Tragwerk,
- häufige Situationen mit umkehrbaren (nicht bleibenden) Auswirkungen auf das Tragwerk,
- quasi-ständige Situationen mit Langzeitauswirkungen auf das Tragwerk.

3 Schnittgrößenermittlung

3.1 Grenzzustände der Tragfähigkeit

Schnittgrößen:

Stützmomente:

infolge g: $m_{\text{xerm,G}} = -6{,}48 \cdot 4{,}20^2 / 10{,}0 = -11{,}43$ kNm/m

infolge q: $m_{\text{xerm,Q}} = -6{,}00 \cdot 4{,}20^2 / 10{,}0 = -10{,}58$ kNm/m

Summe: $m_{\text{xerm}} = -11{,}43 - 10{,}58 = \mathbf{-22{,}01}$ **kNm/m**

Feldmomente:

infolge g: $m_{\text{xm,G}} = 6{,}48 \cdot 4{,}20^2 / 23{,}8 = 4{,}80$ kNm/m

$m_{\text{ymax,G}} = 6{,}48 \cdot 4{,}20^2 / 49{,}7 = 2{,}30$ kNm/m

infolge q: (symmetrischer + antimetrischer Anteil)

$m_{\text{xm,Q}} = 0{,}5 \cdot 6{,}00 \cdot 4{,}20^2 \cdot (1/23{,}8 + 1/18{,}3)$
$= 2{,}22 + 2{,}89 = 5{,}12$ kNm/m

$m_{\text{ymax,Q}} = 0{,}5 \cdot 6{,}00 \cdot 4{,}20^2 \cdot (1/49{,}7 + 1/29{,}6)$
$= 1{,}06 + 1{,}79 = 2{,}85$ kNm/m

Wegen der abhebenden Plattenecken sind die Feldmomente zu erhöhen.
[22] DAfStb-Heft 240: Zweiachsig gespannte Platten mit Faktoren δ_1:

symmetrischer Anteil: Tafel 2.3:
x-Richtung: $\delta_{1x} = 1{,}18$
y-Richtung: $\delta_{1y} = 1{,}12$

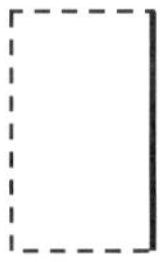

antimetrischer Anteil: Tafel 2.3:
x-Richtung: $\delta_{1x} = 1{,}31$
y-Richtung: $\delta_{1y} = 1{,}31$

$m_{\text{xm}} = (4{,}80 + 2{,}22) \cdot 1{,}18 + 2{,}89 \cdot 1{,}31 = \mathbf{12{,}07}$ **kNm/m**

$m_{\text{ymax}} = (2{,}30 + 1{,}06) \cdot 1{,}12 + 1{,}79 \cdot 1{,}31 = \mathbf{6{,}11}$ **kNm/m**

Querkräfte:

am Zwischenauflager:
$v_{\text{xerm}} = 12{,}48 \cdot 4{,}20 / 1{,}62 = \mathbf{32{,}35}$ **kN/m**

am Endauflager:
$v_{\text{xrm}} = 12{,}48 \cdot 4{,}20 / 2{,}40 = \mathbf{21{,}84}$ **kN/m**

[22] DAfStb-Heft 240, 2.3.3: Berechnung der Schnittgrößen durchlaufender, zweiachsig gespannter Platten mit min l / max $l \geq 0{,}75$ nach dem Verfahren der Belastungsumordnung an einer Vergleichseinfeldplatte.
Hier: min l / max l = 1,0

[44] *Czerny*: Tafeln für Rechteckplatten.
BK 1999/I
Tafeln für gleichmäßig vollbelastete vierseitig gelagerte Rechteckplatten
Drillsteife isotrope Platten mit Querdehnzahl $\mu = 0$ und gegen Abheben gesicherten Ecken,

$\varepsilon = l_y / l_x = 5{,}16 / 4{,}20 = 1{,}23$

Hier: [44] S. 283 für Stützmomente:

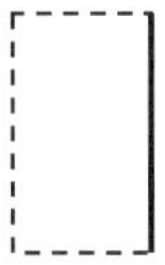

Hier: [44] S. 283 für Stützmomente und Feldmomente symmetrisch
S. 281 für Feldmomente antimetrisch:

Erhöhung der Feldmomente wegen der abhebenden Plattenecken:
[22] DAfStb-Heft 240, 2.3.2

Verfahren der Belastungsumordnung
[22] DAfStb-Heft 240, 2.3.3:

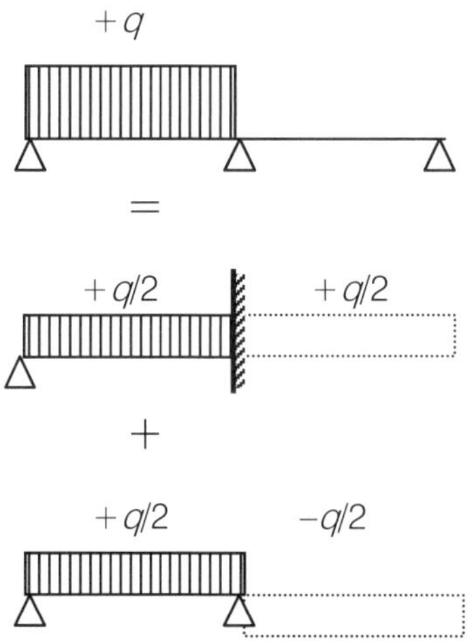

Belastung siehe 2.2
Hier: [44] S. 283 für Querkräfte:

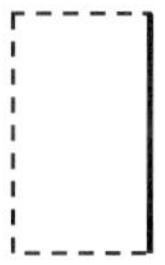

Zum Vergleich: Ermittlung der Biegemomente m_x mit dem FEM-Programm SEPP [58]

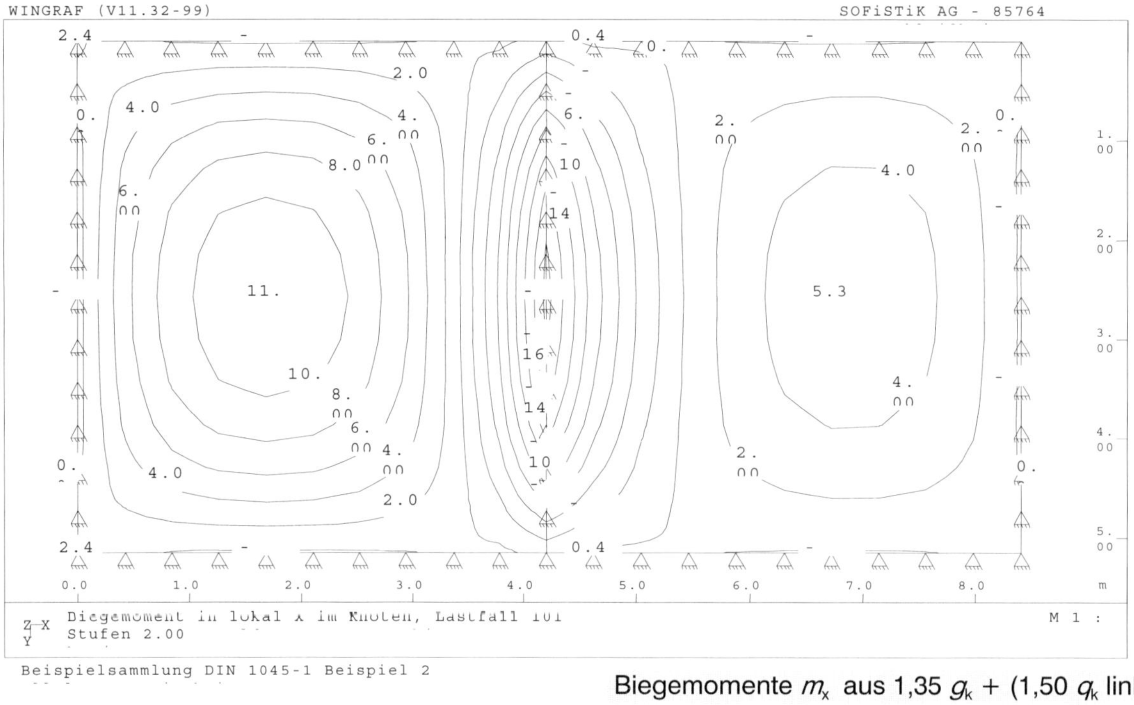

Biegemomente m_x aus 1,35 g_k + (1,50 q_k linkes Feld)

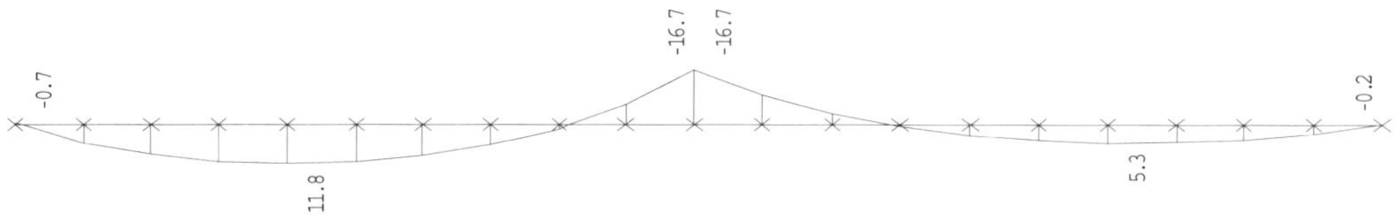

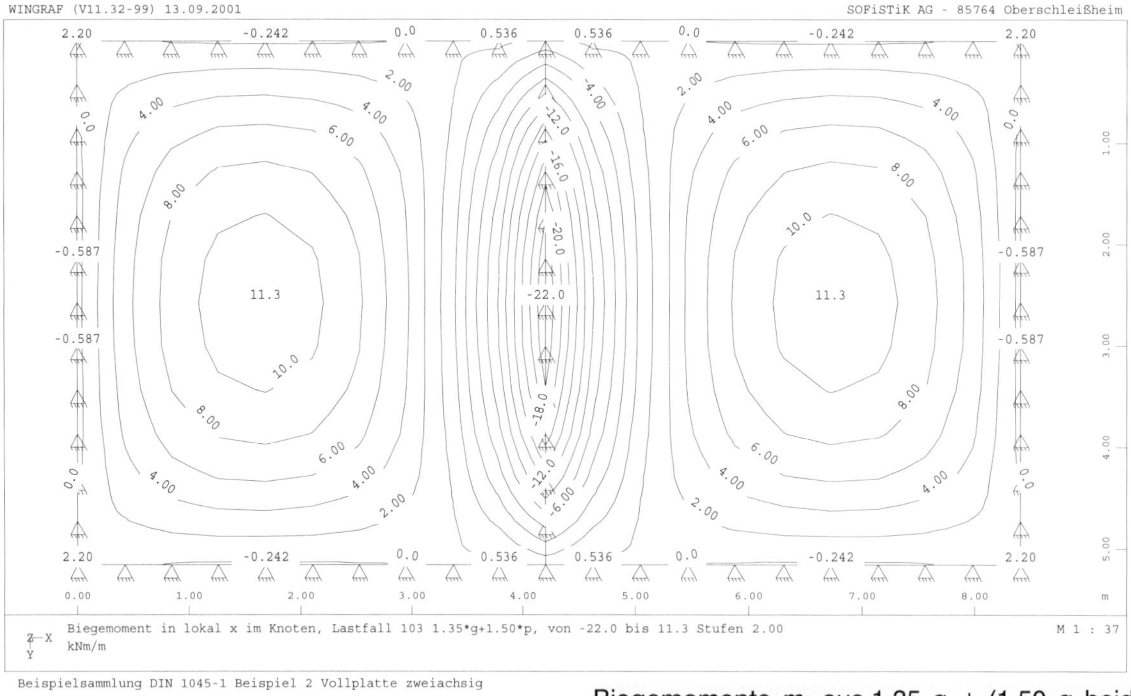

Biegemomente m_x aus 1,35 g_k + (1,50 q_k beide Felder)

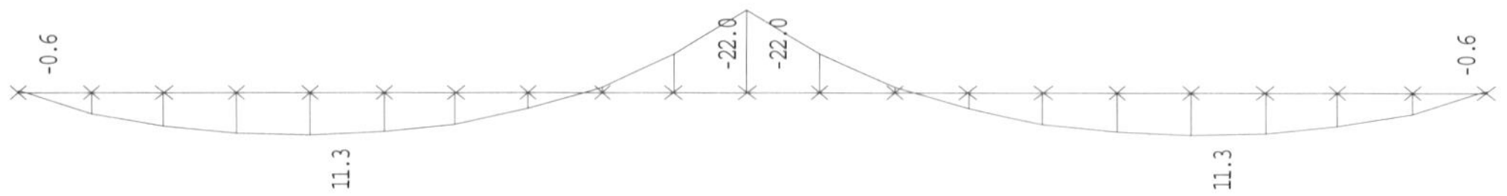

3.2 Grenzzustände der Gebrauchstauglichkeit

Schnittgrößen:

Für den Nachweis zur Begrenzung der Rissbreite für die statisch erforderliche Bewehrung wird in diesem Beispiel nur das Stützmoment für die quasi-ständige Einwirkungskombination benötigt.

Stützmoment infolge der quasi-ständigen Einwirkungskombination:

siehe 2.3

$m_{xerm} = -6{,}00 \cdot 4{,}20^2 / 10{,}0 \quad = \mathbf{-10{,}58\ kNm/m}$

4 Bemessung in den Grenzzuständen der Tragfähigkeit

4.1 Bemessungswerte der Baustoffe

Teilsicherheitsbeiwerte in Grenzzuständen der Tragfähigkeit:

- Beton < C55/67 $\gamma_c = 1{,}50$
- Betonstahl $\gamma_s = 1{,}15$

DIN 1045-1, 5.3.3: Tab. 2: Teilsicherheitsbeiwerte für die Bestimmung des Tragwiderstands Ständige und vorübergehende Bemessungssituation (Normalfall)

Beton C20/25: $f_{ck} = 20\ N/mm^2$
$f_{cd} = 0{,}85 \cdot 20 / 1{,}50$
$= \mathbf{11{,}3\ N/mm^2}$

DIN 1045-1, Tab. 9: Festigkeits- und Formänderungskennwerte von Normalbeton

DIN 1045-1, 9.1.6: (2) Abminderung mit $\alpha = 0{,}85$ berücksichtigt Langzeitwirkung

Betonstahlmatten BSt 500 M (A): $f_{yk} = 500\ N/mm^2$
$f_{yd} = 500 / 1{,}15$
$= \mathbf{435\ N/mm^2}$

DIN 1045-1, Tab. 11: Eigenschaften der Betonstähle

4.2 Bemessung für Biegung

4.2.1 Bemessung über dem Zwischenauflager

Innenwand = Zwischenauflager

Ausrundung des Stützmomentes:

DIN 1045-1, 7.3.2: *Sonstige Vereinfachungen* (2) *Ausrundung des Stützmomentes unabhängig vom Rechenverfahren zulässig.*

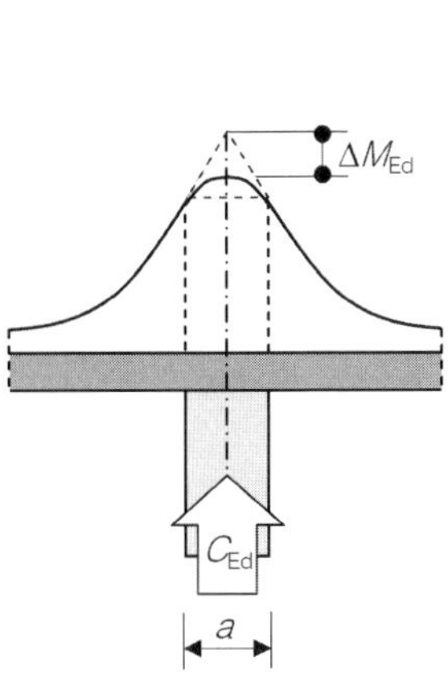

zulässige Reduktion: $\Delta m_{Ed} = C_{Ed} \cdot a / 8$
$= 2 \cdot 32{,}35 \cdot 0{,}24 / 8$
$= 1{,}94\ kNm/m$

DIN 1045-1: Gl. (11)
C_{Ed} = Bemessungswert der Auflagerreaktion
hier: $2 \cdot v_{xerm}$
a = Auflagertiefe

Bemessungsmoment:
$m_{x,red} = -22{,}01 + 1{,}94$
$= \mathbf{-20{,}1\ kNm/m}$

Momente aus e_d siehe 3.1

Nutzhöhe über dem Zwischenauflager :
$d = \quad h - c_v - 0{,}5 \cdot d_s \; = 120 - 36 - 4 \; = 80$ mm

c_v siehe 1.3
Annahme: Ø = 7 mm < 8 mm

Bemessungsquerschnitt: $b\,/\,h\,/\,d$ **= 1,00 / 0,12 / 0,08 m**

Bemessung mit dimensionslosen Beiwerten (je lfdm):

$\mu_{Eds} = |m_{x,red}| \,/\, (b \cdot d^2 \cdot f_{cd}) = 20{,}1 \cdot 10^{-3} \,/\, (1{,}0 \cdot 0{,}08^2 \cdot 11{,}3) = 0{,}278$

Anhang A4: Werte für $\mu_{Eds} = 0{,}280$ abgelesen:

ω	ξ	σ_{sd}
0,339	0,419	437,3 N/mm²

Anhang A4:
Bemessungstabelle bis C50/60
Rechteckquerschnitt ohne Druckbewehrung
Biegung mit Längskraft
Bezogene Werte:
ω = mechanischer Bewehrungsgrad
ξ = Druckzonenhöhe $x\,/\,d < 0{,}45$
DIN 1045-1, 8.2: (3) Linear-elastische Berechnung

erf $a_{s,x} \; = \omega \cdot b \cdot d \cdot f_{cd} \,/\, \sigma_{sd}$
$= 0{,}339 \cdot 100 \cdot 8 \cdot 11{,}3 \,/\, 437{,}3 =$ **7,01 cm²/m**

Gewählt: Stützbewehrung
Betonstahllistenmatte BSt 500 M (A)
längs **100 · 7,0d** **= 7,70 cm²/m** > 7,01 cm²/m = erf $a_{s,x}$
quer **250 · 7,0** = 1,54 cm²/m > 0,20 · erf $a_{s,x}$

DIN 1045-1, 13.3.2: Zugkraftdeckung
(2) einachsig gespannte Platten (über dem Zwischenauflager): Die Querbewehrung muss mindestens 20 % der Zugbewehrung betragen.

7,0d mit d_{sV} Ø 9,9 mm < c_{min} = 20 mm
Sicherung des Verbundes siehe 1.3

DIN 1045-1, 13.3.2: (4)
Größtabstand s der Bewehrung beachten!
hier: längs / quer $s \leq 150 / 250$ mm

4.2.2 Bemessung in den Feldern

Feld in x-Richtung:

Nutzhöhe
$d = \quad h - c_v - 0{,}5 \cdot d_s \; = 120 - 20 - 4 \; = 96$ mm

c_v siehe 1.3
Annahme: Ø ≤ 8 mm

Bemessungsquerschnitt: $b\,/\,h\,/\,d$ **= 1,00 / 0,12 / 0,096 m**

Bemessung mit dimensionslosen Beiwerten (je lfdm):

$\mu_{Eds} = m_{xm} \,/\, (b \cdot d^2 \cdot f_{cd}) = 12{,}07 \cdot 10^{-3} \,/\, (1{,}0 \cdot 0{,}096^2 \cdot 11{,}3) = 0{,}116$

Anhang A4: Werte für $\mu_{Eds} = 0{,}116$ interpoliert:

ω	ξ	σ_{sd}
0,1239	0,153	451,2 N/mm²

Anhang A4:
Bemessungstabelle bis C50/60
Rechteckquerschnitt ohne Druckbewehrung
Biegung mit Längskraft

Die in dieser Beispielsammlung genutzten Bemessungshilfsmittel basieren auf der ansteigenden Spannungs-Dehnungslinie des Betonstahls nach DIN 1045-1, 9.2.4: Bild 27 mit Kurve 2.

erf $a_{s,x} \; = \omega \cdot b \cdot d \cdot f_{cd} \,/\, \sigma_{sd}$
$= 0{,}1239 \cdot 100 \cdot 9{,}6 \cdot 11{,}3 \,/\, 451{,}2 =$ **2,99 cm²/m**

Feld in y-Richtung:

Nutzhöhe
$d = \quad h - c_v - d_{sx} - 0{,}5 \cdot d_{sy} \; = 120 - 20 - 8 - 4 = 88$ mm

Bemessungsquerschnitt: $b\,/\,h\,/\,d$ **= 1,00 / 0,12 / 0,088 m**

Bemessung mit dimensionslosen Beiwerten (je lfdm):

$\mu_{Eds} = m_{ymax} / (b \cdot d^2 \cdot f_{cd}) = 6{,}11 \cdot 10^{-3} / (1{,}0 \cdot 0{,}088^2 \cdot 11{,}3) = 0{,}070$

Anhang A4: Werte für $\mu_{Eds} = 0{,}070$ abgelesen:

Anhang A4:
Bemessungstabelle bis C50/60
Rechteckquerschnitt ohne Druckbewehrung
Biegung mit Längskraft

ω	ξ	σ_{sd}
0,0728	0,097	456,5 N/mm²

erf a_{sy} $= \omega \cdot b \cdot d \cdot f_{cd} / \sigma_{sd}$
$= 0{,}0728 \cdot 100 \cdot 8{,}8 \cdot 11{,}3 / 456{,}5 =$ **1,59 cm²/m**

Gewählt: Feldbewehrung
Betonstahl-Lagermatte BSt 500 M (A)
Q335A = 150 · 8,0 / 150 · 8,0
= **3,35 cm²/m / 3,35 cm²/m** (längs / quer)
> 2,99 cm²/m / 1,59 cm²/m = erf a_{sx} / erf a_{sy}

Lagermatten sind Betonstahlmatten mit bestimmten Mattenabmessungen, die im Lieferprogramm des Fachverbandes Betonstahlmatten e. V. enthalten sind, allgemein angeboten werden und über Händler zu beziehen sind (siehe Anhang A11).

Listenmatten sind Betonstahlmatten, deren Mattenumriss (Länge, Breite) und Mattenaufbau (Stababstände, -durchmesser, -längen) vom Konstrukteur bzw. Besteller entsprechend den bauteilbezogenen Anforderungen und den Möglichkeiten des Herstellers gewählt werden können.

4.3 Bemessung für Querkraft

DIN 1045-1, 10.3: Querkraft

4.3.1 Endauflager

Der Nachweis wird wegen der unterschiedlichen maßgebenden Biegebewehrung für die Querkraft am End- und Zwischenauflager geführt.

Endauflager in Achse A

$|v_{Ed,xrm}| = 21{,}84$ kN/m

siehe 3.1

Der Ermittlung der Querkraftbewehrung darf bei gleichmäßig verteilter Belastung und direkter Auflagerung die Querkraft im Abstand *d* vom Auflagerrand zugrundegelegt werden.

DIN 1045-1, 10.3.2: (1)
Bemessungswert der einwirkenden Querkraft

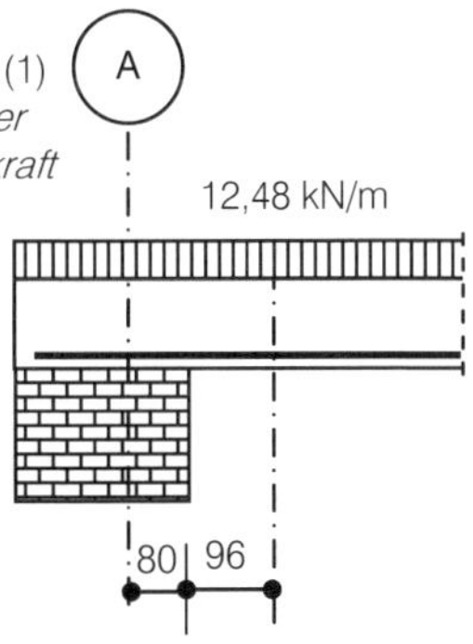

$v_{Ed,A,red} = 21{,}84 - (0{,}08 + 0{,}096) \cdot 12{,}48 = 19{,}6$ kN/m

Aufnehmbare Querkraft $v_{Rd,ct}$ bei Platten ohne Querkraftbewehrung:

$v_{Rd,ct} = [(0{,}15 / \gamma_c) \cdot \kappa \cdot \eta_1 (100\rho_l \cdot f_{ck})^{1/3} - 0{,}12\sigma_{cd}] \cdot d \geq v_{Rd,ct,min}$

DIN 1045-1, 10.3.3: Gl. (70)
auf 1 m Plattenbreite bezogen

$\kappa = 1 + (200 / d)^{1/2} \leq 2{,}0$
wegen $d = 96$ mm < 200 mm: $\kappa = 2{,}0$

DIN 1045-1, 10.3.3: Gl. (71)

Normalbeton: $\eta_1 = 1$

$$v_{Rd,ct,min} = \left[\eta_1 \cdot \frac{\kappa_1}{\gamma_c} \cdot \sqrt{\kappa^3 \cdot f_{ck}} - 0{,}12\sigma_{cd}\right] \cdot d$$

DIN 1045-1, 10.3.3: Gl. (70a) mit Gl. (70b)
auf 1 m bezogen, Mindestquerkrafttragfähigkeit

$f_{ck} = 20$ N/mm²

C20/25

$\sigma_{cd} = N_{Ed} / A_c = 0$

$N_{Ed} = 0$ Längskraft im Querschnitt infolge äußerer Einwirkung oder wirksamer Vorspannung

$\kappa_1 = 0{,}0525$ für $d \leq 600$ mm

$$v_{Rd,ct,min} = \left[\frac{0{,}0525}{1{,}5} \cdot \sqrt{2{,}0^3 \cdot 20}\right] \cdot 96 = 42{,}5 \text{ kN/m}$$

N/mm = kN/m

$100\rho_l = a_{sl} / d = 3{,}35 / 9{,}6 = 0{,}35 \qquad \leq 2\ \%$

$d = 96$ mm (unten)

$v_{Rd,ct} = (0{,}15 / 1{,}5) \cdot 2{,}0 \cdot 1{,}0\ (0{,}35 \cdot 20)^{1/3} \cdot 96 = 36{,}7\ \text{kN/m} < v_{Rd,ct,min}$

$v_{Ed,A,red} = 19{,}6\ \text{kN/m} < v_{Rd,ct,min} = 42{,}5\ \text{kN/m}$

→ keine Querkraftbewehrung erforderlich!

DIN 1045-1, 10.3.3: Bild 32:
A_{sl} = Fläche der Zugbewehrung, die mindestens um das Maß *d* über den betrachteten Querschnitt hinaus geführt und dort wirksam verankert wird.
Hier: a_{sl} = 3,35 cm²/m siehe 4.2.2 – für Endauflager ist für diesen Nachweis die untere Bewehrung maßgebend!

DIN 1045-1, 13.3.3: (2) Bei Platten ohne rechnerisch erforderliche Querkraftbewehrung ($v_{Ed} \leq v_{Rd,ct}$) mit einem Verhältnis $b / h > 5$ ist keine Mindestbewehrung für Querkraft erforderlich.

4.3.2 Zwischenauflager

Der Nachweis wird für die extremale Querkraft am Zwischenauflager B, links geführt.

$| v_{Ed,xerm} | = 32{,}35\ \text{kN/m}$

siehe 3.1

Der Ermittlung der Querkraftbewehrung darf bei gleichmäßig verteilter Belastung und direkter Auflagerung die Querkraft im Abstand *d* vom Auflagerrand zugrunde gelegt werden.

DIN 1045-1, 10.3.2: (1)
Bemessungswert der einwirkenden Querkraft

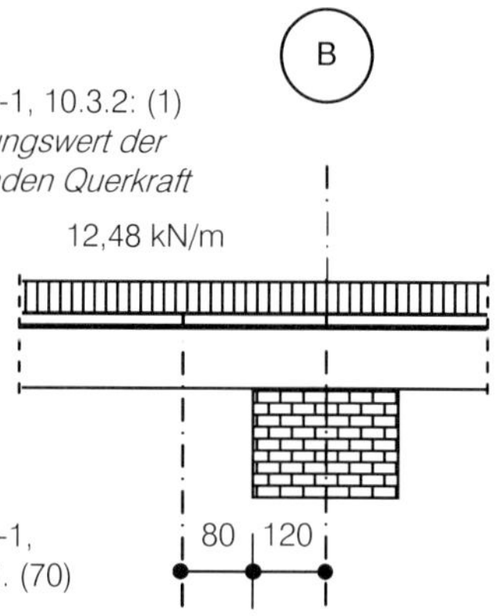

$v_{Ed,B,red} = 32{,}35 - (0{,}12 + 0{,}08) \cdot 12{,}48 = 29{,}8\ \text{kN/m}$

Aufnehmbare Querkraft $v_{Rd,ct}$ bei Platten ohne Querkraftbewehrung:

$v_{Rd,ct} = [(0{,}15 / \gamma_c) \cdot \kappa \cdot \eta_1\ (100\rho_l \cdot f_{ck})^{1/3} - 0{,}12\sigma_{cd}] \cdot d$

DIN 1045-1, 10.3.3: Gl. (70)

$\kappa = 1 + (200 / d)^{1/2} \qquad \leq 2{,}0$
wegen $d = 80$ mm < 200 mm: $\kappa = 2{,}0$

DIN 1045-1, 10.3.3: Gl. (71)

$$v_{Rd,ct,min} = \left[\frac{0{,}0525}{1{,}5} \cdot \sqrt{2{,}0^3 \cdot 20}\right] \cdot 80 = 35{,}4\ \text{kN/m}$$

N/mm = kN/m

$100\rho_l = a_{sl} / d = 7{,}70 / 8 = 0{,}96 \leq 2\ \%$

$d = 80$ mm (oben)

DIN 1045-1, 10.3.3: Bild 32:
A_{sl} = Fläche der Zugbewehrung, die mindestens um das Maß *d* über den betrachteten Querschnitt hinaus geführt und dort wirksam verankert wird.
Hier: a_{sl} = 7,70 cm²/m siehe 4.2.1 – für Zwischenauflager ist für diesen Nachweis die obere Bewehrung maßgebend!

$v_{Rd,ct} = (0{,}15 / 1{,}5) \cdot 2{,}0 \cdot 1{,}0\ (0{,}96 \cdot 20)^{1/3} \cdot 80 = \mathbf{43{,}2\ MN/m} > v_{Rd,ct,min}$

$v_{Ed,red} = 29{,}8\ \text{kN/m} < v_{Rd,ct} = 43{,}2\ \text{kN/m}$

→ keine Querkraftbewehrung erforderlich!

DIN 1045-1, 13.3.3: (2) Bei Platten ohne rechnerisch erforderliche Querkraftbewehrung ($v_{Ed} \leq v_{Rd,ct}$) mit einem Verhältnis $b / h > 5$ ist keine Mindestbewehrung für Querkraft erforderlich.

5 Nachweise in den Grenzzuständen der Gebrauchstauglichkeit

5.1 Begrenzung der Spannungen unter Gebrauchsbedingungen

Die Bedingungen nach DIN 1045-1, 11.1.1: (3) (siehe Kommentar) sind im Beispiel eingehalten, die Spannungsnachweise unter Gebrauchsbedingungen können entfallen.

DIN 1045-1, 11.1.1: (3) *Die Spannungsnachweise nach 11.1.2 (Betondruckspannungen) und 11.1.3 (Betonstahlspannungen) dürfen für nicht vorgespannte Tragwerke des üblichen Hochbaus, die nach Abschnitt 10 bemessen wurden, i. Allg. entfallen, wenn die Schnittgrößen nach der Elastizitätstheorie ermittelt und im Grenzzustand der Tragfähigkeit um nicht mehr als 15 % umgelagert wurden und die bauliche Durchbildung nach Abschnitt 13 (Konstruktionsregeln) durchgeführt wird und insbesondere die Festlegungen für die Mindestbewehrung nach 13.1.1 eingehalten sind.*

5.2 Grenzzustände der Rissbildung

5.2.1 Mindestbewehrung zur Begrenzung der Rissbreite

DIN 1045-1, 11.2.2

Bei den vorliegenden Verhältnissen (Abmessungen, Wärmedämmung, Lagerausbildung) kann davon ausgegangen werden, dass eine unter Umständen auftretende Zwangbeanspruchung die Rissschnittgröße nicht erreicht. Auf den Nachweis der Mindestbewehrung wird daher verzichtet.

5.2.2 Begrenzung der Rissbreite für die statisch erforderliche Bewehrung

DIN 1045-1, 11.2.3: Begrenzung der Rissbreite ohne direkte Berechnung

Für die untere Bewehrungslage ist der Nachweis der Begrenzung der Rissbreite nicht erforderlich, da die erforderlichen Bedingungen Expositionsklasse XC1 und h = 120 mm < 200 mm (siehe Kommentar) eingehalten sind.

DIN 1045-1, 11.2.1: (12) Bei Platten in der Expositionsklasse XC1, die durch Biegung ohne wesentlichen zentrischen Zug beansprucht werden, sind keine Nachweise zur Begrenzung der Rissbreite notwendig, wenn deren Gesamtdicke 200 mm nicht übersteigt, die Festlegungen nach 13.3 (Konstruktionsregeln Vollplatten) eingehalten sind und keine strengere Begrenzung nach Absatz (6) erforderlich ist.

Die Anforderungen an die Dauerhaftigkeit und das Erscheinungsbild des Tragwerks gelten bei der an der Plattenoberseite vorausgesetzten Expositionsklasse XC3 als erfüllt, wenn der Rechenwert der Rissbreite auf w_k = 0,3 mm begrenzt wird (Anforderungsklasse E).

Biegemoment unter der quasi-ständigen Einwirkungskombination:

m_{xerm} = –10,58 kNm/m
vorh a_{sx} = 7,70 cm²/m

DIN 1045-1, 11.2.1: (6) Tabellen 18 und 19 quasi-ständig wegen Anforderungsklasse E
siehe 3.2
siehe 4.2.1, obere Längsbewehrung

$$\sigma_s = |m_{xerm}| / (a_s \cdot z)$$
$$= 10{,}58 \cdot 10^{-3} / (7{,}70 \cdot 10^{-4} \cdot 0{,}9 \cdot 0{,}08) \quad = \mathbf{191\ N/mm^2}$$

$z \approx 0{,}9d$ angenommen

a) Begrenzung des Stababstandes
für w_k = 0,3 mm und σ_s = 200 N/mm²:

DIN 1045-1, 11.2.3: Tab. 21: Höchstwerte der Stababstände von Betonstählen

s_{max} = 250 mm **> vorh s** = 100 mm (Listenmatte mit 7,0d · 100)

b) Alternativ: Begrenzung des Stabdurchmessers
für w_k = 0,3 mm und σ_s = 200 N/mm²: d_s^* = 27 mm

DIN 1045-1, 11.2.3: Tab. 20 bzw. Anhang A10 Grenzdurchmesser d_s^* bei Betonstählen

Der Grenzdurchmesser muss in Abhängigkeit von der wirksamen Betonzugfestigkeit modifiziert werden:

DIN 1045-1, 11.2.3: Gl. (131)
Tabelle 20 ist auf $f_{ct,0}$ = 3,0 N/mm² bezogen.
DIN 1045-1, 9.1.7: Tab. 9:
C20/25 mit $f_{ct,eff} = f_{ctm}$ = 2,2 N/mm²

$$d_s = d_s^* \cdot f_{ct,eff} / f_{ct,0} = 27 \cdot 2{,}2 / 3{,}0$$
$$= \mathbf{19{,}8\ mm} \quad > \text{vorh } d_s = 7\text{ mm}$$

DIN 1045-1, 11.2.3: (8) bei Betonstahlmatten mit Doppelstäben (hier 7d) → Durchmesser eines Einzelstabes 7 mm ansetzbar. Die Konstruktionsregeln für die angeschweißte Querbewehrung nach 13.3.2 sind einzuhalten.

→ beide Nachweise Nachweis sind erfüllt!

Ein erfolgreicher Nachweis a) o. b) reicht aus!

5.3 Begrenzung der Verformungen

DIN 1045-1, 11.3

Der vereinfachte Nachweis durch eine Begrenzung der Biegeschlankheit wurde bei der Bestimmung der erforderlichen Deckendicke geführt.

siehe in diesem Beispiel unter 1.4

Die Wahl der sehr geringen Deckendicke in diesem Beispiel mit h = 120 mm soll die Vergleichbarkeit mit den Nachweisen für das Beispiel 2 in [35] nach DIN 1045(1988) ermöglichen.
Hinweis: Der vereinfachte Nachweis über Biegeschlankheiten nach [50], siehe Anhang A8, führt zu einer größeren Deckendicke und liegt auf der sicheren Seite.

6 Bewehrungsführung, bauliche Durchbildung

6.1 Grundmaß der Verankerungslänge

DIN 1045-1, 12.6.2

Grundmaß: $l_b = (d_s / 4) \cdot (f_{yd} / f_{bd})$

DIN 1045-1, 12.6.2: (2) Gl. (140)

Bemessungswert Verbundspannung: $f_{bd} = 2{,}3$ N/mm² für C20/25
Bemessungswert Stahlspannung : $f_{yd} = 435$ N/mm²

DIN 1045-1, 12.5: Tab. 25: $d_s < 32$ mm und gute Verbundbedingungen 12.4: (2) b) Waagerechte Stäbe und Bauteildicke in Betonierrichtung < 300 mm

	Betonstahlmatte		
Position	d_s	d_{sV}	l_b (mm)
Stütze Innenwand	7,0d	9,9	**468**
Feld 1+2	8,0		**378**

6.2 Verankerung am Endauflager

Mindestens die Hälfte der (erforderlichen) Feldbewehrung ist zum Auflager zu führen und dort zu verankern.
Im Beispiel: Führung der gesamten Feldbewehrung zum Endauflager.

DIN 1045-1, 13.3.2: (1) Zugkraftdeckung Platten

siehe 4.3.2: Nachweis der Querkrafttragfähigkeit mit 100 % der Biegebewehrung

Zu verankernde Zugkraft in x-Richtung am Endauflager:

$F_{sd} = V_{Ed} \cdot a_l / z + N_{Ed} \geq V_{Ed} / 2$ — DIN 1045-1, 13.2.2: (7) Gl. (148)

$V_{Ed} = v_{xrm} = 21{,}84$ kN/m $\quad N_{Ed} = 0$ — siehe 3.1

Versatzmaß $a_l = 1{,}0d = 96$ mm — DIN 1045-1, 13.3.2: (1) Platten ohne Querkraftbewehrung

$F_{sd} = 21{,}84 \cdot 1{,}0 / 0{,}9 = 24{,}3$ kN/m — DIN 1045-1, 13.2.2: (3) $z = 0{,}9d$ angenommen.

erf $a_{s,x} = F_{sd} / f_{yd} = 0{,}0243 \cdot 10^4 / 435 = 0{,}56$ cm²/m

Erforderliche Verankerungslänge

	Betonstahlmatte Q335A: ∅ 8,0	
$l_{b,min} = 0{,}3\ \alpha_a\ l_b$ $\geq 10 d_s$	gerade Stabenden mit mind. 1 angeschweißtem Stab innerhalb $l_{b,net}$: $\alpha_a = 0{,}7$ $l_{b,min} = 0{,}3 \cdot 0{,}7 \cdot 378 = 79{,}4$ mm $< 10 \cdot 8 =$ **80 mm**	DIN 1045-1, 12.6: Tab. 26: Verankerungsarten DIN 1045-1, 12.6.2: (3) $l_{b,min}$
$l_{b,net} = \alpha_a \cdot l_b \cdot (a_{s,erf} / a_{s,vorh})$ $\geq l_{b,min}$	$l_{b,net} = 0{,}7 \cdot 378 \cdot (0{,}56 / 3{,}35) = 44{,}2$ mm $< l_{b,min} =$ **80 mm**	DIN 1045-1, 12.6.2: (3) Gl. (141)
$l_{b,dir} = (2/3) \cdot l_{b,net}$ $\geq 6{,}7 d_s$	$l_{b,dir} = (2/3) \cdot 80 =$ **53 mm** $= 6{,}7 \cdot 8 = 53$ mm	DIN 1045-1, 13.2.2: (8) Gl. (149) bei direkter Auflagerung

Die Feldbewehrung wird um das Maß **100 mm** > erf $l_{b,dir}$ hinter die Auflagervorderkante des Endauflagers in x-Richtung geführt.

Die Verankerungsverhältnisse in y-Richtung sind günstiger ($F_{sd,y} < F_{sd,x}$). Die Feldbewehrung wird ebenfalls um das Maß 100 mm hinter die Auflagervorderkante des Endauflagers in y-Richtung geführt.

6.3 Verankerung am Zwischenauflager

Mindestens die Hälfte der (erforderlichen) Feldbewehrung ist zum Auflager zu führen und dort zu verankern.

DIN 1045-1, 13.3.2: (1)
Zugkraftdeckung Platten

Im Beispiel: Führung der gesamten Feldbewehrung zum Zwischenauflager.

$$\min l_{b,dir} \geq 6d_s = 6 \cdot 8 = 48 \text{ mm}$$

DIN 1045-1, 13.2.2: (9) An Zwischenauflagern von durchlaufenden Bauteilen ist die erforderliche Bewehrung mindestens um das Maß $6d_s$ bis hinter den Auflagerrand zu führen.

Zur Aufnahme positiver Momente infolge außergewöhnlicher Beanspruchungen wegen unplanmäßiger Auflagersetzungen wird die Feldbewehrung über Auflager B kraftschlüssig gestoßen.

DIN 1045-1, 13.2.2 (10): *Zusätzlich sollte die unten liegende Bewehrung an Zwischenauflagern so ausgeführt werden, dass sie positive Momente infolge außergewöhnlicher Beanspruchungen aufnehmen kann (Auflagersetzungen, Explosion usw.).*

Die Auftretenswahrscheinlichkeit dieser außergewöhnlichen Beanspruchungen ist bei jedem Bauwerk gesondert zu betrachten. Siehe auch Beispiel 1, Kommentar zu 6.3.

Annahme:
50 % der aufnehmbaren Zugkraft der Feldbewehrung soll im Stoß übertragen werden können.
Diese Annahme nimmt die Forderung nach mindestens der Hälfte der zum Auflager zu führenden und zu verankernden Feldbewehrung auf.

Übergreifungslänge der Betonstahlmatten in zwei Ebenen über dem Zwischenauflager:

Kriterium	Betonstahlmatte Q335A: ∅ 8,0 / 150 mm
	$\alpha_2 = 0{,}4 + a_{s,vorh} / 8 \quad (1{,}0 \leq \alpha_2 \leq 2{,}0)$ $= 0{,}4 + 3{,}35 / 8 = 0{,}82 < \mathbf{1{,}0}$
$l_{s,min} = 0{,}3 \cdot \alpha_2 \cdot l_b$ $\geq s_q$ ≥ 200 mm	$l_{s,min} = 0{,}3 \cdot 1{,}0 \cdot 378 = 113$ mm < 150 mm $<$ **200 mm**
$l_s = l_b \cdot \alpha_2 \cdot (a_{s,erf} / a_{s,vorh})$ $\geq l_{s,min}$	$l_s = 378 \cdot 1{,}0 \cdot (0{,}5) = 189$ mm $< l_{s,min} =$ **200 mm**

DIN 1045-1, 12.8.4: (2)
s_q = Abstand der geschweißten Querstäbe

l_b siehe 6.1

DIN 1045-1, 12.8.4: (2) Gl. (145)
Annahme:
50 % der aufnehmbaren Zugkraft aus Feld 1+2 soll übertragen werden $(a_{s,erf} / a_{s,vorh}) = 0{,}5$.

Gewählte Übergreifungslänge $l_s =$ **200 mm** $= l_{s,min}$

Zusätzliche Querbewehrung im Stoßbereich ist nicht erforderlich.

DIN 1045-1, 12.8.4: (4)

6.4 Verankerung außerhalb der Auflager

Die Stäbe der nichtgestaffelten oberen Biegebewehrung über dem Zwischenauflager sind im Feld vom Nullpunkt der Zugkraftlinie um das Maß $l_{b,net}$ zu verankern.

DIN 1045-1, 13.2.2: Zugkraftdeckung
Bild 66

$$l_{b,net} = \alpha_a \cdot l_b \cdot (a_{s,erf} / a_{s,vorh}) = 0 \quad (\text{wegen } a_{s,erf} = 0)$$

$$< l_{b,min} = 0{,}3 \cdot 1{,}0 \cdot 468 = 141 \text{ mm}$$

$l_{b,net}$ = **150 mm** gewählt

DIN 1045-1, 12.6.2: (3) Gl. (141)

l_b siehe 6.1

6.5 Stöße der Bewehrung in y-Richtung

Feldbewehrung Q335A

Übergreifungslänge Betonstahlmatte in einer Ebene:

Einebenenstöße können z. B. mit Randsparbereichen der Matten oder überdeckenden Zulagestäben hergestellt werden.

Kriterium	Betonstahlmatte Q335A: ∅ 8,0
	gerade Stabenden:
	$\alpha_a = 1{,}0$ $\quad\alpha_1 = 1{,}0$
$l_{s,min} = 0{,}3 \cdot \alpha_a \cdot \alpha_1 \cdot l_b$	$l_{s,min} = 0{,}3 \cdot 1{,}0 \cdot 378 = 113$ mm
$\geq 15 d_s$	$< 15 \cdot 8 = 120$ mm
≥ 200 mm	$<$ **200 mm**
$l_{b,net} = \alpha_a \cdot l_b \cdot (a_{s,erf} / a_{s,vorh})$	$l_{b,net} = 1{,}0 \cdot 378 \cdot (1{,}59 / 3{,}35)$
	$=$ **179 mm**
$\geq l_{b,min} = 0{,}3 \cdot \alpha_a \cdot l_b$	$> 0{,}3 \cdot 1{,}0 \cdot 378 = 113$ mm
$\geq 10 d_s$	$> 10 \cdot 8 = 80$ mm
$l_s = l_{b,net} \cdot \alpha_1$	$l_s = 179 \cdot 1{,}0 = 179$ mm
$\geq l_{s,min}$	$<$ **200 mm** $= l_{s,min}$

DIN 1045-1, 12.8.2: (1)
$\alpha_a = 1{,}0$ auch für BSt-Matte maßgebend, ein angeschweißter Querstab darf nicht angesetzt werden.
DIN 1045-1, Tab. 27:
α_1 für gestoßene Stäbe > 33 % in der Zugzone und $d_s < 16$ mm,
Bild 57: $s \geq 10 d_s$, daher [a]): $\alpha_1 = 1{,}0$ ansetzbar.

l_b siehe 6.1
$(a_{s,erf} / a_{s,vorh}) = 1{,}59 / 3{,}35 = 0{,}47$ siehe 4.2.2

DIN 1045-1, 12.6.2: (3) Gl. (141)

DIN 1045-1, 12.8.2: (1) Gl. (144)

Gewählte Übergreifungslänge l_s $\geq$ **200 mm**
$= l_{s,min}$
$= l_{s,min}$ für Zweiebenenstoß der Matten Q335A mit $(a_{s,erf} / a_{s,vorh}) = 0{,}5$

siehe 6.2: Nachweis für Zweiebenenstoß über dem Zwischenauflager.

6.6 Mindestbewehrung zur Sicherstellung eines duktilen Bauteilverhaltens

Die Mindestbewehrung nach DIN 1045-1, 13.1.1 braucht nur in der Haupttragrichtung der zweiachsig gespannten Platte vorgesehen werden, um das spröde Versagen zu vermeiden (bei quadratischen Platten: 1. Lage)

Rissmoment:

$$m_{cr} = f_{ctm} \cdot h^2 / 6 = 2{,}2 \cdot 10^3 \cdot 0{,}12^2 / 6 = 5{,}28 \text{ kNm/m}$$

DIN 1045-1, 13.1.1:
Mindestbewehrung und Höchstbewehrung
(1) Bemessung mit f_{ctm} und $\sigma_s = f_{yk}$

$$\min a_s = m_{cr} / (f_{yk} \cdot z) = 0{,}00528 \cdot 10^4 / (500 \cdot 0{,}9 \cdot 0{,}081) = \mathbf{1{,}45\ cm^2/m} < \text{vorh } a_{sl} = 3{,}35 \text{ cm}^2\text{/m}$$

DIN 1045-1, 9.1.7:
Tab. 9: $f_{ctm} = 2{,}2$ N/mm² für C20/25

$z = 0{,}9d$ angenommen.

siehe 4.2.2: Betonstahlmatte Q335A

6.7 Einspannbewehrung am Endauflager

Die Stahlbetonplatte liegt über den Außenwänden frei auf. Auf eine Bewehrung zur Abdeckung teilweiser Einspannungen kann daher verzichtet werden.

DIN 1045-1, 13.2.1: (1) Rechnerisch nicht erfasste Einspannwirkungen an den Endauflagern müssen bei der baulichen Durchbildung berücksichtigt werden. Bei Annahme frei drehbarer Lagerung sind die Querschnitte der Endauflager für ein Stützmoment zu bemessen...

6.8 Drillbewehrung

Das Abheben der Stahlbetonplatte über den Ecken ist hier nicht behindert. Trotzdem treten an der Oberseite Zugspannungen auf, wobei die zugerzeugenden Momente sich außerhalb des Schnittpunktes der Diagonale zu den frei drehbaren Rändern entwickeln.

DIN 1045-1, 13.3.2: (5) Werden die Schnittgrößen in einer Platte unter Ansatz der Drillsteifigkeit ermittelt, so ist die Bewehrung in den Plattenecken unter Berücksichtigung des Drillmomentes zu ermitteln.

Empfehlung *Stiglat/Wippel* [43]:

[43] BK 2000/2: *Stiglat/Wippel:* Massive Platten, S. 235 ff., 5.3.2: Drillsteife, vierseitig frei drehbar gelagerte Platten mit abhebenden Ecken

Es ist eine obere Eckbewehrung anzuordnen, die für eine Ersatzlast von maximal $0{,}03\ e_d \cdot l^2_{min}$ bemessen wird.

$m_E^* = 0{,}03 \cdot 12{,}48 \cdot 4{,}20^2 = \mathbf{6{,}60\ kNm/m}$

Einwirkungen siehe 2.2

Nutzhöhe oben:
$d = \quad h - c_v - 0{,}5 \cdot d_s \ = 120 - 36 - 4 = 80$ mm

Bemessungsquerschnitt: $b\,/\,h\,/\,d = \mathbf{1{,}00\,/\,0{,}12\,/\,0{,}08\ m}$

Bemessung mit dimensionslosen Beiwerten (je lfdm):

$\mu_{Eds} = m_E^* / (b \cdot d^2 \cdot f_{cd}) = 6{,}60 \cdot 10^{-3} / (1{,}0 \cdot 0{,}08^2 \cdot 11{,}3) = 0{,}09$

Anhang A4: Werte für $\mu_{Eds} = 0{,}09$ abgelesen:
$\omega = 0{,}0946 \qquad \sigma_{sd} = 456{,}5\ N/mm^2$

Anhang A4:
Bemessungstabelle bis C50/60
Rechteckquerschnitt ohne Druckbewehrung
Biegung mit Längskraft

erf $a_{s,E} = \omega \cdot b \cdot d \cdot f_{cd} / \sigma_{sd}$
$= 0{,}0946 \cdot 100 \cdot 8 \cdot 11{,}3 / 456{,}5$
$= \mathbf{1{,}88\ cm^2/m}$

Gewählt:	**Obere Eckbewehrung**
	Betonstahl-Lagermatte BSt 500 M (A)
Q188A	= 150 · 6,0 / 150 · 6,0
	= **1,88 cm²/m** / 1,88 cm²/m (längs / quer)
	= 1,88 cm²/m = erf $a_{s,E}$

Verteilung der Eckbewehrung in Anlehnung an [43] BK 2000/2: *Stiglat/Wippel:* Massive Platten, S. 238, Bild 5.4

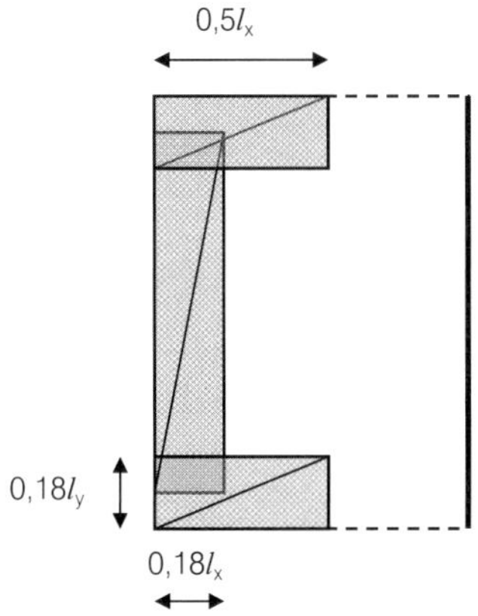

7 Darstellung der Bewehrung

Grundriss

untere Bewehrung

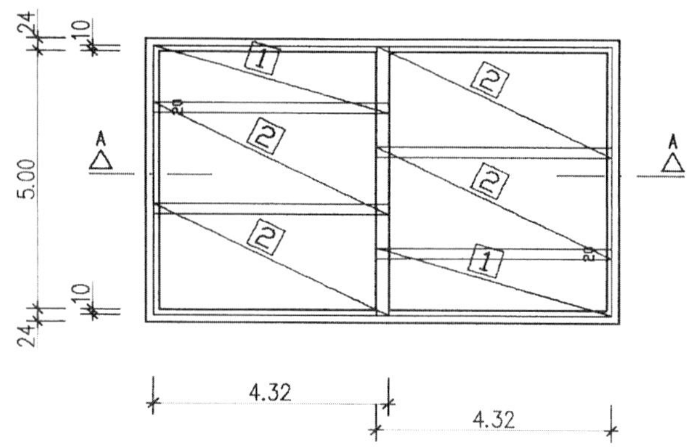

obere Bewehrung und Drillbewehrung

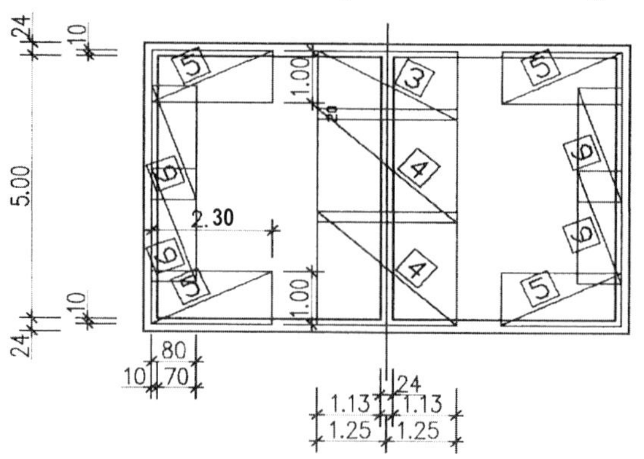

A – A

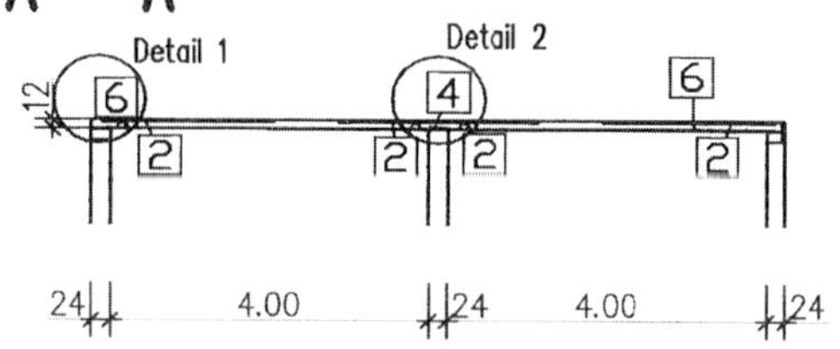

Detail 1

M 1:10

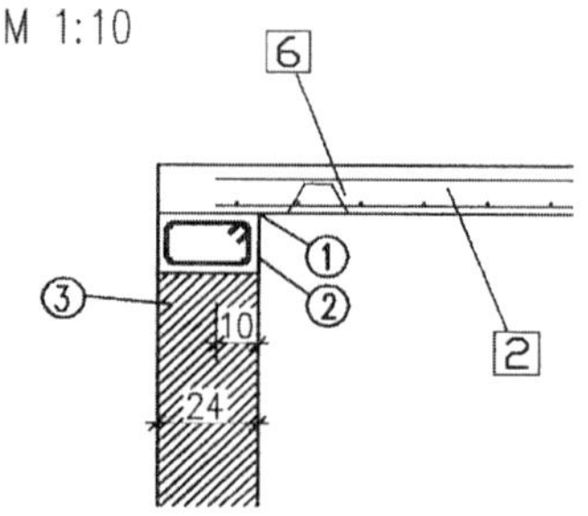

Detail 2

M 1:10

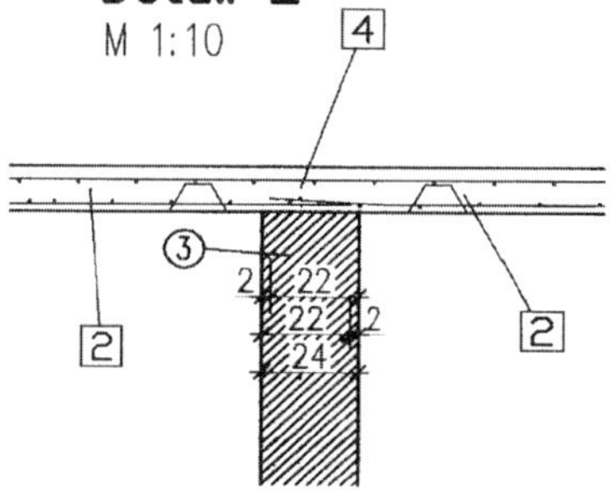

Legende

① Trennschicht
② Ringanker
③ Mauerwerk

Verwendete Betonstahl-Matten

1	Q 335 A	150 – 8,0 / 150 – 8,0	4,32 / 1,30	
2	Q 335 A	150 – 8,0 / 150 – 8,0	4,32 / 2,30	
3	LIMA	100 – 7,0d / 250 – 7,0	2,50 / 1,30	
4	LIMA	100 – 7,0d / 250 – 7,0	2,50 / 2,15	
5	Q 188 A	Drillbewehrung		1,00/2,30
6	Q 188 A	Drillbewehrung		0,80/2,30

Biegerollendurchmesser:	— (Soweit nicht anders angegeben)	
Stab ø / d_s [mm]	< ø20	d_{Br} = 4d_s
	≥ ø20	d_{Br} = 7d_s

Alle Maße der Betonstahlauszüge sind Außenmaße !

letzte Stabstahlposition: ◯ letzte Mattenposition ☐

Baustoffe: Beton: C20/25 XC3, WO (Soweit nicht anders angegeben) Betonstahl: BSt 500 M (A)

	unten	oben	seitl.
Verlegemaß c_v	2,0	3,5	
Vorhaltemaß Δc	1,0	1,5	Datum:

Maßstab:	Blattgr.:	Datum:
zug. Pläne:		erst.: SOFiSTiK
Planart: Bewehrungsplan		gepr.:
Bauteile: Beispiel 2: Vollplatte zweiachsig gespannt		
Bauherr: SOFiCAD Bauvorhaben: Darstellung der Bewehrung		
SOFiSTiK AKTIENGESELLSCHAFT		Projekt: 1 Plan-Nr.:

Beispiel 3: Vollplatte mit großer Dicke

Inhalt

Beispiel 3: Vollplatte mit großer Dicke

Aufgabenstellung

Geplant wird ein Lagergebäude mit einem Kellergeschoss als wasserundurchlässigen Baukörper aus Beton („Weiße Wanne").
Die wasserundurchlässige Betonkonstruktion wird nach der DAfStb-WU-Richtlinie [60] in die Nutzungsklasse B (begrenzte Wasserundurchlässigkeit) und die Beanspruchungsklasse 1 (drückendes Wasser) eingeordnet.

Wasserundurchlässige Betonkonstruktionen werden in DIN 1045-1 nicht behandelt, siehe dazu z. B. [60] DAfStb-WU-Richtlinie.

Die Lagergüter im Kellergeschoss seien in diesem Beispiel feuchteunempfindlich.

Zu bemessen ist die Stahlbetonsohlplatte unter dem „starren" Gebäude im Boden. Das Gebäude ist langgestreckt, die Platte wird daher in Gebäudequerrichtung als einachsig gespannt angenommen.

DIN 1045-1, 3.1.1: üblicher Hochbau
Annahme:
Deckennutzlasten im Gebäude $q_k \leq 5{,}0$ kN/m²

Umgebungsbedingungen:
- über der Platte geschlossene Innenräume.
- unter der Platte nasse Umgebung (zeitweise im Grundwasser).

Bemessungsstand des Grundwassers: HGW +1,0 m über OK Platte.
Das Grundwasser ist „schwach betonangreifend".
Der Baugrund ist nichtbindig, hier: Kies mitteldicht gelagert.

Angaben aus dem Bodengutachten
[19] DIN 4030-1

Vorwiegend ruhende Einwirkungen.

DIN 1045-1, 3.1.2:
vorwiegend ruhende Einwirkung

Baustoffe:
- Beton C30/37 (WU)[1)]
- Betonstahlmatten BSt 500 M (A) (normalduktil)
- Betonstahl BSt 500 S (A) (normalduktil)

DIN 1045-1, 9.1: Beton
DIN 1045-2, 5.5.3: Beton mit hohem Wassereindringwiderstand
DIN 1045-1, 9.2: Betonstahl
(in DIN 488 mit B500A bezeichnet)

1 System, Bauteilmaße, Betondeckung

Bei der 1,50 m dicken Sohlplatte handelt es sich um ein massiges Bauteil im Sinne der DAfStb-Richtlinie Massige Bauteile aus Beton [61] ($h \geq 0{,}8$ m), die insbesondere bestimmte Festlegungen zur Betontechnologie behandelt.

1.1 System

Querschnitt Untergeschoss:

Darstellung unmaßstäblich!
Obergeschosse nicht dargestellt.

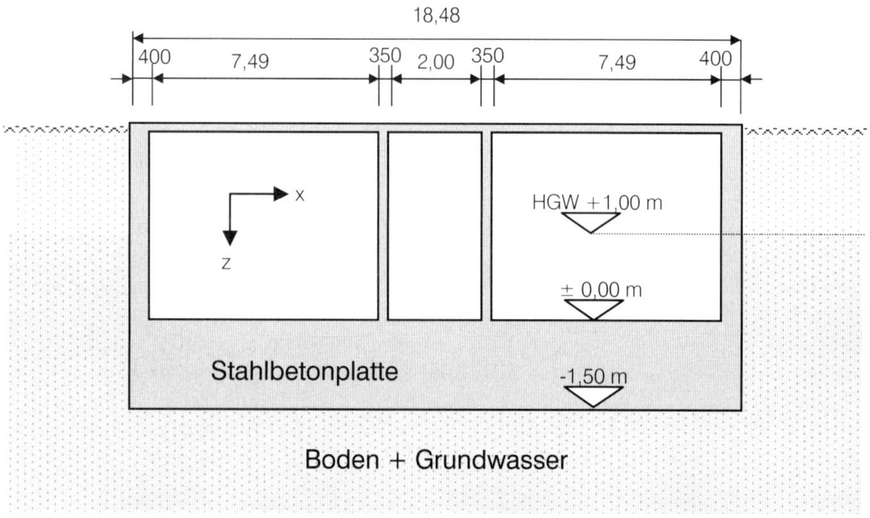

Senkrecht zur Schnittebene beträgt die Plattenlänge $l_y = 30$ m.

Anmerkung[1)]:
Für wasserundurchlässige Betonkonstruktionen ist ein Beton mit hohem Wassereindringwiderstand zu verwenden.
In DIN 1045-2, 5.5.3 werden für diesen Beton betontechnologische Randbedingungen festgelegt:
- Bauteildicken > 0,40 m: w/z- Wert ≤ 0,70;
- Bauteildicken ≤ 0,40 m: w/z- Wert ≤ 0,60, Mindestzementgehalt 280 kg/m³ (bei Anrechnung von Zusatzstoffen 270 kg/m³), Mindestfestigkeitsklasse C25/30.

Die Bezeichnung dieses Betons über Expositionsklassen ist in DIN 1045-2 nicht vorgesehen. Ersatzweise wird in diesem Beispiel für die Ergänzung der Betonbezeichnung die übliche Abkürzung (WU) verwendet.
In der DAfStb-WU-Richtlinie [60], 6.1 (5), wird bei Ausnutzung der Mindestbauteildicken und Beanspruchungsklasse 1 die Einhaltung eines w/z-Wertes ≤ 0,55 gefordert (→ ca. C30/37).

1.2 Effektive Stützweiten

$l_{eff} = l_n + a_1 + a_2$

$l_{eff,1} = 7{,}49 + 0{,}40 / 3 + 0{,}35 / 2 = 7{,}80$ m

$l_{eff,2} = 2{,}00 + 0{,}35 / 2 + 0{,}35 / 2 = 2{,}35$ m

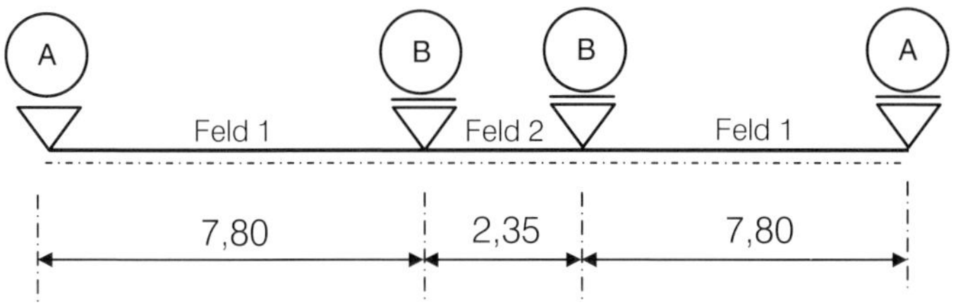

DIN 1045-1, 7.3.1: Gl. (10)
Bild 7a) und b):
Endauflager: $a/3 \leq a_i < a/2$
Zwischenauflager: $a_i = a/2$

Zwischen den Stahlbetonwänden und der Platte wird wegen des großen Steifigkeitsunterschiedes eine frei drehbare Lagerung angenommen.
siehe auch DIN 1045-1, 7.3.2: (1)

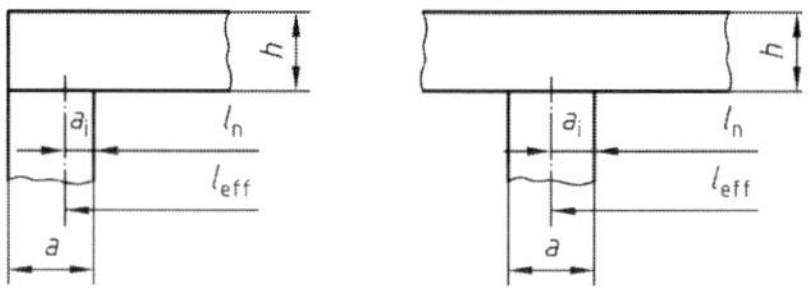

1.3 Mindestfestigkeitsklasse, Betondeckung

DIN 1045-1, 6: Sicherstellung der Dauerhaftigkeit

Expositionsklasse für Bewehrungskorrosion
- innen infolge Karbonatisierung: → XC1
- außen infolge Karbonatisierung: → XC2
- Mindestfestigkeitsklasse Beton → C16/20

DIN 1045-1, Tab. 3: Expositionsklassen
XC1 trocken (Bauteile in Innenräumen)
XC2 nass, selten trocken (Gründungsbauteil)

Expositionsklasse / Feuchtigkeitsklasse für Betonangriff
- innen: → WF
- außen: → XA1, WF
- Mindestfestigkeitsklasse Beton → C25/30

DIN 1045-1, Tab. 3: Expositionsklassen
XA1 chemisch schwach betonangreifendes Grundwasser
WF – Betonkorrosion infolge Alkali-Kieselsäurereaktion (massiges Bauteil $h > 0{,}80$ m und feuchte Umgebung außen)

Gewählt: C30/37 XC1, XC2, XA1, WF 16 mm (WU)[1]

Die Expositionsklassen unterschiedlicher Kategorien (Karbonatisierung XC, chemischer Angriff XA und AKR W) sind immer anzugeben (hier auch Festlegung von XC1 <u>und</u> XC2 wegen unterschiedlicher Zementanwendungsbereiche nach DIN 1045-2, Tab. F.3.1 erforderlich).
Wenn durch die Wahl der Stababstände das Größtkorn der Gesteinskörnung nach DIN 1045-1, 12.2: (2) beschränkt wird, muss dies vom Planer angegeben werden, hier: max $d_g = 16$ mm wegen $s = 20$ mm, siehe 4.3.1.
Anmerkung [1)] zu (WU) siehe 1.1 Kommentar!

Betondeckung

innen wegen Expositionsklasse XC1:
- → Mindestbetondeckung $c_{min} = 10$ mm
- \+ Vorhaltemaß $\Delta c = 10$ mm
- → Mindestnennmaß $c_{nom} = 20$ mm

außen wegen Expositionsklasse XC2:
- → Mindestbetondeckung $c_{min} = 20 - 5 = 15$ mm
- \+ Vorhaltemaß $\Delta c = 15$ mm
- → Mindestnennmaß $c_{nom} = 30$ mm

DIN 1045-1, Tab. 4: Mindestbetondeckung c_{min} und Vorhaltemaß Δc in Abhängigkeit von der Expositionsklasse
Innen keine Abminderung von c_{min} um 5 mm gemäß [a)] zulässig, da Expositionsklasse XC1!
Außen Abminderung von c_{min} um 5 mm gemäß [a)] zulässig, da C30/37 = zwei Festigkeitsklassen höher als min C16/20 für die Expositionsklasse XC2 gewählt wird!

Zur Sicherstellung des Verbundes: $c_{min} \geq$ Stabdurchmesser

DIN 1045-1, 6.3: (4) und (8)
$\Delta c = 10$ mm bei Verbund ausreichend.

Bügel ∅ 14 innen:	$c_{min} = 14$ mm	$\Delta c = 10$ mm	$c_{nom} = 24$ mm
Bügel ∅ 14 außen:	$c_{min} = 15$ mm	$\Delta c = 10$ mm	$c_{nom} = 25$ mm
Längsbewehrung ∅ 20:	$c_{min} = 20$ mm	$\Delta c = 10$ mm	$c_{nom} = 30$ mm

Daraus ergeben sich als Verlegemaße (Bügel umfassen Längsbewehrung):

Bügel ∅14 innen:		$c_{v,Bü} =$ **25 mm**
Längsbewehrung ∅ 20 innen:	$c_{v,l} = c_{v,Bü} + d_{s,Bü}$	$c_{v,l} \approx$ **40 mm**
Bügel ∅14 außen:		$c_{v,Bü} =$ **30 mm**
Längsbewehrung ∅ 20 außen:	$c_{v,l} = c_{v,Bü} + d_{s,Bü}$	$c_{v,l} \approx$ **45 mm**

DIN 1045-1, 6.3: (11)

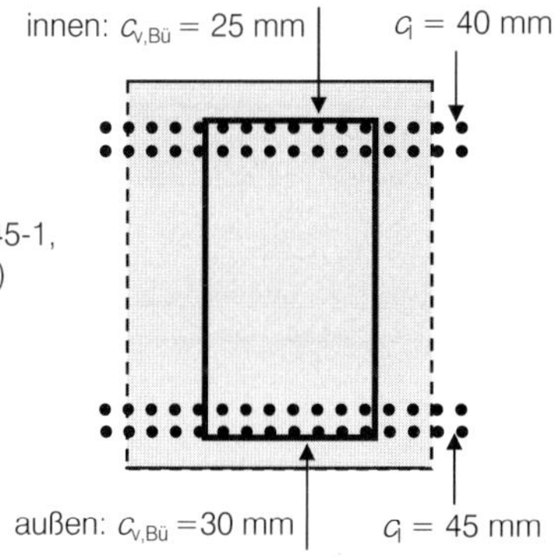

2 Einwirkungen

2.1 Charakteristische Werte

Index k = charakteristisch

Bezeichnung der Einwirkungen	Charakteristischer Wert (kN/m^2)

Gebäudelasten:

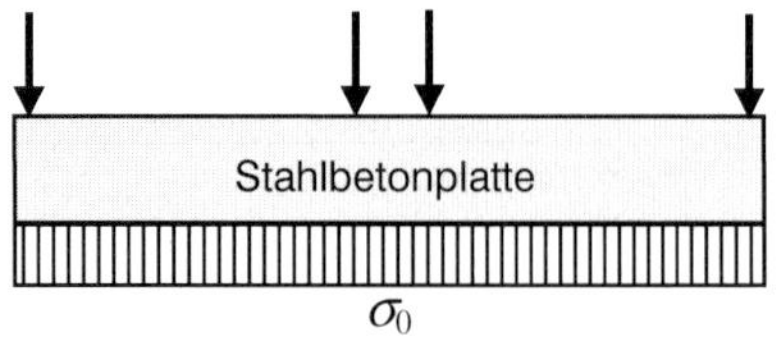

Annahme: Sohldruck und Auftrieb sind gleichmäßig verteilt.

Ständig (Eigenlasten aus den Geschossen ohne Sohlplatte): $\sigma_{0,gk} = 400$

Veränderlich (Nutzlast) $\sigma_{0,qk,1} = 200$

Die Einwirkungen auf die Sohlplatte im Endzustand werden aus der Lastzusammenstellung für die oberen Geschosse zu einem gleichmäßig verteilten Sohldruck zusammengefasst.
Die Höhe des Grundwasserspiegels spielt hier keine Rolle, da der Sohldruck und der Wasserdruck als gemeinsame Stützkraft den Auflasten der Platte das Gleichgewicht halten.

Wasserdruck:

$2{,}5 \text{ m} \cdot 10 \text{ kN/m}^3$ 25

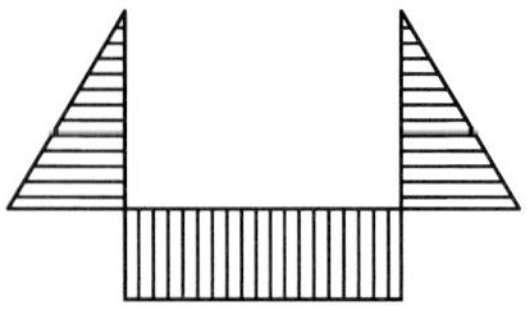

Der Wasserdruck ist für die Bemessung der Wände (nicht in diesem Beispiel behandelt), für die Normalkraft in der Sohlplatte sowie für den Auftriebsnachweis relevant.

Erddruck:

Annahmen:
Erdruhedruck
Kies-Sand
cal $\varphi = 30°$; $K_0 = 1 - \sin\varphi = 0{,}5$
cal $\gamma = 18$ kN/m^3
cal $\gamma' = 10$ kN/m^3

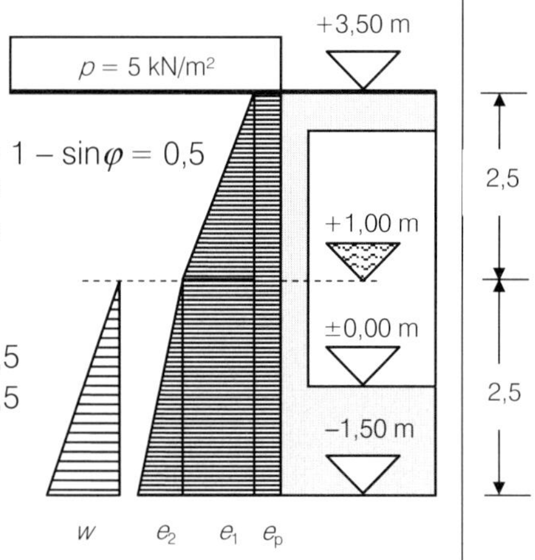

$e_p = 0{,}5 \cdot 5{,}0$ — $e_p = 2{,}5$
$e_1 = 0{,}5 \cdot 18{,}0 \cdot 2{,}5$ — $e_1 = 22{,}5$
$e_2 = 0{,}5 \cdot 10{,}0 \cdot 2{,}5$ — $e_2 = 12{,}5$
$w = 10{,}0 \cdot 2{,}5$ — $w = 25{,}0$

Der Erddruck wird hier nur für die Abschätzung der Normalkraft in der Platte benötigt. Es wird vom Erdruhedruck (größer als aktiver Erddruck) ausgegangen.

DIN 1055-2: Lastannahmen für Bauten, Tab. 1: Bodenkenngrößen
Annahme: Bodenauffüllung mit Kies-Sand

e_p: Erddruck infolge Auflast p
e_1: Erddruck infolge Bodenwichte erdfeucht
e_2: Erddruck infolge Bodenwichte unter Auftrieb
w: Wasserdruck

2.2 Bemessungswerte in den Grenzzuständen der Tragfähigkeit

Teilsicherheitsbeiwerte in den Grenzzuständen der Tragfähigkeit:

Einwirkungen	günstig	ungünstig
• ständige	$\gamma_G = 1{,}0$	$\gamma_G = 1{,}35$
• veränderliche	$\gamma_Q = 0$	$\gamma_Q = 1{,}50$

DIN 1045-1, Tab. 1: Teilsicherheitsbeiwerte für die Einwirkungen auf Tragwerke

Index d = design (Bemessung)
Günstig bzw. ungünstig bezeichnet die Auswirkungen der Einwirkungen auf die Schnittgrößen und die Bemessungsergebnisse.

$\sigma_{0,gd} = \gamma_G \cdot \sigma_{0,gk} = 1{,}35 \cdot 400 = 540$ kN/m^2
$\sigma_{0,qd1} = \gamma_Q \cdot \sigma_{0,qk1} = 1{,}50 \cdot 200 = 300$ kN/m^2
$\sigma_{0,d}$ = **840 kN/m^2**

2.3 Repräsentative Werte in den Grenzzuständen der Gebrauchstauglichkeit

DIN 1045-1, 5.4.1: (4)

Kombinationsbeiwerte für veränderliche Einwirkungen in den Grenzzuständen der Gebrauchstauglichkeit:

DIN 1055-100, Tab. A.2:
Nutzlasten Kategorie E: Lagerräume

Einwirkungskombination:

- quasi-ständig $\psi_{2,1} = 0{,}80$

In diesem Beispiel braucht für die Dauerhaftigkeit nur eine Begrenzung der Rissbreiten nach DIN 1045-1, 11.2, unter quasi-ständiger Einwirkungskombination nachgewiesen zu werden. Für die Rissbreitenbegrenzung zur Sicherung der Gebrauchseigenschaft Wasserundurchlässigkeit sind ggf. weitere Einwirkungskombinationen (z. B. Zwang, häufige EK nach DAfStb-WU-Rili [60]) zu untersuchen.

quasi-ständige Einwirkungskombination (für die Grenzzustände der Rissbildung):

$$\sigma_{0,perm} = \sigma_{0,gk} + \psi_{2,1} \cdot \sigma_{0,qk1} = 400 + 0{,}8 \cdot 200 = \mathbf{560\ kN/m^2}$$

DIN 1055-100, 10.3: Bemessungssituationen
(1) - quasi-ständige Bemessungssituation mit Langzeitauswirkungen auf das Tragwerk.

3 Schnittgrößenermittlung

3.1 Grenzzustände der Tragfähigkeit

Schnittgrößen: (kNm/m und kN/m)
infolge der Grundkombination $\sigma_{0,d}$ = 840 kN/m²

Schnittgrößenberechnung auf Grundlage der Elastizitätstheorie und auf 1 m Plattenbreite bezogen.

Belastung siehe 2.2

Weitere Vereinfachung: Sohldruck aus veränderlichen Einwirkungen wird jeweils gleichzeitig in allen Feldern angesetzt.

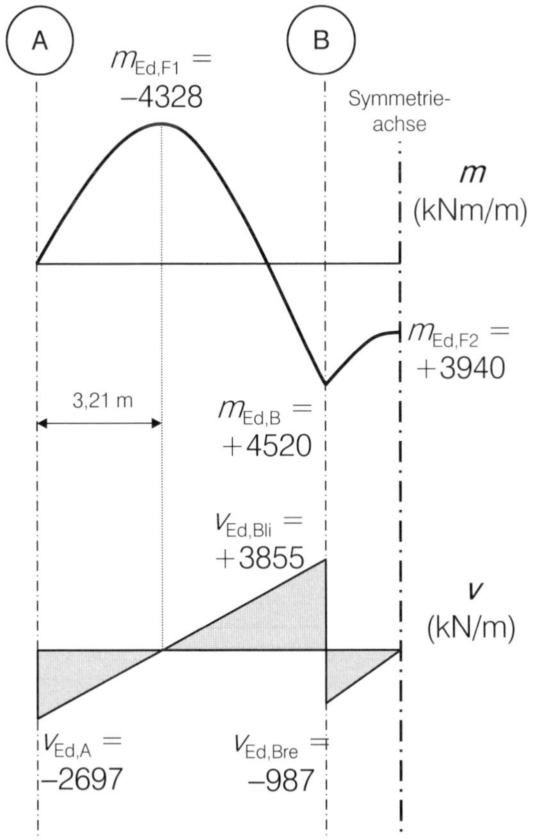

Zu überprüfen ist, ob die Vereinfachung des gleichmäßig verteilten Sohldrucks auf der sicheren Seite liegt. Dies gilt insbesondere in Bezug auf die tatsächlichen Vertikallasten in den aufgehenden Wänden, deren Lastverteilung ungefähr der Querkraftverteilung entsprechen soll. Dies ist unbedingt beim Querkraftnachweis zu beachten.
In der statischen Berechnung ist diese Verteilung beispielsweise über Stützensenkungen, elastische Stützungen oder Wahl differenzierter Steifigkeiten zu erreichen.
Im Beispiel wird davon ausgegangen, dass diese Affinität gewahrt ist.

Normalkräfte infolge Erd- und Wasserdruck:

Annahme:

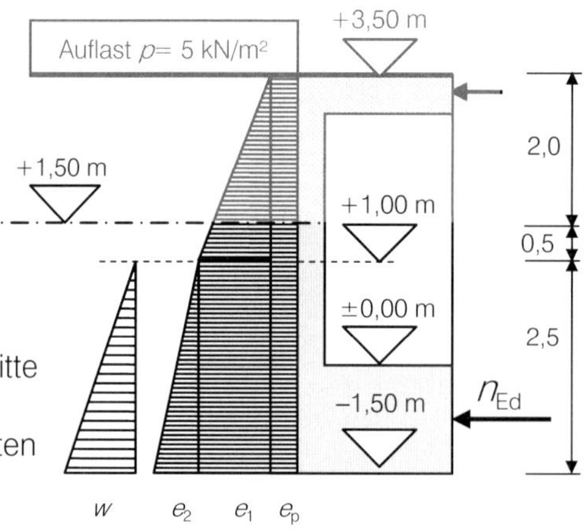

vereinfachte Lastaufteilung bei halber Wandhöhe +1,50 m

Moment infolge Normalkraftausmitte wird konstruktiv berücksichtigt (gegenüber Bemessungsmomenten klein).

Die Größe der Normalkraft in der Sohlplatte ist in diesem Beispiel relativ zu den anderen Schnittgrößen gering und wird hier beispielhaft behandelt.

Hierfür genügt eine vereinfachte Lastaufteilung über Lasteinzugsflächen: Die Einwirkungen oberhalb der halben Wandhöhe werden durch eine Normalkraft in der Kellergeschossdecke, die Einwirkungen unterhalb der halben Wandhöhe durch eine Normalkraft in der Sohlplatte aufgenommen.

Eine ungünstige Wirkung hat die Normalkraft z. B. beim Nachweis von Bauteilen unter Längsdruck, der hier aufgrund der geringen Sohlplattenschlankheit keine Rolle spielt.

Für ungünstige Auswirkungen:

Belastung (2.1)	γ_F (2.2)	ungünstige Wirkung	n_{Ed} (kN/m)
e_p = 2,5 kN/m²	γ_Q = 1,50	1,50 · 3,0 · 2,5 =	−11,2
e_1 = 22,5 kN/m²	γ_G = 1,35	1,35 · (2,5 · 22,5 + +0,5 · 22,5 · 2,25 / 2,5) =	−89,9
e_2 = 12,5 kN/m²	γ_G = 1,35	1,35 · 2,5 · 12,5 / 2 =	−21,1
w = 25,0 kN/m²	γ_G = 1,35	1,35 · 2,5 · 25,0 / 2 =	−42,2
		Summe:	−164,4

DIN 1055-100, 6.1: (9) Im Allg. ist der Flüssigkeitsdruck als eine veränderliche Einwirkung zu behandeln. Flüssigkeitsdruck, dessen Größe durch geometrische Verhältnisse oder aufgrund hydrologischer Randbedingungen begrenzt ist, darf als eine ständige Einwirkung behandelt werden. Hier wird angenommen, dass der vorgegebene Bemessungswasserstand hydrologisch ausreichend begrenzt ist. Der Wasserdruck wird somit für die ungünstige Wirkung als ständige Einwirkung behandelt.

Wird in der Bemessung die Normalkraft als bewehrungsreduzierend wirkend angesetzt (z. B. bei Biegung mit Längskraft), muss garantiert sein, dass diese in der betrachteten Einwirkungskombination auch vorhanden ist.

Für günstige Auswirkungen:

Belastung	γ_F	günstige Wirkung	n_{Ed} (kN/m)
e_p = 2,5 kN/m²	γ_Q = 0		0
e_1 = 22,5 kN/m²	γ_G = 1,00	1,00 · (2,5 · 22,5 + +0,5 · 22,5 · 2,25 / 2,5) =	−66,6
e_2 = 12,5 kN/m²	γ_G = 1,00	1,00 · 2,5 · 12,5 / 2 =	−15,6
w = 25,0 kN/m²	γ_Q = 0		0
		Summe:	−82,2

Bei Erddruck ist dabei neben der Untersuchung eines möglichen Abfalls auf den geringeren aktiven Erddruck fallweise auch die des vollständigen Freigrabens des Gebäudes und des Absinkens des Wasserspiegels durchzuführen.

Hier wird angenommen, dass die Auflast p auf dem Gelände eine veränderliche Größe ist und der Grundwasserspiegel auch unter die Sohlplatte absinken kann. Außerdem sei der Erdruhedruck bei Volllast des Gebäudes immer vorhanden.

3.2 Grenzzustände der Gebrauchstauglichkeit

Schnittgrößen: (kNm/m und kN/m)

Belastung siehe 2.3

Lastfall	$m_{perm,F1}$	$m_{perm,B}$	$m_{perm,F2}$	$v_{perm,A}$	$v_{perm,Bli}$	$v_{perm,Bre}$
quasi-ständig $\sigma_{0,perm}$ = 560 kN/m²	−2885	+3013	+2627	−1798	+2570	−658

vgl. 3.1: Schnittgrößen proportional mit dem Faktor (560 / 840) für die quasi-ständige Einwirkungskombination umgerechnet.

4 Bemessung in den Grenzzuständen der Tragfähigkeit

4.1 Nachweis der Auftriebssicherheit

Angenommen wird, dass die Herstellung des Kellergeschosses im Schutz einer Wasserhaltung durchgeführt wird.
Es ist zu untersuchen, in welchem Bauzustand frühestmöglich die Abschaltung der Wasserhaltung erfolgen kann.

Nachweiskriterium: Verlust der Lagesicherheit des Tragwerks:

$E_{d,dst} \leq E_{d,stb}$

T: Vorübergehende Bemessungssituation:
ungünstig: $\gamma_{G,sup} = 1{,}05$
günstig: $\gamma_{G,inf} = 0{,}95$

Höhe Wasserdruck: 2,50 m
Sohlplattendicke: 1,50 m

Nachweis: Auftrieb bei HGW < Eigenlast Konstruktion (Sohlplatte)

$a_d = \gamma_{G,sup} \cdot w < g_d = \gamma_{G,inf} \cdot \gamma_{Platte} \cdot h$

$a_d = 1{,}05 \cdot 25{,}0 = \mathbf{26{,}25\ kN/m^2} < g_d = 0{,}95 \cdot 25{,}0 \cdot 1{,}5 = \mathbf{35{,}60\ kN/m^2}$

Die Eigenlast der fertiggestellten Sohlplatte reicht allein (ohne Kellerwände oder weitere Geschossdecken) zur Auftriebssicherung aus.
Die Wasserabsenktiefe kann nach der Betonage bis knapp unter die Oberkante der Sohlplatte reduziert werden, die endgültige Abstellung der Wasserabsenkungsanlage ist erst nach Fertigstellung der wasserundurchlässigen Außenwände bis über den sich einstellenden Grundwasserstand möglich.

DIN 1045-1, 5.3.1: (3)
DIN 1055-100, Tab. A.3: Teilsicherheitsbeiwerte

DIN 1055-100, 9.2: Gl. (11)
Bemessungswert der Einwirkungen
Index: dst - destabilisierend
stb - stabilisierend

DIN 1055-100, Tab. A.3:
kleine Schwankungen der ständigen Einwirkungen

DIN 1055-100, 6.1: (9) Im Allg. ist der Flüssigkeitsdruck als eine veränderliche Einwirkung zu behandeln. Flüssigkeitsdruck, dessen Größe durch geometrische Verhältnisse oder aufgrund hydrologischer Randbedingungen begrenzt ist, darf als eine ständige Einwirkung behandelt werden.

Hier: Maßgebend ist die Wahrscheinlichkeit des Grundwasserstandes: Kann definitiv ausgeschlossen werden, dass dieser während der Bauzeit überschritten wird (konstruktive Maßnahmen, Bodengutachter, benachbarte Absenkungen usw.), ist der Auftrieb mit $\gamma_{G,sup} = 1{,}05$ ansetzbar. Bei Unsicherheiten (z. B. Jahreszeit, Schichtenwasserstau, Schätzwerte) ist der Auftrieb als ständige Einwirkung unter großen Schwankungen mit $\gamma_{G,sup} = 1{,}10$ oder bei Nichteinhaltung der Bedingung nach 6.1: (9) als ungünstige, veränderliche Einwirkung mit $\gamma_Q = 1{,}50$ aufzufassen.

4.2 Bemessungswerte der Baustoffe

Teilsicherheitsbeiwerte in den Grenzzuständen der Tragfähigkeit:

- Beton < C55/67 $\gamma_c = 1{,}50$
- Betonstahl $\gamma_s = 1{,}15$

Beton C30/37: $f_{ck} = 30\ N/mm^2$
$f_{cd} = 0{,}85 \cdot 30 / 1{,}50 = \mathbf{17{,}0\ N/mm^2}$

Betonstahlmatten BSt 500 M (A) / Betonstahl BSt 500 S (A):

$f_{yk} = 500\ N/mm^2$
$f_{yd} = 500 / 1{,}15 = \mathbf{435\ N/mm^2}$

DIN 1045-1, 5.3.3: Tab. 2: Teilsicherheitsbeiwerte für die Bestimmung des Tragwiderstands Ständige und vorübergehende Bemessungssituation (Normalfall)

DIN 1045-1, Tab. 9: Festigkeits- und Formänderungskennwerte von Normalbeton

DIN 1045-1, 9.1.6: (2) Abminderung mit $\alpha = 0{,}85$ berücksichtigt Langzeitwirkung

DIN 1045-1, Tab. 11: Eigenschaften der Betonstähle

4.3 Bemessung für Biegung

4.3.1 Bemessung am Zwischenauflager B

Maßgebendes Anschnittmoment am rechten Rand:

DIN 1045-1, 7.3.2: Sonstige Vereinfachungen (3) DIN 1045-1, 7.3.2: (3) *Eine Bemessung für das Moment am Auflagerrand ist bei monolithischer Verbindung von Platte und Auflager zulässig.*

Bemessungsmoment:

$m_{Ed,B,red} = m_{Ed,B} - v_{Ed,Bre} \cdot b / 2$
$= 4520 - 987 \cdot 0,35 / 2$
$= \mathbf{4347\ kNm/m}$

Schnittkräfte siehe 3.1

> Mindestbemessungsmoment:

min $m_{Ed,B,red} = 0,65 \cdot [840 \cdot (7,49 + 0,40 / 3)^2 / 8]$
$= 3966$ kNm/m

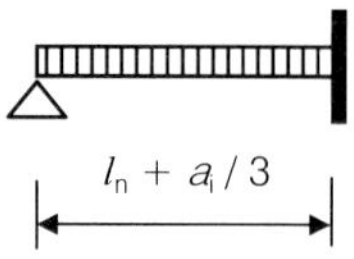

DIN 1045-1, 8.2: (5) *Zur Berücksichtigung einer vorgenommenen Idealisierung des Tragwerks... sollte das Bemessungsmoment in den Anschnitten vertikaler Auflager von Durchlaufträgern nicht geringer sein als* 65 % *des Moments bei Annahme voller Einspannung am Auflagerrand.*

Nutzhöhe am Zwischenauflager:
Annahme: Betonstabstahl in 2 Lagen

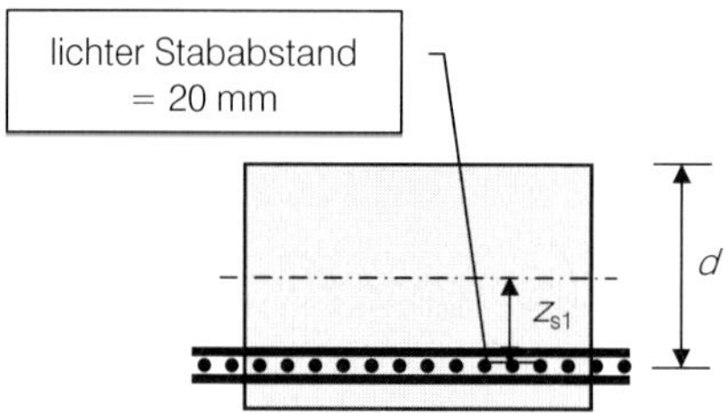

$d = h - c_{v,l} - d_{s,l} - 0,5 \cdot d_{s,q}$
$= 1500 - 45 - 20 - 10$
$= 1425$ mm

$c_{v,l}$ siehe 1.3 (Bügel sind berücksichtigt).
Annahme: $\varnothing \leq 20$ mm für längs + quer

DIN 1045-1, 12.2: (2) lichte Stababstände von Lagen paralleler Stäbe: mind. 20 mm oder $\geq$ max d_s (horizontal und vertikal). Bei einem Stababstand von 20 mm soll das Größtkorn der Gesteinskörnung maximal $d_g = 16$ mm betragen (in diesem Beispiel gewählt – Vorgabe an Betontechnologie DIN 1045-2). Beachte: Bei Größtkorn $d_g > 16$ mm muss der lichte Stababstand $\geq d_g + 5$ mm sein oder es sind besondere Maßnahmen zum Einbringen und Verdichten des Betons vorzusehen!

Bemessungsquerschnitt: $b / h / d =$ **1,00 / 1,50 / 1,425 m**

Bemessung mit dimensionslosen Beiwerten (je lfdm):

$m_{Eds} = m_{Ed,B,red} - n_{Ed} \cdot z_{s1}$
$= 4347 + 82 \cdot (0,75 - 0,075)$
$= 4402$ kNm/m

$\mu_{Eds} = m_{Eds} / (b \cdot d^2 \cdot f_{cd}) = 4402 \cdot 10^{-3} / (1,0 \cdot 1,425^2 \cdot 17,0) = 0,128$

Anhang A4: Werte für $\mu_{Eds} = 0,128$ interpoliert:

ω	ξ	σ_{sd}
0,138	0,170	449,0 N/mm²

Anhang A4:
Bemessungstabelle bis C50/60
Rechteckquerschnitt ohne Druckbewehrung
Biegung mit Längskraft
Bezogene Werte:
μ_{Eds} – auf Bewehrungsachse bezogen!
$N_{Ed} < 0$ für Druckkraft
ω = mechanischer Bewehrungsgrad
ξ = Druckzonenhöhe $x / d < 0,45$
DIN 1045-1, 8.2: (3) Linear-elastische Berechnung

Bemessungshilfsmittel mit ansteigender Spannungs-Dehnungslinie des Betonstahls nach DIN 1045-1, 9.2.4: Bild 27 mit Kurve 2.

erf $a_s = \omega \cdot b \cdot d \cdot f_{cd} / \sigma_{sd} + n_{Ed} / \sigma_{sd}$
$= 0,138 \cdot 100 \cdot 142,5 \cdot 17,0 / 449 - 0,082 \cdot 10^4 / 449$
$= 74,46 - 1,83$
$= \mathbf{72,6\ cm^2/m}$

n_{Ed} für günstige Wirkung!

Stützbewehrung unten
Gewählt: **2 Lagen je 12 Ø 20** je lfdm
= **75,4 cm²/m** > 72,6 cm²/m = erf a_s längs

Sicherung des Verbundes siehe 1.3
$c_{min} = 20$ mm $\geq d_s$

DIN 1045-1, 13.3.2: (4)
Größtabstand s der Bewehrung beachten!
hier: längs / quer $s \leq 250 / 250$ mm

DIN 1045-1, 4.2.1: (3) Rüttelgassen sind insbesondere wegen $s < 100$ mm vorzusehen.

DAfStb-Rili Massige Bauteile, Erl. 3.2.2 [61]: Der lichte Stababstand paralleler Einzelstäbe einer Bewehrungslage sollte i. d. R. bei Platten überwiegend $\geq 3d_g$ bleiben. Dies gilt nicht für den Abstand zwischen den Bewehrungslagen → hier lichter Abstand 12 Ø 20 = 76 mm > 3 · 16 = 48 mm (Größtkorn 16 mm, s. 1.3).

4.3.2 Bemessung in den Feldern

Feld 1

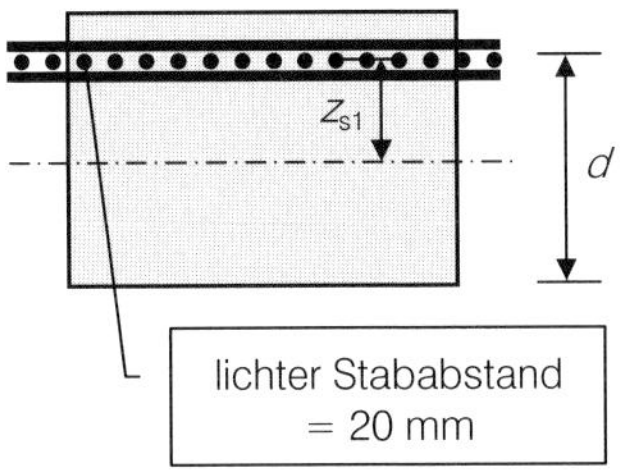

Nutzhöhe:
Annahme: Betonstabstahl in 2 Lagen

$d = h - c_{v,l} - d_{s,l} - 0{,}5 \cdot d_{s,q}$
$= 1500 - 40 - 20 - 10$
$= 1430$ mm

$c_{v,l}$ siehe 1.3 (Bügel sind berücksichtigt).
Annahme: $\varnothing \leq 20$ mm für längs + quer

DIN 1045-1, 12.2: (2) lichte Stababstände von Lagen paralleler Stäbe
siehe dazu 4.3.1

Bemessungsquerschnitt: b / h / d = **1,00 / 1,50 / 1,43 m**

Bemessung mit dimensionslosen Beiwerten (je lfdm):

$m_{Eds} = |m_{Ed,F1}| - n_{Ed} \cdot z_{s1}$
$= 4328 + 82 \cdot (0{,}75 - 0{,}07)$
$= 4384$ kNm/m

$\mu_{Eds} = m_{Eds} / (b \cdot d^2 \cdot f_{cd}) = 4384 \cdot 10^{-3} / (1{,}0 \cdot 1{,}43^2 \cdot 17{,}0) = 0{,}126$

Anhang A4: Werte für $\mu_{Eds} = 0{,}126$ interpoliert:
$\omega = 0{,}1355$ $\sigma_{sd} = 449{,}3$ N/mm²

μ_{Eds} – auf Bewehrungsachse bezogen!

$n_{Ed} < 0$ für Druckkraft, günstige Wirkung!

Anhang A4:
Bemessungstabelle bis C50/60
Rechteckquerschnitt ohne Druckbewehrung
Biegung mit Längskraft

erf $a_s = \omega \cdot b \cdot d \cdot f_{cd} / \sigma_{sd} + n_{Ed} / \sigma_{sd}$
$= 0{,}1355 \cdot 100 \cdot 143 \cdot 17{,}0 / 449{,}3 - 0{,}082 \cdot 10^4 / 449{,}3$
$= 73{,}31 - 1{,}83$
$=$ **71,5 cm²/m**

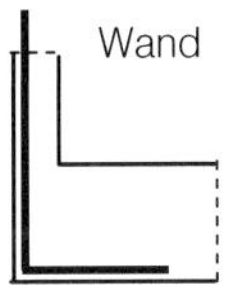

Die untere Eckbewehrung am Auflager A aus der Bemessung der Einspann- und Anschlussbewehrung der Außenwand im Bewehrungsplan der Sohlplatte ist zu berücksichtigen, die Wandbewehrung wird in diesem Beispiel nicht ermittelt (siehe auch 6.7)!

Bewehrung Feld 1 oben
Gewählt: **2 Lagen je 12 Ø 20** je lfdm
= **75,4 cm²/m** > 71,5 cm²/m = erf a_s längs

DIN 1045-1, 4.2.1: (3) Rüttelgassen und Betonieröffnungen in den oberen Lagen sind insbesondere wegen $s < 100$ mm vorzusehen.

DAfStb-Rili Massige Bauteile, Erl. 3.2.2 [61]: lichter Stababstand paralleler Einzelstäbe einer Bewehrungslage i. d. R. bei Platten $\geq 3d_g$
→ hier lichter Abstand 12 Ø 20 = 76 mm
> 3 · 16 = 48 mm (Größtkorn 16 mm, s. 1.3).

Feld 2

Das Bemessungsmoment im Feld 2 $m_{Ed,F2} = 3940$ kNm/m ist kleiner als das Bemessungsmoment über dem benachbarten Zwischenauflager $m_{Ed,B,red} = 4347$ kNm/m.
Wegen der geringen Feldspannweite wird aus konstruktiven Gründen die unten liegende Bewehrung nach 4.3.1 über die Zwischenauflager und Feld 2 konstant geführt.

Momente siehe 3.1 und 4.3.1

Feld 2

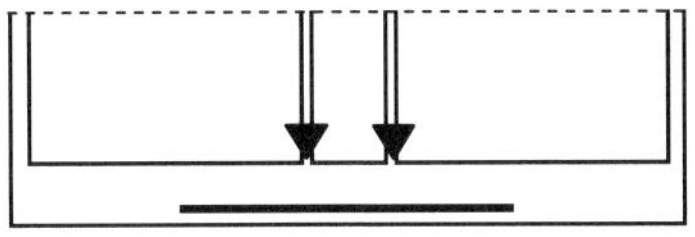

4.3.3 Querbewehrung

Stütze: erf $a_{s,q} = 0{,}2 \cdot$ erf $a_{s,l} = 0{,}2 \cdot 72{,}6 = 14{,}5$ cm²/m

Feld 1: erf $a_{s,q} = 0{,}2 \cdot$ erf $a_{s,l} = 0{,}2 \cdot 71{,}5 = 14{,}3$ cm²/m

DIN 1045-1, 13.3.2: Zugkraftdeckung
(2) einachsig gespannte Platten
Die Querbewehrung muss mindestens 20 % der Zugbewehrung betragen.

Querbewehrung Feld 1 und Auflager B
Gewählt: **Ø 20 / 200 mm**
= **15,7 cm²/m** > 14,5 cm²/m = erf $a_{s,quer}$

DIN 1045-1, 13.3.2: (4)
Größtabstand s der Bewehrung beachten!
hier: längs / quer $s \leq 250$ / 250 mm

In diesem Beispiel ist für die Wahl der Querbewehrung der in das Feld 2 reichenden Stützbewehrung die Rissbreitenbeschränkung für die Wasserundurchlässigkeit maßgebend, siehe 5.2.3 gewählt Ø 20 / 150 mm.

4.4 Bemessung für Querkraft

4.4.1 Bemessung am Auflager A

DIN 1045-1, 10.3: Querkraft

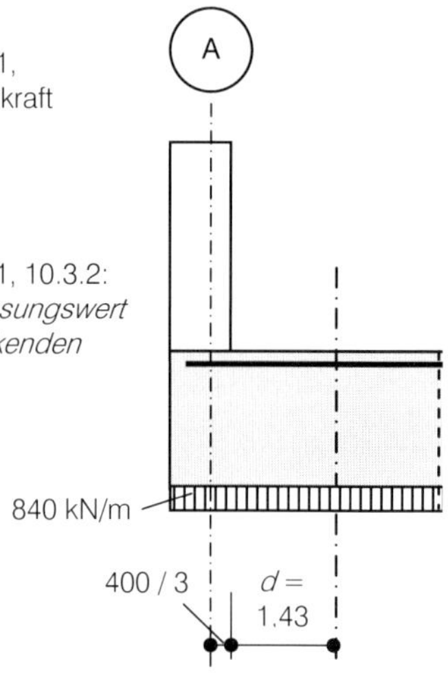

Der Ermittlung der Querkraftbewehrung darf bei gleichmäßig verteilter Last und direkter Auflagerung die Querkraft im Abstand d vom Auflagerrand zugrunde gelegt werden.

DIN 1045-1, 10.3.2: (1) *Bemessungswert der einwirkenden Querkraft*

siehe 3.1

$v_{Ed,A,red} = 2697 - (0{,}40 / 3 + 1{,}43) \cdot 840 = 1384$ kN/m

a) Überprüfen der Notwendigkeit einer Querkraftbewehrung

Aufnehmbare Querkraft $V_{Rd,ct}$ bei Platten ohne Querkraftbewehrung:

$$v_{Rd,ct} = [(0{,}15 / \gamma_c) \cdot \kappa \cdot \eta_1 \cdot (100\rho_l \cdot f_{ck})^{1/3} - 0{,}12\sigma_{cd}] \cdot d \geq v_{Rd,ct,min}$$

DIN 1045-1, 10.3.3: Gl. (70) auf 1 m Plattenbreite bezogen

$$d = 1{,}43 \text{ m}$$

$$\kappa = 1 + (200 / d)^{1/2} \leq 2{,}0$$

DIN 1045-1, 10.3.3: Gl. (71)

$$\kappa = 1 + (200 / 1430)^{1/2} = 1{,}374$$

Normalbeton: $\eta_1 = 1$; $f_{ck} = 30$ N/mm²

C30/37

$$\sigma_{cd} = n_{Ed} / A_c = -0{,}082 / 1{,}5 = -0{,}05 \text{ N/mm}^2$$

n_{Ed} für günstige Wirkung, siehe 3.1.

$$v_{Rd,ct,min} = \left[\eta_1 \cdot \frac{\kappa_1}{\gamma_c} \cdot \sqrt{\kappa^3 \cdot f_{ck}} - 0{,}12\sigma_{cd}\right] \cdot d$$

DIN 1045-1, 10.3.3: Gl. (70a) mit Gl. (70b) auf 1 m bezogen, Mindestquerkrafttragfähigkeit

$\kappa_1 = 0{,}0375$ für $d \geq 800$ mm

$$v_{Rd,ct,min} = \left[\frac{0{,}0375}{1{,}5} \cdot \sqrt{1{,}374^3 \cdot 30} + 0{,}12 \cdot 0{,}05\right] \cdot 1{,}43 = 0{,}324 \text{ MN/m}$$

$$100\rho_l = a_{sl} / d = 75{,}4 / 143 = 0{,}53 \leq 2\ \%$$

DIN 1045-1, Bild 32: A_{sl} = Fläche der Zugbewehrung, die mindestens um das Maß d über den betrachteten Querschnitt hinaus geführt und dort wirksam verankert wird.
hier: $a_{sl} = 75{,}4$ cm²/m, siehe 4.3.2

$$v_{Rd,ct} = [(0{,}15 / 1{,}5) \cdot 1{,}374\ (0{,}53 \cdot 30)^{1/3} + 0{,}12 \cdot 0{,}05] \cdot 1{,}43$$
$$= [0{,}345 + 0{,}006] \cdot 1{,}43 = \mathbf{0{,}502\ MN/m} > v_{Rd,ct,min}$$

$$v_{Ed,A,red} = 1384 \text{ kN/m} > v_{Rd,ct} = 502 \text{ kN/m}$$

→ Querkraftbewehrung ist erforderlich!

b) Erforderliche Querkraftbewehrung

DIN 1045-1, 10.3.1: Nachweisverfahren (1) Begrenzung durch Tragfähigkeit der Querkraftbewehrung $V_{Rd,sy}$

gewählt: senkrechte Querkraftbewehrung

Verfahren mit veränderlicher Druckstrebenneigung für Tragfähigkeit der Querkraftbewehrung $V_{Rd,sy}$:

DIN 1045-1, 10.3.4: (5) *Die vereinfachte Annahme der Druckstrebenneigung mit* cot θ = 1,2 *für Biegung mit Längsdruckkraft ist ebenfalls möglich.*

$$V_{Rd,sy} = f_{yd} \cdot z \cdot \cot\theta \cdot A_{sw} / s_w$$

DIN 1045-1, 10.3.4: (4) Gl. (75)

Druckstrebenneigung:

$$\cot\theta \leq \frac{1{,}2 - 1{,}4 \cdot \frac{\sigma_{cd}}{f_{cd}}}{1 - \frac{V_{Rd,c}}{V_{Ed}}} \quad \begin{cases} \geq 0{,}58 \\ \leq 3{,}0 \text{ für Normalbeton} \end{cases}$$

DIN 1045-1, 10.3.4: Gl. (73) flachstmögliche Druckstrebenneigung!

Querkrafttraganteil Betonquerschnitt:

$v_{Rd,c} = c_j \cdot 0{,}48 \cdot \eta_1 \cdot f_{ck}^{1/3} (1 + 1{,}2\sigma_{cd} / f_{cd}) \cdot z$

$\sigma_{cd} = n_{Ed} / A_c = -0{,}1644 / 1{,}50 = -0{,}11 \text{ MN/m}^2$

$v_{Rd,c} = 0{,}5 \cdot 0{,}48 \cdot 30^{1/3} (1 - 1{,}2 \cdot 0{,}11 / 17{,}0) \cdot 0{,}9 \cdot 1{,}43$
$= 0{,}952 \text{ MN/m} = 952 \text{ kN/m}$

$\cot\theta = (1{,}2 + 1{,}4 \cdot 0{,}11 / 17{,}0) / (1 - 0{,}952 / 1{,}384) = 3{,}87 > \mathbf{3{,}0}$

$\text{erf } A_{sw} / s_w = v_{Ed,red} / (f_{yd} \cdot z \cdot \cot\theta)$
$= 1{,}384 \cdot 10^4 / (435 \cdot 0{,}9 \cdot 1{,}43 \cdot 3{,}0)$
$= \mathbf{8{,}24 \text{ cm}^2\text{/m}}$

Querkraftbewehrung Auflager A
Gewählt:
Querkraftzulagen: 2,5 Stehbügel Ø 20 / m² (Platte)
= **15,7 cm²/m** > 8,24 cm²/m = erf a_{sw}

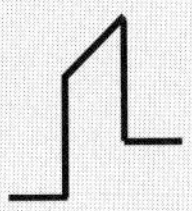

Es wird hier keine Zulagenabstufung vorgesehen.

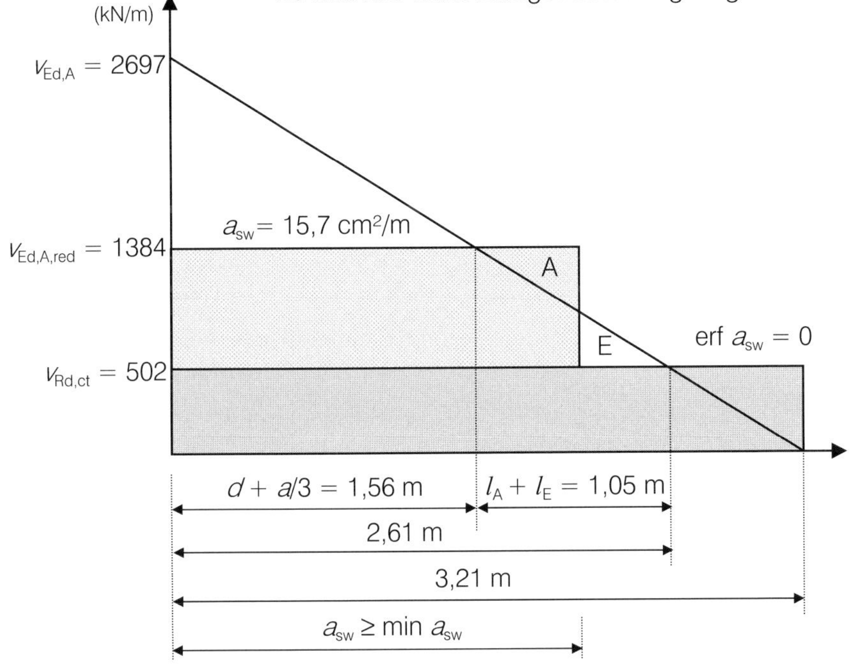

Mindestquerkraftbewehrung im Bereich $v_{Ed} > v_{Rd,ct}$:

$\min A_{sw} = \rho_w \cdot s_w \cdot b_w \cdot \sin\alpha$

$\min \rho_w = 0{,}6\rho = 0{,}6 \cdot 0{,}093 = 0{,}056\ \%$

gewählt: Zulagen 90° mit $\sin\alpha = 1{,}0$

$\min A_{sw} / s_w = 0{,}056 \cdot 100$
$= \mathbf{5{,}6 \text{ cm}^2\text{/m}} < \text{gew } a_{sw}$

DIN 1045-1, 10.3.4: Gl. (74)
(2) $z = 0{,}9d = 0{,}9 \cdot 1{,}43 = \mathbf{1{,}29 \text{ m} (= \min z)}$
$< d - 2c_{v,l} = 1{,}43 - 2 \cdot 0{,}03 = 1{,}37$ m
Da die Bügel mit mindestens 30 mm die Druckstrebe im Querkraftfachwerk umfassen sollen, ist speziell bei Zulagen die tatsächliche Bügelabmessung zu beachten: → Bügel Ø 20 als Unterstützungen auf der Q524 stehend:
$z \leq d - c_{Q524} - d_{Q524} - d_{s,Bü} - 30$ mm
$= 1{,}43 - 0{,}03 - 0{,}02 - 0{,}02 - 0{,}03 = 1{,}33$ m
c_j = 0,5; η_1 = 1,0 Normalbeton
σ_{cd} = Betonlängsspannung infolge
n_{Ed} = −164,4 kN/m ungünstig, siehe 3.1.
A_c = 1,50 m²/m

Die Obergrenze von $\cot\theta$ wird maßgebend.
DIN 1045-1, 10.3.4: (4) Gl. (75) umgestellt
DIN 1045-1, 10.3.4: (2) $z = 0{,}9d \leq d - 2c_{v,l}$

Hinweis:
Bei größer gewählter Querkraftbewehrung ist ein steilerer Druckstrebenwinkel ausnutzbar als für die erforderliche Querkraftbewehrung angenommen.

DIN 1045-1, 13.3.3: (3) *Für Platten mit* $v_{Ed} \leq 0{,}3v_{Rd,max}$ (siehe c) *vollständige Querkraftbewehrung aus Zulagen zulässig.*
Hier gewählt: Stehbügel, gleichzeitig als Unterstützung der oberen Bewehrung.
(Querkraftzulage: ohne Umschließung der Längsbewehrung)

DIN 1045-1, 13.2.3: (9) Querkraftbewehrung *üblicher Hochbau, Verteilung der Querkraftbewehrung gemäß* Bild 68:

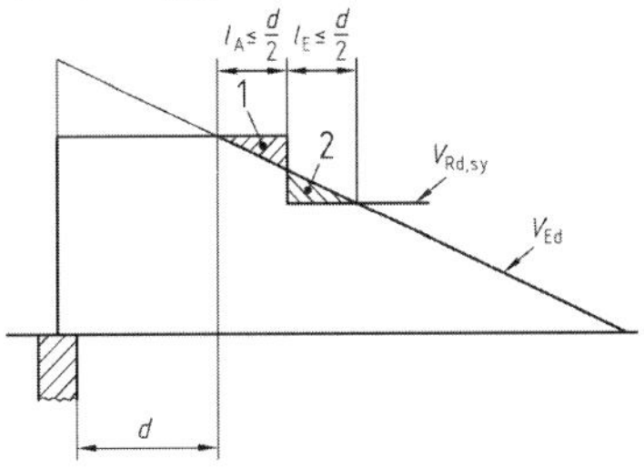

Maximale Länge der Abstufung (Einschnitt und Auftrag): $l_E + l_A \leq d$ *und* $l_E \leq l_A$
d. h. $l_E + l_A < 2{,}61 - 1{,}56 = 1{,}05$ m
$< d = 1{,}43$ m.
gewählt: $l_E = l_A = 1{,}05 / 2 = 0{,}53$ m.

Darstellung unmaßstäblich!
siehe 2.2: Sohldruck $\sigma_{0,d}$ = 840 kN/m²

DIN 1045-1, 13.3.3: Durchstanz- und Querkraftbewehrung
(2) Bei Platten mit rechnerisch erforderlicher Querkraftbewehrung ($v_{Ed} > v_{Rd,ct}$) ist eine Mindestbewehrung für Querkraft erforderlich.

DIN 1045-1, 13.2.3: (4) Gl. (151)

DIN 1045-1, 13.2.3: (5) allgemein: $1{,}0\rho$
13.3.3 (2) bei Platten mit $b / h > 5$ und $v_{Ed} > v_{Rd,ct}$: $0{,}6\rho$

DIN 1045-1, 13.1: Tab. 29
ρ = 0,093 % für f_{ck} = 30 N/mm²

auf 1 m Breite (= 100 cm)

c) Bemessungswert der Querkraft aus der Begrenzung durch die Druckstrebenfestigkeit des Betons $V_{Rd,max}$

DIN 1045-1, 10.3.1: Nachweisverfahren
(1) Begrenzung durch Druckstrebenfestigkeit Beton $V_{Rd,max}$

$v_{Rd,max} = z \cdot \alpha_c \cdot f_{cd} / (\cot\theta + \tan\theta)$

DIN 1045-1, 10.3.4: (6) Gl. (76)
auf 1 m Plattenbreite bezogen

$\cot\theta_{red} = \cot\theta \cdot \text{erf } a_{sw} / \text{vorh } a_{sw}$
$= 3{,}0 \cdot 8{,}24 \ / \ 15{,}7$
$= \mathbf{1{,}57}$

siehe b:
Wegen der größer gewählten Querkraftbewehrung ist ein steilerer Druckstrebenwinkel als für die erforderliche Querkraftbewehrung möglich – günstiger für den Nachweis der Druckstrebenfestigkeit und Verankerung der Längsbewehrung / Versatzmaß.

$\alpha_c = 0{,}75 \cdot \eta_1$ $\qquad \eta_1 = 1{,}0$ Normalbeton

$v_{Rd,max} = 0{,}9 \cdot 1{,}43 \cdot 0{,}75 \cdot 17{,}0 / (1{,}57 + 1 / 1{,}57)$
$= \mathbf{7{,}44\ MN/m}$
$> v_{Ed,A} = 2{,}697$ MN/m

DIN 1045-1, 10.3.2: (3) Beim Nachweis von $V_{Rd,max}$ dürfen die Abminderungen des Bemessungswertes nach (1) und (2) nicht vorgenommen werden.

Verhältnis zum Bemessungswert:
$v_{Ed,A,red} = 1{,}384\ \text{MN/m} = \mathbf{0{,}19}\, v_{Rd,max} < 0{,}30\, v_{Rd,max}$

Bemessungswert der Querkraft abgemindert gemäß (1)
Relevant für Längs- und Querabstand der Querkraftbewehrung gemäß
DIN 1045-1,13.3.3: (4) hier:
längs $s_{max} = 0{,}7h$ und quer $s_{max} = h$
und (3) Querkraftzulagen ohne Bügel erlaubt!

4.4.2 Bemessung am Auflager B, links

Dem Nachweis der Querkrafttragfähigkeit darf bei gleichmäßig verteilter Belastung und direkter Auflagerung die Querkraft im Abstand d vom Auflagerrand zugrunde gelegt werden.

DIN 1045-1, 10.3.2:
(1) *Bemessungswert der einwirkenden Querkraft*

$v_{Ed,B,red} = 3855 - (0{,}35/2 + 1{,}425) \cdot 840 = 2511$ kN/m

siehe 3.1

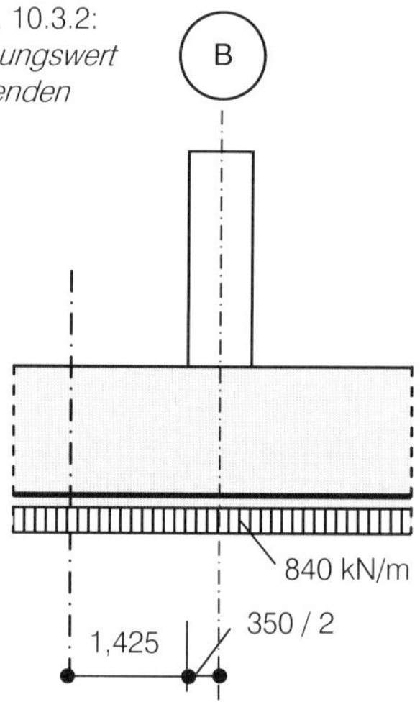

a) Überprüfen der Notwendigkeit einer Querkraftbewehrung

Aufnehmbare Querkraft $v_{Rd,ct}$ bei Platten ohne Querkraftbewehrung:

Da Abmessungen und der Bewehrungsgrad praktisch mit dem Querschnitt am Auflager A identisch sind (siehe 4.4.1):

$v_{Rd,ct} = \mathbf{0{,}502\ MN/m}$

$v_{Ed,B,red} = 2511\ \text{kN/m} > v_{Rd,ct} = 502$ kN/m

→ Querkraftbewehrung ist erforderlich!

b) Erforderliche Querkraftbewehrung

DIN 1045-1, 10.3.1: Nachweisverfahren
(1) Begrenzung durch Tragfähigkeit der Querkraftbewehrung $V_{Rd,sy}$

gewählt: senkrechte Querkraftbewehrung

DIN 1045-1, 10.3.4: (5) *Die vereinfachte Annahme der Druckstrebenneigung* $\cot\theta = 1{,}2$ *für Biegung mit Längsdruckkraft ist ebenfalls möglich.*

Verfahren mit veränderlicher Druckstrebenneigung

für Tragfähigkeit der Querkraftbewehrung $V_{Rd,sy}$:

$V_{Rd,sy} = f_{yd} \cdot z \cdot \cot\theta \cdot A_{sw} / s_w$

DIN 1045-1, 10.3.4: (4) Gl. (75)

Druckstrebenneigung:

$$\cot\theta \le \frac{1{,}2 - 1{,}4 \cdot \frac{\sigma_{cd}}{f_{cd}}}{1 - \frac{V_{Rd,c}}{V_{Ed}}} \quad \begin{cases} \ge 0{,}58 \\ \le 3{,}0 \text{ für Normalbeton} \end{cases}$$

DIN 1045-1, 10.3.4: Gl. (73)
flachstmögliche Druckstrebenneigung!

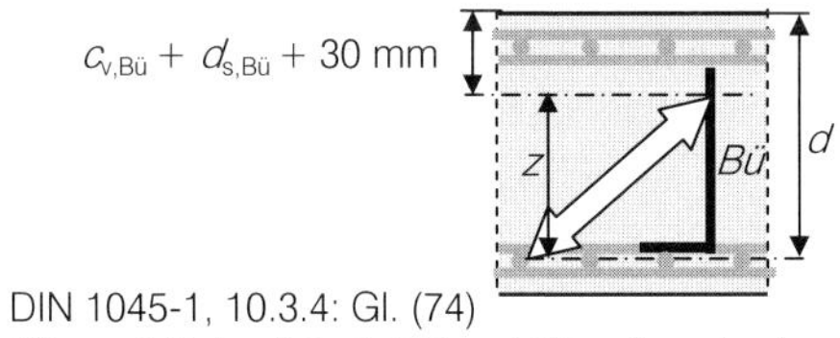

Querkrafttraganteil Betonquerschnitt:

$$v_{Rd,c} = c_j \cdot 0{,}48 \cdot \eta_1 \cdot f_{ck}^{1/3} (1 + 1{,}2\sigma_{cd} / f_{cd}) \cdot z$$

$$\sigma_{cd} = n_{Ed} / A_c = -0{,}1644 / 1{,}50 = -0{,}11 \text{ MN/m}^2\text{/m}$$

$$v_{Rd,c} = 0{,}5 \cdot 0{,}48 \cdot 30^{1/3} (1 - 1{,}2 \cdot 0{,}11 / 17{,}0) \cdot 0{,}9 \cdot 1{,}425 = 0{,}949 \text{ MN/m} = 949 \text{ kN/m}$$

$\cot\theta = (1{,}2 + 1{,}4 \cdot 0{,}11 / 17{,}0) / (1 - 0{,}949 / 2{,}511) = \mathbf{1{,}94} < 3{,}0$

$$\text{erf } A_{sw} / s_w = v_{Ed,red} / (f_{yd} \cdot z \cdot \cot\theta) = 2{,}511 \cdot 10^4 / (435 \cdot 0{,}9 \cdot 1{,}425 \cdot 1{,}94) = \mathbf{23{,}2\ cm^2/m}$$

DIN 1045-1, 10.3.4: Gl. (74)
(2) $z = 0{,}9d = 0{,}9 \cdot 1{,}425 = 1{,}28$ m (= min z)
$< d - 2c_{v,l} = 1{,}425 - 2 \cdot 0{,}04 = 1{,}34$ m
Da die Bügel mit mindestens 30 mm die Druckstrebe im Querkraftfachwerk umfassen sollen, ist speziell bei Zulagen die tatsächliche Bügelabmessung zu beachten: → Bügel Ø 20 als Unterstützungen der 3 Lagen Ø 20 oben:
$z \le d - c_{oben} - d_{As,\,oben} - d_{s,Bü} - 30$ mm
$= 1{,}425 - 0{,}04 - 0{,}06 - 0{,}02 - 0{,}03 = 1{,}28$ m
c_j = 0,5; η_1 = 1,0 Normalbeton
σ_{cd} = Betonlängsspannung infolge
n_{Ed} = –164,4 kN/m ungünstig, siehe 3.1.
A_c = 1,50 m²/m

DIN 1045-1, 10.3.4: (4) Gl. (75) umgestellt
DIN 1045-1, 10.3.4: (2) $z = 0{,}9d \le d - 2c_{v,l}$

Querkraftbewehrung Auflager B
Gewählt:
Bügel 2-schnittig Ø 14 / 250 mm (je m Plattenbreite)
= 12,3 cm²/m > 0,5 · 23,2 cm²/m
Querkraftzulagen: 2 Querkraftböcke Ø 20 / m² (Platte)
= 12,6 cm²/m
Gesamt:
12,3 + 12,6 = 24,9 cm²/m > 23,2 cm²/m = erf a_{sw}

DIN 1045-1, 13.3.3: (3) *Für Platten mit* $v_{Ed} > 0{,}3 v_{Rd,max}$ (siehe c) *gelten die Regeln für Balken,* d. h.
DIN 1045-1, 13.2.3: (2) Querkraftbewehrung mit mindestens 50 % Bügel zzgl. Zulagen
hier gewählt: Bügel und Querkraftböcke, gleichzeitig als Unterstützung der oberen Bewehrung.

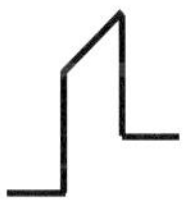

Es wird hier eine Bewehrungsabstufung vorgesehen. Die Bügel sind entbehrlich, wenn v_{Ed} durch die Querkraftzulagen allein abgedeckt wird:

$v_{Ed,Zulagen} = 2{,}511 \cdot 12{,}6 / 23{,}2 = 1{,}364$ MN/m (= $0{,}20 v_{Rd,max} < 0{,}30 v_{Rd,max}$)

Der aufnehmbare Querkraftanteil wird mit dem Verhältnis der Zulagenbewehrung zur für $v_{Ed,red}$ erforderlichen Querkraftbewehrung ermittelt.

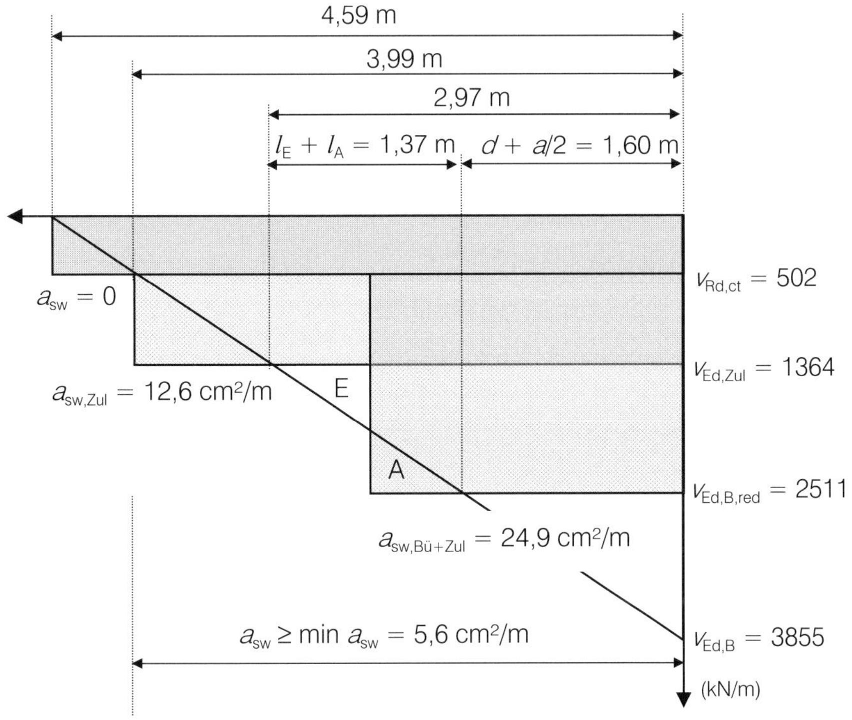

DIN 1045-1, 13.2.3: Querkraftbewehrung
(9) *Üblicher Hochbau, Verteilung der Querkraftbewehrung gemäß* Bild 68
Maximale Länge der Abstufung (Einschnitt und Auftrag): $l_E + l_A \le d$ *und* $l_E \le l_A$
d. h. $l_E + l_A < 2{,}97 - 1{,}60 = 1{,}37$ m
$< d = 1{,}425$ m.
gewählt: $l_E = l_A = 1{,}37 / 2 = 0{,}69$ m.

Darstellung unmaßstäblich!
siehe 2.2: Sohldruck $\sigma_{0,d}$ = 840 kN/m²

Mindestquerkraftbewehrung siehe 4.4.1 b)

DIN 1045-1, 13.3.3: (4) Größter Längs- und Querabstand von Bügeln
a) längs: $s_{max} = 0{,}5h = 0{,}75$ m > 0,25 m gew.
($v_{Ed} = 0{,}38 v_{Rd,max} < 0{,}6 v_{Rd,max}$)
b) quer: $s_{max} = h = 1{,}50$ m > 0,50 m
gew. 2 Bügelschenkel / lfdm. Plattenbreite

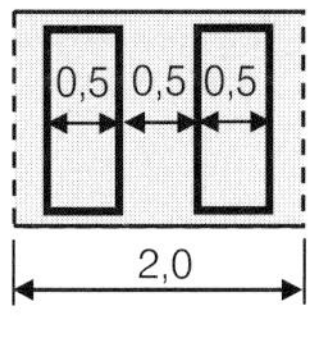

c) **Bemessungswert der Querkraft aus der Begrenzung durch die Druckstrebenfestigkeit des Betons $V_{Rd,max}$**

DIN 1045-1, 10.3.1: Nachweisverfahren
(1) Querkraftbewehrung erforderlich, Begrenzung durch Druckstrebenfestigkeit Beton $V_{Rd,max}$

$V_{Rd,max} = z \cdot \alpha_c \cdot f_{cd} / (\cot\theta + \tan\theta)$

DIN 1045-1, 10.3.4: (6) Gl. (76)

$\cot\theta = 1{,}94$

siehe b)

$\alpha_c = 0{,}75 \cdot \eta_1$ $\qquad \eta_1 = 1{,}0$ Normalbeton

$V_{Rd,max} = 0{,}9 \cdot 1{,}425 \cdot 0{,}75 \cdot 17{,}0 / (1{,}94 + 1 / 1{,}94)$
$= \mathbf{6{,}66\ MN/m} > v_{Ed,B} = 3{,}855$ MN/m

DIN 1045-1, 10.3.2: (3) Beim Nachweis von $V_{Rd,max}$ dürfen die Abminderungen des Bemessungswertes nach (1) und (2) nicht vorgenommen werden.

Verhältnis zum Bemessungswert:
$v_{Ed,B,red} = 2{,}511$ MN/m $= \mathbf{0{,}38\,v_{Rd,max}} > 0{,}30\,v_{Rd,max}$

Bemessungswert der Querkraft abgemindert gemäß (1)
relevant für Längs-und Querabstand der Querkraftbewehrung
gemäß DIN 1045-1, 13.3.3: (4) hier:
längs $s_{max} = 0{,}5h$ und quer $s_{max} = h$
und (3) Bügel notwendig!

Prüfung der Betondeckung:

innen: gewählt $c_{v,Bü} = 25$ mm

außen: gewählt $c_{v,Bü} = 30$ mm

d. h. die Bügel mit ∅ 14 können die Längsbewehrung ∅ 20 außerhalb der Nennmaße der Betondeckung c_{nom} (innen 25 mm, außen 30 mm) umschließen.

Anderenfalls wären die statischen Nutzhöhen anzupassen.

siehe 1.3:

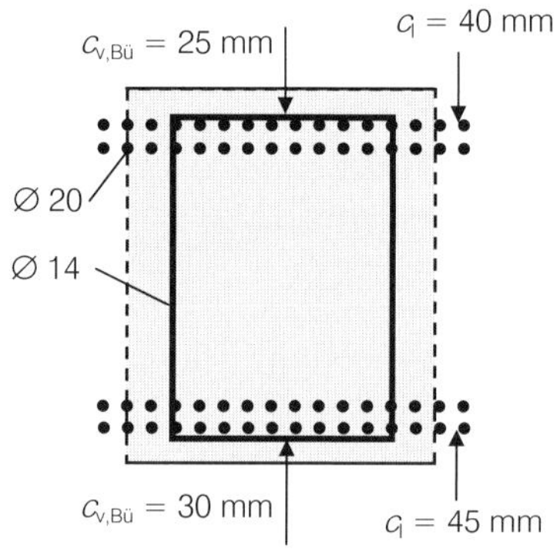

4.4.3 Bemessung am Auflager B, rechts

Die Querkraft wird wegen der geringen lichten Weite des Feldes 2 $l_{n,2} = 2{,}35$ m $< 2d = 2 \cdot 1{,}425$ m direkt in die Auflager eingeleitet.

→ Querkraftbewehrung ist im Feld 2 nicht erforderlich!

Analogie:
DIN 1045-1, 10.3.2:
(1) *Bemessungswert der einwirkenden Querkraft*

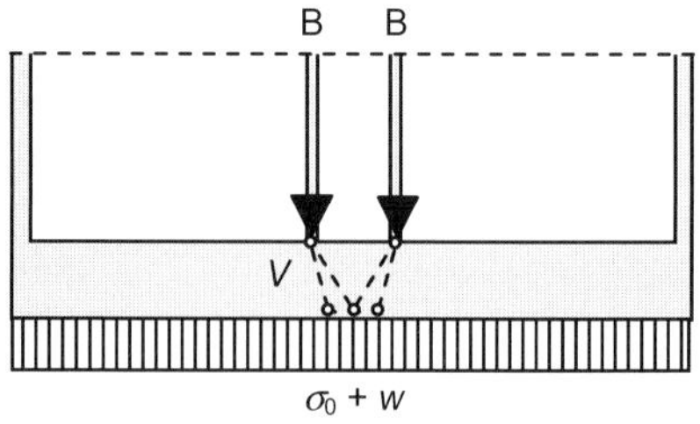

5 Nachweise in den Grenzzuständen der Gebrauchstauglichkeit

DIN 1045-1, 11

5.1 Begrenzung der Spannungen unter Gebrauchsbedingungen

DIN 1045-1, 11.1

Die Bedingungen nach DIN 1045-1, 11.1.1: (3) (siehe Kommentar) sind im Beispiel eingehalten, die Spannungsnachweise unter Gebrauchsbedingungen können entfallen.

DIN 1045-1, 11.1.1: (3) *Die Spannungsnachweise nach 11.1.2 (Betondruckspannungen) und 11.1.3 (Betonstahlspannungen) dürfen für nicht vorgespannte Tragwerke des üblichen Hochbaus, die nach Abschnitt 10 bemessen wurden, i. Allg. entfallen, wenn die Schnittgrößen nach der Elastizitätstheorie ermittelt und im Grenzzustand der Tragfähigkeit um nicht mehr als 15 % umgelagert wurden und die bauliche Durchbildung nach Abschnitt 13 (Konstruktionsregeln) durchgeführt wird und insbesondere die Festlegungen für die Mindestbewehrung nach 13.1.1 eingehalten sind.*

5.2 Grenzzustände der Rissbildung

5.2.1 Nachweis für die statisch erforderliche Bewehrung

Überlegungen zur Wasserundurchlässigkeit:

[60] DAfStb-WU-Richtlinie, 8.5.2
für Nutzungsklasse A:
min $x \geq 30$ mm und min $x \geq 1{,}5 D_{max}$
(D_{max} = Größtkorndurchmesser) oder
Begrenzung der Biegerissbreiten abhängig vom Wasserdruckgefälle nach Tab. 2

Für die Risse infolge der Lastbeanspruchung Biegung mit Längsdruckkraft kann davon ausgegangen werden, dass ein ausreichend überdrückter Querschnittsbereich wesentlich größer als 30 mm im Zustand II vorhanden ist. Die Wasserundurchlässigkeit unterstützend kommt die große Plattendicke hinzu. Deshalb werden hier keine zusätzlichen besonderen Anforderungen an die Rissbreiten in x-Richtung gestellt.
Zur Wasserundurchlässigkeit bei Zwangbeanspruchung in y-Richtung siehe 5.2.2: Mindestbewehrung und 5.2.3: Rissbreitenberechnung.

Zum Vergleich: Im Grenzzustand der Tragfähigkeit ergibt sich für das maximale Moment über Zwischenauflager B aus der Bemessung mit $\xi = 0{,}170$ (siehe 4.3.1) eine Druckzonenhöhe von $x = 0{,}17 \cdot 1{,}43 = 0{,}24$ m. Diese ist auf Gebrauchslastniveau wegen der gegenüber diesem Grenzzustand geringeren Betonstahldehnungen noch größer.
Wichtige Randbedingung für den Druckzonennachweis: Alle Lastfälle und Lastkombinationen auch mit Zwangschnittgrößen müssen erfasst worden sein!

Nachweis des zulässigen Grenzdurchmessers (beispielhaft am Zwischenauflager) und des höchstzulässigen Stababstandes (beispielhaft im Feld):

a) Feld 1 Innenbereich

Die Anforderungen an die Dauerhaftigkeit und das Erscheinungsbild des Tragwerks gelten bei der hier vorausgesetzten Expositionsklasse XC1 als erfüllt, wenn der Rechenwert der Rissbreite auf $w_k = 0{,}4$ mm begrenzt wird (Anforderungsklasse F).

DIN 1045-1, 11.2.1: (6) Tabellen 18 und 19

Extremales Biegemoment unter quasi-ständiger Einwirkungskombination:

$m_{F,perm} = -2885$ kNm/m

quasi-ständig wegen Anforderungsklasse F siehe 3.2

vorh $a_{sl} = 75{,}4$ cm²/m

siehe 4.3.1

$$\sigma_{s,perm} = |m_{perm}| / (a_s \cdot z) + n_{Ed} / a_s$$
$$= 2885 \cdot 10^{-3} / (75{,}4 \cdot 10^{-4} \cdot 0{,}9 \cdot 1{,}43) = 297 \text{ N/mm}^2$$

$z = 0{,}9d$ angenommen.
n_{Ed} vernachlässigt!

Die Stababstandstabelle 21 ist für die zweilagige Bewehrung nicht geeignet.

DIN 1045-1, 11.2.3: Begrenzung der Rissbreite ohne direkte Berechnung: (2) *Bei Lastbeanspruchung ist* Tab. 20 *Grenzdurchmesser und* Tab. 21 *Stababstände anwendbar.*

→ Der Nachweis über den Grenzdurchmesser über dem Zwischenauflager B nach b) für den Außenbereich ist ungünstiger, daher wird dieser Nachweis für das Feld 1 nicht weiter verfolgt.

Hinweis: [29] Im Falle einer mehrlagigen Bewehrung in der Zugzone sollte der Nachweis immer über die Einhaltung der Grenzstabdurchmesser nach Tab. 20 geführt werden.

b) Zwischenauflager B Außenbereich

DIN 1045-1, 11.2.1: (6) Tabellen 18 und 19

Die Anforderungen an die Dauerhaftigkeit des Tragwerks gelten bei der hier vorausgesetzten Expositionsklasse XC2 als erfüllt, wenn der Rechenwert der Rissbreite auf w_k = 0,3 mm begrenzt wird (Anforderungsklasse E).

quasi-ständig wegen Anforderungsklasse E siehe 3.2

Extremales Biegemoment unter quasi-ständiger Einwirkungskombination:

$m_{B,perm}$ = + 3013 kNm/m

siehe 4.3.1

vorh a_{sl} = 75,4 cm²/m

$z = 0,9d$, Hebelarm für quasi-ständige Einwirkungskombination geschätzt.
$n_{Ed} = 0$, Drucknormalkraft vernachlässigt!

$$\sigma_{s,perm} = m_{perm} / (a_s \cdot z) + n_{Ed} / a_s$$
$$= 3013 \cdot 10^{-3} / (75,4 \cdot 10^{-4} \cdot 0,9 \cdot 1,425) = 312 \text{ N/mm}^2$$

Grenzdurchmesser für σ_s = 320 N/mm² und w_k = 0,3 mm: d_s^* = **11 mm**

DIN 1045-1, 11.2.3
Tab. 20: Grenzdurchmesser d_s^* bei Betonstählen (siehe auch S. A-16)

Der Grenzdurchmesser darf in Abhängigkeit von der Bauteilhöhe modifiziert werden

DIN 1045-1, 11.2.3: Gl. (131)
(4) *Modifikation des Grenzdurchmessers in Abhängigkeit von der Bauteilhöhe und der wirksamen Betonzugfestigkeit*

$$d_s = d_s^* \cdot \sigma_s \cdot A_s / [4\,(h - d) \cdot b \cdot f_{ct,0}] \geq d_s^* \cdot f_{ct,eff} / f_{ct,0}$$

mit $f_{ct,0}$ = 3,0 N/mm²

DIN 1045-1, 9.1.7. Tab. 9
$f_{ct,eff} = f_{ctm}$ = 2,9 N/mm² für C30/37

$$d_s = 11 \cdot 320 \cdot 75,4 \cdot 10^{-4} / [4\,(1,50 - 1,425) \cdot 1,0 \cdot 3,0] \geq 11 \cdot 2,9 / 3,0$$
$$= 29,5 \text{ mm} > 10,6 \text{ mm}$$

zul d_s = 29,5 mm > vorh d_s = 20 mm Stabdurchmesser der gewählten Längsbewehrung!

→ Nachweis erfüllt!

5.2.2 Mindestbewehrung zur Begrenzung der Rissbreite

DIN 1045-1, 11.2.2

5.2.2.1 Vorbemerkung

In oberflächennahen Bereichen von Stahlbetonbauteilen, in denen Betonzugspannungen (auch unter Berücksichtigung von behinderten Verformungen) entstehen können, ist im Allgemeinen eine Mindestbewehrung einzulegen.

Da als maßgebende Bewehrungsmenge entweder die für die Lastbeanspruchung erforderliche Bewehrung oder die Mindestbewehrung einzulegen ist, werden nachfolgend die Plattenbereiche untersucht, in denen – mit Ausnahme der Querbewehrung im Sinne von DIN 1045-1, 13.3.2 – keine Biegebewehrung erforderlich ist. Dies gilt insbesondere für die y-Richtung der Platte (Längsausdehnung des Gebäudes bzw. Länge des Dehnfugenabschnittes), die hier mit l_y = 30 m angenommen wird.

Die hierfür ermittelte Mindestbewehrung wird aus Vereinfachungsgründen auch in den aus Lasten planmäßig überdrückten Plattenbereichen in x-Richtung (Querrichtung des Gebäudes) angeordnet.

Als mögliche Zwangursachen sind folgende Fälle denkbar:

- Zwang aus Abfließen der Hydratationswärme;
- Zwang im Endzustand, z. B. aus Schwinden des Betons bzw. aus äußeren Temperaturänderungen.

5.2.2.2 Zwang aus Abfließen der Hydratationswärme

Abschätzen der Zwangschnittgrößen

Schematische Darstellung der aus dem über die Querschnittshöhe ungleichmäßigen Abfließen der Hydratationswärme resultierenden Spannungen:

DIN 1045-1, 11.2.2: (2) *Der Querschnitt der Mindestbewehrung darf bei Bauteilen ohne Vorspannung... vermindert werden, wenn die Zwangschnittgröße die Rissschnittgröße nicht erreicht. In diesen Fällen darf die Mindestbewehrung durch eine Bemessung des Querschnitts für die nachgewiesene Zwangschnittgröße unter Berücksichtigung der Anforderungen an die Rissbreitenbegrenzung ermittelt werden.*

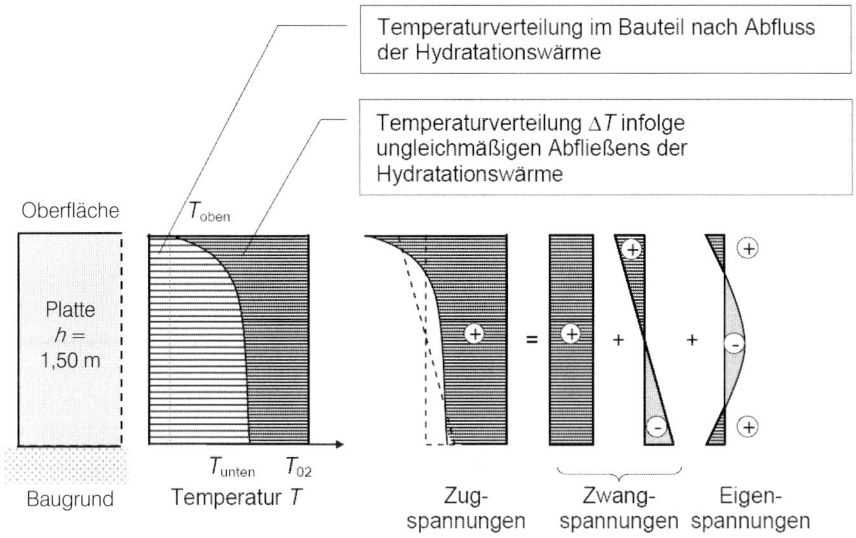

aus [31] DBV–Merkblatt: Begrenzung der Rissbildung im Stahlbeton- und Spannbetonbau

Eine zuverlässige Aussage über die Größe der Biegezwangspannungen ist in aller Regel nicht möglich, so dass die zentrische Zugbeanspruchung für die Ermittlung der Mindestbewehrung als maßgebend angenommen wird.

Diese zentrische Zugkraft kann jedoch nicht größer werden, als die Reibungskraft zwischen Boden und Fundamentplatte.

Voraussetzung: Keine Festpunkte, die größere Zwangschnittgrößen erzeugen, weil sie das Zusammenziehen der Platte über die Bodenreibung hinaus behindern.
Zum Beispiel: Aufzugsunterfahrten unter der Sohlplatte, die den Erdwiderstand aktivieren.

Die entsprechende maximale Scherspannung lässt sich auf der sicheren Seite liegend abschätzen zu:

$\max \tau \;= \sigma_0 \cdot \tan(\text{cal } \varphi')$

DIN 1045-1, 5.3.3 (3) für Zwangschnittgrößen nach Elastizitätstheorie und Zustand I: $\gamma_Q = 1{,}0$

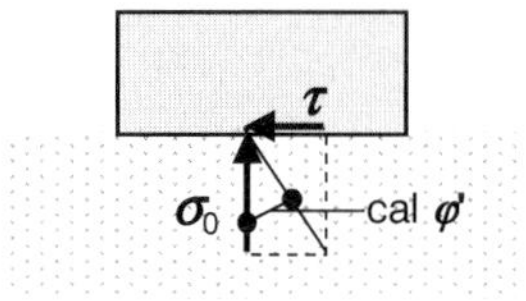

Sohldruck unter Gebrauchslast (= Eigenlast der Platte):

$\sigma_0 \quad = 1{,}5 \cdot 25{,}0 = 37{,}5$ kN/m²

DIN 1055-1, Tab. 1:
Wichte Stahlbeton 25 kN/m³

cal $\varphi' \quad = 32{,}5°$ innerer Bodenreibungswinkel

$\max \tau \;= 37{,}5 \cdot \tan 32{,}5° = 23{,}9$ kN/m²

DIN 1055-2, Lastannahmen für Bauten, Tab. 1: Bodenkenngrößen
z. B. nichtbindiger Boden, Kies, mitteldicht gelagert in der Gründungssohle

alternativ: [38] DAfStb-Richtlinie Betonbau beim Umgang mit wassergefährdenden Stoffen: u. a. mit Rechenwerten für Reibungsbeiwerte Erdreich-Beton

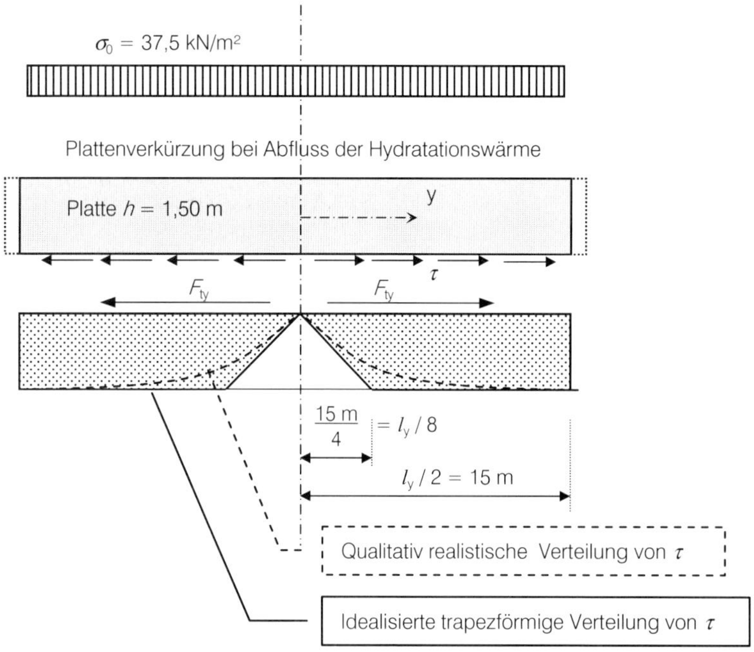

Darstellung unmaßstäblich!

[54] *Smoltczyk/Netzel:* 3.1 Flachgründungen, Abschnitt 5.7, S. 48 ff., Grundbau-Taschenbuch, Teil 3 - 4. Auflage Hinweise zu einer genaueren, die horizontale Verformbarkeit des Bodens berücksichtigenden Ermittlung des Verschiebungsweges der Platte und der dadurch hervorgerufenen Scherspannungen τ.

[55] *Horn:* Sohlreibung und räumlicher Erdwiderstand bei massiven Gründungen in nichtbindigen Böden, Straßenbau und Straßenverkehrstechnik: Heft 110, 1970

[38] DAfStb-Richtlinie Betonbau beim Umgang mit wassergefährdenden Stoffen, u. a. mit Rechenwerten für Reibungsbeiwerte Erdreich-Beton

Bei Annahme der oben dargestellten, näherungsweise trapezförmigen Verteilung der Scherspannung τ ergibt sich die resultierende Zugkraft zu:

$F_{ty} = 7/8 \cdot \max \tau \cdot b \cdot l_y / 2 \quad = 7/8 \cdot 23{,}9 \cdot 1{,}0 \cdot 15{,}0 \quad = \mathbf{314\ kN/m}$

DIN 1045-1, 5.4.1: (5) *Für Nachweise im Grenzzustand der Gebrauchstauglichkeit darf im Allgemeinen $\gamma_F = 1{,}0$ gesetzt werden (für den Bemessungswert der Einwirkung).*

Rissnormalkraft

$F_{cr} = k_c \cdot k \cdot f_{ct,eff} \cdot A_{ct}$

analog DIN 1045-1, 11.2.2: (5) Gl. (127)

$k_c \quad = 0{,}4 \cdot [1 + \sigma_c \ / \ (k_1 \cdot f_{ct,eff})] \quad \leq 1$

reiner Zug: bei Erstriss $\sigma_c = f_{ct,eff}$

$k_1 = 2/3$ für Zugnormalkraft

$k_c \quad = 1{,}0$ für reinen Zug

$k \quad = 0{,}5$ für Bauteile mit $h \geq 800$ mm

$f_{ct,eff} \quad = 0{,}5 \cdot f_{ctm} = 0{,}5 \cdot 2{,}9 \quad = 1{,}45\ \text{N/mm}^2$

DIN 1045-1, 11.2.2: (5) Gl. (128)

DIN 1045-1, 11.2.2: (5) ... *In vielen Fällen, z. B. wenn der maßgebende Zwang aus dem Abfließen der Hydratationswärme entsteht, kann die Rissbildung in den ersten 3–5 Tagen nach dem Einbringen des Betons ... entstehen. In diesem Fall darf ... die Betonzugfestigkeit $f_{ct,eff}$ zu 50 % der mittleren Zugfestigkeit nach 28 Tagen gesetzt werden ...*

DIN 1045-1, 9.1.7: Tab. 9: f_{ctm} für C30/37

$F_{cr} = 1{,}0 \cdot 0{,}5 \cdot 1{,}45 \cdot 1{,}50 = \mathbf{1{,}087\ MN/m} > 0{,}314\ \text{MN/m} = F_{ty}$

Wegen $F_{cr} > F_{ty}$ darf die Mindestbewehrung min a_{sy} für die nachgewiesene Zwangschnittgröße F_{ty} ermittelt werden.

DIN 1045-1, 11.2.2: (2) *Bemessung der Mindestbewehrung für die nachgewiesene Zwangschnittgröße unter Berücksichtigung der Anforderungen an die Rissbreitenbegrenzung statt für die Rissschnittgröße*

Ermittelt man die Mindestbewehrung zunächst ohne Berücksichtigung der Begrenzung der Rissbreite, ist für die Bemessungsspannung des Betonstahls bei reiner Zwangbeanspruchung die Streckgrenze $f_{yk} = 500$ N/mm² maßgebend.

Das Fließen des Betonstahls bei der Erstrissbildung ist zu verhindern. Bei kombinierter Last- und Zwangbeanspruchung darf maximal $0{,}8 f_{yk}$ ausgenutzt werden, siehe DIN 1045-1, 11.1.3.

min $a_{sy} = F_{ty} / f_{yk} = 0{,}314 \cdot 10^4 / 500 = \mathbf{6{,}3\ cm^2/m}$ für Gesamtquerschnitt.

siehe 4.3.3

Diese Mindestbewehrung ist allein durch die Querbewehrung ∅ 20 / 200 mm ($a_{s,q} = 15{,}7$ cm²/m) der Biegebewehrung abgedeckt.

Die Wahl bzw. Überprüfung der Mindestbewehrung muss zusätzlich unter Berücksichtigung der jeweiligen Anforderungen an die Rissbreite, in diesem Beispiel für wasserundurchlässige Betonkonstruktionen, erfolgen.

Eine direkte Berechnung der Rissbreiten wird erforderlich (siehe 5.2.3). Alternativ kann die Rissbreite durch die Reduzierung der Betonstahlspannung für die Ermittlung der Mindestbewehrung abhängig vom Grenzdurchmesser nach Tab. 20 begrenzt werden.

DIN 1045-1, 11.2.3: Die Begrenzung der Rissbreite ohne direkte Berechnung (mit Tab. 20 oder 21) ist für wasserundurchlässige Baukörper aus Beton nicht o. W. möglich, weil die Tabellen nur Angaben für $w_k = 0{,}2$ bis 0,4 mm enthalten (Alternative: Anhang A10). Maßgebend für die Wahl der Mindestbewehrung wird hier die Begrenzung der Rissbreite für die Wasserundurchlässigkeit der Platte. Die Tab. 21 (Stababstände) ist außerdem für die Begrenzung der Rissbreiten infolge Zwang ungeeignet, siehe 11.2.3: (2).

5.2.2.3 Zwang im Endzustand

Mögliche Zwangursachen im Endzustand können sein:

siehe auch:
[26] *Rostásy / Henning*: Zwang und Rissbildung in Wänden auf Fundamenten, DAfStb-Heft 407, S. 10-19

- witterungs- oder nutzungsbedingte Temperaturänderungen;
- Temperaturfelder infolge einer plötzlichen oder allmählichen Änderung der Umgebungstemperatur;
- Schwindverkürzungen.

Die beiden zuerst genannten Zwangursachen können im vorliegenden Beispiel als Rissursache ausgeschlossen werden.
Das Schwinden bei dicken, einseitig wasserberührten Fundamentplatten ist im Allgemeinen ohne baupraktische Bedeutung, da:

- die relative Luftfeuchte in der Platte in der Größenordnung von 100 % liegt. Bei dieser relativen Luftfeuchte kommt das Schwinden (theoretisch) zum Stillstand;
- in einem dicken Bauteil kein gleichmäßiger Austrocknungsvorgang stattfindet. Das über den Querschnitt ungleichmäßige Schwinden führt zu verhältnismäßig geringen Eigenspannungen;
- etwaige Schwindverformungen durch die Bewehrung abgemindert und die durch das Schwinden bedingten Zwangspannungen zusätzlich durch Kriechen und Relaxation abgebaut werden.

Es ist daher gerechtfertigt, im Rahmen dieses Beispiels den Einfluss des Schwindens zu vernachlässigen.

Beispielhaft wird im Folgenden für Fälle, bei denen infolge Zwang zu einem späten Zeitpunkt die Rissschnittgröße erreicht wird, der Nachweis der Mindestbewehrung zur Begrenzung der Rissbreiten für dickere Bauteile auf w_k = 0,2 mm geführt:

z. B. bei einer der Außenluft ausgesetzten Platte mit starker Verformungsbehinderung durch Fundamente, Versprünge, Unterfahrten...

[60], DAfStb-WU-Rili, Tab. 2: Begrenzung der Trennrissbreiten für Selbstheilung der Risse

$A_s = f_{ct,eff} \cdot A_{c,eff} / \sigma_s \geq k \cdot f_{ct,eff} \cdot A_{ct} / f_{yk}$

DIN 1045-1, 11.2.2: (8) Gl. (130a) und (130b)

$A_{c,eff}$ – Wirkungsbereich der Bewehrung nach Bild 53 d) mit $A_{c,eff} = h_{eff} \cdot b$

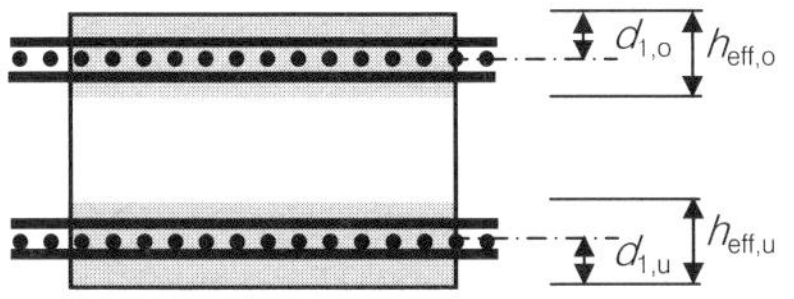

Bild 53 d): Zug zentrisch

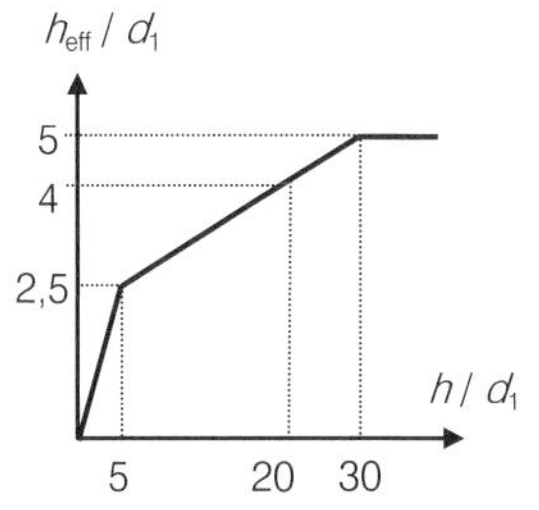

Annahme: Schwerpunktabstand der Bewehrung oben und unten sowie in x- und y-Richtung identisch:

$d_1 = h - d$ = 70 mm = 0,07 m

h / d_1 = 1500 / 70 ≈ 20 und zentrischer Zwang → $h_{eff} / d_1 = 4$

→ $A_{c,eff}$ = 4 · 0,07 = 0,28 m²/m

vgl. 4.3.2

auf m-Streifen bezogen

A_{ct} – Fläche der Betonzugzone je Bauteilseite mit $A_{ct} = 0{,}5 \cdot h \cdot b$.

→ A_{ct} = 0,5 · 1,50 = 0,75 m²/m

wirksame Betonzugfestigkeit:

$f_{ct,eff} = f_{ctm}$ = 2,9 N/mm² (später Zwang)

DIN 1045-1, 9.1.7: Tab. 9 für C30/37

Ausnutzbare Stahlspannung σ_s bei gewähltem Stabdurchmesser d_s = 20 mm und Rissbreite w_k = 0,2 mm:

$$d_s^* = d_s \cdot f_{ct,0} / f_{ct,eff} = 20 \cdot 3{,}0 / 2{,}9 = 20{,}7 \text{ mm}$$

DIN 1045-1, 11.2.2: (8) Gl. (130c) umgestellt

$$\sigma_s = \sqrt{\frac{3{,}6 \cdot 10^6 \cdot w_k}{d_s^*}} = \sqrt{\frac{3{,}6 \cdot 10^6 \cdot 0{,}2}{20{,}7}} = 187 \text{ N/mm}^2$$

DIN 1045-1, 11.2.3: Tab. 20
analytische Beziehung der Anmerkung umgestellt

$k = 0{,}5$ für $h \geq 800$ mm

Mindestbewehrung je Bauteilseite:

$A_s = 2{,}9 \cdot 0{,}28 \cdot 10^4 / 187 \geq 0{,}5 \cdot 2{,}9 \cdot 0{,}75 \cdot 10^4 / 500$

A_s = **43,7 cm²/m** $> 21{,}8$ cm²/m

DIN 1045-1, 11.2.2: (8) Gl. (130a) und (130b)

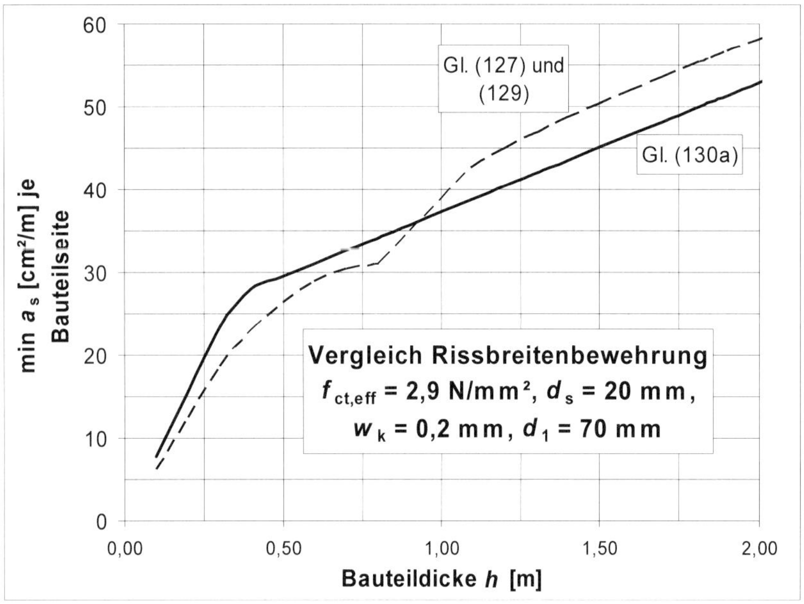

DIN 1045-1, 11.2.2: (8)
Es muss aber nicht mehr Mindestbewehrung eingelegt werden, als sich nach Gleichung (127) mit Gleichung (129) bzw. nach Abschnitt 11.2.4 ergibt.

5.2.3 Berechnung der Rissbreiten

Rissbreitenbegrenzung in der hauptsächlich durch Last beanspruchten x-Richtung der Platte ohne direkte Berechnung: siehe 5.2.1!

In der y-Längsrichtung der Platte ist die Mindestbewehrung so einzulegen, dass die infolge Zwang aus Abfließen der Hydratationswärme entstehenden Risse ein für die Wasserundurchlässigkeit der Betonkonstruktion unbedenkliches Maß nicht überschreiten.

DIN 1045-1, 11.2.1: (6) Erfüllung der Anforderungen an Dauerhaftigkeit und Erscheinungsbild mit Anforderungen nach Tab. 18 oder Tab. 19, aber für Bauteile mit besonderen Anforderungen können strengere Rissbreitenbegrenzungen erforderlich sein!

Die DAfStb-WU-Richtlinie [60] lässt die Begrenzung der rechnerischen Rissbreiten abhängig vom Wasserdruckgefälle (Wasserdruckhöhe h_w / Bauteildicke h_b) zu.

[60] DAfStb-WU-Richtlinie, Abschnitt 8.5.2 und Tab. 2

Bei Bauteilen der Nutzungsklasse B (Feuchtstellen auf der Bauteiloberfläche sind zulässig) und Beanspruchungsklasse 1 (drückendes Wasser) sind die Trennrisse für das Wasserdruckgefälle
$h_w / h_b = 2{,}50 \text{ m} / 1{,}50 \text{ m} = 1{,}7 < 10$
mindestens auf w_k = 0,20 mm zu begrenzen.

Eine Rissbreitenbeschränkung in y-Richtung ist notwendig, da ohne Biegung kein überdrückter Querschnittsbereich vorhanden ist – es ist mit reiner Zugspannung aus Zwang zu rechnen. Für den Bereich der zweiachsigen Tragwirkung der Bodenplatten in den Gebäudeecken sind ggf. zusätzliche Überlegungen anzustellen.

Berechnung der Rissbreite

DIN 1045-1, 11.2.4

Folgende Bewehrungsanordnungen in y-Richtung sind zu untersuchen:

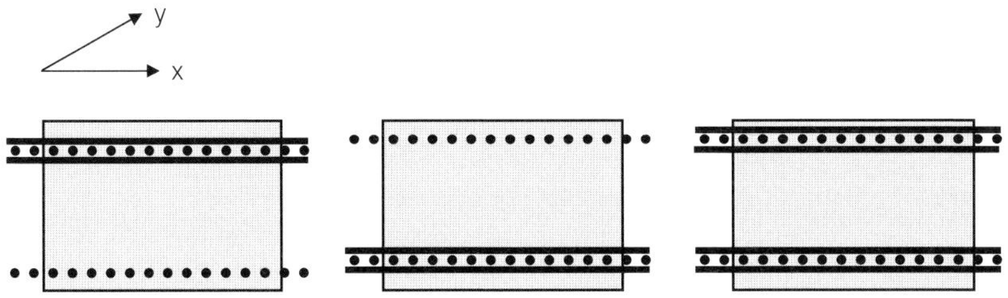

a) **Oben:** Querbewehrung Ø 20 / 200 mm **Unten:** Betonstahlmatte Q524A als min a_s zugelegt	b) **Oben:** Betonstahlmatte Q524A als min a_s zugelegt **Unten:** Querbewehrung Ø 20 / 150 mm	c) **Oben und Unten:** Querbewehrung Ø 20 / 200 mm

Für Varianten a) und c): Querbewehrung Ø 20 / 200 mm aus der Biegebemessung siehe 4.3.3.

Für Variante b) (Feld 2) wird die Querbewehrung im Stababstand mit Ø 20 / 150 mm optimiert, um an der wasserberührten Seite die Rissbreite auf $w_k \leq 0{,}2$ mm zu begrenzen.

Die zugelegte Betonstahlmatte Q524A wirkt als Mindestbewehrung auf der sonst unbewehrten Plattenseite mit, um die Aufnahme der Zwangschnittgröße im gesamten Plattenquerschnitt zu erreichen und um die Stahlspannung in der Querbewehrung infolge der Zwangschnittgröße so zu reduzieren, dass die Rissbreiten ausreichend begrenzt werden.

Untersucht werden die Rissbreiten für alle vorkommenen Fälle a) bis c). Die Rissbreite $w_k = 0{,}2$ mm soll für alle Sohlplattenbereiche mindestens im Wirkungsbereich der rissbreitenbegrenzenden Bewehrung auf der wasserberührten Plattenseite (Annahme: parallele Trennrissufer) eingehalten werden, deshalb sind die verschiedenen Bewehrungsanordnungen zu untersuchen.

a_1) Querbewehrung Ø 20 / 200 mm auf der Plattenoberseite

Für den Rechenwert der Rissbreite gilt:

$$w_k = s_{r,max} \cdot (\varepsilon_{sm} - \varepsilon_{cm})$$

DIN 1045-1, 11.2.4: Gl. (135)

mit:
maximaler Rissabstand: $s_{r,max} = d_s / (3{,}6 \cdot \text{eff}\,\rho) \quad \leq \sigma_s \cdot d_s / (3{,}6 \cdot f_{ct,eff})$

DIN 1045-1, 11.2.4: Gl. (137)

Bewehrungsgrad: $\text{eff}\,\rho = (A_s + \xi_1^2 \cdot A_p) / A_{c,eff}$

DIN 1045-1, 11.2.3: Gl. (133)

Wirkungsbereich der Bewehrung:

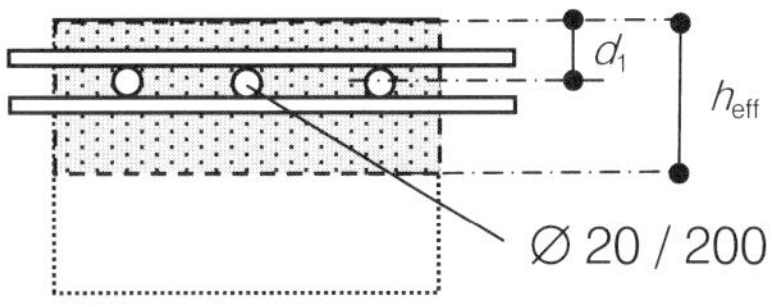

$A_{c,eff} = 2{,}5\ d_1 \leq (h - x) / 2$

DIN 1045-1, 11.2.3: Bild 53 b)
Der Wirkungsbereich der Bewehrung kann bei dickeren Bauteilen über $2{,}5 d_1$ hinaus anwachsen → Bild 53 d)

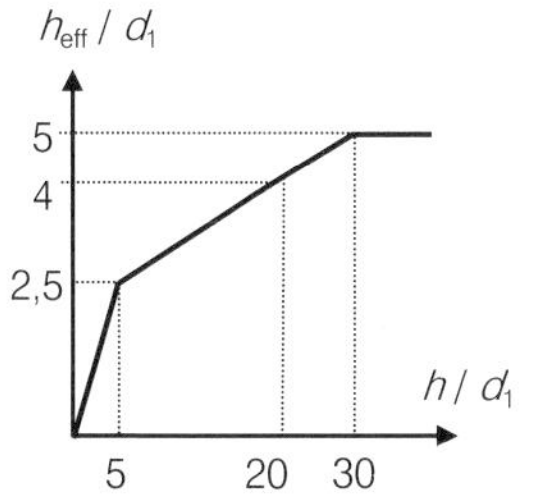

bzw. $A_{c,eff}$ nachBild 53 d) bei dicken Bauteilen:

$d_1 \quad = c_{v,l} + d_{s,x} + 0{,}5 \cdot d_s \quad = 40 + 20 + 10 = 70$ mm
$h / d_1 \quad = 1500 / 70 \approx 20$ und zentrischer Zwang → $h_{eff} / d_1 = 4$

→ $A_{c,eff} = 4 \cdot 0{,}07 = 0{,}28$ m²/m

$\text{eff}\,\rho \quad = 15{,}7 \cdot 10^{-4} / 0{,}28 = 0{,}0056 \qquad$ (Ø 20 / 200 mm)

Stahlspannung im Trennriss unter Zwangschnittgröße (Gesamtquerschnitt):

siehe 5.2.2.2: $F_{ty} = 314$ kN/m
DIN 1045-1, 11.2.4: (3) Im Bauteil selbst hervorgerufener Zwang: $\sigma_s = \sigma_{sr}$

$\Sigma\, a_s \quad = 15{,}7 + 5{,}24 = 20{,}94$ cm²/m (Ø 20 / 200 mm + Q524A)
$\sigma_s \quad = 0{,}314 / (20{,}94 \cdot 10^{-4}) = 150$ N/mm²

Wirksame Betonzugfestigkeit:

DIN 1045-1, 11.2.2: (5) ... *wenn der maßgebende Zwang aus dem Abfließen der Hydratationswärme entsteht, kann die Rissbildung in den ersten 3–5 Tagen nach dem Einbringen des Betons... entstehen... Dann darf... die Betonzugfestigkeit $f_{ct,eff}$ zu 50 % der mittleren Zugfestigkeit nach 28 Tagen gesetzt werden...*
DIN 1045-1, Tab. 9: f_{ctm} für C30/37

$f_{ct,eff} \quad = 0{,}5 \cdot f_{ctm} = 0{,}5 \cdot 2{,}9 = 1{,}45$ N/mm²

$s_{r,max} \quad = 20 / (3{,}6 \cdot 0{,}0056) \quad = 992$ mm
$\quad > 150 \cdot 20 / (3{,}6 \cdot 1{,}45) \quad =$ **575 mm** (maßgebend!)

Differenz der mittleren Dehnungen von Beton und Betonstahl:

$$\varepsilon_{sm} - \varepsilon_{cm} = [\sigma_s - 0{,}4\ (f_{ct,eff} / \text{eff}\ \rho) \cdot (1 + \alpha_E \cdot \text{eff}\ \rho)] / E_s$$
$$\geq 0{,}6 \cdot \sigma_s / E_s$$

DIN 1045-1, 11.2.4: Gl. (136)

$$\alpha_E = E_s / E_{cm} = 200.000 / 28300 = 7{,}07$$

DIN 1045-1, Tab. 9 [1] und 9.2.4: (4) E-Moduln

$$\varepsilon_{sm} - \varepsilon_{cm} = [150 - 0{,}4\ (1{,}45 / 0{,}0056) \cdot (1 + 7{,}07 \cdot 0{,}0056)] / 200.000$$
$$= 2{,}12 \cdot 10^{-4}$$
$$< 0{,}6 \cdot 150 / 200.000$$
$$= \mathbf{4{,}5 \cdot 10^{-4}}\ \text{(maßgebend!)}$$

Rechenwert der Rissbreite für die Querbewehrung ∅ 20 / 200 mm:

$$w_k = 575 \cdot 4{,}5 \cdot 10^{-4} = \mathbf{0{,}26\ mm}$$

DIN 1045-1, 11.2.4: Gl. (135)

a₂) Zulagebewehrung Q524A auf der Plattenunterseite

Rechenwert der Rissbreite:

Wirkungsbereich der Bewehrung:

$A_{c,eff} = 5\ d_1 > 2{,}5\ d_1$

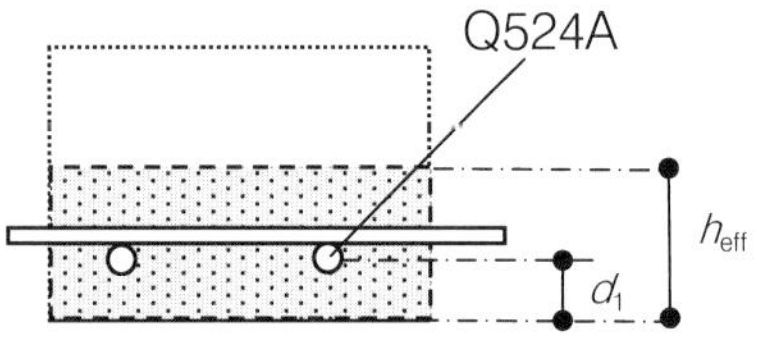

DIN 1045-1, 11.2.3: Bild 53
$h / d_1 > 30$ und zentrischer Zwang → $h_{eff} / d_1 = 5$

$d_1 = c_{nom} + 0{,}5 \cdot d_s = 30 + 0{,}5 \cdot 10 = 35$ mm
$h / d_1 = 1500 / 35 > 30$ und zentrischer Zwang → $h_{eff} / d_1 = 5$
$A_{c,eff} = 5 \cdot 0{,}035 = 0{,}175$ m²/m

siehe 1.3: min c_{nom} außen, ohne Bügelumfassung

Bewehrungsgrad: $\text{eff}\ \rho = (A_s + \xi_1^2 \cdot A_p) / A_{c,eff}$
$\text{eff}\ \rho = 5{,}24 \cdot 10^{-4} / 0{,}175 = 0{,}003$ (Q524A)

DIN 1045-1, 11.2.3: Gl. (133)

Stahlspannung und wirksame Betonzugfestigkeit:
$\sigma_s = 150$ N/mm² ; $f_{ct,eff} = 1{,}45$ N/mm²

siehe a₁)

maximaler Rissabstand: $s_{r,max} = d_s / (3{,}6 \cdot \text{eff}\ \rho) \leq \sigma_s \cdot d_s / (3{,}6 \cdot f_{ct,eff})$

DIN 1045-1, 11.2.4: Gl. (137)

$d_s = 10$ mm

$s_{r,max} = 10 / (3{,}6 \cdot 0{,}003) = 926$ mm
$> 150 \cdot 10 / (3{,}6 \cdot 1{,}45) =$ **287 mm** (maßgebend!)
$<$ doppelte Maschenweite $= 300$ mm

DIN 1045-1, 11.2.4: (4) *Bei Mattenbewehrung muss der Rissabstand nicht größer als die doppelte Maschenweite angenommen werden.*

Differenz der mittleren Dehnungen von Beton und Betonstahl:

$$\varepsilon_{sm} - \varepsilon_{cm} = [\sigma_s - 0{,}4\ (f_{ct,eff} / \text{eff}\ \rho) \cdot (1 + \alpha_E \cdot \text{eff}\ \rho)] / E_s \geq 0{,}6 \cdot \sigma_s / E_s$$

DIN 1045-1, 11.2.4: Gl. (136)

$$\alpha_E = 7{,}07$$

siehe a₁)

$$\varepsilon_{sm} - \varepsilon_{cm} = [151 - 0{,}4\ (1{,}45 / 0{,}003) \cdot (1 + 7{,}07 \cdot 0{,}003)] / 200.000 < 0$$
$$< 0{,}6 \cdot 151 / 200.000$$
$$= \mathbf{4{,}5 \cdot 10^{-4}}\ \text{(maßgebend!)}$$

Bewertung der Rissbreite für die WU-Anforderung: Da die rechnerische Rissbreite unten mit ca. 0,15 mm auch die Anforderungen der DAfStb-WU-Richtlinie [60] für das nur auf den Wirkungsbereich der unteren Bewehrung bezogene Wasserdruckgefälle $h_w / h_{eff} = 2{,}50\ \text{m} / 0{,}175\ \text{m} = 14{,}3 < 15$ erfüllt, ist die rechnerische Rissbreite von 0,26 mm auf der Oberseite der Platte unkritisch.

Rechenwert der Rissbreite für die Zulagebewehrung Q524A:

$$w_k = 287 \cdot 4{,}5 \cdot 10^{-4} = \mathbf{0{,}13\ mm}$$

DIN 1045-1, 11.2.4: Gl. (135)

b_1) Querbewehrung Ø 20 / 150 mm auf der Plattenunterseite

Ablauf der Berechnung analog der Variante a)

Wirkungsbereich der Bewehrung:

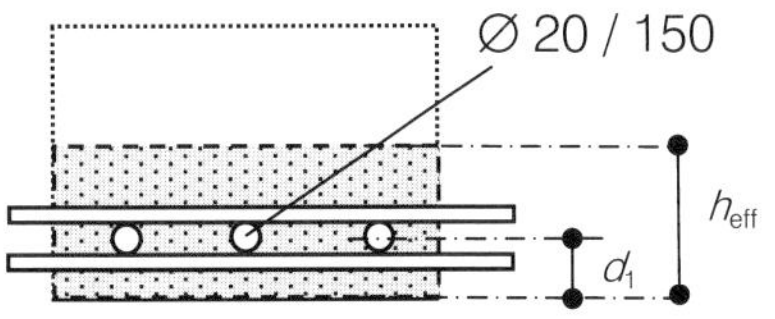

DIN 1045-1, 11.2.3: Bild 53
$h / d_1 = 1500 / 75 = 20$ und zentrischer Zwang
→ $h_{eff} / d_1 = 4$

$d_1 \quad = c_{v,l} + d_{s,x} + 0{,}5 \cdot s_{s,x} = 45 + 20 + 10 = 75$ mm

siehe 1.3: $c_{v,l}$ außen, Mindeststababstand $s_{s,x} = d_{s,x} = 20$ mm zwischen den beiden Lagen der Biegebewehrung

$A_{c,eff} \quad = 4 \cdot 0{,}075 = 0{,}3$ m²/m

eff $\rho \quad = 20{,}94 \cdot 10^{-4} / 0{,}3 = 0{,}007$ (Ø 20 / 150 mm)

$\Sigma\, a_s \quad = 20{,}94 + 5{,}24 = 26{,}18$ cm²/m (Ø 20 / 150 mm + Q524A)

$\sigma_s \quad = 0{,}314 / (26{,}18 \cdot 10^{-4}) = 120$ N/mm²

$f_{ct,eff} \quad = 0{,}5 \cdot f_{ctm} = 0{,}5 \cdot 2{,}9 = 1{,}45$ N/mm²

$s_{r,max} \quad = 20 / (3{,}6 \cdot 0{,}007) \quad = 794$ mm
$\quad > 120 \cdot 20 / (3{,}6 \cdot 1{,}45) \quad =$ **460 mm** (maßgebend!)

DIN 1045-1, 11.2.4: Gl. (137)

$\alpha_E = E_s / E_{cm} = 200.000 / 28300 = 7{,}07$

DIN 1045-1, Tab. 9 [1] und 9.2.4: (4) E-Moduln

$\varepsilon_{sm} - \varepsilon_{cm} = [120 - 0{,}4\,(1{,}45 / 0{,}007) \cdot (1 + 7{,}07 \cdot 0{,}007)] / 200.000$
$\quad = 1{,}65 \cdot 10^{-4}$
$\quad < 0{,}6 \cdot 120 / 200.000$
$\quad =$ **$3{,}6 \cdot 10^{-4}$** (maßgebend!)

DIN 1045-1, 11.2.4: Gl. (136)

Rechenwert der Rissbreite für die Querbewehrung Ø 20 / 150 mm:

$w_k = 460 \cdot 3{,}6 \cdot 10^{-4} =$ **0,17 mm**

DIN 1045-1, 11.2.4: Gl. (135)

b_2) Zulagebewehrung Q524A auf der Plattenoberseite

Rechenwert der Rissbreite:

Wirkungsbereich der Bewehrung:

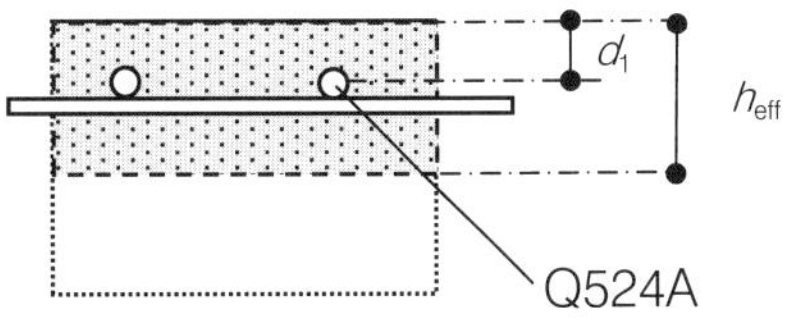

DIN 1045-1, 11.2.3: Bild 53
$h / d_1 = 1500 / 24 > 30$ und zentrischer Zwang
→ $h_{eff} / d_1 = 5$

$d_1 \quad = c_{nom} + 0{,}5 \cdot d_s = 20 + 0{,}5 \cdot 10 = 25$ mm

siehe 1.3: min c_{nom} innen, ohne Bügelumfassung

$A_{c,eff} \quad = 5 \cdot 0{,}025 = 0{,}125$ m²/m

eff $\rho \quad = 5{,}24 \cdot 10^{-4} / 0{,}125 = 0{,}0042$ (Q524A)

DIN 1045-1, 11.2.3: Gl. (133)

$\sigma_s \quad = 120$ N/mm²; $f_{ct,eff} = 1{,}45$ N/mm²

siehe b_1)

$d_s \quad = 10$ mm

$s_{r,max} \quad = 10 / (3{,}6 \cdot 0{,}0042) \quad = 661$ mm
$\quad > 120 \cdot 10 / (3{,}6 \cdot 1{,}45) \quad =$ **230 mm** (maßgebend!)
$\quad <$ doppelte Maschenweite $\quad = 300$ mm

DIN 1045-1, 11.2.4: Gl. (137)

Differenz der mittleren Dehnungen von Beton und Betonstahl:

$\varepsilon_{sm} - \varepsilon_{cm} = [\sigma_s - 0{,}4\ (f_{ct,eff}\ /\ \text{eff}\ \rho) \cdot (1 + \alpha_E \cdot \text{eff}\ \rho)]\ /\ E_s \qquad \geq 0{,}6 \cdot \sigma_s\ /\ E_s$

DIN 1045-1, 11.2.4: Gl. (136)

$\alpha_E = 7{,}07$

siehe b_1)

$\varepsilon_{sm} - \varepsilon_{cm} = [120 - 0{,}4\ (1{,}45\ /\ 0{,}0042) \cdot (1 + 7{,}07 \cdot 0{,}0042)]\ /\ 200.000$
< 0
$< 0{,}6 \cdot 120\ /\ 200.000$
$=$ **3,6 · 10⁻⁴** (maßgebend!)

Rechenwert der Rissbreite für die Zulagebewehrung Q524A:

$w_k = 230 \cdot 3{,}6 \cdot 10^{-4} =$ **0,08 mm ≈ 0,1 mm**

DIN 1045-1, 11.2.4: Gl. (135)
Rechnerische Rissbreiten unter 0,1 mm sind wegen des zunehmenden Einflusses der baupraktischen Streuungen zu theoretisch.

c) Querbewehrung Ø 20 / 200 mm auf beiden Plattenseiten

Rechenwert der Rissbreite:

Wirkungsbereich der Bewehrung:

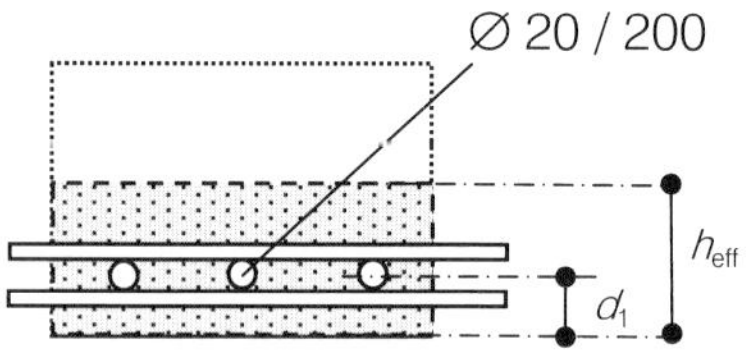

DIN 1045-1, 11.2.3: Bild 53
$h\ /\ d_1 \approx 20$ und zentrischer Zwang
→ $h_{eff}\ /\ d_1 = 4$

$d_1 = 75$ mm
$A_{c,eff} = 0{,}3\ m^2$

siehe b_1) außen mit größerem Wirkungsbereich wegen der größeren Betondeckung für XC2

Bewehrungsgrad: $\text{eff}\ \rho = 15{,}7 \cdot 10^{-4}\ /\ 0{,}3 = 0{,}0052$ (Ø 20 / 200 mm)

DIN 1045-1, 11.2.3: Gl. (133)

Stahlspannung und wirksame Betonzugfestigkeit:

$\Sigma\ a_s = 2 \cdot 15{,}7 = 31{,}4\ cm^2/m$ (Ø 20 / 200 mm oben + unten)
$\sigma_s = 0{,}314\ /\ (31{,}4 \cdot 10^{-4}) = 100\ N/mm^2$

$f_{ct,eff} = 1{,}45\ N/mm^2$

siehe a_1)

maximaler Rissabstand:

$s_{r,max} = 20\ /\ (3{,}6 \cdot 0{,}0052) = 1068$ mm
$> 100 \cdot 20\ /\ (3{,}6 \cdot 1{,}45) =$ **383 mm** (maßgebend!)

DIN 1045-1, 11.2.4: Gl. (137)

Differenz der mittleren Dehnungen von Beton und Betonstahl:

$\varepsilon_{sm} - \varepsilon_{cm} = [100 - 0{,}4\ (1{,}45\ /\ 0{,}0052) \cdot (1 + 7{,}07 \cdot 0{,}0052)]\ /\ 200.000$
< 0
$< 0{,}6 \cdot 100\ /\ 200.000$
$=$ **3,0 · 10⁻⁴** (maßgebend!)

DIN 1045-1, 11.2.4: Gl. (136)
siehe a_1): $\alpha_E = 7{,}07$

Rechenwert der Rissbreite für die Querbewehrung oben + unten Ø 20 / 200 mm:

$w_k = 383 \cdot 3{,}00 \cdot 10^{-4} =$ **0,11 mm**

DIN 1045-1, 11.2.4: Gl. (135)

Zusammenfassung

Rechnerische Rissbreiten in y-Richtung infolge der Zwangschnittgröße:

Zwangschnittgröße: Reibungskraft zwischen Boden und Fundamentplatte, siehe 5.2.2.2 < Rissschnittgröße

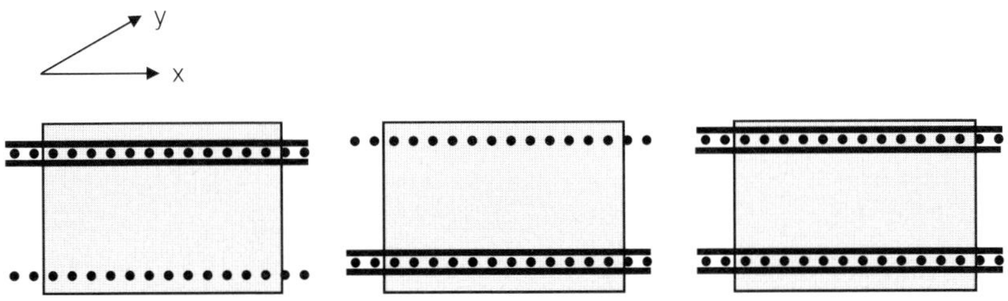

a_1) oben: 0,26 mm
a_2) unten: 0,13 mm

b_2) oben: ≈ 0,1 mm
b_1) unten: 0,17 mm

c) oben: 0,11 mm
c) unten: 0,11 mm

Damit sind sowohl die Anforderungen an die Wasserundurchlässigkeit mit $w_k \leq 0{,}2$ mm auf der wasserberührten Seite als auch an die Dauerhaftigkeit mit $w_k \leq 0{,}3$ mm für Anforderungsklasse E (außen) bzw. $w_k \leq 0{,}4$ mm für Anforderungsklasse F (innen) erfüllt.

[60] DAfStb-WU-Richtlinie

DIN 1045-1, Tab. 18 und 19

6 Bewehrungsführung, bauliche Durchbildung

6.1 Grundmaß der Verankerungslänge

DIN 1045-1, 12.6.2

Grundmaß: $l_b = (d_s / 4) \cdot (f_{yd} / f_{bd})$

DIN 1045-1, 12.6.2: (2) Gl. (140)

Gute Verbundbedingungen:
Bemessungswert Verbundspannung: $f_{bd} = 3{,}0$ N/mm² für C30/37

DIN 1045-1, 12.5: Tab. 25: $d_s < 32$ mm und gute Verbundbedingungen 12.4: (2) b)

Mäßige Verbundbedingungen:
Bemessungswert Verbundspannung: $f_{bd} = 0{,}7 \cdot 3{,}0 = 2{,}1$ N/mm²

DIN 1045-1, 12.5: (2) mäßige Verbundbedingungen

Bemessungswert Stahlspannung : $f_{yd} = 435$ N/mm²

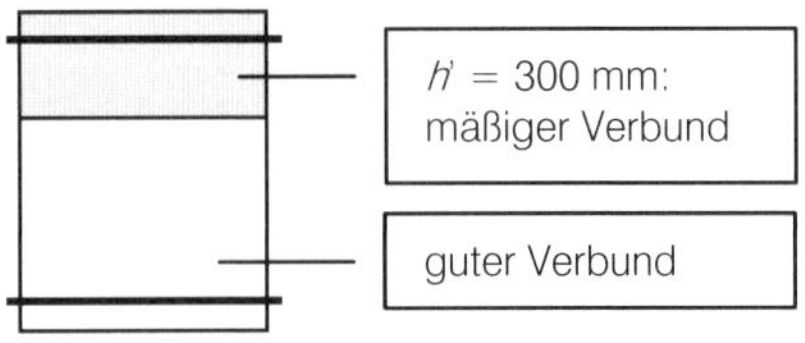

Ort	Verbund	d_s (mm)	l_b (mm)
Feld 1-2 oben	mäßig	20	**1036**
		10	**518**
Feld 2, unten Auflager A+B	gut	20	**725**
		10	**363**

Betonstahlmatte Q524A mit $d_s = 10$ mm als zusätzliche Querbewehrung

6.2 Verankerung am Endauflager A

Mindestens die Hälfte der (erforderlichen) Feldbewehrung ist zum Auflager zu führen und dort zu verankern.
Im Beispiel: Führung der gesamten Feldbewehrung zum Endauflager.

DIN 1045-1, 13.3.2: (1) Zugkraftdeckung Platten

siehe auch Querkraftnachweis 4.4.1

Zu verankernde Zugkraft am Endauflager A:

DIN 1045-1, 13.2.2: (7) Gl. (148)

$F_{sd} = V_{Ed} \cdot a_l / z + N_{Ed} \geq V_{Ed} / 2$

$V_{Ed,A} = 2697$ kN/m $\quad n_{Ed} = -82{,}2$ kN/m

siehe 3.1, Normalkraft günstige Wirkung

Versatzmaß:

$a_l = 0{,}5z \cdot (\cot\theta - \cot\alpha)$
$= 0{,}5 \cdot 0{,}9 \cdot 1{,}43 \cdot (1{,}57 - 0) \quad = 1{,}01$ m (d. h. $a_l / z = 0{,}79$)

$F_{sd} = 2697 \cdot 0{,}79 - 82{,}2 \quad = 2048$ kN/m

$a_{s,erf} = F_{sd} / f_{yd} = 2{,}048 \cdot 10^4 / 435 \quad = 47{,}1$ cm²/m

DIN 1045-1, 13.2.2: Gl. (147) und 13.3.2: (1) Platten mit Querkraftbewehrung
DIN 1045-1, 13.2.2: (3) $z = 0{,}9d$ angenommen.
siehe 4.4.1 c): $\cot\theta_{red} = 1{,}57$
$\alpha = 90°$ – Neigung der Querkraftbewehrung zur Bauteilachse, $\cot 90° = 0$

Erforderliche Verankerungslänge

Kriterium	2 Lagen Ø 20
$l_{b,min} = 0{,}3\, \alpha_a\, l_b$ $\geq 10d_s$	Verankerung mit Winkelhaken: $\alpha_a = 0{,}7$ $l_{b,min} = 0{,}3 \cdot 0{,}7 \cdot 1036 =$ **218 mm** $> 10 \cdot 20 = 200$ mm
$l_{b,net} = \alpha_a \cdot l_b \cdot (a_{s,erf} / a_{s,vorh})$ $\geq l_{b,min}$	$l_{b,net} = 0{,}7 \cdot 1036 \cdot (47{,}1 / 75{,}4) =$ **453 mm** > 218 mm $= l_{b,min}$
$l_{b,dir} = (2/3) \cdot l_{b,net}$ $\geq 6{,}7d_s$	$l_{b,dir} = (2/3) \cdot 453 =$ **302 mm** $> 6{,}7d_s = 134$ mm

DIN 1045-1, 12.6: Tab. 26: Verankerungsarten
DIN 1045-1, 12.6.2: (3) $l_{b,min}$

DIN 1045-1, 12.6.2: (3) Gl. (141)
siehe 4.4.1: $a_{s,vorh}$

DIN 1045-1, 13.2.2: (8) Gl. (149)
bei direkter Auflagerung

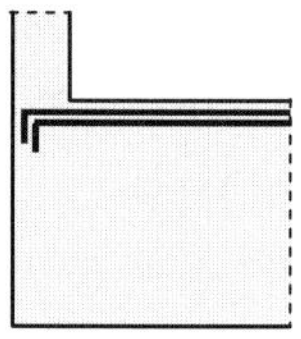

Die Feldbewehrung wird um das Maß **350 mm** (1. Lage) bzw. **310 mm** (2. Lage) > erf $l_{b,dir}$ hinter die Auflagervorderkante vom Endauflager A geführt.

Höhe der Winkelhaken
$= d_s + d_{br}/2 + 5d_s$
$= (1 + 7/2 + 5)\, d_s = 9{,}5 \cdot 20$
$=$ **190 mm**

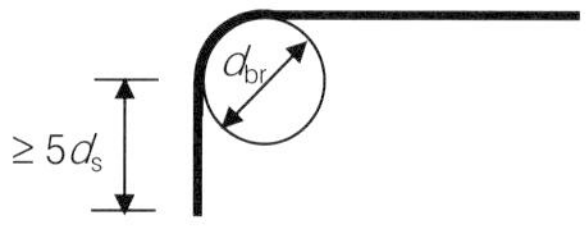

DIN 1045-1, 12.6: Tab. 26: Verankerungsarten
DIN 1045-1, 12.3.1: Tab. 23: Biegerollendurchmesser $d_{br} = 7d_s$ für Winkelhaken $d_s \geq 20$ mm

6.3 Verankerung am Zwischenauflager

Mindestens die Hälfte der erforderlichen Feldbewehrung ist zum Auflager zu führen und dort zu verankern.

DIN 1045-1, 13.3.2: (1)
Zugkraftdeckung Platten

Im Beispiel:
Führung der gesamten Feldbewehrung zum Zwischenauflager B.

$\min l_{b,dir} > 6d_s = 6 \cdot 20 = 120$ mm

Gewählte Verankerungslänge $l_s =$ **150 mm** $> \min l_{b,dir} = 6d_s$

DIN 1045-1, 13.2.2: (9) An Zwischenauflagern von durchlaufenden Bauteilen ist die erforderliche Bewehrung mindestens um das Maß $6d_s$ bis hinter den Auflagerrand zu führen.

6.4 Verankerung außerhalb der Auflager

Die Stäbe der nichtgestaffelten unteren Biegebewehrung sind vom Nullpunkt der Zugkraftlinie im Feld 1 mit dem Maß $l_{b,net}$ zu verankern.

DIN 1045-1, 13.2.2: Zugkraftdeckung
Bild 66

$l_{b,net} = \alpha_a \cdot l_b \cdot (a_{s,erf} / a_{s,vorh}) \quad = 0 \quad$ (wegen $a_{s,erf} = 0$)

$< l_{b,min} = 0{,}3 \cdot 725 \cdot 1{,}0 \quad =$ **220 mm**

DIN 1045-1, 12.6.2: (3) Gl. (141)

l_b siehe 6.1, gute Verbundbedingungen

6.5 Stöße der Querbewehrung in y-Richtung

6.5.1 Querbewehrung konstruktiv

Die Ermittlung der Übergreifungslänge erfolgt zunächst für die im GZT erforderliche Bewehrung unter Berücksichtigung des Ausnutzungsgrades erf A_s / vorh A_s. Für vorh A_s darf immer die gewählte Bewehrungsmenge berücksichtigt werden. Es wird davon ausgegangen, dass die 20 % erforderliche konstruktive Querbewehrung nach 4.3.3 mit σ_{sd} = 435 N/mm² im GZT ausgenutzt wird.

a) Plattenunterseite: Übergreifungslängen

Kriterium	Betonstabstahl Ø 20 / 150 mm	Betonstabstahl Ø 20 / 200 mm
	gerade Stabenden: $\alpha_a = 1{,}0$	
$l_{s,min} = 0{,}3\ \alpha_a \cdot \alpha_1 \cdot l_b$	$\alpha_1 = 2{,}0$ $l_{s,min} = 0{,}3 \cdot 1{,}0 \cdot 2{,}0 \cdot 725$ = **435 mm**	$\alpha_1 = 1{,}4$ $l_{s,min} = 0{,}3 \cdot 1{,}0 \cdot 1{,}4 \cdot 725$ = **305 mm**
$\geq 15 d_s$ ≥ 200 mm	$> 15 \cdot 20 = 300$ mm > 200 mm	
$l_{b,net} = \alpha_a \cdot l_b \cdot (a_{s,erf} / a_{s,vorh})$	$l_{b,net} = 1{,}0 \cdot 725 \cdot (14{,}5 / 20{,}94)$ = **500 mm**	$l_{b,net} = 1{,}0 \cdot 725 \cdot (14{,}5 / 15{,}7)$ = **670 mm**
$\geq l_{b,min} = 0{,}3 \cdot \alpha_a \cdot l_b$ $\geq 10 d_s$	$> 0{,}3 \cdot 1{,}0 \cdot 725 = 218$ mm $> 10 \cdot 20 = 200$ mm	
$l_s = l_{b,net} \cdot \alpha_1$ $\geq l_{s,min}$	$l_s = 500 \cdot 2{,}0$ = **1000 mm** > 435 mm $= l_{s,min}$	$l_s = 670 \cdot 1{,}4$ = **940 mm** > 305 mm $= l_{s,min}$
Gewählt:	$\boldsymbol{l_s}$ **= 1000 mm** ≥ erf l_s	

DIN 1045-1, 12.6: Tab. 26: $\alpha_a = 1{,}0$

DIN 1045-1, Tab. 27: α_1 für gestoßene Stäbe > 33 % in der Zugzone und d_s = 20 mm, Bild 57: s = 150 mm < $10 d_s$, $\alpha_1 = 2{,}0$ und s = 200 mm ≥ $10 d_s$, daher [b]): $\alpha_1 = 1{,}4$ hier zulässig, l_b siehe 6.1

DIN 1045-1, 12.6.2: (3) Gl. (141) Querbewehrung $a_{s,erf}$ siehe 4.3.3

DIN 1045-1, 12.8.2: (1) Gl. (144), lichter Stababstand der gestoßenen Stäbe ≤ $4 d_s$

b) Plattenoberseite: Übergreifungslänge für Ø 20 / 200 mm

Analog Plattenunterseite, aber mit l_b = 1036 mm (mäßiger Verbund) und erf l_s = 940 · 1036 / 725 = **1350 mm** = gewählte Übergreifungslänge l_s

Ø 20 / 150 mm liegen nur auf der Plattenunterseite.

6.5.2 Querbewehrung als rissbreitenbegrenzende Bewehrung

Zusätzlich ist die Übergreifungslänge auf die im GZG (hier als rissbreitenbegrenzende Bewehrung) ausgenutzte Betonstahlspannung σ_s mit dem Ausnutzungsgrad σ_s / f_{yd} nachzuweisen. Dieser Nachweis kann maßgebend werden, wenn die im GZT erforderliche Bewehrung relativ gering oder z. B. = 0 ist. Der größere Wert für die Übergreifungslänge ist maßgebend.

Übergreifungslängen

Kriterium	Betonstabstahl Ø 20 / 150 mm	Betonstabstahl Ø 20 / 200 mm
$l_{b,net} = \alpha_a \cdot l_b \cdot (a_{s,erf} / a_{s,vorh})$	$l_{b,net} = 1{,}0 \cdot 725 \cdot (120 / 435) = 200$ mm	$l_{b,net} = 1{,}0 \cdot 725 \cdot (150 / 435)$ = **250 mm**
$\geq l_{b,min} = 0{,}3 \cdot \alpha_a \cdot l_b$ $\geq 10 d_s$	$< 0{,}3 \cdot 1{,}0 \cdot 725$ = **218 mm** > 200 mm	> 218 mm > 200 mm
	$< l_{b,net}$ nach 6.5.1 → maßgebend	

Das Grundmaß der Verankerungslänge l_b = 725 mm wurde mit f_{yd} = 435 N/mm² ermittelt.

DIN 1045-1, 12.6.2: (3) Gl. (141)
Ausnutzungsgrad: $(a_{s,erf} / a_{s,vorh}) \rightarrow (\sigma_{sd} / f_{yd})$
σ_{sd} = 150 N/mm² (Fall a_1) Ø 20 / 200 mm
σ_{sd} = 120 N/mm² (Fall b_1) Ø 20 / 150 mm

6.6 Stöße der Mindestbewehrung

a) Plattenunterseite: Übergreifungslänge in Feld 1

Mindestbewehrung (Rissbreite) Q524A siehe 5.2.3, wo keine Querbewehrung ∅ 20 / 200 mm bzw. ∅ 20 / 150 mm vorhanden sein muss.

Kriterium	Betonstahlmatte Q524A ∅ 10 / 150 mm
	gerade Stabenden: $\alpha_a = 1{,}0$ $\alpha_1 = 1{,}0$
$l_{s,min} = 0{,}3 \cdot \alpha_a \cdot \alpha_1 \cdot l_b$ $\geq 15 d_s$ ≥ 200 mm	$l_{s,min} = 0{,}3 \cdot 1{,}0 \cdot 1{,}0 \cdot 363 = 109$ mm $< 15 \cdot 10 = 150$ mm $<$ **200 mm**
$l_{b,net} = \alpha_a \cdot l_b \cdot (a_{s,erf} / a_{s,vorh})$ $\geq l_{b,min} = 0{,}3 \cdot \alpha_a \cdot l_b$ $\geq 10 d_s$	$l_{b,net} = 1{,}0 \cdot 363 \cdot (1{,}0) =$ **363 mm** $> 0{,}3 \cdot 1{,}0 \cdot 363 = 109$ mm $> 10 \cdot 10 = 100$ mm
$l_s = l_{b,net} \cdot \alpha_1 \geq l_{s,min}$	$l_s = 363 \cdot 1{,}0 =$ **363 mm** $> 200 \text{ mm} = l_{s,min}$

DIN 1045-1, 12.8.2: (1) und Tab. 26
$\alpha_a = 1{,}0$ gilt auch für BSt-Matten, der angeschweißte Querstab darf nicht angesetzt werden.
DIN 1045-1, Tab. 27:
α_1 für gestoßene Stäbe $>$ 33 % in der Zugzone und $d_s < 16$ mm,
Bild 57: $s \geq 10 d_s$, daher [a]): $\alpha_1 = 1{,}0$ ansetzbar.

DIN 1045-1, 12.6.2: (3) Gl. (141), l_b siehe 6.1

DIN 1045-1, 12.8.2: (1) Gl. (144), lichter Stababstand der gestoßenen Stäbe $\leq 4 d_s$

Gewählte Übergreifungslänge l_s = **400 mm** > erf l_s

b) Plattenoberseite: Übergreifungslänge

Analog Plattenunterseite, aber mit l_b = 513 mm (mäßiger Verbund)
und $l_s = 513 \cdot 1{,}0 =$ **513 mm**

Gewählte Übergreifungslänge $\boldsymbol{l_s}$ **= 550 mm** > erf l_s

6.7 Einspannbewehrung am Endauflager

Die Steifigkeitsunterschiede zwischen Außenwand und Platte sind stark ausgeprägt, die Wand ist in der Platte eingespannt.

DIN 1045-1, 13.2.1:
(1) Rechnerisch nicht erfasste Einspannwirkungen an Endauflagern: Bei Annahme frei drehbarer Lagerung sind die Querschnitte der Endauflager für ein Stützmoment zu bemessen, das mindestens 25 % des benachbarten Feldmomentes entspricht.

Die Einspannbewehrung muss beide beteiligte Querschnitte im Auflagerknoten in die Lage versetzen, das konstruktive Stützmoment aufzunehmen.

Da 25 % des Plattenfeldmomentes $= 0{,}25 \cdot 4328 = 1082$ kNm/m zu unwirtschaftlicher Bemessung führt, wird hier eine Abschätzung des Einspannmomentes mit Hilfe von Rahmenformeln vorgenommen.
Zu diesem Einspannmoment sind bei der Außenwandbemessung die sonstigen Einwirkungen (Erd- und Wasserdruck) zu überlagern und die entsprechende Gesamtbewehrung in der Ecke Außenwand – Platte einzulegen!

siehe 3.1

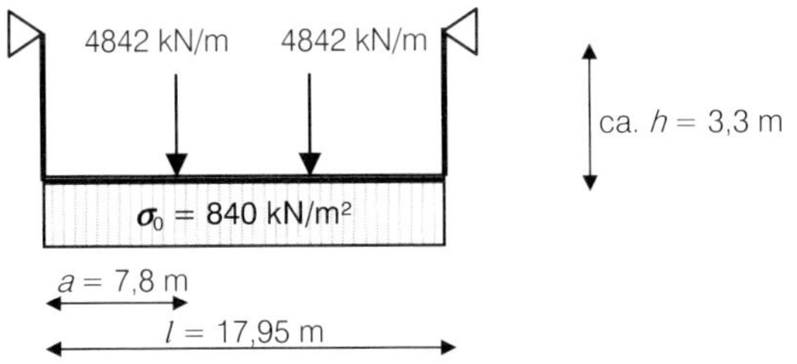

[51] Schneider: Bautabellen, 10. Auflage Rahmenformeln S. 4.30 ff.

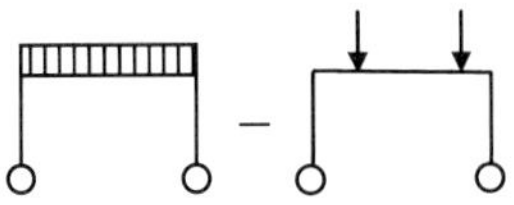

Auflagerkräfte B als Einzellasten:
B = 3855 + 987 = 4842 kN/m
(Querkräfte siehe 3.1)

$EI_{Platte} / EI_{Wand} = 1{,}5^3 / 0{,}4^3 \qquad = 52{,}7$

$k = (EI_{Platte} / EI_{Wand}) \cdot (h / l) \qquad = 52{,}7 \cdot 3{,}3 / 17{,}95 \quad = \mathbf{9{,}69}$

Effektive Stützweiten: (siehe 1.2)
7,80 + 2,35 + 7,80 = 17,95 m
Statische Wandhöhe (bis Mitte Kellergeschossdecke) mit 3,30 m angesetzt.

Aus σ_0 = 840 kN/m²:

$$M_A = \sigma_0 \cdot l^2 \;/\; [4 \cdot (2 \cdot k + 3)]$$
$$= 840 \cdot 17{,}95^2 / [4 \cdot (2 \cdot 9{,}69 + 3)]$$
$$= 3023 \text{ kNm/m}$$

[51] Rahmenformeln S. 4.30, Z.1

Aus Wandlasten = $\Sigma V = 2 \cdot 4842$ kN/m:

$$M_A = -3 \cdot V \cdot a \cdot (l - a) \;/\; [l \cdot (2 \cdot k + 3)]$$
$$= -3 \cdot 4842 \cdot 7{,}8 \cdot (17{,}95 - 7{,}8) / [17{,}95\,(2 \cdot 9{,}69 + 3)]$$
$$= -2863 \text{ kNm/m}$$

[51] Rahmenformeln S. 4.30, Z.2

Summe Eckmoment $M_A = 3023 - 2863 = \mathbf{+160\ kNm/m}$

Weiterverwendung für die Wandbemessung!

Der Einspanneffekt aus der 3,3 m hohen und 0,40 m dicken Wand ist für die 1,50 m dicke Platte erwartungsgemäß relativ gering. Maßgebend wird die Wandbewehrung, die in der Sohlplatte als Eckbewehrung zu verankern ist.

In diesem Beispiel nicht weiter behandelt.

6.8 Mindestbewehrung zur Sicherstellung eines duktilen Bauteilverhaltens

Massige Gründungsbauteile aus Stahlbeton verhalten sich bei der Rissentstehung gutmütig, da ein duktiles Bauteilverhalten durch Umlagerung des Sohldrucks sichergestellt werden kann. Diese Umlagerungen ermöglichen in der Regel neue Gleichgewichtszustände bei zunehmenden Verformungen, so dass ein Sprödbruch nicht zu erwarten ist.

Deshalb darf für diese Bauteile auf die Robustheitsbewehrung verzichtet werden (DIN 1045-1, 13.1.1 (6)). Dabei müssen die Schnittgrößen für äußere Lasten nach Abschnitt 8.2 ermittelt sowie die Grenzzustände der Tragfähigkeit nach Abschnitt 10 und der Gebrauchstauglichkeit nach Abschnitt 11 nachgewiesen werden.

DIN 1045-1 fordert eine Ankündigung des Versagens durch duktile Bauteilverformungen. Dieses Prinzip nach Abschnitt 5.3.2 (1) kann mit der Anwendungsregel nach Abschnitt 5.3.2 (2) durch eine Mindestbewehrung (Robustheitsbewehrung) nach Abschnitt 13.1.1 zur Aufnahme des Rissmoments erfüllt werden:

Bemessung mit f_{ctm} = 2,9 N/mm² für C30/37 und $\sigma_s = f_{yk}$ und $z = 0{,}9d$:
Rissmoment
$m_{cr} = f_{ctm} \cdot h^2 / 6 = 2{,}9 \cdot 1{,}5^2 / 6 = 1{,}09$ MNm/m
min $a_s = m_{cr} / (f_{yk} \cdot z)$
$= 1{,}09 \cdot 10^4 / (500 \cdot 0{,}9 \cdot 1{,}425) =$ **17 cm²/m**
< vorh a_{sl} = 75,4 cm²/m
→ in diesem Beispiel kein Problem!

Aus konstruktiven Gründen wird bei massigen Stahlbetonbauteilen eine kreuzweise Bewehrung von mindestens 0,06 % der Betonquerschnittsfläche auf der Zugseite empfohlen. Bei Sohlplatten mit WU-Anforderungen sollte diese konstruktive Mindestbewehrung auf 0,10 % angehoben werden.

min 0,10 % von $A_c = 0{,}1 \cdot 150 = 15$ cm²/m

[61] DAfStb-Rili Massige Bauteile aus Beton mit min $h \geq 0{,}80$ m

7 Darstellung der Bewehrung

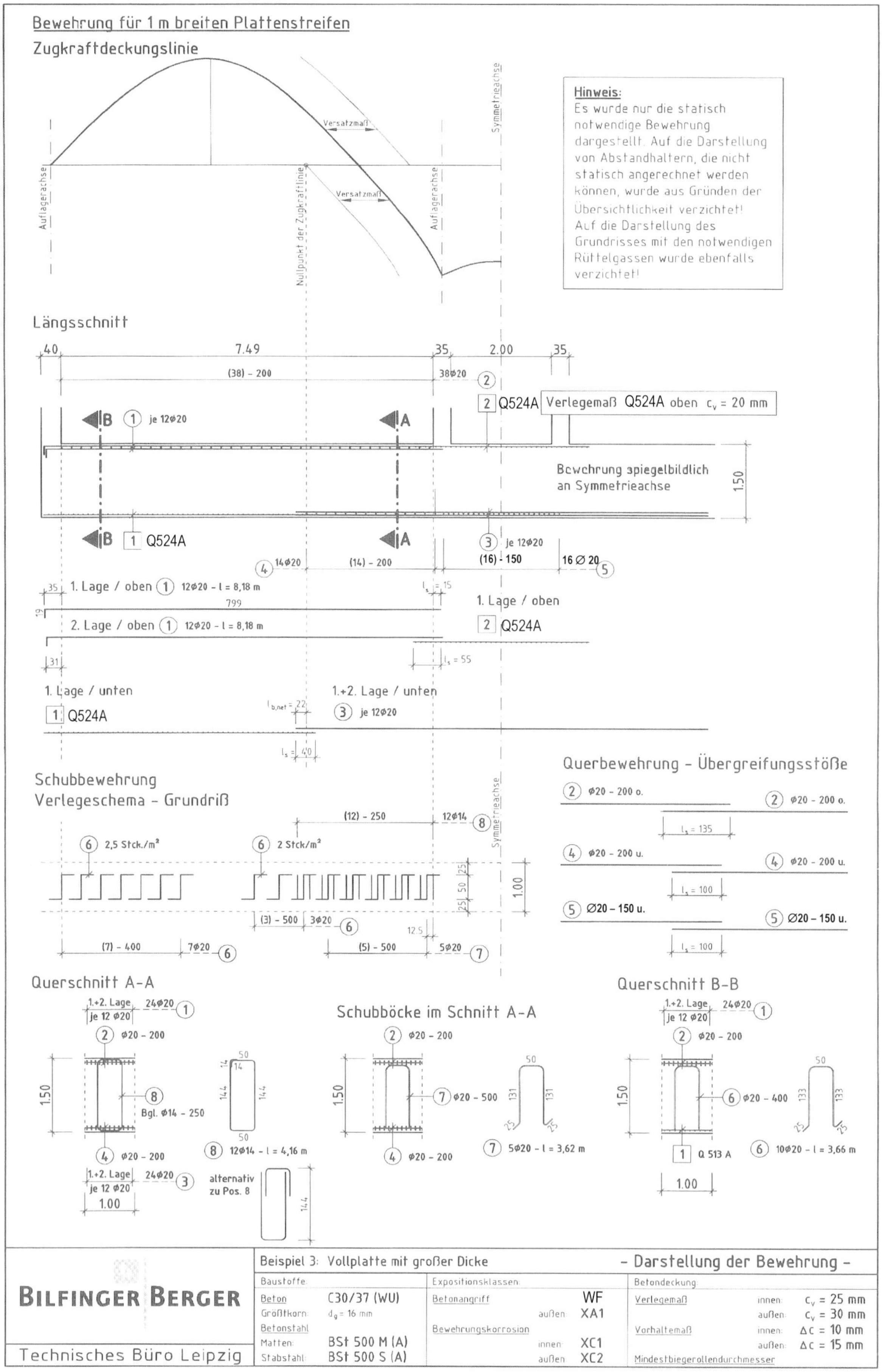

Beispiel 4: Punktförmig gestützte Platte

Inhalt

Beispiel 4: Punktförmig gestützte Platte

Aufgabenstellung

Zu bemessen ist die Flachdecke eines Geschossbaus.
Untersucht werden: Innen-, Rand- und Eckfeld.
Die Stützen und die Flachdecke sind monolithisch verbunden.
Rand- und Eckstützen sind bündig am Deckenrand angeordnet.
Die Stützenachsen bilden ein quadratisches Raster.

DIN 1045-1, 3.1.1: üblicher Hochbau

Unverschiebliches System (Gebäude mit Wandscheiben ausgesteift).
Bürogebäude mit rissempfindlichen, leichten Trennwänden.
Geschosshöhe 3,0 m.
Umgebungsbedingungen: geschlossene Innenräume.

DIN 1045-1, 8.6.2: (5) *Kriterien für unverschiebliche Systeme*

Vorwiegend ruhende Einwirkungen.

DIN 1045-1, 3.1.2: vorwiegend ruhende Einwirkung

Baustoffe:

- Beton C35/45
- Betonstahl BSt 500 S (A) (normalduktil)

DIN 1045-1, 9.1: Beton
DIN 1045-1, 9.2: Betonstahl
(in DIN 488 mit B500A bezeichnet)

1 System, Bauteilmaße, Betondeckung

1.1 System

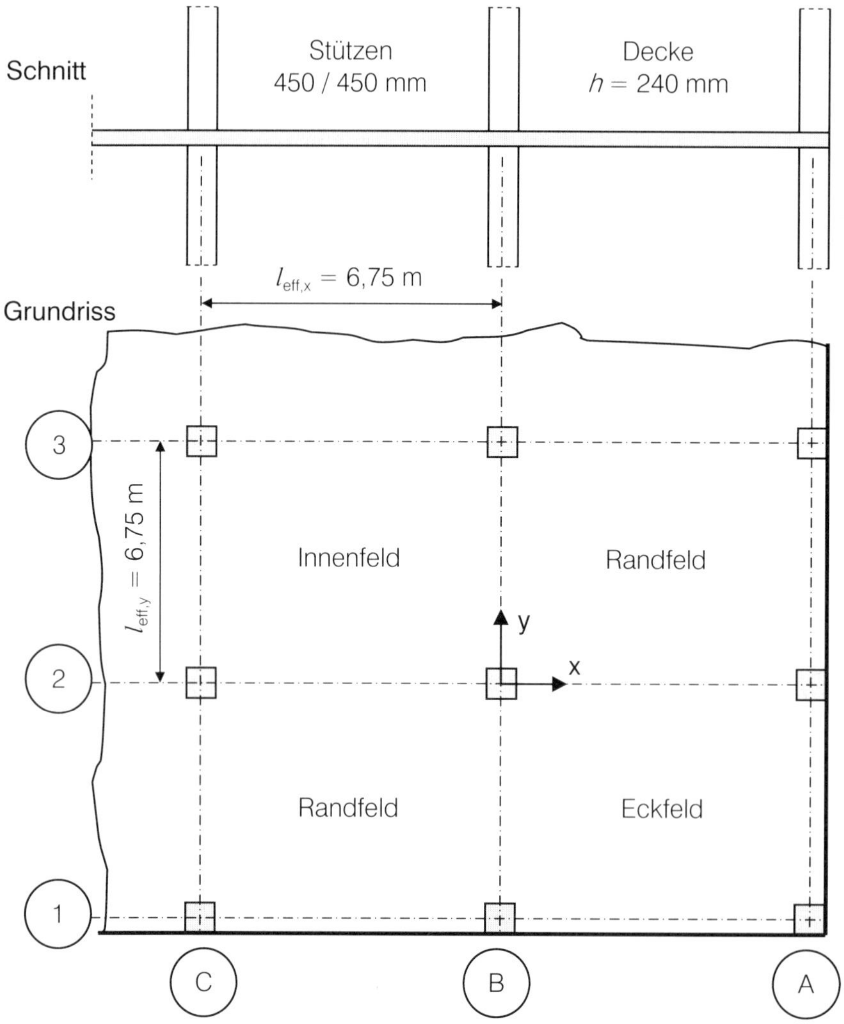

Darstellung unmaßstäblich!

DIN 1045-1, 13.5.1: (1) Mindestquerschnitt für Stützen 200 / 200 mm

Annahme:
Anzahl der Felder ≥ 4 in beiden Richtungen, d. h. die Stütze C/3 ist nur von Innenfeldern umgeben.

Darstellung unmaßstäblich

1.2 Mindestfestigkeitsklasse, Betondeckung

DIN 1045-1, 6: Sicherstellung der Dauerhaftigkeit

Expositionsklasse für Bewehrungskorrosion
infolge Karbonatisierung: → XC1
Mindestfestigkeitsklasse Beton → C16/20

DIN 1045-1, Tab. 3: Expositionsklassen
XC1 trocken (Bauteile in Innenräumen)
Annahme: Plattenrand im Innenbereich

Feuchtigkeitsklasse für Betonangriff: → WO

WO – ohne Betonkorrosion infolge Alkali-Kieselsäurereaktion (Innenbauteile des üblichen Hochbaus)

Gewählt: C35/45 XC1, WO

Die höhere Betonfestigkeitsklasse wird im Hinblick auf die Bemessung gewählt.

Betondeckung

wegen Expositionsklasse XC1:
→ Mindestbetondeckung c_{min} = 10 mm
+ Vorhaltemaß Δc = 10 mm
→ Mindestnennmaß c_{nom} = 20 mm

DIN 1045-1, Tab. 4: Mindestbetondeckung c_{min} und Vorhaltemaß Δc in Abhängigkeit von der Expositionsklasse
Keine Abminderung von c_{min} um 5 mm gemäß [a]) zulässig, da Expositionsklasse XC1.

Zur Sicherstellung des Verbundes: $c_{min} \geq$ Stabdurchmesser ≥ 10 mm

DIN 1045-1, 6.3: (4)

Bügel ∅ 8: $c_{min} = 10$ mm $\Delta c = 10$ mm $c_{nom,Bü} = 20$ mm
Längsbewehrung ≤ ∅ 20: $c_{min} = 20$ mm $\Delta c = 10$ mm $c_{nom,l} = 30$ mm

DIN 1045-1, 6.3: (11) Das Verlegemaß c_v ergibt sich aus der Bewehrungskonstruktion unter Beachtung der nur in 5 mm-Stufen lieferbaren Abstandhalter.
DIN 1045-1, 13.3.3: (6) max $d_{s,Bü}$ der Durchstanzbewehrung

Daraus ergeben sich als Verlegemaße (Bügel umfassen Längsbewehrung):
Bügel ∅ 8: $c_{Bü} = c_{v,l} - d_{s,l} = 30 - 8 = 22 \text{ mm} > c_{nom,Bü}$
Längs ≤ ∅ 20: $c_{v,l} = c_{Bü} + d_{s,Bü} =$ = **30 mm** $\geq c_{nom,l}$
Die Längsbewehrung wird mit Abstandhaltern 30 mm unterstützt (auf dem Bewehrungsplan angeben). Die Bügel werden nur im Durchstanzbereich der Platte im Bewehrungskorb integriert (ohne Abstandhalter).

Die Annahme, dass die Bügel der Querkraftbewehrung die äußere Längsbewehrungslage umschließen, liegt für die Ermittlung der Nutzhöhe immer auf der sicheren Seite.

Hinweise zum Brandschutz siehe [64], S. 422.

1.3 Bestimmung der Deckendicke aus der Begrenzung der Verformungen

Der vereinfachte Durchbiegungsnachweis über Biegeschlankheiten ist nur eine Näherung. Bei durchbiegungsempfindlichen Bauteilen wie dünnen Flachdecken sollte eine realistischere Durchbiegungsberechnung unter Berücksichtigung der Lasten, der Lagerungsbedingungen und der Bewehrung durchgeführt werden.
→ z. B. Biegeschlankheiten [50], Anhang A8
Hinweis: *Der zu erwartende Durchhang darf auch durch Schalungsüberhöhungen teilweise oder ganz ausgeglichen werden,* siehe DIN 1045-1, 11.3.1: (9)

Der Nachweis der Begrenzung der Verformungen in DIN 1045-1 darf vereinfacht durch eine Begrenzung der Biegeschlankheit geführt werden. Über diesen Nachweis lässt sich die erforderliche Mindestdeckendicke abschätzen.

Ersatzstützweiten für Rand- und Innenfeld:
Beiwert $\alpha = l_i / l_{eff}$
Innenfeld: $\alpha = 0{,}60$ (wegen C35/45: 0,70 – 0,1)
Randfeld: $\alpha = 0{,}80$ (wegen C35/45: 0,90 – 0,1)

DIN 1045-1, 11.3.2: (3)+(4) *...bei rechteckigen, punktförmig gelagerten Platten ist die größere der beiden Ersatzstützweiten maßgebend.*
Tab. 22: Beiwerte zur Bestimmung der Ersatzstützweite für punktförmig gelagerte Platten
$\alpha = 0{,}90$ *Randfeld und* $\alpha = 0{,}70$ *Innenfeld*
[a]) *Bei Platten ab C30/37 dürfen diese Werte um* 0,1 *abgemindert werden.*

$\max l_i = \alpha \cdot l_{eff} = 0{,}8 \cdot 6{,}75 = 5{,}40$ m

Deckenplatte mit höheren Anforderungen:

$l_i / d \leq 150 / l_i$ (l_i in m)
$d \geq l_i^2 / 150 = 5{,}40^2 / 150 = 0{,}194 \text{ m} = 194 \text{ mm}$

DIN 1045-1, 11.3.2: (2) *Für Deckenplatten des üblichen Hochbaus mit höheren Anforderungen (nach* 11.3.1: (10) *Begrenzung der Durchbiegung* $v < l/500$ *u. a. bei rissempfindlichen leichten Trennwänden) sollte die Biegeschlankheit auf* $l_i / d \leq 150 / l_i$ *begrenzt werden.*

$\text{erf } h \geq d + d_s / 2 + c_{v,l} = 194 + 20 / 2 + 30 = 234$ mm

Annahme: ∅ ≤ 20 mm

gewählt: $h = 240$ mm > erf $h = 234$ mm > min $h = 200$ mm

DIN 1045-1, 13.3.1: (1) Mindestdicke für Platten mit Bügelbewehrung min $h = 200$ mm

Der vereinfachte Nachweis der Begrenzung der Durchbiegung nach DIN 1045-1 für die Deckenplatte des üblichen Hochbaues gilt damit als erbracht.

DIN 1045-1, 11.3.2: (1)

2 Einwirkungen

2.1 Charakteristische Werte

Bezeichnung der Einwirkungen	Charakteristischer Wert (kN/m²)
Ständig (Eigenlasten):	
- 240 mm Stahlbetonvollplatte: 0,24 m · 25 kN/m³	6,00
- Belag und abgehängte Decke	1,25
Summe:	g_k = **7,25**
Veränderlich:	
- Nutzlast	2,00
- Trennwandzuschlag	1,25
Summe:	$q_{k,1}$ = **3,25**

Index k = charakteristisch
Fassadenlasten (horizontal und vertikal) werden in diesem Beispiel nicht behandelt.

DIN 1055-1, Tab. 1: Wichte Stahlbeton

Annahme

DIN 1055-3, 6.1, Tab. 1: Kategorie B Büroflächen ohne besondere Anforderungen einschließlich der Flure mit q_k = 2,0 kN/m² und Trennwandzuschlag Δq_k = 1,25 kN/m²
(4: (4) *für leichte Trennwände inklusive Putz, mit Eigenlasten von* 3 kN/m *bis* 5 kN/m *Wandlänge, Zuschlag* ≥ 1,2 kN/m²)

2.2 Bemessungswerte in den Grenzzuständen der Tragfähigkeit

Teilsicherheitsbeiwerte in den Grenzzuständen der Tragfähigkeit:

Einwirkungen:	günstig	ungünstig
• ständige	$\gamma_G = 1{,}0$	$\gamma_G = 1{,}35$
• veränderliche	$\gamma_Q = 0$	$\gamma_Q = 1{,}50$

$$g_d = \gamma_G \cdot g_k = 1{,}35 \cdot 7{,}25 = 9{,}79 \text{ kN/m}^2$$
$$q_{d,1} = \gamma_Q \cdot q_{k,1} = 1{,}50 \cdot 3{,}25 = 4{,}88 \text{ kN/m}^2$$
$$e_d = \mathbf{14{,}67 \text{ kN/m}^2}$$

DIN 1045-1, Tab. 1: Teilsicherheitsbeiwerte für die Einwirkungen auf Tragwerke ungünstig bzw. günstig

Index d = design (Bemessung)
Die günstige Auswirkung der veränderlichen Einwirkung ist durch feldweise Lastanordnung zu berücksichtigen (entspricht $\gamma_Q = 0$).
DIN 1045-1, 5.3.3: (5) γ_G *darf in allen Feldern konstant angenommen werden.*

2.3 Repräsentative Werte in den Grenzzuständen der Gebrauchstauglichkeit

Kombinationsbeiwerte für veränderliche Einwirkungen in den Grenzzuständen der Gebrauchstauglichkeit:

Einwirkungskombination:
- selten $\psi_{0,1} = 0{,}70$
- häufig $\psi_{1,1} = 0{,}50$
- quasi-ständig $\psi_{2,1} = 0{,}30$

a) seltene Einwirkungskombination

$$g_k = 7{,}25 \text{ kN/m}^2$$
$$q_{k,1} = 3{,}25 \text{ kN/m}^2$$
$$e_{rare} = \mathbf{10{,}50 \text{ kN/m}^2}$$

b) quasi ständige Einwirkungskombination

Der Trennwandzuschlag zur Nutzlast Δq_k = 1,25 kN/m² sollte in Bezug auf seinen Dauerlastanteil nicht mit ψ_2 abgemindert werden.

$$g_k = 7{,}25 \text{ kN/m}^2$$
$$\Delta q_k = 1{,}25 \text{ kN/m}^2$$
$$\psi_{2,1} \cdot q_k = 0{,}3 \cdot 2{,}00 = 0{,}60 \text{ kN/m}^2$$
$$e_{perm} = \mathbf{9{,}10 \text{ kN/m}^2}$$

DIN 1055-100, 10.4: Kombinationsregeln für Einwirkungen

DIN 1055-100, Tab. A.2
Nutzlasten Kategorie B: Büros

$\psi_{0,i}$ nur bei i > 1, d. h. mehr als einer veränderlichen Einwirkung, in diesem Beispiel nicht relevant.
Der erste Fußzeiger von $\psi_{j,i}$ bezeichnet die Einwirkungskombination, der zweite die veränderliche Last, die mit $\psi_{j,i}$ multipliziert wird.

Für den Nachweis der Begrenzung der Betonstahlspannungen DIN 1045-1, 11.1.3 (in diesem Beispiel nicht erforderlich).

Für den Nachweis der Begrenzung der Betondruckspannungen DIN 1045-1, 11.1.2 (in diesem Beispiel nicht erforderlich) und der Begrenzung der Rissbreiten nach DIN 1045-1, 11.2 (siehe 5.2.2).

3 Schnittgrößenermittlung

3.1 Grenzzustände der Tragfähigkeit

Näherungsverfahren zur Ermittlung der Momente in Flachdecken nach der Plattentheorie:

Verteilung der Momente senkrecht zur betrachteten Tragrichtung l_1:

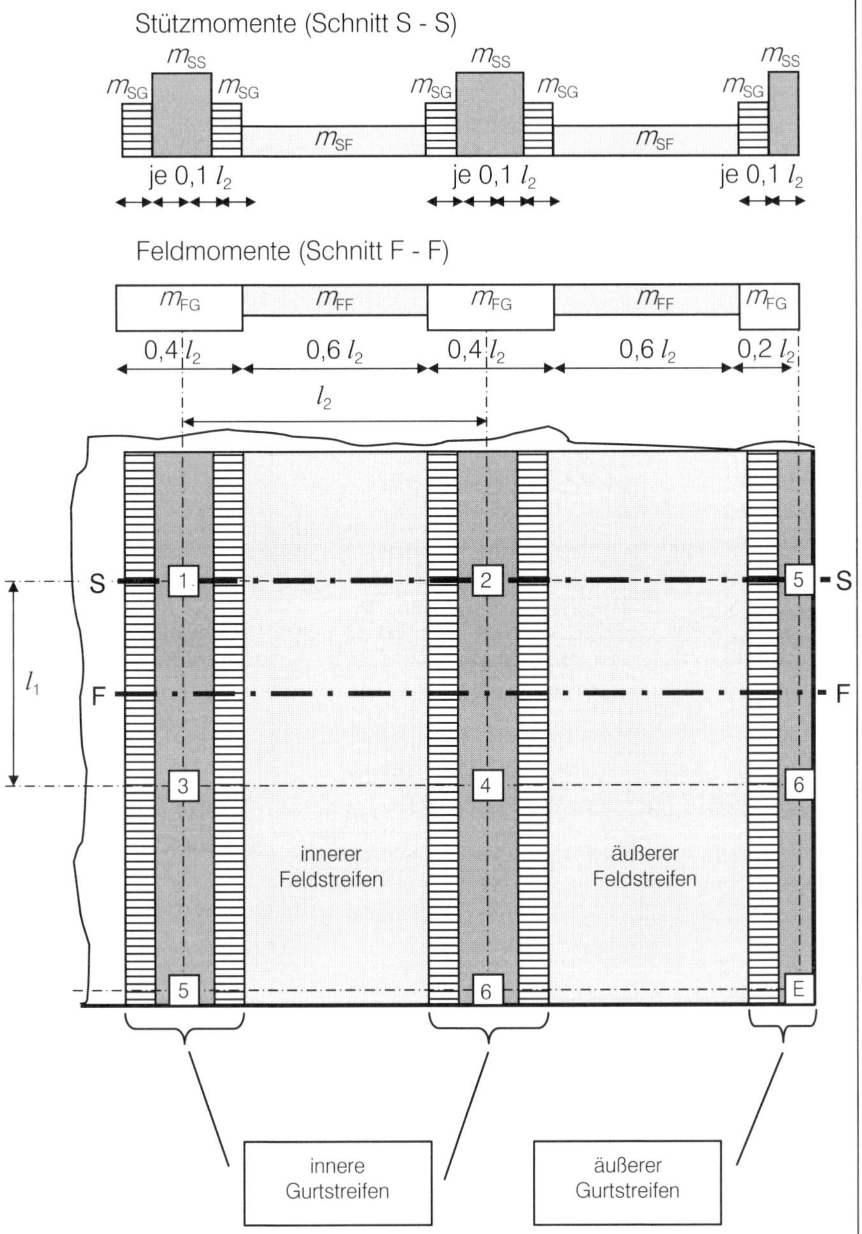

1 – Innenstütze
2+3 – erste Innenstütze
4 – innere Eckstütze
5 – Randstütze
6 – erste Randstütze
E – Eckstütze

[22] DAfStb-Heft 240: Hilfsmittel zur Berechnung der Schnittgrößen und Formänderungen von Stahlbetontragwerken. Abschnitt 3.4: Näherungsverfahren zur Ermittlung der Momente in Flachdecken nach der Plattentheorie

Das Näherungsverfahren ist zulässig, da $l_1 / l_2 = 1{,}0$ in den Einzelfeldern und im Verhältnis der Nachbarfelder stets $0{,}67 \leq l_1 / l_2 \leq 1{,}50$ ist.

Auf eine mögliche Umlagerung der Stützmomente nach DIN 1045-1, 8.3 aus der linear-elastischen Näherungsberechnung wird im Rahmen dieses Beispiels aus Vereinfachungsgründen verzichtet.
Eine größere Menge der Längsbewehrung über den Stützen erhöht maßgeblich die Querkrafttragfähigkeit der Flachdecken gegenüber Durchstanzen.

Formeln:

Stützmomente:

(3.1) $m_{SS} = (k_{SS}^{g} \cdot g + k_{SS}^{p} \cdot p) \cdot c \cdot l_m^2$

(3.2) $m_{SS} = (M_{Su} - M_{So}) / [d_s (2{,}2 + 8\ d_s / l)]$

(3.3) $m_{SS} = (M_{Su} - M_{So}) / 1{,}5\ d_s$

(3.4) $m_{SG} = 0{,}7 \cdot m_{SS}$

(3.5) $m_{SF} = (k_{SF}^{g} \cdot g + k_{SF}^{p} \cdot p) \cdot l_m^2$

Feldmomente:

(3.6) $m_{FG} = (k_{FG}^{g} \cdot g + k_{FG}^{p} \cdot p) \cdot l^2$

(3.7) $m_{FF} = (k_{FF}^{g} \cdot g + k_{FF}^{p} \cdot p) \cdot l^2$

[22] DAfStb-Heft 240: Abschnitt 3.4

Verkehrslast p = veränderliche Einwirkung q

3.1 Gurtstreifen über der Stütze
3.2 Randstützenanschnitt rechtw. zum Rand
3.3 Eckstützenanschnitt rechtwinklig zum Rand
3.4 im restlichen Gurtstreifen
3.5 im Feldstreifen
3.6 im Gurtstreifen
3.7 im Feldstreifen

l_m = mittlere Stützweite benachbarter Felder
l = Stützweite in betrachteter Richtung
d_s = Kantenlänge Quadratstütze = 0,45 m
c = Korrekturfaktor abhängig von d_s und ε

Innenfeld in x- und y-Richtung

l_1 (m) = 6,75 l_2 (m) = 6,75
ε = 1,0 d_s / min l = 0,067 Taf.3.4: c = 1,00
g (kN/m²) = 9,79 p (kN/m²) = 4,88

	Feldmomente		Stützmomente						
				(1) Innenstütze		(2) 1. Innenstütze		(4) Innere Eckstütze	
Tafel:	3.1	3.1	3.1	3.5		3.5		3.5	
Streifen:	Feld	Gurt	Feld	Gurt	Gurt	Gurt	Gurt	Gurt	Gurt
Lastfall	k_{FF}	k_{FG}	k_{SF}		k_{SS}		k_{SS}		k_{SS}
g	0,041	0,052	-0,030		-0,203		-0,247		-0,273
max *p*	0,083	0,089							
min *p*			-0,050		-0,277		-0,296		-0,303
Formel:	3.7	3.6	3.5	3.4	3.1	3.4	3.1	3.4	3.1
Lastfall	m_{FF}	m_{FG}	m_{SF}	m_{SG}	m_{SS}	m_{SG}	m_{SS}	m_{SG}	m_{SS}
g	18,29	23,19	-13,38	-63,38	-90,55	-77,1	-110,18	-85,24	-121,77
max *p*	18,45	19,79							
min *p*			-11,12	-43,11	-61,59	-46,1	-65,81	-47,16	-67,37
Summe *m*:	**36,74**	**42,98**	**-24,50**	**-106,50**	**-152,14**	**-123,2**	**-175,99**	**-132,40**	**-189,14**

[22] DAfStb-Heft 240: Abschnitt 3.4

ε = Stützweitenverhältnis = 1

siehe 2.2: $g + p = e_d$

Randfeld in Richtung des freien Randes

l_1 (m) = 6,75 l_2 (m) = 6,75
ε = 1,0 d_s / min l = 0,067 Taf.3.4: c = 1,00
g (kN/m²) = 9,79 p (kN/m²) = 4,88

	Feldmomente			Stützmomente				
					(5) Randstütze		(6) 1. Randstütze	
Tafel:	3.2	3.2	3.2	3.2	3.5		3.5	
Streifen:	äußerer Gurt	Feld	innerer Gurt	Feld	Gurt	Gurt	Gurt	Gurt
Lastfall	k_{FG}	k_{FF}	k_{FG}	k_{SF}		k_{SS}		k_{SS}
g	0,063	0,045	0,055	-0,033		-0,165		-0,198
max *p*	0,097	0,086	0,090					
min *p*				-0,045		-0,211		-0,225
Formel:	3.6	3.7	3.6	3.5	3.4	3.1	3.4	3.1
Lastfall	m_{FG}	m_{FF}	m_{FG}	m_{SF}	m_{SG}	m_{SS}	m_{SG}	m_{SS}
g	28,10	20,07	24,53	-14,72	-51,52	-73,60	-61,82	-88,32
max *p*	21,57	19,12	20,01					
min *p*				-10,01	-32,84	-46,91	-35,02	-50,03
Summe *m*:	**49,67**	**39,19**	**44,54**	**-24,73**	**-84,36**	**-120,51**	**-96,84**	**-138,35**

[22] DAfStb-Heft 240: Abschnitt 3.4

ε = Stützweitenverhältnis = 1

parallel zum freien Rand!

siehe 2.2: $g + p = e_d$

Randfeld rechtwinklig zum freien Rand

l_1 (m) = 6,75 l_2 (m) = 6,75 ε = 1,0

d_s / min l = 0,067   Taf.3.4: c = 1,00

g (kN/m²) = 9,79 p (kN/m²) = 4,88

Für Randstützen
Ersatzrahmen Abschnitt 3.5:
Tafel 3.6: ψ = 0,700
λ = 0,467

Formel 3.8: b_m(m) = 3,15

$I_{So}(m^4)$ = 0,00342
$I_{Su}(m^4)$ = 0,00342
$I_R(m^4)$ = 0,00363

h_o = 3 m c_o = 2,12
h_u = 3 m c_u = 2,12

	Feldmomente		Stützmomente	(5)+(6) Randstützen				
Tafel:	3.2	3.2	3.2	3.5				
Streifen:	Feld	Gurt	Feld	Gurt	Gurt			
Lastfall	k_{FF}	k_{FG}	k_{SF}					
g	0,069	0,080	-0,047					
max p	0,095	0,104						
min p			-0,058					
Formel:	3.7	3.6	3.5	3.4	3.2	3.11	3.9	3.10
Lastfall	m_{FF}	m_{FG}	m_{SF}	m_{SG}	m_{SS}	$M_R^{(0)}$	M_{So}	M_{Su}
g	30,78	35,68	-20,96					
max p	21,12	23,12	0,00					
min p	0,00	0,00	-12,90					
Summe m:	**51,90**	**58,81**	**-33,86**	**-121,22**	**-173,18**	-263,18	106,50	-106,50

[22] DAfStb-Heft 240: Abschnitt 3.4

ε = Stützweitenverhältnis = 1

siehe 2.2: $g + p = e_d$

[22] DAfStb-Heft 240: Abschnitt 3.5
Momente in den Rand- und Eckstützen von Flachdecken

Trägheitsmomente Ersatzrahmen:
$I_S = 0{,}45^4 / 12$
$I_R = b_m \cdot 0{,}24^3 / 12$
Lasteinzugsbreite:
b_L = 6,75 m

Eckfeld in x- und y-Richtung

l_1 (m) = 6,75 l_2 (m) = 6,75

ε = 1,0 d_s/min l_1 = 0,067   Taf.3.4: c = 1,00

g (kN/m²) = 9,79 p (kN/m²) = 4,88

Für Eckstützen
Ersatzrahmen Abschnitt 3.5:
Tafel 3.6: ψ = 0,900
λ = 0,733

min l_2(m) = 3,375
d_s / min l_2 = 0,133

Formel 3.8: b_m(m) = 2,47

$I_{So}(m^4)$ = 0,00342
$I_{Su}(m^4)$ = 0,00342
$I_R(m^4)$ = 0,00284
h_o = 3 m c_o = 2,70
h_u = 3 m c_u = 2,70

	Feldmomente			Stützmomente	(E) Eckstütze				
Tafel:	3.3	3.3	3.3	3.2	3.5				
Streifen:	äußerer Gurt	Feld	innerer Gurt	Feld	Gurt	Gurt			
Lastfall	k_{FG}	k_{FF}	k_{FG}	k_{SF}					
g	0,085	0,070	0,082	-0,042					
max p	0,105	0,094	0,102						
min p				-0,049					
Formel:	3.6	3.7	3.6	3.5	3.4	3.3	3.11	3.9	3.10
Lastfall	m_{FG}	m_{FF}	m_{FG}	m_{SF}	m_{SG}	m_{SS}	$M_R^{(0)}$	M_{So}	M_{Su}
g	37,91	31,22	36,58	-18,73					
max p	23,35	20,90	22,68	0,00					
min p	0,00	0,00	0,00	-10,89					
Summe m:	**61,26**	**52,12**	**59,26**	**-29,63**	**-148,08**	**-211,55**	-169,19	71,40	-71,40

[22] DAfStb-Heft 240: Abschnitt 3.4

ε = Stützweitenverhältnis = 1

siehe 2.2: $g + p = e_d$

[22] DAfStb-Heft 240: Abschnitt 3.5
Momente in den Rand- und Eckstützen von Flachdecken

Trägheitsmomente Ersatzrahmen:
$I_S = 0{,}45^4 / 12$
$I_R = b_m \cdot 0{,}24^3 / 12$
Lasteinzugsbreite:
b_L = 6,75 / 2 m

Die Erfahrungen mit dem hier angewandten Näherungsverfahren nach [22] DAfStb-Heft 240 zeigen, dass die an einem Ersatzrahmen ermittelten Einspannmomente der Rand- und Eckstützen rechtwinklig zum Plattenrand oft sehr weit auf der sicheren Seite liegen. Wesentliche Ursache hierfür ist die zu hoch angesetzte mitwirkende Plattenbreite für den Riegel des Ersatzrahmens. Weiterhin werden diese zu hohen Momente aus den Stützen bei der Bemessung der angrenzenden Plattenbereiche noch einmal mit einem Erhöhungsfaktor belegt. Es ergibt sich eine unwirtschaftliche Lösung für die Rand- und Eckstützen sowie für die angrenzenden Plattenbereiche.

Auf eine im Allgemeinen zu empfehlende detailliertere Untersuchung der Einspannmomente an den Rand- und Eckstützen wird im Rahmen dieses Beispiels verzichtet, da die prinzipiellen Nachweisabläufe der DIN 1045-1 im Vordergrund stehen sollen.

Diskretisierungsverfahren (z. B. die FEM) für die Schnittgrößenermittlung erfassen die Steifigkeitsverhältnisse insgesamt besser und können realistischere Bemessungsergebnisse liefern.

Zusammenfassung x-Richtung (kNm/m), in y-Richtung analog:

Gurt Achse 1	−120,5	−138,3	−211,5
Gurt Achse 2	−176,0	−189,1	−173,2
Gurt Achse 3	−152,1	−176,0	−173,2
Feld Achse 1-2	−24,7	−29,6	0,0
Feld Achse 2-3	−24,5	−33,9	0,0

Stützmomente m_{SS} C B A

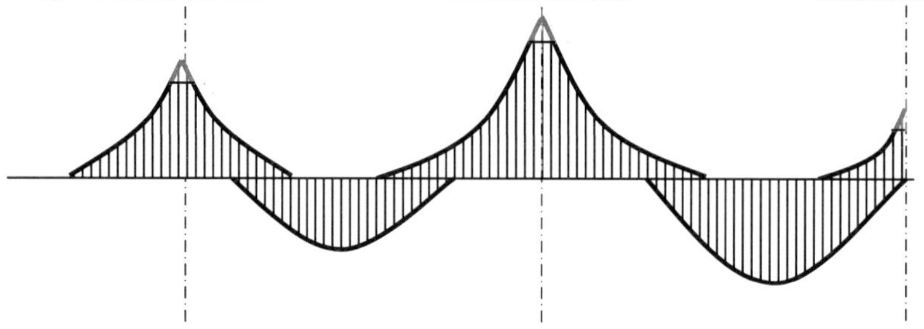

Darstellung nicht maßstäblich!
Wegen der Symmetrie in y-Richtung analog!
Stützmomente an den Stützenanschnitten.

Feldmomente m_{FF}	C	B	A
Gurt Achse 1	49,7	61,3	
Gurt Achse 2	44,5	59,3	
Gurt Achse 3	43,0	58,8	
Feld Achse 1-2	39,2	52,1	
Feld Achse 2-3	36,7	51,9	

Exemplarisch sind hier zum Vergleich die mit dem FEM-Programm ELFI [57] berechneten Plattenmomente für den Lastfall Volllast in allen Feldern angegeben:

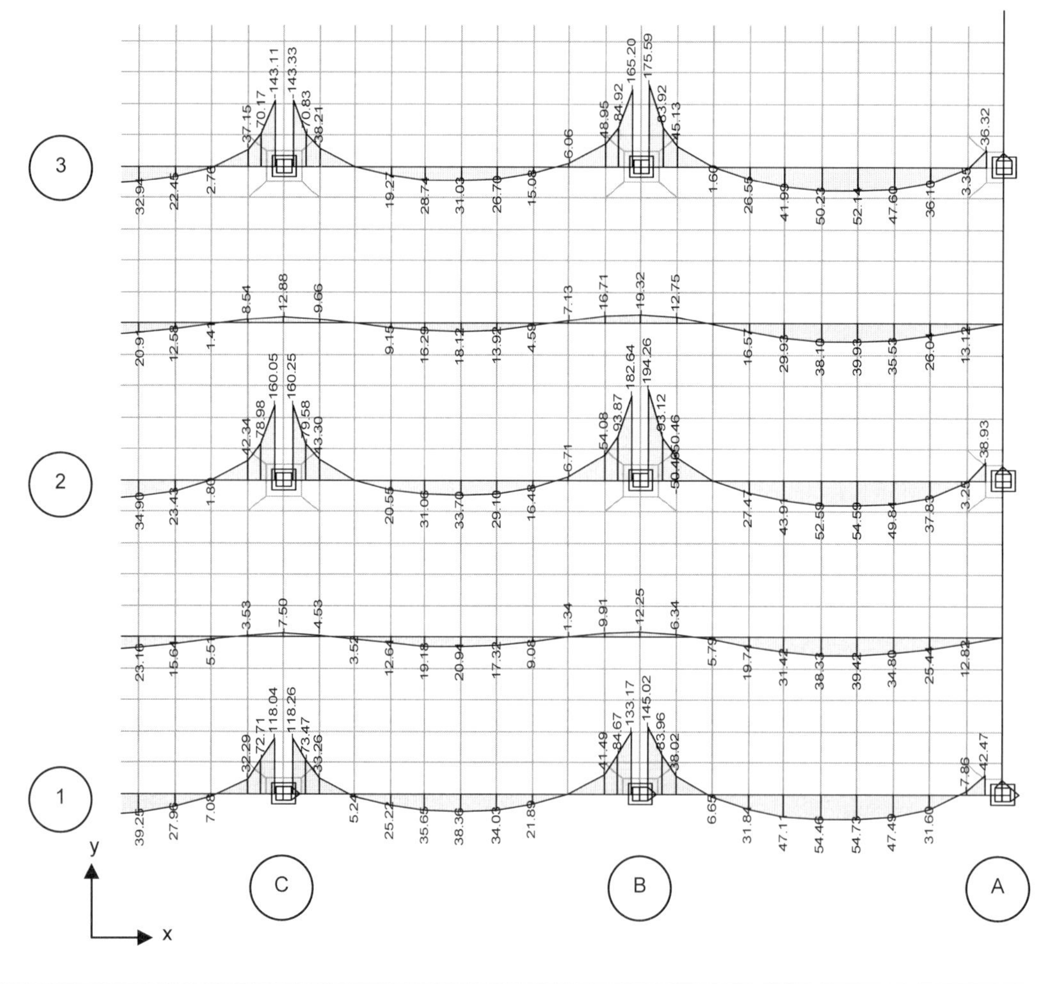

Beispiel 4: Punktförmig gestützte Platte

Plattenmomente m_{xx} (kNm/m) für Volllast

Die hier mit der FEM ermittelten Momentenverläufe bestätigen an den Innenstützen in Achse B und C die Resultate nach [22] DAfStb-Heft 240. Die Einspannmomente der Platte an den Rand- und Eckstützen in Achse A sind hier erwartungsgemäß deutlich kleiner, werden mit der FEM aber offenbar realistischer ermittelt. Die maximalen Feldmomente werden durch eine feldweise Lastanordnung der veränderlichen Lasten erzeugt. Die hier dargestellten Feldmomente des Volllastfalles sind deshalb etwas geringer als beim Näherungsverfahren nach [22] DAfStb-Heft 240.

abacus-Programm ELFI V6.0

3.2 Grenzzustände der Gebrauchstauglichkeit

Näherungsverfahren zur Ermittlung der Momente in Flachdecken nach der Plattentheorie wie im Abschnitt 3.1:

[22] DAfStb-Heft 240: Abschnitt 3.4

quasi-ständige Einwirkungskombination

$g = g_k \qquad\qquad\qquad\qquad\qquad = 7{,}25 \text{ kN/m}^2$

$p = \Delta q_k + \psi_{2,1} \cdot q_k = 1{,}25 + 0{,}3 \cdot 2{,}00 \quad = 1{,}85 \text{ kN/m}^2$

siehe 2.3
für den Nachweis der Begrenzung der Rissbreiten nach DIN 1045-1, 11.2.3 (siehe 5.2.2).

Hier nur:
Zusammenfassung x-Richtung (kNm/m), in y-Richtung analog:

Gurt Achse 1	-72,3		-84,4		-131,2
Gurt Achse 2	-106,5		-115,7		-107,4
Gurt Achse 3	-90,4		-106,5		-107,4
Feld Achse 1-2	-14,7		-18,0		0,0
Feld Achse 2-3	-14,1		-20,4		0,0
Stützmomente m_{SS}					
	C		B		A
Feldmomente m_{FF}					
Gurt Achse 1		29,0		36,9	
Gurt Achse 2		25,8		35,7	
Gurt Achse 3		24,7		35,2	
Feld Achse 1-2		22,1		31,0	
Feld Achse 2-3		20,5		30,8	

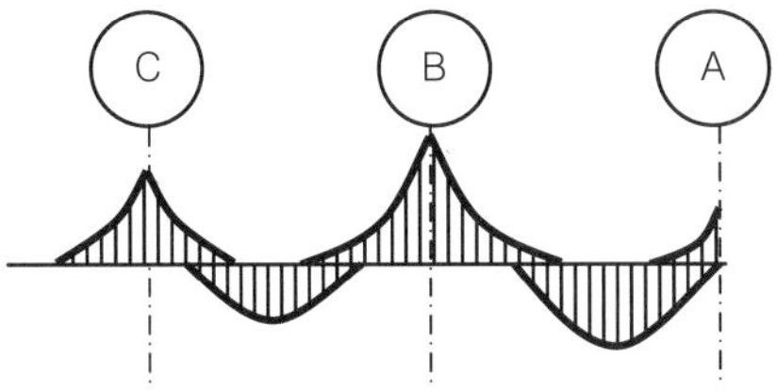

4 Bemessung in den Grenzzuständen der Tragfähigkeit

4.1 Bemessungswerte der Baustoffe

Teilsicherheitsbeiwerte in den Grenzzuständen der Tragfähigkeit:

DIN 1045-1, 5.3.3: Tab. 2: Teilsicherheitsbeiwerte für die Bestimmung des Tragwiderstands Ständige und vorübergehende Bemessungssituation (Normalfall)

- Beton < C55/67 $\gamma_c = 1{,}50$
- Betonstahl $\gamma_s = 1{,}15$

DIN 1045-1, Tab. 9: Festigkeits- und Formänderungskennwerte von Normalbeton

Beton C35/45: $f_{ck} = 35 \text{ N/mm}^2$
$f_{cd} = 0{,}85 \cdot 35 / 1{,}50 \quad$ = **19,8 N/mm²**

DIN 1045-1, 9.1.6: (2) Abminderung mit $\alpha = 0{,}85$ berücksichtigt Langzeitwirkung

Betonstahl BSt 500 S (A): $f_{yk} = 500 \text{ N/mm}^2$
$f_{yd} = 500 / 1{,}15 \quad$ = **435 N/mm²**

DIN 1045-1, Tab. 11: Eigenschaften der Betonstähle

4.2 Bemessung für Biegung

Nutzhöhe für Bewehrung in x-Richtung:

$d_x = h - c_{v,l} - 0{,}5 \cdot d_{s,l} = 240 - 30 - 10 = 200$ mm

Nutzhöhe für Bewehrung in y-Richtung:

$d_y = d_x - d_{s,l} = 200 - 20 = 180$ mm

$c_{v,l}$ siehe 1.2, Annahme: $d_{s,l} \leq 20$ mm

Bemessungsquerschnitt: $\boldsymbol{b / h / d}$ **= 1,00 / 0,24 / 0,18 m**

Die Biegebemessung erfolgt zur Vereinfachung in diesem Beispiel für beide Achsrichtungen mit min $d_y = 0{,}18$ m.

Die ermittelte Bewehrung ist entsprechend der Momentenverteilung auf die jeweiligen Gurt- und Feldstreifen zu verteilen.

Biegemomente siehe 3.1

$d = 0{,}18$ m							**Bewehrung gewählt:**		
$f_{cd} = 19{,}8$ N/mm²		m_{Eds} (kNm/m)	μ_{Eds}	σ_{sd} (N/mm²)	ω	erf a_{sl} (cm²/m)	gew a_{sl} (cm²/m)	**Ø (mm)**	***s*** **(mm)**
Stützbewehrung									
Stütze C	Gurt Achse 1	-120,51	0,19	442,0	0,2134	17,23	20,11	**16**	**100**
	Gurt Achse 2	-175,99	0,28	437,3	0,3391	27,68	31,42	**20**	**100**
	Gurt Achse 3	-152,14	0,24	439,0	0,2804	22,80	31,42	**20**	**100**
	Feld Achse 1-2	-24,73	0,04	456,5	0,0410	3,21	7,85	**10**	**100**
	Feld Achse 2-3	-24,50	0,04	456,5	0,0410	3,21	7,85	**10**	**100**
Stütze B	Gurt Achse 1	-138,35	0,22	440,1	0,2529	20,51	20,11	**16**	**100**
	Gurt Achse 2	-189,14	0,30	436,7	0,3706	30,29	31,42	**20**	**100**
	Gurt Achse 3	-175,99	0,28	437,3	0,3391	27,68	31,42	**20**	**100**
	Feld Achse 1-2	-29,63	0,05	456,5	0,0515	4,03	7,85	**10**	**100**
	Feld Achse 2-3	-33,86	0,06	456,5	0,0621	4,86	7,85	**10**	**100**
Stütze A	Gurt Achse 1	-211,55	0,33	435,8	0,4211	34,49	31,42	**20**	**100**
	Gurt Achse 2	-173,18	0,27	437,7	0,3239	26,41	31,42	**20**	**100**
	Gurt Achse 3	-173,18	0,27	437,7	0,3239	26,41	31,42	**20**	**100**
Feldbewehrung									
Innenfelder	Gurt Achse 1	49,67	0,08	456,5	0,0836	6,54	7,85	**10**	**100**
	Gurt Achse 2	44,54	0,07	456,5	0,0728	5,69	7,85	**10**	**100**
	Gurt Achse 3	42,98	0,07	456,5	0,0728	5,69	7,85	**10**	**100**
	Feld Achse 1-2	39,19	0,06	456,5	0,0621	4,86	7,85	**10**	**100**
	Feld Achse 2-3	36,74	0,06	456,5	0,0621	4,86	7,85	**10**	**100**
Eckfelder	Gurt Achse 1	61,26	0,095	455,7	0,1002	7,85	7,85	**10**	**100**
Randfelder	Gurt Achse 2	59,26	0,095	455,7	0,1002	7,85	7,85	**10**	**100**
	Gurt Achse 3	58,81	0,095	455,7	0,1002	7,85	7,85	**10**	**100**
	Feld Achse 1-2	52,12	0,08	456,5	0,0860	6,72	7,85	**10**	**100**
	Feld Achse 2-3	51,90	0,08	456,5	0,0860	6,72	7,85	**10**	**100**

Anhang A4: Bemessungstabelle bis C50/60, Rechteckquerschnitt ohne Druckbewehrung

Bemessung mit dimensionslosen Beiwerten: $\mu_{Eds} = |m_{Eds}| / (b \cdot d^2 \cdot f_{cd})$

Bewehrung: erf $a_s = \omega \cdot b \cdot d \cdot f_{cd} / \sigma_{sd}$

Vereinfachend wird i. Allg. μ_{Eds} auf 2 Stellen nach dem Komma aufgerundet.

Wegen der weit auf der sicheren Seite liegenden Einspannmomente des Näherungsverfahrens an Rand- und Eckstützen ist die Bewehrungswahl für A1 mit 31,42 cm² < 34,49 cm² gerechtfertigt (siehe auch wesentlich geringere Einspannmomente aus der FEM-Berechnung S. 4-8).

DIN 1045-1, 13.3.2: maximaler Stababstand Zugbewehrung: $s_{max} = 240$ mm für Plattendicke $h = 240$ mm > gewählt s!

Die Streifenbewehrung wird analog auch für die andere Bemessungsrichtung verlegt. Als untere Grundbewehrung der gesamten Platte und obere Querbewehrung der Streifenbewehrung werden Ø 10 / 100 mm angeordnet. Die Stützbewehrung für die seitlichen Gurtstreifen kann vereinfacht auf 70 % der Stützbewehrung der mittleren Gurtstreifen abgemindert werden (da $m_{SG} = 0{,}7 \cdot m_{SS}$). Dabei ist jedoch zu überprüfen, mit welcher Längsbewehrung die seitlichen Gurtstreifen im Nachweisbereich des Durchstanzens angesetzt werden. Wenn dort höhere Längsbewehrung erforderlich wird (z. B. um die Betontragfähigkeit ohne Durchstanzbewehrung auszunutzen), sind die Plattenbereiche entsprechend zu bewehren.

Hinweis: Eine wirtschaftliche Lösung ist auch die Ausbildung der Grundbewehrung mit Listenmatten (nicht in diesem Beispiel).

[22] DAfStb-Heft 240: Abschnitt 3.4, Gl. 3.4

4.3 Bemessung für Querkraft

4.3.1 Durchstanzen

Nachweiskonzept:

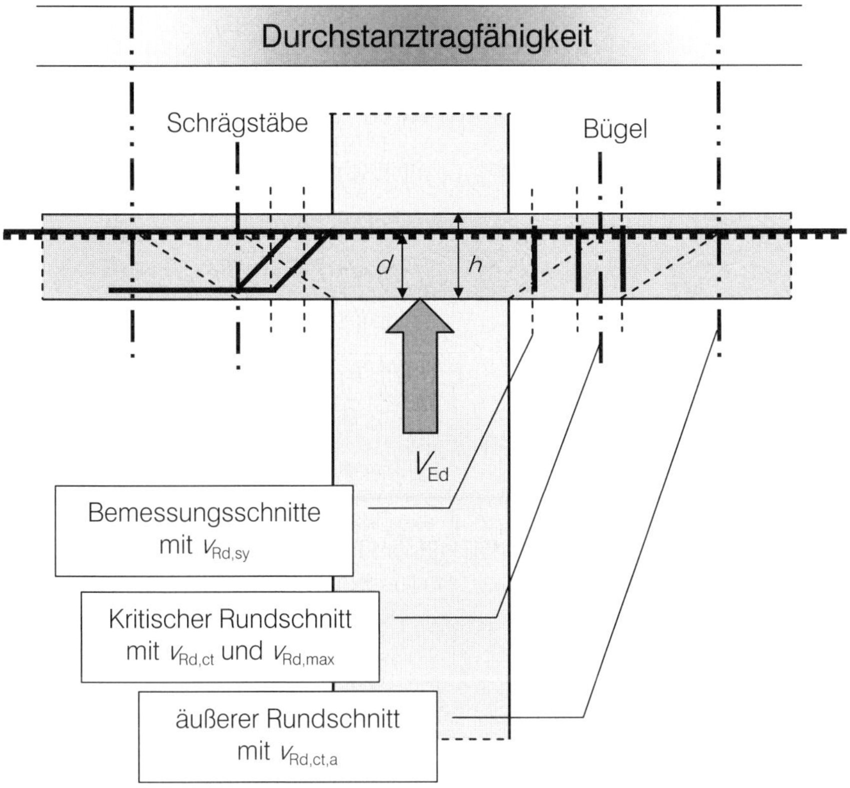

Bemessungswerte der Querkrafttragfähigkeit:

$v_{Rd,ct}$ ohne Durchstanzbewehrung längs des kritischen Rundschnittes

$v_{Rd,ct,a}$ außerhalb der Durchstanzbewehrung längs des äußeren Rundschnittes

$v_{Rd,sy}$ mit Durchstanzbewehrung längs innerer Nachweisschnitte

$v_{Rd,max}$ maximaler Wert längs des kritischen Rundschnittes

DIN 1045-1, 10.5: Durchstanzen

Das Nachweiskonzept für Durchstanzen beruht auf einem räumlichen Fachwerkmodell und mehreren Schnittführungen.

In einem kritischen Rundschnitt wird zuerst geprüft, ob Durchstanzbewehrung erforderlich ist ($v_{Rd,ct}$) und wenn dies der Fall ist, ob die Druckstrebenfestigkeit des Betons als oberer Grenzwert mit der statischen Nutzhöhe der Platte nicht überschritten wird ($v_{Rd,max}$).
Diese Nachweise können über die Betongüte, den Längsbewehrungsgrad und die Plattendicke im Rahmen der Wirtschaftlichkeit und bestimmter Grenzwerte gesteuert werden.

Ist Durchstanzbewehrung erforderlich, werden mehrere Bemessungsschnitte um die Stütze im Abstand des Wirkungsbereiches der Bewehrungselemente (Bügel oder Schrägstäbe) untersucht und bemessen. Zu jedem Bemessungsschnitt ist dann ein zugehöriger äußerer Rundschnitt daraufhin zu untersuchen, ob dort die Querkrafttragfähigkeit ohne Durchstanzbewehrung gegeben ist. Ist dies nicht der Fall, ist der nächste Bemessungsschnitt mit Bewehrung nachzuweisen.

Der letzte äußere Rundschnitt kennzeichnet den Bereich des Überganges von der Durchstanztragfähigkeit (räumlicher Spannungszustand) zur allgemeinen Querkrafttragfähigkeit (ebener Spannungszustand).

Bei Beibehaltung der Längsbewehrung der Platte aus dem Durchstanzbereich über diesen äußeren Rundschnitt hinaus ist kein weiterer Nachweis erforderlich.
Bei einer Reduzierung der Längsbewehrung im Plattenfeld ist wegen der Verringerung von $v_{Rd,ct}$ die Querkrafttragfähigkeit der Platte ohne Querkraftbewehrung darüber hinaus zu untersuchen.

DIN 1045-1, 10.5.1 (4): Der Nachweis der Tragfähigkeit ist längs festgelegter Nachweisschnitte zu führen. Außerhalb des Bereichs der Nachweisschnitte muss das Bauteil die Anforderungen nach 10.3 (einaxiale Querkrafttragfähigkeit) erfüllen.

4.3.1.1 Aufzunehmende Querkräfte

Für die Innenstützen C/3 (allseitig von Innenfeldern umgeben) kann die aufzunehmende Querkraft über die symmetrische Lasteinzugsfläche der Deckenspannweiten ermittelt werden.

Achsen und Stützenbezeichnungen siehe 1.1

Für die erste Innenstütze B/3 bzw. C/2 muss die Durchlaufwirkung der Deckenplatte in der Richtung rechtwinklig zum Deckenrand und für die innere Eckstütze B/2 in beiden Lastrichtungen berücksichtigt werden.

Für die Berücksichtigung der Durchlaufwirkung wird in diesem Beispiel angenommen, dass sich die jeweilige Lasteinzugsfläche in Richtung der Durchlaufwirkung von 50 % auf 60 % der jeweiligen Spannweite in Richtung des Deckenrandes erhöht, die Lasteinzugflächen der Rand- und Eckstützen reduzieren sich dementsprechend.

Dies entspricht in Analogie den Annahmen der Lasteinzugsfläche der sekundären Tragglieder nach DIN 1055-3, 6.1: (5)-(7) *Für die Lastweiterleitung auf sekundäre Tragglieder (Unterzüge, Stützen...usw.) dürfen die Nutzlasten abhängig von der Lasteinzugsfläche abgemindert werden.*

Die Lasteinzugsfläche A der Randfelder wird hierfür in Bild 1 mit 40 % der Randfeldfläche angegeben.

Auf die Abminderung der Nutzlasten für die Weiterleitung in den Stützen mit α_A wird in diesem Beispiel verzichtet, da diese hier nicht behandelt werden. Für mehrgeschossige Gebäude ist alternativ eine Abminderung mit einem Faktor α_n (DIN 1055-3, 6.1 (8)) möglich, der die Nutzlasten mehrerer Geschosse erfasst. Der Faktor α_A darf für ein Bauteil nicht gleichzeitig mit dem Faktor α_n angesetzt werden.
Die Abminderung der Nutzlasten für die Nachweise des primären Traggliedes Decke ist nicht zulässig.

Bei wenigen Durchlauffeldern sind gesonderte Überlegungen notwendig (Analogie 2-Feld-träger).
Der Einfluss der Durchlaufwirkung auf die Auflagerkräfte kann z. B. auch über eine Betrachtung von Ersatzdurchlaufträgern an Plattenstreifen vereinfacht berücksichtigt werden.

Angenommene Lasteinzugsflächen:

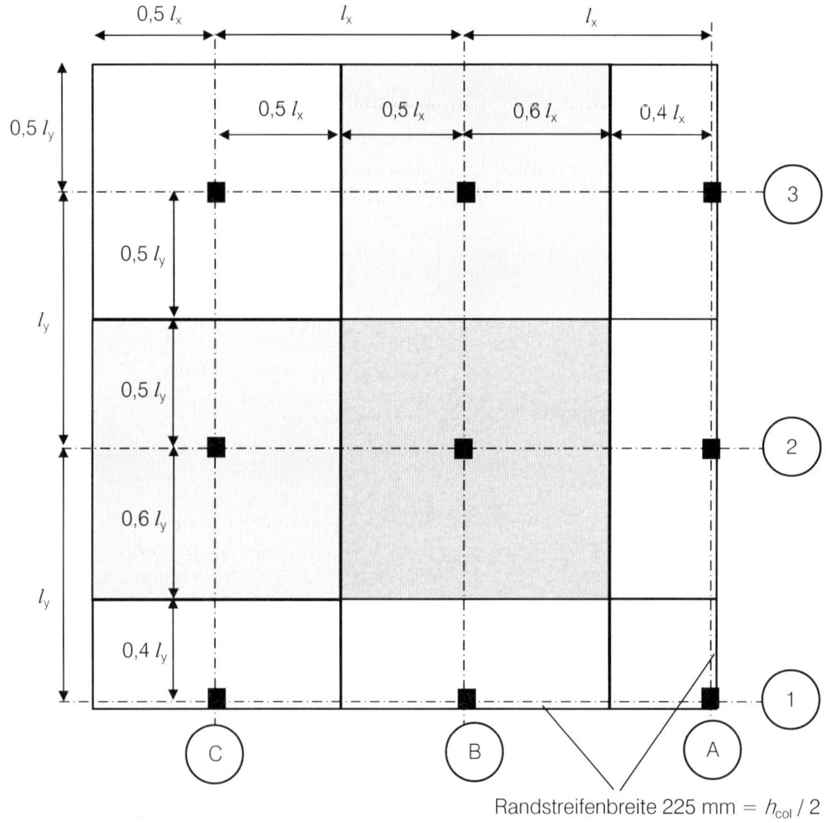

Für die vereinfachte Ermittlung der Auflagerkräfte wird die Vollbelastung aller Felder angesetzt mit:

DIN 1045-1, 7.3.2: (5) *Die maßgebenden Querkräfte dürfen bei üblichen Hochbauten für Vollbelastung aller Felder ermittelt werden, wenn das Stützweitenverhältnis benachbarter Felder mit annähernd gleicher Steifigkeit* $0{,}5 < l_{eff,1} / l_{eff,2} < 2{,}0$ *beträgt.*

$e_d = 14{,}67$ kN/m² und $l_{x,eff} = l_{y,eff} = 6{,}75$ m

Belastung siehe 2.2

Stützentyp	Achsen	Lasteinzugsfläche (m²)	V_{Ed} (kN)
Innenstütze	C/3	$6{,}75 \cdot 6{,}75 = 45{,}56$	**668**
1. Innenstütze	B/3, C/2	$1{,}1 \cdot 6{,}75 \cdot 6{,}75 = 50{,}12$	**735**
innere Eckstütze	B/2	$1{,}1 \cdot 6{,}75 \cdot 1{,}1 \cdot 6{,}75 = 55{,}13$	**809**
Randstütze	A/3, C/1	$(0{,}4 \cdot 6{,}75 + 0{,}225) \cdot 6{,}75 = 19{,}74$	**290**
1. Randstütze	A/2, B/1	$(0{,}4 \cdot 6{,}75 + 0{,}225) \cdot 1{,}1 \cdot 6{,}75 = 21{,}72$	**319**
Eckstütze	A/1	$(0{,}4 \cdot 6{,}75 + 0{,}225)^2 = 8{,}56$	**126**

4.3.1.2 Innenstützen

In diesem Beispiel wird exemplarisch für die Innenstützen nur die maximal belastete innere Eckstütze B/2 untersucht.

C35/45

$d = (d_x + d_y) / 2$
$= (0{,}20 + 0{,}18) / 2$
$= 0{,}19$ m

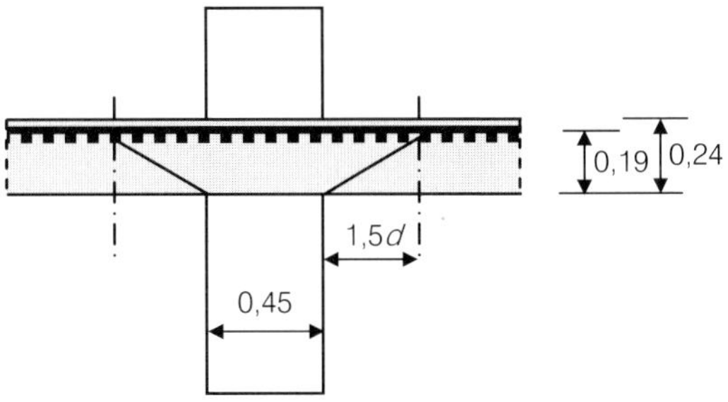

$d_{x,y}$ siehe 4.2

kritischer Rundschnitt:

$u_{crit} = 2\,(2 \cdot 0{,}45 + \pi \cdot 1{,}5 \cdot 0{,}19)$
$u_{crit} = 3{,}59$ m

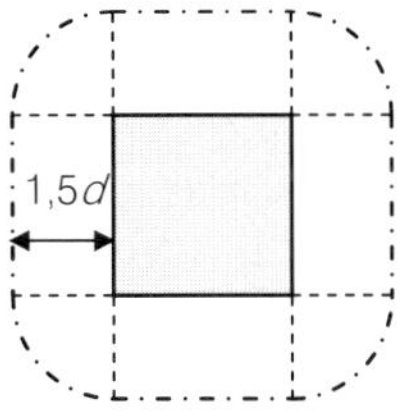

DIN 1045-1, 10.5.2: (3) Lasteinleitung und Nachweisschnitte

Maximal aufzunehmende Querkraft (innere Eckstütze B/2):

$V_{Ed} = 809$ kN

Querkraft siehe 4.3.1.1

$v_{Ed} = \beta \cdot V_{Ed} / u$

$\beta = 1{,}05$

$v_{Ed} = 0{,}809 \cdot 1{,}05 / 3{,}59 \qquad = \mathbf{0{,}237\ MN/m}$

DIN 1045-1, 10.5.3: (2) Gl. (100)
Bild 44: $\beta = 1{,}05$ für Innenstütze in unverschieblichen Systemen (Berücksichtigung der nichtrotationssymmetrischen Querkraftverteilung z. B. infolge der Durchlaufwirkung)

Querkrafttragfähigkeit ohne Durchstanzbewehrung

$v_{Rd,ct} = [(0{,}21 / \gamma_c) \cdot \eta_1 \cdot \kappa (100 \cdot \rho_l \cdot f_{ck})^{1/3} - 0{,}12\sigma_{cd}] \cdot d$

DIN 1045-1, 10.5.4: Gl. (105)
Platten ohne Durchstanzbewehrung

mit $\kappa = 1 + (200 / d)^{1/2} \qquad \leq 2{,}0$
$= 1 + (200 / 190)^{1/2} \qquad = 2{,}0$

DIN 1045-1, 10.5.4: Gl. (106)
(> 2,0 wegen $d = 190$ mm < 200 mm)

Bewehrungsgrad ρ_l:
(über Stütze B/2 in der Breite des Gurtstreifens über der Stütze $= 0{,}2 \cdot 6{,}75$ m $= 1{,}35$ m $> d_{crit} = 0{,}45 + 3{,}0 \cdot 0{,}19 = 1{,}02$ m)
$\rho_{lx} = 31{,}42 / (100 \cdot 20) \quad = 0{,}0157$
$\rho_{ly} = 31{,}42 / (100 \cdot 18) \quad = 0{,}0175$
$\rho_l = (0{,}0157 \cdot 0{,}0175)^{1/2} = 0{,}0166$
$\leq 0{,}02$
$\leq 0{,}50 f_{cd} / f_{yd} = 0{,}5 \cdot 19{,}8 / 435 = 0{,}023$
$\eta_1 = 1{,}0$ – Normalbeton

siehe 4.2: Bewehrung
siehe 3.1: Gurtstreifen $= 0{,}2 l_2$

Der kritische Rundschnitt ist in beiden Richtungen mit 31,42 cm²/m Bewehrung abgedeckt.

Betonnormalspannung: $\sigma_{cd} = 0$ ($N_{Ed} = 0$)

$v_{Rd,ct} = (0{,}21 / 1{,}5) \cdot 1{,}0 \cdot 2{,}0\,(100 \cdot 0{,}0166 \cdot 35)^{1/3} \cdot 0{,}19$
$v_{Rd,ct} = \mathbf{0{,}206\ MN/m}$
$< v_{Ed} = 0{,}237$ MN/m

Eine Durchstanzbewehrung ist erforderlich!

Alternativ ist auch die Erhöhung der Biegezugbewehrung möglich, um $v_{Rd,ct}$ so zu erhöhen, dass Durchstanzbewehrung nicht oder reduziert erforderlich wird. Dabei ist aber max ρ_l zu beachten!
Hier: Auch mit max $\rho_l = 0{,}02$ ist $v_{Rd,ct} = 0{,}219$ MN/m < $v_{Ed} = 0{,}237$ MN/m und damit Durchstanzbewehrung erforderlich. Auf eine Erhöhung der Biegezugbewehrung wird daher verzichtet.

Platten mit Durchstanzbewehrung

Tragfähigkeit der Betondruckstreben:

$$v_{Rd,max} = 1{,}5\, v_{Rd,ct} = 1{,}5 \cdot 0{,}206$$
$$= \mathbf{0{,}309\ MN/m}$$
$$> v_{Ed} = 0{,}237\ \text{MN/m}$$

DIN 1045-1, 10.5.5: Gl. (107)
Platten mit Durchstanzbewehrung

v_{Ed} kann mit Durchstanzbewehrung aufgenommen werden!

Gewählte Bügelbewehrung 90°:

Bemessungsschnitt 1

(erste Bewehrungsreihe im Abstand $0{,}5d = 0{,}19 / 2 \approx 0{,}10$ m):

DIN 1045-1, 10.5.5: Bild 45

$$v_{Rd,sy} = v_{Rd,c} + \kappa_s \cdot A_{sw} \cdot f_{yd} / u$$

DIN 1045-1, 10.5.5: Gl. (108)
Es darf $v_{Rd,c} = v_{Rd,ct}$ angenommen werden.

mit

$$\kappa_s = 0{,}7 + 0{,}3\,(d - 400) / 400 \qquad (\geq 0{,}7 \text{ und } \leq 1{,}0)$$
$$\kappa_s = 0{,}7$$

DIN 1045-1, 10.5.5: Gl. (110)
$\kappa_s = 0{,}7$ wegen $d = 190$ mm < 400 mm

$$u_1 = 2\,(2 \cdot 0{,}45 + \pi \cdot 0{,}5 \cdot 0{,}19) = 2{,}40\ \text{m}$$

Umfang des Bemessungsschnittes 1

$$v_{Ed,1} = 0{,}809 \cdot 1{,}05 / 2{,}40 = 0{,}354\ \text{MN/m}$$

$$\text{erf}\ A_{sw,1} = (v_{Ed,1} - v_{Rd,ct}) \cdot u_1 / (\kappa_s \cdot f_{yd})$$
$$\text{erf}\ A_{sw,1} = (0{,}354 - 0{,}206) \cdot 2{,}40 \cdot 10^4 / (0{,}7 \cdot 435)$$
$$= \mathbf{11{,}67\ cm^2}$$

DIN 1045-1, 10.5.5: Gl. (108) umgestellt

max $d_{sw} \leq 0{,}05d = 0{,}05 \cdot 190 = 9{,}5$ mm → gewählt wird ∅ 8

max d_{sw} der Durchstanzbewehrung:
DIN 1045-1, 13.3.3: Gl. (154)

Maximaler Abstand der Bügelschenkel im Rundschnitt = $1{,}5d$
Mindestanzahl der Bügelschenkel im Schnittumfang u_1:
min $n = 2{,}40 / (1{,}5 \cdot 0{,}19) = 9$ Bügelschenkel

DIN 1045-1, 13.3.3: (5) und Bild 72 a)
Gewählt:
24 Bügelschenkel

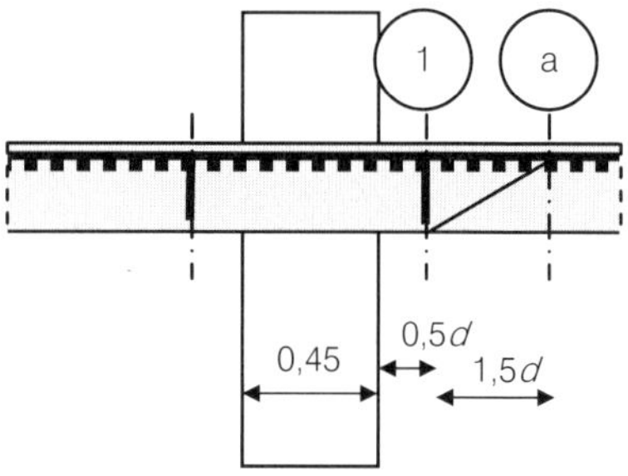

Durchstanzbewehrung Innenstütze Bewehrungsreihe 1
Gewählt:
24 Stäbe ∅ 8 (gleichmäßig im Schnitt verteilt)
= **12,0 cm²** $> 11{,}67\ \text{cm}^2 = \text{erf}\ A_{sw,1}$

Mindestdurchstanzbewehrung innerer Rundschnitt 1

$$\min A_{sw,1} = \min \rho_w \cdot s_w \cdot u_1$$
$$\min \rho_w = 0{,}6 \cdot \rho = 0{,}6 \cdot 0{,}00102 = 6{,}12 \cdot 10^{-4}$$
$$\min A_{sw,1} = 6{,}12 \cdot 10^{-4} \cdot 0{,}75 \cdot 19 \cdot 240 = \mathbf{2{,}1\ cm^2} < \text{vorh}\ A_{sw,1}$$

DIN 1045-1,
10.5.5: nach Gl. (114) mit sin $\alpha = 1$ (Bügel)
13.3.3: (2) für min ρ_w (Platten) und
13.1.2: Tab. 29 für C35/45 $\rho = 0{,}00102$
10.5.5: nach Gl. (109) Bügel: $s_w \leq 0{,}75d$

Prüfung Querkrafttragfähigkeit des zugehörigen äußeren Rundschnittes im Abstand 1,5*d* von Schnitt 1:

Die Querkrafttragfähigkeit ohne Querkraftbewehrung nimmt ab, je weiter der Bemessungsschnitt von der Stütze entfernt ist.

$v_{Rd,ct,a} = \kappa_a \cdot v_{Rd,ct}$

DIN 1045-1, 10.5.5: Gl. (112)

mit $\kappa_a = 1 - 0{,}29 l_w / (3{,}5d) \geq 0{,}71$

DIN 1045-1, 10.5.5: Gl. (113)

$l_w = 0{,}5d$

$\kappa_a = 1 - 0{,}29 \cdot 0{,}5 / 3{,}5 = 0{,}959$

$v_{Rd,ct,a} = 0{,}959 \cdot 0{,}206 = \mathbf{0{,}197\ MN/m}$

$d_{1,a} = 0{,}45 + (0{,}5 + 1{,}5) \cdot 0{,}19 \cdot 2 = 1{,}21$ m
$< 1{,}35$ m Gurtstreifen mit 31,42 cm²/m Bewehrung
$v_{Rd,ct}$ mit $\rho_l = 0{,}0166$ ansetzbar (wie zuvor ermittelt).

Bereich, in dem Längsbewehrung für $v_{Rd,ct}$ angesetzt wird. Falls hier $d_{1,a} > 1{,}35$ m wäre, ist die Längsbewehrung 31,42 cm²/m auf $d_{1,a}$ zu verteilen oder ρ_l anzupassen.

$u_{1,a} = 2\,(2 \cdot 0{,}45 + \pi \cdot 2{,}0 \cdot 0{,}19) = 4{,}19$ m

Umfang des äußeren Rundschnitts zu Schnitt 1

$v_{Ed,1,a} = 0{,}809 \cdot 1{,}05 / 4{,}19$
$= \mathbf{0{,}203\ MN/m}$
$> v_{Rd,ct,a} = 0{,}197$ MN/m

Eine weitere Bewehrungsreihe ist zu bemessen!

Wäre der Nachweis der Querkrafttragfähigkeit im äußeren Rundschnitt hier erbracht, dann ist zu beachten: DIN 1045-1, 13.3.3: (7) Ist bei Bügeln als Durchstanzbewehrung rechnerisch nur eine Reihe Durchstanzbewehrung erforderlich, so ist stets eine zweite Reihe mit der Mindestbewehrung nach Gl. (114) vorzusehen...

Bemessungsschnitt 2
(zweite Bewehrungsreihe im Abstand $(0{,}5 + 0{,}75)d = 0{,}24$ m):

DIN 1045-1, 10.5.5: (2) b)
Wirksame Breite für Bügel: $s_w \leq 0{,}75d$

$v_{Rd,sy} = v_{Rd,c} + \kappa_s \cdot A_{sw} \cdot f_{yd} \cdot d / (u \cdot s_w)$

DIN 1045-1, 10.5.5: Gl. (109)

$\kappa_s = 0{,}7$

$u_2 = 2\,(2 \cdot 0{,}45 + \pi \cdot 1{,}25 \cdot 0{,}19) = 3{,}29$ m

Umfang des Bemessungsschnittes 2

$v_{Ed,2} = 0{,}809 \cdot 1{,}05 / 3{,}29 = 0{,}258$ MN/m

erf $A_{sw,2} = (v_{Ed,2} - v_{Rd,ct}) \cdot u_2 \cdot s_w / (\kappa_s \cdot f_{yd} \cdot d)$
erf $A_{sw,2} = (0{,}258 - 0{,}206) \cdot 3{,}29 \cdot 0{,}75 \cdot 10^4 / (0{,}7 \cdot 435)$
$= \mathbf{4{,}21\ cm^2}$

DIN 1045-1, 10.5.5: Gl. (109) umgestellt
mit $s_w / d = 0{,}75$

Maximaler Abstand der Bügelschenkel im Rundschnitt = 1,5*d*
Mindestanzahl der Bügelschenkel im Schnittumfang u_2:
min $n = 3{,}29 / (1{,}5 \cdot 0{,}19) = 12$ Bügelschenkel

DIN 1045-1, 13.3.3: (5) und Bild 72 a)
Gewählt:
12 Bügelschenkel

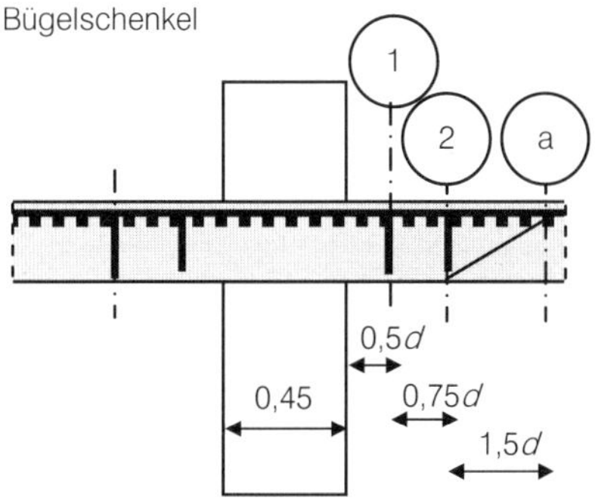

Durchstanzbewehrung Innenstütze Bewehrungsreihe 2
Gewählt:
12 Stäbe ∅ 8 (gleichmäßig im Schnitt verteilt)
= **6,0 cm²** > 4,21 cm² = erf $A_{sw,2}$

Im Beispiel wird eine vereinfachte Bewehrungsanordnung mit einer Bügelform gewählt (siehe 7). Danach werden jeweils 18 Bügelschenkel in die Bewehrungsreihen 1 und 2 (statt 24 + 12) verteilt. Dies ist hier bei Annahme einer möglichen Umlagerung zwischen den relativ dicht angeordneten Bewehrungsreihen vertretbar.

Mindestdurchstanzbewehrung innerer Rundschnitt 2

$\min A_{sw,2} = \min \rho_w \cdot s_w \cdot u_2$
$\min \rho_w = 0{,}6 \cdot \rho = 0{,}6 \cdot 0{,}00102 = 6{,}12 \cdot 10^{-4}$
$\min A_{sw,2} = 6{,}12 \cdot 10^{-4} \cdot 0{,}75 \cdot 19 \cdot 329 =$ **2,87 cm²** $<$ vorh $A_{sw,2}$

DIN 1045-1,
10.5.5: nach Gl. (114) mit sin $\alpha = 1$ (Bügel)
13.3.3: (2) für min ρ_w (Platten) und
13.1.2: Tab. 29 für C35/45 $\rho = 0{,}00102$
10.5.5: nach Gl. (109) Bügel: $s_w \leq 0{,}75d$

Prüfung Querkrafttragfähigkeit des zugehörigen äußeren Rundschnittes

im Abstand $1{,}5d$ von Schnitt 2:

$v_{Rd,ct,a} = \kappa_a \cdot v_{Rd,ct}$

DIN 1045-1, 10.5.5: Gl. (112)

mit $\kappa_a = 1 - 0{,}29 l_w / (3{,}5d) \geq 0{,}71$
$l_w = (0{,}5 + 0{,}75)d = 1{,}25d$
$\kappa_a = 1 - 0{,}29 \cdot 1{,}25 / 3{,}5 = 0{,}896$

DIN 1045-1, 10.5.5: Gl. (113)

$v_{Rd,ct,a} = 0{,}896 \cdot 0{,}206 =$ **0,185 MN/m**

$d_{2,a} = 0{,}45 + (1{,}25 + 1{,}5) \cdot 0{,}19 \cdot 2 = 1{,}50$ m
$>$ 1,35 m Gurtstreifen Stütze mit 31,42 cm²/m Bewehrung
→ Verlegebreite dieser Bewehrung auf 1,50 m vergrößern,
dann ist $v_{Rd,ct}$ mit $\rho_l = 0{,}0166$ ansetzbar (wie zuvor ermittelt).

Bereich der Längsbewehrung für $v_{Rd,ct}$
Alternativ: $v_{Rd,ct}$ mit Gl. (105) und reduzierter Längsbewehrung im äußeren Rundschnitt für diesen Nachweis neu berechnen!

$u_{2,a} = 2\,(2 \cdot 0{,}45 + \pi \cdot 2{,}75 \cdot 0{,}19) = 5{,}08$ m

Umfang des äußeren Rundschnitts zu Schnitt 2

$v_{Ed,2,a} = 0{,}809 \cdot 1{,}05 / 5{,}08$
= **0,167 MN/m**
$< v_{Rd,ct,a} = 0{,}185$ MN/m

Es ist keine weitere Bewehrungsreihe erforderlich!

Mindestmomente je Längeneinheit

DIN 1045-1, 10.5.6: (1) Um die Querkrafttragfähigkeit sicherzustellen, sind die Platten im Bereich der Stützen für Mindestmomente m_{Ed} zu bemessen, sofern die Schnittgrößenermittlung nicht zu höheren Werten führt.

$\min m_{Ed,x} = \eta_x \cdot V_{Ed}$

$\min m_{Ed,y} = \eta_y \cdot V_{Ed}$

DIN 1045-1, 10.5.6: Gl. (115)

$\eta_x = \eta_y = 0{,}125$

DIN 1045-1, 10.5.6: Tab. 14:
für Innenstütze, x- und y-Richtung symmetrisch,
Zug Plattenoberseite,
verteilt auf mindestens $0{,}3l_{x,y}$

Anzusetzende Verteilungsbreiten der Momente:
in beiden Richtungen jeweils $0{,}3l_y$ bzw. $0{,}3l_x$

$|\min m_{Ed,x}| = 0{,}125 \cdot 809$
= **101 kNm/m**
$< m_{SS} = 189$ kNm/m
$< m_{SG} = 0{,}7 \cdot 189$ kNm/m

siehe 4.2: $m_{SS} + m_{SG}$ Momente aus der Biegebemessung für die innere Eckstütze B/2, Breite des Gurtstreifens $= 0{,}4l > 0{,}3l$.

Wegen der Symmetrie in y-Richtung analog.

Die Schnittgrößenermittlung hat größere Stützmomente ergeben.
Die Mindestmomente sind daher bei der Innenstütze für die Bemessung nicht maßgebend.

Stützmomente, die an der Plattenoberseite Zug erzeugen.

4.3.1.3 Eck- und Randstützen

Der Durchstanznachweis für die Eck- und Randstützen wird analog dem für die Innenstützen geführt. Um die charakteristischen Unterschiede zu zeigen, wird in diesem Beispiel nur die erste Randstütze untersucht.

In diesem Beispiel wird stellvertretend für die Eck- und Randstützen nur die erste Randstütze A/2 bzw. B/1 untersucht.

Für die Eckstütze (E) sind die Verhältnisse in diesem Beispiel günstiger als für die erste Randstütze (R):
Verhältnis der Auflagerkräfte siehe 4.3.1.1:
mit $\beta_E / \beta_R = 1{,}5 / 1{,}4$ (Bild 44)
$V_E / V_R = (1{,}5 \cdot 126\ \text{kN}) / (1{,}4 \cdot 319\ \text{kN}) = 0{,}42$
Verhältnis Umfänge des kritischen Schnitts:
$u_{crit,E} / u_{crit,R} = 1{,}35\ \text{m} / 2{,}25\ \text{m} = 0{,}60$

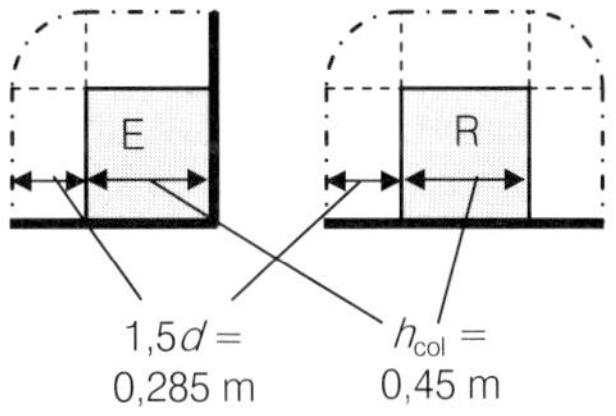

Diese Unterschiede sind:

- kritischer Rundschnitt
- Berücksichtigung der nichtrotationssymmetrischen Querkraftverteilung
- Mindestmomente bei ausmittiger Belastung

Plattenquerschnitt: C35/45
$d = 0{,}19$ m

d siehe 4.3.1.2

kritischer Rundschnitt:

$u_{crit} = 3 \cdot 0{,}45 + \pi \cdot 1{,}5 \cdot 0{,}19$
$u_{crit} = 2{,}25$ m

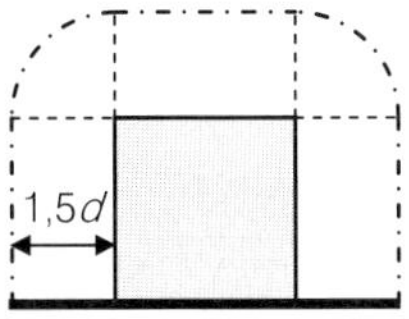

DIN 1045-1, 10.5.2: (3)
Lasteinleitung und Nachweisschnitte

Maximal aufzunehmende Querkraft (1. Randstütze A/2 bzw. B/1):

$V_{Ed} = 319$ kN

Querkraft siehe 4.3.1.1

$v_{Ed} = \beta \cdot V_{Ed} / u$

DIN 1045-1, 10.5.3: Gl. (100)

$\beta = 1{,}4$

Bild 44: $\beta = 1{,}4$ für Randstützen im unverschieblichen System

$v_{Ed} = 0{,}319 \cdot 1{,}4 / 2{,}25$
$= \mathbf{0{,}198\ MN/m}$

Querkrafttragfähigkeit ohne Durchstanzbewehrung

$$v_{Rd,ct} = [(0{,}21 / \gamma_c) \cdot \eta_1 \cdot \kappa (100 \cdot \rho_l \cdot f_{ck})^{1/3} - 0{,}12 \sigma_{cd}] \cdot d$$

DIN 1045-1, 10.5.4: Gl. (105)
Platten ohne Durchstanzbewehrung

mit $\kappa = 1 + (200 / d)^{1/2} \leq 2{,}0$
$= 1 + (200 / 190)^{1/2} = 2{,}0$

DIN 1045-1, 10.5.4: Gl. (106)
(> 2,0 wegen $d = 190$ mm < 200 mm)

Betonnormalspannung: $\sigma_{cd} = 0$ ($N_{Ed} = 0$)

Bewehrungsgrad ρ_l:
(parallel zum Rand über der Stütze B/1)
$\rho_{lx} = 20{,}11 / (100 \cdot 20) = 0{,}0100$
(rechtwinklig zum Rand über Stütze B/1 = A/2 Gurtbewehrung)
$\rho_{ly} = 31{,}42 / (100 \cdot 18) = 0{,}0175$
$\rho_l = (0{,}0100 \cdot 0{,}0175)^{1/2} = 0{,}0132$
$\leq 0{,}02$
$\leq 0{,}50 f_{cd} / f_{yd} = 0{,}023$

siehe 4.2: Bewehrung
∅ 16 / 100 mm parallel zum Rand
∅ 20 / 100 mm rechtwinklig zum Rand

Der kritische Rundschnitt ist in beiden Richtungen mit verschiedenen Längsbewehrungen abgedeckt. Die Verteilungsbreite dieser Bewehrung muss mindestens dem Nachweisbereich des Durchstanzens entsprechen.

$\eta_1 = 1{,}0$ - Normalbeton

$v_{Rd,ct} = (0{,}21 / 1{,}5) \cdot 1{,}0 \cdot 2{,}0\ (100 \cdot 0{,}0132 \cdot 35)^{1/3} \cdot 0{,}19$
$v_{Rd,ct} = \mathbf{0{,}191\ MN/m}$
$< v_{Ed} = 0{,}198$ MN/m

Alternativ ist auch die Vergrößerung der Biegezugbewehrung möglich, um $v_{Rd,ct}$ so zu erhöhen, dass Durchstanzbewehrung nicht erforderlich wird. Dabei ist max ρ_l zu beachten! Da eine hohe Längsbewehrung am Deckenrand konstruktiv schwierig im Stützenbereich zu verankern ist, wird hier auf eine weitere Bewehrungsvergrößerung verzichtet.

Eine Durchstanzbewehrung ist erforderlich!

Platten mit Durchstanzbewehrung

Tragfähigkeit der Betondruckstreben:

$v_{Rd,max} = 1{,}5 v_{Rd,ct} = 1{,}5 \cdot 0{,}191$
$= \mathbf{0{,}286\ MN/m}$
$> v_{Ed} = 0{,}198\ MN/m$

DIN 1045-1, 10.5.5: Gl. (107)
Platten mit Durchstanzbewehrung

v_{Ed} kann mit Durchstanzbewehrung aufgenommen werden!

Gewählte Bügelbewehrung 90°:

Bemessungsschnitt 1

(erste Bewehrungsreihe Abstand 0,5 d = 0,10 m):

DIN 1045-1, 10.5.5: Bild 45

$v_{Rd,sy} = v_{Rd,c} + \kappa_s \cdot A_{sw} \cdot f_{yd} / u$

DIN 1045-1, 10.5.5: Gl. (108)
Es darf $v_{Rd,c} = v_{Rd,ct}$ angenommen werden.

mit

$\kappa_s = 0{,}7 + 0{,}3\,(d - 400) / 400 \quad (\geq 0{,}7 \text{ und } \leq 1{,}0)$
$\kappa_s = 0{,}7$

DIN 1045-1, 10.5.5: Gl. (110)
$\kappa_s = 0{,}7$ wegen d = 190 mm < 400 mm

$u_1 = 3 \cdot 0{,}45 + \pi \cdot 0{,}5 \cdot 0{,}19 = 1{,}65\ m$

Umfang des Bemessungsschnittes 1

$v_{Ed,1} = 0{,}319 \cdot 1{,}4 / 1{,}65 = 0{,}271\ MN/m$

erf $A_{sw,1} = (v_{Ed,1} - v_{Rd,ct}) \cdot u_1 / (\kappa_s \cdot f_{yd})$
erf $A_{sw,1} = (0{,}271 - 0{,}191) \cdot 1{,}65 \cdot 10^4 / (0{,}7 \cdot 435)$
$= \mathbf{4{,}33\ cm^2}$

DIN 1045-1, 10.5.5: Gl. (108) umgestellt

Maximaler Abstand der Bügelschenkel im Rundschnitt = 1,5d
Mindestanzahl der Bügelschenkel im Schnittumfang u_1:
min $n = 1{,}65 / (1{,}5 \cdot 0{,}19) = 6$ Bügelschenkel

DIN 1045-1, 13.3.3: (5) und Bild 72 a)
Gewählt:
12 Bügelschenkel

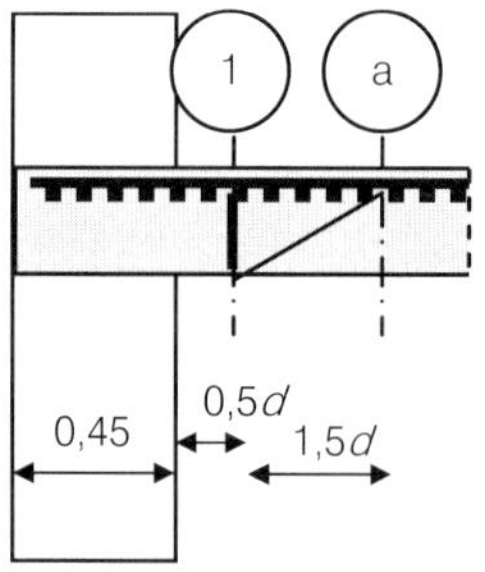

Durchstanzbewehrung Randstütze Bewehrungsreihe 1
Gewählt:
12 Stäbe Ø 8 (gleichmäßig im Schnitt verteilt)
$= \mathbf{6{,}0\ cm^2} \quad > 4{,}33\ cm^2 = \text{erf } A_{sw,1}$

Mindestdurchstanzbewehrung innerer Rundschnitt 1

min $A_{sw,1}$ = min $\rho_w \cdot s_w \cdot u_1$
min $\rho_w = 0{,}6 \cdot \rho = 0{,}6 \cdot 0{,}00102 = 6{,}12 \cdot 10^{-4}$
min $A_{sw,1} = 6{,}12 \cdot 10^{-4} \cdot 0{,}75 \cdot 19 \cdot 165 = \mathbf{1{,}4\ cm^2} <$ vorh $A_{sw,1}$

DIN 1045-1,
10.5.5: nach Gl. (114) mit sin α = 1 (Bügel)
13.3.3: (2) für min ρ_w (Platten) und
13.1.2: Tab. 29 für C35/45 ρ = 0,00102
10.5.5: nach Gl. (109) Bügel: $s_w \leq 0{,}75d$

Prüfung Querkrafttragfähigkeit des zugehörigen äußeren Rundschnittes

im Abstand 1,5 d von Schnitt 1:

$v_{Rd,ct,a} = \kappa_a \cdot v_{Rd,ct}$

DIN 1045-1, 10.5.5: Gl. (112)

mit $\kappa_a = 1 - 0{,}29 l_w / (3{,}5d) \quad \geq 0{,}71$
$l_w = 0{,}5d$
$\kappa_a = 1 - 0{,}29 \cdot 0{,}5 / 3{,}5 = 0{,}959$

DIN 1045-1, 10.5.5: Gl. (113)

$v_{Rd,ct,a} = 0{,}959 \cdot 0{,}191 = \mathbf{0{,}183\ MN/m}$

Rand parallel $d_{1,a} = 0{,}45 + (0{,}5 + 1{,}5) \cdot 0{,}19 \cdot 2 = 1{,}21$ m
Rand rechtw. $d_{1,a} = 0{,}45 + (0{,}5 + 1{,}5) \cdot 0{,}19 \cdot 1 = 0{,}83$ m
$v_{Rd,ct}$ mit $\rho_l = 0{,}0132$ ansetzbar (wie zuvor ermittelt).

Erforderlicher Verteilungsbereich der Längsbewehrung für den Ansatz von $v_{Rd,ct}$

$u_{1,a} = 3 \cdot 0{,}45 + \pi \cdot 2{,}0 \cdot 0{,}19 = 2{,}54$ m

Umfang des äußeren Rundschnitts zu Schnitt 1

$v_{Ed,1,a} = 0{,}319 \cdot 1{,}4 / 2{,}54$
$= \mathbf{0{,}176\ MN/m}$
$< v_{Rd,ct,a} = 0{,}183$ MN/m

Es ist kein weiterer Bemessungsschnitt notwendig, aus konstruktiven Gründen ist aber eine zweite Bewehrungsreihe im Abstand $s_w = 0{,}75d$ mit einer Mindestquerkraftbewehrung vorzusehen.

DIN 1045-1, 13.3.3: (7) Ist bei Bügeln als Durchstanzbewehrung rechnerisch nur eine Reihe Durchstanzbewehrung erforderlich, so ist stets eine zweite Reihe mit der Mindestbewehrung nach Gl. (114) vorzusehen...

Bemessungsschnitt 2
(zweite Bewehrungsreihe Abstand $(0{,}5 + 0{,}75)d = 0{,}24$ m):

DIN 1045-1, 10.5.5: Platten mit Durchstanzbewehrung (2) b)
wirksame Breite für Bügel: $s_w \leq 0{,}75d$

$u_{2,a} = 3 \cdot 0{,}45 + \pi \cdot 1{,}25 \cdot 0{,}19 = 2{,}10$ m

Mindestdurchstanzbewehrung innerer Rundschnitt 2

$\min A_{sw,2} = \min \rho_w \cdot s_w \cdot u_2$
$\min \rho_w = 0{,}6 \cdot \rho = 0{,}6 \cdot 0{,}00102 = 6{,}12 \cdot 10^{-4}$
$\min A_{sw,2} = 6{,}12 \cdot 10^{-4} \cdot 0{,}75 \cdot 19 \cdot 210 = \mathbf{1{,}8\ cm^2}$

DIN 1045-1,
10.5.5: nach Gl. (114) mit sin $\alpha = 1$ (Bügel)
13.3.3: (2) für min ρ_w (Platten) und
13.1.2: Tab. 29 für C35/45 $\rho = 0{,}00102$
10.5.5: nach Gl. (109) Bügel: $s_w \leq 0{,}75d$

Maximaler Abstand der Bügelschenkel im Rundschnitt $= 1{,}5d$
Mindestanzahl der Bügelschenkel im Schnittumfang u_2:
$\min n = 2{,}10 / (1{,}5 \cdot 0{,}19) = 8$ Bügelschenkel

DIN 1045-1, 13.3.3: (5) und Bild 72 a)
Gewählt:
8 Bügelschenkel

Durchstanzbewehrung Randstütze Bewehrungsreihe 2
Gewählt:
8 Stäbe ∅ 8 (gleichmäßig im Schnitt verteilt)
$= \mathbf{4{,}0\ cm^2}$ $> 1{,}8\ cm^2 = \min A_{sw,2}$

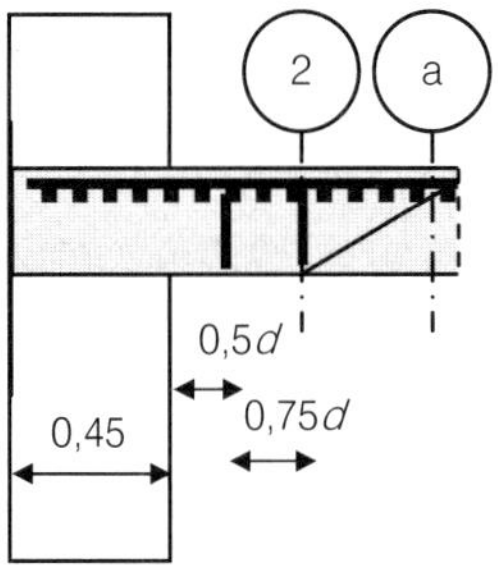

Mindestmomente je Längeneinheit

$\min m_{Ed,x} = \eta_x \cdot V_{Ed}$

$\min m_{Ed,y} = \eta_y \cdot V_{Ed}$

DIN 1045-1, 10.5.6: (1) Um die Querkrafttragfähigkeit sicherzustellen, sind die Platten im Bereich der Stützen für Mindestmomente m_{Ed} zu bemessen...

DIN 1045-1, 10.5.6: Gl. (115)

Für Rand „x"

Zug an der Plattenoberseite

$\eta_x = 0{,}25$

DIN 1045-1, 10.5.6: Tab. 14: für Randstütze ‚x', x = parallel zum Rand, Zug Plattenoberseite, verteilt auf mind. 0,15l

Anzusetzende Verteilungsbreite rechtwinklig zum Plattenrand der Momente $m_{Ed,x}$: $b_y = 0{,}15 l_y$

$|\min m_{Ed,x}|$ $= 0{,}25 \cdot 319$
$= \mathbf{79{,}8\ kNm/m}$
$< m_{SS} = 138$ kNm/m
$< m_{SG} = 0{,}7 \cdot 138$ kNm/m

siehe 4.2: $m_{SS} + m_{SG}$ Momente aus der Biegebemessung für Randstütze B/1 parallel zum Rand
Breite des Gurtstreifens = $0{,}2l > 0{,}15l$.

Die Schnittgrößenermittlung hat größere Stützmomente ergeben, die Mindestmomente parallel zum Rand sind daher bei der ersten Randstütze für die Bemessung nicht maßgebend.

Stützmomente, die an der Plattenoberseite Zug erzeugen.

Zug an der Plattenoberseite und Plattenunterseite

DIN 1045-1, 10.5.6: Tab. 14: für Randstütze ‚x', y = rechtwinklig zum Rand
Zug Plattenober- und -unterseite, verteilt auf lfdm. Platte

Die anzusetzende Verteilungsbreite rechtwinklig zum Plattenrand der Momente $m_{Ed,y}$ wird ingenieurmäßig abgeschätzt:

Rand parallel:

Die anzusetzende Verteilungsbreite der Mindestbewehrung rechtwinklig zum Rand hängt von der Verteilung der Drillmomente im Lasteinleitungsbereich der Stützen ab. Ingenieurmäßig wird dieser kritische Bereich mindestens mit dem Durchmesser des äußeren Rundschnittes (Begrenzung des Durchstanzbereiches) bzw. mit der mitwirkenden Breite b_m des dem Näherungsverfahren nach [22] DAfStb-Heft 240: Abschnitt 3.5, Gl. 3.8 und Tafel 3.6 (Momente in den Rand- und Eckstützen von Flachdecken) zugrunde liegenden Ersatzrahmens abgeschätzt.
Es kann davon ausgegangen werden, dass außerhalb dieses Bereiches am freien Plattenrand die Drillmomente weitgehend abgeklungen sind.

a) mindestens mit dem Durchmesser des äußeren Rundschnittes im Abstand von 1,5 d zum Bemessungsschnitt 2:

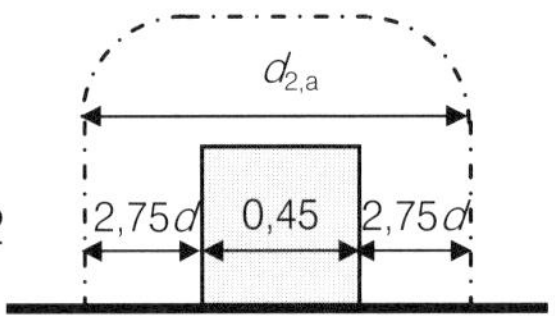

$d_{2,a} = 0{,}45 + (0{,}5 + 0{,}75 + 1{,}5) \cdot 0{,}19 \cdot 2$
$= 1{,}50$ m

b) mindestens mit der mitwirkenden Breite des Ersatzrahmens für die Ermittlung der Momente der Randstützen rechtwinklig zum Deckenrand (siehe 3.1 Randfeld)
$b_m = 3{,}15$ m

→ Verteilungsbreite $b_x \geq 3{,}15$ m $\geq b_m > d_{2,a}$

$\eta_y = 0{,}125$

$|\min m_{Ed,y}|$ $= 0{,}125 \cdot 319$
$= 39{,}9$ kNm/m

DIN 1045-1, 10.5.6: Gl. (115)

für Zug auf der Plattenoberseite und der Plattenunterseite rechtwinklig zum Rand:

Anzuordnen ist Bewehrung für min $m_{Ed,y} = 39{,}9$ kNm/m
= analog Bemessung der Feldbewehrung
z. B. Innenfeld - Achse 2 (dort Bemessung für 44,5 kNm/m):
erf a_s = **5,69 cm²/m**

siehe 4.2: Biegebemessung für Innenfelder

Die gewählte **untere** Grundbewehrung Ø 10 / 100 mm = 7,85 cm²/m deckt die Mindestmomente der Randstütze rechtwinklig zum Plattenrand ab.

Die im Bereich des Gurtstreifens auf einer Breite von $0{,}4l = 2{,}70$ m angeordnete **obere** Stützbewehrung ist mit Ø 10 / 100 mm = 7,85 cm²/m mindestens auf eine Verteilungsbreite $b_x \geq 3{,}15$ m zu ergänzen.

siehe 4.2: Biegebemessung obere Stützbewehrung für Randstütze A/2 rechtwinklig zum Rand!

4.3.1.4 Wandende

Um die typischen Unterschiede zu zeigen, wird hier beispielhaft ein Durchstanznachweis für ein Wandende behandelt. Dafür sei angenommen, dass die Stützen A/2 und B/2 zu einer 350 mm dicken Stahlbetonwand verbunden werden, deren Wandende im Bereich der Achsen B/2 liegt und auf Durchstanzen zu untersuchen ist.

Lasteinzugsflächen:

Zur Bestimmung der Lasteinzugsflächen sind die Querkraftnulllinien (Lastscheiden) unter Volllast ingenieurmäßig abzuschätzen oder linear-elastisch zu berechnen.

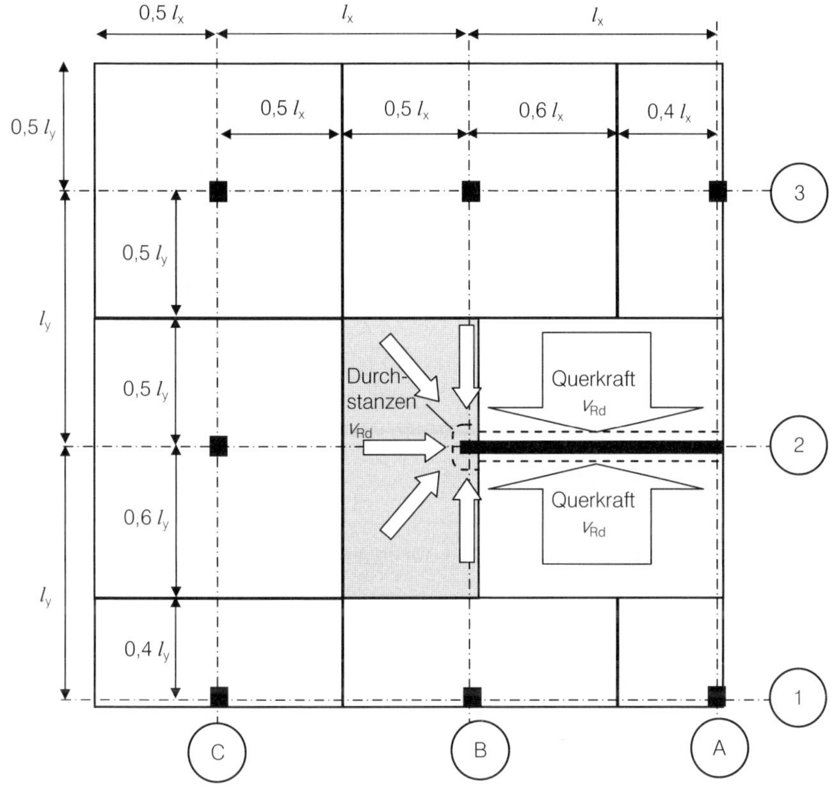

$l_{x,eff} = l_{y,eff} = 6{,}75$ m

Zur Berücksichtigung der nichtrotationssymmetrischen Verteilung der Querkraft entlang eines Rundschnitts um die Punktstützung einer durchstanzgefährdeten Platte ist stets ein Lasterhöhungsfaktor β in Abhängigkeit vom Stützentyp zu berücksichtigen. Die Beiwerte in DIN 1045-1, Bild 44, wurden für horizontal ausgesteifte Systeme mit punktgestützten Platten unter Gleichlasten mit Stützweitenunterschieden von maximal 25 % ermittelt.

Die kritischen Rundschnitte für Wandende bzw. Wandecke lassen sich aus DIN 1045-1, Bild 38, ableiten [68]:

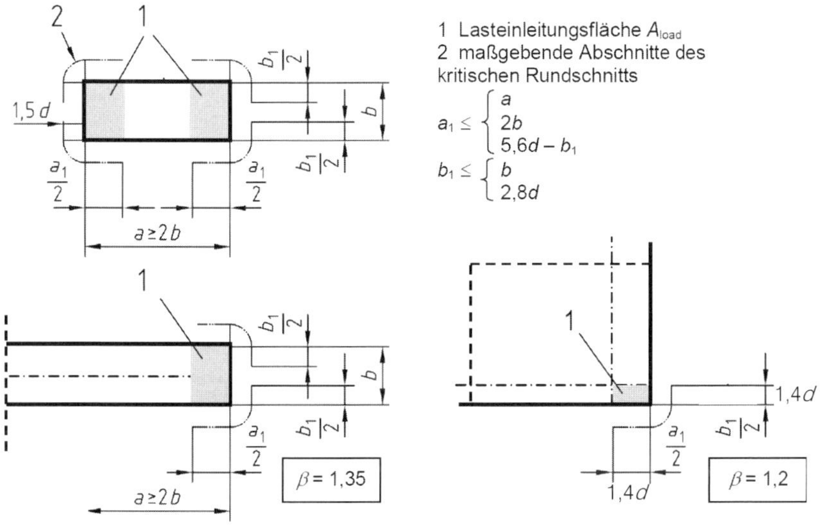

Bild 44: β = 1,35 für Wandenden im unverschieblichen System

Kritischer Rundschnitt:

d = 190 mm
b_1 = b = 350 mm < 2,8d
$a_1 / 2$ = b = 350 mm
< 2,8d – 0,5b_1 = 2,8 · 190 – 175 = 357 mm

(siehe 4.3.1.2)

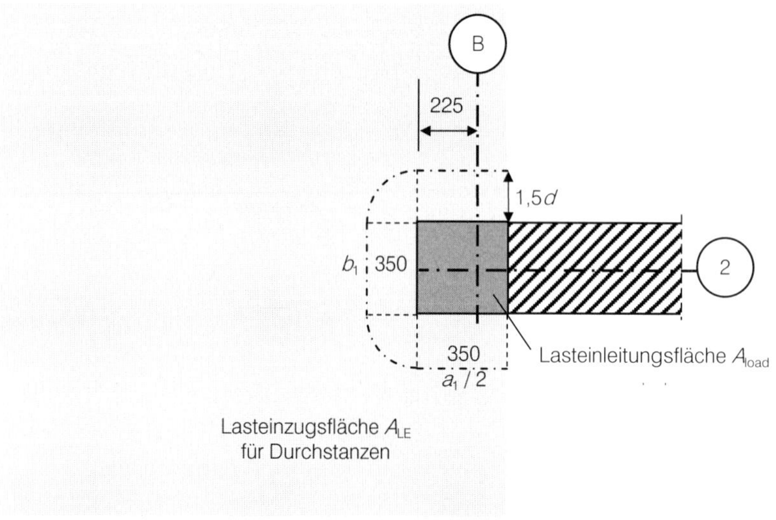

Der Ansatz des Lasterhöhungsfaktor β erfolgt auf eine Auflagerkraft einer punktförmigen Stützung, die vereinfacht über die zugehörige gesamte Lasteinzugsfläche A_{LE} bestimmt wurde. Für die Fälle Wandecke mit β = 1,2 und Wandende mit β = 1,35 wurden gestützt auf Vergleichsrechnungen konservative Werte ermittelt.

Die mit β multiplizierte Auflagerkraft ist dann auf die maßgebenden Teilabschnitte des kritischen Rundschnittes (DIN 1045-1, Bild 38) zu verteilen.

Die Begrenzung der zu den Teilrundschnitten gehörenden Lasteinzugsflächen A_{LE} sollte ggf. bei sehr unregelmäßigen Verhältnissen (z. B. wenn abhebende Querkräfte im Bereich der Lasteinleitungsfläche A_{load} auftreten können) etwas vergrößert werden. Dafür kann die Lasteinzugsfläche neben den Wandenden bzw. –ecken in Verlängerung der Rundschnittenden mit einem sinnvollen Abstand (z. B. 1,5d) vergrößert werden [68] → in diesem Beispiel nicht erforderlich.

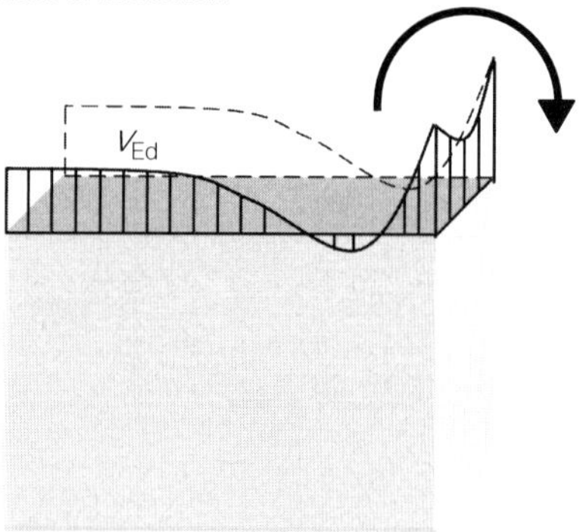

Für die vereinfachte Ermittlung der Auflagerkräfte wird die Vollbelastung aller Felder angesetzt mit:

e_d = 14,67 kN/m² (siehe 2.2)

Lasteinzugsfläche auf Wandende:
A_{LE} = (0,5 + 0,6) · 6,75 m · (0,5 · 6,75 m + 0,125 m) = 26,0 m²

V_{Ed} = 14,67 · 26,0 = **381 kN**

kritischer Rundschnitt:

$u_{crit} = 3 \cdot 0{,}35 + \pi \cdot 1{,}5 \cdot 0{,}19 = 1{,}95$ m

Maximal aufzunehmende Querkraft (Wandende B/2):

$v_{Ed} = \beta \cdot V_{Ed} / u$

DIN 1045-1, 10.5.4: Gl. (100)

β = 1,35

Bild 44: β = 1,35 für Wandenden

v_{Ed} = 1,35 · 0,381 / 1,95 = **0,264 MN/m**

→ Querkrafttragfähigkeit mit Durchstanzbewehrung analog Abschnitt 4.3.1.3 bemessen!

Weniger Durchstanzbewehrung wird in der Regel erforderlich, wenn die Querkraftverteilung entlang des Rundschnitts über i-Sektormodelle abgeschätzt wird [69]. Bei rechtwinkligen Stützensystemen wird die Querkraft im Sektorbereich der Plattendiagonale maßgebend.

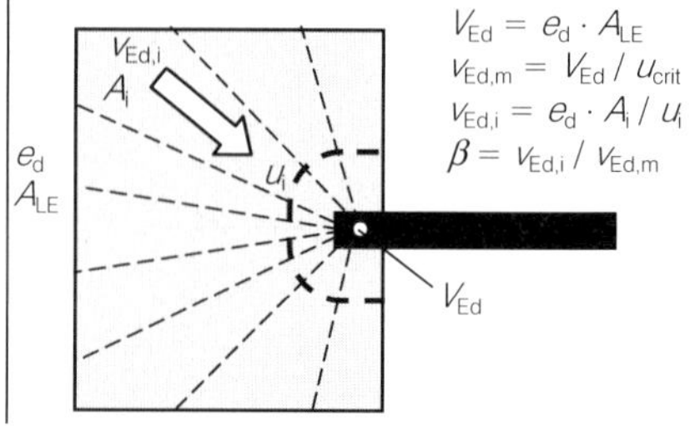

4.3.2 Querkraftbemessung außerhalb der Durchstanzbereiche

Außerhalb der Durchstanzbereiche muss die Tragfähigkeit der Flachdecke für die ebene Querkraftbeanspruchung überprüft werden.

DIN 1045-1, 10.3: Querkraft

Außerhalb des letzten äußeren Rundschnittes, in dem die Querkrafttragfähigkeit der Decke ohne Durchstanzbewehrung unter Berücksichtigung der Stützbewehrung nachgewiesen wurde, wird die Querkrafttragfähigkeit durch die Abstufung der Stützbewehrung bzw. die geringer bemessene Feldbewehrung bestimmt.

Dazu kommt je nach Steifigkeitsverteilung in der Deckenplatte (unterschiedlich bewehrte Gurt- und Feldstreifen) eine mehr oder weniger ungleichmäßige Querkraftverteilung in den weiteren Rundschnitten. Die realistische Querkraftverteilung hängt auch vom plastischen Umlagerungsvermögen innerhalb der Decke ab, wobei Querkraftkonzentrationen abgebaut werden. Eine Modellierung und Interpretation dieser Zusammenhänge ist auch in computergestützten Berechnungen relativ schwierig.

Exemplarisch und vereinfacht wird im Folgenden der Übergang des Durchstanzbereiches bzw. des Gurtstreifenbereiches zum restlichen Deckenfeld für eine Innenstütze untersucht.

Die Querkrafttragfähigkeit ohne Durchstanzbewehrung wurde im äußeren Rundschnitt im Abstand 2,75d von der Innenstütze (nach zwei Bemessungsschnitten) nachgewiesen, siehe 4.3.1.2.

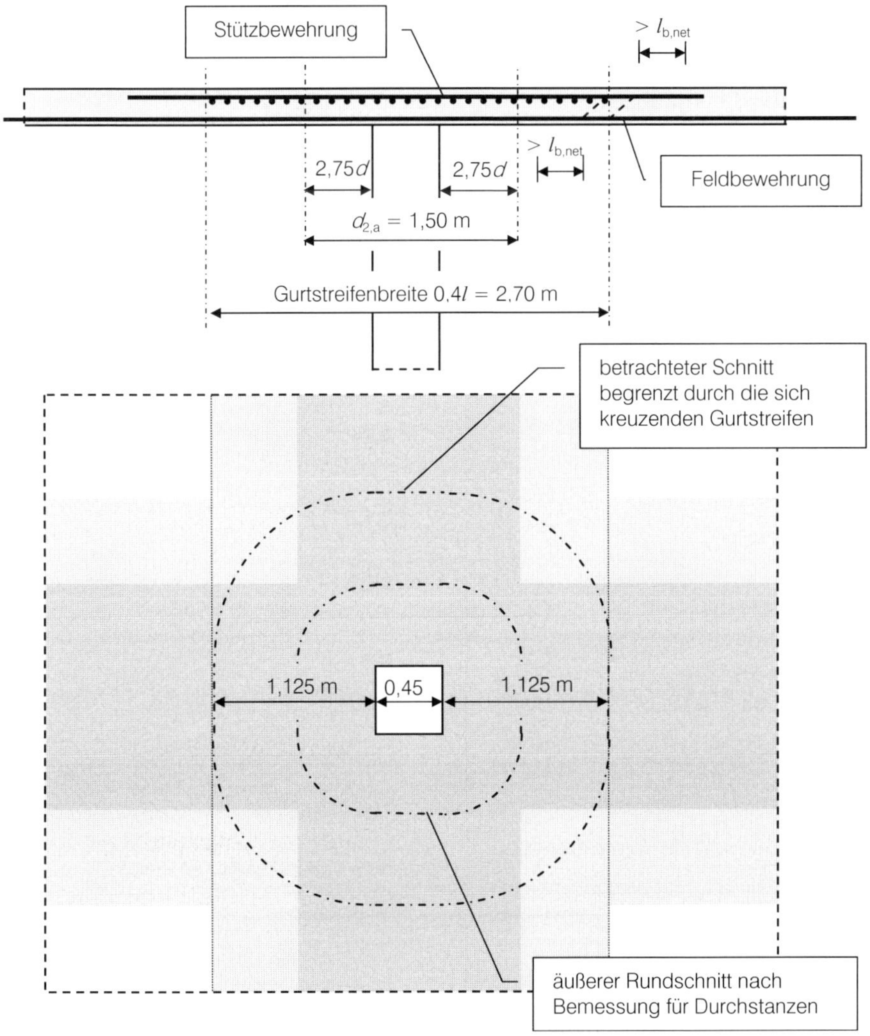

DIN 1045-1, 10.3.3: Bild 32:
Für die Querkrafttragfähigkeit des Betonquerschnitts ansetzbare Zugbewehrung A_{sl} = Fläche der Zugbewehrung, die mindestens um das Maß d über den betrachteten Querschnitt hinaus geführt und dort wirksam verankert wird.

Es wird davon ausgegangen, dass die obere Stützbewehrung mindestens um das Maß d über die kreuzende Gurtstreifenbreite (Näherungsverfahren Schnittgrößenermittlung siehe 3.1) hinaus geführt und verankert wird. Die Zugkraftdeckung gemäß DIN 1045-1, 13.2.2, Bild 66 ist als weiteres Kriterium bei der Verankerung der Stützbewehrung zu beachten. Wegen der Beibehaltung der Stützbewehrung ist die Querkrafttragfähigkeit der Platte innerhalb der Gurtstreifen mit $v_{Rd,ct,a}$ nachgewiesen.

Betrachtet wird daher der Rundschnitt, der durch die sich kreuzenden Gurtstreifen begrenzt wird. Vorausgesetzt wird, dass außerhalb dieses Schnittes die Querkrafttragfähigkeit der Platte durch die untere Feldbewehrung bestimmt ist, die auch mindestens um das Maß d über diesen Schnitt hinausgeführt (hier bis über die Stütze) und verankert wird.

Da die Steifigkeitsverhältnisse in dem kreuzweise ähnlich bewehrten Gurtstreifenbereich noch relativ gleichmäßig sind, wird die gleichmäßige Verteilung der Querkraft (aber mit β = 1,05) noch als gerechtfertigt angenommen.

Im Bemessungsschnitt einwirkende Querkraft

Schnittumfang:
$u = 4 \cdot 0{,}45 + \pi \cdot 2 \cdot 1{,}125 \qquad = 8{,}87$ m

Betrachteter Schnitt begrenzt durch die sich kreuzenden Gurtstreifen

Lastfläche (durch den Bemessungsschnitt begrenzt):
$A = 4 \cdot 0{,}45 \cdot 1{,}125 + (2 \cdot 1{,}125)^2 \cdot \pi / 4 = 6{,}00$ m²

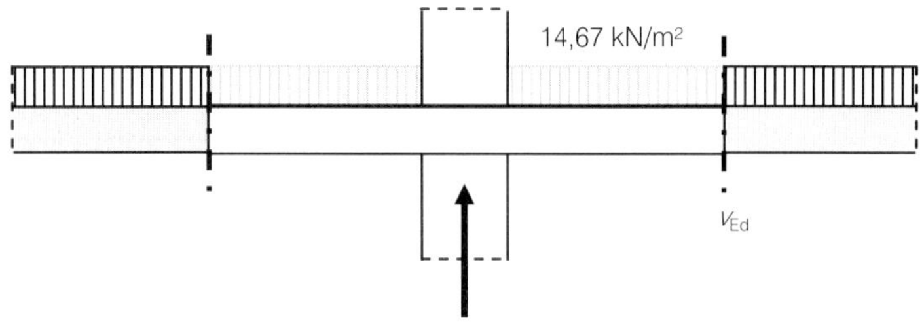

Belastung siehe 2.2:
$e_d = 14{,}67$ kN/m²

erste Innenstütze mit max $V_{Ed} = 809$ kN siehe 4.3.1.1

$V_{Ed} \quad = 809 - 14{,}67 \cdot 6{,}00 = 721$ kN

Die Querkraftverteilung wird vereinfacht im gewählten Bemessungsschnitt in Analogie zum Durchstanzen vorgenommen.

$v_{Ed} \quad = \beta \cdot V_{Ed} / u$

DIN 1045-1, 10.5.3: (2) Gl. (100)

$\beta \quad = 1{,}05$

Bild 44: $\beta = 1{,}05$ zur Berücksichtigung der nichtrotationssymmetrischen Querkraftverteilung z. B. infolge der Durchlaufwirkung in Analogie angewandt

$v_{Ed} \quad = 0{,}721 \cdot 1{,}05 / 8{,}87$
$= \mathbf{0{,}085}$ **MN/m**

Aufnehmbare Querkraft $v_{Rd,ct}$ bei Platten ohne Querkraftbewehrung

$v_{Rd,ct} \quad = [(0{,}15 / \gamma_c) \cdot \kappa \cdot \eta_1 \, (100\rho_l \cdot f_{ck})^{1/3} - 0{,}12\sigma_{cd}] \cdot d$

DIN 1045-1, 10.3.3: Gl. (70)
Bauteile ohne rechnerisch erforderliche Querkraftbewehrung

Normalbeton: $\eta_1 = 1$

$\kappa = 1 + (200 / d)^{1/2} \qquad \leq 2{,}0$
wegen $d = 190$ mm < 200 mm: $\qquad \kappa = 2{,}0$

DIN 1045-1, 10.3.3: Gl. (71)

Grundbewehrung (unten) alle Felder:
gewählt: ∅ 10 / 100 mm = 7,85 cm²/m

$\rho_l \quad = a_{sl} / (b_w \, d) = 7{,}85 / (100 \cdot 18) = 0{,}00436 \qquad \leq 0{,}02$

DIN 1045-1, Bild 32:
A_{sl} = Fläche der Zugbewehrung, die mindestens um das Maß d über den betrachteten Querschnitt hinaus geführt und dort wirksam verankert wird.
hier: a_{sl} siehe 4.2.

$f_{ck} \quad = 35$ N/mm²

C35/45

$\sigma_{cd} \quad = n_{Ed} / A_c = 0$

$v_{Rd,ct} \quad = (0{,}15 / 1{,}5) \cdot 2{,}0 \cdot 1{,}0 \, (100 \cdot 0{,}00436 \cdot 35)^{1/3} \cdot 0{,}18$
$= \mathbf{0{,}089}$ **MN/m**

min $d = 0{,}18$ m aus beiden Richtungen ist für $v_{Rd,ct}$ maßgebend!

$v_{Ed} \quad = 85$ kN/m $< v_{Rd,ct} = 89$ kN/m

→ keine zusätzliche Querkraftbewehrung außerhalb der Gurtstreifen um die Innenstützen erforderlich!

DIN 1045-1, 13.3.3: (2) Bei Platten ohne rechnerisch erforderliche Querkraftbewehrung ($v_{Ed} \leq v_{Rd,ct}$) mit einem Verhältnis $b / h > 5$ ist keine Mindestbewehrung für Querkraft erforderlich.

5 Nachweise in den Grenzzuständen der Gebrauchstauglichkeit

5.1 Begrenzung der Spannungen unter Gebrauchsbedingungen

Die Bedingungen nach DIN 1045-1, 11.1.1: (3) (siehe Kommentar) sind im Beispiel eingehalten, die Spannungsnachweise unter Gebrauchsbedingungen können entfallen.

DIN 1045-1, 11.1.1: (3) *Die Spannungsnachweise nach 11.1.2 (Betondruckspannungen) und 11.1.3 (Betonstahlspannungen) dürfen für nicht vorgespannte Tragwerke des üblichen Hochbaus, die nach Abschnitt 10 bemessen wurden, im Allgemeinen entfallen, wenn die Schnittgrößen nach der Elastizitätstheorie ermittelt und im Grenzzustand der Tragfähigkeit um nicht mehr als 15 % umgelagert wurden und die bauliche Durchbildung nach Abschnitt 13 (Konstruktionsregeln) durchgeführt wird und insbesondere die Festlegungen für die Mindestbewehrung nach 13.1.1 eingehalten sind.*

5.2 Grenzzustände der Rissbildung

Die Nachweise zur Begrenzung der Rissbreite sind erforderlich, da die Plattendicke h = 240 mm > 200 mm ist.

DIN 1045-1, 11.2.1: (12) Bei Platten in der Expositionsklasse XC1, die durch Biegung ohne wesentlichen zentrischen Zug beansprucht werden, sind keine Nachweise zur Begrenzung der Rissbreite notwendig, wenn deren Gesamtdicke 200 mm nicht übersteigt, die Festlegungen nach 13.3 (Konstruktionsregeln Vollplatten) eingehalten sind und keine strengere Begrenzung nach Absatz (6) erforderlich ist.

5.2.1 Mindestbewehrung zur Begrenzung der Rissbreite

DIN 1045-1, 11.2.2

Bei den angenommenen Verhältnissen (Abmessungen, keine zwangerzeugende Einspannung zwischen Wandscheiben, keine großen Temperaturschwankungen in der Bauzeit und in der Nutzungszeit) kann davon ausgegangen werden, dass eine unter Umständen auftretende Zwangbeanspruchung in der Deckenplatte die Rissschnittgröße nicht erreicht. Auf den Nachweis der Mindestbewehrung wird daher verzichtet.

5.2.2 Begrenzung der Rissbreite für die statisch erforderliche Bewehrung

Die Begrenzung der Rissbreite erfolgt ohne direkte Berechnung durch Nachweis des zulässigen Grenzdurchmessers oder des höchstzulässigen Stababstands.

DIN 1045-1, 11.2.3

Die Anforderungen an die Dauerhaftigkeit und das Erscheinungsbild des Tragwerks gelten bei der hier vorausgesetzten Expositionsklasse XC1 als erfüllt, wenn der Rechenwert der Rissbreite auf w_k = 0,4 mm begrenzt wird (Anforderungsklasse F).

DIN 1045-1, 11.2.1: (6) Tab. 18 und 19

Feld

Bei durchgehend gleicher Grundbewehrung wird das Feld mit dem größten Feldmoment hier maßgebend.

Extremales Biegemoment unter quasi-ständiger Einwirkungskombination:

Achse 1: $m_{perm} = \max m_{perm,FF} = 36{,}9$ kNm/m

quasi-ständig wegen Anforderungsklasse F siehe 3.2

vorh $a_{sl} = 7{,}85$ cm²/m

siehe 4.2 Feldgrundbewehrung

$$\sigma_{s,perm} = m_{perm} / (a_s \cdot z) = 36{,}9 \cdot 10^{-3} / (7{,}85 \cdot 10^{-4} \cdot 0{,}9 \cdot 0{,}18) = 290 \text{ N/mm}^2$$

$z = 0{,}9d$, Hebelarm mit min d angenommen.

Der Stababstandstabelle 21 entnimmt man für σ_s = 320 N/mm² (> 290 mm) und w_k = 0,4 mm

DIN 1045-1, 11.2.3:
Tab. 21: Höchstwerte der Stababstände von Betonstählen
(2) *Bei Lastbeanspruchung darf entweder Tab. 20 Grenzdurchmesser oder Tab. 21 Stababstände angewandt werden.*

maximaler Stababstand = **150 mm**
> 100 mm = vorh s_w (Ø 10 / 100 mm)

Stütze

Extremales Biegemoment unter quasi-ständiger Einwirkungskombination:
Stütze B/2: $m_{perm} = m_{perm,SS} = -115{,}7$ kNm/m

quasi-ständig wegen Anforderungsklasse F siehe 3.2

vorh a_{sl} = 31,42 cm²/m

siehe 4.2

$\sigma_{s,perm} = |m_{perm}| / (a_s \cdot z)$
$= 115{,}7 \cdot 10^{-3} / (31{,}42 \cdot 10^{-4} \cdot 0{,}9 \cdot 0{,}18) = 227$ N/mm²

$z = 0{,}9d$, Hebelarm mit min d angenommen.

Der Grenzdurchmessertabelle 20 entnimmt man für σ_s = 240 N/mm²:

d_s^* = **25 mm**
> 20 mm = gewählte Stabbewehrung!

DIN 1045-1, 11.2.3: Tab. 20:
Grenzdurchmesser d_s^* bei Betonstählen
Auf eine Modifizierung des Grenzdurchmessers gemäß Gl. (131) in Abhängigkeit von der wirksamen Betonzugfestigkeit $d_s \geq d_s^* \cdot f_{ct,eff} / f_{ct,0}$ kann hier auf der sicheren Seite liegend verzichtet werden ($f_{ct,eff}$ = 3,2 N/mm² > $f_{ct,0}$ = 3,0 N/mm²).

5.3 Begrenzung der Verformungen

DIN 1045-1, 11.3
siehe in diesem Beispiel unter 1.3.

Der vereinfachte Nachweis durch eine Begrenzung der Biegeschlankheit wurde bei der Bestimmung der erforderlichen Deckendicke geführt.

[29] Die angebotenen Biegeschlankheiten stellen lediglich ein Hilfsmittel für die Wahl der Bauteildicke dar. Die Einhaltung der zulässigen Verformungen von l / 250 bzw. l / 500 kann mit dem Biegeschlankheitskriterium nach DIN 1045-1 rechnerisch nicht ohne weiteres nachvollzogen werden.

Empfehlungen:
- direkte Berechnung der Durchbiegungen unter Berücksichtigung des Zustands II und des Kriechens
- oder Verwendung alternativer Biegeschlankheiten (z. B. [50], Anhang A8)
- oder für DIN 1045-1, Tab. 22 bei Flachdecken für l_{eff} die Diagonalen zwischen den Punktstützungen verwenden.

6 Bewehrungsführung, bauliche Durchbildung

6.1 Grundmaß der Verankerungslänge

DIN 1045-1, 12.6.2

Grundmaß: $l_b = (d_s / 4) \cdot (f_{yd} / f_{bd})$

DIN 1045-1, 12.6.2: (2) Gl. (140)

Gute Verbundbedingungen
Bemessungswert Verbundspannung: f_{bd} = 3,4 N/mm² für C35/45

DIN 1045-1, 12.5: Tab. 25: d_s < 32 mm und gute Verbundbedingungen 12.4: (2) b)

Bemessungswert Stahlspannung : f_{yd} = 435 N/mm²

DIN 1045-1, Bild 54 b: gesamte Bewehrung

Ort	Verbund	d_s (mm)	l_b (mm)
Felder unten	gut	10	**320**
Stützen oben	gut	16	**512**
		20	**640**

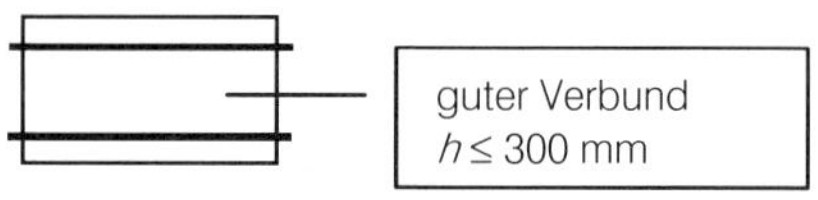

6.2 Verankerung an den Rand- und Eckstützen

Mindestens die Hälfte der Feldbewehrung ist zum Auflager zu führen und dort zu verankern.

In diesem Beispiel wird nur die Bewehrungsführung für die erste Randstütze stellvertetend für alle Rand- und Eckstützen behandelt.

DIN 1045-1, 13.3.2: (1)
Zugkraftdeckung Platten

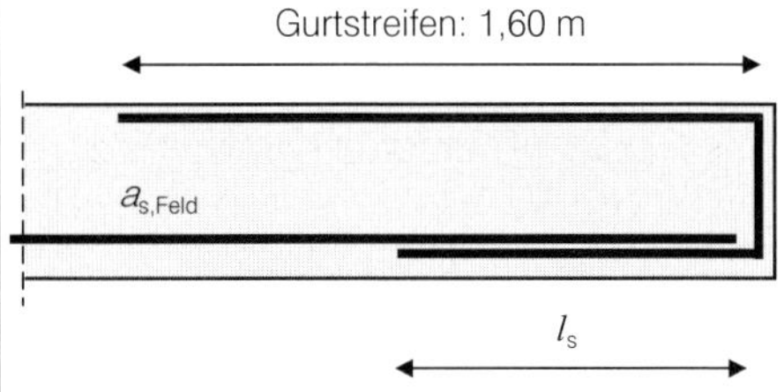

Freie Ränder zwischen den Stützen
Die gesamte Feldbewehrung wird zum Endauflager geführt, das durch die äußeren Gurtstreifen gebildet wird.

Randeinfassung mit Steckbügeln Ø 10 / 100 mm an den freien Rändern der Deckenplatte:

Die Steckbügel übergreifen auf der unteren Seite die Feldbewehrung, auf der oberen Seite soll aus konstruktiven Gründen der zum Deckenrand parallel laufende äußere Gurtstreifen mit
$l = (0{,}2 l_2 + 0{,}5 d_s) = 0{,}2 \cdot 6{,}75 + 0{,}5 \cdot 0{,}45 = 1{,}60$ m
umfasst werden.

Gurtstreifen siehe 3.1
hier insbesondere zur Sicherung der Aufnahme von Drillmomenten entlang des Deckenrandes

Übergreifungslänge der Feldbewehrung:

Kriterium	Betonstabstahl Ø 10 / 100 mm
$l_{s,min} = 0{,}3 \cdot \alpha_a \cdot \alpha_1 \cdot l_b$ $\geq 15 d_s$ ≥ 200 mm	gerade Stabenden: $\alpha_a = 1{,}0$ $\alpha_1 = 1{,}0$ $l_{s,min} = 0{,}3 \cdot 1{,}0 \cdot 1{,}0 \cdot 320 = 96$ mm $< 15 \cdot 10 = 150$ mm $<$ **200 mm**
$l_{b,net} = \alpha_a \cdot l_b \cdot (a_{s,erf} / a_{s,vorh})$ $\geq l_{b,min} = 0{,}3 \cdot \alpha_a \cdot l_b$ $\geq 10 d_s$	$l_{b,net} = 1{,}0 \cdot 320 \cdot (1{,}0) =$ **320 mm** $> 0{,}3 \cdot 1{,}0 \cdot 320 = 96$ mm $> 10 \cdot 10 = 100$ mm
$l_s = l_{b,net} \cdot \alpha_1$ $\geq l_{s,min}$	$l_s = 320 \cdot 1{,}0 =$ **320 mm** > 200 mm $= l_{s,min}$

DIN 1045-1, 12.8.2: (1) und Tab. 26: $\alpha_a = 1{,}0$

DIN 1045-1, Tab. 27:
α_1 für gestoßene Stäbe > 33 % in der Zugzone und $d_s < 16$ mm, Bild 57: $s = 10 d_s$,
daher [b]): $\alpha_1 = 1{,}0$ hier zulässig.

l_b siehe 6.1

DIN 1045-1, 12.6.2: (3) Gl. (141)
Auf der sicheren Seite wird $a_{s,erf} / a_{s,vorh} = 1{,}0$ angesetzt, die Mindestmomente nach 4.3.1.3 sind damit berücksichtigt.

DIN 1045-1, 12.8.2: (1) Gl. (144), lichter Stababstand der gestoßenen Stäbe $\leq 4 d_s$

Gewählte Übergreifungslänge l_s = **350 mm** > erf l_s

Untere Feldbewehrung im Bereich der Randstützen

Wegen der elastischen Deckeneinspannung an den Randauflagern der Eck- und Randstützen (Zugspannungen an der Deckenoberseite) ist die Verankerung der Feldbewehrung mindestens in Analogie zu Zwischenauflagern durchlaufender Bauteile vorzunehmen.

$$\min l_{b,dir} = 6 d_s = 6 \cdot 10 = 60 \text{ mm}$$

DIN 1045-1, 13.2.2: (9) An Zwischenauflagern von durchlaufenden Bauteilen ist die erforderliche Bewehrung mindestens um das Maß $6 d_s$ bis hinter den Auflagerrand zu führen.

Zur Vermeidung eines fortschreitenden Versagens von punktförmig gestützten Platten ist stets ein Teil der Feldbewehrung über die Stützstreifen im Bereich von Innen- und Randstützen hinwegzuführen bzw. dort zu verankern.

DIN 1045-1, 13.3.2: (12) ... Die hierzu erforderliche Bewehrung muss mindestens die Querschnittsfläche nach Gl. (153) aufweisen und ist im Bereich der Lasteinleitungsfläche anzuordnen.

Durchführen bzw. verankern der Feldbewehrung im Bereich der Lasteinleitungsfläche:

Erste Randstütze (mit max V_{Ed}):

$\min A_s = V_{Ed} / f_{yk}$

$V_{Ed;1,0} = 319 \cdot (7{,}25 + 3{,}25) / 14{,}67 = 228$ kN

$\min A_s = 0{,}228 \cdot 10^4 / 500 =$ **4,56 cm²**

DIN 1045-1 [1.1], 13.3.2: Gl. (153)
V_{Ed} – Bemessungswert der in die Platte eingeleiteten Querkraft mit $\gamma_F = 1{,}0$
siehe 4.3.1.1, Umrechnung auf $\gamma_F = 1{,}0$
mit Lastfaktor für e_d entsprechend 2.2
Alternativ:
$V_{Ek} = 21{,}72$ m² $\cdot$ (7,25 + 3,25) kN/m² = 228 kN

Vorhanden sind mindestens 4 Stäbe Ø 10 je Richtung in der Lasteinleitungsfläche
(aus der Feldbewehrung Ø 10 / 100 mm auf 450 mm Stützenbreite)
= im Auflager 12 · 0,79 = **9,48 cm²** > min A_s
durchlaufend bzw. verankert!

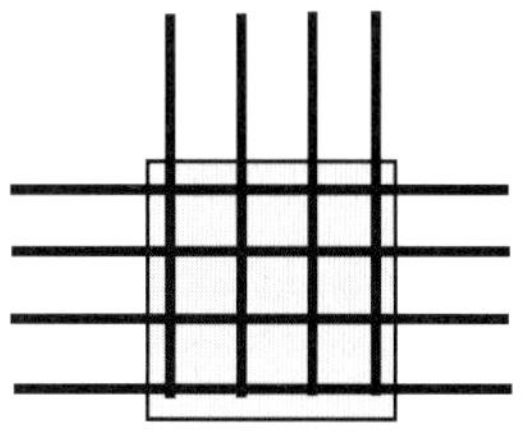

Obere Stützbewehrung im Bereich der Randstützen

Berücksichtigung der Stützeneinspannung durch Bemessung für 173,2 kNm/m mit $a_{s,S} = 31{,}42$ cm²/m.

siehe 4.2

Verankerung dieser Stützbewehrung in der Stütze bzw. am freien Rand im Gurtstreifen mit Übergreifungslängen:

siehe 3.1: Die Aufnahme der Momente in den Rand- und Eckstützen von Flachdecken ([22] DAfStb-Heft 240: Abschnitt 3.5) ist bei der Stützenbemessung gesondert nachzuweisen (nicht in diesem Beispiel)!

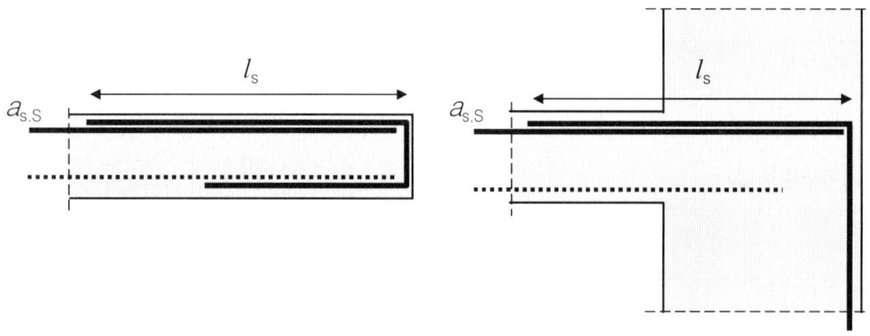

Übergreifungslänge an der Randstütze oben:

Kriterium	Betonstahl Ø 20 / 100 mm = 31,42 cm²/m
$l_{s,min} = 0{,}3 \cdot \alpha_a \cdot \alpha_1 \cdot l_b$ $\geq 15 d_s$ ≥ 200 mm	gerade Stabenden: $\alpha_a = 1{,}0$ $\alpha_1 = 2{,}0$ $l_{s,min} = 0{,}3 \cdot 2{,}0 \cdot 640 =$ **384 mm** $> 15 \cdot 20 = 300$ mm > 200 mm
$l_{b,net} = \alpha_a \cdot l_b \cdot (a_{s,erf} / a_{s,vorh})$ $\geq l_{b,min} = 0{,}3 \cdot \alpha_a \cdot l_b$ $\geq 10 d_s$	$l_{b,net} = 1{,}0 \cdot 640 \cdot (26{,}41 / 31{,}42) =$ **538 mm** $> 0{,}3 \cdot 1{,}0 \cdot 640 = 192$ mm $> 10 \cdot 20 = 200$ mm
$l_s = l_{b,net} \cdot \alpha_1 \geq l_{s,min}$	$l_s = 538 \cdot 2{,}0 =$ **1080 mm** > 384 mm $= l_{s,min}$

DIN 1045-1, 12.8.2: (1) $\alpha_a = 1{,}0$
DIN 1045-1, Tab. 27:
α_1 für gestoßene Stäbe > 33 % in der Zugzone und $d_s \geq 16$ mm, Bild 57: aber $s < 10 d_s$, daher [b]): $\alpha_1 = 1{,}4$ hier nicht zulässig.

l_b siehe 6.1

DIN 1045-1, 12.6.2: (3) Gl. (141)
erf $a_{s,F} = 26{,}41$ cm²/m für A/2 und A/3 siehe 4.2

DIN 1045-1, 12.8.2: (1) Gl. (144), lichter Stababstand der gestoßenen Stäbe $\leq 4 d_s$

Gewählte Übergreifungslänge $l_s \geq$ **1,10 m** > erf l_s

6.3 Verankerung an den Innenstützen

Untere Feldbewehrung im Bereich der Innenstützen

Mindestens die Hälfte der Feldbewehrung ist zum Auflager zu führen und dort zu verankern.

DIN 1045-1, 13.3.2: (1)
Zugkraftdeckung Platten

Im Beispiel: Führung der gesamten Feldbewehrung über die Stützen.
Im Bereich der jeweiligen Gurtstreifen Verankerung der gesamten Feldbewehrung bis zu den Rasterachsen.

siehe 4.3.2: Nachweis der Querkrafttragfähigkeit außerhalb des Durchstanzbereiches mit 100 % der Feldbewehrung als Grundbewehrung!

Mindestverankerungslänge an Zwischenauflagern durchlaufender Bauteile:

$$\min l_{b,dir} = 6 d_s = 6 \cdot 10 = 60 \text{ mm}$$

DIN 1045-1, 13.2.2: (9) An Zwischenauflagern von durchlaufenden Bauteilen ist die erforderliche Bewehrung mindestens um das Maß 6 d_s bis hinter den Auflagerrand zu führen.

Durchführen der Feldbewehrung im Bereich der Lasteinleitungsfläche:

	V_{Ed} (kN) s. 4.3.1.1	$V_{Ed;1,0}$ (kN) ($\gamma_F = 1{,}0$) $= V_{Ed} \cdot 10{,}5 / 14{,}67$	min $A_s = V_{Ed;1,0} / f_{yk}$
innere Eckstütze	809	579	= **11,6 cm²**
1. Innenstütze	735	526	= **10,5 cm²**
Innenstütze	668	478	= **9,6 cm²**

Im Bereich der Lasteinleitungsfläche sind jeweils 5 Stäbe Ø 10 je Richtung anzuordnen.
(aus der Feldbewehrung Ø 10 / 100 mm auf 450 mm Stützenbreite)
= im Auflager 20 · 0,79 = **15,8 cm²** durchlaufend
> min A_s

DIN 1045-1, 13.3.2: (12) Zur Vermeidung eines fortschreitenden Versagens von punktförmig gestützten Platten ist stets ein Teil der Feldbewehrung über die Stützstreifen im Bereich von Innen- und Randstützen hinwegzuführen bzw. dort zu verankern. Die hierzu erforderliche Bewehrung muss mindestens die Querschnittsfläche nach Gl. (153) aufweisen und ist im Bereich der Lasteinleitungsfläche anzuordnen.
DIN 1045-1, 13.3.2: Gl. (153)
V_{Ed} – Bemessungswert der in die Platte eingeleiteten Querkraft mit $\gamma_F = 1{,}0$
siehe 4.3.1.1, Umrechnung auf $\gamma_F = 1{,}0$ mit Lastfaktor e_k / e_d entsprechend 2.2

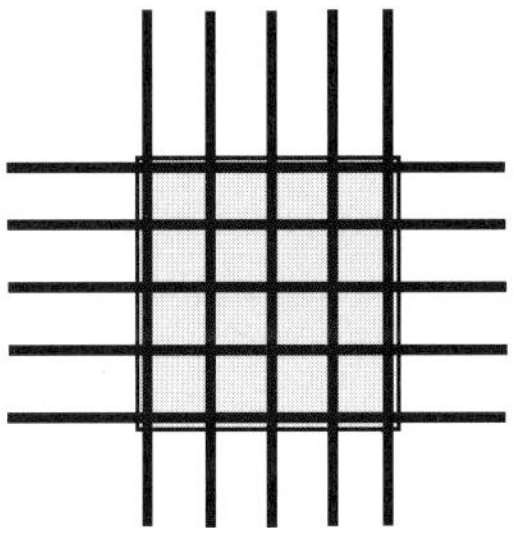

6.4 Verankerung außerhalb der Auflager

Die Stäbe der oberen gestaffelten Stützbewehrungen über den Stützen und Gurtstreifen sind vom Nullpunkt der jeweiligen Zugkraftlinie im Feld um das Maß $l_{b,net}$ zu verankern.

DIN 1045-1, 13.2.2: Zugkraftdeckung Bild 66

$l_{b,net} = \alpha_a \cdot l_b \cdot (a_{s,erf} / a_{s,vorh}) = 0$ (wegen $a_{s,erf} = 0$)

DIN 1045-1, 12.6.2: (3) Gl. (141)

$< l_{b,min} = 0{,}3 \cdot 1{,}0 \cdot 640 \approx$ **200 mm** maßgebend

l_b für ∅ 20 siehe 6.1

6.5 Mindestbewehrung zur Sicherstellung eines duktilen Bauteilverhaltens

Rissmoment:

DIN 1045-1, 13.1.1:
Mindestbewehrung und Höchstbewehrung
(1) Bemessung mit f_{ctm} und $\sigma_s = f_{yk}$

$m_{cr} = f_{ctm} \cdot h^2 / 6$
$= 3{,}2 \cdot 10^3 \cdot 0{,}24^2 / 6$
$=$ **30,7 kNm/m**

DIN 1045-1, 9.1.7:
Tab. 9: $f_{ctm} = 3{,}2$ N/mm² für C35/45

min $a_s = m_{cr} / (f_{yk} \cdot z)$
$= 0{,}0307 \cdot 10^4 / (500 \cdot 0{,}9 \cdot 0{,}18)$
$=$ **3,79 cm²/m**
$<$ vorh $a_{sl} = 7{,}85$ cm²/m Grundbewehrung in allen Feldern

$z = 0{,}9d$ angenommen.

siehe 4.2

7 Darstellung der Bewehrung

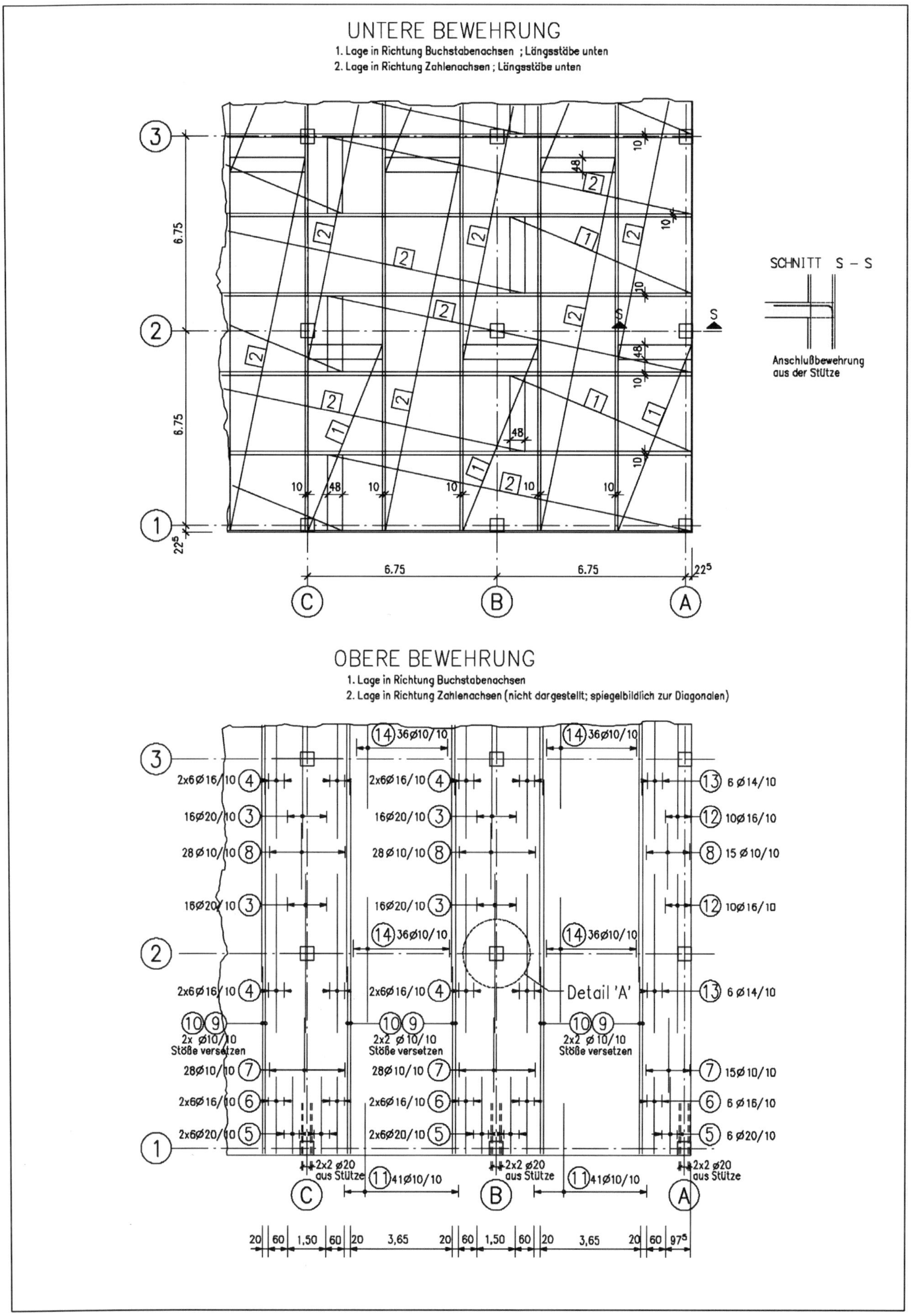

Stabliste nach **DIN EN ISO 3766**

Pos.	Stück	ø [mm]	Länge [mm] einzeln	Länge [mm] gesamt	Biegeform [mm]
3	64	20	5 100	326 400	5 100
4	48	16	5 100	244 800	5 100
5	30	20	3 200	96 000	2 500 / 180 / 520
6	30	16	3 200	96 000	2 500 / 180 / 520
7	71	10	3 000	213 000	3 000
8	71	10	2 600	184 600	2 600
9	5	10	6 000	30 000	6 000
10	15	10	12 000	180 000	12 000
11	82	10	2 200	180 400	1 600 / 180 / 420
12	20	16	5 100	102 000	5 100
13	12	14	5 100	61 200	5 100
14	144	10	4 000	576 000	4 000
15	132	8	830	109 560	170 / 180 / 180 / 140 / 140

Unterstützungskörbe für die obere Bewehrung:
Korblänge 2,00m ; Korbabstand ca. 70cm
In den Stützenstreifen : SBA 14 (100 Stück)
In den Feldstreifen : SBA 16 (40 Stück)

Listenmatte Pos. 1

100 x 10 | 6000 | 500 | 500
1000 x 10 | 245 | 25 | 25
101,6 Kg/Stück
25 ø 10

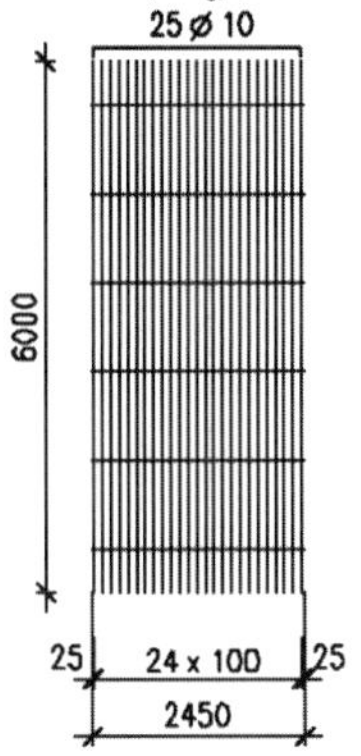

Listenmatte Pos. 2

100 x 10 | 12000 | 500 | 500
1000 x 10 | 245 | 25 | 25
203,2 Kg/Stück
25 ø 10

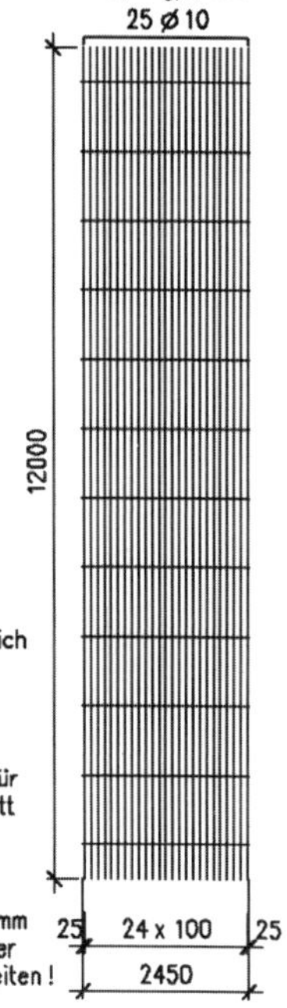

Hinweis zu Listenmatten:
bis 100 Kg Handverlegung möglich
> 100 Kg Verlegen mit Kran-Unterstützung

Hinweis zum Stabstahl:
Stahlauszug exemplarisch nur für den dargestellten Planausschnitt

Hinweis:
Der Regelstababstand soll 100 mm (besser 150mm) aus Gründen der Ausführbarkeit nicht unterschreiten !

Einbau der Durchstanzbewehrung

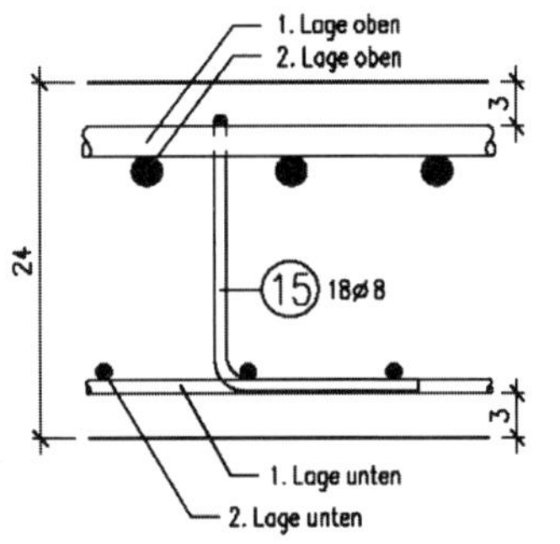

Detail 'A'

Durchstanzbewehrung ebenso bei den Rand- und Eckstützen (15) 18 Bügel ø8

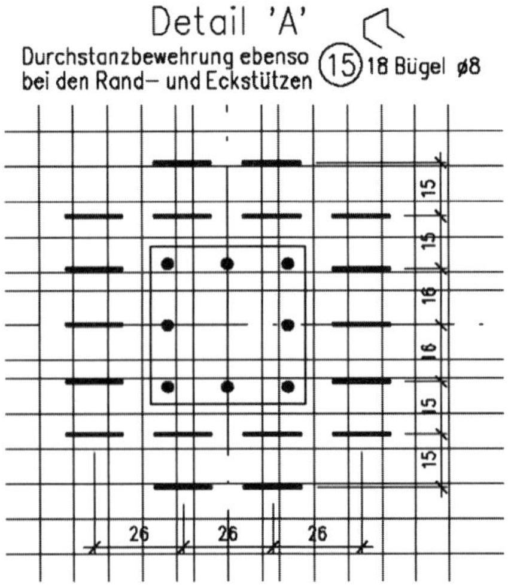

$d_{br}1$ und $d_{br}2$ für BSt500S

		$d_{br}1$	$d_{br}2$
	d_s<20 mm	$4d_s$	–
	d_s=20 mm	$7d_s$	–
Mindestwerte der Betondeckung rechtwinklig zur Biegeebene	>10cm u.>7d_s	–	$10d_s$
	>5cm u.>3d_s	–	$15d_s$
	<5cm u.<3d_s	–	$20d_s$

BIEGEANWEISUNG nach DIN 1045-1:2001-07 Tabelle 23 und 26

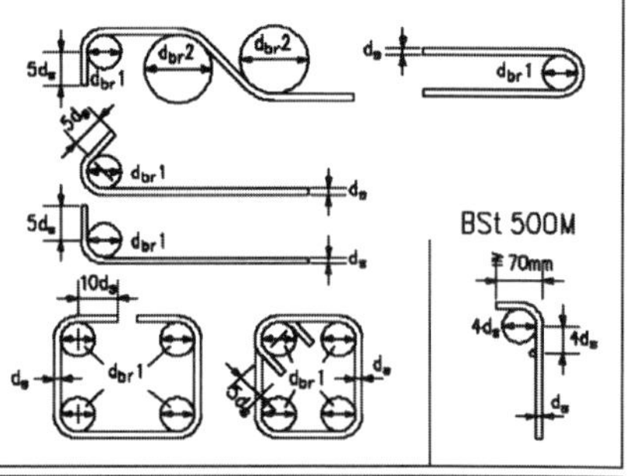

BAUSTOFFANGABEN

Beton : C 35/45 XC 1 WO
Betonstahl : BSt500S(A), BSt500M(A)
Spannstahl : —
Betondeckung: ø20mm c_v=...30...mm
≤ø10mm c_v=...20...mm
Vorhaltemaß : Δc=...10...mm

Neubau Bürogebäude

BAUHERR:

PROJEKTENTWICKLUNG / PROJEKTSTEUERUNG:

ARCHITEKT:

FACHPLANER:

GENERALUNTERNEHMER:

PLANINHALT:

PUNKTFÖRMIG GESTÜTZTE PLATTE
BEWEHRUNG

PLANGRUPPE/TYP	BAUABSCHNITT	PLANNUMMER	INDEX

MAßSTAB:

PLANERSTELLER	DATUM	GEPRÜFT	DATUM	GESEHEN

Beispiel 5: Einfeldbalken – Fertigteil

Inhalt

Beispiel 5: Einfeldbalken – Fertigteil

Aufgabenstellung

Zu bemessen ist ein Fertigteil-Randbinder, der werkmäßig hergestellt wird. Der Binder ist Teil der Dachkonstruktion einer offenen Lagerhalle. Einfeldträger, auf gabelförmigen Stützenköpfen frei drehbar aufgelagert.

DIN 1045-1, 3.1.1: üblicher Hochbau

Vorwiegend ruhende Einwirkungen.

DIN 1045-1, 3.1.2: vorwiegend ruhende Einwirkung

Baustoffe:

- Beton C35/45
- Betonstahl BSt 500 S (A) (normalduktil)

DIN 1045-1, 9.1: Beton
DIN 1045-1, 9.2: Betonstahl
(in DIN 488 mit B500A bezeichnet)

1 System, Bauteilmaße, Betondeckung

1.1 System

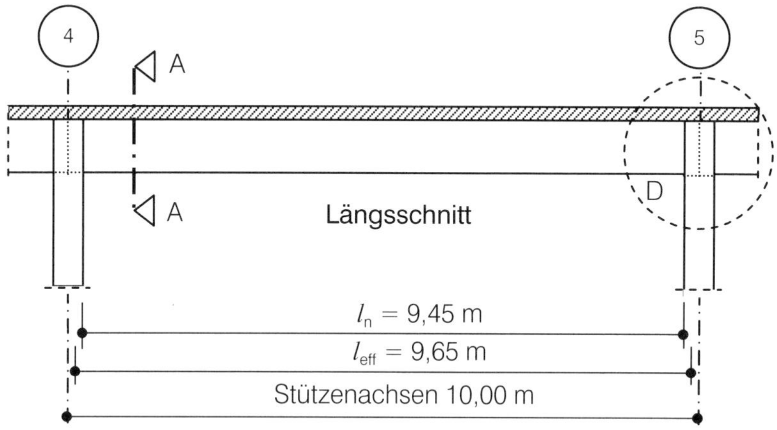

Darstellung unmaßstäblich!
Die aufliegende Konstruktion aus Dachplatten und Dachaufbau mit Dichtung wird hier nur schematisch dargestellt (schraffiert).

DIN 1045-1, 7.3.1: (6) und Bild 7
a_i *ideelle Auflagerlinie*
l_n *lichter Abstand zwischen den Auflagervorderkanten*
l_{eff} *effektive Stützweite*
Gl. (10): $l_{eff} = l_n + 2\,a_i$

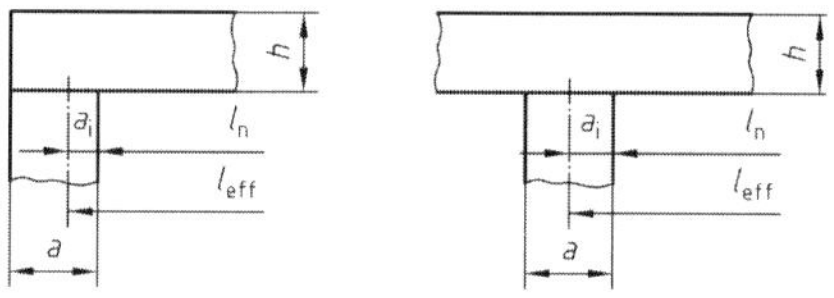

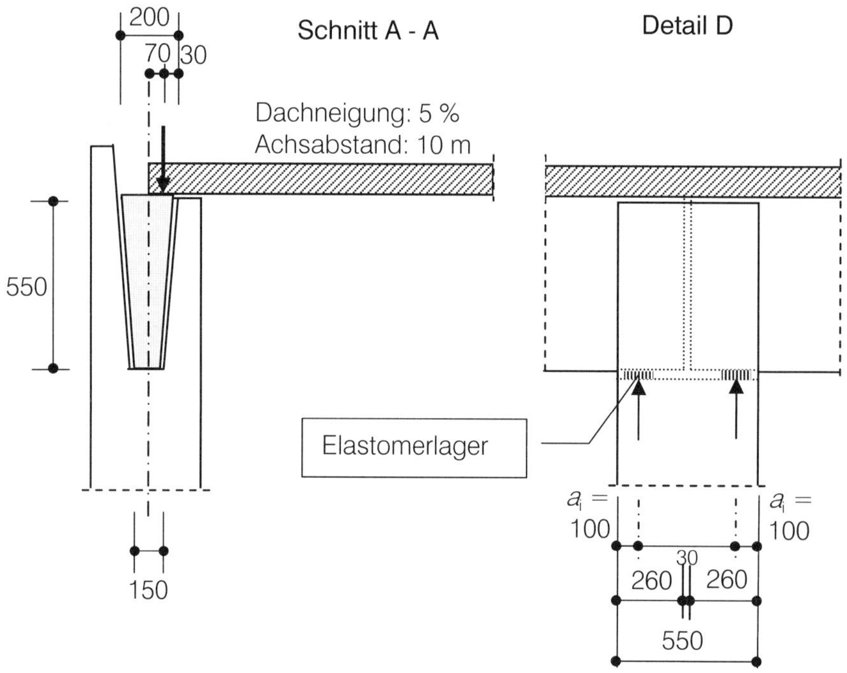

Achsenraster für Stützen und Dachbinder: 10 x 10 m

Die Auflagerlinie wird hier konstruktiv durch das Elastomerlager bestimmt, sonst gilt DIN 1045-1, 7.3.1: (6) und Bild 7

Bei Elastomerlagern kann die Lage der resultierenden Auflagerkraft in der Lagermittelachse angenommen werden.

Die Lastausmitte *e* der aufliegenden Dachplatten entspricht der Idealisierung nach DIN 1045-1, 7.3.1: (6) und Bild 7 für die rechnerische Auflagerlinie.

1.2 Mindestfestigkeitsklasse, Betondeckung

Expositionsklasse für Bewehrungskorrosion
infolge Karbonatisierung: → XC3
Mindestfestigkeitsklasse Beton → C20/25

Expositionsklasse für Betonangriff
infolge Frost-Tauwechsel-Angriff: → XF1
Mindestfestigkeitsklasse Beton → C25/30
Feuchtigkeitsklasse AKR: → WO

Gewählt: C35/45 XC3, XF1, WO 16 mm

Betondeckung
wegen Expositionsklasse XC3:

→ Mindestbetondeckung c_{min} = 20 – 5 = 15 mm
+ Vorhaltemaß Δc = 15 – 5 = 10 mm
→ Nennmaß der Betondeckung c_{nom} = 25 mm

Voraussetzung für die Abminderung des Vorhaltemaßes Δc um 5 mm: Einhaltung der Vorgaben der DBV-Merkblätter „Betondeckung und Bewehrung" [32] und „Abstandhalter" [33] im Fertigteilwerk unter kontrollierten, qualitätssichernden Bedingungen sowie entsprechende, einbaubare Durchbildung der Bewehrung. Dies ist auf der Bewehrungszeichnung anzugeben.

Zur Sicherstellung des Verbundes: c_{min} ≥ Stabdurchmesser ≥ 15 mm

Längsbewehrung ∅ 25: c_{min} = 25 mm Δc = 10 mm c_{nom} = 35 mm
Längsbewehrung ∅ 10: c_{min} = 15 mm Δc = 10 mm c_{nom} = 25 mm
Bügel ∅ 8: c_{min} = 15 mm Δc = 10 mm c_{nom} = 25 mm

Daraus ergeben sich als Verlegemaße:
Längsbewehrung ∅ 25: c_{min} = 25 mm Δc = 10 mm $c_{v,l}$ **= 35 mm**
Bügel ∅ 8: $c_{Bü}$ = 35 – 8 = 27 mm $c_{v,Bü}$ **≈ 25 mm**

DIN 1045-1, 6: Sicherstellung der Dauerhaftigkeit

DIN 1045-1, Tab. 3: Expositionsklassen
XC3 mäßige Feuchte, häufiger oder ständiger Zugang von Außenluft (offene Halle)

DIN 1045-1, Tab. 3: Expositionsklassen
XF1 mäßige Wassersättigung ohne Taumittel (Außenbauteile)
WO – ohne Betonkorrosion infolge Alkali-Kieselsäurereaktion (Außenbauteil ohne direkte Beregnung, Luftfeuchte < 80 %)

Die Expositionsklassen unterschiedlicher Kategorien (hier Karbonatisierung XC, Frost XF und AKR W) sind anzugeben. Wenn durch die Wahl der Stababstände das Größtkorn der Gesteinskörnung nach DIN 1045-1, 12.2.(2) beschränkt wird, muss dies vom Planer angegeben werden, hier: max d_g = 16 mm wegen min s = 25 mm bei zwei Bewehrungslagen, siehe 4.2.2.

DIN 1045-1, Tab. 4: Mindestbetondeckung c_{min} und Vorhaltemaß Δc in Abhängigkeit von der Expositionsklasse
Die Abminderung von c_{min} um 5 mm gemäß [a]) ist zulässig, da die gewählte Betonfestigkeitsklasse C35/45 mehr als zwei Festigkeitsklassen höher ist als min C20/25 für die Expositionsklasse XC3.

DIN 1045-1, 6.3: (9) *Die Werte für das Vorhaltemaß Δc nach Tabelle 4 dürfen um* 5 mm *abgemindert werden, wenn dies durch eine entsprechende Qualitätskontrolle bei Planung, Entwurf, Herstellung und Bauausführung gerechtfertigt werden kann. Genauere Angaben hierzu enthalten die DBV-Merkblätter „Betondeckung und Bewehrung" und „Abstandhalter".*

DIN 1045-1, 6.3: (4) Sicherstellung Verbund

DIN 1045-1, 6.3: (11) Verlegemaß unter Beachtung der nur in 5 mm-Stufen lieferbaren Abstandhalter.
siehe auch in diesem Beispiel 6.6: Besondere Maßnahmen beim Verlegen der Bewehrung

(Hinweis: Betondeckung für Feuerwiderstand gemäß DIN 4102 zusätzlich beachten!)

1.3 Bestimmung der Balkendicke aus der Begrenzung der Verformungen

Der Nachweis der Begrenzung der Durchbiegung darf vereinfacht durch eine Begrenzung der Biegeschlankheit l_i / d geführt werden.

DIN 1045-1, 11.3.2: (1)

In der DIN 1045-1 werden für Deckenplatten des üblichen Hochbaus Vorgaben zur Begrenzung der Biegeschlankheit gemacht, bei denen nur die Lagerungsbedingungen eingehen.

DIN 1045-1, 11.3.2: (2)

In der Praxis existieren darüber hinaus Verfahren, die auf den Grundlagen der DIN 1045-1, 11.3.1 basieren, jedoch weitere Parameter berücksichtigen.

Zum Beispiel wurde auf der Basis von Vergleichsberechnungen in [50] ein Biegeschlankheitsnachweis entwickelt, der zwischen Balken- und Plattentragwerken unterscheidet und Einflüsse der Belastung und des Bewehrungsgrades teilweise berücksichtigt.

[50] *Krüger/Mertzsch:* Beitrag zum Trag- und Verformungsverhalten bewehrter Betonquerschnitte im Grenzzustand der Gebrauchstauglichkeit.
Rostocker Berichte aus dem Fachbereich Bauingenieurwesen, Universität Rostock, Heft 3, 2001, siehe auch Anhang A8.

Dieser vereinfachte Nachweis soll hier zur Bestimmung der erforderlichen Balkenhöhe herangezogen werden.

erf $d = l_i / \lambda_d$

[50] Gl. (7.1)

mit $l_i = \alpha_i \cdot l_{eff}$

$\alpha_i = 1{,}0$ frei drehbar gelagerter Einfeldträger

[50] Tab. 7.2

$l_i = 1{,}0 \cdot 9{,}65 = 9{,}65$ m

Bei einer Biegebewehrung von $4 \varnothing 25 = 19{,}6$ cm² und $A_c = 963$ cm² ist $\rho = 19{,}6 / 963 = 0{,}02 = 2$ %

$\rho \leq 2{,}0$ % Bewehrungsgrad Balken

DIN 1045-1, 11.3.1: (8)

Für normale Anforderungen an den Durchhang des Dachbinders von 1 / 250 der Stützweite ergibt sich die Grenzschlankheit λ_d = **24,5**

[50] Tab. 7.3 interpoliert für $l_i = 9{,}65$ m

erf $d = 9650 / 24{,}5 = 394$ mm

$h \geq$ erf $d + 1{,}5 \cdot d_{s,l} + c_{v,l}$
$= 394 + 1{,}5 \cdot 25 + 35 = 467$ mm

Annahme: $d_{s,l} \leq 25$ mm, zweilagig
siehe 1.2: Verlegemaß $c_{v,l}$

gewählt: h = 550 mm > erf h = 467 mm

Der vereinfachte Nachweis der Begrenzung der Durchbiegung gilt damit als erbracht.

DIN 1045-1, 11.3.2: (1)
Darüber hinaus wird in diesem Beispiel in 5.3 eine zusätzliche Berechnung der Durchbiegung durchgeführt, um den prinzipiellen Rechengang zu zeigen.

2 Einwirkungen

2.1 Charakteristische Werte

Bezeichnung der Einwirkungen	Charakteristischer Wert (kN/m)
Ständig (Eigenlasten):	
- Stahlbetonträger:	
0,55 m · 0,5 · (0,20 m + 0,15 m) · 25 kN/m³	$g_{k,1} = 2{,}40$
- Dachkonstruktion:	
z. B. Stahlbeton-TT-Platten i. M. 80 mm dick + Ausgleich + Bitumenbahnendichtung = 2,40 kN/m²	
mit Achsabstand 10 m: 2,40 kN/m² · 10 / 2 m	$g_{k,2} = 12{,}00$
Summe:	$\boldsymbol{g_k}$ **= 14,40**
Veränderlich (Schneelast):	
- Schnee: $s_k = 0{,}935$ kN/m² (> Mindestwert Schneelastzone 2 = 0,85 kN/m²)	
Formbeiwert: $\mu_1 = 0{,}8$	
$s = \mu_1 \cdot s_k = 0{,}75$ kN/m²	
mit Achsabstand 10 m: 0,75 kN/m² · 10 / 2 m	$\boldsymbol{q_{k,1}}$ **= 3,75**

Index k = charakteristisch

DIN 1055-1, Tab. 1: Stahlbeton
DIN 1055-1, Tab. 20: Dachdichtungen

Die Belastung aus der Dachkonstruktion muss entsprechend den Eigenlasten der Fertigteile und des Dachaufbaus ermittelt werden. Im Rahmen dieses Beispiels wird zu Vergleichszwecken die Belastung aus [35] angenommen. Die Lasteinflussbreite (bis z. B. zur Dachattika) wird hier vereinfacht mit dem halben Achsmaß der Deckenplatten angesetzt.

DIN 1055-5: Schneelast und Eislast
charakteristischer Wert der Schneelast s_k auf dem Boden für Schneelastzone 2,
Annahme: Geländehöhe A = 315 m ü NN,
$s_k = 0{,}25 + 1{,}91\,[(A + 140) / 760]^2$

Bild 3) und Tab. 1:
Formbeiwert für Flachdach
mit $0° \leq \alpha \leq 30°$: $\mu_1 = 0{,}8$

Ggf. für örtliche Nachweise auf dem Dach beachten:
[12] DIN 1055-3, 6.2: Einzellasten für Dächer
Tab. 2, Kategorie H: nicht begehbare Dächer, außer für übliche Erhaltungsmaßnahmen, Reparaturen: Mannlast $Q_k = 1{,}0$ kN

2.2 Bemessungswerte in den Grenzzuständen der Tragfähigkeit

Teilsicherheitsbeiwerte in den Grenzzuständen der Tragfähigkeit:

Einwirkungen	Endzustand	Bauzustand Fertigteil
• ständige	$\gamma_G = 1{,}35$	$\gamma_G = 1{,}15$
• veränderliche	$\gamma_Q = 1{,}50$	$\gamma_Q = 1{,}15$

DIN 1045-1, Tab. 1: Teilsicherheitsbeiwerte für die Einwirkungen auf Tragwerke, ungünstig

Grundkombination:

$g_d = \gamma_G \cdot g_k = 1{,}35 \cdot 14{,}40 = 19{,}44$ kN/m

$q_{d,1} = \gamma_Q \cdot q_{k,1} = 1{,}50 \cdot 3{,}75 = 5{,}63$ kN/m

e_d = **25,07 kN/m**

DIN 1045-1, 5.3.3: (4) *Bei Fertigteilen dürfen für Bauzustände im Grenzzustand der Tragfähigkeit für Biegung und Längskraft die Teilsicherheitsbeiwerte für die ständigen und die veränderlichen Einwirkungen mit* $\gamma_G = 1{,}15$ *und* $\gamma_Q = 1{,}15$ *angesetzt werden. Einwirkungen aus Krantransport und Schalungshaftung sind dabei zu berücksichtigen.*
Annahme: Schalungshaftung vernachlässigbar.

Bauzustand – Transport des Fertigteilträgers:

$g_{d,1} = \gamma_G \cdot g_k = 1{,}15 \cdot 2{,}40 =$ **2,76 kN/m**

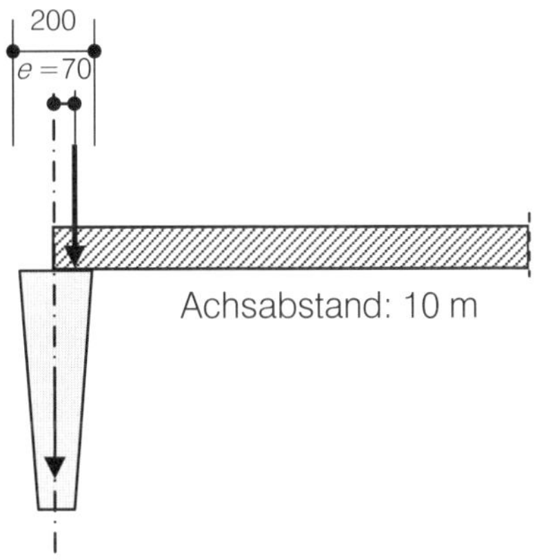

Torsionsbelastung = Torsionsmoment / Längeneinheit:

$$t_{Ed} = (\gamma_G \cdot g_{k,2} + \gamma_Q \cdot q_{k,1}) \cdot e$$
$$= (1{,}35 \cdot 12{,}00 + 1{,}50 \cdot 3{,}75) \cdot 0{,}07$$
$$= \mathbf{1{,}53\ kNm/m}$$

2.3 Repräsentative Werte in den Grenzzuständen der Gebrauchstauglichkeit

Kombinationsbeiwerte für veränderliche Einwirkungen in den Grenzzuständen der Gebrauchstauglichkeit:

DIN 1055-100, 10.4: Kombinationsregeln für Einwirkungen

Einwirkungskombination	Schneelast
• selten	$\psi_{0,s} = 0{,}50$
• häufig	$\psi_{1,s} = 0{,}20$
• quasi-ständig	$\psi_{2,s} = 0$

Grundlagen der Tragwerksplanung:
DIN 1055-100, Tab. A.2
Schnee- und Eislasten für
Orte bis zu NN +1000 m

a) seltene Einwirkungskombination

$e_{rare} = g_k + q_{k,1} = 14{,}40 + 3{,}75 =$ **18,2 kN/m**

b) häufige Einwirkungskombination

$e_{frequ} = g_k + \psi_{1,s} \cdot q_{k,1} = 14{,}40 + 0{,}2 \cdot 3{,}75 =$ **15,1 kN/m**

c) quasi-ständige Einwirkungskombination (für Grenzzustand Rissbildung)

$e_{perm} = g_k + \psi_{2,s} \cdot q_{k,i} = 14{,}40 + 0 =$ **14,4 kN/m**

Gezeigt werden exemplarisch alle drei Kombinationen, obwohl in diesem Beispiel nur die quasi-ständige Einwirkungskombination für die Begrenzung der Rissbreite und die Durchbiegungsberechnung benötigt wird.

3 Schnittgrößenermittlung

3.1 Grenzzustände der Tragfähigkeit

3.1.1 Bauzustand – Transport

Belastung: Eigenlast $g_{d,1}$ = 2,76 kN/m

Stützmoment: $M_{Ed,S}$ = – 2,76 · 2² / 2 = **– 5,52 kNm**

Feldmoment: $M_{Ed,F}$ = 2,76 · 6² / 8 – 5,52 = **+ 6,90 kNm**

Längsdruckkräfte treten rechnerisch nicht auf, da die Binder mit einer Traverse verlegt werden sollen.

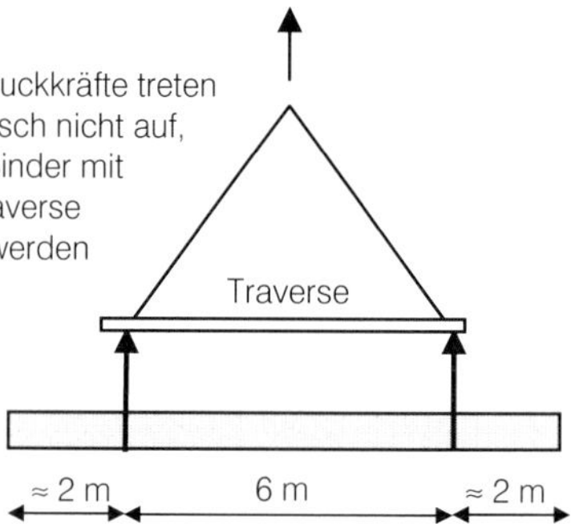

3.1.2 Endzustand

Biegebelastung: e_d = 25,07 kN/m

siehe 2.2

Maximales Biegemoment in Feldmitte:
$M_{Ed,F}$ = 25,07 · 9,65² / 8 = **+ 292 kNm**

Maximale Querkraft im Auflager:
V_{Ed} = 25,07 · 9,65 / 2 = **± 121 kN**

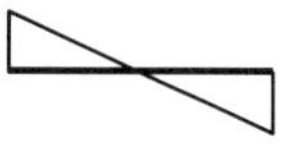

Torsionsbelastung =
Torsionsmoment / lfdm: t_{Ed} = 1,53 kNm/m

Torsionsbelastung konstant über die gesamte Trägerlänge mit der Lastausmitte e = 0,07 m

Maximales Torsionsmoment an den Auflagergabeln:
T_{Ed} = 1,53 · 9,65 / 2 = **± 7,38 kNm**

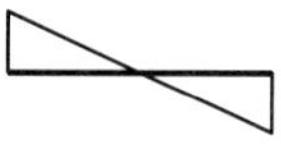

Verteilung Torsionsmoment entsprechend der Querkraftanalogie

3.2 Grenzzustände der Gebrauchstauglichkeit

Biegebelastung quasi-ständig: e_{perm} = 14,40 kN/m

siehe 2.3

Biegemoment:
M_{perm} = 14,40 · 9,65² / 8 = **+ 168 kNm**

In diesem Beispiel wird nur die quasi-ständige Einwirkungskombination für die Begrenzung der Rissbreite und die Durchbiegungsberechnung benötigt.

4 Bemessung in den Grenzzuständen der Tragfähigkeit

4.1 Bemessungswerte der Baustoffe

DIN 1045-1, 5.3.3: Tab. 2:

Teilsicherheitsbeiwerte in den Grenzzuständen der Tragfähigkeit:

Teilsicherheitsbeiwerte für die Bestimmung des Tragwiderstands: ständige und vorübergehende Bemessungssituation (Normalfall)

- Beton < C55/67 γ_c = 1,50
- Betonstahl γ_s = 1,15

DIN 1045-1, 5.3.3: (7) *Bei Fertigteilen mit einer werksmäßigen und ständig überwachten Herstellung darf der Teilsicherheitsbeiwert für den Beton auf* γ_c = 1,35 *verringert werden, wenn durch eine Überprüfung der Betonfestigkeit am fertigen Bauteil sichergestellt wird, dass Fertigteile mit zu geringer Betonfestigkeit ausgesondert werden. Die in diesem Fall notwendigen Maßnahmen sind durch die zuständigen Überwachungsstellen festzulegen.* Hiervon wird in diesem Beispiel nicht Gebrauch gemacht, daher wird γ_c = 1,50 angesetzt.

Bauzustand:
Annahme: Beim Ersttransport (Herausheben aus der Schalung und Transport im Fertigteilwerk) hat der Beton aufgrund seiner Rezeptur die Frühfestigkeit eines C16/20 erreicht.

Beton C16/20: f_{ck} = 16 N/mm²
f_{cd} = 1,0 · 16 / 1,50 = **10,7 N/mm²**

Endzustand:

Beton C35/45: $f_{ck} = 35\ \text{N/mm}^2$
$f_{cd} = 0{,}85 \cdot 35 / 1{,}50 \quad = \mathbf{19{,}8\ N/mm^2}$

DIN 1045-1, Tab. 9: Festigkeits- und Formänderungskennwerte von Normalbeton

DIN 1045-1, 9.1.6: (2) Abminderung mit $\alpha = 0{,}85$ berücksichtigt Langzeitwirkung; $\alpha = 1{,}0$ bei Kurzzeitbelastung

Allgemein:

Betonstahl BSt 500 S (A): $f_{yk} = 500\ \text{N/mm}^2$
$f_{yd} = 500 / 1{,}15 \quad = \mathbf{435\ N/mm^2}$

DIN 1045-1, Tab. 11: Eigenschaften der Betonstähle

4.2 Bemessung für Biegung

4.2.1 Bauzustand

Maßgebend bei dem Transport mit Traversen:
Bemessung der oberen Biegebewehrung!

Die untere Biegebewehrung und die Querkraftbewehrung aus der Bemessung des Endzustandes (siehe 4.2.2) ist für den Beförderungszustand ausreichend!

Nutzhöhe:

$d = h - c_{v,Bü} - d_{s,Bü} - 0{,}5 \cdot d_{s,l}$
$= 550 - 25 - 8 - 0{,}5 \cdot 10$
$= 510\ \text{mm}$

c_v siehe 1.2
Annahme:
Bügel $\varnothing \leq 8$ mm
Stab $\varnothing \leq 10$ mm

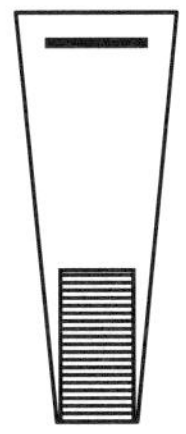

Bemessungsquerschnitt: $b / h / d = \mathbf{0{,}15 / 0{,}55 / 0{,}51\ m}$

Vereinfachte Annahme:
$b = \min b = 150$ mm
Druckzonenbreite

Bemessung mit dimensionslosen Beiwerten:

$\mu_{Eds} = |M_{Eds}| / (b \cdot d^2 \cdot f_{cd})$
$= 5{,}52 \cdot 10^{-3} / (0{,}15 \cdot 0{,}51^2 \cdot 10{,}7) \quad = 0{,}013$

Anhang A4:
Bemessungstabelle bis C50/60
Rechteckquerschnitt ohne Druckbewehrung
Biegung mit Längskraft

Anhang A4: Werte für $\mu_{Eds} = 0{,}013$ interpoliert:
$\omega = 0{,}013 \qquad \sigma_{sd} = 456{,}5\ \text{N/mm}^2$

Die in dieser Beispielsammlung genutzten Bemessungshilfsmittel basieren auf der ansteigenden Spannungs-Dehnungslinie des Betonstahls nach DIN 1045-1, 9.2.4: Bild 27 mit Kurve 2.

erf $A_s = \omega \cdot b \cdot d \cdot f_{cd} / \sigma_{sd}$
$= 0{,}013 \cdot 15 \cdot 51 \cdot 10{,}7 / 456{,}5 \quad = 0{,}23\ \text{cm}^2$

Bezogene Werte:
ω – mechanischer Bewehrungsgrad

Mindestbewehrung zur Sicherstellung eines duktilen Bauteilverhaltens:

Vermeidung des Versagens ohne Vorankündigung

Rissmoment:
$M_{cr} = f_{ctm} \cdot b \cdot h^2 / 6 = 3{,}2 \cdot 10^3 \cdot 0{,}20 \cdot 0{,}55^2 / 6 \quad = 32{,}3\ \text{kNm}$

min $A_s = M_{cr} / (f_{yk} \cdot z) = 0{,}0323 \cdot 10^4 / (500 \cdot 0{,}9 \cdot 0{,}51) \quad = \mathbf{1{,}41\ cm^2}$
$>$ erf A_s

DIN 1045-1, 13.1.1:
Mindestbewehrung und Höchstbewehrung
(1) Bemessung mit f_{ctm} und $\sigma_s = f_{yk}$
Hier: mit f_{ctm} für C35/45 = 3,2 N/mm², da der Transport auch mit Endfestigkeit erfolgen kann.
Rissmoment vereinfacht mit max $b = 200$ mm.
$z = 0{,}9d$ angenommen.
Diese Annahmen liegen auf der sicheren Seite.

Längsbewehrung oben:
Gewählt: Betonstahl BSt 500 S (A)
2 $\varnothing$ 10 = **1,57 cm²** $> 1{,}41\ \text{cm}^2 = \min A_s$

DIN 1045-1, 1: (7) Diese Norm enthält keine Angaben über den Nachweis der Tragfähigkeit von Transportankern. Hinweise hierzu enthalten die „Sicherheitsregeln für Transportanker und -systeme von Betonfertigteilen" des Hauptverbandes der gewerblichen Berufsgenossenschaften [39].
Auf die Überprüfung und Durchbildung der Lasteinleitungspunkte, ggf. mit zusätzlicher Bewehrung, ist zu achten.

4.2.2 Endzustand

Bemessung der unteren Biegebewehrung

Vereinfachte Annahme der Druckzone mit Rechteckquerschnitt:
erwartete Druckzonenhöhe: $x / d < 0{,}6$
Mittelwert der Breite: $b_m = (200 + 170) / 2 = 185$ mm

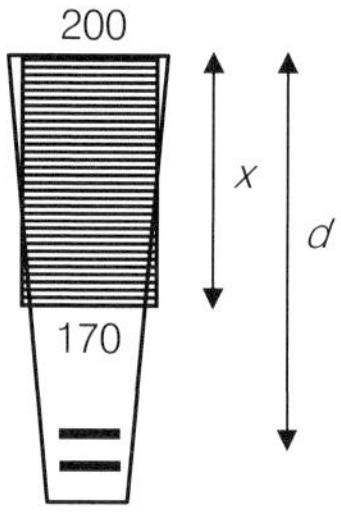

$b_m = 185$ mm
$c_{v,l}$ siehe 1.2

Zweilagige Bewehrung mit Stababstand 25 mm ≥ max d_s

Nutzhöhe bei zweilagiger Längsbewehrung:
$d = h - c_{v,l} - 1{,}5 \cdot d_{s,l} = 550 - 35 - 1{,}5 \cdot 25 = 480$ mm

Annahmen:
Stab ∅ ≤ 25 mm
DIN 1045-1, 12.2.(2): Größtkorn der Gesteinskörnung: max $d_g = 16$ mm

Bemessungsquerschnitt: $b / h / d =$ **0,185 / 0,55 / 0,48 m**

Bemessung mit dimensionslosen Beiwerten:

$\mu_{Eds} = 292 \cdot 10^{-3} / (0{,}185 \cdot 0{,}48^2 \cdot 19{,}8) = 0{,}345$

Anhang A4: Werte für $\mu_{Eds} = 0{,}345$ interpoliert:

ω	ξ	σ_{sd}
0,4484	0,554	435,4 N/mm²

Anhang A4:
Bemessungstabelle bis C50/60
Rechteckquerschnitt ohne Druckbewehrung
Biegung mit Längskraft
ω – mechanischer Bewehrungsgrad
ξ – Druckzonenhöhe x / d

$\xi < 0{,}6$ entspricht der vereinfachten Annahme für die mittlere Druckzonenbreite.

erf $A_s = \omega \cdot b \cdot d \cdot f_{cd} / \sigma_{sd}$
$= 0{,}4484 \cdot 18{,}5 \cdot 48 \cdot 19{,}8 / 435{,}4$ = **18,1 cm²**

> Mindestbewehrung min $A_s = 1{,}41$ cm²

siehe 4.2.1

Längsbewehrung unten:
Gewählt: Betonstahl BSt 500 S (A)
4 ∅ 25 = **19,6 cm²** > 18,1 cm² = erf A_s

Bei der Bewehrungsverteilung ist zu beachten:
DIN 1045-1, 13.2.2: (11) *Zur Erzielung einer ausreichenden Seitensteifigkeit sollte bei Fertigteilen, deren Verhältnis l_{eff} / b größer als 20 ist, ein Teil der Längsbewehrung konzentriert an den seitlichen Rändern der Zug- und Druckzone angeordnet werden.*

hier: $l_{eff} / b = 9{,}65 / 0{,}175 = 55 > 20$
Die obere und untere Bewehrung ist in den Querschnittsecken zu konzentrieren!

4.3 Bemessung für Querkraft und Torsion

DIN 1045-1, 10.3: Querkraft
DIN 1045-1, 10.4: Torsion

4.3.1 Übersicht

Die Bemessung für Querkraft und Torsion darf im Allgemeinen getrennt erfolgen (DIN 1045-1, 10.4.2 (2)).

Die erforderlichen Querkraft- und Torsionsbewehrungen werden addiert (Aufnahme der Zugkräfte des räumlichen Fachwerks durch Bügel und Torsionslängsbewehrung).

Der Nachweis der Betondruckstrebentragfähigkeit erfolgt über eine Interaktionsformel.

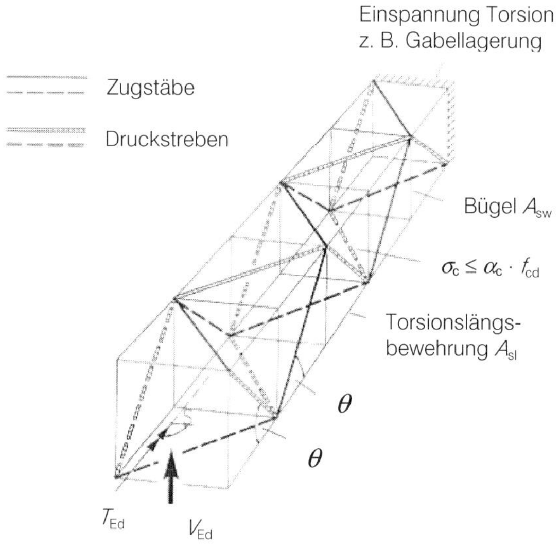

4.3.2 Bemessung für Querkraft

Querkraft am Auflager:

siehe 3.1.2

$$V_{Ed} = \pm 121 \text{ kN}$$

DIN 1045-1, 10.3.2: (1)
Bemessungswert der einwirkenden Querkraft

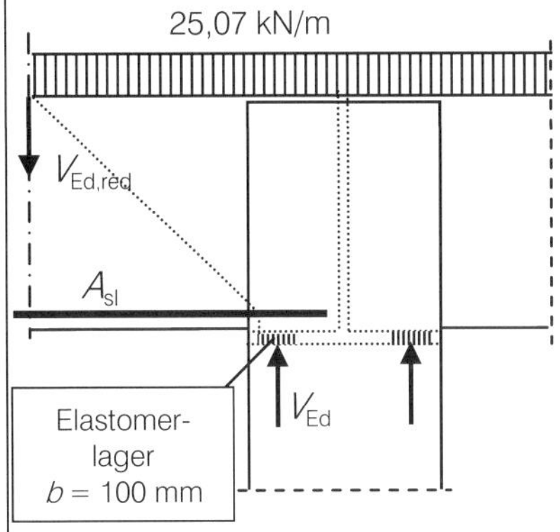

Der Ermittlung der Querkraftbewehrung darf bei gleichmäßig verteilter Belastung und direkter Auflagerung die Querkraft im Abstand d vom Auflagerrand zugrunde gelegt werden.

$$V_{Ed,red} = 121{,}0 - (0{,}5 \cdot 0{,}10 + 0{,}48) \cdot 25{,}07 = 108 \text{ kN}$$

a) Erforderliche Querkraftbewehrung

Verfahren mit veränderlicher Druckstrebenneigung

für Tragfähigkeit der senkrechten Querkraftbewehrung $V_{Rd,sy}$

DIN 1045-1, 10.3.1: Nachweisverfahren
(1) Begrenzung durch Tragfähigkeit der Querkraftbewehrung $V_{Rd,sy}$

$$V_{Rd,sy} = f_{yd} \cdot z \cdot \cot\theta \cdot A_{sw} / s_w$$

DIN 1045-1, 10.3.4: (4) Gl. (75)

Druckstrebenneigung:

$$\cot\theta \le \frac{1{,}2 - 1{,}4 \cdot \frac{\sigma_{cd}}{f_{cd}}}{1 - \frac{V_{Rd,c}}{V_{Ed}}} \quad \begin{cases} \ge 0{,}58 \\ \le 3{,}0 \text{ für Normalbeton} \end{cases}$$

DIN 1045-1, 10.3.4: Gl. (73)
flachstmögliche Druckstrebenneigung
10.3.4: (5) vereinfacht darf alternativ für Biegung $\cot\theta = 1{,}2$ ($\theta = 40°$) angenommen werden, auch Zwischenwerte dürfen für θ gewählt werden.

Hinweis: Wegen der Abstufung der Längsbewehrung auf 1 Lage könnte die Nutzhöhe bzw. der Hebelarm für die Querkraftnachweise am Balkenende vergrößert werden. Darauf wird hier auf der sicheren Seite liegend verzichtet.

Querkrafttraganteil des Betonquerschnitts:

$$V_{Rd,c} = c_j \cdot 0{,}48 \cdot \eta_1 \cdot f_{ck}^{1/3} (1 + 1{,}2\sigma_{cd} / f_{cd}) \cdot b_w \cdot z$$

mit innerem Hebelarm $z = d - 2c_{v,l} = 480 - 2 \cdot 33 = 414$ mm

DIN 1045-1, 10.3.4: Gl. (74)
(2) $z = 0{,}9d = 0{,}9 \cdot 480 = 432$ mm
$> d - 2c_{v,l} = 480 - 2 \cdot 33 = 414$ mm
→ mit Betondeckung der Längsbewehrung in der Druckzone = 25 + 8 = 33 mm)
$c_j = 0{,}5$
$\eta_1 = 1{,}0$ Normalbeton
$\sigma_{cd} = 0$ – Betonlängsspannung infolge N_{Ed}
DIN 1045-1, 10.3.4, Bild 33:
$b_w = \min b = 150$ mm

$$V_{Rd,c} = 0{,}24 \cdot 1{,}0 \cdot 35^{1/3} \cdot 0{,}15 \cdot 0{,}414 = 0{,}049 \text{ MN} = 49 \text{ kN}$$

$$\cot\theta = 1{,}2 / (1 - 49/108) = 2{,}2 \quad (\theta = 24{,}5°)$$

$$\text{erf } A_{sw} / s_w = V_{Ed} / (f_{yd} \cdot z \cdot \cot\theta) = 0{,}108 \cdot 10^4 / (435 \cdot 0{,}414 \cdot 2{,}2) = \mathbf{2{,}73 \text{ cm}^2/\text{m}}$$

DIN 1045-1, 10.3.4: Gl. (75) umgestellt

Die Wahl der Querkraftbewehrung erfolgt zusammen mit der Torsionsbewehrung!

b) Mindestquerkraftbewehrung (bei Balken immer erforderlich)

$$\min A_{sw} = \rho_w \cdot s_w \cdot b_w \cdot \sin\alpha$$

DIN 1045-1, 13.2.3: (4) Gl. (151)

$$\min \rho_w = 1{,}0\rho = 0{,}102 \text{ \%}$$

DIN 1045-1, 13.2.3: (5) allgemein
DIN 1045-1, 13.1: Tab. 29
$\rho = 0{,}102$ % für $f_{ck} = 35$ N/mm²

gewählt: Bügel 90° mit $\sin\alpha = 1{,}0$

$$\min A_{sw} / s_w = 0{,}102 \cdot 17{,}5 = \mathbf{1{,}79 \text{ cm}^2/\text{m}}$$

Stegbreite b_w als Mittelwert angenommen

Tragfähigkeit der erforderlichen Mindestquerkraftbewehrung $V_{Rd,min}$:

$V_{Rd,min} = f_{yd} \cdot z \cdot \cot\theta \cdot \min A_{sw} / s_w$

DIN 1045-1, 10.3.4: (4) Gl. (75)

und cot $\theta = 2{,}2$ (aus der Bemessung a)):

$V_{Rd,min} = 435 \cdot 0{,}414 \cdot 2{,}2 \cdot 1{,}79 \cdot 10^{-4} = 0{,}071$ MN = 71 kN

Im Bereich der Mindestquerkraftbewehrung (bei kleinen Querkräften) stellt sich ein flacher Druckstrebenwinkel θ ein. Wird der Winkel θ zunächst wie in der Bemessung mit höheren Querkräften angenommen, liegt man auf der sicheren Seite.

Bereiche mit min a_{sw} und erf a_{sw}:

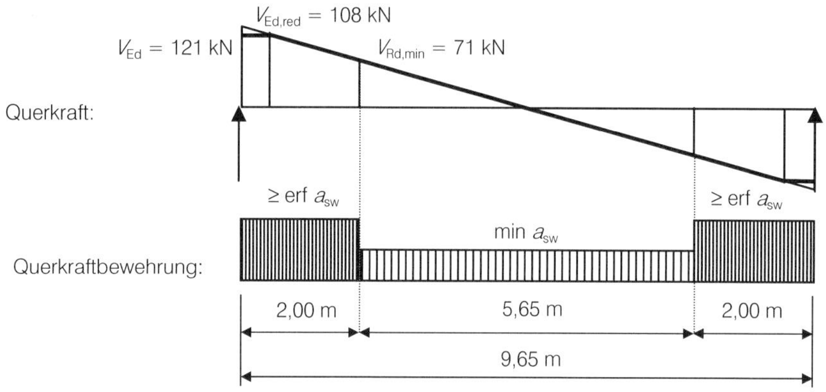

Auf eine weitere Abstufung der geringen erforderlichen Querkraftbewehrung wird in diesem Beispiel verzichtet, da die konstruktiven Bewehrungsregeln für die Torsionsbewehrung aus Bügeln maßgebend werden.

c) Bemessungswert der maximalen Querkrafttragfähigkeit $V_{Rd,max}$

DIN 1045-1, 10.3.1: Nachweisverfahren (1) Querkraftbewehrung erforderlich, Begrenzung durch Druckstrebenfestigkeit Beton $V_{Rd,max}$

gewählt: senkrechte Querkraftbewehrung

$V_{Rd,max} = b_w \cdot z \cdot \alpha_c \cdot f_{cd} / (\cot\theta + \tan\theta)$

DIN 1045-1, 10.3.4: (6) Gl. (76)

$\cot\theta = 2{,}2$

siehe a) für Querkraftbewehrung
DIN 1045-1, 10.3.4: (2) $z = 414$ mm

$\alpha_c = 0{,}75$ Abminderungsbeiwert Druckstrebenfestigkeit

$\eta_1 = 1{,}0$ Normalbeton

$V_{Rd,max} = 0{,}15 \cdot 0{,}414 \cdot 0{,}75 \cdot 19{,}8 / (2{,}2 + 1/2{,}2)$
$= \mathbf{0{,}347}$ **MN**
$> V_{Ed} = 0{,}121$ MN

DIN 1045-1, 10.3.4, Bild 33:
$b_w = \min b = 150$ mm

DIN 1045-1, 10.3.2: (3) Beim Nachweis von $V_{Rd,max}$ dürfen die Abminderungen des Bemessungswertes nach (1) und (2) nicht vorgenommen werden.

Verhältnis zum Bemessungswert der Querkraft:

$V_{Ed,red} = 0{,}108$ MN = $\mathbf{0{,}31\, V_{Rd,max}} > 0{,}3\, V_{Rd,max}$

→ Tab. 31, Z. 2: Bügelabstand längs $s_{max} = 300$ mm bzw. $0{,}5h =$ **275 mm**

Bemessungswert der Querkraft abgemindert gemäß DIN 1045-1, 10.3.2
relevant für Längs- und Querabstand der Querkraftbewehrung gemäß DIN 1045-1,13.2.3: Tab. 31

Da der Grenzwert für Zeile 1 in Tab. 31 mit $0{,}31\, V_{Rd,max}$ nur knapp überschritten wird, kann hier die Näherung nach Fußnote a) verwendet werden, wonach $V_{Rd,max}$ mit $\theta = 40°$ ($\cot\theta = 1{,}2$) für die Einordnung in Tabelle 31 ermittelt werden darf:

$V_{Rd,max} = 0{,}15 \cdot 0{,}414 \cdot 0{,}75 \cdot 19{,}8 / (1{,}2 + 1/1{,}2) = 0{,}453$ MN

$V_{Ed,red} = 0{,}108$ MN = $\mathbf{0{,}24\, V_{Rd,max}} < 0{,}3\, V_{Rd,max}$

→ Tab. 31, Z. 1: Bügelabstand längs $s_{max} =$ **300 mm** bzw. $0{,}7h = 385$ mm

4.3.3 Bemessung für Torsion

a) Notwendigkeit von Querkraft- und Torsionsbewehrung

DIN 1045-1, 10.4.1: (6) Für einen näherungsweise rechteckigen Vollquerschnitt ist außer der Mindestbewehrung nach 13.2.3 (5) keine Querkraft- und Torsionsbewehrung erforderlich, wenn folgende Bedingungen eingehalten sind:

$$T_{Ed} \leq \frac{V_{Ed} \cdot b_w}{4{,}5}$$

DIN 1045-1, 10.4.1: Gl. (87)

$T_{Ed} = 7{,}38 \text{ kNm} > 121 \cdot 0{,}15 / 4{,}5 = 4{,}03 \text{ kNm}$

T_{Ed} und V_{Ed} siehe 3.1.2 am Auflager

die Bedingung Gleichung (87) ist nicht erfüllt!

$$V_{Ed} \cdot \left[1 + \frac{4{,}5 \cdot T_{Ed}}{V_{Ed} \cdot b_w}\right] \leq V_{Rd,ct}$$

und DIN 1045-1, 10.4.1: Gl. (88)

$V_{Rd,ct} = [0{,}15 / \gamma_c) \cdot \kappa \cdot \eta_1 \, (100\rho_l \cdot f_{ck})^{1/3} - 0{,}12\sigma_{cd}] \cdot b_w \cdot d$

DIN 1045-1, 10.3.3: (1) Gl. (70)
Normalbeton: $\eta_1 = 1$

$\kappa = 1 + (200 / d)^{1/2} = 1 + (200 / 480)^{1/2} = 1{,}65 < 2{,}0$

DIN 1045-1, 10.3.3: (1) Gl. (71)

$\rho_l = A_{sl} / (b_w \cdot d) \leq 0{,}02$
$= 9{,}8 / (15 \cdot 48) = 0{,}0136$ 50 % der Längsbewehrung

DIN 1045-1, Bild 32: A_{sl} = Fläche der verankerten Zugbewehrung
Hier: 50 % von 19,6 cm² = 9,8 cm² sollen im Auflager verankert werden, siehe 4.2.2 + 6.2
C35/45: f_{ck} = 35 N/mm², $\sigma_{cd} = N_{Ed} / A_c = 0$
$b_w = \min b = 150$ mm

$V_{Rd,ct} = 0{,}10 \cdot 1{,}65 \cdot 1{,}0 \, (100 \cdot 0{,}0136 \cdot 35)^{1/3} \cdot 0{,}15 \cdot 0{,}48 = \mathbf{0{,}043 \text{ MN}}$

$121 \cdot [1 + 4{,}5 \cdot 7{,}38 / (121 \cdot 0{,}15)] = 342 \text{ kN} > 43 \text{ kN} = V_{Rd,ct}$

die Bedingung Gleichung (88) ist nicht erfüllt!

→ Querkraft- und Torsionsbewehrung sind nachzuweisen!

erforderliche Querkraftbewehrung siehe 4.3.2

b) erforderliche Torsionsbewehrung

DIN 1045-1, 10.4.1: (3)... Vollquerschnitte können ... durch gleichwertige, dünnwandige Querschnitte ersetzt werden (siehe Bild 36 b)....

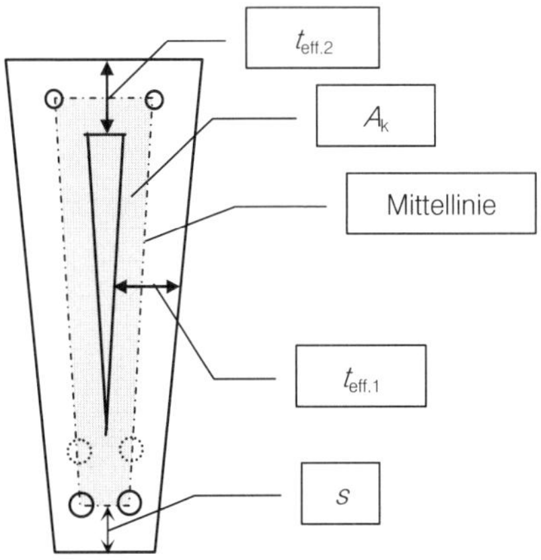

Nachweis am dünnwandigen, geschlossenen Ersatzquerschnitt:

Achsabstände der Längsbewehrung von der Bauteiloberfläche:

unten 4 ∅ 25:
$s_{unten} = c_{v,l} + 0{,}5d_s = 35 + 0{,}5 \cdot 25 = 47{,}5 \text{ mm}$

oben 2 ∅ 10:
$s_{oben} = c_{v,Bü} + d_{s,Bü} + 0{,}5d_s = 25 + 8 + 5 = 38 \text{ mm}$

Effektive Wanddicke:

Seitenwände: $t_{eff,1} = 2 \cdot (s_{unten} + s_{oben}) / 2 = 85{,}5 \text{ mm}$

obere Querwand: $t_{eff,2} = 2 \cdot s_{oben} = 76 \text{ mm}$

$A_k = (h - s_{unten} - s_{oben}) \cdot (b_m - t_{eff,1})$
$= (550 - 85{,}5) \cdot (175 - 85{,}5)$
$= 41600 \text{ mm}^2 = 0{,}0416 \text{ m}^2$

DIN 1045-1, 10.4.2: (1)
A_k – von Mittellinien umschlossene Fläche
u_k – Umfang der Fläche A_k
b_m – 175 mm = mittlere Querschnittsbreite

$u_k = 2 \cdot [(h - s_{unten} - s_{oben}) + (b - t_{eff,1})]$
$= 2 \cdot [(550 - 85{,}5) + (175 - 85{,}5)]$
$= 1110 \text{ mm} = 1{,}11 \text{ m}$

Erforderliche Torsionsbügelbewehrung

Vereinfachend darf die Bewehrung für Torsion allein unter der Annahme von $\theta = 45°$ (cot $\theta = 1{,}0$) ermittelt und zu der unabhängig ermittelten Querkraftbewehrung addiert werden.

$$\text{erf } A_{sw} / s_w = T_{Ed} / (f_{yd} \cdot 2A_k \cdot \cot\theta)$$
$$= 10^4 \cdot 7{,}38 \cdot 10^{-3} / (435 \cdot 2 \cdot 0{,}0416 \cdot 1{,}0) \qquad = \mathbf{2{,}04\ cm^2/m}$$

DIN 1045-1, 10.4.2: (2) Will man die mögliche variable Druckstrebenneigung nach Gl. (73) auch bei kombinierter Querkraft- und Torsionsbeanspruchung ausnutzen, muss cot θ unter Berücksichtigung der kombinierten Schubkraft $V_{Ed,T+V}$ und der effektiven Wanddicke des dünnwandigen Ersatzquerschnittes ermittelt und der Bemessung der sich addierenden Querkraft- und Torsionsbewehrung zugrunde gelegt werden.

DIN 1045-1, 10.4.2: (3) Gl. (91) umgestellt, erforderliche Bewehrung in einer Querschnittswand, das entspricht einem Bügelschenkel.

Erforderliche Torsionslängsbewehrung

$$\text{erf } A_{sl} = T_{Ed} \cdot u_k / (f_{yd} \cdot 2A_k \cdot \tan\theta)$$
$$= 10^4 \cdot 7{,}38 \cdot 10^{-3} \cdot 1{,}11 / (435 \cdot 2 \cdot 0{,}0416 \cdot 1{,}0) \qquad = \mathbf{2{,}26\ cm^2}$$

DIN 1045-1, 10.4.2: (3) Gl. (92)

Torsionslängsbewehrung verteilt auf 6 Stäbe:
d. h. 2,26 / 6 = 0,38 cm² je Stab

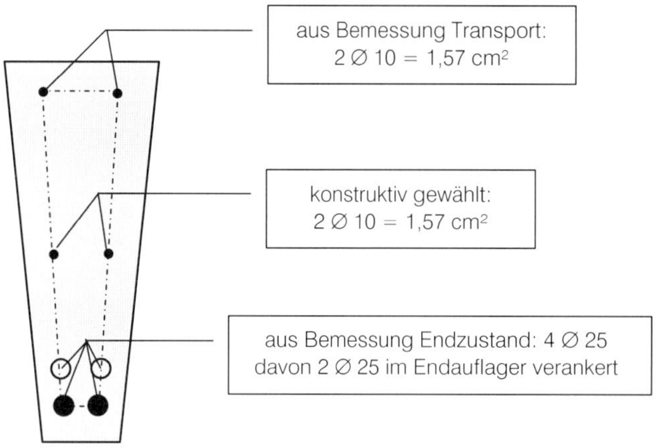

DIN 1045-1, 13.2.4: (3) Die Längsstäbe sind ... gleichmäßig über den Umfang innerhalb der Bügel zu verteilen...Die Längsbewehrung kann in den Ecken konzentriert werden. Der gegenseitige Abstand der Längsstäbe darf 350 mm nicht überschreiten.

siehe 4.2.1: Die Biegebewehrung aus dem Lastfall Transport kann voll angerechnet werden, da im Endzustand mit Torsion die Längsbewehrung in der Biegedruckzone liegt.

siehe 4.2.2
DIN 1045-1, 10.4.2: (3) Die Torsionslängsbewehrung ist in Zuggurten zur übrigen Längsbewehrung zu addieren. Die gewählte Längsbewehrung ist hier ausreichend.

c) maximal aufnehmbares Torsionsmoment bei Torsion allein

$$T_{Rd,max} = \alpha_{c,red} \cdot f_{cd} \cdot 2\,A_k \cdot t_{eff} / (\cot\theta + \tan\theta)$$

DIN 1045-1, 10.4.2: (4) Gl. (93)

mit: $\alpha_c = 0{,}75 \quad \rightarrow \alpha_{c,red} = 0{,}7 \cdot \alpha_c = 0{,}7 \cdot 0{,}75 = 0{,}525$

DIN 1045-1, 10.3.4: (6) $\alpha_c = 0{,}75\eta_1$

$\theta = 45° \quad \rightarrow \cot\theta = \tan\theta = 1{,}0$

DIN 1045-1, 10.4.2: (2) Vereinfachend wurde die Bewehrung für Torsion allein unter der Annahme von $\theta = 45°$ ermittelt.

$$T_{Rd,max} = 0{,}525 \cdot 19{,}8 \cdot 2 \cdot 0{,}0416 \cdot 0{,}076 / 2{,}0$$
$$= 0{,}033\ \text{MNm} = \mathbf{33\ kNm}$$

min $t_{eff} = 76$ mm siehe b)

d) Nachweis der Betondruckstrebentragfähigkeit für die Einwirkungskombination Querkraft und Torsion

Die Verhältnisse der Bemessungswerte der Einwirkungen zu den durch die Betondruckstrebentragfähigkeit begrenzten Widerständen für Querkraft und Torsion müssen folgende Interaktionsbedingung erfüllen:

siehe 3.1.2: V_{Ed}, T_{Ed}
siehe 4.3.2 c): $V_{Rd,max}$
siehe 4.3.3 c): $T_{Rd,max}$

$$\left[\frac{T_{Ed}}{T_{Rd,max}}\right]^2 + \left[\frac{V_{Ed}}{V_{Rd,max}}\right]^2 \le 1$$

DIN 1045-1, 10.4.2: (5) Gl. (94) für Kompaktquerschnitte

$$(7{,}38 / 33)^2 + (121 / 347)^2$$

$$= 0{,}050 + 0{,}122 = \mathbf{0{,}17 < 1}$$

DIN 1045-1, 10.3.2: (3) Beim Nachweis von $V_{Rd,max}$ darf der Bemessungswert der einwirkenden Querkraft nicht abgemindert werden – maßgebend: Schnittkräfte im Auflager.

4.3.4 Bewehrungswahl für Querkraft- und Torsionsbewehrung

Erforderliche Torsionsbewehrung	$= 2A_{sw} / s_w$ (2-schnittige Bügel)	
	$= 2 \cdot 2{,}04$	$= 4{,}08$ cm²/m
+ erforderliche Querkraftbewehrung	$=$ erf A_{sw} / s_w	$= 2{,}73$ cm²/m
bzw. Mindestquerkraftbewehrung	$=$ min A_{sw} / s_w	$= 1{,}79$ cm²/m

Die erforderliche (einschnittige) Torsionsbewehrung wurde am dünnwandigen Ersatzquerschnitt in einer Wand ermittelt, im Balkenquerschnitt werden mit zweischnittigen Bügeln jeweils zwei gegenüberliegende Ersatzwände erfasst.

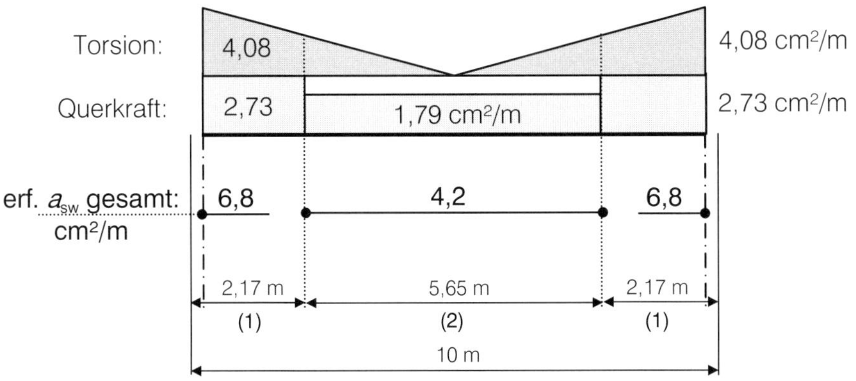

Konstruktive Regeln:

größter Längsabstand von Querkraftbügeln:

s_{max} = **300 mm** (bzw. $0{,}7h = 0{,}7 \cdot 550 = 385$ mm)

DIN 1045-1, 13.2.3: (6) Tab. 31
größter Längsabstand für ≤ C50/60 und $V_{Ed} \leq 0{,}30\,V_{Rd,max}$ – siehe 4.3.2 c)

größter Längsabstand der Torsionsbügel:

s_{max} $= u_k / 8 = 1110 / 8 \approx$ **140 mm**
$=$ vorh s_{max}

DIN 1045-1, 13.2.4: (2)
u_k – siehe 4.3.3 b)

Gewählte Querkraft- und Torsionsbewehrung
Bügel, 2-schnittig:
Ø 8 / 140 mm $= 7{,}18$ cm²/m > erf a_{sw}

Der maximale Bügelabstand für Torsionsbewehrung ist maßgebend, daher keine Abstufung der Bügelabstände. Theoretisch wäre im mittleren Bereich der Trägerlänge eine Reduzierung des Bügelquerschnitts auf Ø 6 / 140 mm möglich, aus praktischen Gründen wird darauf verzichtet.

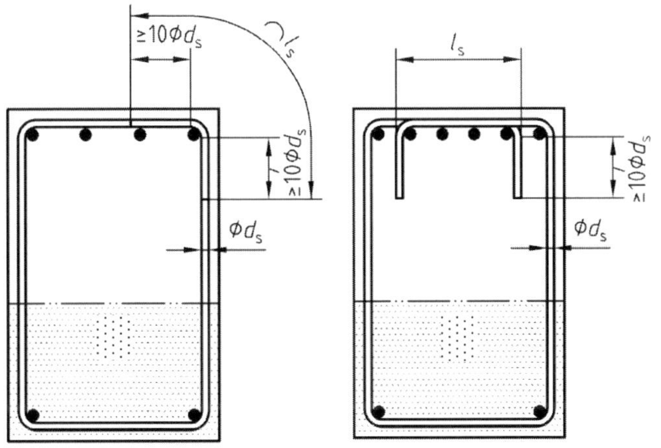

DIN 1045-1, 13.2.4: (1) ...Die Bügel sind in Balken...nach Bild 56 g) und h) zu schließen.

4.4 Nachweis seitliches Ausweichen schlanker Träger

4.4.1 Allgemeines

Schlanke Biegeträger, deren gedrückte Querschnittsteile nicht konstruktiv gehalten werden, können seitlich ausweichen (kippen). Der gedrückte Querschnittsteil (z. B. Obergurt) weicht aus der Hauptbiegeebene aus.

DIN 1045-1, 8.6.8:
(1) Die Sicherheit schlanker Träger gegen seitliches Ausweichen ist nachzuweisen.

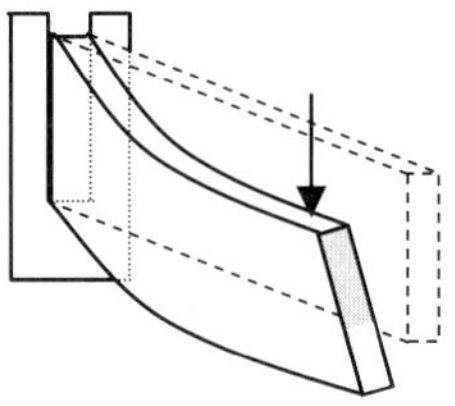

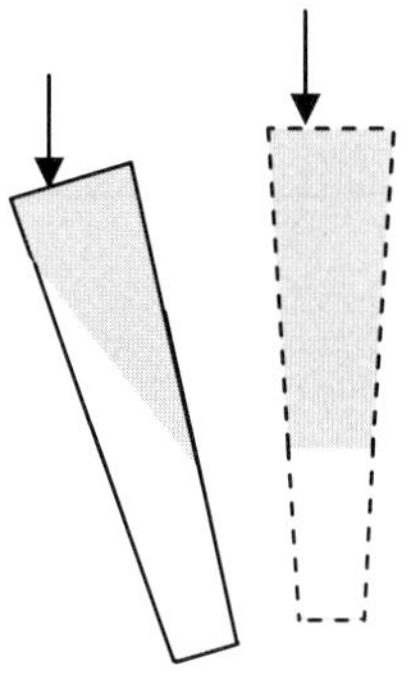

Die Ausbildung eines Daches als horizontale Scheibe (z. B. Massivdach) mit konstruktiver Anbindung des Obergurtes (Ringanker) verhindert das Kippen im Endzustand. Zu beachten sind dann die Bau- und Montagezustände bis zum Wirksamwerden der Scheibe und des Anschlusses.

DIN 1045-1, 8.6.8: (3) Schlanke Fertigteilträger müssen während des Anhebens, des Transports und der Montage gegen seitliches Ausweichen ausreichend gesichert sein.
Dies stellt besondere Anforderungen an die Anschlagmittel und die Montagetechnologie.

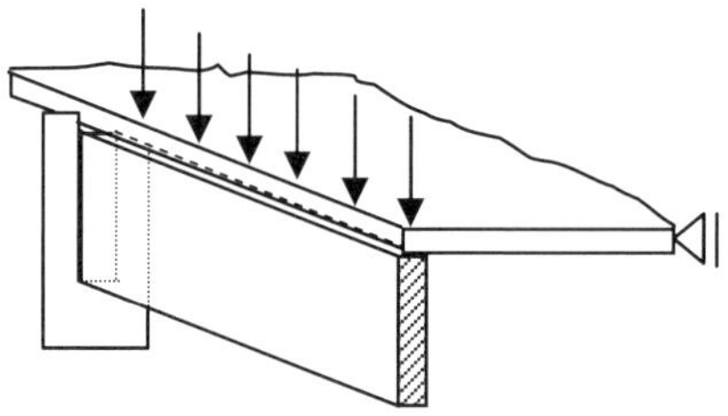

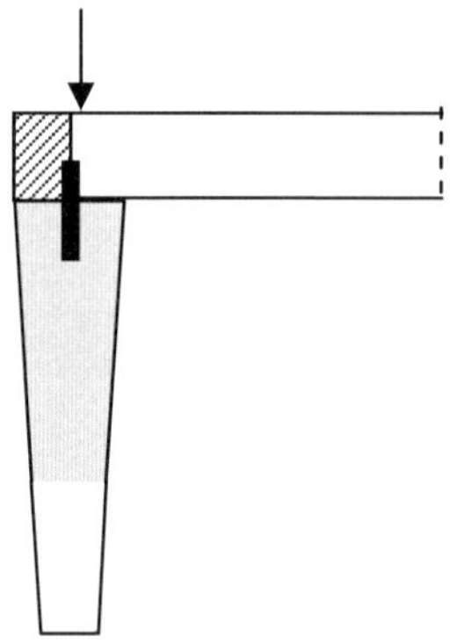

4.4.2 Vereinfachter Nachweis

Prüfung, ob auf genaueren Nachweis verzichtet werden kann, wenn:

$$b \geq \sqrt[4]{\left(\frac{l_{0t}}{50}\right)^3 \cdot h}$$

DIN 1045-1, 8.6.8: Gl. (46)

b = 185 mm Druckgurtbreite, h = 550 mm

siehe 4.2.2

l_{0t} = 9,65 m (= l_{eff})
Länge des Druckgurtes zwischen seitlichen Abstützungen

siehe 1.1

seitliche Lagerung auf den Gabeln der Stützen

$$185 \text{ mm} < \sqrt[4]{\left(\frac{9650}{50}\right)^3 \cdot 550} = 250 \text{ mm}$$

→ Ein genauerer Nachweis ist erforderlich!

Alternative: Druckgurt auf 250 mm verbreitern!

4.4.3 Nachweis der Kippstabilität

Im Endzustand (nach Verguss der Plattenfugen) wird die Kipphalterung des Trägerobergurtes durch die aussteifende Dachscheibe sichergestellt.

Es wird im Folgenden die Kippstabilität im Montagezustand (Dachplatten sind ohne Verguss und ohne Ringanker aufgelegt, der Dachbinder ist an den Auflagern in den Stützengabeln gehalten) nach [52] untersucht.

[52] *König/Pauli:* Nachweis der Kippstabilität von schlanken Fertigteilträgern aus Stahlbeton und Spannbeton. Beton- und Stahlbetonbau 87 (1992), S. 109-112, S. 149-151

Das Nachweiskonzept basiert auf zwei Grenzbetrachtungen möglicher Gleichgewichtszustände am verformten System unter Vorgabe von Vorverformungen. Dabei wird einerseits eine Grenzverdrehung des Querschnitts infolge zweiachsiger Biegung im Grenzzustand der Tragfähigkeit und andererseits eine Grenzverdrehung infolge Torsion bestimmt, die durch die Überschreitung des Torsionsrissmomentes im Auflagerbereich beschränkt wird.

Die Abminderung der Teilsicherheitsbeiwerte auf der Einwirkungsseite für Fertigteile im Bauzustand nach DIN 1045-1, 5.3.3 (4) ist für Stabilitätsnachweise im GZT nach 8.6 nicht zulässig. In diesem Beispiel wird diese Abminderung wegen dem Verzicht auf die Reduktion des Dauerstandsfaktors für Beton und dem Nachweis mit dem Näherungsverfahren nach [52] jedoch für akzeptabel gehalten.

a) Grenzzustand Biegung im Montagezustand

Belastung:

Eigenlast Binder: $g_{k,1} = 2{,}40$ kN/m

Eigenlast Dachplatten: $g_{k,2} = 2{,}0$ kN/m² · 10 m / 2 $= 10{,}0$ kN/m

siehe 2.1: Annahme: ohne Belag

Teilsicherheitsbeiwerte im Grenzzustand der Tragfähigkeit:

Einwirkungen: $\gamma_G = \gamma_Q = 1{,}15$

Beton: $\gamma_c = 1{,}50$

Betonstahl: $\gamma_s = 1{,}15$

DIN 1045-1, 5.3.3: (4) *Bei Fertigteilen dürfen für Bauzustände im Grenzzustand der Tragfähigkeit für Biegung und Längskraft die Teilsicherheitsbeiwerte für die ständigen und die veränderlichen Einwirkungen mit* $\gamma_G = 1{,}15$ *bzw.* $\gamma_Q = 1{,}15$ *angesetzt werden. Einwirkungen aus Krantransport und Schalungshaftung sind dabei zu berücksichtigen.*

Biegemoment:

$g_d = 1{,}15 \cdot (2{,}40 + 10{,}0) = 14{,}26$ kN/m

$M_{Ed,y} = 14{,}26 \cdot 9{,}65^2 / 8 = +166$ kNm

Bemessungswerte Baustoffe:

Beton C35/45: $f_{cd} = 0{,}85 \cdot 35 / 1{,}5 = 19{,}8$ N/mm²

Betonstahl BSt 500 S: $f_{yd} = 500 / 1{,}15 = 435$ N/mm²

DIN 1045-1, 9.1.6: (2) $\alpha = 1{,}0$ wäre im Bauzustand auch vertretbar.

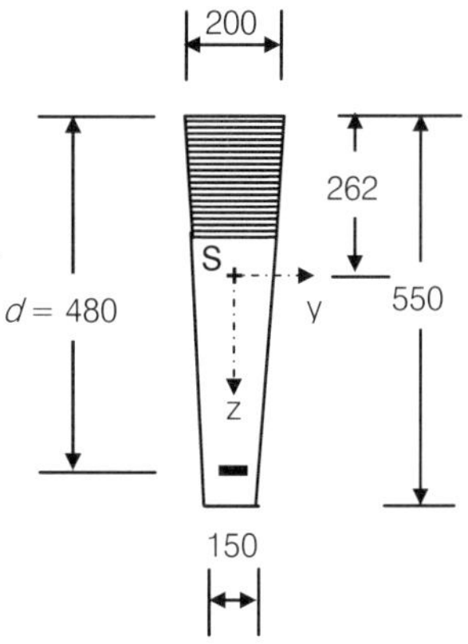

b) Querschnittswerte

Schwerpunkt: $e_0 = [550 / 3] \cdot [(200 + 2 \cdot 150) / (200 + 150)] = 262$ mm

Die Querschnittsanalyse am verformten System nach Theorie II. Ordnung für die Steifigkeiten und die Ermittlung des aufnehmbaren Biegemomentes $M_{Rd,z}$ um die schwache Achse bei vorgegebenem Hauptbiegemoment $M_{Ed,y}$ im Grenzzustand der Tragfähigkeit muss iterativ durchgeführt werden.
In diesem Beispiel werden mit einem abacus-Computerprogramm [56] auf der Basis einer nichtlinearen Berechnung diese Werte ermittelt.

Der jeweilige Dehnungszustand muss iterativ ermittelt werden (Bemessungshilfsmittel oder Software).

[56] abacus–Programm: Fertigteilträger FETT-KIN V6.0

Der Verformungsberechnung liegen die folgenden Bemessungswerte der Baustoffe zugrunde:

Beton C35/45: $f_{cd} = f_{cm} / \gamma_c = 43 / 1{,}5 = 28{,}7$ N/mm²

Betonstahl BSt 500 S: $f_{yd} = 500 / 1{,}0 = 500$ N/mm²

DIN 1045-1, 8.6.8: (6) und 8.6.1: (7) ...*Die Formänderungen dürfen auf der Grundlage von Bemessungswerten, die auf den Mittelwerten der Baustoffkennwerte beruhen (z. B.* f_{cm} / γ_c, E_{cm} / γ_c*) ermittelt werden.*
→ Betonstahl aber mit $\gamma_s = 1{,}0$

Die Berechnungsergebnisse in Feldmitte sind:

Biegesteifigkeit um die schwache Achse: EI_z = **2,35 MNm²**

Torsionssteifigkeit: GI_T = **1,47 MNm²**

c) angesetzte Vorverformung

Die Imperfektion wird durch eine ungewollte Ausmitte berücksichtigt.

$e_a = l_{eff} / 300 \quad = 9{,}65 / 300 \quad =$ **0,032 m**

DIN 1045-1, 8.6.8: (6) *Bei genaueren Nachweisen der Kippsicherheit...unter Berücksichtigung von Imperfektionen ... Sofern keine genauen Angaben vorliegen, darf* $e_a = l_{eff} / 300$ *angesetzt werden.*

Diese Annahme ersetzt ungefähr die von [52] *König/Pauli* empfohlene Kombination einer Ausmitte von $e_u = l / 500$ mit einer Querschnittsschiefstellung von 0,75 %. Auf die Berücksichtigung des Einflusses von Kriechverformungen auf die Imperfektion wird wegen der zeitlichen Begrenzung des Montagezustandes verzichtet.

DIN 1045-4: 7 Konformität von Fertigteilen: Bei schlanken Balken (z. B. Pfetten, Bindern) ist die ungewollte Verkrümmung des Druckgurtes in horizontaler Richtung, als Stichmaß in halber Balkenlänge gemessen, auf l / 700 zu begrenzen. Dabei ist l der Abstand der Auflager.

d) Grenzverdrehungen

zweiachsige Biegung:

Die Querschnittsanalyse im Grenzzustand der Tragfähigkeit mit [56] ergab bei vorgegebenem Hauptbiegemoment $M_{Ed,y}$ = 166 kNm ein aufnehmbares Querbiegemoment

max $M_{Rd,z}$ = **31,4 kNm**

mögl υ = 31,4 / 166 = **0,189**

[52] Gl. 7 mit $\upsilon_0 = 0$
υ in Bogenmaß

Torsion:

f_{ctm} = 3,2 N/mm² für C35/45

DIN 1045-1, 9.1.7: Tab. 9

Auflagerbereich Zustand I: Ersatzrechteckquerschnitt:
d / b = 550 mm / 175 mm = 3
W_t = 0,267 · 0,55 · 0,175² = 0,0045 m³
(Zustand I – gesamter Querschnitt)

[51] Schneider-Bautabellen:
4. Statik: 11. Flächenmomente

Aufnehmbares Torsionsmoment:
T_R = 3,2 · 10³ · 0,0045 = 14,4 kNm

[52] Gl. (8)

Mögliche Verdrehung infolge aufnehmbarem Torsionsmoment:
mögl $\upsilon_T = T_R \cdot l_0 / (\pi \cdot GI_T)$
mögl $\upsilon_T = 14{,}4 \cdot 10^{-3} \cdot 9{,}65 / (\pi \cdot 1{,}47) = 0{,}030$

[52] Gl. (9)

Als mögliche Grenzverdrehung ist der kleinere Wert υ = **0,030** für die weitere Berechnung maßgebend.

e) Torsionsmoment am Auflager im Grenzzustand der Tragfähigkeit

Horizontale Verschiebung des Schubmittelpunktes:
$v_M = [1/(8\,\pi^2) - 1/\pi^3 + 3/\pi^4] \cdot (g + q) \cdot \upsilon_{gr} \cdot l^4 / EI_z$
$v_M = 0{,}0112 \cdot 14{,}26 \cdot 10^{-3} \cdot 0{,}030 \cdot 9{,}65^4 / 2{,}35 \quad = 0{,}017$ m

[52] Gl. (12)

Überlagerung mit der Vorverformung:

ges $v_M = e_a + v_M$

ges $v_M = 0{,}032 + 0{,}017 = 0{,}049$ m

Verschiebungen der Lastangriffspunkte infolge v_M und υ:

$v_{g,1} = 0{,}049$ m

$v_{g,2} = 0{,}049 + 0{,}262 \cdot 0{,}030 = 0{,}057$ m

Torsionsmoment am Auflager infolge der Verschiebungen der Lastangriffspunkte im Grenzzustand der Tragfähigkeit:

$T_{Ed,v} = g_d \cdot v \cdot l / \pi$

$T_{Ed,v} = [1{,}15 \cdot 2{,}40 \cdot 0{,}049 + 1{,}15 \cdot 10{,}0 \cdot 0{,}057] \cdot 9{,}65 / \pi$

$= 2{,}43$ kNm

Torsionsmoment infolge der planmäßigen Ausmitte im Grenzzustand der Tragfähigkeit:

$T_{Ed,e} = g_{d,2} \cdot e \cdot l / 2$

$T_{Ed,e} = 1{,}15 \cdot 10{,}0 \cdot 0{,}07 \cdot 9{,}65 / 2$

$= 3{,}88$ kNm

Gesamttorsionsmoment am Auflager :

$T_{Ed} = T_{Ed,v} + T_{Ed,e}$

$= 2{,}43 + 3{,}88$

= 6,31 kNm

Der Verlauf der Vorverformungen wird affin zu den Verformungen angenommen – eine Überlagerung ist dann möglich. [52] 3.4

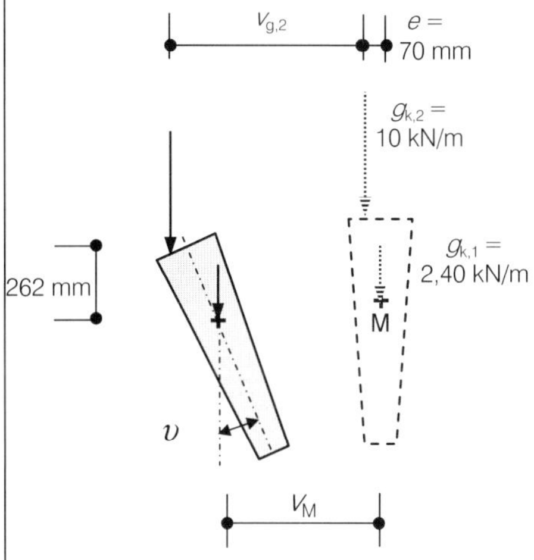

Lastausmitte konstant $e = 0{,}07$ m für die Auflagerung der Dachplatten

f) Kippsicherheit

$T_R = 14{,}4 \text{ kNm} > T_{Ed,A} = 6{,}31$ kNm

Der Nachweis nach [52] *König /Pauli* ist sowohl für die Grenzverdrehungen als auch für die Grenztragfähigkeit auf das aufnehmbare Torsionsmoment des ungerissenen Querschnitts mit dem Mittelwert der Betonzugfestigkeit abgestellt. Der Zustand I ist bei nicht vorgespannten Querschnitten selten nachweisbar.

Das Sicherheitskonzept der DIN 1045-1 verlangt im Grenzzustand der Tragfähigkeit auf der Widerstandsseite die Berücksichtigung von Bemessungswerten der Baustofffestigkeiten (5 %-Quantilwert, Teilsicherheitsbeiwert). Deshalb ist es notwendig, das Gesamttorsionsmoment am Auflager unter Annahme des gerissenen Querschnitts mit Querkraft- und Torsionsbewehrung aufzunehmen.

Das aufnehmbare Torsionsmoment $T_{Rd,sy}$ mit der gewählten Bügelbewehrung beträgt hier:

vorh a_{sw} / erf $a_{sw} = (7{,}18 - 2{,}73) / 4{,}08 = 1{,}09$ (siehe 4.3.4)

$T_{Rd,sy} = 1{,}09 \cdot 7{,}38 = 8{,}04 \text{ kNm} > T_{Ed,A} = 6{,}31$ kNm

Die Kippsicherheit im Montagezustand ist sichergestellt!

T_R = aufnehmbares Torsionsrissmoment bei [52] *König /Pauli*

Hinweis:
Die Auflagerkonstruktion (Gabeln der Stützen) ist für das maximal auftretende Torsionsmoment aus dem Träger zu bemessen.
DIN 1045-1, 8.6.8: (5) Sofern keine genaueren Angaben vorliegen, ist die Auflagerkonstruktion so zu bemessen, dass sie mindestens ein Torsionsmoment aus dem Träger $T_{Ed} = V_{Ed} \cdot l_{eff} / 300$ aufnehmen kann.
Hier mit max $V_{Ed} = 121$ kN:

min $T_{Ed} = 121 \cdot 9{,}65 / 300 = 3{,}9$ kNm

$< T_{Ed} = 6{,}31$ kNm im Bauzustand

$< T_{Ed} = 7{,}38$ kNm im Endzustand maßgebend für Auflager!

Die Stützenbemessung erfolgt in diesem Beispiel nicht.

Alternative Berechnung nach Theorie II. Ordnung mit abacus-Programm [56] Fertigteilträger FETT-KIN V6.0:
Steifigkeiten: $EI_z = 2{,}35$ MNm²
$GI_T = 1{,}47$ MNm²
Aufnehmbares Querbiegemoment:
$M_{Rd,z} = 31{,}4$ kNm
Gesamttorsionsmoment Auflager:
$T_{Ed} = 5{,}75$ kNm
Sicherheit im Grenzzustand der Tragfähigkeit:
$\gamma = 1{,}91 > 1{,}0$

5 Nachweise in den Grenzzuständen der Gebrauchstauglichkeit

DIN 1045-1, 11

5.1 Begrenzung der Spannungen unter Gebrauchsbedingungen

DIN 1045-1, 11.1

Die Bedingungen nach DIN 1045-1, 11.1.1: (3) (siehe Kommentar) sind im Beispiel eingehalten, die Spannungsnachweise unter Gebrauchsbedingungen können entfallen.

DIN 1045-1, 11.1.1: (3) *Die Spannungsnachweise nach 11.1.2 (Betondruckspannungen) und 11.1.3 (Betonstahlspannungen) dürfen für nicht vorgespannte Tragwerke des üblichen Hochbaus, die nach Abschnitt 10 bemessen wurden, im Allgemeinen entfallen, wenn die Schnittgrößen nach der Elastizitätstheorie ermittelt und im Grenzzustand der Tragfähigkeit um nicht mehr als 15 % umgelagert wurden und die bauliche Durchbildung nach Abschnitt 13 (Konstruktionsregeln) durchgeführt wird und insbesondere die Festlegungen für die Mindestbewehrung nach 13.1.1 eingehalten sind.*

5.2 Grenzzustände der Rissbildung

5.2.1 Mindestbewehrung zur Begrenzung der Rissbreite

Bei den vorliegenden Verhältnissen (Herstellung im Fertigteilwerk, Abmessungen, statisches System, Lagerausbildung auf Elastomeren) kann davon ausgegangen werden, dass keine nennenswerte Zwangbeanspruchung auftritt und die Rissschnittgröße nicht erreicht wird.
Auf den Nachweis der Mindestbewehrung zur Begrenzung der Rissbreite wird daher verzichtet.

5.2.2 Begrenzung der Rissbreite für die statisch erforderliche Bewehrung

DIN 1045-1, 11.2.3: Begrenzung der Rissbreite ohne direkte Berechnung

Die Anforderungen an die Dauerhaftigkeit und das Erscheinungsbild des Tragwerks gelten bei der hier vorausgesetzten Umweltklasse XC3 als erfüllt, wenn der Rechenwert der Rissbreite auf $w_k = 0{,}3$ mm begrenzt wird (Anforderungsklasse E).

DIN 1045-1, 11.2.1: (6) Tab. 18 und 19

Im Beispiel wird nur der Schnitt bei max M untersucht, ggf. sind bei der gestaffelten Bewehrung auch andere Schnitte, z. B. an der Staffelung (anderer Ausnutzungsgrad, Hebelarm) maßgebend.

Extremales Biegemoment unter quasi-ständiger Einwirkungskombination:

$$M_{perm} = 168 \text{ kNm}$$

quasi-ständig wegen Anforderungsklasse E

$$\sigma_s \approx (M_{perm} / M_{Ed}) \cdot (\text{erf } A_s / \text{vorh } A_s) \cdot \sigma_{sd}$$

$$\sigma_s \approx (168 / 292) \cdot (18{,}1 / 19{,}6) \cdot 435{,}4 = 231 \text{ N/mm}^2$$

siehe 3.2

siehe 4.2.2

für $\sigma_s = 230$ N/mm²:
Grenzdurchmesser interpoliert: $d_s^* = 20{,}5$ mm

DIN 1045-1, 11.2.3: Tab. 20 bzw. Anhang A10: Grenzdurchmesser d_s^* bei Betonstählen

Modifizierter Grenzdurchmesser in Abhängigkeit von der Bauteilhöhe:

$$d_s = d_s^* \cdot \sigma_s \cdot A_s / [4\,(h - d) \cdot b \cdot f_{ct,0}] \geq d_s^* \cdot f_{ct,eff} / f_{ct,0}$$

DIN 1045-1, 11.2.3: Gl. (131)
Betonzugfestigkeit für C35/45:
$f_{ct,eff} = 3{,}2$ N/mm², sonst $f_{ct,0} = 3{,}0$ N/mm²
b = Breite der Zugzone

$$\max d_s = 20{,}5 \cdot 230 \cdot 19{,}6 \cdot 10^{-4} / [4 \cdot (0{,}55 - 0{,}48) \cdot 0{,}15 \cdot 3{,}0]$$

$$= \mathbf{73 \text{ mm}} > 20{,}5 \cdot 3{,}2 / 3{,}0$$

$$> \text{vorh } d_s = 25 \text{ mm}$$

→ Nachweis erfüllt.

5.3 Begrenzung der Verformungen

DIN 1045-1, 11.3

Obwohl der vereinfachte Nachweis über die Begrenzung der Biegeschlankheit eingehalten wurde, wird in diesem Beispiel zum Aufzeigen der Vorgehensweise eine vereinfachte Durchbiegungsberechnung auf der Basis von Eurocode 2 ([8] bzw. [8.1]) und DAfStb-Heft 425, Abschnitt 11.3 [27] unter Berücksichtigung von Kriech- und Schwindeinflüssen durchgeführt.

siehe 1.3

[27] Bemessungshilfsmittel zu Eurocode 2 Teil 1, DAfStb-Heft 425, 1992, 11.3: Direkte Berechnung der Durchbiegung

Zulässiger Durchhang für den Dachbinder unter der quasi-ständigen Einwirkungskombination:

zul $f = l / 250 = 9650 / 250 = 39$ mm

DIN 1045-1, 11.3.1: (8) *Es darf angenommen werden, dass das Erscheinungsbild und die Gebrauchstauglichkeit eines Tragwerks nicht beeinträchtigt werden, wenn der Durchhang eines Balkens...unter der quasi-ständigen Einwirkungskombination* 1 / 250 *der Stützweite nicht überschreitet...*
Dieser Grenzwert ist bei jeder Aufgabenstellung zu überprüfen. Für den Dachbinder einer offenen Halle mit hohem quasi-ständigen Lastanteil und geringen Anforderungen an benachbarte Ausbaukonstruktionen und das Aussehen ist diese Vorgabe zweckmäßig.

a) Ausgangswerte

Beton:

Kriechzahl und E-Modul

wirksame Bauteildicke
(vereinfachter Rechteckquerschnitt $b_m / h = 175 / 550$ mm):
$h_0 = 2 A_c / u$
$= (550 \cdot 175) / (550 + 175) = 130$ mm $= 13$ cm

Kriechzahl: $\varphi_\infty = \mathbf{1{,}7}$

DIN 1045-1, 9.1.4: Bild 19 Endkriechzahl
$\varphi_\infty \approx 1{,}7$ für C35/45,
$h_0 = 13$ cm; feuchte Umgebung (Außenluft),
Festigkeitsklasse des Zements 42,5 R,
Belastungsbeginn nach 28 Tagen

Effektiver E-Modul unter Berücksichtigung des Kriechens:

$E_{c,eff} = E_{cm} / (1 + 0{,}9 \cdot \varphi_\infty)$
$= 29.900 / (1 + 0{,}9 \cdot 1{,}7) = 11.820$ MN/m²

[63] Ableitung effektiver E-Modul aus
$$\varepsilon_c(t_0) + \varepsilon_{cc}(t,t_0) = \frac{\sigma_c(t_0)}{E_{cm}} + \frac{\sigma_c(t_0)}{E_{c0}} \cdot \varphi(t,t_0)$$
[29] $E_{cm} \approx \alpha_i \cdot E_{c0m}$ und
$\alpha_i = 0{,}8 + 0{,}2 \cdot f_{cm} / 88$ ($\approx 0{,}9$)
→ $E_{c,eff} = E_{cm} / [1 + \alpha_i \cdot \varphi(t,t_0)]$
DIN 1045-1 [1], Tab. 9:
C35/45 $E_{cm} = 29.900$ N/mm²

Endschwindmaß (für die Krümmungsberechnung):

$\varepsilon_{cs\infty} = \varepsilon_{cas\infty} + \varepsilon_{cds\infty}$

DIN 1045-1, 9.1.4: (9) Gl. (61)
Zeitpunkt $t = \infty$

Schrumpfdehnung: $\varepsilon_{cas\infty} = -0{,}07$ ‰
Trocknungsschwinddehnung: $\varepsilon_{cds\infty} = -0{,}40$ ‰

DIN 1045-1, 9.1.4: Bild 20 Schrumpfdehnung
$\varepsilon_{cas\infty} \approx -0{,}07$ für C35/45,
Festigkeitsklasse des Zements 42,5 R

$\varepsilon_{cs\infty} = -0{,}07 - 0{,}40 = \mathbf{-0{,}47}$ **‰**

DIN 1045-1, 9.1.4: Bild 21
Trocknungsschwinddehnung
$\varepsilon_{cds\infty} \approx -0{,}40$ für C35/45,
$h_0 = 130$ mm; Außenluft (RH 80 %),
Festigkeitsklasse des Zements 42,5 R

Rissmoment:
$M_{cr} = f_{ctm} \cdot b_m \cdot h^2 / 6$
$= 3{,}2 \cdot 0{,}175 \cdot 0{,}55^2 / 6$
$= 0{,}028$ MNm $=$ **28 kNm**

DIN 1045-1, 9.1.7: Tab. 9
C35/45 $f_{ctm} = 3{,}2$ N/mm²
vereinfachter Rechteckquerschnitt
$b_m / h = 175 / 550$ mm

Betonstahl:

$E_s = 200.000$ MN/m²

DIN 1045-1, 9.2.4: (4)

Verhältnis der E-Moduln: $\alpha_e = E_s / E_{c,eff} = 200.000 / 11.820 = \mathbf{16{,}9}$

Extremales Biegemoment
unter der quasi-ständigen Einwirkungskombination:

$M_{perm} = 168$ kNm

siehe 3.2

b) Durchbiegungsberechnung

→ Rechenwert der Durchbiegung:

[27] Bemessungshilfsmittel zu Eurocode 2 Teil 1, DAfStb-Heft 425, 1992, S. 123 ff.

vorh $f = k \cdot (1/r)_m \cdot l_{eff}^2$

mit $k = 0{,}104$ Beiwert Lagerung und Belastungsart

[27] Tab. 11.1 → siehe nächste Seite

$(1/r)_m$ mittlere Krümmung in Feldmitte infolge Biegung, Kriechen, Schwinden

Das Kriechen wird näherungsweise über den effektiven E-Modul des Betons $E_{c,eff}$ erfasst.

$l_{eff} = 9{,}65$ m effektive Stützweite des Balkens

→ Berechnung der Krümmungen:

→ Zustand I:

– infolge Biegemoment und Kriechen:

$(1/r)_{I,M} = M_{perm} / EI_I$

$I_I = k_I \cdot b_m \cdot h^3 / 12$

$= 1{,}52 \cdot 0{,}175 \cdot 0{,}55^3 / 12 = 0{,}00368$ m^4

$EI_I = 11.820 \cdot 0{,}00368 = 43{,}5$ MNm^2

$(1/r)_{I,M} = 168 \cdot 10^{-3} / 43{,}5$

$= \mathbf{3{,}86 \cdot 10^{-3}\ m^{-1}}$

Ermittlung der Biegesteifigkeit Zustand I nach [46] *Litzner*: Grundlagen der Bemessung nach EC2. BK 1995/I, 8.3: Grenzzustände der Tragwerksverformung, Tab. 8.8, S.665 (S. A-15)
Die Zug- und Druckbewehrung wird bei der Ermittlung der Biegesteifigkeit im Zustand I berücksichtigt.
Mit $\rho_{II} = 19{,}6 / (17{,}5 \cdot 55) = 0{,}02$ und $A_{s2} = 1{,}57$ cm^2 mit $d_2 = 40$ mm und $d / h = 480 / 550$ wird $k_{xI} = 0{,}585$ und $k_I = 1{,}52$.

– infolge Schwindens:

$E = E_{c,eff}$ siehe a)

$(1/r)_{I,cs} = \varepsilon_{cs\infty} \cdot \alpha_e \cdot A_s \cdot (d - e_0) / I_I$

$(1/r)_{I,cs} = 0{,}47 \cdot 10^{-3} \cdot 16{,}9 \cdot 19{,}6 \cdot 10^{-4} \cdot (0{,}48 - 0{,}262) / 0{,}00368$

$= \mathbf{0{,}92 \cdot 10^{-3}\ m^{-1}}$

[8] EC2, Anhang 4, A4.3 (2), Gl. (A4.4) für Querschnitte mit einlagiger Bewehrung, Schwerpunkt $e_0 = 262$ mm siehe 4.4.3 b)
→ analog [8.1] EC2, Gl. (7.21)

– rechnerische Gesamtkrümmung im Zustand I:

$(1/r)_I = 3{,}86 \cdot 10^{-3} + 0{,}92 \cdot 10^{-3}$

$= \mathbf{4{,}78 \cdot 10^{-3}\ m^{-1}}$

→ Zustand II:

– infolge Biegemoment und Kriechen:

Druckzonenhöhe Rechteckquerschnitt mit Zug- und Druckbewehrung:

unter Annahme einer linearen Spannungsverteilung

$k_{xII} = 0{,}562 = x / d$ nach [46]

$x = 0{,}562 \cdot 0{,}48 = 0{,}27$ m

$z = d - x / 3 = 0{,}48 - 0{,}27 / 3 = 0{,}39$ m

Stahlspannung:

$\sigma_s = M_{perm} / (A_s \cdot z) = 168 \cdot 10^{-3} / (19{,}6 \cdot 10^{-4} \cdot 0{,}39)$

$= 220$ N/mm^2

Krümmung:

$(1/r)_{II,M} = \varepsilon_s / (d - x)$

$= 220 / [200.000 \cdot (0{,}48 - 0{,}27)]$

$= \mathbf{5{,}24 \cdot 10^{-3}\ m^{-1}}$

Ermittlung der Biegesteifigkeit Zustand II nach [46] *Litzner*: Grundlagen der Bemessung nach EC2. BK 1995/I, 8.3: Grenzzustände der Tragwerksverformung, Tab. 8.8, S.665 (S. A-15)
Die Zug- und Druckbewehrung wird bei der Ermittlung der Biegesteifigkeit im Zustand II berücksichtigt.
Längsbewehrung = 19,6 cm^2 siehe 4.2.2
Mit $\rho_{II} = 19{,}6 / (17{,}5 \cdot 48) = 0{,}0233$ und $A_{s2} = 1{,}57$ cm^2 mit $d_2 = 40$ mm und $d / h = 480 / 550$ wird $k_{xII} = 0{,}562$ und $k_{II} = 1{,}70$.

– infolge Schwindens:

$(1/r)_{II,cs} = \varepsilon_{cs\infty} \cdot \alpha_e \cdot A_s \cdot (d - x) / I_{II}$

$I_{II} = k_{II} \cdot b_m \cdot d^3 / 12$
$\alpha_e \cdot \rho_l = 16{,}9 \cdot 0{,}0233 = 0{,}394$
$x / d = 0{,}562$
$k_{II} = 1{,}70$ nach [46]
$I_{II} = 1{,}70 \cdot 0{,}175 \cdot 0{,}48^3 / 12 = 0{,}00275\ m^4$

$(1/r)_{II,cs} = 0{,}47 \cdot 10^{-3} \cdot 16{,}9 \cdot 19{,}6 \cdot 10^{-4} \cdot (0{,}48 - 0{,}27) / 0{,}00275$
$= \mathbf{1{,}19 \cdot 10^{-3}\ m^{-1}}$

– rechnerische Gesamtkrümmung im Zustand II:

$(1/r)_{II} = 5{,}24 \cdot 10^{-3} + 1{,}19 \cdot 10^{-3}$
$= \mathbf{6{,}43 \cdot 10^{-3}\ m^{-1}}$

[27] Tab. 11.1: Beiwert k für die vereinfachte Durchbiegungsberechnung

Belastung	Momentenverlauf	Beiwert K
M, M	M	0,125
αl_{eff}, F, l_{eff}	$M = F\alpha(1-\alpha) l_{eff}$	$\frac{3 - 4\alpha^2}{48(1-\alpha)}$ für $\alpha = \frac{1}{2}$: $K = \frac{1}{12}$
	M	0,0625
αl_{eff} F/2 F/2 αl_{eff}	$M = \frac{F\alpha l_{eff}}{2}$	$0{,}125 - \frac{\alpha^2}{6}$
q	$\frac{q l_{eff}^2}{8}$	0,104
q	$\frac{q l_{eff}^2}{15{,}6}$	0,102
q	M_A, M_B, M_C	$K = 0{,}104\,(1 - \frac{\beta}{10})$ $\beta = \frac{M_A + M_B}{M_C}$
αl_{eff}, F	$F\alpha l_{eff}$	f am Kragarmende $= \frac{\alpha(3-\alpha)}{6}$ $\alpha = 1{,}0$: $K = 0{,}333$
αl_{eff}, q	$\frac{q\alpha^2 l_{eff}^2}{2}$	$\frac{\alpha(3-\alpha)}{12}$ $\alpha = 1{,}0$: $K = 0{,}25$
	M_A, M_B, M_C	$K = 0{,}083\,(1 - \frac{\beta}{4})$ $\beta = \frac{M_A + M_B}{M_C}$
αl_{eff}, αl_{eff}	$\frac{F l_{eff}^2}{24}(3 - 4\alpha^2)$	$\frac{1}{80}\frac{(5 - 4\alpha^2)^2}{3 - 4\alpha^2}$

→ Überlagerung – mittlere Krümmung Zustand I / II:

$(1/r)_m = \zeta \cdot (1/r)_{II} + (1 - \zeta) \cdot (1/r)_I$

[8] EC 2, Anhang 4, A4.3: (2) Gl. (A4.1)
→ analog [8.1] EC2, Gl. (7.18):
$\alpha = \zeta \cdot \alpha_{II} + (1 - \zeta) \cdot \alpha_I$

Verteilungsbeiwert ζ:

$\zeta = 1 - \beta\,(M_{cr} / M_{perm})^2$
$= 1 - 0{,}5 \cdot (28 / 168)^2 = 0{,}986$

$(1/r)_m = 0{,}986 \cdot 6{,}43 \cdot 10^{-3} + (1 - 0{,}986) \cdot 4{,}78 \cdot 10^{-3}$
$= \mathbf{6{,}41 \cdot 10^{-3}\ m^{-1}}$

ζ berücksichtigt den Anteil der gerissenen und ungerissenen Bereiche entlang der Bauteilachse
[8] EC 2, Anhang 4: Gl. (A4.2)
→ analog [8.1] EC2, Gl. (7.19):
$\zeta = 1 - \beta\,(\sigma_{sr} / \sigma_s)^2$
für Kurzzeitbelastung: $\beta = 1{,}0$
für Langzeitbelastung: $\beta = 0{,}5$
Die Krümmung entspricht somit praktisch der im Zustand II.

Ermittlung der Durchbiegung

vorh $f = k \cdot (1/r)_m \cdot l_{eff}^2$

$= 0{,}104 \cdot 6{,}41 \cdot 10^{-3} \cdot 9{,}65^2 = 0{,}062\ m$

vorh f = 62 mm
> zulässiger Durchhang = l / 250 = 39 mm

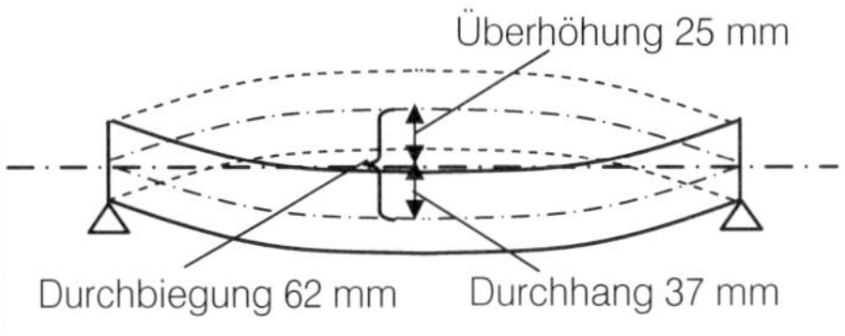

Um den zulässigen Durchhang sicherzustellen, wird eine Schalungsüberhöhung von 25 mm (< l / 250 = 39 mm) vorgesehen.

DIN 1045-1, 11.3.1: (8)

DIN 1045-1, 11.3.1: (9)
Überhöhung im Schalplan angeben.

6 Bewehrungsführung, bauliche Durchbildung

6.1 Grundmaß der Verankerungslänge

Grundmaß:

$l_b = (d_s / 4) \cdot (f_{yd} / f_{bd})$

DIN 1045-1, 12.6.2: (2) Gl. (140)

DIN 1045-1, 12.5: Tab. 25: $d_s < 32$ mm

Bemessungswert Verbundspannung:

Gute Verbundbedingungen: $f_{bd} = 3{,}4$ N/mm² für C35/45

Mäßige Verbundbedingungen: $f_{bd} = 0{,}7 \cdot 3{,}4 = 2{,}38$ N/mm²

DIN 1045-1, 12.4: Bild 54:
Verbundbedingungen

Bemessungswert Stahlspannung : $f_{yd} = 435$ N/mm²

Bewehrung	Verbund	d_s	l_b (mm)
Längsbewehrung	gut	25	**800**
Längsbewehrung	gut	10	**320**
Längsbewehrung	mäßig	10	**457**
Bügelbewehrung	mäßig	8	**366**

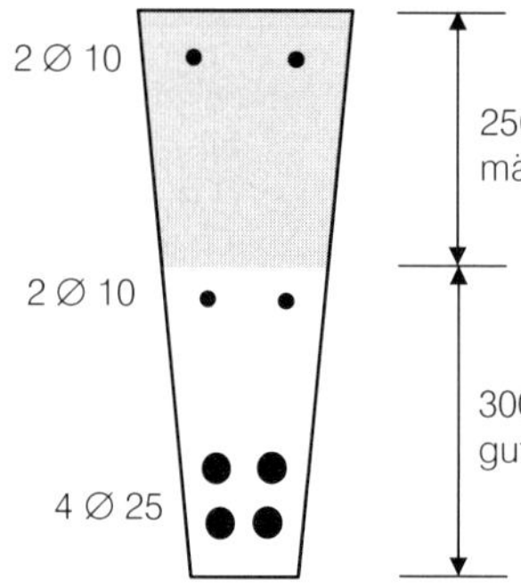

6.2 Verankerung am Endauflager

Mindestens ein Viertel der (erforderlichen) Feldbewehrung ist über das Auflager zu führen und dort zu verankern. Im Beispiel: Führung von 2 ∅ 25 = 50 % der Feldbewehrung über das Endauflager.

DIN 1045-1, 13.2.2: (6)
Zugkraftdeckung Balken

Zu verankernde Zugkraft Endauflager:

$F_{sd} = V_{Ed} \cdot a_l / z + N_{Ed} \qquad \geq V_{Ed} / 2$

DIN 1045-1, 13.2.2: (7) Gl. (148)
Zugkraftdeckung Balken

$V_{Ed} = 121$ kN $\qquad N_{Ed} = 0$

siehe 4.3.2

Versatzmaß $a_l = 0{,}5\, z\,(\cot\theta - \cot\alpha) \geq 0$

DIN 1045-1, 13.2.2: (3) Gl. (147)

$\cot\theta = 2{,}2$ Druckstrebenneigung bei der Querkraftbemessung mit der flachsten zulässigen Druckstrebenneigung

$\cot\theta_{red} = 2{,}2 \cdot 2{,}73 / (7{,}18 - 4{,}08)$
$= 1{,}94$

siehe 4.3.2 a) Querkraftbemessung und 4.3.4 Wahl der Querkraft- und Torsionsbewehrung
$\cot\theta$ kann im Verhältnis der Querkraftbewehrung erf a_{sw} / vorh a_{sw} verringert werden (d. h. steilerer Druckstrebenwinkel), was zu einem geringeren Versatzmaß führt.

$\cot\alpha = 0$ Neigung der Bügel zur Bauteilachse

$a_l = 0{,}5 \cdot 0{,}9 \cdot 480\,(1{,}94 - 0) = 419$ mm

DIN 1045-1, 13.2.2: (3)
$z = 0{,}9d$ angenommen.

$F_{sd} = 121 \cdot 419 / (0{,}9 \cdot 480) = 117$ kN

Erforderliche Bewehrung

aus der Zugkraft Biegung:

$A_{s,erf} = F_{sd} / f_{yd} = 0{,}117 \cdot 10^4 / 435 \qquad = 2{,}69$ cm²

aus der Zugkraft Torsionslängsbewehrung 0,38 cm² je Stab:

$A_{s,erf} = 2 \cdot 0{,}38 \qquad = 0{,}76$ cm²

siehe 4.3.3 b)

Gesamt: $A_{s,erf}$ = **3,45 cm²**

Erforderliche Verankerungslänge der Feldbewehrung

Kriterium	Feldbewehrung 2 Ø 25
$l_{b,min} = 0{,}3\ \alpha_a\ l_b$ $\geq 10 d_s$	gerade Stabenden: $\alpha_a = 1{,}0$ $l_{b,min} = 0{,}3 \cdot 1{,}0 \cdot 800 = 240$ mm $< 10 \cdot 25 =$ **250 mm**
$l_{b,net} = \alpha_a \cdot l_b \cdot (A_{s,erf} / A_{s,vorh})$ $\geq l_{b,min}$	$l_{b,net} = 1{,}0 \cdot 800 \cdot (3{,}45 / 9{,}82) =$ **281 mm** > 250 mm $= l_{b,min}$
$l_{b,dir} = 2/3 l_{b,net}$ $\geq 6{,}7 d_s$	$l_{b,dir} = 2/3 \cdot 281 =$ **187 mm** $> 6{,}7 \cdot 25 = 167$ mm

DIN 1045-1, 12.6: Tab. 26: Verankerungsarten
DIN 1045-1, 12.6.2: (3) $l_{b,min}$

DIN 1045-1, 12.6.2: (3) Gl. (141)
siehe 4.4.2: $A_{s,vorh}$

DIN 1045-1, 13.2.2: (8) Gl. (149)
bei direkter Auflagerung

Die Feldbewehrung wird um **185 mm** ≈ erf $l_{b,dir}$ hinter die Auflagervorderkante des Elastomerauflagers geführt.

Detail Verankerungs-bereich:

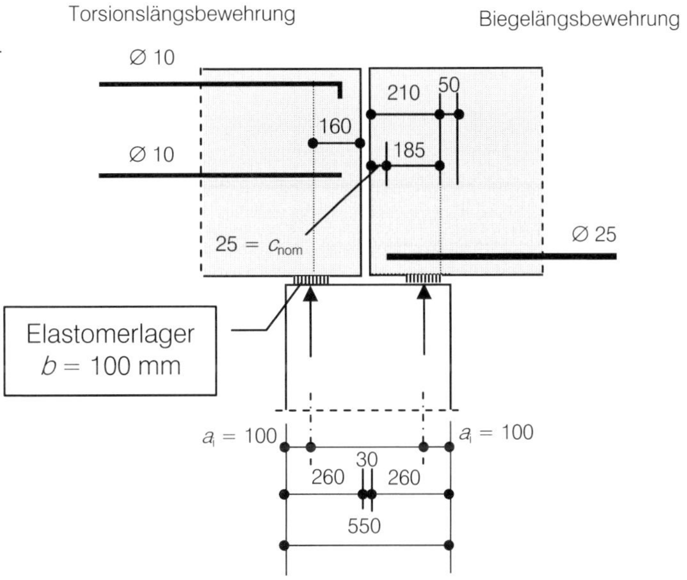

Betondeckung c_{nom} siehe 1.2

Erforderliche Verankerungslänge der Torsionslängsbewehrung

Kriterium	Ø 10 (mäßiger Verbund)	Ø 10 (guter Verbund)
$l_{b,min} = 0{,}3\ \alpha_a\ l_b$ $\geq 10 d_s$	Winkelhaken: $\alpha_a = 0{,}7$ $l_{b,min} = 0{,}3 \cdot 0{,}7 \cdot 457$ $= 96$ mm $< 10 \cdot 10 =$ **100 mm**	gerade Stabenden: $\alpha_a = 1{,}0$ $l_{b,min} = 0{,}3 \cdot 1{,}0 \cdot 320$ $= 96$ mm $< 10 \cdot 10 =$ **100 mm**
$l_{b,net} =$ $\alpha_a \cdot l_b \cdot (A_{s,erf} /$ $A_{s,vorh})$ $\geq l_{b,min}$	$l_{b,net} =$ $0{,}7 \cdot 457 \cdot (0{,}38 / 0{,}79)$ $l_{b,net} =$ **150 mm** > 100 mm $= l_{b,min}$	$l_{b,net} =$ $1{,}0 \cdot 320 \cdot (0{,}38 / 0{,}79)$ $l_{b,net} =$ **150 mm** > 100 mm $= l_{b,min}$
$l_{b,dir} = (2/3) \cdot l_{b,net}$ $\geq 6{,}7 d_s$	$l_{b,dir} = 2 / 3 \cdot 150$ $=$ **100 mm** $> 6{,}7 \cdot 10 = 67$ mm	$l_{b,dir} = 2/3 \cdot 150$ $=$ **100 mm** $> 6{,}7 \cdot 10 = 67$ mm

Die oberen Längsstäbe Ø 10 müssen in diesem Beispiel wegen des mäßigen Verbundbereiches mit Winkelhaken verankert werden.

DIN 1045-1, 12.6: Tab. 26: Verankerungsarten
DIN 1045-1, 12.6.2: (3) $l_{b,min}$

DIN 1045-1, 12.6.2: (3) Gl. (141)
siehe 4.3.3 b): $A_{s,vorh}$

DIN 1045-1, 13.2.2: (8) Gl. (149)
bei direkter Auflagerung

Winkelhakenlänge nach
DIN 1045-1, 12.6: Tab. 26: $5 d_s + d_{br} / 2 + d_s$
Biegerollendurchmesser nach
DIN 1045-1, 12.3.1: Tab. 23: $d_{br} \geq 4 d_s$

Die Torsionslängsstäbe werden von der Auflagerkante aus ebenfalls mit **185 mm** > erf $l_{b,dir}$ verankert.

6.3 Verankerung außerhalb der Auflager

Die Stäbe der gestaffelten Biegebewehrung sind vom Punkt E der Zugkraftlinie, an dem sie rechnerisch nicht mehr benötigt um das Maß $l_{b,net}$ zu verankern.

Zugkraftdeckung
DIN 1045-1, 13.2.2: Bild 66

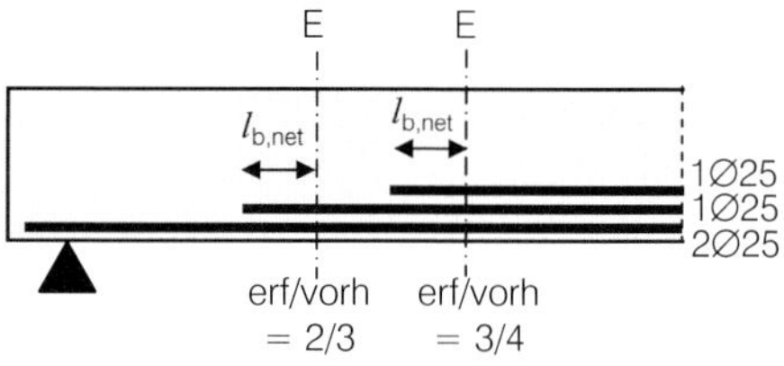

Die Feldbewehrung wird im Beispiel zweifach gestaffelt. Dies geschieht von maximal 4 Ø 25 auf 3 Ø 25 und auf 2 Ø 25.

Das bedeutet in diesem Beispiel mit $\alpha_a = 1{,}0$ und $l_b = 800$ mm:

1. Staffelung von 4 Ø 25 auf 3 Ø 25: $A_{s,erf} / A_{s,vorh} = 3 / 4$
→ $l_{b,net} = \alpha_a \cdot l_b \cdot (A_{s,erf} / A_{s,vorh}) = 1{,}0 \cdot 800 \cdot (3 / 4) =$ **600 mm**

DIN 1045-1, 12.6.2: (3) Gl. (141)

2. Staffelung von 3 Ø 25 auf 2 Ø 25: $A_{s,erf} / A_{s,vorh} = 2 / 3$
→ $l_{b,net} = 1{,}0 \cdot 800 \cdot (2 / 3) =$ **540 mm**
$> l_{b,min} = 250$ mm

$l_{b,min}$ siehe 6.2

6.4 Verankerung der Torsionsbewehrung (Bügel)

Übergreifungslänge

DIN 1045-1, 13.2.4: Torsionsbewehrung
(1) ... Die Bügel sind in Balken und in Stegen von Plattenbalken nach Bild 56 g) und h) zu schließen.

Kriterium	Bügel Ø 8 mäßiger Verbund
$l_{s,min} = 0{,}3 \cdot \alpha_a \cdot \alpha_1 \cdot l_b$ $\geq 15 d_s$ ≥ 200 mm	gerade Stabenden: $\alpha_a = 1{,}0$ $\alpha_1 = 1{,}0$ $l_{s,min} = 0{,}3 \cdot 1{,}0 \cdot 366 = 110$ mm $< 15 \cdot 8 = 120$ mm **< 200 mm**
$l_{b,net} = \alpha_a \cdot l_b \cdot (A_{s,erf} / A_{s,vorh})$ $\geq l_{b,min}$	$l_{b,net} = 1{,}0 \cdot 366 \cdot (1{,}0) =$ **366 mm** $> l_{b,min} = 0{,}3 \cdot 1{,}0 \cdot 366 = 110$ mm
$l_s = l_{b,net} \cdot \alpha_1$ $\geq l_{s,min}$	$l_s = 366 \cdot 1{,}0 =$ **366 mm** > 200 mm $= l_{s,min}$

DIN 1045-1, 12.6.2, Tab. 26: $\alpha_a = 1{,}0$
DIN 1045-1, 12.8.2, Tab. 27:
α_1 für gestoßene Stäbe > 33 % in der Zugzone und $d_s < 16$ mm,
Bügelabstand 140 mm: $s \geq 10 d_s$,
daher [a]) $\alpha_1 = 1{,}0$ zulässig!

Annahme: Bügelauslastung 100 %
DIN 1045-1, 12.6.2: Gl. (141) mit $l_{b,min}$

DIN 1045-1, 12.8.2: Gl. (144)

gewählte Übergreifungslänge
$l_s =$ **370 mm** > erf l_s

Schließen der Torsionsbügel:

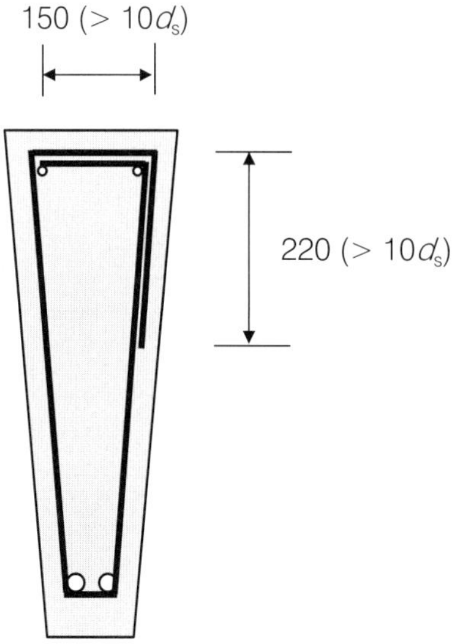

entspricht:
DIN 1045-1, 12.7: (4) und Bild 56 g)

6.5 Mindestbewehrung zur Sicherstellung eines duktilen Bauteilverhaltens

DIN 1045-1, 13.1.1:
Mindestbewehrung und Höchstbewehrung
(1) Bemessung mit f_{ctm} und $\sigma_s = f_{yk}$

Rissmoment:

$$M_{cr} = f_{ctm} \cdot b_m \cdot h^2 / 6$$
$$= 3{,}2 \cdot 10^3 \cdot 0{,}175 \cdot 0{,}55^2 / 6 \qquad = \mathbf{28{,}2\ kNm}$$

DIN 1045-1, 9.1.7: Tab. 9
f_{ctm} = 3,2 N/mm² für C35/45

$$\min A_s = M_{cr} / (f_{yk} \cdot z)$$
$$= 0{,}0282 \cdot 10^4 / (500 \cdot 0{,}9 \cdot 0{,}48) \qquad = \mathbf{1{,}31\ cm^2}$$
$$< A_{s,l} = 9{,}8\ cm^2$$

Vereinfacht: Rechteckquerschnitt
$b_m / h / d$ = 0,175 / 0,55 / 0,48 m
$z = 0{,}9d$ angenommen.
$A_{s,l}$ siehe 4.2.2, abgestuft auf 50 %

6.6 Besondere Maßnahmen beim Verlegen der Bewehrung

Bei der Festlegung (Abminderung) des Vorhaltemaßes der Betondeckung wurde vorausgesetzt, dass beim Verlegen der Bewehrung besondere Maßnahmen im Sinne der DBV-Merkblätter „Betondeckung und Bewehrung" [32] und „Abstandhalter" [33] getroffen werden. Außerdem wird davon ausgegangen, dass der Einbau der Bewehrung und Abstandhalter im Fertigteilwerk unter besonderen Qualitätssicherungsmaßnahmen stattfindet.

Abminderung Δc gemäß
DIN 1045-1, 6.3: (9)

Maßgebend ist wegen der Verbundsicherung das Verlegemaß von $c_{v,l}$ = 35 mm für die Längsbewehrung.
Bei einem Nenndurchmesser für die Bügel von 8 mm ergibt sich theoretisch ein Verlegemaß für die Bügel von $c_{v,Bü}$ = 35 – 8 = 27 mm.
Die Abstandhalter werden nur in 5 mm-Stufen geliefert.

siehe 1.2

In diesem Beispiel werden Abstandhalter unter den Bügeln von 25 mm gewählt. Dies lässt sich mit den besonderen Maßnahmen im Fertigteilwerk und den tatsächlich aufgrund der Betonstahlrippung gegenüber den Nenndurchmessern größeren Bruttodurchmessern der Stäbe ∅ 8 und ∅ 25 begründen.

Alternativen sind:
- Abstandhalter von 35 mm unter den Längsstäben anordnen,
- Abstandhalter von 30 mm unter den Bügeln anordnen (dann $c_{v,l}$ = 37 mm),
- Abstandhalter von 25 mm unter den Bügeln anordnen und Bügelstabdurchmesser 10 mm wählen.

Zum Einhalten der erforderlichen Mindestbetondeckung werden Abstandhalter für ein Verlegemaß $c_{v,Bü}$ = 25 mm (für die Bügel) wie folgt eingebaut:

Abstand der Abstandhalter in Trägerlängsrichtung:

$s_1 \leq 750$ mm

[32] DBV-Merkblatt „Betondeckung und Bewehrung"
Tab. 4 für Balken und $d_s > 20$ mm

Abstand der Abstandhalter über den Umfang (in Querrichtung):

$s_2 \leq 500$ mm
Anzahl: mind. 2 je Querschnittsseite

[32] Tab. 4 für Balken und b bzw. $h \leq 1{,}00$ m

Anordnungsskizze:

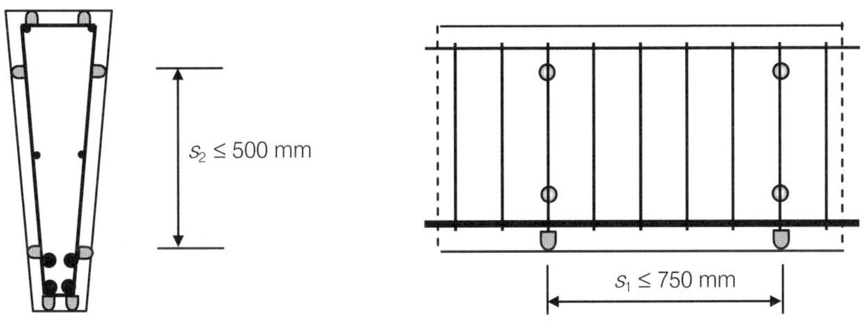

7 Darstellung der Bewehrung

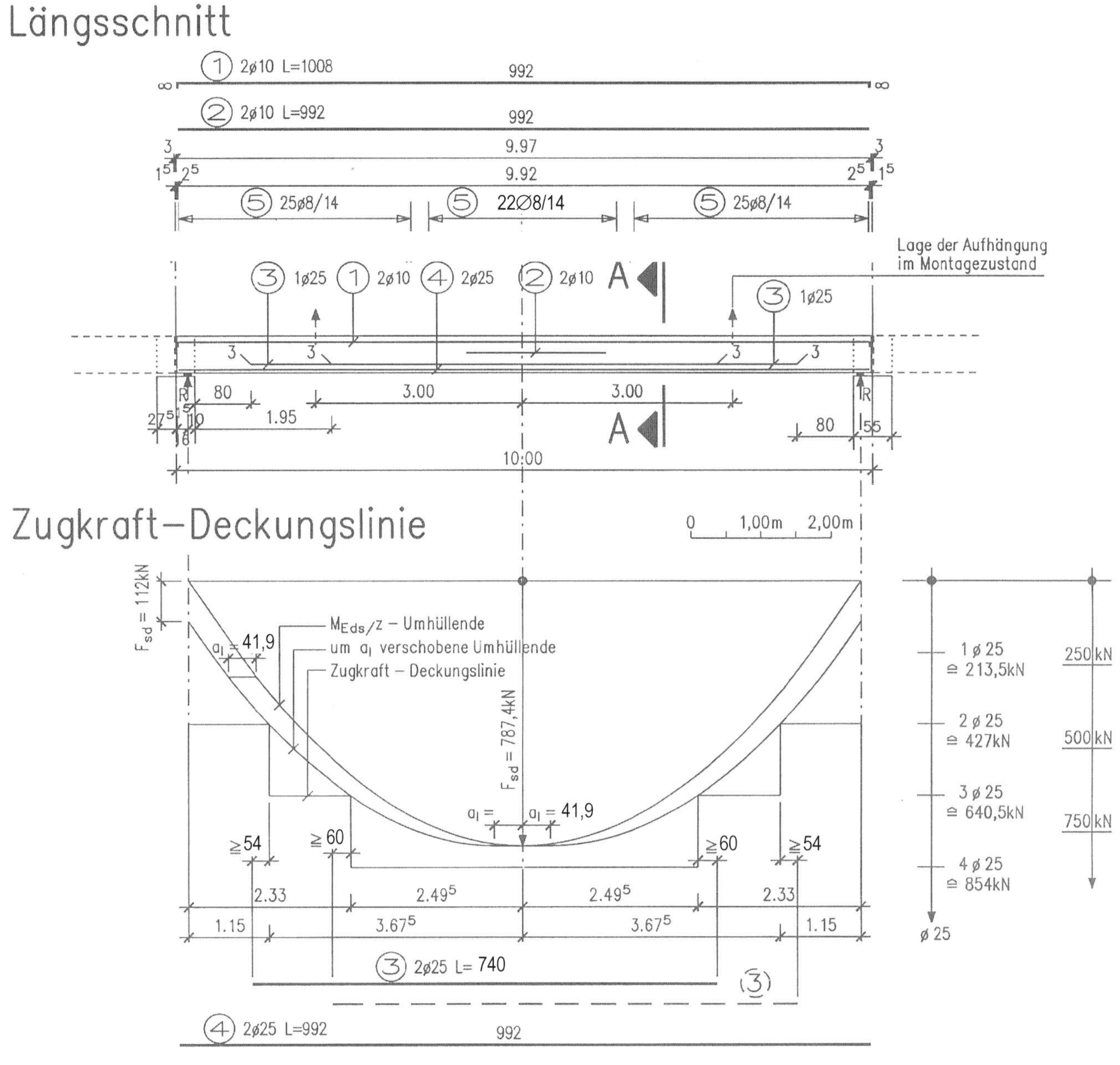

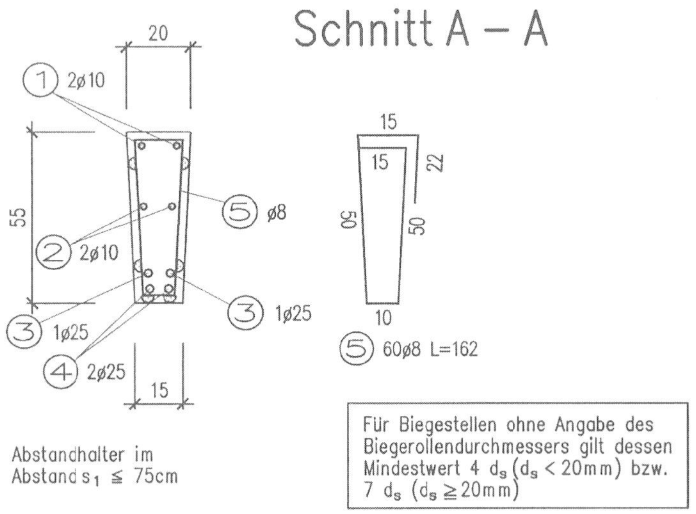

BEISPIEL 5 EINFELDBALKEN, FERTIGTEIL
DARSTELLUNG DER BEWEHRUNG
BAUSTOFFE : Beton C35/45 XC3, WO Betonstahl : BSt 500 S (A) (normalduktil)
BETONDECKUNG DER BÜGEL Verlegemaß Bügel : $c_v = 2{,}5cm$ Mindestmaß Betondeckung : $c_{min} = 1{,}5cm$ nom $c_w = 2{,}5cm$ Für das Verlegen der Bewehrung sind besondere Maßnahmen im Sinne des DBV – Merkblatt "Betondeckung und Bewehrung" zu treffen.

Beispiel 6: Zweifeldriger Durchlaufbalken mit Kragträger

Inhalt

Beispiel 6: Zweifeldriger Durchlaufbalken mit Kragträger

Aufgabenstellung

Zu bemessen ist ein Stahlbeton-Plattenbalken, der als Zweifeldträger mit Kragträger und mit einem indirekten Auflager ausgebildet wird.
Der Querschnitt ist über die Kragträgerlänge nicht konstant.
Die horizontale Halterung des Bauteils erfolgt durch ein ausgesteiftes Scheibensystem.

DIN 1045-1, 3.1.1: Der Plattenbalken befindet sich in einem Bauwerk, das nicht zum üblichen Hochbau gehört, da die Nutzlast auf der beteiligten Deckenplatte mehr als 5 kN/m² beträgt.

Der Plattenbalken befindet sich in einer offenen Industrieanlage und ist der Außenluft und Frost häufig ausgesetzt, das Bauteil wird aber nicht direkt beregnet.

Vorwiegend ruhende Einwirkungen aus Linien- und Einzellasten.

DIN 1045-1, 3.1.2: vorwiegend ruhende Einwirkung

Baustoffe:

- Beton C25/30
- Betonstahl BSt 500 S (A) (normalduktil)
- Betonstahlmatten BSt 500 M (A) (normalduktil)

DIN 1045-1, 9.1: Beton
DIN 1045-1, 9.2: Betonstahl
(in DIN 488 mit B500A bezeichnet)

1 System, Bauteilmaße, Betondeckung

1.1 System

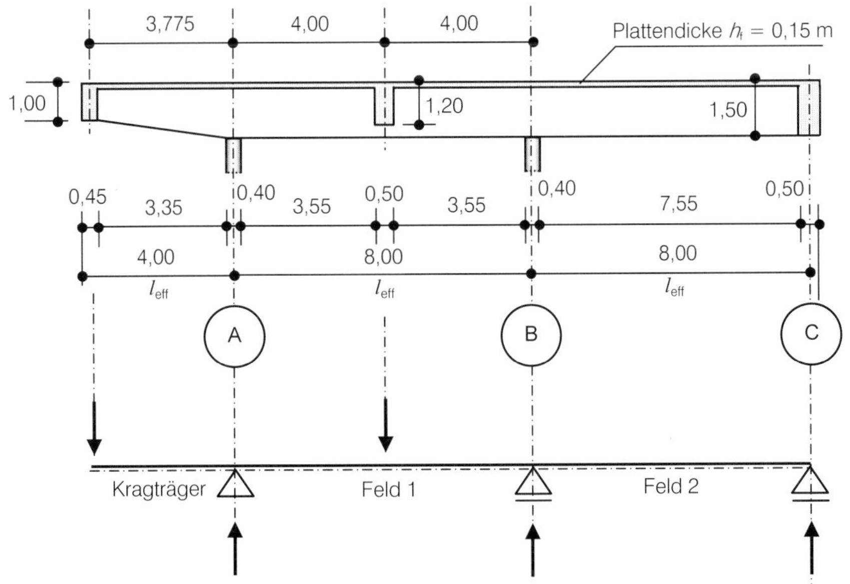

h_f – Gurtplattendicke des Plattenbalkenquerschnitts

in Achse C:
indirekte Auflagerung des Plattenbalkens auf einem (elastischen) Querträger, für die Schnittgrößenermittlung wird jedoch vereinfacht eine vertikal unverschiebliche, frei drehbare Auflagerung angenommen.

DIN 1045-1, 7.3.1: (6)
l_{eff} = *effektive Stützweite*

Die Vorgabe der für 6 m-Deckenspannweite außergewöhnlich geringen Plattendicke von 150 mm soll die Vergleichbarkeit mit dem Beispiel 6 in [35] ermöglichen.

Regelquerschnitt:

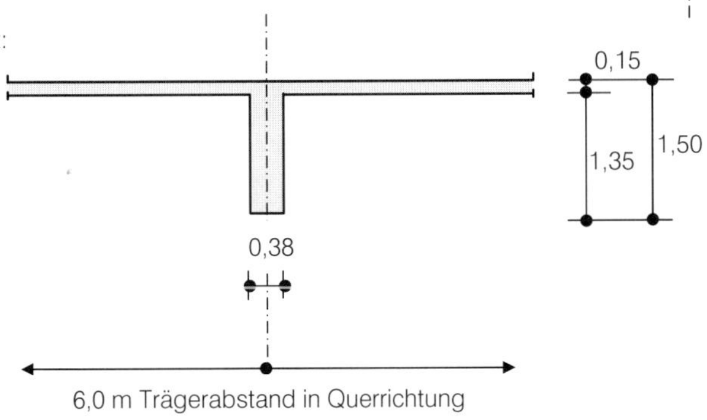

1.2 Mindestfestigkeitsklasse, Betondeckung

DIN 1045-1, 6: Sicherstellung der Dauerhaftigkeit

Expositionsklasse für Bewehrungskorrosion
infolge Karbonatisierung: → XC3
Mindestfestigkeitsklasse Beton → C20/25

DIN 1045-1, Tab. 3: Expositionsklassen
XC3 mäßige Feuchte, häufiger oder ständiger Zugang von Außenluft

Expositionsklasse für Betonangriff
infolge Frost-Tauwechsel-Angriff: → XF1
Mindestfestigkeitsklasse Beton → C25/30
Feuchtigkeitsklasse AKR: → WO

DIN 1045-1, Tab. 3: Expositionsklassen
XF1 Frost - mäßige Wassersättigung ohne Taumittel (Außenbauteile).
WO – ohne Betonkorrosion infolge Alkali-Kieselsäurereaktion (Außenbauteil ohne direkte Beregnung)

Gewählt: C25/30 XC3, XF1, WO

Die Expositionsklassen unterschiedlicher Kategorien (hier Karbonatisierung XC, Frost XF und AKR W) sind anzugeben (wichtig für die Betontechnologie nach DIN 1045-2).

Betondeckung wegen Expositionsklasse XC3: $c_{min} = 20$ mm
$\Delta c = 15$ mm
$c_{nom} = 35$ mm

DIN 1045-1, Tab. 4: Mindestbetondeckung c_{min} und Vorhaltemaß Δc in Abhängigkeit von der Expositionsklasse

Betondeckung zur Sicherstellung des Verbundes: $c_{min} \geq$ Stabdurchmesser
Längsbewehrung ∅ 25: $c_{min} = 25$ mm $\Delta c = 10$ mm $c_{nom} = 35$ mm
Längsbewehrung ∅ 20: $c_{min} = 20$ mm $\Delta c = 10$ mm $c_{nom} = 30$ mm
Bügel ∅ 10: $c_{min} = 10$ mm $\Delta c = 10$ mm $c_{nom} = 20$ mm

DIN 1045-1, 6.3: (8)
In den Fällen, in denen die Verbundbedingung maßgebend wird, ist $\Delta c = 10$ mm ausreichend.

Daraus ergibt sich das Verlegemaß der Bewehrungslagen:
Bügel ∅ 10: $c_{v,Bü}$ **= 35 mm** $= c_{nom}$
Längsbewehrung: $c_{v,l} = c_{v,Bü} + d_{s,Bü} = 35 + 10 = 45 \text{ mm} > c_{nom}$

DIN 1045-1, 6.3: (11)

(Hinweis: Betondeckung für Feuerwiderstand gemäß DIN 4102 zusätzlich beachten!)

2 Einwirkungen

2.1 Charakteristische Werte

Ständige Einwirkungen

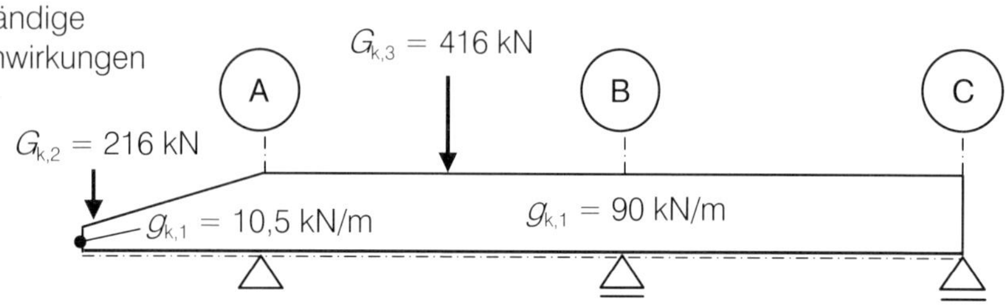

Index k = charakteristisch

Belastungen aus Überlagerung der Eigenlast, Belägen, Mauerwerk usw. sowie von Nutzlasten $q_k > 5$ kN/m² hier zusammengefasst.

Annahme:
$g_{k,1}$ und $G_{k,2}$ und $G_{k,3}$ sind voneinander unabhängig.

Veränderliche Einwirkungen

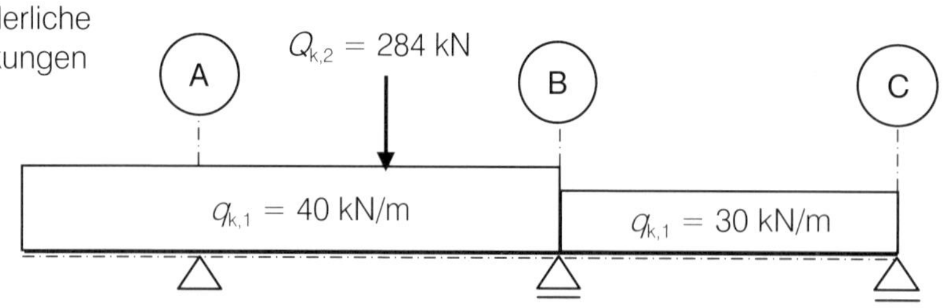

Annahme:
$q_{k,1}$ und $Q_{k,2}$ sind voneinander unabhängig.

$q_{k,1}$ kann feldweise auftreten.

Veränderliche Einwirkungen:		Kombinationsbeiwerte: $\psi_{0,i}$	$\psi_{1,i}$	$\psi_{2,i}$
Verkehrslast:	$q_{k,1}$	0,7	0,7	0,6
Sonstige:	$Q_{k,2}$	0,8	0,7	0,5

Grundlagen der Tragwerksplanung:
DIN 1055-100, Tab. A.2, Hochbauten:
Im Beispiel angenommen:
Verkehrslast mit Fahrzeugen $Q_k \leq 30$ kN
Sonstige Einwirkungen: ggf. mit dem Bauherrn bzw. der Bauaufsichtsbehörde abstimmen.

2.2 Bemessungswerte in den Grenzzuständen der Tragfähigkeit

Teilsicherheitsbeiwerte in den Grenzzuständen der Tragfähigkeit:

Einwirkungen	günstig	ungünstig
• ständige	$\gamma_G = 1{,}0$	$\gamma_G = 1{,}35$
• veränderliche	$\gamma_Q = 0$	$\gamma_Q = 1{,}50$

DIN 1045-1, 5.3.3, Tab. 1: Teilsicherheitsbeiwerte für die Einwirkungen auf Tragwerke

DIN 1055-100, 9.4: Kombinationsregeln für Einwirkungen, Tab. 2: Ständige und vorübergehende Bemessungssituation: hier für i = 1 als vorherrschende Einwirkung und i > 1 alle weiteren veränderlichen Einwirkungen.

Allgemeine Grundkombination:

$E_d = \gamma_G \cdot G_k + \gamma_{Q,1} \cdot Q_{k,1} + \Sigma(\gamma_{Q,i} \cdot \psi_{0,i} \cdot Q_{k,i})$

2.2.1 Bemessungswerte der 1. Grundkombination

vorherrschende Einwirkung: $Q_{k,1}$.

$E_{d,1} = \gamma_G \cdot G_k + \gamma_{Q,1} \cdot Q_{k,1} + \gamma_{Q,2} \cdot \psi_{0,2} \cdot Q_{k,2}$

Einwirkung charakteristisch	günstig γ_F	günstig Bemessungswert	ungünstig γ_F	$\psi_{0,i}$	ungünstig Bemessungswert
ständig:					
$g_{k,1}$ = 90,0 kN/m	1,00	**90,0 kN/m**	1,35		**121,5 kN/m**
$g_{k,1}$ = 10,5 kN/m	1,00	**10,5 kN/m**	1,35		**14,2 kN/m**
$G_{k,2}$ = 216,0 kN	1,00	**216,0 kN**	1,35		**291,6 kN**
$G_{k,3}$ = 416,0 kN	1,00	**416,0 kN**	1,35		**561,6 kN**
veränderlich:					
$q_{k,1}$ = 40,0 kN/m	0	**0**	1,50		**60,0 kN/m**
$q_{k,1}$ = 30,0 kN/m	0	**0**	1,50		**45,0 kN/m**
$Q_{k,2}$ = 284,0 kN	0	**0**	1,50	0,8	**340,8 kN**

Obwohl nicht unbedingt erforderlich, werden in diesem Beispiel die günstigen ständigen Einwirkungen bei der Überlagerung der Schnittgrößen berücksichtigt.

DIN 1045-1, 8.2: Linear-elastische Berechnung (4) *Bei nicht vorgespannten Durchlaufträgern und -platten des Hochbaus brauchen, mit Ausnahme des Nachweises der Lagesicherheit nach DIN 1055-100, Bemessungssituationen mit günstigen ständigen Einwirkungen nicht berücksichtigt werden, wenn die Konstruktionsregeln für die Mindestbewehrung eingehalten werden.*

DIN 1045-1, 5.3.3: (5) γ_G *darf bei durchlaufenden Balken für ein und dieselbe unabhängige ständige Einwirkung in allen Feldern konstant angenommen werden.*

2.2.2 Bemessungswerte der 2. Grundkombination

vorherrschende Einwirkung: $Q_{k,2}$

$E_{d,2} = \gamma_G \cdot G_k + \gamma_{Q,2} \cdot Q_{k,2} + \gamma_{Q,1} \cdot \psi_{0,1} \cdot Q_{k,1}$

Einwirkung charakteristisch	günstig γ_F	günstig Bemessungswert	ungünstig γ_F	$\psi_{0,i}$	ungünstig Bemessungswert
ständig:					
$g_{k,1}$ = 90,0 kN/m	1,00	**90,0 kN/m**	1,35		**121,5 kN/m**
$g_{k,1}$ = 10,5 kN/m	1,00	**10,5 kN/m**	1,35		**14,2 kN/m**
$G_{k,2}$ = 216,0 kN	1,00	**216,0 kN**	1,35		**291,6 kN**
$G_{k,3}$ = 416,0 kN	1,00	**416,0 kN**	1,35		**561,6 kN**
veränderlich:					
$q_{k,1}$ = 40,0 kN/m	0	**0**	1,50	0,7	**42,0 kN/m**
$q_{k,1}$ = 30,0 kN/m	0	**0**	1,50	0,7	**31,5 kN/m**
$Q_{k,2}$ = 284,0 kN	0	**0**	1,50		**426,0 kN**

Es sind alle möglichen Grundkombinationen zu untersuchen, es sei denn:
DIN 1055-100, 9.4: (5) die für die Bemessung maßgebende Kombination (vorherrschende, unabhängige, veränderliche Einwirkung) ist ohne weiteres ersichtlich, oder
DIN 1055-100, A.4: es werden die vereinfachten Kombinationsregeln für Hochbauten nach DIN 1055-100, A.4 angewandt.

2.3 Repräsentative Werte in den Grenzzuständen der Gebrauchstauglichkeit

seltene Einwirkungskombination:

$E_{rare} = G_k + Q_{k,1} + \Sigma \psi_{0,i} \cdot Q_{k,i}$

häufige Einwirkungskombination:

$E_{frequ} = G_k + \psi_{1,1} \cdot Q_{k,1} + \Sigma \psi_{2,i} \cdot Q_{k,i}$

quasi-ständige Einwirkungskombination:

$E_{perm} = G_k + \psi_{2,1} \cdot Q_{k,1} + \Sigma \psi_{2,i} \cdot Q_{k,i}$

DIN 1055-100, 10.4: Kombinationsregeln für Einwirkungen, Tab. 3: seltene, häufige und quasi-ständige Einwirkungskombination: hier für i = 1 als vorherrschende Einwirkung und i > 1 alle weiteren veränderlichen Einwirkungen.

DIN 1055-100, 10.3: Bemessungssituationen
(1) Die Bemessungssituationen im Grenzzustand der Gebrauchstauglichkeit werden wie folgt eingeteilt:
- seltene Situationen mit nicht umkehrbaren (bleibenden) Auswirkungen auf das Tragwerk,
- häufige Situationen mit umkehrbaren (nicht bleibenden) Auswirkungen auf das Tragwerk,
- quasi-ständige Situationen mit Langzeitauswirkungen auf das Tragwerk.

Bemessungswerte der seltenen Einwirkungskombination

wird für die Begrenzung der Betonstahlspannungen nach DIN 1045-1, 11.1.3 benötigt.

Kombinationsbeiwerte $\psi_{0,i}$ siehe 2.1

Vorherrschende Einwirkung: $Q_{k,1}$ $E_{rare} = G_k + Q_{k,1} + \psi_{0,2} \cdot Q_{k,2}$			Vorherrschende Einwirkung: $Q_{k,2}$ $E_{rare} = G_k + Q_{k,2} + \psi_{0,1} \cdot Q_{k,1}$		
Einwirkung charakteristisch	$\psi_{0,i}$	Bemessungswert	Einwirkung charakteristisch	$\psi_{0,i}$	Bemessungswert
ständig:			ständig:		
$g_{k,1} = 90{,}0$ kN/m		**90,0 kN/m**	$g_{k,1} = 90{,}0$ kN/m		**90,0 kN/m**
$g_{k,1} = 10{,}5$ kN/m		**10,5 kN/m**	$g_{k,1} = 10{,}5$ kN/m		**10,5 kN/m**
$G_{k,2} = 216{,}0$ kN		**216,0 kN**	$G_{k,2} = 216{,}0$ kN		**216,0 kN**
$G_{k,3} = 416{,}0$ kN		**416,0 kN**	$G_{k,3} = 416{,}0$ kN		**416,0 kN**
veränderlich:			veränderlich:		
$q_{k,1} = 40{,}0$ kN/m		**40,0 kN/m**	$q_{k,1} = 40{,}0$ kN/m	0,7	**28,0 kN/m**
$q_{k,1} = 30{,}0$ kN/m		**30,0 kN/m**	$q_{k,1} = 30{,}0$ kN/m	0,7	**21,0 kN/m**
$Q_{k,2} = 284{,}0$ kN	0,8	**227,2 kN**	$Q_{k,2} = 284{,}0$ kN		**284,0 kN**

Die häufige Einwirkungskombination wird in diesem Beispiel nicht benötigt.

Bemessungswerte der quasi-ständigen Einwirkungskombination

Wird für die Begrenzung der Betondruckspannungen nach DIN 1045-1, 11.1.2 und für den Nachweis der Rissbreitenbeschränkung nach DIN 1045-1, 11.2.3 benötigt.

Vorherrschende Einwirkung: $Q_{k,1}$ oder $Q_{k,2}$

$E_{perm} = G_k + \psi_{2,1} \cdot Q_{k,1} + \psi_{2,2} \cdot Q_{k,2}$

Kombinationsbeiwerte $\psi_{2,i}$ siehe 2.1

Einwirkung charakteristisch	$\psi_{2,i}$	Bemessungswert
ständig:		
$g_{k,1} = 90{,}0$ kN/m		**90,0 kN/m**
$g_{k,1} = 10{,}5$ kN/m		**10,5 kN/m**
$G_{k,2} = 216{,}0$ kN		**216,0 kN**
$G_{k,3} = 416{,}0$ kN		**416,0 kN**
veränderlich:		
$q_{k,1} = 40{,}0$ kN/m	0,6	**24,0 kN/m**
$q_{k,1} = 30{,}0$ kN/m	0,6	**18,0 kN/m**
$Q_{k,2} = 284{,}0$ kN	0,5	**142,0 kN**

3 Schnittgrößenermittlung

3.1 Grenzzustände der Tragfähigkeit

Linear-elastische Schnittgrößenermittlung ohne Umlagerung:

DIN 1045-1, 8.2

Die Schnittgrößenermittlung erfolgt auf der Basis der Elastizitätstheorie und der Biegesteifigkeit des Zustandes I. Der Einfluss der unterschiedlichen mitwirkenden Plattenbreiten (und damit Biegesteifigkeiten) in den Feldern 1 und 2 ist gering und wird hier vernachlässigt.

Biegemomente und Querkräfte infolge der charakteristischen Einwirkungen:

Zeile	Einwirkungen	Biegemomente (kNm)	Querkräfte (kN)
1	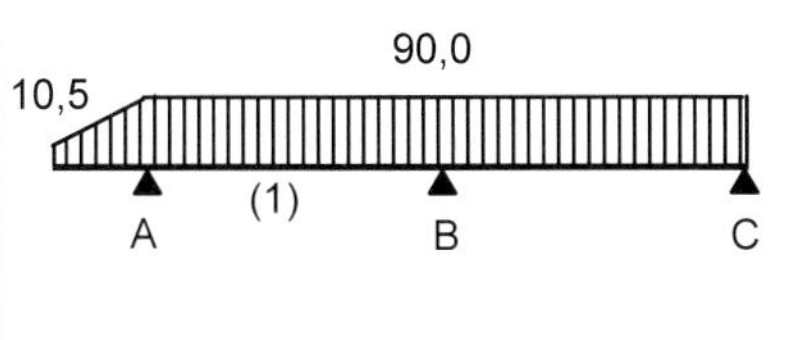	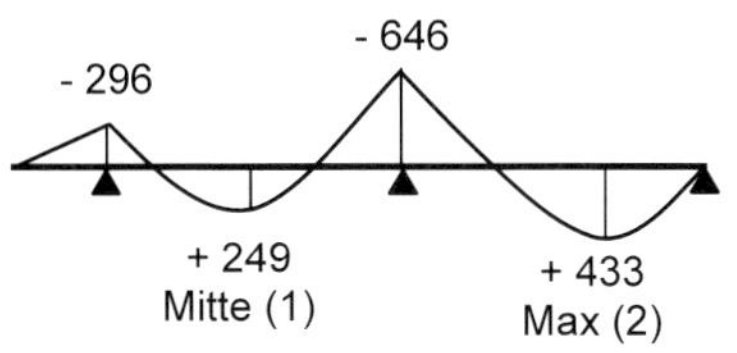	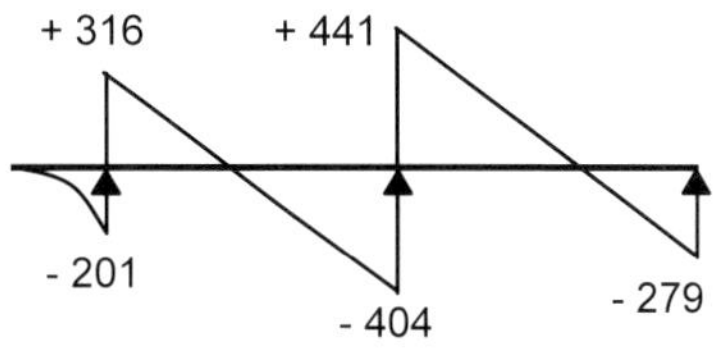
2	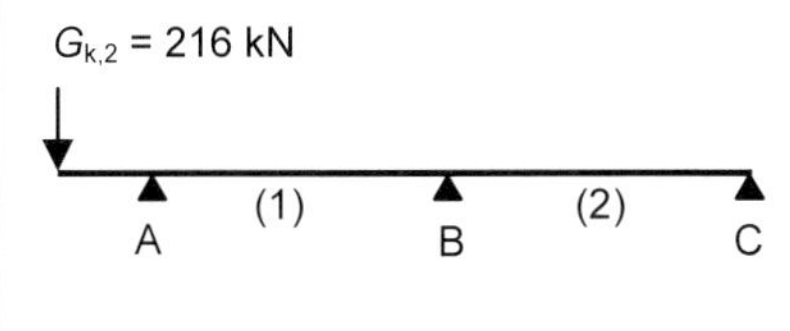	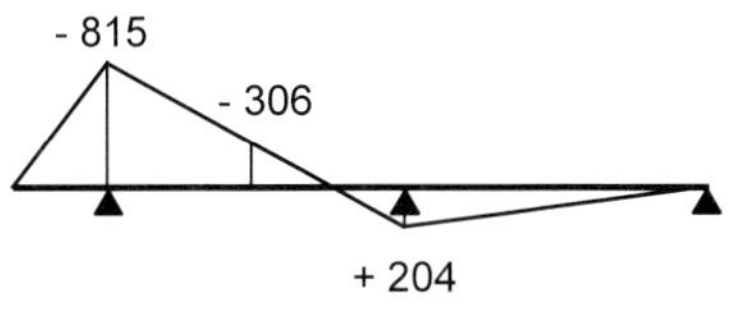	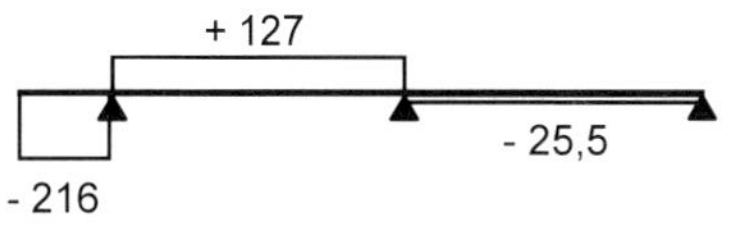
3	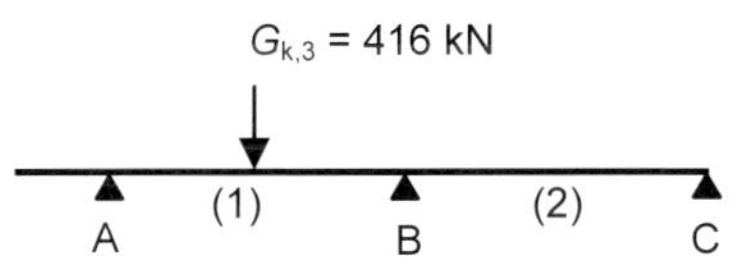	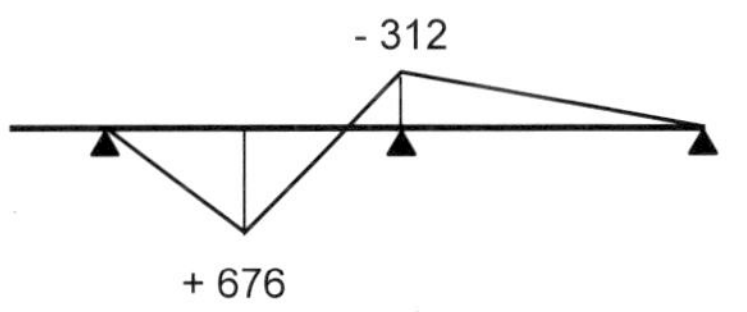	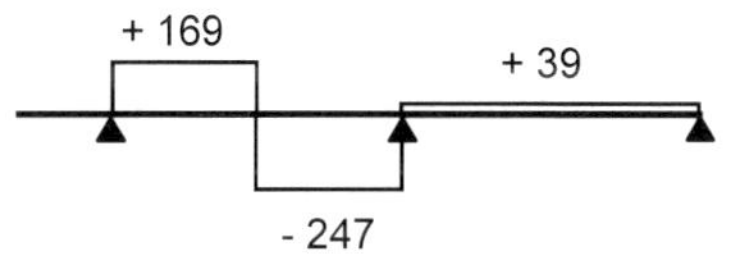
4	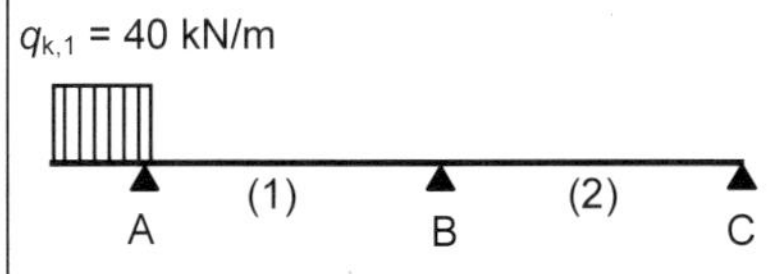	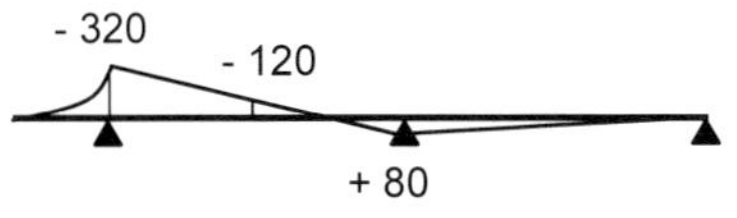	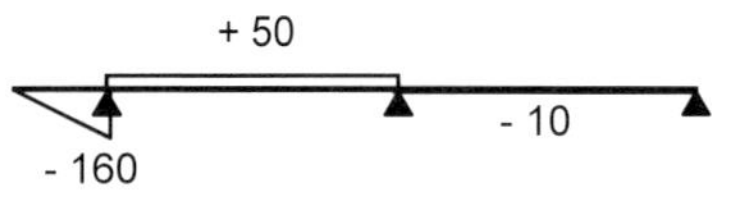
5	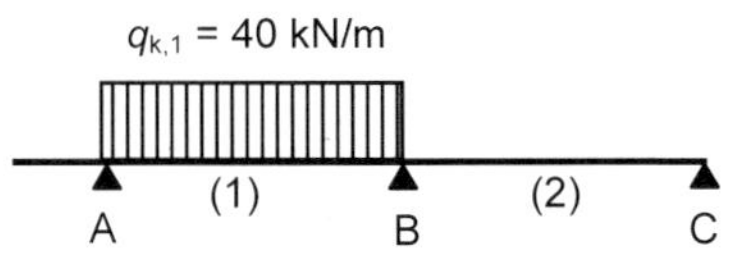	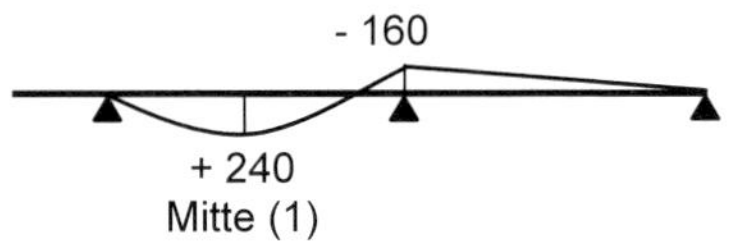	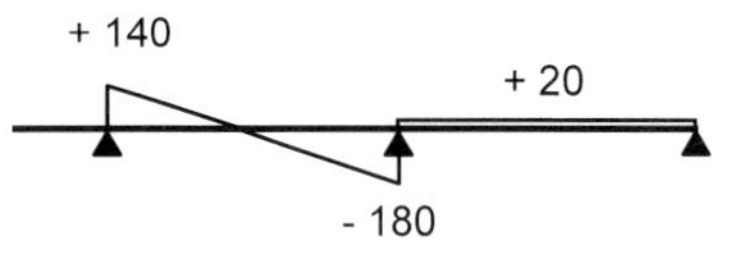
6	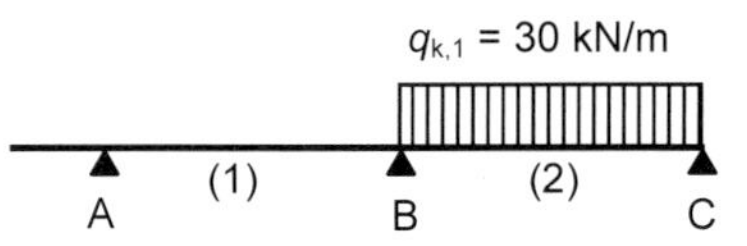	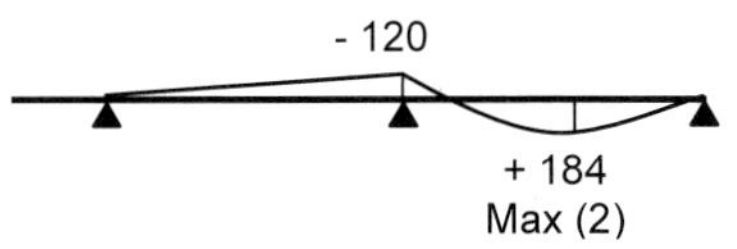	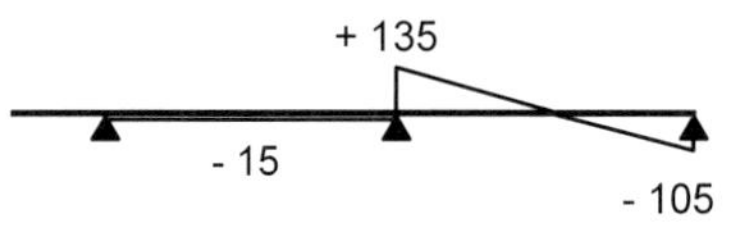
7	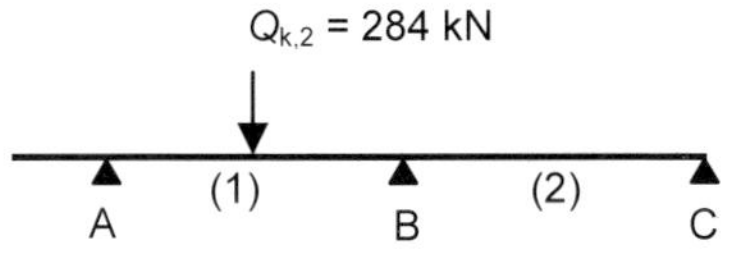	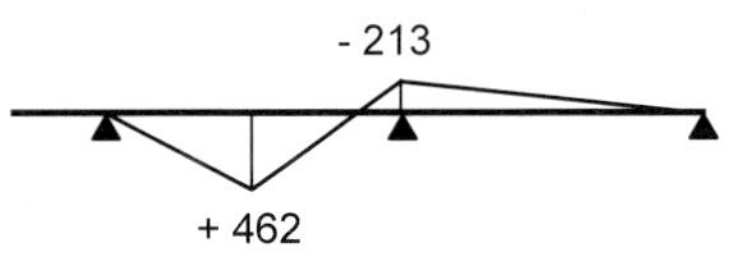	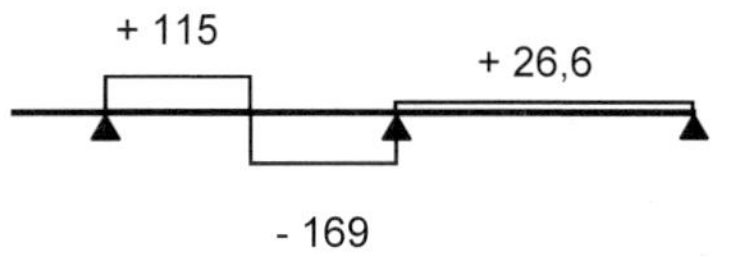

Überlagerung der Schnittgrößen auf der Basis

- der Bemessungswerte der Einwirkungen (siehe 2.2) und
- der Schnittgrößen für die charakteristischen Einwirkungen (multipliziert mit Proportionalitätsfaktoren G_d / G_k bzw. Q_d / Q_k) :

Z.	Einwirkungen:		Biegemomente (kNm): $M_{Ed,A}$	$M_{Ed,B}$	$M_{Ed,F1}$	Querkräfte (kN): $V_{Ed,Ali}$	$V_{Ed,Are}$	$V_{Ed,F1li}$	$V_{Ed,F1re}$	$V_{Ed,Bli}$	$V_{Ed,Bre}$	$V_{Ed,C}$
1	$g_{d,1}$ günstig	90,0 kN/m 10,5 kN/m	-296,0	-646,0	+249,0	-201,0	+316,3	**-43,8**	-43,8	-403,8	440,8	-279,3
2	$g_{d,1}$ ungünstig	121 kN/m 14,2 kN/m	**-399,6**	**-872,1**	**+336,2**	**-271,4**	**+427,0**	-59,1	**-59,1**	**-545,1**	**595,1**	**-377,1**
3	$G_{d,2}$ günstig	216,0 kN	-815,4	**+203,9**	**-305,8**	-216,0	+127,0	+127,0	**+127,0**	**+127,0**	**-25,5**	-25,5
4	$G_{d,2}$ ungünstig	291,6 kN	**-1100,8**	+275,3	-412,8	**-291,6**	**+171,5**	**+171,5**	+171,5	+171,5	-34,4	**-34,4**
5	$G_{d,3}$ günstig	416,0 kN	0	-312,0	+676,0	0	+169,0	+169,0	-247,0	-247,0	+39,0	**+39,0**
6	$G_{d,3}$ ungünstig	561,6 kN	**0**	**-421,2**	**+912,6**	**0**	**+228,2**	**+228,2**	**-333,5**	**-333,5**	**+52,7**	+52,7
7	$q_{d,1}$ Krag 1. Komb.	60,0 kN/m	**-480,0**	+120,0	-180,0	**-240,0**	**+75,0**	+75,0	+75,0	+75,0	-15,0	**-15,0**
8	$q_{d,1}$ Krag 2. Komb	42,0 kN/m	-336,0	+84,0	-126,0	-168,0	+52,5	**+52,5**	+52,5	+52,5	-10,5	-10,5
9	$q_{d,1}$ (1) 1. Komb.	60,0 kN/m	0	**-240,0**	+360,0	0	**+210,0**	-30,0	-30,0	**-270,0**	**+30,0**	+30,0
10	$q_{d,1}$ (1) 2. Komb	42,0 kN/m	0	-168,0	**+252,0**	0	+147,0	-21,0	**-21,0**	-189,0	+21,0	+21,0
11	$q_{d,1}$ (2) 1. Komb.	45,0 kN/m	0	**-180,0**	-90,0	0	-22,5	-22,5	-22,5	**-22,5**	**+202,5**	**-157,5**
12	$q_{d,1}$ (2) 2. Komb	31,5 kN/m	0	-126,0	-63,0	0	-15,8	-15,8	**-15,8**	-15,8	+141,8	-110,3
13	$Q_{d,2}$ 1. Komb.	340,8 kN	0	**-255,6**	+553,8	0	**+138,5**	+138,5	-202,3	**-202,3**	**+31,9**	+31,9
14	$Q_{d,2}$ 2. Komb.	426,0 kN	0	-319,5	**+692,3**	0	+173,1	**+173,1**	**-252,9**	-252,9	+39,9	+39,9
15	Extrem-Wert		-1980	-1765	+1887	-803	+1250	+581	-555	-1246	+887	-545

Die Bemessungswerte der günstig wirkenden veränderlichen Einwirkungen sind gleich 0 (wegen $\gamma_Q = 0$) und deshalb in der Überlagerungstabelle nicht enthalten.

Die ständigen Einwirkungen $g_{d,1}$ sind in allen Feldern des Durchlaufträgers mit gleichen γ_G (entweder günstig oder ungünstig) angesetzt worden, da der Einfluss evtl. Eigengewichtsschwankungen auf die Schnittkräfte gering ist.

Für die Ermittlung der Auflagerkräfte, insbesondere für den Nachweis der Lagesicherheit nach DIN 1055-100, sind bei der Überlagerung ggf. stabweise unterschiedliche Teilsicherheitsbeiwerte auch für die ständigen Einwirkungen anzusetzen. Die Empfindlichkeit angeschlossener, lastabtragender Bauteile (z. B. knickgefährdeter Stützen) gegenüber oberen und unteren Grenzwerten der Auflagerkräfte ist zu beachten.

Ermittlung von max $M_{Ed,F2}$ im Feld 2 aus max $V_{Ed,C}$ = 545 kN:

$$M_{Ed,F2} = 0{,}5 \cdot V^2_{Ed,C} / (g_{d,1} + q_{d,1})$$
$$M_{Ed,F2} = 0{,}5 \cdot 545^2 / (121{,}0 + 45{,}0)$$
$$= +895 \text{ kNm}$$

Bei der Extremwertermittlung sind die jeweiligen Grundkombinationen mit einer Leiteinwirkung (entweder/oder) zu beachten.

Günstige ständige Einwirkungen dürften hier (Durchlaufträger Hochbau ohne Vorspannung) auch ganz vernachlässigt werden, siehe DIN 1045-1, 8.2: (4)

DIN 1045-1, 5.3.3: (5) γ_G *darf bei durchlaufenden Balken für ein und dieselbe unabhängige ständige Einwirkung in allen Feldern konstant angenommen werden.*

DIN 1055-100, 9.5: (3) Wenn die Ergebnisse eines Nachweises sehr empfindlich gegenüber Änderungen der Größe der ständigen Last auf einem Tragwerk sein können, müssen die ungünstig und die günstig wirkenden Anteile dieser Einwirkung getrennt als unabhängige Einwirkungen betrachtet werden (insbesondere beim Nachweis der Lagesicherheit).

Ermittlung der Querkraftnullstelle im Feld 2 (Abstand links von Auflager C) mit den der Überlagerung zugrunde liegenden Bemessungswerten der Einwirkungen $g_{d,1}$ und $q_{d,1}$ aus der Tabelle Z. 2 und Z. 11

3.2 Grenzzustände der Gebrauchstauglichkeit

Überlagerung der Schnittgrößen auf der Basis

- der Bemessungswerte der Einwirkungen (siehe 2.3) und
- der Schnittgrößen für die charakteristischen Einwirkungen (siehe 3.1, multipliziert mit den Proportionalitätsfaktoren G_d / G_k bzw. Q_d / Q_k):

seltene Einwirkungskombination

Für den Nachweis der Betonstahlspannungen nach DIN 1045-1, 11.1.3 ist die seltene Einwirkungskombination zu bestimmen. Dazu werden hier nur die extremalen Biegemomente angegeben.

Z.		Einwirkungen E_{rare} mit Leiteinwirkung $Q_{d,1}$:	$M_{rare,A}$	$M_{rare,B}$	$M_{rare,F1}$	Einwirkungen E_{rare} mit Leiteinwirkung $Q_{d,2}$:	$M_{rare,A}$	$M_{rare,B}$	$M_{rare,F1}$
1	$g_{rare,1}$	90,0 kN/m 10,5 kN/m	-296,0	-646,0	+249,0	90,0 kN/m 10,5 kN/m	-296,0	-646,0	+249,0
2	$G_{rare,2}$	216,0 kN	-815,4	+203,9	-305,8	216,0 kN	-815,4	+203,9	-305,8
3	$G_{rare,3}$	416,0 kN	0	-312,0	+676,0	416,0 kN	0	-312,0	+676,0
4	$q_{1,rare}$ Kragträger	40,0 kN/m	-320,0	+80,0	-120,0	28,0 kN/m	-224,0	+56,0	-84,0
5	$q_{1,rare}$ Feld (1)	40,0 kN/m	0	-160,0	+240,0	28,0 kN/m	0	-112,0	+168,0
6	$q_{1,rare}$ Feld (2)	30,0 kN/m	0	-120,0	-60,0	21,0 kN/m	0	-84,0	-42,0
7	$Q_{2,rare}$	227,2 kN	0	-170,4	+369,2	284,0 kN	0	-213,0	+461,5
8	Extrem-Wert		-1431	-1205	+1228		-1335	-1163	+1249

quasi-ständige Einwirkungskombination

Die Biegemomente der quasi-ständigen Einwirkungskombination werden für die Begrenzung der Betondruckspannungen nach DIN 1045-1, 11.1.2 und für den Nachweis der Rissbreitenbeschränkung nach DIN 1045-1, 11.2.3 benötigt.

Z.	Einwirkungen:		Biegemomente (kNm): $M_{perm,A}$	$M_{perm,B}$	$M_{perm,F1}$	(kN) $V_{perm,Ali}$
1	$g_{perm,1}$	90,0 kN/m 10,5 kN/m	-296,0	-646,0	+249,0	-201,0
2	$G_{perm,2}$	216,0 kN	-815,4	+203,9	-305,8	-216,0
3	$G_{perm,3}$	416,0 kN	0	-312,0	+676,0	0
4	$q_{1,perm}$ Kragträger	24,0 kN/m	-192,0	+48,0	-72,0	-96,0
5	$q_{1,perm}$ Feld (1)	24,0 kN/m	0	-96,0	+144,0	0
6	$q_{1,perm}$ Feld (2)	18,0 kN/m	0	-72,0	-36,0	0
7	$Q_{2,perm}$	142,0 kN	0	-106,5	+230,8	0
8	Extrem-Wert		-1303	-1029	+994	-513

3.3 Schnittgrößenumlagerung über Auflager B

DIN 1045-1, 8.3: Die linear-elastische Berechnung mit Umlagerung darf zur Ausnutzung von Systemreserven statisch unbestimmter Systeme eingesetzt werden.

Annahme für 15 % Momentenumlagerung: $\delta = 0{,}85$
Wird bei der Bemessung überprüft!

$M_{Ed',B} = M_{Ed,B} \cdot \delta = -1765 \cdot 0{,}85$ $= \mathbf{-1500\ kNm}$

DIN 1045-1, 8.3: (3) Durchlaufträger bis C50/60 mit vorh $l_1 / l_2 = 8\ m / 8\ m = 1{,}0$ und normalduktilem Stahl:
Gl. (14): $\delta \geq 0{,}64 + 0{,}8\ x_d / d \geq 0{,}85$
δ = Verhältnis des umgelagerten zum Ausgangsmoment

Sicherstellung des Gleichgewichts in allen betroffenen Grundkombinationen:

DIN 1045-1, 8.3: (1) Schnittgrößen und Lasten müssen sich auch nach der Umlagerung im Gleichgewicht befinden.

→ Grundkombination 1 mit $Q_{k,1}$ als vorherrschender Einwirkung

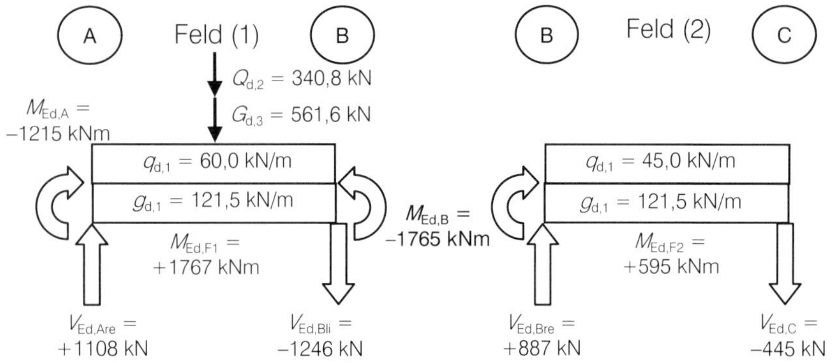

Felder 1 und 2 freigeschnitten.
maßgebliche Einwirkungskombination, die zu min $M_{Ed,B}$ führt (siehe 3.1).

max $M_{F,2}$ an Querkraftnullstelle:
$x_{Q=0} = V_{Ed,C} / (g+q)$
max $M_{F,2} = V_{Ed,C} \cdot x - (g+q) \cdot x^2 / 2$
max $M_{F,2} = 0{,}5 \cdot V_{Ed,C}^2 / (g+q)$

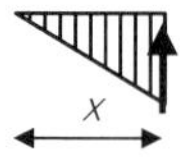

+ Umlagerungsmoment: $\Delta M = 1765 - 1500 = 265$ kNm

$\Delta M = M_{Ed,B} - M_{Ed',B}$

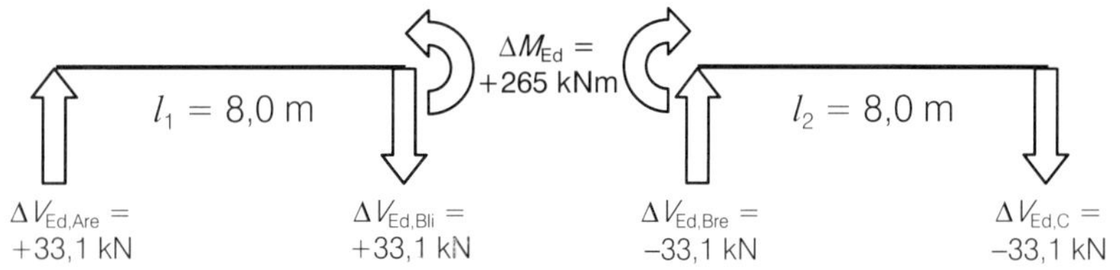

= Gleichgewicht nach Überlagerung:

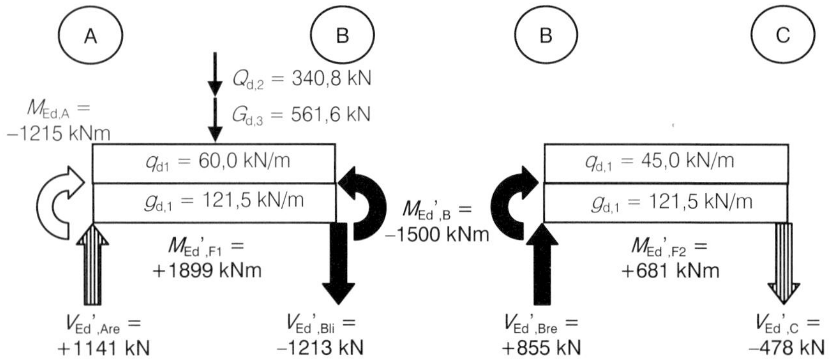

Veränderte Schnittgrößen: fett gedruckt.

Für die Bemessung werden relevant:
$M_{Ed',B}$ = –1500 kNm
$V_{Ed',Bli}$ = –1213 kN, aus max $V_{Ed,Bli}$ = –1246 kN
$V_{Ed',Bre}$ = +855 kN, aus max $V_{Ed,Bre}$ = +887 kN

da max $V_{Ed,B}$ der Überlagerungstabelle (siehe 3.1) ohne Umlagerung aus der 1. Grundkombination stammt.
Die anderen Schnittkräfte $V_{Ed',Are}$ und $V_{Ed',C}$ sind geringer als die aus der Überlagerungstabelle mit anderen Lastfallkombinationen.

→ Grundkombination 2 mit $Q_{k,2}$ als vorherrschender Einwirkung

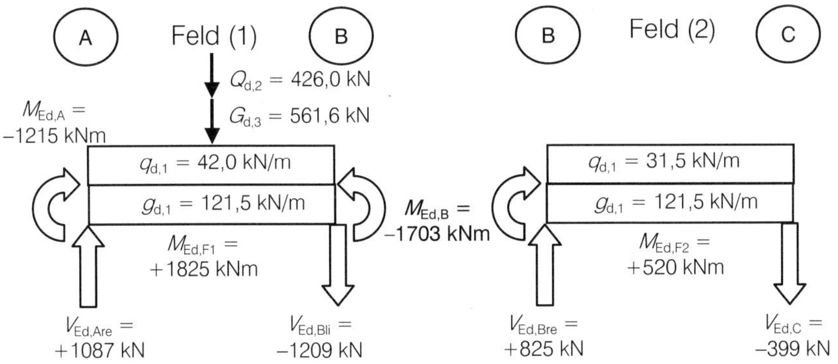

DIN 1045-1, 8.3: (1) Schnittgrößen und Lasten müssen sich auch nach der Umlagerung im Gleichgewicht befinden.

Felder 1 und 2 freigeschnitten.
maßgebliche Einwirkungskombination, die zu min $M_{Ed,B}$ führt (siehe 3.1).

max $M_{F,2}$ an Querkraftnullstelle:
$x_{Q=0} = V_{Ed,C} / (g+q)$
max $M_{F,2} = V_{Ed,C} \cdot x - (g+q) \cdot x^2 / 2$
max $M_{F,2} = 0{,}5 \cdot V_{Ed,C}{}^2 / (g+q)$

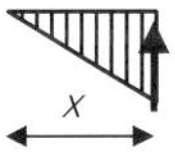

+ Umlagerungsmoment: ΔM = 1703 – 1500 = 203 kNm

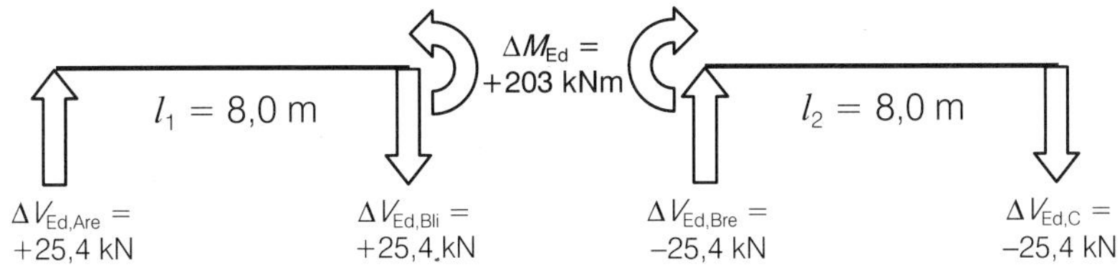

$\Delta M = M_{Ed,B} - M_{Ed,B}$

= Gleichgewicht nach Überlagerung:

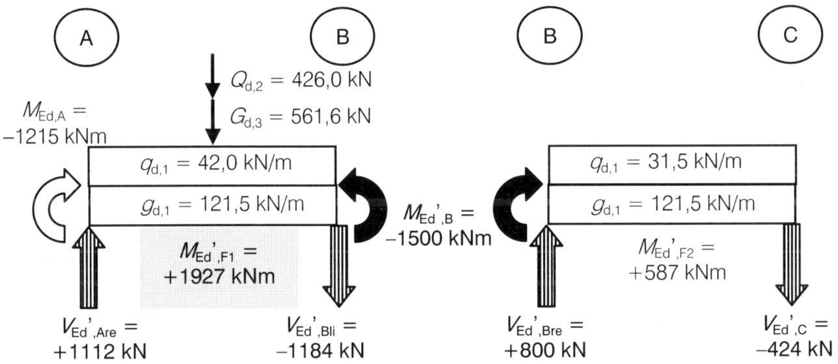

Für die Bemessung werden relevant:
$M_{Ed}'_{,B}$ = –1500 kNm
$M_{Ed}'_{,F1}$ = +1927 kNm

Die anderen Schnittkräfte V sind geringer als die aus der Überlagerungstabelle mit anderen Lastfallkombinationen.

3.4 Mindestbemessungsmomente an den Auflageranschnitten

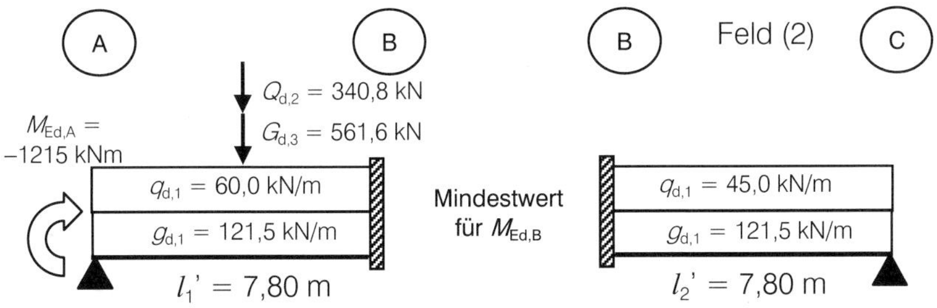

Balken und Auflager sind monolithisch verbunden.
DIN 1045-1, 7.3.2: (3) bzw. 8.2: (5)
Bei monolithischer Verbindung von Balken und Auflager soll das Bemessungsmoment am Auflageranschnitt ≥ 65 % des Momentes bei Volleinspannung am Auflagerrand sein.

Auf der sicheren Seite liegend wird das Mindestmoment mit der Stützweite von Auflageranschnitt B zu den Achsen A bzw. C unter Berücksichtigung des Kragträgermomentes bei A ermittelt (siehe 1.1)
$l_1' = l_2' = l_{eff} - a/2 = 8{,}0 - 0{,}40 / 2 = 7{,}80$ m

Mindestwert des Bemessungsmomentes im Anschnitt am Auflager B:

$$\min M_{Ed,B} = -0{,}65 \cdot [0{,}5\ M_{Ed,A} + (g_{d,1} + q_{d,1})\ l_1'^2 / 8 + 3\ (G_{d,3} + Q_{d,2})\ l_1' / 16]$$
$$= -0{,}65 \cdot [0{,}5 \cdot (-1215) + 181{,}5 \cdot 7{,}80^2 / 8 + 3 \cdot 902{,}4 \cdot 7{,}80 / 16]$$
$$= -\mathbf{1360\ kNm}$$

Felder 1 und 2 freigeschnitten.
maßgebliche Einwirkungskombination, die zu min $M_{Ed,B}$ führt (siehe 3.1).

Vergleich mit dem Bemessungsmoment am Anschnitt siehe 4.2.2!

4 Bemessung in den Grenzzuständen der Tragfähigkeit

4.1 Bemessungswerte der Baustoffe

Teilsicherheitsbeiwerte in den Grenzzuständen der Tragfähigkeit:

- Beton < C55/67 $\gamma_c = 1{,}50$
- Betonstahl $\gamma_s = 1{,}15$

DIN 1045-1, 5.3.3: Tab. 2: Teilsicherheitsbeiwerte für die Bestimmung des Tragwiderstands ständige und vorübergehende Bemessungssituation (Normalfall)

Beton C25/30: $f_{ck} = 25$ N/mm²
$f_{cd} = 0{,}85 \cdot 25 / 1{,}50$ = **14,2 N/mm²**

DIN 1045-1, Tab. 9: Festigkeits- und Formänderungskennwerte von Normalbeton

DIN 1045-1, 9.1.6: (2) Abminderung mit $\alpha = 0{,}85$ berücksichtigt Langzeitwirkung

Betonstahl BSt 500 S (A): $f_{yk} = 500$ N/mm²
$f_{yd} = 500 / 1{,}15$ = **435 N/mm²**

DIN 1045-1, Tab. 11: Eigenschaften der Betonstähle

4.2 Bemessung für Biegung

4.2.1 Auflager A

$M_{Ed,A} = -1980$ kNm

siehe 3.1

Als Bemessungswert darf das Moment am Auflagerrand zugrunde gelegt werden:

DIN 1045-1, 7.3.2: (3) *Bei monolithischer Verbindung von Balken und Auflager darf das Bemessungsmoment am Auflageranschnitt zugrunde gelegt werden.*

$M_{Ed,A,red} \approx M_{Ed,A} - V_{Ed,Ali} \cdot a_i$

Einfluss der Belastung im Auflagerbereich vernachlässigt.
DIN 1045-1, 7.3: Bild 7: a_i

$M_{Ed,A,red} = -1980 + 803 \cdot 0{,}40 / 2 =$ **−1819 kNm**

Maßgebend: Biegebewehrung oben!

siehe 3.1: $V_{Ed,Ali} = 803$ kN < $|V_{Ed,Are}|$
Auflagerbreite: 0,40 m siehe 1.1

Nutzhöhe:

$d = h - c_{v,Bü} - d_{s,Bü} - \Sigma d_{s,f} - d_{s,l} / 2$
$= 1500 - 35 - 10 - 10 - 25 / 2 = 1430$ mm

$c_{v,Bü}$ siehe 1.2
Annahmen: Bügel $d_{s,Bü} \leq 10$ mm
Anschlussbewehrung Steg–Gurt: $d_{s,f} \leq 10$ mm auf der Längsbewehrung, siehe 4.3.4.3
Längsbewehrung Steg: $d_{s,l} \leq 25$ mm einlagig

Bemessungsquerschnitt: $b / h / d =$ **0,38 / 1,50 / 1,43 m**

Bemessung mit dimensionslosen Beiwerten:

$\mu_{Eds} = |M_{Ed,A,red}| / (b \cdot d^2 \cdot f_{cd}) = 1819 \cdot 10^{-3} / (0{,}38 \cdot 1{,}43^2 \cdot 14{,}2) = 0{,}165$

Anhang A4: Werte für $\mu_{Eds} = 0{,}165$ interpoliert:
$\omega = 0{,}182$ $\sigma_{sd} = 444{,}2$ N/mm²

Anhang A4:
Bemessungstabelle bis C50/60
Rechteckquerschnitt ohne Druckbewehrung
Biegung mit Längskraft
Bezogene Werte:
ω – mechanischer Bewehrungsgrad

erf $A_s = \omega \cdot b \cdot d \cdot f_{cd} / \sigma_{sd}$
$= 0{,}182 \cdot 38 \cdot 143 \cdot 14{,}2 / 444{,}2 =$ **31,6 cm²**

Die in dieser Beispielsammlung genutzten Bemessungshilfsmittel basieren auf der ansteigenden Spannungs-Dehnungslinie des Betonstahls nach DIN 1045-1, 9.2.4: Bild 27 mit Kurve 2.

Gewählt, obere Längsbewehrung Auflager A
Betonstahl BSt 500 S (A): 7 ∅ 25 = **34,4 cm²**
> 31,6 cm² = erf A_s

DIN 1045-1, 13.2.1: (2) Die Zugbewehrung darf bei Plattenbalken....querschnitten in der Platte höchstens auf einer Breite entsprechend der halben mitwirkenden Plattenbreite nach 7.3.1 angeordnet werden.

hier: 3 ∅ 25 im Steg, 4 ∅ 25 in der Platte

4.2.2 Auflager B

$M_{Ed,B} = -1500$ kNm

siehe 3.3

Bemessungswert ist das Moment am Auflagerrand:

$M_{Ed,B,red} \approx M_{Ed,B} - V_{Ed,Bre} \cdot a_i$
$= -1500 + 800 \cdot 0{,}40 / 2 \qquad = -1340$ kNm

DIN 1045-1, 7.3.2: (3) bzw. 8.2: (5)
Bei monolithischer Verbindung von Balken und Auflager soll das Bemessungsmoment am Auflageranschnitt ≥ 65 % des Momentes bei Volleinspannung am Auflagerrand sein.
min $M_{Ed,B} = -1360$ kNm siehe 3.4

$|M_{Ed,B,red}|$ < Mindestwert Bemessungsmoment min $|M_{Ed,B}| =$ **−1360 kNm**

Einfluss der Belastung im Auflagerbereich vernachlässigt. DIN 1045-1, 7.3.: Bild 7: a_i

Maßgebend: Biegebewehrung oben und min $|M_{Ed,B}|$!

Bemessungsquerschnitt: $b / h / d =$ **0,38 / 1,50 / 1,43 m**

siehe 3.3: Grundkombination 2
min $V_{Ed,Bre} = 800$ kN < $|V_{Ed,Bli}|$
Auflagerbreite: 0,40 m siehe 1.1
siehe 4.2.1

Bemessung mit dimensionslosen Beiwerten:

$\mu_{Eds} = |M_{Ed,B}| / (b \cdot d^2 \cdot f_{cd}) = 1360 \cdot 10^{-3} / (0{,}38 \cdot 1{,}43^2 \cdot 14{,}2) = 0{,}124$

Anhang A4: Werte für $\mu_{Eds} = 0{,}124$ interpoliert:

ω	ξ	σ_{sd}
0,133	0,165	449,7 N/mm²

Anhang A4:
Bemessungstabelle bis C50/60
Rechteckquerschnitt ohne Druckbewehrung
Biegung mit Längskraft
Bezogene Werte:
ω – mechanischer Bewehrungsgrad
ξ – Druckzonenhöhe x / d
ζ – innerer Hebelarm z / d

erf $A_s = \omega \cdot b \cdot d \cdot f_{cd} / \sigma_{sd}$
$= 0{,}133 \cdot 38 \cdot 143 \cdot 14{,}2 / 449{,}7 =$ **22,8 cm²**

Gewählt, obere Längsbewehrung Auflager B
Betonstahl BSt 500 S (A): 5 Ø 25 = **24,5 cm²**
> 22,8 cm² = erf A_s

DIN 1045-1, 13.2.1: (2) Die Zugbewehrung darf bei Plattenbalken....querschnitten in der Platte höchstens auf einer Breite entsprechend der halben mitwirkenden Plattenbreite nach 7.3.1 angeordnet werden.
Hier: gesamte Bewehrung im Balkensteg angeordnet.

Überprüfung des Umlagerungsbeiwertes δ:

min $\delta = 0{,}64 + 0{,}8 \cdot x_d / d \qquad \geq 0{,}85$
$= 0{,}64 + 0{,}8 \cdot 0{,}165 = 0{,}77 \qquad$ < vorh $\delta = 0{,}85$

DIN 1045-1, 8.3: (3) Gl. (14)
Linear-elastische Berechnung mit Umlagerung, $x_d / d = \xi$

Die Momentenumlagerung über dem Auflager B von 15 % ist zulässig!

siehe 3.3

4.2.3 Feld 1

$M_{Ed,F1} = +1927$ kNm

siehe 3.3, Grundkombination 2 nach Umlagerung

Mitwirkende Plattenbreite:

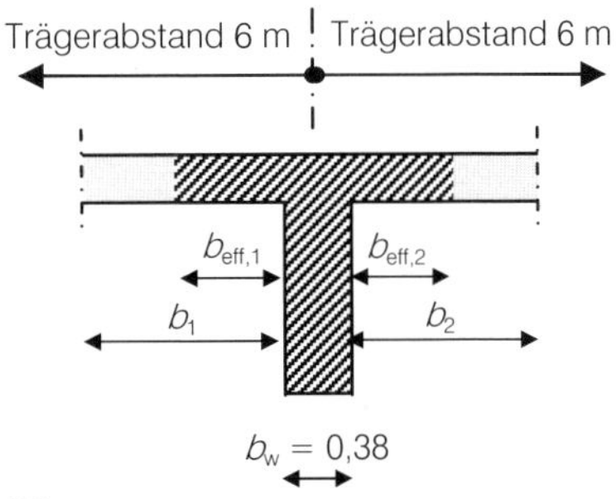

DIN 1045-1, 7.3.1: (2) *Mitwirkende Plattenbreite für Biegebeanspruchung*

$b_{eff} = \Sigma b_{eff,i} + b_w$

DIN 1045-1, 7.3.1: Gl. (8) und Gl. (9)

mit $b_{eff,i} = 0{,}2 \cdot b_i + 0{,}1 \cdot l_0$

$b_{1,2} = 0{,}5 \cdot (6{,}0 - 0{,}38) = 2{,}81$ m

$l_{0,1} = 0{,}70 \cdot l_{eff,1} = 0{,}70 \cdot 8{,}0 = 5{,}60$ m

$b_{eff,1,2} = 0{,}2 \cdot 2{,}81 + 0{,}1 \cdot 5{,}60 = 1{,}12$ m $< 0{,}2 \cdot l_0$
$< b_{1,2}$

$b_{eff} = 2 \cdot 1{,}12 + 0{,}38 =$ **2,62 m**

DIN 1045-1, 7.3.1: Bild 3: Das Feld 1 mit dem Kragträgermoment bei A wird in Analogie als Innenfeld angenommen (l_0 soll näherungsweise dem Abstand der Momentennullpunkte entsprechen). Die Abschätzung der mitwirkenden Plattenbreite setzt annähernd gleichmäßig verteilte Einwirkungen voraus. Die über die mitwirkende Plattenbreite durchlaufende Linienlast im Feld 1 schnürt diese Breite nur geringfügig ein, die Abschätzung nach Gl. (9) ist anwendbar. Bei z. B. einer Stützeneinzellast im Feld sind u. U. andere Ansätze zu treffen.

zweilagige Bewehrung

Nutzhöhe:

$$d = h - c_{v,Bü} - d_{s,Bü} - 1{,}5 \cdot d_{s,l}$$
$$= 1500 - 35 - 10 - 1{,}5 \cdot 25 = 1410 \text{ mm}$$

$c_{v,Bü}$ siehe 1.2
Annahmen: Bügel $d_{s,Bü} \leq 10$ mm
Längsbewehrung Steg: $d_{s,l} \leq 25$ mm zweilagig

Bemessungsquerschnitt:
b_f / h_f / b_w / h / d = 2,62 / 0,15 / 0,38 / 1,50 / 1,41 m

Bemessung mit Näherungsverfahren für schlanke Plattenbalken

[27] DAfStb-Heft 425: Bemessungshilfsmittel zu Eurocode 2, Teil 1, 1992 : S. 61 ff.
Bei schlanken Plattenbalken ($b_f > 5\ b_w$) kann man in der Regel die Betondruckspannungen im Steg vernachlässigen und die Lage der Resultierenden in Gurtplattenmitte bei h_f/2 annehmen.

$b_f / b_w = 2{,}62 / 0{,}38 = 6{,}9 > 5$ schlanker Plattenbalken!

$$A_s = \frac{1}{f_{yd}} \cdot \left[\frac{M_{Eds}}{z} + N_{Ed} \right]$$

[27] Gl. (6.33)

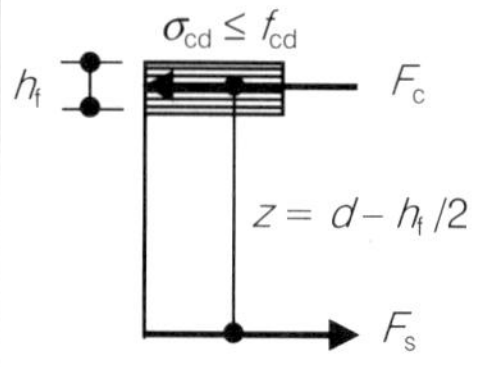

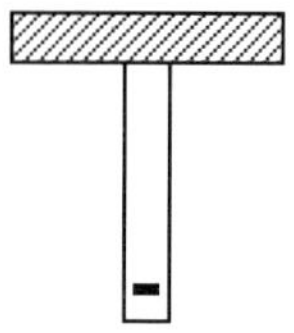

$$z = d - h_f / 2 = 1{,}41 - 0{,}15 / 2 \qquad = 1{,}34 \text{ m}$$

$$\text{erf } A_s = 10^4 \cdot [1{,}927 / 1{,}34] / 435 \qquad = \mathbf{33{,}1\ cm^2}$$

Gewählt, untere Längsbewehrung Feld 1
Betonstahl BSt 500 S (A): 7 ∅ 25 = **34,4 cm²**
> 33,1 cm² = erf A_s

c_v = 35 mm siehe 1.2
Annahmen: Bügel $d_{s,Bü} \leq 10$ mm
Längsbewehrung Steg:
2 ∅ 25 mm 2. Lage
5 ∅ 25 mm 1. Lage
Stababstand: $s = (290 - 5 \cdot 25) / 4 = 40$ mm

Überprüfung der Betondruckspannung:

Die Annahme konstanter Betondruckspannung ist gerechtfertigt bei $\varepsilon_c \geq 2$ ‰ am unteren Plattenrand, d. h. Bedingung:

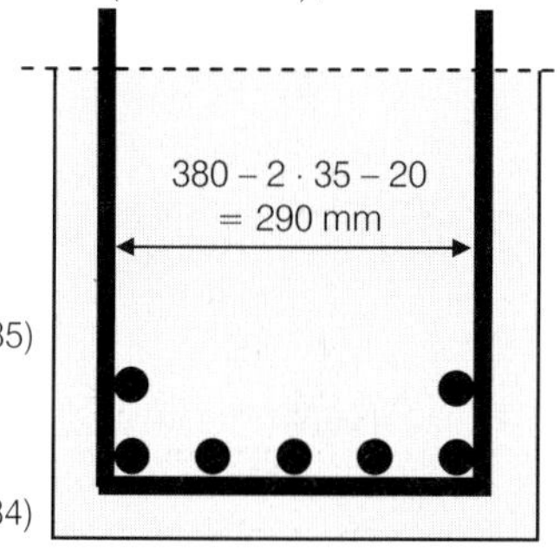

$$h_f \leq 0{,}264 d$$
$$0{,}15 \text{ m} < 0{,}264 \cdot 1{,}41 = 0{,}37 \text{ m}$$

[27] Gl. (6.35)

$$\sigma_{cd} = M_{Eds} / (z \cdot b_f \cdot h_f) \qquad \leq f_{cd}$$

[27] Gl. (6.34)

$$\sigma_{cd} = 1{,}927 / (1{,}34 \cdot 2{,}62 \cdot 0{,}15) = \mathbf{3{,}66\ MN/m^2}$$
$$< f_{cd} = 14{,}2 \text{ MN/m}^2$$

f_{cd} nach DIN 1045-1 mit $\alpha = 0{,}85$ bestimmt

4.2.4 Feld 2

$M_{Ed,F1} = +895$ kNm

siehe 3.1

Mitwirkende Plattenbreite:

DIN 1045-1, 7.3.1: (2) *Mitwirkende Plattenbreite für Biegebeanspruchung*

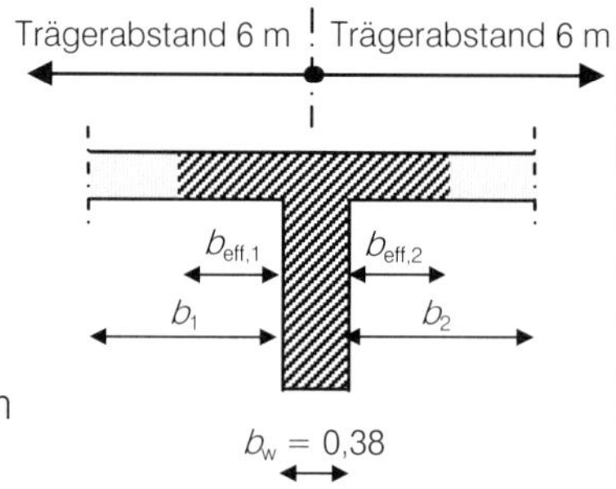

$$b_{eff} = \Sigma b_{eff,i} + b_w$$

DIN 1045-1, 7.3.1: Gl. (8)

$$\text{mit } b_{eff,i} = 0{,}2 \cdot b_i + 0{,}1 \cdot l_0$$

DIN 1045-1, 7.3.1: Gl. (9)

$$b_{1,2} = 0{,}5 \cdot (6{,}0 - 0{,}38) = 2{,}81 \text{ m}$$

$$l_{0,2} = 0{,}85 \cdot l_{eff,1} = 0{,}85 \cdot 8{,}0 = 6{,}80 \text{ m}$$

DIN 1045-1, 7.3.1: Bild 3 Endfeld

$$b_{eff,1,2} = 0{,}2 \cdot 2{,}81 + 0{,}1 \cdot 6{,}80 = 1{,}24 \text{ m} < 0{,}2 \cdot l_0$$
$$< b_{1,2}$$

$b_{eff} = 2 \cdot 1{,}24 + 0{,}38 =$ **2,86 m**

Nutzhöhe:

$$d = h - c_{v,Bü} - d_{s,Bü} - 0{,}5 \cdot d_{s,l}$$
$$= 1500 - 35 - 10 - 0{,}5 \cdot 20 = 1440 \text{ mm}$$

c_v siehe 1.2
Annahmen: Bügel $d_{s,Bü} \leq 10$ mm
Längsbewehrung Steg: $d_{s,l} \leq 20$ mm einlagig

Bemessungsquerschnitt:
$b_f / h_f / b_w / h / d$ = 2,86 / 0,15 / 0,38 / 1,50 / 1,44 m

Bemessung mit Näherungsverfahren für schlanke Plattenbalken
b_f / b_w = 2,86 / 0,38 = 7,5 > 5 schlanker Plattenbalken!

[27] DAfStb-Heft 425: Bemessungshilfsmittel zu Eurocode 2, Teil 1, 1992 : S. 61 ff.

$$A_s = \frac{1}{f_{yd}} \cdot \left[\frac{M_{Eds}}{z} + N_{Ed} \right]$$

[27] Gl. (6.33)

$z = d - h_f / 2$ = 1,44 – 0,15 / 2 = 1,365 m

erf A_s = 10^4 · [0,895 / 1,365] / 435 = **15,1 cm²**

Gewählt, untere Längsbewehrung Feld 2
Betonstahl BSt 500 S (A): 5 ∅ 20 = **15,7 cm²**
> 15,1 cm² = erf A_s

Überprüfung der Betondruckspannung:

σ_{cd} = $M_{Eds} / (z \cdot b_f \cdot h_f)$ ≤ f_{cd}
= 0,895 / (1,36 · 2,86 · 0,15) = **1,53 MN/m²**
< f_{cd} = 14,2 MN/m²

[27] Gl. (6.34)
f_{cd} nach DIN 1045-1 mit α = 0,85 bestimmt

4.3.1 Bemessung im Kragträger

Es wird hier davon ausgegangen, dass Steg und Platte in einem durchgehenden Betoniervorgang hergestellt werden. Eine Vorgabe im Schal- und Bewehrungsplan ist erforderlich. In der Praxis werden Steg und Platte oft in zwei Betonierabschnitten nacheinander hergestellt. Die dadurch entstehende Verbundfuge ist nachzuweisen (vgl. Beispiel 7) bzw. durch Verzahnung quasi-monolithisch herzustellen, wenn die für den monolithischen Querschnitt berechnete Querkraftbewehrung beibehalten werden soll.

a) Übersicht: Bauteil mit veränderlicher Höhe

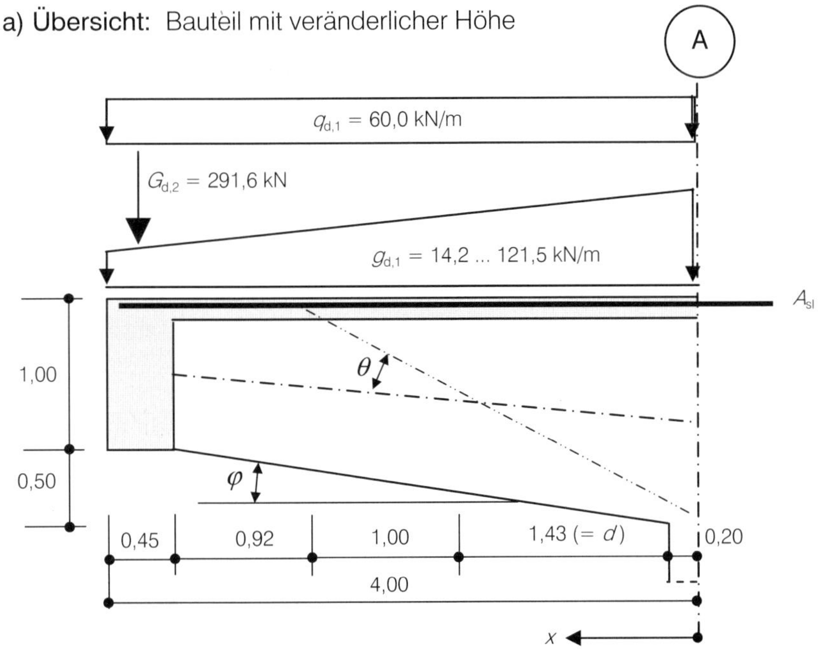

System,
Einwirkungen,
Bemessungsschnitte bei
$x_{1,2,3}$ = 1,63 / 2,63 / 3,55 m

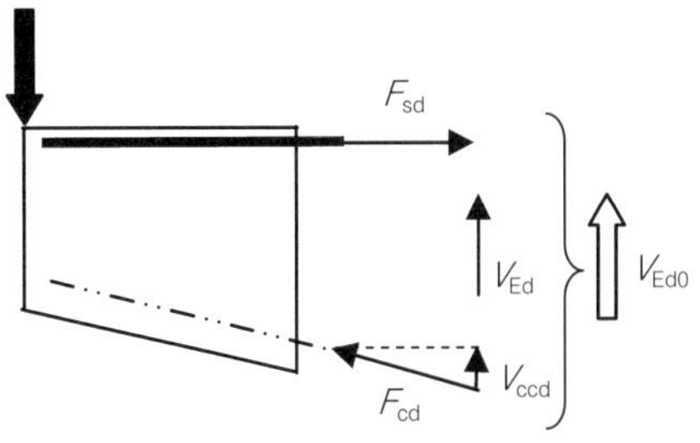

Bemessungswert der Querkraft unter Berücksichtigung des veränderlichen Hebelarms:

$V_{Ed} = V_{Ed0} - V_{ccd}$

mit

V_{Ed0} = Grundbemessungswert Querkraft im Querschnitt
V_{ccd} = Querkraftkomponente der geneigten Betondruckkraft

DIN 1045-1, 10.3.2: Gl. (69) und Bild 31
mit $V_{td} + V_{pd} = 0$

$V_{ccd} = \tan \varphi \cdot M_{Ed} / z$

$\tan \varphi = 0{,}5 / 3{,}35 = 0{,}1493$

Der Ermittlung der Querkrafttragbewehrung darf bei gleichmäßig verteilter Belastung und direkter Auflagerung die Querkraft im Abstand d vom Auflagerrand zugrunde gelegt werden.

DIN 1045-1, 10.3.2: (1)
Bemessungswert der einwirkenden Querkraft
Die Belastung wird zum Auflager hin größer (statt gleichmäßig verteilt), der größere Lastanteil wird aber direkt in das Auflager eingeleitet!

Schnitt 1: $x_1 = 0{,}40 / 2 + 1{,}43 = 1{,}63$ m

b) Mindestquerkraftbewehrung

min A_{sw} $= \rho_w \cdot s_w \cdot b_w \cdot \sin \alpha$

DIN 1045-1, 13.2.3: (4) Gl. (151)

min $\rho_w = 1{,}0\rho = 0{,}083$ %
gewählt: Bügel 90° mit $\sin \alpha = 1{,}0$

DIN 1045-1, 13.2.3: (5) allgemein
DIN 1045-1, 13.1, Tab. 29:
$\rho = 0{,}083$ % für $f_{ck} = 25$ N/mm²

min A_{sw} / s_w $= 0{,}083 \cdot 38 =$ **3,15 cm²/m**

c) Querkraftbemessung je Schnitt in Tabellenform

mit Gleichungsnummern der DIN 1045-1

Spalte 4 : 10.3.4 (2): $z = 0{,}9d \leq d - c_{v,l} - 30$ mm $= d - 0{,}075$ m (Betondeckung Längsbewehrung $c_{v,l}$ s. 1.2)

Spalte 7: $V_{ccd} = \tan \varphi \cdot M_{Ed} / z = 0{,}1493 \cdot M_{Ed} / z$

Spalte 8: Gl. (69): $V_{Ed} = V_{Ed0} - V_{ccd}$

Spalte 9: Gl. (74): $V_{Rd,c} = c_j \cdot 0{,}48 \cdot \eta_1 \cdot f_{ck}^{1/3} (1 + 1{,}2\sigma_{cd} / f_{cd}) \cdot b_w \cdot z = 0{,}24 \cdot 25^{1/3} \cdot 0{,}38 \cdot z$

Spalte 10/11: Gl. (73): $\cot \theta = 1{,}2 / (1 - V_{Rd,c} / V_{Ed}) \leq 3{,}0$ für Normalbeton mit $\sigma_{cd} = 0$

Spalte 12: Gl. (76): $V_{Rd,max} = b_w \cdot z \cdot \alpha_c \cdot f_{cd} / (\cot \theta + \tan \theta)$ mit $\alpha_c = 0{,}75$

Spalte 13: Gl. (75): erf $A_{sw} / s_w = V_{Ed} / (f_{yd} \cdot z \cdot \cot \theta)$ umgestellt

1	2	3	4	5	6	7	8	9	10	11	12	13
Schnitt	x (m)	d (m)	z (m)	V_{Ed0} (kN)	M_{Ed} (kNm)	V_{ccd} (kN)	V_{Ed} **(kN)**	$V_{Rd,c}$ (kN)	$\cot \theta$ berechnet	$\cot \theta$ gewählt	$V_{Rd,max}$ (kN)	erf A_{sw} / s_w (cm²/m)
1	1,63	1,19	1,07	543	893	125	**418**	285	3,78	3,0	**1298**	**2,99**
2	2,63	1,05	0,945	418	415	66	**353**	252	4,18	3,0	**1144**	**2,86**
3	3,55	0,92	0,828	328	74	13	**314**	221	4,02	3,0	**1003**	**2,91**

Maßgebend: Mindestquerkraftbewehrung min A_{sw} / s_w = **3,15 cm²/m**

d) Begrenzung durch Druckstrebenfestigkeit Beton $V_{Rd,max}$

DIN 1045-1, 10.3.2: (3) Beim Nachweis von $V_{Rd,max}$ dürfen die Abminderungen des Bemessungswertes nach (1) und (2) nicht vorgenommen werden.

Schnitt 1:
$V_{Rd,max}$ = **1,298 MN** $> V_{Ed,Ali} = 0{,}803$ MN

Verhältnis zum Bemessungswert der Querkraft:
$V_{Ed,A1} = 0{,}418$ MN $=$ **0,32** $V_{Rd,max} < 0{,}60\, V_{Rd,max}$

Bemessungswert der Querkraft abgemindert gemäß DIN 1045-1, 10.3.2: (1)
relevant für Längs- und Querabstand der Querkraftbewehrung gemäß DIN 1045-1,13.2.3: (6) Tab. 31
hier: $s_{max} = 0{,}5h$ bzw. 300 mm

Querkraftbewehrung Kragträger
Gewählt: Bügel 2-schnittig Ø 10 / 300 mm
= **5,24 cm²/m** > 3,15 cm²/m = min a_{sw}

4.3.2 Bemessung im Feld 1

a) maximale Querkraft am Auflager A

$V_{Ed,Are} = 1250$ kN

siehe 3.1

Der Ermittlung der Querkraftbewehrung darf bei gleichmäßig verteilter Belastung und direkter Auflagerung die Querkraft im Abstand d vom Auflagerrand zugrunde gelegt werden.

DIN 1045-1, 10.3.2: (1)
Bemessungswert der einwirkenden Querkraft

$V_{Ed,red} = 1250 - (0,5 \cdot 0,40 + 1,43) \cdot (121,5 + 60,0) = \mathbf{954\ kN}$

DIN 1045-1, 10.3.2: (2) *Der Querkraftanteil ...einer im Abstand $x \leq 2,5d$ vom Auflagerrand wirkenden Einzellast darf bei direkter Auflagerung ...abgemindert werden.*
Dies ist hier nicht für Einzellast in Feld 1 möglich, da: $x_{F1} / d = 3,80 / 1,43 = 2,7 > 2,5$

b) erforderliche Querkraftbewehrung

gewählt: senkrechte Querkraftbewehrung

DIN 1045-1, 10.3.1: Nachweisverfahren
(1) Begrenzung durch Tragfähigkeit der Querkraftbewehrung $V_{Rd,sy}$

Verfahren mit veränderlicher Druckstrebenneigung für Tragfähigkeit der Querkraftbewehrung $V_{Rd,sy}$:

$V_{Rd,sy} = f_{yd} \cdot z \cdot \cot\theta \cdot A_{sw} / s_w$

DIN 1045-1, 10.3.4: (4) Gl. (75)

Druckstrebenneigung:

$$\cot\theta \leq \frac{1,2 - 1,4 \cdot \dfrac{\sigma_{cd}}{f_{cd}}}{1 - \dfrac{V_{Rd,c}}{V_{Ed}}} \quad \begin{cases} \geq 0,58 \\ \leq 3,0 \text{ für Normalbeton} \end{cases}$$

DIN 1045-1, 10.3.4: Gl. (73)
flachstmögliche Druckstrebenneigung!

Querkrafttraganteil Betonquerschnitt:

$$\begin{aligned} V_{Rd,c} &= c_j \cdot 0,48 \cdot \eta_1 \cdot f_{ck}^{1/3} (1 + 1,2\sigma_{cd} / f_{cd}) \cdot b_w \cdot z \\ &= 0,24 \cdot 1,0 \cdot 25^{1/3} \cdot 0,38 \cdot 0,9 \cdot 1,43 \\ &= 0,343 \text{ MN} = 343 \text{ kN} \end{aligned}$$

DIN 1045-1, 10.3.4: Gl. (74)
(2) $z = 0,9d \leq d - c_{v,l} - 30$ mm
$c_j = 0,50$
$\eta_1 = 1,0$ Normalbeton
$\sigma_{cd} = 0$ Betonlängsspannung infolge N_{Ed}

$\cot\theta = 1,2 / (1 - 343 / 954) = 1,87 < 3,0$

$$\begin{aligned} \text{erf } A_{sw} / s_w &= V_{Ed} / (f_{yd} \cdot z \cdot \cot\theta) \\ &= 0,954 \cdot 10^4 / (435 \cdot 0,9 \cdot 1,43 \cdot 1,87) \\ &= \mathbf{9,11\ cm^2/m} \\ &> \min A_{sw} / s_w = 3,15 \text{ cm}^2\text{/m} \end{aligned}$$

DIN 1045-1, 10.3.4: Gl. (75) umgestellt

siehe 4.3.1 b)

c) Bemessungswert der maximalen Querkrafttragfähigkeit $V_{Rd,max}$

DIN 1045-1, 10.3.1: Nachweisverfahren
(1) Querkraftbewehrung erforderlich, Begrenzung durch Druckstrebenfestigkeit Beton $V_{Rd,max}$

gewählt: senkrechte Querkraftbewehrung

$V_{Rd,max} = b_w \cdot z \cdot \alpha_c \cdot f_{cd} / (\cot\theta + \tan\theta)$

DIN 1045-1, 10.3.4: (6) Gl. (76)

$\cot\theta = 1,87$

siehe b)

$\alpha_c = 0,75$ Abminderungsbeiwert für die Druckstrebenfestigkeit

$\eta_1 = 1,0$ Normalbeton

$$\begin{aligned} V_{Rd,max} &= 0,38 \cdot 0,9 \cdot 1,43 \cdot 0,75 \cdot 14,2 / (1,87 + 1 / 1,87) \\ &= \mathbf{2,16\ MN} > V_{Ed,Are} = 1,250 \text{ MN} \end{aligned}$$

DIN 1045-1, 10.3.2: (3) Beim Nachweis von $V_{Rd,max}$ dürfen die Abminderungen des Bemessungswertes nach (1) und (2) nicht vorgenommen werden.

Verhältnis zum Bemessungswert der Querkraft:
$V_{Ed,A,red} = 0,954 \text{ MN} = \mathbf{0,44\ V_{Rd,max}} < 0,60\ V_{Rd,max}$

Bemessungswert der Querkraft abgemindert gemäß DIN 1045-1,10.3.2: (1)
relevant für Längs- und Querabstand der Querkraftbewehrung gemäß DIN 1045-1, 13.2.3: Tab. 31

Querkraftbewehrung Feld 1

Gewählt: Bügel 2-schnittig ∅ 10 / 150 mm
= **10,47 cm²/m** > 9,11 cm²/m = erf A_{sw} / s_w

Abstufung Bügel 2-schnittig ∅ 10 / 200 mm
= **7,85 cm²/m** > 3,15 cm²/m = min A_{sw} / s_w

Hier: $s_{max} = 0{,}5h$ bzw. 300 mm

Diese Bewehrung wird auch am Auflager B eingebaut.

Es wird eine Abstufung der Bügelabstände vorgenommen. Diese abgestufte Bügelbewehrung deckt ein dazugehöriges $V_{Rd} = V_{Ed,red} \cdot$ vorh a_{sw} / erf a_{sw} ab.
$V_{Rd} = 954 \cdot 7{,}85 / 9{,}11 = 822$ kN

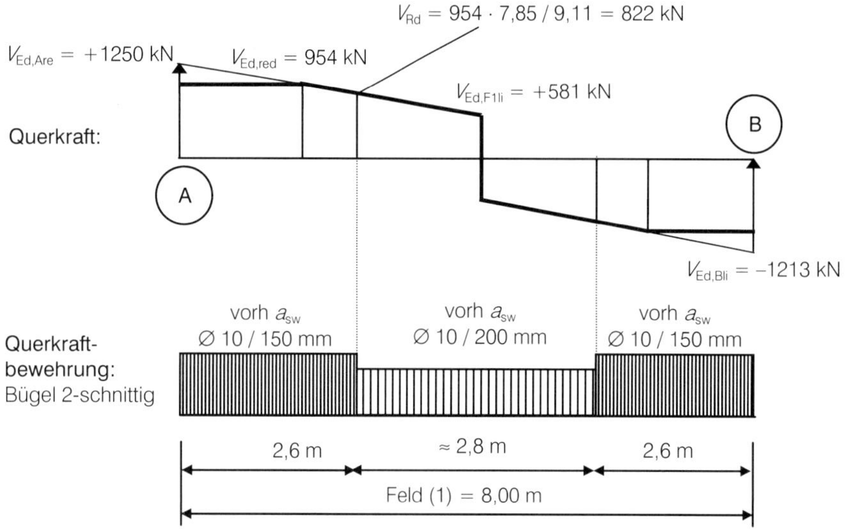

siehe 3.3: $V_{Ed,Bli}$ nach Momentenumlagerung

4.3.3 Bemessung im Feld 2

a) maximale Querkraft

am Auflager B: $V_{Ed,Bre} = 855$ kN

siehe 3.3 nach Momentenumlagerung

Querkraft im Abstand d vom Auflagerrand B:
$V_{Ed,red} = 855 - (0{,}5 \cdot 0{,}40 + 1{,}43) \cdot (121{,}5 + 45{,}0) =$ **584 kN**

DIN 1045-1, 10.3.2: (1)
Bemessungswert der einwirkenden Querkraft

im Auflager C: $V_{Ed,C} = 545$ kN

Querkraft am Auflagerrand C:
$V_{Ed,red} = 545 - (0{,}5 \cdot 0{,}50) \cdot (121{,}5 + 45{,}0) =$ **503 kN**

Bei Auflager C ist die Abminderung der einwirkenden Querkraft über den Auflagerrand hinaus wegen der indirekten Auflagerung nicht zulässig!

b) Erforderliche Querkraftbewehrung

Verfahren mit veränderlicher Druckstrebenneigung für Tragfähigkeit der Querkraftbewehrung $V_{Rd,sy}$:

$V_{Rd,sy} = f_{yd} \cdot z \cdot \cot\theta \cdot A_{sw} / s_w$

DIN 1045-1, 10.3.4: (4) Gl. (75) umgestellt

Querkrafttraganteil Betonquerschnitt:
$V_{Rd,c} = 0{,}343$ MN $= 343$ kN

DIN 1045-1, 10.3.4: (3) Gl. (74), siehe 4.3.2

$\cot\theta = 1{,}2 / (1 - 343 / 584) = 2{,}91 < 3{,0}$

DIN 1045-1, 10.3.4: Gl. (73)
flachstmögliche Druckstrebenneigung!

erf A_{sw} / s_w $= V_{Ed} / (f_{yd} \cdot z \cdot \cot\theta)$
$= 0{,}584 \cdot 10^4 / (435 \cdot 0{,}9 \cdot 1{,}43 \cdot 2{,}91)$
= **3,58 cm²/m**
> min $A_{sw} / s_w = 3{,}15$ cm²/m

Querkraftbewehrung Feld 2
Gewählt: Bügel 2-schnittig Ø 10 / 300 mm
$= \mathbf{5{,}24\ cm^2/m} > 3{,}58\ cm^2/m = \text{erf}\ A_{sw} / s_w$

DIN 1045-1,13.2.3: Tab. 31
hier: $s_{max} = 0{,}7h$ bzw. 300 mm, siehe c)

Diese Bewehrung wird im gesamten Feld 2 eingebaut.

$(\cot\theta)_{red} = \cot\theta \cdot \text{erf}\ a_{sw} / \text{vorh}\ a_{sw}$
$= 2{,}91 \cdot 3{,}58\ /\ 5{,}24$
$\approx 2{,}0$

Wegen der größer gewählten Querkraftbewehrung ist ein steilerer Druckstrebenwinkel ($\cot\theta$ wird kleiner) als für die Berechnung der erforderlichen Querkraftbewehrung angesetzt möglich – dies ist günstiger für den Nachweis der Druckstrebenfestigkeit und Verankerung der Längsbewehrung und des Versatzmaßes und wird im Folgenden genutzt.

c) **Bemessungswert Querkraft aus Begrenzung durch Druckstrebenfestigkeit Beton $V_{Rd,max}$**

DIN 1045-1, 10.3.1: Nachweisverfahren
(1) Druckstrebenfestigkeit Beton $V_{Rd,max}$

$V_{Rd,max} = b_w \cdot z \cdot \alpha_c \cdot f_{cd} / (\cot\theta + \tan\theta)$

DIN 1045-1, 10.3.4: (6) Gl. (76)

$(\cot\theta)_{red} = 2{,}0 \qquad \alpha_c = 0{,}75 \cdot \eta_1 \qquad \eta_1 = 1{,}0$ Normalbeton

DIN 1045-1, 10.3.2: (3) Beim Nachweis von $V_{Rd,max}$ dürfen die Abminderungen des Bemessungswertes nach (1) und (2) nicht vorgenommen werden.

$V_{Rd,max} = 0{,}38 \cdot 0{,}9 \cdot 1{,}43 \cdot 0{,}75 \cdot 14{,}2 / (2{,}0 + 1 / 2{,}0)$
$= \mathbf{2{,}08\ MN} \qquad > V_{Ed,Bre} = 0{,}855\ MN$

Verhältnis zum Bemessungswert der Querkraft:
$V_{Ed,red} = 0{,}584\ MN = \mathbf{0{,}28\,V_{Rd,max}} < 0{,}30\,V_{Rd,max}$

Bemessungswert der Querkraft abgemindert gemäß DIN 1045-1,10.3.2: (1)
relevant für Längs- und Querabstand der Querkraftbewehrung gemäß
DIN 1045-1,13.2.3: Tab. 31: $s_{max} = 300$ mm

4.3.4 Schubkräfte zwischen Balkensteg und Gurt

In der Gurtplatte des Plattenbalkens entstehen infolge Biegung Zug- bzw. Drucklängskräfte, die zwischen Steg und Gurt aufgeteilt und übertragen werden müssen.

Die Stützbewehrung 5 Ø 25 über Auflager B ist vollständig im Stegquerschnitt untergebracht, Dort ist die Gurtplattenbeanspruchung daher nicht maßgebend.
Die Stützbewehrung 7 Ø 25 am Auflager A kann (bei Berücksichtigung der Stöße) nicht vollständig im Steg untergebracht werden.

4.3.4.1 Auflager A – Zuggurt

Untersucht wird ein einseitiger Gurtabschnitt.
Maximale Gurtabschnittslänge a_v = halber Abstand zwischen max M und $M = 0$.

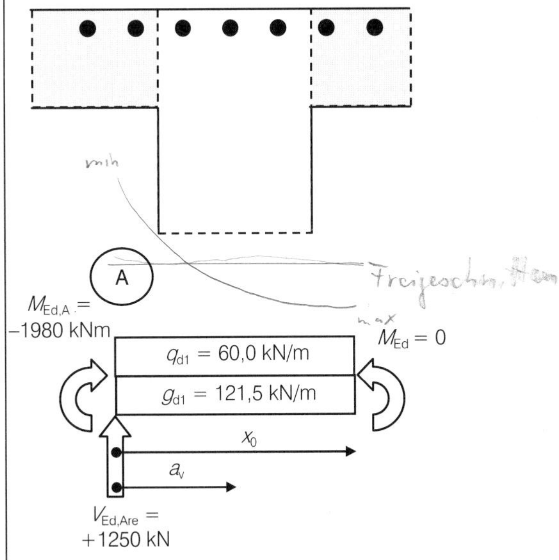

A, rechts, im Feld 1:

Aus der Bedingung $M_{Ed} = 0$:
$0 = -1980 + 1250 \cdot x_0 - (121{,}5 + 60{,}0) \cdot x_0^2 / 2$
$x_0 = 1{,}83$ m

$a_v \leq x_0 / 2 = 1{,}83 / 2 = 0{,}91$ m

Bei min $M_{Ed,A} = -1980$ kNm (Bemessung) in 2 Ø 25 in einseitigem Gurtabschnitt:
$F_{sd} = 2 \cdot 4{,}91 \cdot 10^{-4} \cdot 444{,}2 \cdot (31{,}6 / 34{,}4) = 0{,}400$ MN

siehe 4.2.1: erf A_s / vorh A_s = (31,6 / 34,4) cm²
und $\sigma_{sd} = 444{,}2\ N/mm^2$
in eine Gurtseite ausgelagerte Stäbe.

Mit $M_{Ed} = -918$ kNm bei $a_v = 0{,}91$ m wird
$\Sigma F_{sd} = 0{,}918 / (0{,}9 \cdot 1{,}43) = 0{,}713$ MN
für 2 Ø 25 (von 7 Ø 25):
$F_{sd} = 0{,}713 \cdot 2 / 7 = 0{,}204$ MN

$V_{Ed,Are} = \Delta F_{d,A} = 0{,}400 - 0{,}204 = \mathbf{0{,}196\ MN}$
(im Gurtabschnitt A_{rechts} – 0,91 m).

DIN 1045-1, 10.3.5: Gl. (82)

A, links, im Kragträger:

Aus der Bedingung $M_{Ed} = 0$: $x_0 = 4{,}00$ m Kraglänge

$a_v \leq x_0 / 2 = 4{,}00 / 2 = 2{,}00$ m

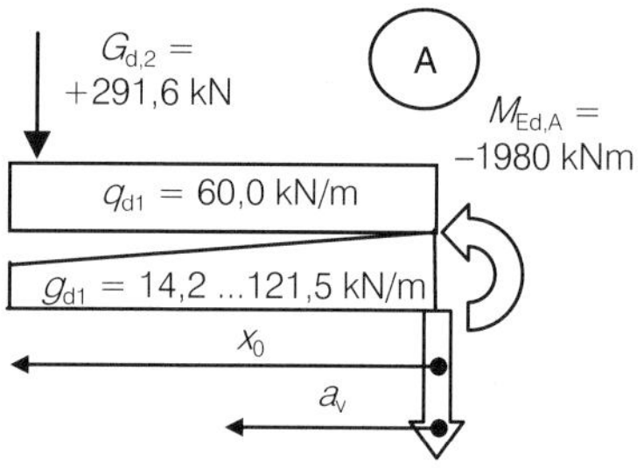

Bei min $M_{Ed,A} = -1980$ kNm (Bemessung) in 2 ∅ 25
in einseitigem Gurtabschnitt:

$F_{sd} = 2 \cdot 4{,}91 \cdot 10^{-4} \cdot 444{,}2 \cdot (31{,}6 / 34{,}4) = 0{,}400$ MN

siehe 4.2.1: erf A_s / vorh A_s = (31,6 / 34,4) cm² und σ_{sd} = 444,2 N/mm²

Mit $M_{Ed} = -702$ kNm bei $a_v = 2{,}00$ m wird

$\Sigma F_{sd} = 0{,}702 / (0{,}9 \cdot 1{,}43) = 0{,}545$ MN

für 2 ∅ 25 (von 7 ∅ 25):

$F_{sd} = 0{,}545 \cdot 2 / 7 = 0{,}156$ MN

in eine Gurtseite ausgelagerte Stäbe.

$V_{Ed,Ali} = \Delta F_{d,Ali} = 0{,}400 - 0{,}156 =$ **0,244 MN** (im Gurtabschnitt A_{links} – 2,00 m).

DIN 1045-1, 10.3.5: Gl. (82)

Erforderliche Zuggurtquerbewehrung

A, rechts im Feld 1 maßgebend:

maßgebend, da bei A, rechts, der Schubfluss max $V_{Ed} / a_v = 0{,}196 / 0{,}91 > 0{,}244 / 2{,}0$

$\cot \theta = 1{,}0$

DIN 1045-1, 10.3.5: (3) *Vereinfachend in Zuggurten* $\cot \theta = 1{,}0$

erf A_{sf} / s_f $= V_{Ed} / (f_{yd} \cdot a_v \cdot \cot \theta)$
$= 0{,}196 \cdot 10^4 / (435 \cdot 0{,}91 \cdot 1{,}0)$ = **4,95 cm²/m**

DIN 1045-1, 10.3.4: (4) Gl. (75) umgestellt
DIN 1045-1, 10.3.5: (3) mit $z = a_v$

Druckstrebenfestigkeit Beton $V_{Rd,max}$

$V_{Rd,max} = h_f \cdot a_v \cdot \alpha_c \cdot f_{cd} / (\cot \theta + \tan \theta)$

$\cot \theta = 1{,}0$; $\alpha_c = 0{,}75$; $\eta_1 = 1{,}0$ Normalbeton

DIN 1045-1, 10.3.5: (3) *Vereinfachend in Zuggurten* $\cot \theta = 1{,}0$.
DIN 1045-1, 10.3.4: (6) Gl. (76) und
DIN 1045-1, 10.3.5: (3) mit $b_w = h_f$
und $z = a_v$

$V_{Rd,max}$ $= 0{,}15 \cdot 0{,}91 \cdot 0{,}75 \cdot 14{,}2 / (1{,}0 + 1 / 1{,}0)$
$=$ **0,725 MN** $> V_{Ed} = 0{,}196$ MN

4.3.4.2 Feld 1 – Druckgurt

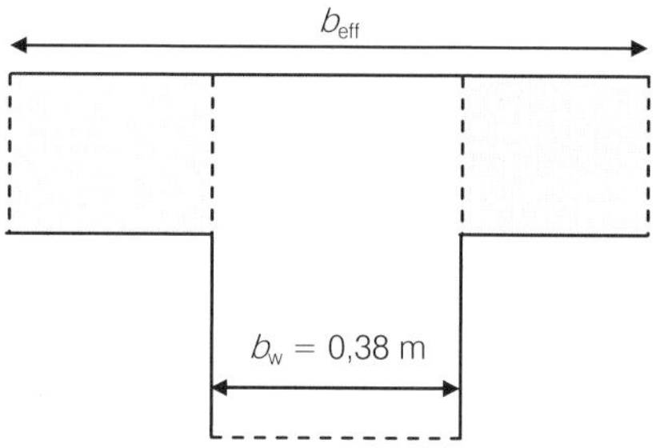

Längskraftdifferenz in einem einseitigen Gurtabschnitt – entspricht der zwischen Gurtplatte und Steg aufgeteilten Betondruckkraftveränderung.

maximale Gurtabschnittslänge a_v = halber Abstand zwischen max M und $M = 0$.

siehe 3.3 nach Umlagerung
Grundkombination 2

im Feld 1:

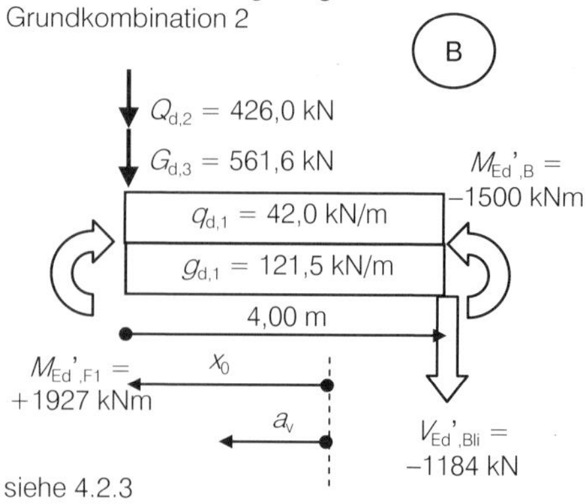

siehe 4.2.3

Aus Bedingung $M_{Ed} = 0$:

$0 = -1500 + 1184 \cdot (4{,}00 - x_0) - (121{,}5 + 42{,}0) \cdot (4{,}00 - x_0)^2 / 2$

$x_0 = 2{,}60$ m

$a_v \leq x_0 / 2 = 2{,}60 / 2 = 1{,}30$ m

Mit $M_{Ed,F1} = +1101$ kNm bei $a_v = 1{,}30$ m (2,70 m links neben Auflager B) und $b_{eff} = 2{,}62$ m und $z = 1{,}34$ m (aus der Bemessung) wird:

$\sigma_{cd} = 1{,}101 / (1{,}34 \cdot 2{,}62 \cdot 0{,}15) = 2{,}09$ MN/m²

einseitiger Gurtabschnitt:

$F_{cd} = 2{,}09 \cdot (2{,}62 - 0{,}38) / 2 \cdot 0{,}15 = 0{,}351$ MN betrachteter Gurtabschnitt:

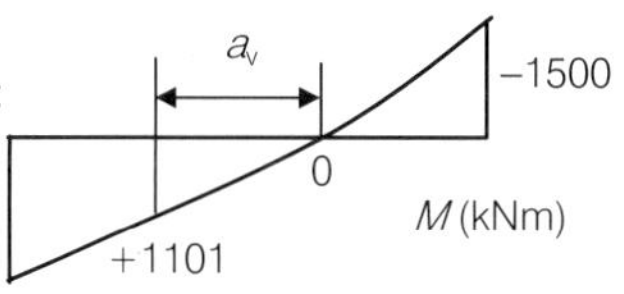

Bei $M = 0$ am Ende des Gurtabschnitts (1,40 m links neben Auflager B) wird $F_{cd} = 0$.

$V_{Ed,F1} = \Delta F_{d,F1} = 0{,}351 - 0 = 0{,}351$ MN

DIN 1045-1, 10.3.5: Gl. (82)

Erforderliche Druckgurtquerbewehrung

Im Feld 1 maßgebend:

maßgebend, da im Feld 1 max V_{Ed} / a_v größer als im Feld 2 ist (Momentendifferenz)

$\cot\theta = 1{,}2$

DIN 1045-1, 10.3.5: (3) *Vereinfachend in Druckgurten* $\cot\theta = 1{,}2$.

erf A_{sf} / s_f $= V_{Ed} / (f_{yd} \cdot a_v \cdot \cot\theta)$
$= 0{,}351 \cdot 10^4 / (435 \cdot 1{,}30 \cdot 1{,}2)$ $=$ **5,17 cm²/m**

DIN 1045-1, 10.3.4: (4) Gl. (75) umgestellt
DIN 1045-1, 10.3.5: (3) mit $z = a_v$

Druckstrebenfestigkeit Beton $V_{Rd,max}$

$V_{Rd,max} = h_f \cdot a_v \cdot \alpha_c \cdot f_{cd} / (\cot\theta + \tan\theta)$

$\cot\theta = 1{,}2$; $\alpha_c = 0{,}75$; $\eta_1 = 1{,}0$ Normalbeton

$V_{Rd,max} = 0{,}15 \cdot 1{,}30 \cdot 0{,}75 \cdot 14{,}2 / (1{,}2 + 1 / 1{,}2)$
$=$ **1,02 MN** $> V_{Ed,F1} = 0{,}351$ MN

DIN 1045-1, 10.3.5: (3) *Vereinfachend in Druckgurten* $\cot\theta = 1{,}2$.
DIN 1045-1, 10.3.4: (6) Gl. (76) und
DIN 1045-1, 10.3.5: (3) mit $b_w = h_f$ und $z = a_v$

4.3.4.3 Gewählte Gurtquerbewehrung

Es wird eine einheitliche Gurtquerbewehrung über die gesamte Trägerlänge angeordnet.

Dabei sei angenommen, dass dieser Bewehrungsquerschnitt größer ist als der für die Aufnahme des Querbiegemomentes (Platte spannt rechtwinklig zum Balken – gesonderte Bemessung nicht in diesem Beispiel).

Maßgebend ist die gegenüber dem Zuggurt größere erforderliche Bewehrung des Druckgurtes mit erf $A_{sf} / s_f = 5{,}17$ cm²/m.

Davon sind jeweils erf $A_{sf} / s_f = 5{,}17 / 2 = 2{,}6$ cm²/m in der Biegedruck- bzw. Biegezugzone der Gurtplatte anzuordnen.

DIN 1045-1, 10.3.5: (4) *Bei kombinierter Beanspruchung durch Schubkräfte zwischen Gurt und Steg und durch Querbiegung darf der größere erforderliche Stahlquerschnitt, der sich entweder nach diesem Abschnitt oder aus der Bemessung für Querbiegung ergibt, angeordnet werden. Dabei sind Biegedruckzone und Biegezugzone jeweils getrennt unter Ansatz von jeweils der Hälfte der für die Schubbeanspruchung allein ermittelten Querkraftbewehrung zu betrachten.*

Gurtquerbewehrung
Gewählt:

	oben Betonstahl-Lagermatte BSt 500 M (A)
Q524A	= 150 · 10,0 / 150 · 10,0
	= **5,24 cm²/m** / 5,24 cm²/m
	> 2,6 cm²/m = erf A_{sf} / s_f
	unten Betonstahl-Lagermatte BSt 500 M (A)
R257A	= 150 · 7,0 / 250 · 6,0
	= **2,57 cm²/m** / 1,13 cm²/m (längs / quer)
	≈ 2,6 cm²/m = erf A_{sf} / s_f

Die Wahl der Q-Matte oben mit 5,24 cm²/m auch in Balkenlängsrichtung hängt mit der Mindestbewehrung zur Rissbreitenbegrenzung zusammen – siehe 5.2.1.1

DIN 1045-1, 10.3.5: (5)
Wenn Querkraftbewehrung in der Gurtplatte erforderlich wird, sollte der Nachweis der Druckstreben in beiden Beanspruchungsrichtungen des Gurtes (Scheibe und Platte) in linearer Interaktion geführt werden:
$(V_{Ed} / V_{Rd,max})_{Platte} + (V_{Ed} / V_{Rd,max})_{Scheibe} \leq 1{,}0$.

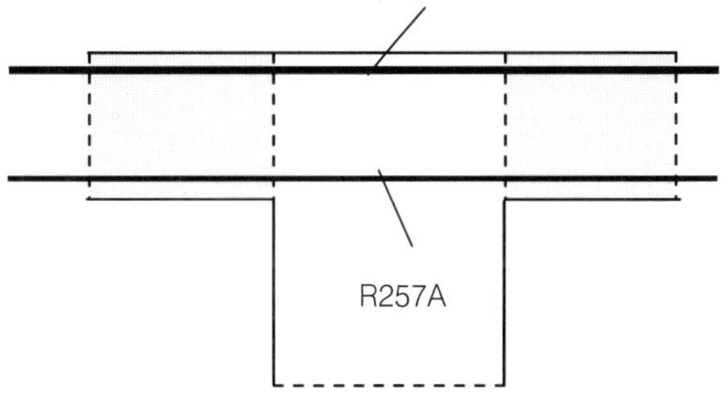

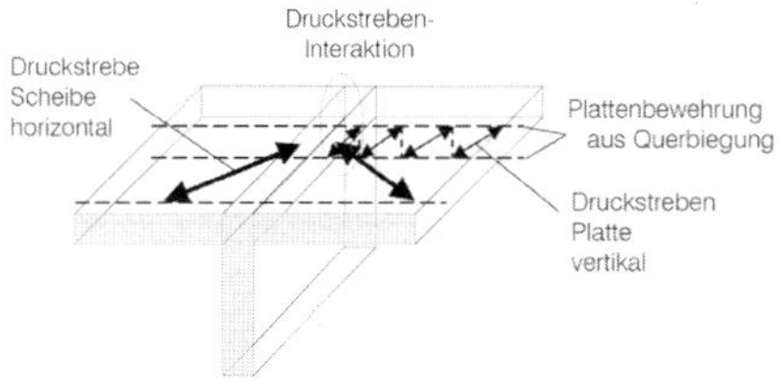

5 Nachweise in den Grenzzuständen der Gebrauchstauglichkeit

5.1 Begrenzung der Spannungen unter Gebrauchsbedingungen

DIN 1045-1, 11.1

Die Bedingungen nach DIN 1045-1, 11.1.1: (3) (siehe Kommentar) sind in diesem Beispiel in Bezug auf den üblichen Hochbau (Annahme für die Nutzlasten q_k > 5 kN/m²) nicht eingehalten.

Die Nachweise zur Begrenzung der Betondruckspannungen nach DIN 1045-1, 11.1.2 und der Betonstahlspannungen nach DIN 1045-1, 11.1.3 sind daher zu führen.

DIN 1045-1, 11.1.1: (3) *Die Spannungsnachweise nach 11.1.2 (Betondruckspannungen) und 11.1.3 (Betonstahlspannungen) dürfen für nicht vorgespannte Tragwerke des üblichen Hochbaus, die nach Abschnitt 10 bemessen wurden, im Allgemeinen entfallen, wenn die Schnittgrößen nach der Elastizitätstheorie ermittelt und im Grenzzustand der Tragfähigkeit um nicht mehr als 15 % umgelagert wurden und die bauliche Durchbildung nach Abschnitt 13 (Konstruktionsregeln) durchgeführt wird und insbesondere die Festlegungen für die Mindestbewehrung nach 13.1.1 eingehalten sind.*

5.1.1 Begrenzung der Betondruckspannungen

DIN 1045-1, 11.1.2: (2) zur Vermeidung überproportionaler Kriechverformungen

Zunächst wird untersucht, ob die zu erwartenden Langzeitverformungen des Bauteils im Bereich des linearen Kriechens verbleiben.
Die Betondruckspannungen sind dafür unter der quasi-ständigen Einwirkungskombination auf $|\sigma_{c,perm}| \leq 0{,}45 f_{ck}$ zu begrenzen.

Durch diese Begrenzung werden nichtlineare Kriechverformungen vermieden.

Untersucht wird in diesem Beispiel der ungünstigste Querschnitt (Rechteckquerschnitt über den Stützenauflagern mit der Zugzone in der Platte) mit dem maximalen Stützmoment am Auflager A.

Die Betondruckspannungen in der Platte des Plattenbalkenquerschnittes im Feld sind wesentlich geringer (siehe 4.2.3 und 4.2.4).

Weitere Annahme:
lineare Spannungsverteilung im einfach bewehrten Rechteckquerschnitt

Bewehrung in der Druckzone vernachlässigt.

Ermittlung der Druckzonenhöhe und des inneren Hebelarms

[27] DAfStb-Heft 425: Bemessungshilfsmittel zu Eurocode 2 Teil 1, 11.3: S.123

$$x/d = [\alpha_e \cdot \rho_l\,(2 + \alpha_e \cdot \rho_l)]^{1/2} - \alpha_e \cdot \rho_l$$

[40] *Zilch/Rogge*: BK 2002/1, 3.3.2, S. 281: Maßgebender Zeitpunkt der Beanspruchung für diesen Nachweis ist in der Regel $t = t_0$ zu Beginn des Kriechprozesses, da auch bereits zu Belastungsbeginn vorhandene übergroße Druckspannungen einen nicht umkehrbaren, nichtlinearen Kriechverlauf einleiten.
Für den Beton wird daher der mittlere E-Modul für die Spannungsermittlung verwendet.
DIN 1045-1, Tab. 9: E_{cm}
DIN 1045-1, 9.2.4: (4) E_s

C25/30: $E_{cm} = 26.700$ N/mm²

Verhältnis der E-Moduln:

$$\alpha_e = E_s / E_{cm} = 200.000 / 26.700 = 7{,}49$$

Längsbewehrung über dem Auflager A:

$$\rho_{l,A} = 34{,}4 / (38 \cdot 143) = 0{,}0063$$

Längsbewehrung Auflager A siehe 4.2.1
$A_s = 7 \varnothing 25 = 34{,}4$ cm²

$$x/d = [7{,}49 \cdot 0{,}0063\,(2 + 7{,}49 \cdot 0{,}0063)]^{1/2} - 7{,}49 \cdot 0{,}0063 = 0{,}264$$

$$x = 0{,}264 \cdot 1{,}43 = 0{,}378 \text{ m}$$

$$z = d - x/3 = 1{,}43 - 0{,}378/3 = 1{,}30 \text{ m}$$

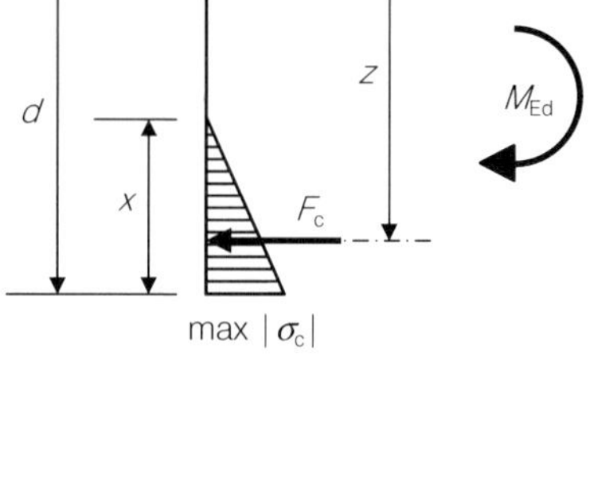

Ermittlung der Betondruckspannung

DIN 1045-1, 7.3.2: (3) *Bei monolithischer Verbindung von Balken und Auflager darf das Bemessungsmoment am Auflageranschnitt zugrunde gelegt werden.*

Stützmoment $M_{A,perm} = -1303$ kNm

am Auflageranschnitt: $M_{perm,red} \approx M_{perm,A} - V_{Ed,Ali} \cdot a_l$

$M_{perm,red} = -1303 + 513 \cdot 0{,}40 / 2$

$= \mathbf{-1200\ kNm}$

siehe 3.2: quasi-ständige Einwirkungskombination: $V_{Ed,Ali} = 513$ kN $< V_{Ed,Are}$
Auflagerbreite: $a_l = 0{,}40$ m siehe 1.1

Hinweis: Eine Momentenumlagerung nach DIN 1045-1, 8.3 ist für Nachweise der Grenzzustände der Gebrauchstauglichkeit nicht zulässig (für das statisch bestimmte Kragträgermoment bei A immer unzulässig).

$\max |\sigma_c| = 2 \cdot |M_{perm,red}| / (z \cdot x \cdot b)$
$= 2 \cdot 1200 \cdot 10^{-3} / (1{,}30 \cdot 0{,}378 \cdot 0{,}38)$
$= \mathbf{12{,}9\ N/mm^2}$
$> 0{,}45 \cdot 25$ N/mm² $= 11{,}25$ N/mm²

DIN 1045-1, 11.1.2: (2) $\sigma_c \leq 0{,}45 f_{ck}$ für die quasi-ständige Einwirkungskombination

Der Nachweis der Begrenzung der maximalen Betondruckspannung auf $|\sigma_c| \leq 0{,}45 f_{ck}$ gelingt hier nicht.

Hauptursache: Der Anteil der quasi-ständigen Lastanteile in diesem Beispiel ist sehr hoch ($G_{2,perm}$). Zudem liegt die Annahme für E_{cm} (Sekantenmodul für $|\sigma_c| \leq 0{,}4 f_{ck}$) auf der sicheren Seite.

Bei Nichteinhaltung dieses Grenzwertes sind die Kriechverformungen durch einen genaueren Nachweis unter Berücksichtigung der nichtlinearen Kriechanteile nachzuweisen.

Es ist zu erwarten, dass bei einer genaueren Spannungsberechnung mit Berücksichtigung der konstruktiven Druckbewehrung und leichter Kriecheffekte zwischen Bauzustand und Volllast die Betonspannungsspitze schnell abgebaut und die Betondruckzone etwas völliger wird.

in diesem Beispiel Entlastung durch min 2 Ø 16 = 4,0 cm² auf der Unterseite des Kragarms und mit geringfügiger Umlagerung der Betondruckspannungen:

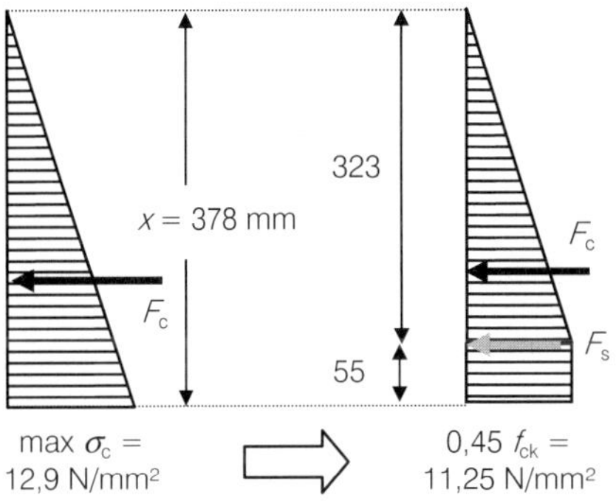

Auf weitere Untersuchungen wird daher in diesem Beispiel verzichtet.

Es wird in diesem Beispiel davon ausgegangen, dass die Tragfähigkeit, Gebrauchstauglichkeit und Dauerhaftigkeit des Kragträgers in der geplanten Industrieanlage durch das Kriechen nicht wesentlich beeinflusst werden.

5.1.2 Begrenzung der Betonstahlspannungen

DIN 1045-1, 11.1.3

Die Spannung im Betonstahl ist unter der seltenen Einwirkungskombination auf $\sigma_{s,rare} \leq 0{,}80\ f_{yk}$ zur Vermeidung plastischer Dehnungen zu begrenzen.

[40] Bei Überschreiten der Streckgrenze erfährt der Bewehrungsstahl nicht umkehrbare plastische Dehnungsanteile, die zu breiten und ständig offenen Rissen führen können. Zur Vermeidung dieser Form der Rissbildung ist das Überschreiten der Streckgrenze des Betonstahls auf Gebrauchslastniveau unbedingt zu verhindern.

Untersucht wird hier exemplarisch der Rechteckquerschnitt über dem Auflager A und der Plattenbalkenquerschnitt in Feld 1.

Auf der sicheren Seite liegend wird für die Ermittlung der Betonstahlspannung der Langzeiteinfluss des Kriechens über den reduzierten effektiven E-Modul des Betons berücksichtigt.

[63] Ableitung effektiver E-Modul aus

$$\varepsilon_c(t_0) + \varepsilon_{cc}(t,t_0) = \frac{\sigma_c(t_0)}{E_{cm}} + \frac{\sigma_c(t_0)}{E_{c0}} \cdot \varphi(t,t_0)$$

[29] $E_{cm} \approx \alpha_i \cdot E_{c0m}$ und $\alpha_i \approx 0{,}9$
→ $E_{c,eff} = E_{cm} / [1 + \alpha_i \cdot \varphi(t,t_0)]$

$E_{c,eff} = E_{cm} / [1 + \alpha_i \cdot \varphi(t,t_0)]$

C25/30: $E_{cm} = 26.700$ N/mm²

DIN 1045-1, Tab. 9:
C25/30 $E_{cm} = 26.700$ N/mm²

Endkriechzahl: $\varphi_\infty = 2{,}75$

DIN 1045-1, Bild 19: Endkriechzahl für Normalbeton und feuchte Umgebungsbedingungen (Außenluft)
$\varphi_\infty \approx 2{,}75$ für C25/30,
$h_0 = 2\ A_c / u \approx 38 \cdot 150 / (38 + 150) = 30$ cm
Festigkeitsklasse Zement 32,5 (Kurve 1)
Belastungsbeginn $t_0 = 10$ Tage

$E_{c,eff} = 26.700 / (1 + 0{,}9 \cdot 2{,}75) = 7.680$ N/mm²

A_c → Querschnittsfläche
u → Umfang → nur Rechteckquerschnitt
A_c 150 38 150 38 u

Rechteckquerschnitt Auflager A

Ermittlung der Druckzonenhöhe und des inneren Hebelarms:

$x / d \quad = [\alpha_e \cdot \rho_l (2 + \alpha_e \cdot \rho_l)]^{1/2} - \alpha_e \cdot \rho_l$

weitere Annahme: lineare Spannungsverteilung im einfach bewehrten Rechteckquerschnitt

[27] DAfStb-Heft 425: Bemessungshilfsmittel zu Eurocode 2 Teil 1, 11.3: S.123

Verhältnis der E-Moduln:

$\alpha_e = E_s / E_{c,eff}$
$= 200.000 / 7.680 = 26,0$

DIN 1045-1, 9.2.4: (4) E_s

Längsbewehrung über dem Auflager A:

$\rho_{l,A} = 34,4 / (38 \cdot 143) = 0,0063$

Längsbewehrung Auflager A siehe 4.2.1
$A_s = 7 \varnothing 25 = 34,4$ cm²

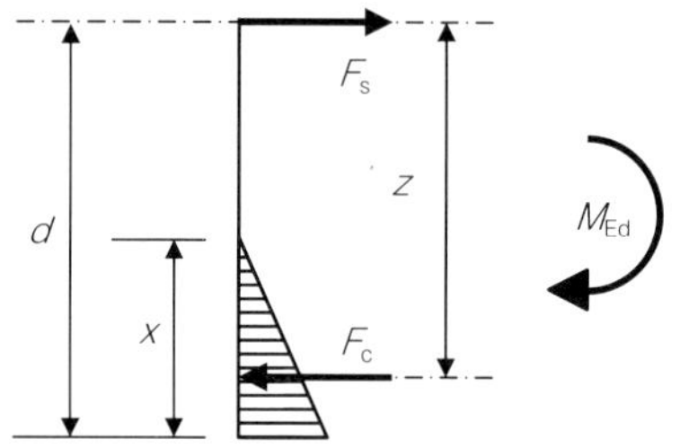

$x / d \quad = [26,0 \cdot 0,0063 (2 + 26,0 \cdot 0,0063)]^{1/2} - 26,0 \cdot 0,0063$
$= 0,432$

$x \quad = 0,432 \cdot 1,43 \quad = 0,618$ m

$z \quad = d - x / 3 \quad = 1,43 - 0,618 / 3 \quad = 1,22$ m

Ermittlung der Betonstahlspannung:

Stützmoment $\quad M_{A,rare} = -1431$ kNm

DIN 1045-1, 7.3.2: (3) *Bei monolithischer Verbindung von Balken und Auflager darf das Bemessungsmoment am Auflageranschnitt zugrunde gelegt werden.*
In diesem Beispiel gelingt der Nachweis schon mit dem Stützmoment in der ideellen Auflagerachse, auf den Nachweis mit dem Auflageranschnittmoment wird daher verzichtet.

$\sigma_{s,rare} \quad = M_{A,rare} / (A_s \cdot z)$
$= 1431 \cdot 10^{-3} / (34,4 \cdot 10^{-4} \cdot 1,22)$
$=$ **341 N/mm²**
$< 0,80 \cdot 500$ N/mm² $= 400$ N/mm²

DIN 1045-1, 11.1.3: $\sigma_s \leq 0,80 f_{yk}$ für die seltene Einwirkungskombination

Hinweis: Eine Momentenumlagerung (z. B. am Auflager B) nach DIN 1045-1, 8.3 ist für Nachweise der Grenzzustände der Gebrauchstauglichkeit nicht zulässig!

Plattenbalkenquerschnitt Feld 1

Bei schlanken Plattenbalken ($b_f > 5 b_w$) kann man in der Regel die Betondruckspannungen im Steg vernachlässigen und die Lage der Resultierenden in Gurtplattenmitte bei $h_f / 2$ annehmen.

siehe auch 4.2.3, Längsbewehrung Feld 1
$A_s = 7 \varnothing 25 = 34,4$ cm²

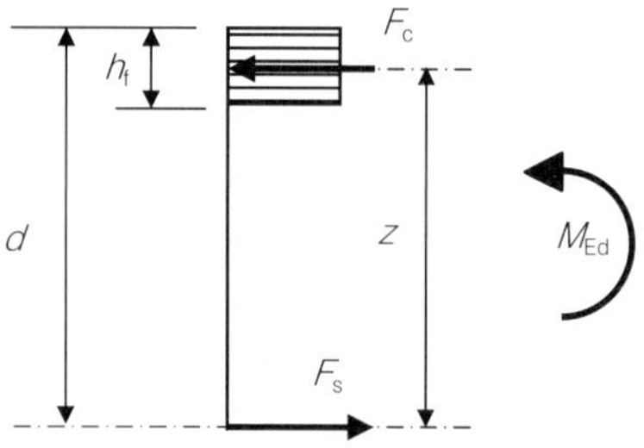

Feldmoment $\quad M_{F1,rare} = 1249$ kNm

$z = d - h_f / 2 = 1,41 - 0,15 / 2 \quad = 1,34$ m

$\sigma_{s,rare} \quad = M_{F1,rare} / (A_s \cdot z)$
$= 1249 \cdot 10^{-3} / (34,4 \cdot 10^{-4} \cdot 1,34)$
$=$ **271 N/mm²**
$< 0,80 \cdot 500$ N/mm² $= 400$ N/mm²

DIN 1045-1, 11.1.3: $\sigma_s \leq 0,80 f_{yk}$ für die seltene Einwirkungskombination

5.2 Grenzzustände der Rissbildung

5.2.1 Mindestbewehrung zur Begrenzung der Rissbreite

DIN 1045-1, 11.2.2

5.2.1.1 Mindestbewehrung des Zuggurtes

Über den Auflagern A und B wird zur Vermeidung breiter Sammelrisse beiderseits des Steges in der Platte eine rissverteilende Bewehrung angeordnet. Differenzschwinden und/oder unterschiedliches Abfließen der Hydratationswärme in Steg und Gurt können zu Zwangspannungen führen. Insbesondere bei Herstellung von Steg und Gurtplatte in zwei aufeinanderfolgenden Betonierabschnitten ist mit annähernd zentrischem Zug in der nachträglich auf dem schon erhärteten Steg aufbetonierten Gurtplatte zu rechnen.

DIN 1045-1, 11.2.2: (4) Bei profilierten Querschnitten wie Hohlkästen oder Plattenbalken ist die Mindestbewehrung für jeden Teilquerschnitt (Gurte und Stege) einzeln nachzuweisen. Die Teilquerschnitte sind so einzuteilen, dass die jeweiligen Zugränder $f_{ct,eff}$ erreichen.

Annahme: Zugspannungen erreichen die Betonzugfestigkeit zu einem Zeitpunkt, zu dem die 28-Tage-Festigkeit des Betons annähernd erreicht ist.

Insbesondere bei Herstellung von Steg und Gurtplatte in zwei aufeinander folgenden Betonierabschnitten ist mit zentrischem Zwang in der nachträglich auf dem schon erhärteten Steg aufbetonierten Gurtplatte zu rechnen.

Es wird der Querschnitt im Bereich der Stützmomente (Oberseite Zug) bei der Überlagerung mit Zwang bei der Erstrissbildung betrachtet.

Erforderliche Mindestbewehrung:

$A_s \quad = k_c \cdot k \cdot f_{ct,eff} \cdot A_{ct} / \sigma_s$ — DIN 1045-1, 11.2.2: (5) Gl. (127)

$k_c = 0{,}9 \cdot F_{cr,Gurt} / (A_{ct} \cdot f_{ct,eff}) \qquad \geq 0{,}5$ — DIN 1045-1, 11.2.2: (5) Gl. (128a)

$\rightarrow A_s \quad = k \cdot 0{,}9 \cdot F_{cr,Gurt} \;/\; \sigma_s$ — DIN 1045-1, 11.2.2: (5) Gl. (127) + (128a)

Teilquerschnitte vor Erstriss:

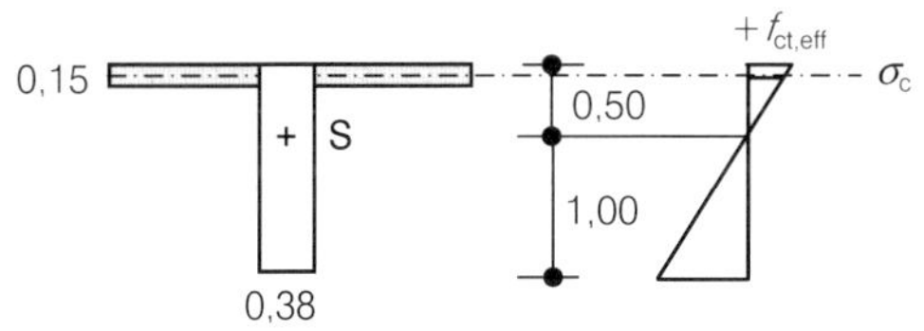

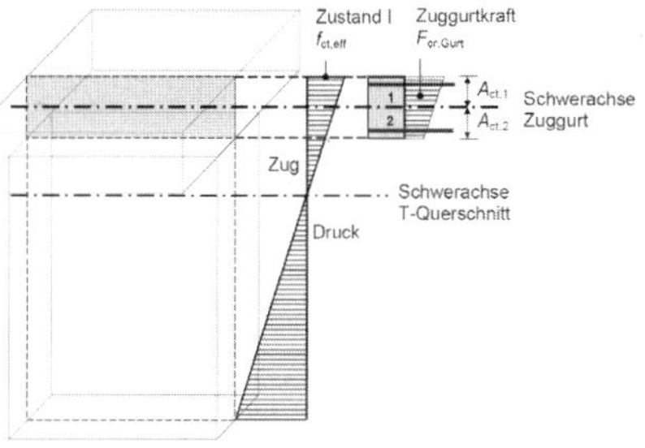

$\rightarrow$ fast zentrischer Zug im Gurt
σ_c in der Schwerlinie,
(bei zentrischem Zwang $\sigma_c = f_{ct,eff}$)
$f_{ct,eff} = 3{,}0$ N/mm² *ist der empfohlene Mindestwert für die Betonzugfestigkeit, wenn der Zeitpunkt der Rissbildung nicht mit Sicherheit innerhalb 28 Tagen festgelegt werden kann.*
$> 2{,}6$ N/mm² $= f_{ctm}$ für C25/30 aus DIN 1045-1, Tab. 9

$f_{ct,eff} \quad = 3{,}0$ N/mm²

$\sigma_c \quad = 3{,}0 - 3{,}0 \cdot 0{,}075 / 0{,}50 = +2{,}55$ N/mm²

Zuggurtkraft:

$F_{cr,Gurt} \quad = A_{ct} \cdot \sigma_c$

$A_{ct} \quad = 0{,}15 \cdot 1{,}0 = 0{,}15$ m²/m

A_{ct} – Betonzugzone im ungerissenen Zustand, auf m-Streifen bezogen.

$F_{cr,Gurt} \quad = 0{,}15 \cdot 2{,}55 = 0{,}383$ MN/m

Eine Betonstahlspannung von $\sigma_s = 330$ N/mm² ist bei Einhaltung einer Rissbreite von $w_k = 0{,}3$ mm mit einem Grenzdurchmesser $d_s^* = 10$ mm für die Mindestbewehrung beim Erstriss ausnutzbar.

DIN 1045-1, 11.2.1: Tab. 18 und 19
siehe 5.2.2: Anforderungsklasse E
mit $w_k = 0{,}3$ mm

DIN 1045-1, 11.2.3: Tab. 20 bzw. Anhang A10
Grenzdurchmesser d_s^* bei Betonstählen

Die Begrenzung der Rissbreite erfolgt durch eine Begrenzung des gewählten Stabdurchmessers auf den modifizierten Grenzdurchmesser:

$d_s = d_s^* \cdot f_{ct,eff} \;/\; f_{ct,0}$ (bei dünnen Bauteilen maßgebend)
$\quad = 10 \cdot 3{,}0 / 3{,}0 = 10$ mm
$d_s = 10$ mm $\geq d_{s,gew}$ der gewählten Matte Q524A

DIN 1045-1, 11.2.2: Gl. (129)
mit $f_{ct,eff} / f_{ct,0} = 1{,}0$

$k = 0{,}8$ für $h = 150$ mm < 300 mm

$\min a_s = 0{,}8 \cdot 0{,}9 \cdot 0{,}383 \cdot 10^4 / 330$
$= \mathbf{8{,}4\ cm^2/m}$ (Gesamtquerschnitt Gurt)

Beiwert k für im Bauteil selbst hervorgerufenen Zwang. Dabei ist für h der kleinere Wert von Höhe oder Breite des Querschnitts oder Teilquerschnitts zu setzen.

Gurtmindestbewehrung
Gewählt: oben: Betonstahl-Lagermatte BSt 500 M (A)
Q524A $= 150 \cdot 10{,}0 \quad / 150 \cdot 10{,}0$
$= \mathbf{5{,}24\ cm^2/m} \quad / 5{,}24\ cm^2/m$

unten: Betonstahl BSt 500 S (A)
Ø 8 / 100 mm = **5,03 cm²/m**
$\Sigma a_s = 5{,}24 + 5{,}03 = 10{,}3\ cm^2/m > \min a_s$

Die Q-Lagermatte mit 5,24 cm²/m in Balkenquerrichtung wird gleichzeitig als Gurtquerbewehrung eingesetzt – siehe 4.3.4.

5.2.1.2 Mindestbewehrung Steg

Zur Vermeidung breiter Sammelrisse im hohen Steg außerhalb der Wirkungszone der Biegebewehrung wird eine Mindestbewehrung ergänzend zur vorhandenen Biegebewehrung angeordnet.

DIN 1045-1, 11.2.2: (4) Bei profilierten Querschnitten wie Hohlkästen oder Plattenbalken ist die Mindestbewehrung für jeden Teilquerschnitt (Gurte und Stege) einzeln nachzuweisen. Annahme: Die Zwangschnittgröße erreicht die Rissschnittgröße. Für die Vermeidung von Sammelrissen wird auf der sicheren Seite liegend zentrischer Zwang im Steg angenommen.

$A_s = k_c \cdot k \cdot f_{ct,eff} \cdot A_{ct} / \sigma_s$

$k_c = 0{,}4 \cdot [1 + \sigma_c / (k_1 \cdot f_{ct,eff})] \quad \leq 1{,}0$
$\rightarrow k_c = 1{,}0$ zentrischer Zug

DIN 1045-1, 11.2.2: Gl. (127)
DIN 1045-1, 11.2.2: Gl. (128)
in der Schwerelinie des Teilquerschnitts Steg vor dem Erstriss bei zentrischem Zug

wirksame Betonzugfestigkeit in abliegenden Querschnittsteilen:

$f_{ct,eff} \approx 0{,}6 \cdot f_{ctm}$
$= 0{,}6 \cdot 2{,}6$
$= 1{,}56\ N/mm^2$

[25] *Annahme: Wegen der bereits vorhandenen Rissbildung in der Wirkungszone der Bewehrung neben den angrenzenden, abliegenden Querschnittsteilen (z. B. Stege hoher Balken) kann die wirksame Betonzugfestigkeit für die Vermeidung breiter Sammelrisse auf ca.* 60 % *abgemindert werden.*
$f_{ct,eff} = 0{,}6 f_{ctm}$ *mit* $f_{ctm} = 2{,}6\ N/mm^2$ für C25/30 aus DIN 1045-1, Tab. 9

$k = 0{,}75$ für $h = b = 380$ mm interpoliert
> 300 mm < 800 mm

k – für im Bauteil selbst hervorgerufenen Zwang
h – der kleinere Wert von Höhe oder Breite des Querschnitts oder Teilquerschnitts

$A_{ct} = 0{,}38 \cdot 1{,}0 = 0{,}38\ m^2/m$

A_{ct} – Betonzugzone im ungerissenen Zustand = gesamte Stegbreite

Eine Betonstahlspannung von $\sigma_s = 200\ N/mm^2$ ist bei Einhaltung einer Rissbreite von $w_k = 0{,}3$ mm mit einem Grenzdurchmesser $d_s^* = 27$ mm für die Mindestbewehrung beim Erstriss ausnutzbar.

DIN 1045-1, 11.2.1: Tab. 18 und 19
s. 5.2.2: Anforderungsklasse E: $w_k = 0{,}3$ mm

Mit einem gewählten Stabdurchmesser Ø 12 für die Stegbewehrung und der zulässigen Modifikation des Grenzdurchmessers für Tab. 20:

DIN 1045-1, 11.2.3: Begrenzung der Rissbreite ohne direkte Berechnung
[1] Tab. 20: Grenzdurchmesser d_s^* bei Betonstählen bzw. Anhang A10

$d_s = d_s^* \cdot k_c \cdot k \cdot h_t / [4\,(h - d)] \cdot f_{ct,eff} / f_{ct,0} \quad \geq d_s^* \cdot f_{ct,eff} / f_{ct,0}$

DIN 1045-1, 11.2.2: Gl. (129)

mit $f_{ct,0} = 3{,}0\ N/mm^2$

und $h_t = h / 2 = 0{,}38 / 2 = 0{,}175$ m
(Zugzone im Steg auf eine Bewehrungslage bezogen)

siehe 1.2: $c_{v,l} = 45$ mm

$d = h - c_{v,l} - 0{,}5 d_s$
$= 380 - 45 - 0{,}5 \cdot 12$
≈ 330 mm

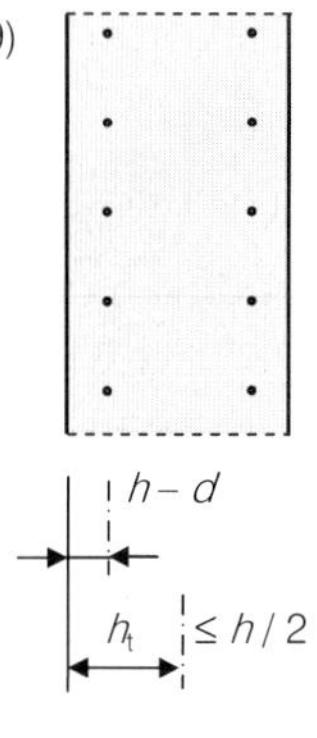

$d_s = 27 \cdot 1{,}0 \cdot 0{,}75 \cdot 0{,}175 / [4\,(0{,}38 - 0{,}33)] \cdot 1{,}56 / 3{,}0$
$= 9{,}2$ mm
$< 27 \cdot 1{,}56 / 3{,}0 = 14$ mm (maßgebend)
$>$ gewählter Stabdurchmesser Ø 12

9,2 < 14 > 12

9,2 < 12

min A_s $= 1{,}0 \cdot 0{,}75 \cdot 1{,}56 \cdot 0{,}38 \cdot 10^4 / 200$
$=$ **22,2 cm²/m** für die Gesamtbreite des Steges

Stegmindestbewehrung
Gewählt: Betonstahl BSt 500 S (A)
je Stegseite: Ø 12 / 100 mm
$= 11{,}31$ cm²/m
$\Sigma A_s = 2 \cdot 11{,}31 = 22{,}6$ cm²/m $>$ min A_s

Über die gesamte Steghöhe verteilt, deckt auch die Zugspannungen im Steg über den Auflagern A und B ab, siehe 5.2.1.1

Der modifizierte Grenzdurchmesser $d_s < 14$ mm ist eingehalten.

siehe auch [25] DAfStb-Heft 400, S. 170/171 *Schießl*: Grundlagen der Neuregelung zur Beschränkung der Rissbreite.

Diese Stegbewehrung wird konstruktiv über die gesamte Steghöhe und in allen Feldern verlegt.

Die Mindestbewehrung in abliegenden Querschnittsteilen ist erst 100 mm außerhalb der Wirkungszone der Biegebewehrung einzulegen.

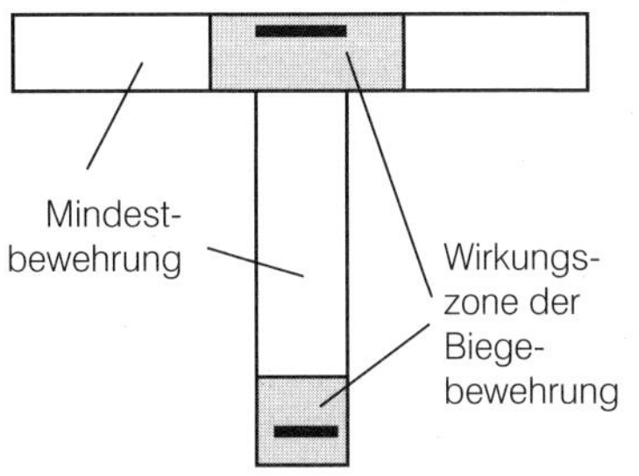

5.2.2 Begrenzung der Rissbreite für die statisch erforderliche Bewehrung

Die Anforderungen an die Dauerhaftigkeit und das Erscheinungsbild des Tragwerks gelten bei der hier vorausgesetzten Expositionsklasse XC3 als erfüllt, wenn der Rechenwert der Rissbreite auf $w_k = 0{,}3$ mm begrenzt wird (Anforderungsklasse E).

DIN 1045-1, 11.2.1: 6 Tabellen 19 und 20

quasi-ständig wegen Anforderungsklasse E

Stahlspannung unter der quasi-ständigen Einwirkungskombination:

$$\sigma_{s,perm} \approx (M_{perm} / M_{Ed}) \cdot (\text{erf } A_s / \text{vorh } A_s) \cdot \sigma_{sd}$$

Im Beispiel werden nur Schnitte mit min/max M untersucht, ggf. sind bei der gestaffelten Bewehrung auch andere Schnitte, z. B. an der Staffelung (anderer Ausnutzungsgrad, Hebelarm) maßgebend.

Modifikation des Grenzdurchmessers:

$$d_s = d_s^* \cdot \sigma_s \cdot A_s / [4\,(h - d) \cdot b \cdot f_{ct,0}] \qquad \geq \quad d_s^* \cdot f_{ct,eff} / f_{ct,0}$$

mit $f_{ct,0} = 3{,}0$ N/mm² und mit $f_{ct,eff} = 2{,}6$ N/mm²

DIN 1045-1, Tab. 9
$f_{ct,eff} = 2{,}6$ N/mm² $= f_{ctm}$ C25/30

DIN 1045-1, 11.2.3: Gl. (131)

DIN 1045-1, 11.2.3: Begrenzung der Rissbreite ohne direkte Berechnung;
Tab. 20: Grenzdurchmesser d_s^* bei Betonstählen bzw. Anhang A10
in Spalte 10: $d_s^* = 3{,}6 \cdot 10^6 \cdot w_k / \sigma_s^2$

Nachweis in Tabellenform – zul $d_s \geq$ vorh d_s (Spalte 11 ≥ Spalte 12): erfüllt!

Spalten 2-5 und 7-8 siehe 3.2 und 4.2.
Spalte 9: $d_1 = h - d$

	1	2	3	4	5	6	7	8	9	10	11	12
Ort	M_{perm} (kNm)	M_{Ed} (kNm)	erf A_s (cm²)	vorh A_s (cm²)	σ_{sd} (N/mm²)	$\sigma_{s,perm}$ (N/mm²)	d (m)	Zug-zone b (m)	$\sigma_s \cdot A_s$ / $[4 d_1 \cdot b \cdot f_{ct,0}]$ *aus Gl. (131)*	d_s^* (mm)	zul d_s (mm) *Gl. (131)*	vorh d_s (mm)
A	−1303	−1819	31,6	34,4	444,2	**292**	1,43	0,50	2,39	12,6	**30,3**	**25**
B	−1029	−1360	22,8	24,5	449,7	**317**	1,43	0,38	2,43	10,8	**26,2**	**25**
F 1	+994	+1927	33,1	34,4	435,0	**216**	1,41	0,38	1,81	23,2	**41,9**	**25**
F 2	+520	+895	15,1	15,7	435,0	**243**	1,44	0,38	1,39	18,3	**25,5**	**20**

5.3 Begrenzung der Verformungen

Der Nachweis der Begrenzung der Durchbiegung darf für Stahlbetonbauteile vereinfacht durch eine Begrenzung der Biegeschlankheit l_i / d geführt werden.

DIN 1045-1, 11.3.2: (1)

In der DIN 1045-1 werden für Deckenplatten des üblichen Hochbaus Vorgaben zur Begrenzung der Biegeschlankheit gemacht, bei denen nur die Lagerungsbedingungen eingehen.

DIN 1045-1, 11.3.2: (2)

In der Praxis existieren darüber hinaus Verfahren, die auf den Grundlagen der DIN 1045-1, 11.3.1 basieren, jedoch weitere Parameter berücksichtigen.

Zum Beispiel wurde auf der Basis von Vergleichsberechnungen in [50] ein Biegeschlankheitsnachweis entwickelt, der zwischen Balken- und Plattentragwerken unterscheidet und Einflüsse der Belastung und des Bewehrungsgrades teilweise berücksichtigt.

[50] *Krüger/Mertzsch:* Beitrag zum Trag- und Verformungsverhalten bewehrter Betonquerschnitte im Grenzzustand der Gebrauchstauglichkeit. Rostocker Berichte aus dem Fachbereich Bauingenieurwesen, Universität Rostock, Heft 3, 2001, siehe auch im Anhang A8.

Dieser vereinfachte Nachweis soll hier zum Nachweis der Begrenzung der Verformungen herangezogen werden.

erf $d = l_i / \lambda_d$ — [50] Gl. (7.1)

mit $l_i = \alpha_i \cdot l_{eff}$ — Ersatzstützweite

[50] Tab. 7.2

$\alpha_i = 0{,}70$	Mittelfeld eines Durchlaufträgers
$\alpha_i = 0{,}80$	Endfeld eines Durchlaufträgers
$\alpha_i = 2{,}50$	Kragträger

$l_{i,1} = 0{,}7 \cdot 8{,}00$	$= 5{,}60$ m	Feld 1
$l_{i,2} = 0{,}8 \cdot 8{,}00$	$= 6{,}40$ m	Feld 2
$l_{i,K} = 2{,}5 \cdot 4{,}00$	$= 10{,}00$ m	Kragträger

$\rho \leq 1{,}0$ % Bewehrungsgrad Balken

Bei einer Biegebewehrung des Kragträgers von 7 ∅ 25 = 34,4 cm² und $b / d = 0{,}38 / 1{,}43$ m ist $\rho = 0{,}006 < 1{,}0$ %

34,4 / (0,38 · 1,43)

Für erhöhte Anforderungen an die Durchbiegung des Balkens von 1 / 500 der Stützweite ergibt sich die Grenzschlankheit λ_d:

DIN 1045-1, 11.3.1: (10)

$\lambda_d = 13{,}7$

[50] Tab. 7.3 interpoliert für $l_{i,K} = 10{,}00$ m

erf $d = 10{,}00 / 13{,}7$
$= \mathbf{0{,}73\ m}$ **< vorh** d **= 0,92 m ... 1,19 m**

entlang des Kragarms d siehe 4.3.1 c)

Der vereinfachte Nachweis der Begrenzung der Durchbiegung gilt damit als erbracht.

DIN 1045-1, 11.3.2: (1)

6 Bewehrungsführung, bauliche Durchbildung

6.1 Grundmaß der Verankerungslänge

DIN 1045-1, 12.6.2

Grundmaß:

$l_b = (d_s / 4) \cdot (f_{yd} / f_{bd})$

DIN 1045-1, 12.6.2: (2) Gl. (140)

Bemessungswert Verbundspannung:

Gute Verbundbedingungen: $f_{bd} = 2{,}7$ N/mm² für C25/30

Mäßige Verbundbedingungen: $f_{bd} = 0{,}7 \cdot 2{,}7 = 1{,}89$ N/mm²

DIN 1045-1, 12.5: Tab. 25: $d_s < 32$ mm

DIN 1045-1, 12.4: Bild 54 Verbundbedingungen

Bemessungswert Stahlspannung : $f_{yd} = 435$ N/mm²

Ort	Bewehrung	Verbund	d_s	l_b (mm)
Krag-träger	Längsbewehrung A, oben	mäßig	25	**1438**
	Rissbewehrung, oben	mäßig	10	**575**
	Rissbewehrung, oben	gut	10	**403**
Felder	Längsbewehrung B, oben	mäßig	25	**1438**
	Feldbewehrung (1), unten	gut	25	**1007**
	Feldbewehrung (2), unten	gut	20	**806**
	Steg(Riss-)bewehrung	mäßig	12	**690**
		gut	12	**483**

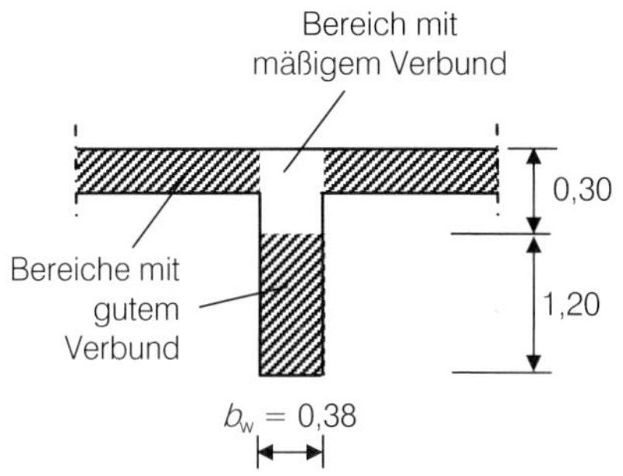

6.2 Verankerung am Endauflager C

Feldbewehrung

Mindestens ein Viertel der (erforderlichen) Feldbewehrung ist über das Auflager zu führen und dort zu verankern.
Im Beispiel: Führung von 100 % der Feldbewehrung über das Endauflager.

DIN 1045-1, 13.2.2: (6) Zugkraftdeckung Balken

Zu verankernde Zugkraft Endauflager:

$F_{sd} = V_{Ed} \cdot a_l / z + N_{Ed} \qquad \geq V_{Ed} / 2$

DIN 1045-1, 13.2.2: (7) Gl. (148)

$V_{Ed} = 545$ kN $\qquad N_{Ed} = 0$

siehe 3.1

Versatzmaß $a_l = 0{,}5\, z (\cot \theta - \cot \alpha) \qquad \geq 0$

DIN 1045-1, 13.2.2: (3) Gl. (147)

$\cot \theta = 2{,}0$ Druckstrebenneigung bei gewählter Querkraftbewehrung

siehe 4.3.3 b) Querkraftbemessung

$\cot \alpha = 0$ Neigung Bügelbewehrung zur Bauteilachse

$a_l = 0{,}5 \cdot 0{,}9 \cdot 1{,}44\ (2{,}0 - 0) = 1{,}30$ m

DIN 1045-1, 13.2.2: (3)
$z = 0{,}9d$ angenommen.

$F_{sd} = 545 \cdot 1{,}30 / (0{,}9 \cdot 1{,}44) \qquad = 545$ kN

$A_{s,erf} = F_{sd} / f_{yd} = 0{,}545 \cdot 10^4 / 435 \qquad = 12{,}5$ cm²

Erforderliche Verankerungslänge der Feldbewehrung 5 Ø 20

	Winkelhaken: $\alpha_a = 0{,}7$
$l_{b,min} = 0{,}3\ \alpha_a\ l_b$	$l_{b,min} = 0{,}3 \cdot 0{,}7 \cdot 806 = 169$ mm
$\geq 10 d_s$	$< 10 \cdot 20 =$ **200 mm**
$l_{b,net} = \alpha_a \cdot l_b \cdot (A_{s,erf} / A_{s,vorh})$	$l_{b,net} = 0{,}7 \cdot 806 \cdot (12{,}5 / 15{,}7) =$ **450 mm**
$\geq l_{b,min}$	> 200 mm $= l_{b,min}$
$l_{b,ind} = l_{b,net}$	$l_{b,ind} =$ **450 mm**
$\geq 10 d_s$	

DIN 1045-1, 12.6: Tab. 26: Verankerungsarten
DIN 1045-1, 12.6.2: (3) $l_{b,min}$

DIN 1045-1, 12.6.2: (3) Gl. (141)

DIN 1045-1, 13.2.2: (8) Gl. (150)
bei indirekter Auflagerung

Die Feldbewehrung wird um **465 mm** > erf $l_{b,ind}$ hinter die Auflagervorderkante geführt.

Detail Verankerungsbereich:

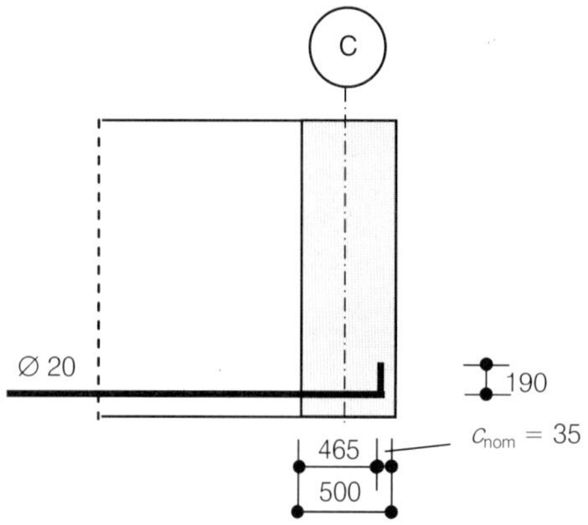

Betondeckung c_{nom} siehe 1.2

Biegerollendurchmesser nach
DIN 1045-1, 12.3.1, Tab. 23: $d_{br} \geq 7 d_s$
Winkelhakenlänge nach
DIN 1045-1, 12.6, Tab. 26: $5 d_s + d_{br} / 2 + d_s$
$l_H = 5 \cdot 20 + 7 \cdot 20 / 2 + 20 = 190$ mm

Die Aufhängebewehrung für die indirekte Einleitung der Auflagerkraft in den Querträger C wird mit der Bemessung und Durchbildung des Querträgers C (nicht in diesem Beispiel) festgelegt. Der Bemessungsablauf entspricht sinngemäß dem Anschluss des Nebenträgers im Feld 1 – siehe 6.8.1

Zwischenauflager

6.3 Verankerung an den Auflagern A und B

Mindestens ein Viertel der Feldbewehrung ist zum Auflager zu führen und dort zu verankern.

DIN 1045-1, 13.2.2: (6)
Zugkraftdeckung Balken

Das Auflager B ist ein typisches Zwischenauflager zwischen zwei Feldern eines durchlaufenden Balkens.

DIN 1045-1, 13.2.2: (9) An Zwischenauflagern von durchlaufenden Bauteilen ist die erforderliche Bewehrung mindestens um das Maß $6 d_s$ bis hinter den Auflagerrand zu führen.

Auflager A mit dem Kragträger ist eigentlich ein Endauflager. In Anbetracht der relativ großen Länge des Kragträgers und des großen ständigen Kragmomentes lässt sich die Anwendung der Verankerungsregeln für Zwischenauflager in diesem Beispiel rechtfertigen.

Bei sehr kurzem Kragarm mit kleinen ständigen Einwirkungen sollte die Verankerung der Feldbewehrung aus dem benachbarten Feld nach den Regeln für Endauflager ausgebildet werden.

Im Beispiel: Führung der gesamten Feldbewehrung zum Zwischenauflager.

Feld 1, Auflager A und B:

min $l_{b,dir} > 6 d_s = 6 \cdot 25 = 150$ mm gewählt: $l_{b,dir} =$ **200 mm**

Feld 2, Auflager B:

min $l_{b,dir} > 6 d_s = 6 \cdot 20 = 120$ mm gewählt: $l_{b,dir} =$ **200 mm**

6.4 Verankerung am Kragträgerende

Die Regeln für indirekte Auflagerung können sinngemäß angewandt werden.

Detail Verankerungsbereich:

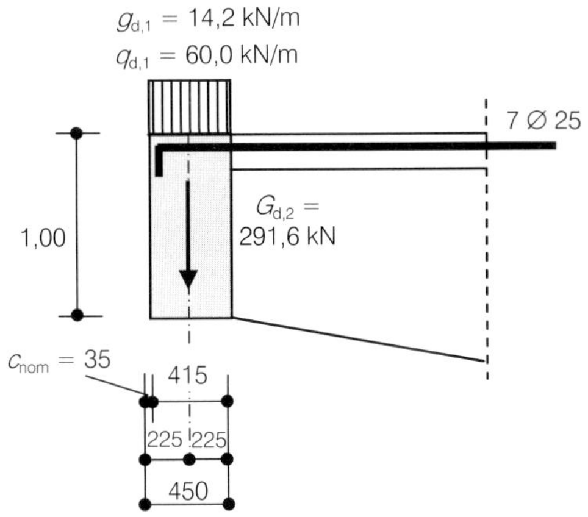

Einwirkungen siehe 3.1
Betondeckung c_{nom} siehe 1.2

Im Beispiel: Führung von 7 Ø 25 = 34,4 cm² (100 % der Stützbewehrung A) im mäßigen (teilweise guten) Verbundbereich über das Auflager des Nebenträgers.
Auf den Ansatz des guten Verbundbereiches für die 4 in die Gurtplatte ausgelagerten Stäbe wird hier auf der sicheren Seite liegend verzichtet.

Zu verankernde Zugkraft Nebenträgerauflager:

$F_{sd} = V_{Ed} \cdot a_l / z + N_{Ed} \geq V_{Ed} / 2$

DIN 1045-1, 13.2.2: (7) Gl. (148)

$V_{Ed} = 291{,}6 + (14{,}2 + 60{,}0) \cdot 0{,}45 = 325$ kN

Versatzmaß $a_l = 0{,}5z(\cot\theta - \cot\alpha) \geq 0$

DIN 1045-1, 13.2.2: (3) Gl. (147)

$\cot\theta = 3{,}0$ bei erf $a_{sw} = 2{,}91$ cm²/m
$(\cot\theta)_{red} = 3{,}0 \cdot 2{,}91 / 3{,}15 = 2{,}77$
= mögliche Druckstrebenneigung bei Ausnutzung von vorh $a_{sw} = 3{,}15$ cm²/m

siehe 4.3.1 c) Querkraftbemessung
Wegen der größer gewählten Querkraftbewehrung ist ein steilerer Druckstrebenwinkel als für die erforderliche Querkraftbewehrung möglich – günstiger für die Verankerung der Längsbewehrung / Versatzmaß.

$\cot\alpha \approx 0$ Neigung der Bügel zur Bauteilachse

Die geneigte Bauteilachse im Kragträger wird hier vernachlässigt.

$a_l = 0{,}5 \cdot 0{,}9 \cdot 0{,}92 \cdot (2{,}77 - 0) = 1{,}15$ m 3 Stäbe im Steg
$a_l = 1{,}15 + 0{,}10 = 1{,}25$ m 4 Stäbe in der Gurtplatte
$a_{l,m} = (3 \cdot 1{,}15 + 4 \cdot 1{,}25) / 7 = 1{,}21$ m Mittelwert

DIN 1045-1, 13.2.2: (4) Bei einer Anordnung der Zugbewehrung in der Gurtplatte außerhalb des Steges... ist a_l jeweils um den Abstand der einzelnen Stäbe vom Steganschnitt zu erhöhen.
Hier: 4 von 7 Ø 25 i. M. 100 mm neben dem Steganschnitt ausgelagert (siehe Bild 4.3.4.1).

$F_{sd} = 325 \cdot 1{,}21 / (0{,}9 \cdot 0{,}92) = 475$ kN

$A_{s,erf} = F_{sd} / f_{yd} = 0{,}475 \cdot 10^4 / 435 = 10{,}9$ cm²

DIN 1045-1, 13.2.2: (3)
$z = 0{,}9d$ angenommen.

Erforderliche Verankerungslänge Stützbewehrung 7 Ø 25

$l_{b,min} = 0{,}3\,\alpha_a\,l_b$ $\geq 10d_s$	Winkelhaken: $\alpha_a = 0{,}7$ $l_{b,min} = 0{,}3 \cdot 0{,}7 \cdot 1438 =$ **302 mm** $> 10 \cdot 25 = 250$ mm	DIN 1045-1, 12.6: Tab. 26: Verankerungsarten DIN 1045-1, 12.6.2: (3) $l_{b,min}$
$l_{b,net} = \alpha_a \cdot l_b \cdot (A_{s,erf} / A_{s,vorh})$ $\geq l_{b,min}$	$l_{b,net} = 0{,}7 \cdot 1438 \cdot (10{,}9 / 34{,}4) =$ **320 mm** > 302 mm $= l_{b,min}$	DIN 1045-1, 12.6.2: (3) Gl. (141)
$l_{b,ind} = l_{b,net}$ $\geq 10d_s$	$l_{b,ind} =$ **320 mm** > 250 mm	DIN 1045-1, 13.2.2: (8) Gl. (150) bei indirekter Auflagerung

Die 7 Ø 25 Stützbewehrung über dem Auflager A werden um **415 mm** > erf $l_{b,ind}$ hinter die Nebenträger-(„Auflager"-)vorderkante geführt.

Biegerollendurchmesser nach DIN 1045-1, 12.3.1, Tab. 23: $d_{br} \geq 7d_s$
Winkelhakenlänge nach DIN 1045-1, 12.6, Tab. 26: $5d_s + d_{br} / 2 + d_s$
$l_H = 5 \cdot 25 + 7 \cdot 25 / 2 + 25 = 240$ mm

6.5 Verankerung außerhalb der Auflager

Die Stäbe der oberen Stützbewehrung sind vom Punkt E der Zugkraftlinie, an dem sie rechnerisch nicht mehr benötigt werden, um das Maß $l_{b,net}$ im Feld zu verankern.

Zugkraftdeckung
DIN 1045-1, 13.2.2: Bild 66

$l_{b,net} = \alpha_a \cdot l_b \cdot (A_{s,erf} / A_{s,vorh})$

DIN 1045-1, 12.6.2: (3) Gl. (141)

Feld 1: Staffelung von 7 ∅ 25 auf 5 ∅ 25: $A_{s,erf} / A_{s,vorh} = 5/7$
→ $l_{b,net} = 1{,}0 \cdot 1438 \cdot (5/7)$ = **1030 mm**

Feld 2: Staffelung von 5 ∅ 25 auf 3 ∅ 25: $A_{s,erf} / A_{s,vorh} = 3/5$
→ $l_{b,net} = 1{,}0 \cdot 1438 \cdot (3/5)$ = **860 mm**
Staffelung von 3 ∅ 25 auf 0 ∅ 25: $A_{s,erf} / A_{s,vorh} = 0$
→ $l_{b,net} < l_{b,min}$ = **430 mm**

l_b siehe 6.4:
$l_b = 1438$ mm mäßig (im Steg)
$l_{b,min} = 0{,}3 \cdot 1{,}0 \cdot 1438 = 430$ mm mäßig
Werden Stäbe in der Platte gestaffelt, könnte die Verankerung im guten Verbundbereich angesetzt werden. Darauf wird hier verzichtet.

6.6 Übergreifungslänge der Steglängsbewehrung

siehe 5.2.1.2 Mindestbewehrung Steg

Übergreifungslänge Betonstahl ∅ 12 / 100 mm:

DIN 1045-1, 12.8.2: (1)

	gerade Stabenden:
$l_{s,min} = 0{,}3 \cdot \alpha_a \cdot \alpha_1 \cdot l_b$	$\alpha_a = 1{,}0$ $\alpha_1 = 1{,}4$ $l_{s,min} = 0{,}3 \cdot 1{,}4 \cdot 483 =$ **203 mm** (gut) $l_{s,min} = 0{,}3 \cdot 1{,}4 \cdot 690 =$ **290 mm** (mäßig)
$\geq 15 d_s$	$> 15 \cdot 12 = 180$ mm
≥ 200 mm	> 200 mm
$l_{b,net} = \alpha_a \cdot l_b \cdot (A_{s,erf} / A_{s,vorh})$	$l_{b,net} = 1{,}0 \cdot 483 \cdot (0{,}46) =$ **222 mm** (gut)
$\geq l_{b,min} = 0{,}3 \cdot \alpha_a \cdot l_b$	$> 0{,}3 \cdot 1{,}0 \cdot 483 = 145$ mm
$\geq 10 d_s$	$> 10 \cdot 12 = 120$ mm
$l_s = l_{b,net} \cdot \alpha_1$	$l_s = 222 \cdot 1{,}4 =$ **311 mm** (gut)
$\geq l_{s,min}$	$> 203 \text{ mm} = l_{s,min}$

DIN 1045-1, 12.6: Tab. 26: Verankerungsarten
DIN 1045-1, Tab. 27:
α_1 für gestoßene Stäbe > 33 % in der Zugzone und $d_s < 16$ mm,
Bild 57: $s < 10 d_s$, daher $\alpha_1 = 1{,}4$
l_b siehe 6.1

DIN 1045-1, 12.6.2: (3) Gl. (141)
→ siehe 5.2.1.2 Rissbewehrung nur mit $\sigma_s = 200$ N/mm² statt $f_{yd} = 435$ N/mm² ausgenutzt → Ausnutzungsgrad = 0,46

DIN 1045-1, 12.8.2: (1) Gl. (144)

Gewählte Übergreifungslänge l_s = **500 mm** > erf l_s

Fast alle Stäbe der Stegrissbewehrung liegen im guten Verbundbereich, siehe 6.1.

Verformung vor Bruch

6.7 Mindestbewehrung zur Sicherstellung eines duktilen Bauteilverhaltens

Rissmoment des Querschnitts über den Auflagern A und B (Zug oben):

$M_{cr,o} = f_{ctm} \cdot W_{y,o}$
$= 2{,}6 \cdot 10^3 \cdot 0{,}406 = 1056$ kNm

DIN 1045-1, 13.1.1:
Mindestbewehrung und Höchstbewehrung
(1) Bemessung mit f_{ctm} und $\sigma_s = f_{yk}$

DIN 1045-1, 9.1.7: Tab. 9
C25/30: $f_{ctm} = 2{,}6$ N/mm²

Rissmoment des Querschnitts im Feld (Zug unten):

$M_{cr,u} = f_{ctm} \cdot W_{y,u}$
$= 2{,}6 \cdot 10^3 \cdot 0{,}203 = 530$ kNm

Querschnitt im Zustand I
Feld 1: $z = 1{,}34$ m (siehe 4.2.3)
A + B: $z = 0{,}9d$ angenommen.

min $A_s = M_{cr} / (f_{yk} \cdot z)$

Plattenbalkenquerschnitt Feld 1 (vgl. 4.2.3) mit

A + B: min $A_s = 1{,}056 \cdot 10^4 / (500 \cdot 0{,}9 \cdot 1{,}43)$
$=$ **16,4 cm²** < 24,5 cm² = vorh $A_{s,l}$ über Auflager B

Feld: min $A_s = 0{,}530 \cdot 10^4 / (500 \cdot 1{,}34)$
$=$ **7,91 cm²** < 15,7 cm² = vorh $A_{s,l}$ im Feld 2

$I_y = 0{,}203$ m⁴
$W_{y,u} = 0{,}203$ m³
$W_{y,o} = 0{,}406$ m³

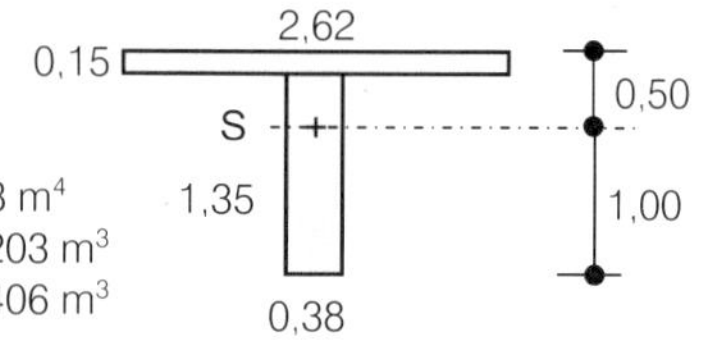

6.8 Anschluss der Nebenträger

6.8.1 Anschluss des Nebenträgers im Feld 1

Stabwerkmodellierung für Lasteinleitungsbereich:

Ansicht:

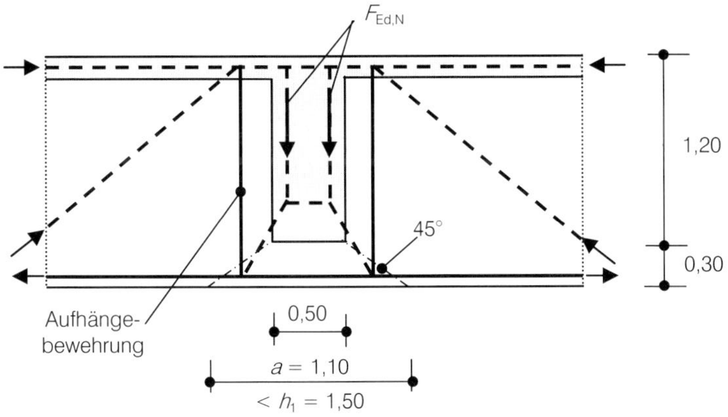

Draufsicht:

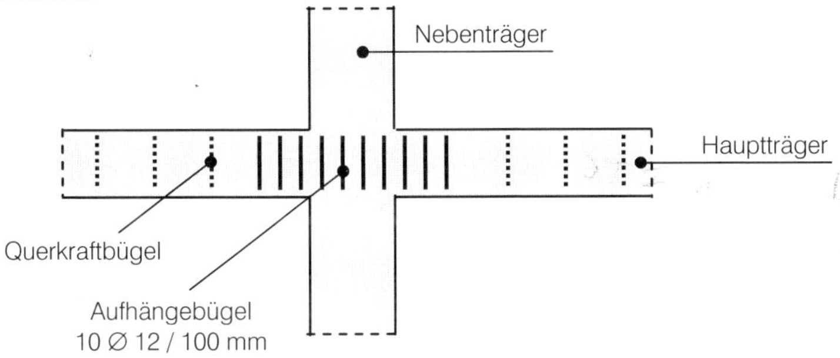

Aufzuhängende Last aus dem Nebenträger:

$F_{Ed,N} = G_{d,3} + Q_{d,2} = 561{,}6 + 426{,}0 = 987{,}6$ kN

erf $A_s = F_{Ed,N} / f_{yd} = 0{,}988 \cdot 10^4 / 435 = 22{,}7$ cm²

Aufhängebewehrung Nebenträger Feld 1
Gewählt: BSt 500 S (A)
10 Bügel, zweischnittig Ø 12
= **22,6 cm²/m**
≈ erf A_s = 22,7 cm²/m

Verteilungsbereich: 0,90 m (s = 100 mm)

DIN 1045-1, 13.11: (1) Bei indirekter Auflagerung eines Bauteils muss im Kreuzungsbereich der Bauteile eine Aufhängebewehrung vorgesehen werden, die die wechselseitigen Auflagerreaktionen vollständig aufnehmen kann.

[48] *Schlaich/Schäfer*: Konstruieren im Stahlbetonbau. BK 1998/II, S. 819 ff.

DIN 1045-1, 13.11: (2) *Die Aufhängebewehrung sollte vorzugsweise aus Bügeln bestehen, die die Hauptbewehrung des unterstützenden Bauteils umfassen. Einige dieser Bügel dürfen außerhalb des unmittelbaren Kreuzungsbereiches beider Bauteile angeordnet werden,...wenn eine über die Höhe verteilte Horizontalbewehrung angeordnet ist, deren Gesamtquerschnittsfläche dem Gesamtquerschnitt dieser Bügel entspricht.*

Lastverteilungsbreite gemäß [48] und DIN 1045-1, 13.11: Bild 79
h_1 = Dicke des stützenden Trägers

Kontrolle der erforderlichen Horizontalbewehrung für die ausgelagerten Aufhängebügel: Außerhalb des unmittelbaren Kreuzungsbereiches max. 6 Bügel Ø 12 = 13,56 cm² < 18,1 cm² = vorhandene Horizontalbewehrung (Stegbewehrung siehe 5.2.1.2 = 16 Ø 12)

siehe 2.2.2

Die Bemessung und Bewehrung des Nebenträgers ist nicht Inhalt dieses Beispiels.

6.8.2 Anschluss des Nebenträgers am Kragträgerende

Die Bemessung und Bewehrung des Nebenträgers ist nicht Inhalt dieses Beispiels.

[48] *Schlaich/Schäfer*: Konstruieren im Stahlbetonbau. BK 1998/II, S. 819 ff.

Stabwerkmodellierung für Lasteinleitungsbereich:

Ansicht:

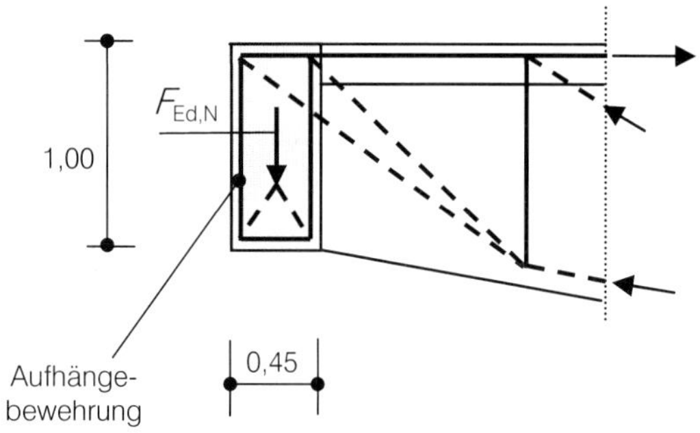

Draufsicht:

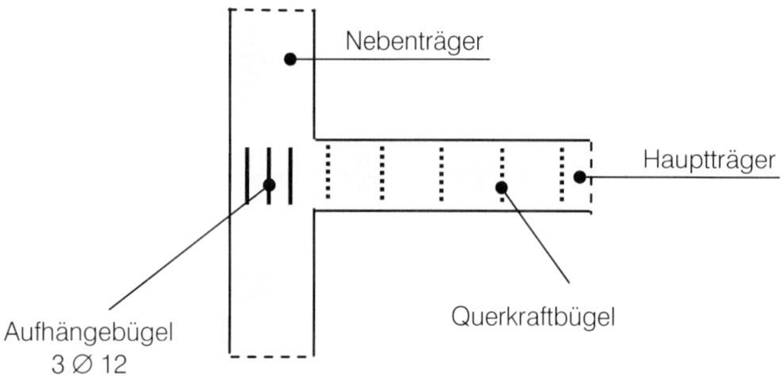

Aufzuhängende Last aus dem Nebenträger:

$F_{Ed,N} = G_{d,2} = 291{,}6$ kN

siehe 2.2.2

erf $A_s = F_{Ed,N} / f_{yd} = 0{,}292 \cdot 10^4 / 435 = 6{,}71$ cm²

Aufhängebewehrung Nebenträger am Kragträgerende

Gewählt: BSt 500 S (A)
3 Bügel, zweischnittig ∅ 12
= 6,79 cm²/m
> erf A_s = 6,71 cm²/m

Verteilungsbereich: 0,30 m (s = 150 mm)

7 Darstellung der Bewehrung

Biegebewehrung $A_s(cm^2)$ (incl. Duktilitätsbewehrung)

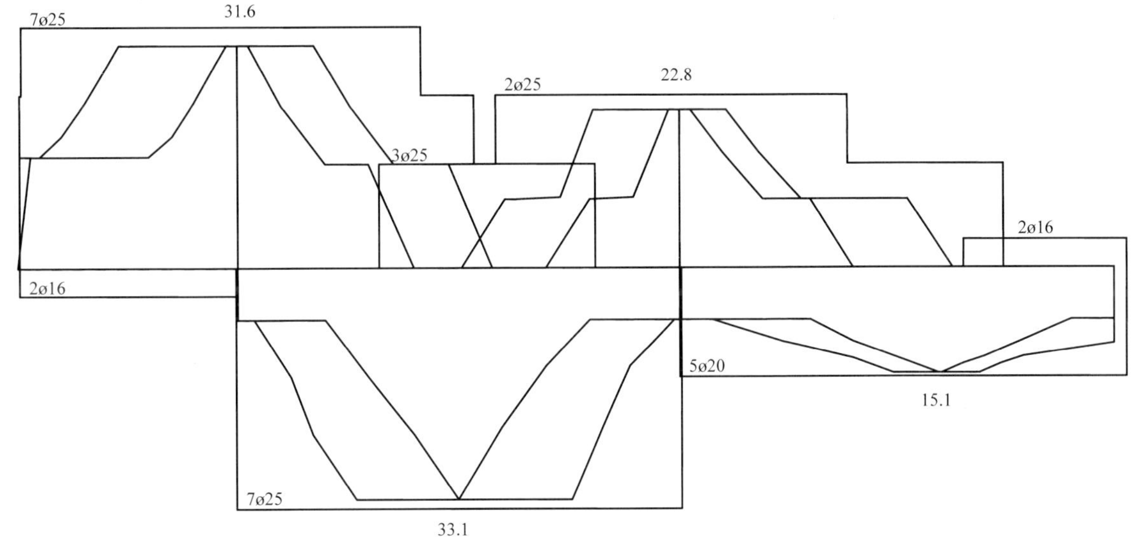

Beispiel 6: Zweifeldriger Durchlaufbalken mit Kragträger

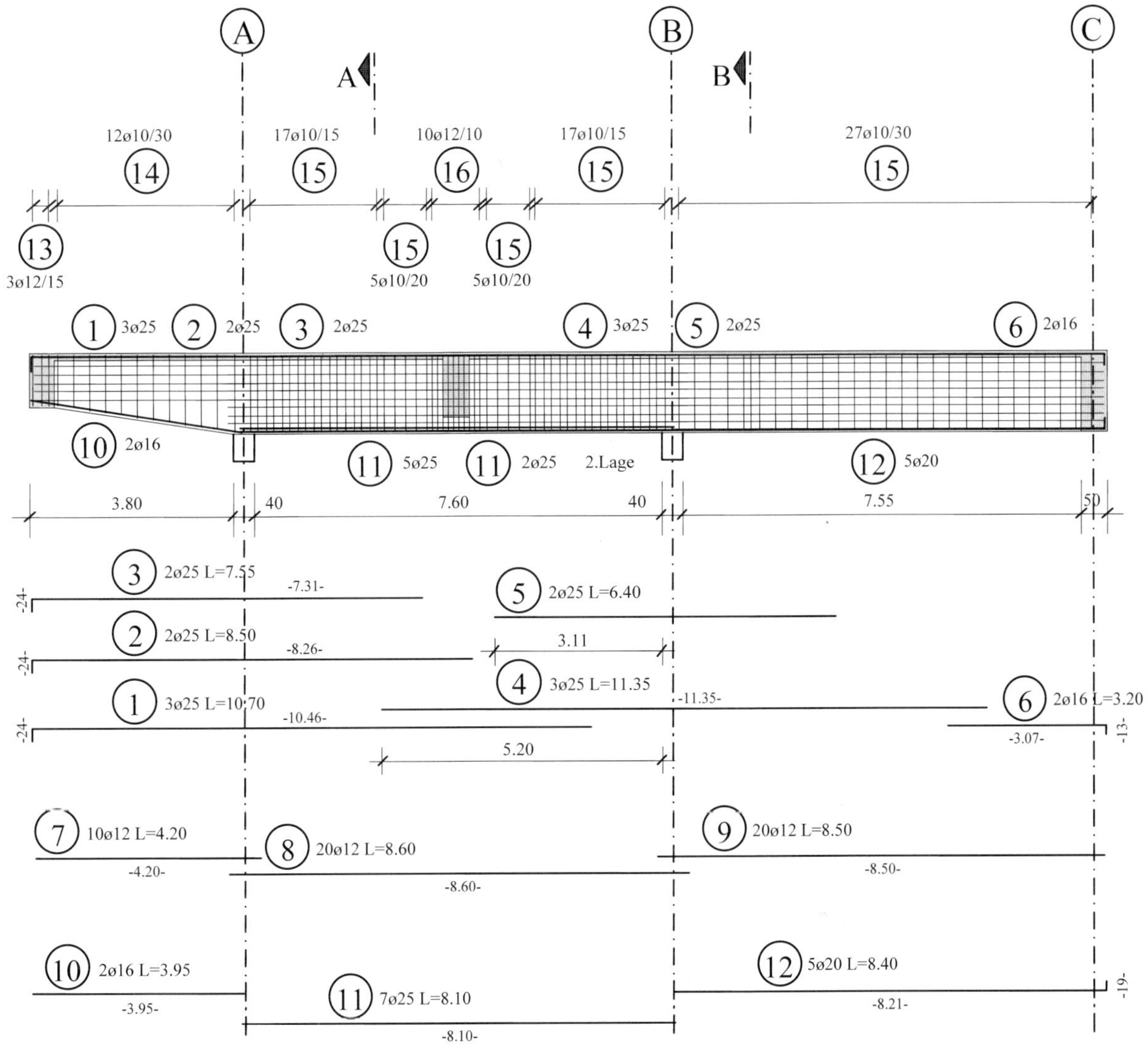

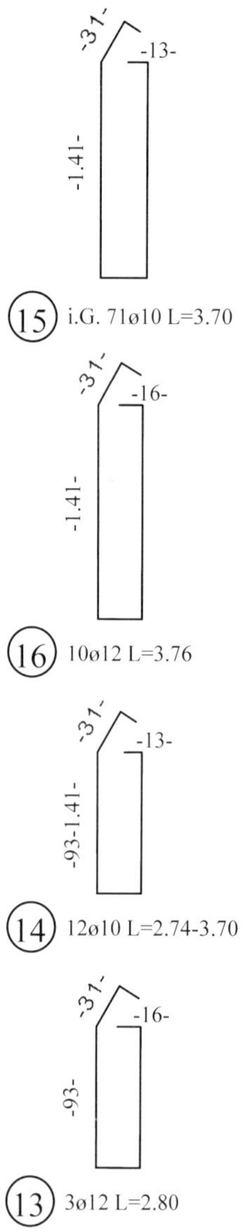

Schnitt A

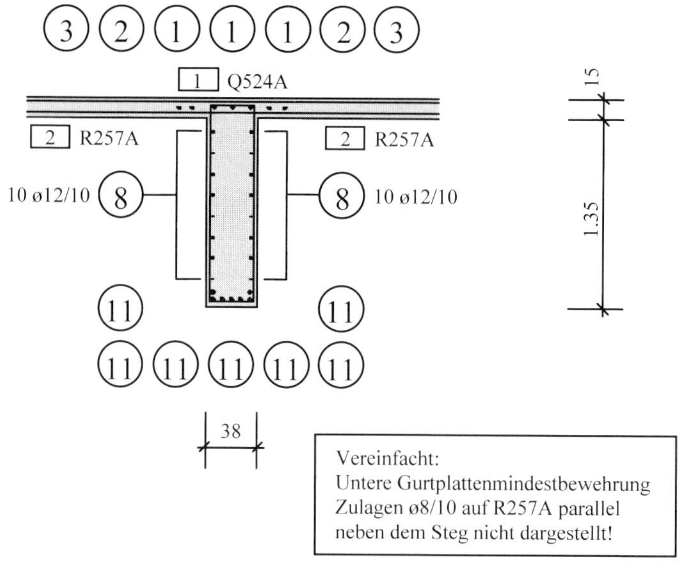

Schnitt B

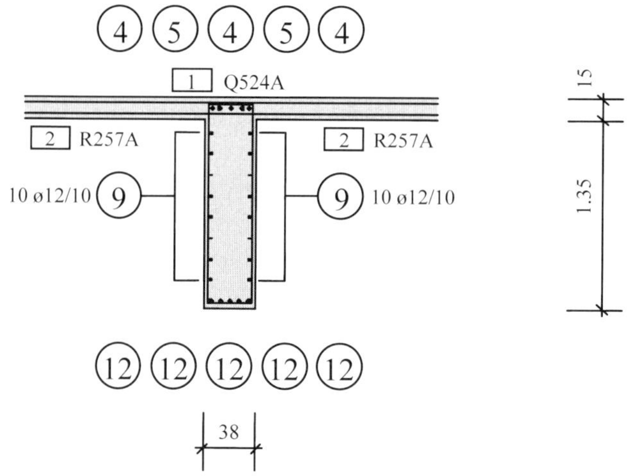

abacus Software für das Bauwesen

Beispiel 6:

Zweifeldriger Durchlaufbalken mit Kragträger

Baustoffe:		Betondeckung:	
Beton	C25/30 XC3/XF1/WO	Verlegemaß Bügel	c_v = 35 mm
Betonstahl	BSt 500 S (A)	Vorhaltemaß	Δc = 15 mm
Betonstahlmatten	BSt 500 M (A)		

abacus-Programm **SCAD**

Beispiel 7: Plattenbalkendecke mit Fertigplatten und statisch mitwirkender Ortbetonschicht

Inhalt

Beispiel 7: Plattenbalkendecke mit Fertigplatten und statisch mitwirkender Ortbetonschicht

Aufgabenstellung

Zu bemessen ist eine Decke aus Fertigplatten mit statisch mitwirkender Ortbetonschicht.
Die Decke liegt als einachsig gespannter Durchlaufträger über 5 Felder auf werkmäßig hergestellten Fertigbalken auf, die nach der Ortbetonergänzung als Plattenbalken wirken. Die Fertigbalken sind Einfeldträger.

DIN 1045-1, 3.1.1: üblicher Hochbau

Die Bemessung erfolgt in diesem Beispiel nur für den am höchsten belasteten, innenliegenden Balken.
In der Praxis werden in der Regel gitterträgerbewehrte Fertigplatten eingesetzt. Für die Montage- und Transportzustände bzw. die Bemessung der Fertigplatten mit Gitterträgern wird auf die in den Zulassungen des Deutschen Institutes für Bautechnik enthaltenen Regelungen und Bemessungshilfsmittel verwiesen. In diesem Beispiel wird daher darauf nicht detaillierter eingegangen.

Die Plattenbalkendecke befindet sich unter einem Verkaufs- bzw. Ausstellungsraum in Innenräumen.

Vorwiegend ruhende Einwirkungen.

DIN 1045-1, 3.1.2: vorwiegend ruhende Einwirkung

Baustoffe:

- Ort- und Vergussbeton C30/37
- Beton der Fertigplatten C30/37
- Beton der Fertigbalken C35/45
- Betonstahlmatten BSt 500 M (A) (normalduktil)
- Betonstahl BSt 500 S (A) (normalduktil)

DIN 1045-1, 9.1: Beton
DIN 1045-1, 9.2: Betonstahl
(in DIN 488 mit B500A bezeichnet)

1 System, Bauteilmaße, Betondeckung

1.1 System

Beachte auch:
DIN 1045-1, 13.8: Verbindung und Lagerung von Fertigteilen

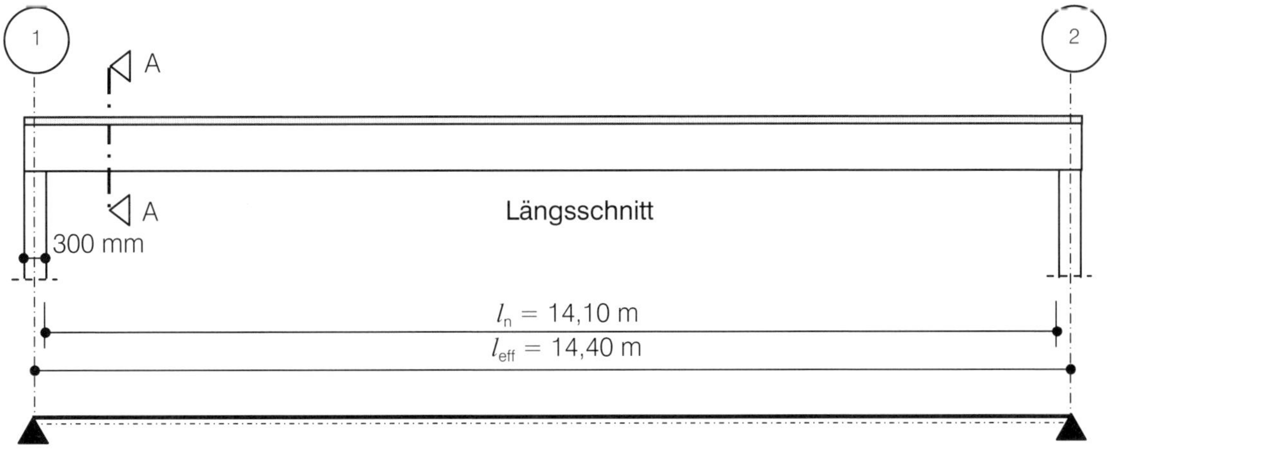

Querschnitt

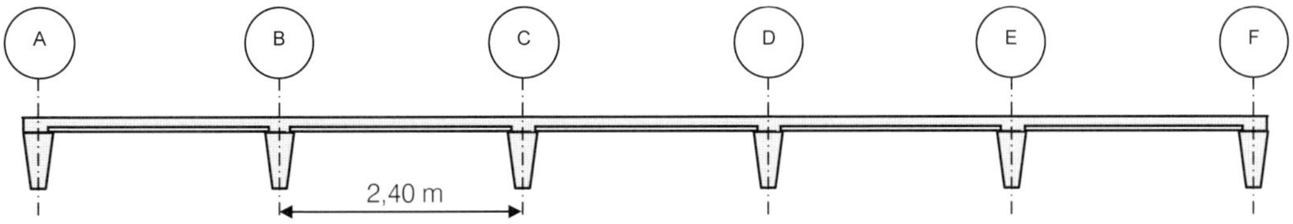

DIN 1045-1, 7.3.1: (6) und Bild 7
l_n = *lichter Abstand zwischen den Auflagervorderkanten*
l_{eff} = *effektive Stützweite*

Detailschnitt A-A

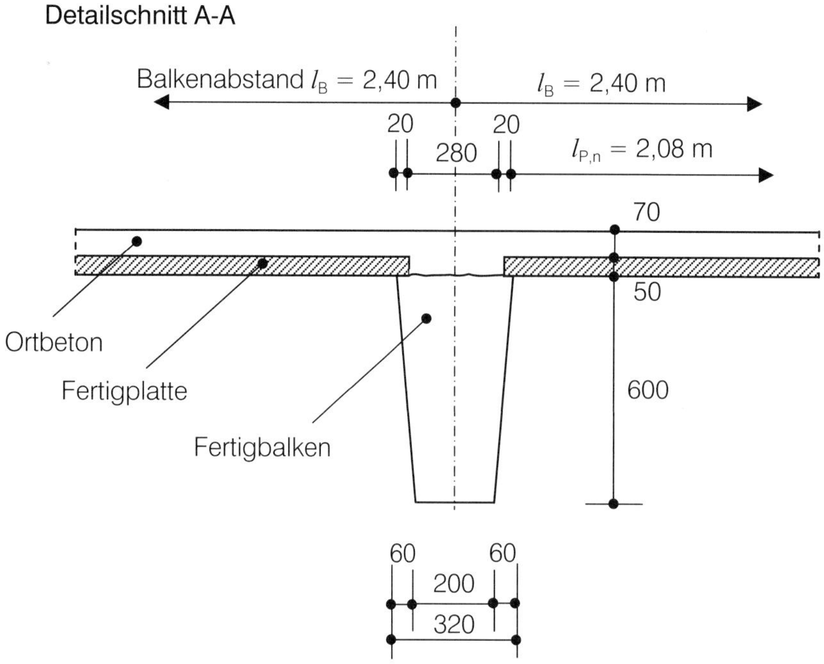

l_0 Achsabstand der Fertigbalken
$l_{P,n}$ lichter Abstand zwischen den Auflagervorderkanten für die Platte

raue Fuge zwischen Fertigbalken und Ortbetonergänzung

1.2 Mindestfestigkeitsklasse, Betondeckung

DIN 1045-1, 6: Sicherstellung der Dauerhaftigkeit

Expositionsklasse für Bewehrungskorrosion
infolge Karbonatisierung → XC1
Mindestfestigkeitsklasse Beton → C16/20

DIN 1045-1, Tab. 3: Expositionsklassen
XC1 trocken (Innenbauteil)

Feuchtigkeitsklasse AKR: → WO

WO – ohne Betonkorrosion infolge Alkali-Kieselsäurereaktion (Innenbauteile des üblichen Hochbaus)

Gewählt:	**C30/37 XC1, WO**	**Ortbeton**
	C30/37 XC1, WO	**Fertigplatte**
	C35/45 XC1, WO 16 mm	**Fertigbalken**

Die höhere Betonfestigkeitsklasse wird im Hinblick auf die Bemessung gewählt.
Die Expositionsklasse ist anzugeben. Wenn durch die Wahl der Stababstände das Größtkorn der Gesteinskörnung nach DIN 1045-1, 12.2.(2) beschränkt wird, muss dies vom Planer angegeben werden,
hier: max d_g = 16 mm wegen min s = 25 mm bei drei Bewehrungslagen im Fertigbalken, siehe 4.2.2.3

Betondeckung
wegen Expositionsklasse XC1:
→ Mindestbetondeckung c_{min} = 10 mm
+ Vorhaltemaß Δc = 10 mm
→ Nennmaß der Betondeckung c_{nom} = 20 mm

DIN 1045-1, Tab. 4: Mindestbetondeckung c_{min} und Vorhaltemaß Δc in Abhängigkeit von der Expositionsklasse
Keine Abminderung von c_{min} um 5 mm gemäß [a)] zulässig, da Expositionsklasse XC1.

Zur Sicherstellung des Verbundes: $c_{min} \geq$ Stabdurchmesser $\geq$ 10 mm

DIN 1045-1, 6.3: (4)

Längsbewehrung ≤ ∅ 10: c_{min} = 10 mm Δc = 10 mm c_{nom} = 20 mm
Längsbewehrung ∅ 25: c_{min} = 25 mm Δc = 10 mm c_{nom} = 35 mm
Bügel ∅ 10: c_{min} = 10 mm Δc = 10 mm c_{nom} = 20 mm

Daraus ergeben sich als Verlegemaße:
Längsbewehrung ≤ ∅ 10 (ohne Bügelumschließung): $c_{v,l}$ = **20 mm**
Längsbewehrung ∅ 25: $c_{v,l}$ = **35 mm**
Bügel ∅ 10: $c_{v,Bü} = c_{v,l} - \Delta c = 35 - 10$ $c_{v,Bü}$ = **25 mm**

Für Fugen zwischen Fertigteilen und Ortbeton gilt:
DIN 1045-1, Tab. 4: [b)] Wird Ortbeton kraftschlüssig mit einem Fertigteil verbunden, dürfen die Werte (für c_{min}) an den der Fuge zugewandten Rändern auf 5 mm im Fertigteil und auf 10 mm (bzw. 5 mm bei rauer Fuge) im Ortbeton verringert werden. Auf ein Vorhaltemaß Δc darf in diesem Falle verzichtet werden. Die Bedingungen zur Sicherstellung des Verbundes ... müssen jedoch eingehalten werden, sofern die Bewehrung im Bauzustand ausgenutzt wird.

(Hinweis: Betondeckung für Feuerwiderstand gemäß DIN 4102 zusätzlich beachten!)

2 Einwirkungen

2.1 Fertig- bzw. Durchlaufplatte

2.1.1 Charakteristische Werte

Bezeichnung der Einwirkungen	Charakteristischer Wert
Ständig (Eigenlasten):	
- Fertigplatte mit Ortbetonschicht: (0,05 m + 0,07 m) · 25 kN/m³	$g_{k,1}$ = 3,00 kN/m²
- Belag:	$g_{k,2}$ = 1,00 kN/m²
Summe:	**g_k = 4,00 kN/m²**
Veränderlich (Nutzlast):	
- Nutzlast Endzustand:	**$q_{k,1}$ = 5,00 kN/m²**
- Verkehrslast Montagezustand:	$q_{k,2}$ oder $Q_{k,2}$

Index k = charakteristisch

DIN 1055-1, Tab. 1: Stahlbeton

Angabe Objektplaner

DIN 1055-3, 6.1, Tab. 1: Kategorie C3 → z. B. Ausstellungsflächen oder Kategorie D2 → Ladenflächen Einzelhandel

Für die Montagezustände der Fertigplatten mit Gitterträgern wird auf die in den Zulassungen des Deutschen Institutes für Bautechnik enthaltenen Regelungen und Bemessungshilfsmittel verwiesen.

2.1.2 Bemessungswerte in den Grenzzuständen der Tragfähigkeit

Teilsicherheitsbeiwerte in den Grenzzuständen der Tragfähigkeit:

Einwirkungen	Endzustand	Bauzustand Fertigteil
• ständige	$\gamma_G = 1{,}35$	$\gamma_G = 1{,}15$
• veränderliche	$\gamma_Q = 1{,}50$	$\gamma_Q = 1{,}15$

DIN 1045-1, Tab. 1: Teilsicherheitsbeiwerte für die Einwirkungen auf Tragwerke, ungünstig.

Hinweis:
DIN 1045-1, 5.3.3: (4) *Bei Fertigteilen dürfen für Bauzustände im Grenzzustand der Tragfähigkeit für Biegung und Längskraft die Teilsicherheitsbeiwerte für die ständigen und die veränderlichen Einwirkungen mit* $\gamma_G = 1{,}15$ *und* $\gamma_Q = 1{,}15$ *angesetzt werden. Einwirkungen aus Krantransport und Schalungshaftung sind dabei zu berücksichtigen.*

Endzustand Grundkombination:

$g_d = \gamma_G \cdot g_k = 1{,}35 \cdot 4{,}00 = 5{,}40$ kN/m²

$q_{d,1} = \gamma_Q \cdot q_{k,1} = 1{,}50 \cdot 5{,}00 = 7{,}50$ kN/m²

e_d = **12,90 kN/m²**

2.1.3 Repräsentative Werte in den Grenzzuständen der Gebrauchstauglichkeit

Die Kombinationsbeiwerte für veränderliche Einwirkungen in den Grenzzuständen der Gebrauchstauglichkeit sind:

$\psi_{0,1} = 0{,}7 \qquad \psi_{1,1} = 0{,}7 \qquad \psi_{2,1} = 0{,}6$

Grundlagen der Tragwerksplanung: DIN 1055-100, Tab. A.2
Nutzlasten Kategorie C: Versammlungsräume oder D: Verkaufsräume

In diesem Beispiel wird nur die quasi-ständige Einwirkungskombination (für die Grenzzustände der Rissbildung) benötigt:

DIN 1045-1, 11.2: Begrenzung der Rissbreiten

$$e_{perm} = g_k + \psi_{2,1} \cdot q_{k,1} = 4{,}00 + 0{,}6 \cdot 5{,}00 = 4{,}00 + 3{,}00 = \mathbf{7{,}00\ kN/m^2}$$

DIN 1055-100, 10.3: Bemessungssituationen (1) quasi-ständige Situationen mit Langzeitauswirkungen auf das Tragwerk.

2.2 Fertig- bzw. Plattenbalken

2.2.1 Charakteristische Werte

Bezeichnung der Einwirkungen	Charakteristischer Wert (kN/m)
Ständig (Eigenlasten):	
- Fertigplatte mit Ortbetonschicht + Belag: Durchlaufträger über 5 Felder, Auflager B, 15 % Umlagerung der Stützmomente $g_{k,1} = 1{,}112 \cdot 4{,}00\ \text{kN/m}^2 \cdot 2{,}40\ \text{m}$	$g_{k,1} = 10{,}68$
- Abgehängte Decke: als Einfeldträger an den Fertigbalken abgehängt. $g_{k,2} = 0{,}30\ \text{kN/m}^2 \cdot 2{,}40\ \text{m}$	$g_{k,2} = 0{,}72$
- Fertigbalken: $g_{k,3} = 0{,}26\ \text{m} \cdot 0{,}60\ \text{m} \cdot 25\ \text{kN/m}^3$	$g_{k,3} = 3{,}90$
Summe Endzustand	$\mathbf{\Sigma g_k = 15{,}30}$
Montagezustand:	
- Fertigplatte mit Ortbetonschicht ohne Belag: Einfeldträger über 2,40 m (einfache Montageunterstützung in Feldmitte) $g_{k,4} = 3{,}00\ \text{kN/m}^2 \cdot 2{,}40\ \text{m} / 2$	$g_{k,4} = 3{,}60$
- Fertigbalken: $g_{k,3} = 0{,}26\ \text{m} \cdot 0{,}60\ \text{m} \cdot 25\ \text{kN/m}^3$	$g_{k,3} = 3{,}90$
Summe Montagezustand:	$\mathbf{\Sigma g_k = 7{,}50}$
Veränderlich (Nutzlast):	
- Nutzlast Endzustand (auf Platte): Durchlaufträger über 5 Felder, Auflager B, 15 % Umlagerung der Stützmomente $q_{k,1} = 1{,}180 \cdot 5{,}00\ \text{kN/m}^2 \cdot 2{,}40\ \text{m}$	$\mathbf{q_{k,1} = 14{,}16}$
- Verkehrslast Montagezustand (auf Platte): Einfeldträger über 2,40 m (einfache Montageunterstützung in Feldmitte) $q_{k,2} = 1{,}50\ \text{kN/m}^2 \cdot 2{,}40\ \text{m} / 2$	$\mathbf{q_{k,2} = 1{,}80}$

Index k = charakteristisch

Hier nur für den Balken mit max. Belastung (erstes Zwischenauflager der Durchlaufplatte), Randbalken und andere Innenbalken könnten mit geringerer Belastung bemessen werden.

siehe 2.1.1

[51] Schneider-Bautabellen: Tafeln 4.1 Durchlaufträger mit gleichen Stützweiten und Gleichlast (EI = konst.) mit Veränderung der Stützmomente um 15 %

DIN 1055-1, Tab. 1: Stahlbeton
$b_m = (320 + 200) / 2 = 260$ mm

Angenommen wird eine Montageunterstützung der Fertigplatten im 2,40 m-Feld, so dass die Einflussbreite der Fertigplatten und der Ortbetoneigenlast für den Montagezustand des Fertigbalkens ca. 1,20 m beträgt. (notwendige Unterstützungen sind aus den Zulassungen für Gitterträger für Fertigplatten zu bestimmen).

siehe 2.1.1

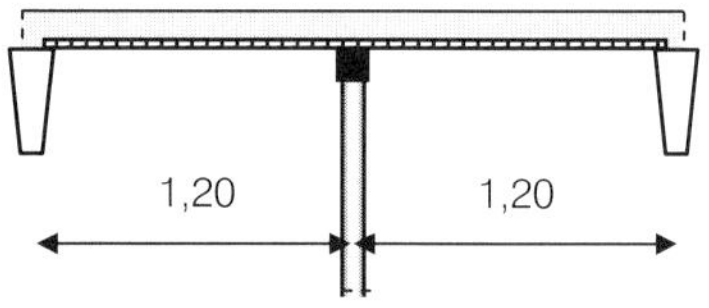

[51] Schneider-Bautabellen: Tafeln 4.1 Durchlaufträger mit gleichen Stützweiten und Gleichlast (EI = konst.) mit Veränderung der Stützmomente um 15 %

siehe 2.1.1

Die Annahme der Verkehrslast der Decken im Montagezustand (noch nicht erhärteter Ortbeton) erfolgt in Anlehnung an Zulassungen des Deutschen Institutes für Bautechnik (DIBt) für Fertigplatten mit Gitterträger (in Absprache mit der Bauleitung sind aber auch abweichende Verkehrslasten entsprechend des Bauablaufs zu überprüfen).
Die Montageverkehrslast $q_{k,2} = 1{,}50$ kN/m² wird in diesem Beispiel dem Nachweis des Montagezustandes des Fertigbalkens zugrunde gelegt.

2.2.2 Bemessungswerte in den Grenzzuständen der Tragfähigkeit

Teilsicherheitsbeiwerte in den Grenzzuständen der Tragfähigkeit:

Einwirkungen	Endzustand	Bauzustand Fertigteil
• ständige	$\gamma_G = 1{,}35$	$\gamma_G = 1{,}15$
• veränderliche	$\gamma_Q = 1{,}50$	$\gamma_Q = 1{,}15$

DIN 1045-1, Tab. 1: Teilsicherheitsbeiwerte für die Einwirkungen auf Tragwerke, ungünstig.

Endzustand Grundkombination:

$$g_d = \gamma_G \cdot g_k = 1{,}35 \cdot 15{,}30 = 20{,}66 \text{ kN/m}$$
$$q_{d,1} = \gamma_Q \cdot q_{k,1} = 1{,}50 \cdot 14{,}16 = 21{,}24 \text{ kN/m}$$
$$e_d = \mathbf{41{,}90\ kN/m}$$

Montagezustand des Fertigbalkens (bis zur Erhärtung des Ortbetons):

$$g_d = \gamma_G \cdot g_k = 1{,}15 \cdot 7{,}50 = 8{,}63 \text{ kN/m}$$
$$q_{d,2} = \gamma_Q \cdot q_{k,2} = 1{,}15 \cdot 1{,}80 = 2{,}07 \text{ kN/m}$$
$$e_d = \mathbf{10{,}70\ kN/m}$$

DIN 1045-1, 5.3.3: (4) *Bei Fertigteilen dürfen für Bauzustände im Grenzzustand der Tragfähigkeit für Biegung und Längskraft die Teilsicherheitsbeiwerte für die ständigen und die veränderlichen Einwirkungen mit* $\gamma_G = 1{,}15$ *und* $\gamma_Q = 1{,}15$ *angesetzt werden. Einwirkungen aus Krantransport und Schalungshaftung sind dabei zu berücksichtigen.*

Transportzustand des Fertigbalkens (nur Eigenlast):

$$g_{d,3} = \gamma_G \cdot g_{k,3} = 1{,}15 \cdot 3{,}90 = \mathbf{4{,}50\ kN/m}$$

Annahme:
Schalungshaftung vernachlässigbar.

2.2.3 Repräsentative Werte in den Grenzzuständen der Gebrauchstauglichkeit

Kombinationsbeiwert für die quasi-ständige Einwirkungskombination:

$$\psi_{2,i} = 0{,}6$$

siehe 2.1.3

In diesem Beispiel wird die quasi-ständige Einwirkungskombination (für die Grenzzustände der Rissbildung) benötigt:

DIN 1045-1, 11.2: Begrenzung der Rissbreiten

$$e_{perm} = g_k + \psi_{2,1} \cdot q_{k,1}$$
$$= 15{,}30 + 0{,}6 \cdot 14{,}16$$
$$= 15{,}30 + 8{,}50 = \mathbf{23{,}80\ kN/m^2}$$

DIN 1055-100, 10.3: Bemessungssituationen (1) quasi-ständige Situationen mit Langzeitauswirkungen auf das Tragwerk.

3 Schnittgrößenermittlung

3.1 Fertig- bzw. Durchlaufplatte

3.1.1 Grenzzustände der Tragfähigkeit

Schnittgrößen im Endzustand:

Annahme für den Endzustand: Die Fertigplatte mit Ortbeton ist von Anfang an einheitlich hergestellt. Tatsächlich werden sich erst im Laufe der Zeit die Bauzustandsschnittgrößen auf die Durchlaufplatte mit Ortbeton durch Kriechen umlagern.

Durchlaufplatte über 5 Felder, Umlagerung der Stützmomente um –15 %

Annahme für das Umlagerungsverhältnis:
$\delta = 0{,}85$ → wird bei der Bemessung überprüft!

DIN 1045-1, 8.3: Linear-elastische Berechnung mit Umlagerung.

Anteil der veränderlichen / Gesamtlast:
$q_{d,1} / e_d = 7{,}50\ \text{kN/m}^2 / 12{,}90\ \text{kN/m}^2 \approx 0{,}6$

DIN 1045-1, 8.3: (3) Durchlaufträger bis C50/60 mit vorh $l_1 / l_2 = 2{,}4$ m / 2,4 m und normalduktilem Stahl:
Gl. (14): $\delta \geq 0{,}64 + 0{,}8\ x_d / d \geq 0{,}85$
δ = Verhältnis des umgelagerten zum Ausgangsmoment

Feldmomente und Stützmomente:

Belastung: siehe 2.1.2

[51] Schneider-Bautabellen: Tafeln 4.1 Durchlaufträger mit gleichen Stützweiten und Gleichlast (EI = konst.) mit Veränderung der Stützmomente um 15 %

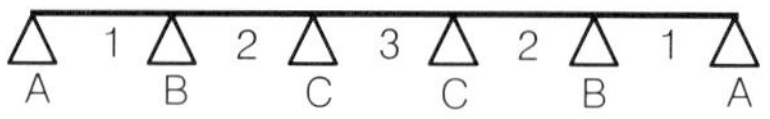

$m_{Ed,F1} = 0{,}086 \cdot 12{,}90 \cdot 2{,}40^2 = \mathbf{+6{,}39\ kNm/m}$

$m_{Ed,F2} = 0{,}052 \cdot 12{,}90 \cdot 2{,}40^2 = \mathbf{+3{,}86\ kNm/m}$

$m_{Ed,F3} = 0{,}061 \cdot 12{,}90 \cdot 2{,}40^2 = \mathbf{+4{,}53\ kNm/m}$

$m_{Ed,B} = -0{,}097 \cdot 12{,}90 \cdot 2{,}40^2 = \mathbf{-7{,}21\ kNm/m}$

$m_{Ed,C} = -0{,}084 \cdot 12{,}90 \cdot 2{,}40^2 = \mathbf{-6{,}24\ kNm/m}$

Querkräfte:

$v_{Ed,A} = 0{,}415 \cdot 12{,}90 \cdot 2{,}40 = \mathbf{+12{,}85\ kN/m}$

$v_{Ed,Bli} = -0{,}595 \cdot 12{,}90 \cdot 2{,}40 = \mathbf{-18{,}42\ kN/m}$

$v_{Ed,Bre} = 0{,}546 \cdot 12{,}90 \cdot 2{,}40 = \mathbf{+16{,}90\ kN/m}$

$v_{Ed,Cli} = -0{,}510 \cdot 12{,}90 \cdot 2{,}40 = \mathbf{-15{,}79\ kN/m}$

$v_{Ed,Cre} = 0{,}532 \cdot 12{,}90 \cdot 2{,}40 = \mathbf{+16{,}47\ kN/m}$

3.1.2 Grenzzustände der Gebrauchstauglichkeit

Durchlaufplatte über 5 Felder.

DIN 1045-1, 8.2: Linear-elastische Berechnung

quasi-ständige Einwirkungskombination:
$g_{perm} = 4{,}00\ \text{kN/m}^2 \qquad q_{perm,1} = 3{,}00\ \text{kN/m}^2$

siehe 2.1.3

maximales Feldmoment:

[51] Schneider-Bautabellen: Tafeln 4.1 Durchlaufträger mit gleichen Stützweiten und Gleichlast (EI = konst.)

$m_{perm,F1} = (0{,}078 \cdot 4{,}00 + 0{,}100 \cdot 3{,}00) \cdot 2{,}40^2 = \mathbf{+3{,}53\ kNm/m}$

minimales Stützmoment:

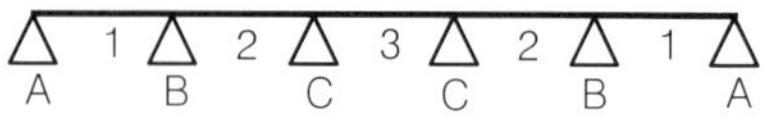

$m_{perm,B} = (-0{,}105 \cdot 4{,}00 - 0{,}120 \cdot 3{,}00) \cdot 2{,}40^2 = \mathbf{-4{,}49\ kNm/m}$

3.2 Fertig- bzw. Plattenbalken

3.2.1 Grenzzustände der Tragfähigkeit

3.2.1.1 Bauzustände Fertigbalken

a) Transportzustand

Längsdruckkräfte treten rechnerisch nicht auf, da die Binder mit einer Traverse verlegt werden.

siehe 2.2.2

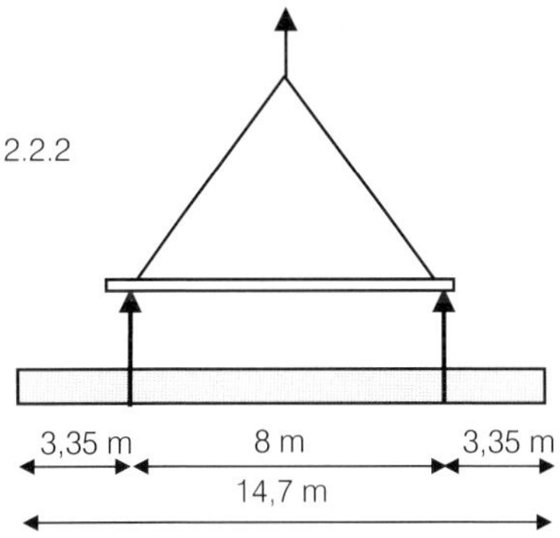

Belastung: Eigenlast $e_d = 4{,}50$ kN/m

Stützmoment:

$M_{Ed,S} = -4{,}50 \cdot 3{,}35^2 / 2 \quad = \mathbf{-25{,}3\ kNm}$

Feldmoment:

$M_{Ed,F} = 4{,}50 \cdot 8{,}00^2 / 8 - 25{,}3 \quad = \mathbf{+10{,}7\ kNm}$

b) Montagezustand

mit aufgelegten Fertigplatten und Ortbetonschicht bis zum Erhärten:

Belastung: $e_d = 10{,}70$ kN/m

siehe 2.2.2

Feldmoment:

$M_{Ed,F} = 10{,}70 \cdot 14{,}40^2 / 8 \quad = \mathbf{+278\ kNm}$

Querkraft:

$V_{Ed} = 10{,}70 \cdot 14{,}40 / 2 \quad = \mathbf{\pm 77{,}0\ kN}$

3.2.1.2 Endzustand Plattenbalken

Belastung: $e_d = 41{,}90$ kN/m

siehe 2.2.2

Annahme für den Endzustand:
Der Plattenbalken mit Ortbeton ist von Anfang an einheitlich hergestellt. Tatsächlich werden sich erst im Laufe der Zeit die Bauzustandsschnittgrößen auf den Plattenbalken durch Kriechen umlagern.

Feldmoment:

$M_{Ed,F} = 41{,}90 \cdot 14{,}40^2 / 8 \quad = \mathbf{+1086\ kNm}$

Querkraft:

$V_{Ed} = 41{,}90 \cdot 14{,}40 / 2 \quad = \mathbf{\pm 302\ kN}$

3.2.2 Grenzzustände der Gebrauchstauglichkeit

quasi-ständige Einwirkungskombination:

$e_{perm} = 23{,}80$ kN/m

siehe 2.2.3
Index: permanent = quasi-ständig

Feldmoment:

$M_{perm} = 23{,}80 \cdot 14{,}40^2 / 8 \quad = \mathbf{+617\ kNm}$

4 Bemessung in den Grenzzuständen der Tragfähigkeit

4.1 Bemessungswerte der Baustoffe

Teilsicherheitsbeiwerte in den Grenzzuständen der Tragfähigkeit:

- Beton < C55/67 $\gamma_c = 1{,}50$
- Betonstahl $\gamma_s = 1{,}15$

DIN 1045-1, 5.3.3: Tab. 2: Teilsicherheitsbeiwerte für die Bestimmung des Tragwiderstands ständige und vorübergehende Bemessungssituation (Normalfall)

DIN 1045-1, 5.3.3: (7) *Bei Fertigteilen mit einer werksmäßigen und ständig überwachten Herstellung darf der Teilsicherheitsbeiwert für den Beton auf* $\gamma_c = 1{,}35$ *verringert werden, wenn durch eine Überprüfung der Betonfestigkeit am fertigen Bauteil sichergestellt wird, dass Fertigteile mit zu geringer Betonfestigkeit ausgesondert werden. Die in diesem Fall notwendigen Maßnahmen sind durch die zuständigen Überwachungsstellen festzulegen.*
Hiervon wird in diesem Beispiel nicht ausgegangen, daher wird $\gamma_c = 1{,}50$ angesetzt.

Transportzustand Fertigbalken

Annahme:
Beim Ersttransport nach wenigen Stunden (Herausheben aus der Schalung und Transport im Fertigteilwerk) hat der Beton aufgrund seiner Rezeptur die Frühfestigkeit eines C16/20 erreicht.

Beton, Fertigbalken C16/20: $f_{ck} = 16$ N/mm²
$f_{cd} = 1{,}0 \cdot 16 / 1{,}50$ $=$ **10,7 N/mm²**

DIN 1045-1, Tab. 9: Festigkeits- und Formänderungskennwerte von Normalbeton

DIN 1045-1, 9.1.6: (2) $\alpha = 1{,}0$ für Kurzzeitbelastung (Transportzustand)

Endzustand

Ortbeton, Fertigplatte C30/37: $f_{ck} = 30$ N/mm²
$f_{cd} = 0{,}85 \cdot 30 / 1{,}50$ $=$ **17,0 N/mm²**

Beton, Fertigbalken C35/45: $f_{ck} = 35$ N/mm²
$f_{cd} = 0{,}85 \cdot 35 / 1{,}50$ $=$ **19,8 N/mm²**

DIN 1045-1, 9.1.6: (2) Abminderung mit $\alpha = 0{,}85$ berücksichtigt Langzeitwirkung und ungünstige Lasteintragung (Endzustand)

Allgemein

Betonstahl BSt 500 S (A) und Betonstahlmatten BSt 500 M (A):
$f_{yk} = 500$ N/mm²
$f_{yd} = 500 / 1{,}15$ $=$ **435 N/mm²**

DIN 1045-1, Tab. 11: Eigenschaften der Betonstähle

4.2 Bemessung für Biegung

4.2.1 Fertig- bzw. Durchlaufplatte

Endzustand der Durchlaufplatte

Die Bemessung erfolgt wie bei einer monolithischen Platte mit zusätzlichem Nachweis der Schubkraftübertragung in der (rauen) Fuge zwischen Fertigplatte und Ortbeton (siehe 4.3.1.2).

DIN 1045-1, 13.4.3: Nachträglich mit Ortbeton ergänzte Deckenplatten
(1) Fertigteile, die mit einer statisch mitwirkenden Ortbetonschicht von mindestens 50 mm Dicke versehen werden, dürfen als Verbundbauteile nach 10.3.6 bemessen werden.

Nutzhöhe:

$$d = h - c_{nom} - 0{,}5 \cdot d_{s,l}$$
$$= 120 - 20 - 0{,}5 \cdot 7 = 95 \text{ mm}$$

$c_{nom} = 20$ mm, siehe 1.2
Annahme: Stab $\varnothing \leq 7$ mm

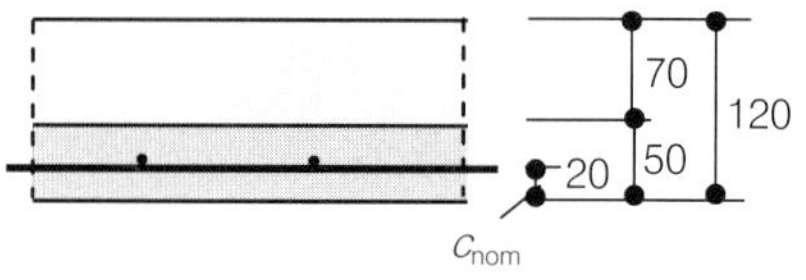

Bemessungsquerschnitt: $b / h / d =$ **1,00 / 0,12 / 0,095 m**

Bemessung mit dimensionslosen Beiwerten (je lfdm) Anhang A4:

$\mu_{Eds} = m_{Eds} / (b \cdot d^2 \cdot f_{cd}) = m_{Eds} \cdot 10^{-3} / (1{,}0 \cdot 0{,}095^2 \cdot 17{,}0)$

Ort	m_{Ed} (kNm/m)	μ_{Eds}	ω	σ_{sd} (N/mm²)	erf $a_s = \omega \cdot b \cdot d \cdot f_{cd} / \sigma_{sd}$ (cm²/m)
Feld 1	6,39	0,042	0,043		**1,52**
Feld 2	3,86	0,025	0,026	456,5	**0,92**
Feld 3	4,53	0,030	0,031		**1,10**
B	7,21	0,047	0,048	456,5	**1,70**
C	6,24	0,041	0,042		**1,49**

Überprüfung des Umlagerungsbeiwertes δ:

min δ $= 0{,}64 + 0{,}8 \cdot x_d / d \qquad \geq 0{,}85$
$= 0{,}64 + 0{,}8 \cdot 0{,}073 =$ **0,70** $\quad <$ vorh $\boldsymbol{\delta} = 0{,}85$

Die vorgenommene Momentenumlagerung von 15 % ist zulässig!

Mindestbewehrung zur Sicherstellung eines duktilen Bauteilverhaltens:

Endzustand Rissmoment:
$m_{cr} = f_{ctm} \cdot h^2 / 6 = 2{,}9 \cdot 10^3 \cdot 0{,}12^2 / 6 \qquad = 6{,}96$ kNm/m

min $a_s = m_{cr} / (f_{yk} \cdot z)$
$= 0{,}00696 \cdot 10^4 / (500 \cdot 0{,}9 \cdot 0{,}095) \qquad =$ **1,63 cm²/m**

Gewählte Längsbewehrung der Durchlaufplatte
Oben und unten: Betonstahl-Lagermatte BSt 500 M (A)
R257A = **150 · 7,0** / 250 · 6,0
= **2,57 cm²/m** / 1,13 cm²/m (längs / quer)
> 1,70 cm²/m = max erf a_s längs
> 1,63 cm²/m = min a_s Duktilität

4.2.2 Fertig- bzw. Plattenbalken

4.2.2.1 Transportzustand Fertigbalken

Maßgebend: Biegebewehrung oben.

Nutzhöhe:
$d = h - c_{v,l} - d_{s,l} / 2$
$= 600 - 15 - 10 / 2 = 580$ mm

Bemessungsquerschnitt: $b / h / d =$ **0,20 / 0,60 / 0,58 m**

Bei unterschiedlichen Betonfestigkeitsklassen (Fertigplatte und Ortbeton) ist der Beton in der Druckzone maßgebend (hier jeweils C30/37).

Anhang A4:
Bemessungstabelle bis C50/60
Rechteckquerschnitt ohne Druckbewehrung
Biegung mit Längskraft
Bezogene Werte:
ω – mechanischer Bewehrungsgrad

Momente siehe 3.1.1.2

Die in dieser Beispielsammlung genutzten Bemessungshilfsmittel basieren auf der ansteigenden Spannungs-Dehnungslinie des Betonstahls nach DIN 1045-1, 9.2.4: Bild 27 mit Kurve 2.

DIN 1045-1, 8.3: (3) Gl. (14)
linear-elastische Berechnung mit Umlagerung

Anhang A4: für max $\mu_{Eds} = 0{,}047$ ist $x_d / d = \xi = 0{,}073$

Vermeidung des Versagens ohne Vorankündigung
DIN 1045-1, 13.1.1:
Mindestbewehrung und Höchstbewehrung
(1) Bemessung mit f_{ctm} und $\sigma_s = f_{yk}$
$f_{ctm} = 2{,}9$ N/mm² für C30/37, Tab. 9
$f_{yk} = 500$ N/mm²
$z = 0{,}9d$ angenommen.

DIN 1045-1, 13.3.2: Zugkraftdeckung
(2) einachsig gespannte Platten
Die Querbewehrung muss mindestens 20 % der Zugbewehrung betragen.

Die Wahl der Matte R257A erfolgt im Hinblick auf die erforderliche Gurtquerbewehrung nach 4.3.2.4.

Hinweis:
In vielen Fertigteilwerken wird auch Betonstahl BSt 500 S (A) eingesetzt. Die Bewehrungswahl für die untere (Fertig-) Plattenbewehrung ist auch für Betonstahl analog.

Für Fugen Fertigteil – Ortbeton gilt:
DIN 1045-1, Tab. 4: b) Wird Ortbeton kraftschlüssig mit einem Fertigteil verbunden, dürfen die Werte (für c_{min}) an den der Fuge zugewandten Rändern auf 5 mm im Fertigteil... verringert werden. Auf ein Vorhaltemaß Δc darf in diesem Falle verzichtet werden [29]. Die Bedingungen zur Sicherstellung des Verbundes müssen eingehalten werden, sofern die Bewehrung im Bauzustand ausgenutzt wird.

Fuge

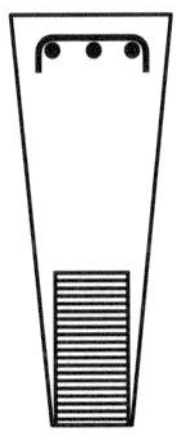

Annahmen (Verbundbedingung $c_{min} \geq d_{s,längs}$ ist einzuhalten):
Bügel ∅ 6 mm
Längsstäbe ∅ 10 mm
siehe 1.2: $c_{v,Bü} \geq c_{min} = 5$ mm
gew. $c_{v,l} = 15$ mm
→ $c_{Bü} = 15 - 6 = 11$ mm
vereinfacht: $b = \min b = 200$ mm

Bemessung mit dimensionslosen Beiwerten:

$\mu_{Eds} = |M_{Eds}| / (b \cdot d^2 \cdot f_{cd})$
$= 25{,}3 \cdot 10^{-3} / (0{,}20 \cdot 0{,}58^2 \cdot 10{,}7) = 0{,}035$

Anhang A4: Werte für $\mu_{Eds} = 0{,}036$ interpoliert:
$\omega = 0{,}036$ $\sigma_{sd} = 456{,}5$ N/mm²

erf $A_s = \omega \cdot b \cdot d \cdot f_{cd} / \sigma_{sd}$
$= 0{,}036 \cdot 20 \cdot 58 \cdot 10{,}7 / 456{,}5 =$ **1,0 cm²**

siehe 3.2.1.1

Anhang A4:
Bemessungstabelle bis C50/60
Rechteckquerschnitt ohne Druckbewehrung
Biegung mit Längskraft
Bezogene Werte:
ω – mechanischer Bewehrungsgrad

Mindestbewehrung zur Sicherstellung eines duktilen Bauteilverhaltens:

Rissmoment:
$M_{cr} = f_{ctm} \cdot b \cdot h^2 / 6 = 3{,}2 \cdot 10^3 \cdot 0{,}26 \cdot 0{,}60^2 / 6 = 49{,}9$ kNm

min $A_s = M_{cr} / (f_{yk} \cdot z)$
$= 0{,}0499 \cdot 10^4 / (500 \cdot 0{,}9 \cdot 0{,}58) =$ **1,91 cm²**
$>$ erf A_s

Vermeidung des Versagens ohne Vorankündigung

DIN 1045-1, 13.1.1:
Mindestbewehrung und Höchstbewehrung
(1) Bemessung mit f_{ctm} und $\sigma_s = f_{yk}$
Hier: mit f_{ctm} für C35/45 = 3,2 N/mm², da der Transport auch mit Endfestigkeit erfolgen kann.
Rissmoment vereinfacht mit max b_m = 260 mm.
$z = 0{,}9d$ angenommen.

Gewählt, obere Längsbewehrung Fertigbalken
Betonstahl BSt 500 S (A): 3 Ø 10 = **2,36 cm²**
$>$ 1,91 cm² = min A_s

Die untere Biegebewehrung und die Querkraftbewehrung aus der Bemessung des Endzustandes (s.4.2.2.3) ist für den Transportzustand ausreichend!

4.2.2.2 Montagezustand Fertigbalken

Montagezustand mit aufgelegten Fertigplatten und Ortbetonschicht bis zum Erhärten, Biegebewehrung unten.

Vereinfachte Annahme der Druckzone mit Rechteckquerschnitt:
Mittelwert der Breite (Gesamtquerschnitt) b_m = 260 mm

Einlagige Bewehrung:

Nutzhöhe:
$d = h - c_{nom,l} - 0{,}5 \cdot d_{s,l} = 600 - 35 - 0{,}5 \cdot 25 = 550$ mm

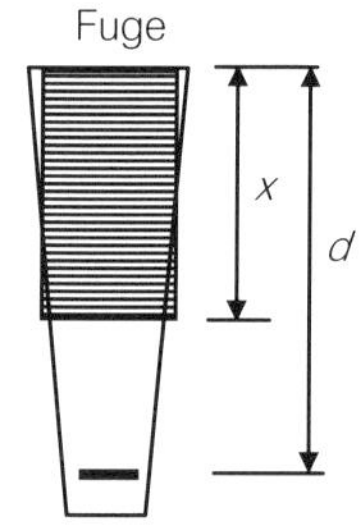

b_m = 260 mm
$c_{nom,l}$ siehe 1.2
$c_{nom,l} > c_{v,Bü} + d_{s,Bü}$

Annahme:
Bügel Ø ≤ 10 mm
Stab Ø ≤ 25 mm

Bemessungsquerschnitt: $b / h / d =$ **0,26 / 0,60 / 0,55 m**

Bemessung mit dimensionslosen Beiwerten

$\mu_{Eds} = M_{Eds} / (b \cdot d^2 \cdot f_{cd}) = 278 \cdot 10^{-3} / (0{,}26 \cdot 0{,}55^2 \cdot 19{,}8) = 0{,}18$

Anhang A4: Werte für $\mu_{Eds} = 0{,}18$ abgelesen:
$\omega = 0{,}2007$ $\sigma_{sd} = 442{,}8$ N/mm²

erf $A_s = \omega \cdot b \cdot d \cdot f_{cd} / \sigma_{sd}$
$= 0{,}2007 \cdot 26 \cdot 55 \cdot 19{,}8 / 442{,}8 =$ **12,9 cm²**

$>$ Mindestbewehrung Duktilität min A_s = 1,91 cm²

Die Wahl der Bewehrung erfolgt für den Endzustand (siehe 4.2.2.3).

siehe 3.2.1.1

Anhang A4:
Bemessungstabelle bis C50/60
Rechteckquerschnitt ohne Druckbewehrung
Biegung mit Längskraft
Bezogene Werte:
ω – mechanischer Bewehrungsgrad

siehe 4.2.2.1

Eine Längsbewehrung von 3 Ø 25 = 14,7 cm² wäre für den Montagezustand ausreichend!

4.2.2.3 Endzustand Plattenbalken

$M_{Ed,F} = +1086$ kNm

siehe 3.2.1.2

Mitwirkende Plattenbreite:

DIN 1045-1, 7.3.1: (2) *Mitwirkende Plattenbreite für Biegebeanspruchung*

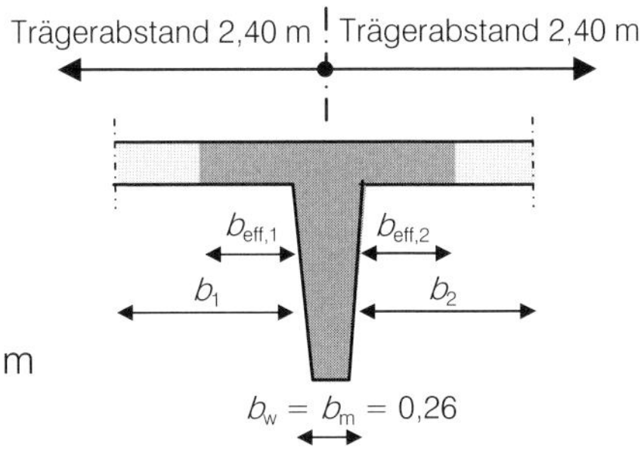

$b_{eff} = \Sigma\, b_{eff,i} + b_w$

DIN 1045-1, 7.3.1: Gl. (8)

mit $b_{eff,i} = 0,2 \cdot b_i + 0,1 \cdot l_0$

DIN 1045-1, 7.3.1: Gl. (9)

$b_{1,2} = 0,5 \cdot (2,4 - 0,26) = 1,07$ m

$l_0 = l_{eff,1} = 14,40$ m

$b_{eff,1,2} = 0,2 \cdot 1,07 + 0,1 \cdot 14,40 = 1,65 \text{ m} < 0,2 \cdot l_0$
$\qquad > b_{1,2} = 1,07$ m

$b_{eff} \quad = 2 \cdot 1,07 + 0,26 =$ **2,40 m**
$\leq$ Trägerabstand

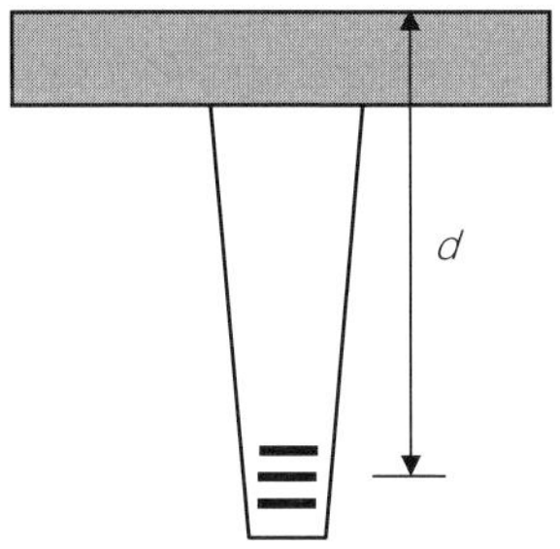

dreilagige Bewehrung mit vertikalem Stababstand 25 mm $\geq$ max d_s

Nutzhöhe:

$d = h - c_{v,l} - 2,5 \cdot d_{s,l}$
$\quad = 720 - 35 - 2,5 \cdot 25 = 620$ mm

$c_{v,l} = 35$ mm, siehe 1.2

Annahmen: Bügel $d_{s,Bü} \leq 10$ mm
Längsbewehrung Steg: $d_{s,l} \leq 25$ mm dreilagig

Bemessungsquerschnitt:
$b_f / h_f / b_w / h / d =$ **2,40 / 0,12 / 0,26 / 0,72 / 0,62 m**

Bemessung mit Näherungsverfahren für schlanke Plattenbalken.

[27] DAfStb-Heft 425: Bemessungshilfsmittel zu Eurocode 2, Teil 1, 1992: S. 61 ff.
Bei schlanken Plattenbalken ($b_f > 5b_w$) kann man in der Regel die Betondruckspannungen im Steg vernachlässigen und die Lage der Resultierenden in Gurtplattenmitte bei $h_f/2$ annehmen.
[27] Gl. (6.33)

$b_f / b_w = 2,40 / 0,26 = 9,2 > 5$ schlanker Plattenbalken!

$$A_s = \frac{1}{f_{yd}} \cdot \left[\frac{M_{Eds}}{z} + N_{Ed} \right]$$

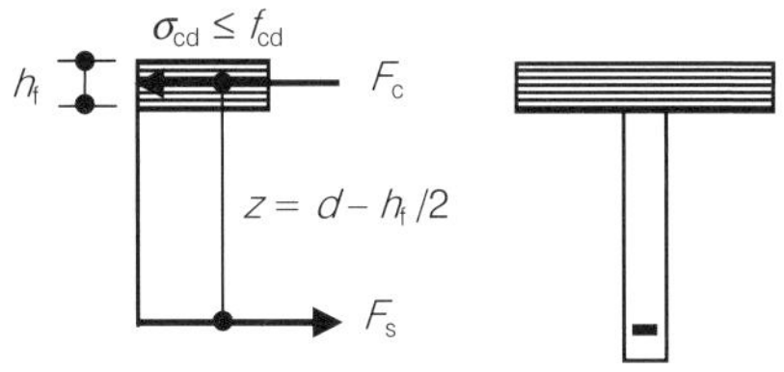

$z = d - h_f / 2 = 0,62 - 0,12 / 2 \quad = 0,56$ m

erf $A_s = 10^4 \cdot [1,086 / 0,56] / 435 \quad =$ **44,6 cm²**

Gewählt, untere Längsbewehrung
BSt 500 S (A): $\quad 9 \varnothing 25 =$ **44,2 cm²**
$\approx 44,6$ cm² = erf A_s
$> 12,9$ cm² = erf A_s Montagezustand

Montagezustand siehe 4.2.2.2

Überprüfung der Betondruckspannung :

Voraussetzung für die Bemessung mit der vollen Plattendicke von 120 mm ist, dass die Fertigplattenquerfugen sorgfältig vergossen werden (insbesondere im Bereich max M_F). Diese Annahme liegt für den Hebelarm der inneren Kräfte auf der sicheren Seite.
Für den Nachweis der Betondruckspannung wird hier mit dem Ansatz der Höhe der Betondruckzone nur im Ortbeton über den Fertigplattenfugen von $h_f = 70$ mm eine Grenzbetrachtung auf der sicheren Seite vorgenommen.

Annahme konstanter Betondruckspannung gerechtfertigt bei $\varepsilon_c \geq 2$ ‰ am unteren Plattenrand, d. h. Bedingung:

$h_f \qquad \leq 0,264 d$
$120 \text{ mm} < 0,264 \cdot 620 = 160$ mm

[27] Gl. (6.35)

$\sigma_{cd} \quad = M_{Eds} / (z \cdot b_f \cdot h_f) \qquad \leq f_{cd}$
$\quad = 1,086 / (0,56 \cdot 2,40 \cdot 0,07) \quad =$ **11,5 MN/m²**
$\qquad < f_{cd} = 17,0$ MN/m²

[27] Gl. (6.34)

f_{cd} nach DIN 1045-1 mit $\alpha = 0,85$ bestimmt
maßgebend: Ortbeton C30/37 Druckzone

Übersicht Biegebewehrung Durchlaufplatte und Plattenbalken:

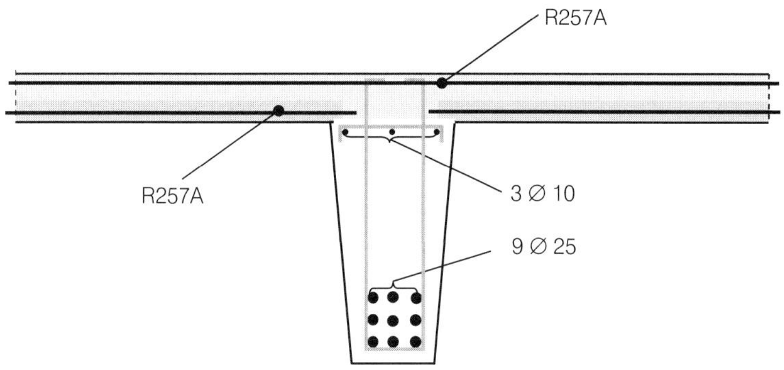

Bei der Bewehrungsverteilung ist zu beachten: DIN 1045-1, 13.2.2: (11) *Zur Erzielung einer ausreichenden Seitensteifigkeit sollte bei Fertigteilen, deren Verhältnis l_{eff} / b größer als* 20 *ist, ein Teil der Längsbewehrung konzentriert an den seitlichen Rändern der Zug- und Druckzone angeordnet werden.*

Hier: $l_{eff} / b = 14{,}40 / 0{,}26 = 55 > 20$
→ obere und untere Fertigteilbewehrung in den Querschnittsecken konzentrieren

4.3 Bemessung für Querkraft

DIN 1045-1, 10.3: Querkraft

4.3.1 Fertig- bzw. Durchlaufplatte

4.3.1.1 Querkraftbewehrung

Endzustand Durchlaufplatte

Die Bemessung erfolgt für eine monolithische Platte, da der Nachweis Schubkraftübertragung in der Fuge erfüllt ist (siehe 4.3.1.2).

Der Nachweis wird für die extremale Querkraft am Auflager B links geführt.

$|v_{Ed,Bli}| = 18{,}42$ kN/m

siehe 3.1.1.2, nach Umlagerung des Stützmomentes um 15 %

Der Ermittlung der Querkraftbewehrung darf bei gleichmäßig verteilter Belastung und direkter Auflagerung die Querkraft im Abstand *d* vom Auflagerrand zugrunde gelegt werden.

DIN 1045-1, 10.3.2: (1) *Bemessungswert der einwirkenden Querkraft*

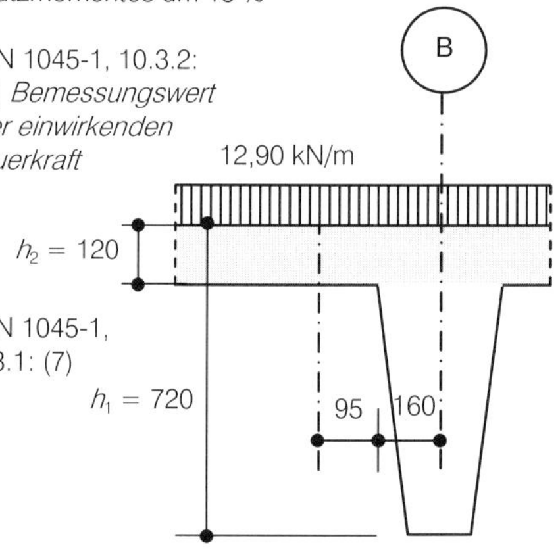

DIN 1045-1, 7.3.1: (7)

Eine direkte Auflagerung liegt vor, da
$(h_1 - h_2) = 600 \text{ mm} \geq h_2 = 120 \text{ mm}$ beträgt.

$v_{Ed,B,red} = 18{,}42 - (0{,}16 + 0{,}095) \cdot 12{,}90 = 15{,}1$ kN/m

Aufnehmbare Querkraft $V_{Rd,ct}$ bei Platten ohne Querkraftbewehrung:

$$v_{Rd,ct,min} = \left[\eta_1 \cdot \frac{\kappa_1}{\gamma_c} \cdot \sqrt{\kappa^3 \cdot f_{ck}} - 0{,}12\sigma_{cd} \right] \cdot d$$

DIN 1045-1, 10.3.3: (1) Gl. (70a) mit Gl. (70b) auf 1 m bezogen, Mindestquerkrafttragfähigkeit

$\kappa = 1 + (200 / d)^{1/2} \leq 2{,}0$
$\kappa = 2{,}0$ wegen $d = 95 \text{ mm} < 200 \text{ mm}$

DIN 1045-1, 10.3.3: (1) Gl. (71)

Normalbeton: $\eta_1 = 1$
$f_{ck} = 30 \text{ N/mm}^2$
$\sigma_{cd} = N_{Ed} / A_c = 0$

C30/37
$N_{Ed} = 0$ Längskraft im Querschnitt infolge äußerer Einwirkung oder Vorspannung

$\kappa_1 = 0{,}0525$ für $d \leq 600$ mm

$$v_{Rd,ct,min} = \left[\frac{0{,}0525}{1{,}5} \cdot \sqrt{2{,}0^3 \cdot 30} \right] \cdot 0{,}095 \cdot 10^3 = \mathbf{51{,}5 \text{ kN/m}}$$

$> v_{Ed,B,red} = 15{,}1$ kN/m

Hinweis: Wegen der Abstufung der Längsbewehrung könnte die Nutzhöhe bzw. der Hebelarm für die Querkraftnachweise am Balkenende vergrößert werden. Darauf wird hier auf der sicheren Seite liegend verzichtet.

→ keine Querkraftbewehrung erforderlich!

4.3.1.2 Schubkraftübertragung in Fugen

DIN 1045-1, 10.3.6

Werden in den Nachweisen nach DIN 1045-1 vom Tragwerksplaner Anforderungen an die Oberflächenbeschaffenheit der Fuge gestellt, sind diese auf den Planunterlagen anzugeben.

DIN 1045-1, 10.3.6: (1) Die Übertragung von Schubkräften in den Fugen ... zwischen Ortbeton und einem vorgefertigten Bauteil ... wird durch die Rauigkeit und Oberflächenbeschaffenheit der Fuge bestimmt.

In diesem Beispiel wird eine raue Fugenoberfläche vorausgesetzt. Eine Fugenoberfläche kann als „rau" eingestuft werden, wenn die Oberfläche mit mindestens 3 mm Rauigkeit durch Rechen mit ca. 40 mm Zinkenabstand oder durch entsprechendes Freilegen der Gesteinskörnung erzeugt wird. Andere Methoden, die ein äquivalentes Tragverhalten herbeiführen sind zulässig, wenn die mit dem Sandflächenverfahren nach *Kaufmann* bestimmte mittlere Rautiefe $R_t \geq 1{,}5$ mm bzw. als maximale Profilkuppenhöhe $R_p \geq 1{,}1$ mm beträgt.

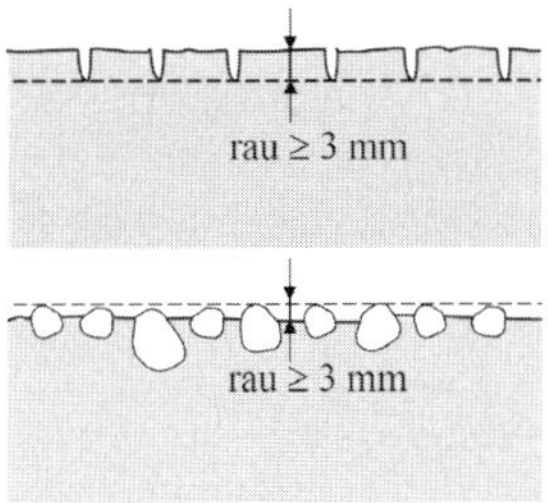

[29] DAfStb-Heft 525: Definition der Rauigkeitsparameter R_t und R_p

Beispiele für übliche Rauigkeiten und unterschiedliche Oberflächen bei Elementdecken

Bemessungswert Schubkraft je Längeneinheit:

DIN 1045-1, 10.3.6: Gl. (83)

$$v_{Ed} = \frac{F_{cdj}}{F_{cd}} \cdot \frac{V_{Ed}}{z}$$

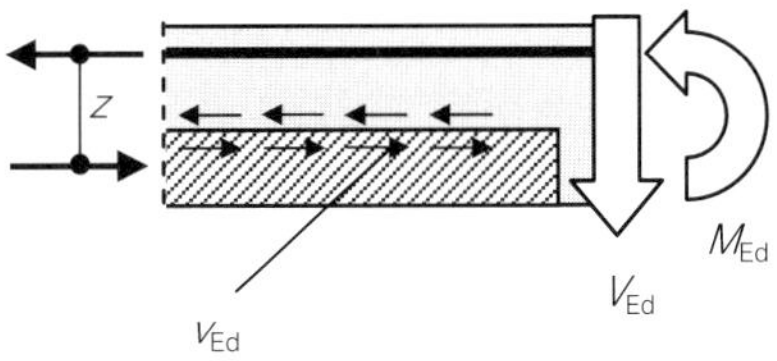

maßgebender Querschnitt: Stütze B mit Extremwerten von M_{Ed} und V_{Ed}

$F_{cdj} / F_{cd} = 1{,}0$ Verhältnis der über die Fuge zu übertragenden Längskraft zur Längskraft aus Biegung
Hier: 100 % der Druckzone in der Fertigplatte

$z = 0{,}972 \cdot 95 = 92$ mm aus der Bemessung

Druckzonenhöhe und innerer Hebelarm im Grenzzustand der Tragfähigkeit:
Anhang A4:
Bezogene Werte aus der Bemessung $m_{Ed,B}$:
$\mu_{Eds} = 0{,}047$ siehe 4.2.1
$\xi = 0{,}073$; $x = 0{,}073 \cdot 95 = 7$ mm
$\zeta = 0{,}972$; $z = 0{,}972 \cdot 95 = 92$ mm

$|V_{Ed,Bli}| = 18{,}42$ kN/m Endzustand (auf 1 m Plattenbreite)

siehe 3.1.1, Abminderung bis zum Auflageranschnitt vernachlässigt.

$v_{Ed} = 1{,}0 \cdot 0{,}0184 / 0{,}092 =$ **0,200 MN/m**

Aufnehmbare Schubkraft $v_{Rd,cj}$ ohne Verbundbewehrung:

$v_{Rd,cj} = (\eta_1 \cdot c_j \cdot f_{ctd} - \mu \cdot \sigma_{Nd}) \cdot b$

DIN 1045-1, 10.3.6: Gl. (84) ohne $v_{Rdj,sy}$

mit $\eta_1 = 1{,}0$ Normalbeton

$c_j = 0{,}40$ Rauigkeitsbeiwert, raue Fugenoberfläche

DIN 1045-1, 10.3.6: Tab. 13

$\sigma_{Nd} = 0$ Normalspannung senkrecht zur Fuge

$f_{ctd} = f_{ctk;0,05} / \gamma_c = 2{,}0 / 1{,}8 = 1{,}11$ N/mm²

Bei unterschiedlichen Betonfestigkeiten des Ortbetons und der Fertigplatte ist der geringere Wert für f_{ctk} maßgebend.
DIN 1045-1, 9.1.7: Tab. 9
DIN 1045-1, 5.3.3: (8) $\gamma_c = 1{,}8$ unbewehrt

$v_{Rd,cj} = 1{,}0 \cdot 0{,}40 \cdot 1{,}11 \cdot 1{,}0 =$ **0,444 MN/m**
$> v_{Ed} = 0{,}200$ MN/m

bezogen auf 1 m Plattenbreite

→ Keine Verbundbewehrung erforderlich!

Für eine Fugenoberfläche ohne weitere Behandlung nach dem Verdichten kann auch eine glatte Oberflächenbeschaffenheit vorliegen.
Bei Unsicherheiten über die spätere tatsächliche Fugenoberfläche sollte auf der sicheren Seite liegend die glatte Fuge untersucht werden. Mit dem zugehörigen Rauigkeitsbeiwert $c_j = 0{,}20$ würde in diesem Beispiel $v_{Rd,cj} = 0{,}222$ MN/m $> v_{Ed}$ und damit auch keine Verbundbewehrung erforderlich
In der Regel liegt jedoch immer eine anrechenbare, weil ohnehin vorhandene Transport- und Montagebewehrung (z. B. Gitterträger) vor.

Auch wenn Verbundsicherungsbewehrung rechnerisch nicht erforderlich ist, muss bei Endauflagern ohne Wandauflast eine Mindestverbundbewehrung angeordnet werden.

Z. B. mindestens Anordnung von 2 Gitterträgern / lfdm. Auflagerlänge als Verbundsicherungsbewehrung mit 12 Diagonalen Ø 6 je 0,75 m – Gitterträger:

$a_s = 2 \cdot 12 \cdot 0{,}28 = 6{,}72$ cm²/m > 6 cm²/m

DIN 1045-1, 13.4.3: Nachträglich mit Ortbeton ergänzte Deckenplatten
(5) Bei Endauflagern ohne Wandauflast ist eine Verbundsicherungsbewehrung von mindestens 6 cm²/m entlang der Auflagerlinie anzuordnen. Diese sollte auf einer Breite von 0,75 m angeordnet werden.

Schnitt:

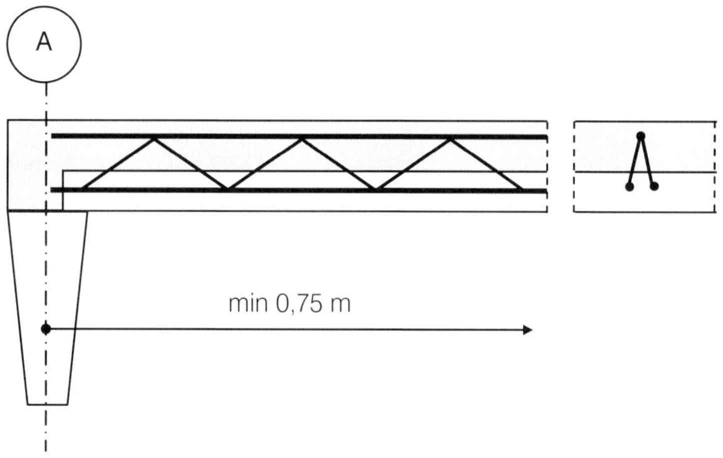

Darstellung nicht maßstäblich.

Grundriss:

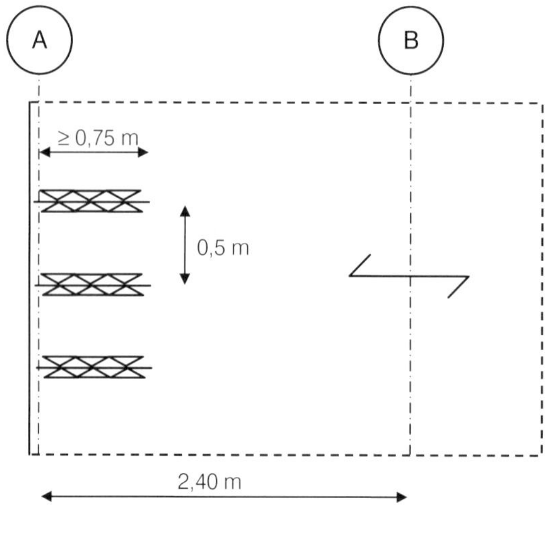

4.3.2 Fertig- bzw. Plattenbalken

4.3.2.1 Montagezustand Fertigbalken

Querkraft am Auflager:

$$V_{Ed} = \pm 77{,}0 \text{ kN}$$

siehe 3.2.1.1
DIN 1045-1, 10.3.2: (1) *Bemessungswert der einwirkenden Querkraft*

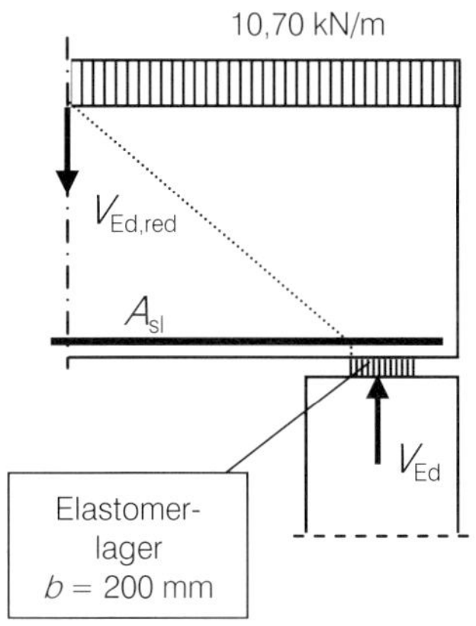

Der Ermittlung der Querkraftbewehrung darf bei gleichmäßig verteilter Belastung und direkter Auflagerung die Querkraft im Abstand d vom Auflagerrand zugrunde gelegt werden.

d = 550 mm (Montagezustand 4.2.2.2)

$V_{Ed,red}$ = 77,0 – (0,5 · 0,20 + 0,55) · 10,70 = 70,0 kN

Erforderliche Querkraftbewehrung

DIN 1045-1, 10.3.1: Nachweisverfahren
(1) Begrenzung durch Tragfähigkeit der Querkraftbewehrung $V_{Rd,sy}$

gewählt: senkrechte Querkraftbewehrung

für Tragfähigkeit der Querkraftbewehrung $V_{Rd,sy}$

DIN 1045-1, 10.3.4: (4) Gl. (75)

$V_{Rd,sy} = f_{yd} \cdot z \cdot \cot\theta \cdot A_{sw} / s_w$

DIN 1045-1, 10.3.4: (5) *vereinfachte Annahme für Biegung* cot θ = 1,2

Druckstrebenneigung: $\cot\theta = 1{,}2$

erf A_{sw} / s_w $= V_{Ed,red} / (f_{yd} \cdot z \cdot \cot\theta)$
$= 0{,}070 \cdot 10^4 / (435 \cdot 0{,}9 \cdot 0{,}55 \cdot 1{,}2)$
= **2,72 cm²/m**

DIN 1045-1, 10.3.4: Gl. (75) umgestellt
DIN 1045-1, 10.3.4:
(2) $z = 0{,}9d = 0{,}9 \cdot 550$ = 495 mm
$< d - 2c_{v,l} = 550 - 2 \cdot 15$ = 520 mm
bzw. Druckzone min. 30 mm durch (Kappen-Bügel) umschlossen: $z < d - c_{v,l} - 30$ mm
$< 550 - 15 - 30$ = 505 mm
→ mit Betondeckung der Längsbewehrung in der Druckzone oben siehe 1.2

Wahl der Querkraftbewehrung siehe 4.3.2.2 – Endzustand.

4.3.2.2 Schubkraftübertragung in Fugen – Endzustand

DIN 1045-1, 10.3.6

Werden in den Nachweisen nach DIN 1045-1 vom Tragwerksplaner Anforderungen an die Oberflächenbeschaffenheit der Fuge gestellt, sind diese auf den Planunterlagen anzugeben.

DIN 1045-1, 10.3.6: (1) Die Übertragung von Schubkräften in den Fugen ... zwischen Ortbeton und einem vorgefertigten Bauteil ... wird durch die Rauigkeit und Oberflächenbeschaffenheit der Fuge bestimmt.

In diesem Beispiel wird eine raue Fugenoberfläche zwischen Fertigbalken und Ortbeton vorausgesetzt (z. B. wird die Oberseite des Fertigbalkens nachträglich 3 mm tief aufgeraut, z. B. Hochdruckwasserstrahlen).

Diese Fugenausbildung bestimmt maßgeblich die Querkrafttragfähigkeit aufgrund des möglichen Druckstrebenwinkels und wird deshalb für den Endzustand des Plattenbalkens zuerst untersucht.

Bemessungswert der Schubkraft je Längeneinheit:

DIN 1045-1, 10.3.6: Gl. (83)

$$v_{Ed} = \frac{F_{cdj}}{F_{cd}} \cdot \frac{V_{Ed}}{z}$$

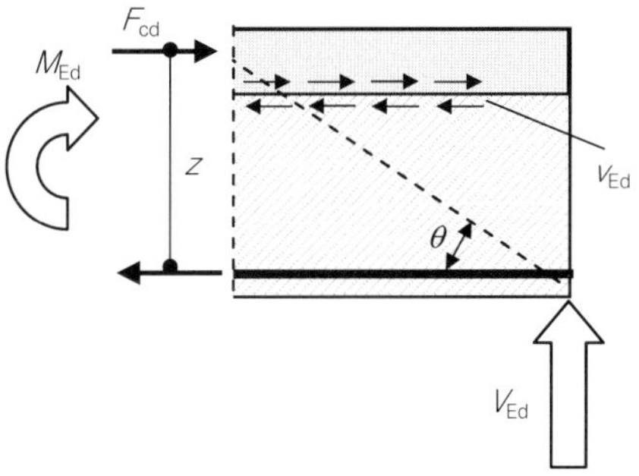

Für den Plattenbalkenquerschnitt (gesamter Einfeldträger):

$F_{cdj} / F_{cd} = 1{,}0$ Verhältnis der über die Fuge zu übertragenden Längskraft zur Längskraft aus Biegung
Annahme hier: 100 % der Druckzone in der Gurtplatte

a) Aufnehmbare Schubkraft $v_{Rdj,c}$ ohne Verbundbewehrung in Fuge a – a

$v_{Rdj,c} = (\eta_1 \cdot c_j \cdot f_{ctd} - \mu \cdot \sigma_{Nd}) \cdot b$

DIN 1045-1, 10.3.6: Gl. (84)

mit $\eta_1 = 1{,}0$ Normalbeton

$c_j = 0{,}40$ Rauigkeitsbeiwert, raue Fugenoberfläche

DIN 1045-1, 10.3.6: Tab. 13

$\sigma_{Nd} = 0$ Normalspannung senkrecht zur Fuge

$f_{ctd} = f_{ctk;0,05} / \gamma_c = 2{,}0 / 1{,}8 = 1{,}11$ N/mm²

Ortbeton C30/37 maßgebend
DIN 1045-1, 9.1.7: Tab. 9
DIN 1045-1, 5.3.3: (8) $\gamma_c = 1{,}8$ unbewehrt

$b = b_w = 280$ mm Fugenbreite zwischen Fertigplatten bei 20 mm Auflagerbreite (angenommen)

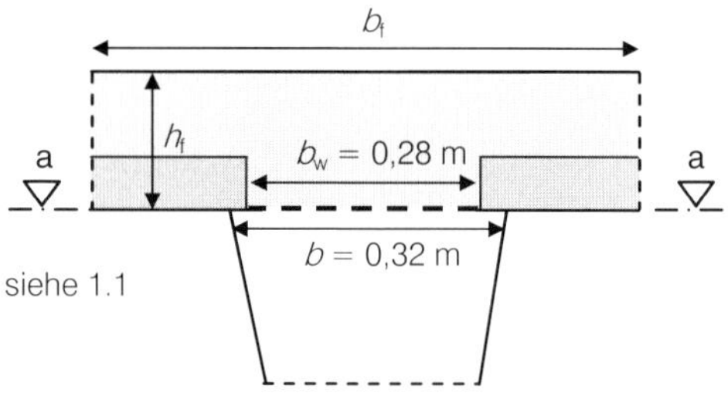

siehe 1.1

$v_{Rdj,c} = 1{,}0 \cdot 0{,}40 \cdot 1{,}11 \cdot 0{,}28 =$ **0,124 MN/m**

Mit der Querkraft im Schubkraftdeckungsdiagramm:

DIN 1045-1, 10.3.6: Bild 35

$V_{Ed,red} = 302 - 41{,}90 \cdot (0{,}20 / 2 + 0{,}55) = 275$ kN wird

$e_d = 41{,}90$ kN/m, siehe 2.2.2
$d = 620$ mm, siehe 4.2.2.3
$d_{Ft} = 550$ mm, siehe 4.2.2.2

$v_{Ed} = 1{,}0 \cdot 0{,}275 / 0{,}558$
$=$ **0,493 MN/m**
$> v_{Rdj,c} = 0{,}124$ MN/m

10.3.4: (2) $z = 0{,}9d = 558$ mm
$< d - 2c_{v,l} = 620 - 2 \cdot 30 = 560$ mm mit Betondeckung $c_{v,l} = 30$ mm der oberen Längsbewehrung (Innenkante der Bügel)

→ Verbundbewehrung ist erforderlich!

siehe 3.2.1.2

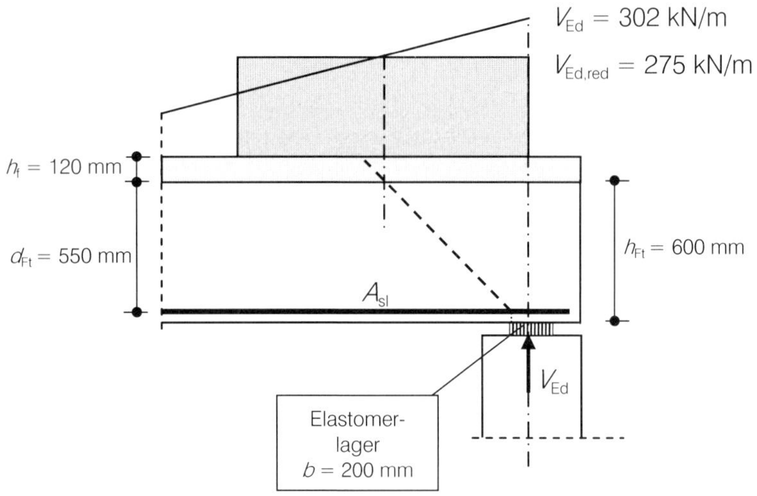

Bei direkter Auflagerung und gleichmäßig verteilter Last darf beim monolithischen Querschnitt nach DIN 1045-1, 10.3.2 (1) der Bemessungswert der Querkraft im Abstand d vom Auflagerrand ermittelt werden.
Für die Ermittlung der Bemessungsschubkraft bei Verbundfugen kann gemäß dem Schubkraftdeckungsdiagramm nach DIN 1045-1, 10.3.6, Bild 35 sinngemäß verfahren werden. Hierbei sollte aber der Abstand des Bemessungsschnittes von der Lage der Schubfuge abhängig gemacht werden, d. h. statt des Abstandes d ist der Schnittpunkt einer 45°-Geraden vom Auflagerrand mit der Verbundfuge maßgebend (d. h. die statische Nutzhöhe bis zur Verbundfuge).

b) Aufnehmbare Schubkraft v_{Rdj} mit Verbundbewehrung $\alpha = 90°$

Bügel

$$v_{Rdj} = [\eta_1 \cdot c_j \cdot f_{ctd} - \mu \cdot \sigma_{Nd}] \cdot b + v_{Rdj,sy} \leq v_{Rdj,max}$$

DIN 1045-1, 10.3.6: Gl. (84)

mit $v_{Rdj,sy} = a_s \cdot f_{yd} \, (1{,}2\mu \cdot \sin\alpha + \cos\alpha)$

DIN 1045-1, 10.3.6: Gl. (85)

und $v_{Rdj,max} = 0{,}5 \cdot \eta_1 \cdot \nu \cdot f_{cd} \cdot b$

DIN 1045-1, 10.3.6: Gl. (86)

Betontraganteil: $v_{Rdj,c} = \eta_1 \cdot c_j \cdot f_{ctd} \cdot b = 124$ kN/m (siehe a)

Maximale Schubtragfähigkeit:

ν = 0,50 für raue Fugen

DIN 1045-1, 10.3.6: (4)

$v_{Rdj,max} = 0{,}5 \cdot 1{,}0 \cdot 0{,}50 \cdot 17{,}0 \cdot 0{,}28 \cdot 10^3$
$= \mathbf{1190}$ **kN/m** $> v_{Ed}$

$\eta_1 = 1{,}0$ Normalbeton
f_{cd} für C30/37, siehe 4.1
$b_w = 280$ mm Fugenbreite

Unter diesen Voraussetzungen wird die aufnehmbare Schubkraft mit der dazugehörigen Querkraft für ausgewählte, zweckmäßige Bügelbewehrungen ermittelt:

Verbund-bewehrung Bügel zweischnittig	vorh a_s (cm²/m)	Aufnehmbare Schubkraft $v_{Rdj} = v_{Rdj,c} + v_{Rd,sy}$ $= v_{Rdj,c} + a_s \cdot f_{yd} \cdot 1{,}2\mu$ [kN/m] Gl. (84) + Gl. (85) mit $\alpha = 90°$	Querkraft $V_{Rd} = v_{Rdj} \cdot z$ [kN] Gl. (83) mit $F_{cdj} / F_{cd} = 1{,}0$
Ø 10 / 100 mm	15,71	124 + 574 = 698	**389**
Ø 10 / 150 mm	10,47	124 + 383 = 507	**283**
Ø 10 / 300 mm	5,24	124 + 191 = 315	**176**

DIN 1045-1, 10.3.6:
Gl. (85) mit
$\alpha = 90°$
$f_{yd} = 435$ N/mm²
$\mu = 0{,}7$ – Reibungsbeiwert, rau, Tab. 13

Gl. (83) mit
$F_{cdj} / F_{cd} = 1{,}0$ und
$z = 0{,}9d = 0{,}558$ m

4.3.2.3 Endzustand Plattenbalken

Geprüft wird, ob die erforderliche Verbundbewehrung nach Abschnitt 4.3.2.2 in der Fuge Fertigbalken – Ortbeton die Querkraftbewehrung abdeckt.

DIN 1045-1, 10.3.2: (1)
Bemessungswert der einwirkenden Querkraft

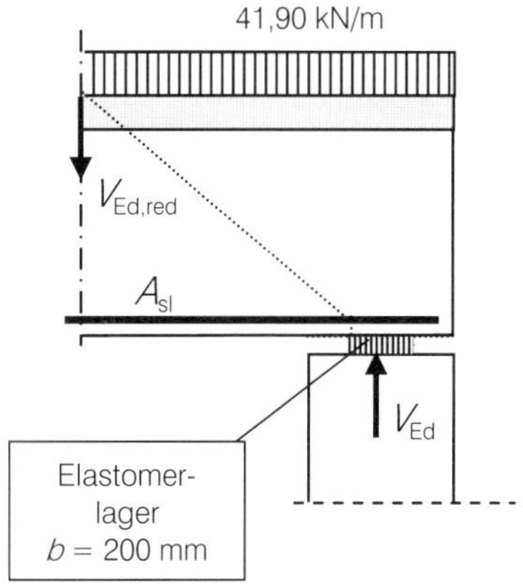

Querkraft am Auflager (siehe 3.2.1.2):

$V_{Ed} = \pm 302$ kN

Der Ermittlung der Querkraftbewehrung darf bei gleichmäßig verteilter Belastung und direkter Auflagerung die Querkraft im Abstand d vom Auflagerrand zugrunde gelegt werden.

$d = 0{,}62$ m (Endzustand 4.2.2.3)

$V_{Ed,red} = 302 - (0{,}5 \cdot 0{,}20 + 0{,}62) \cdot 41{,}90 = 272$ kN

a) Mindestquerkraftbewehrung

$\min A_{sw} / s_w = \rho_w \cdot b_w \cdot \sin\alpha$

DIN 1045-1, 13.2.3: (4) Gl. (151) umgestellt

$\min \rho_w = 1{,}0 \, \rho = 0{,}102$ %
gewählt: Bügel 90° mit $\sin\alpha = 1{,}0$

DIN 1045-1, 13.2.3: (5) allgemein
DIN 1045-1, 13.1, Tab. 29:
$\rho = 0{,}102$ % für $f_{ck} = 35$ N/mm² – hoher Fertigteilsteg mit C35/45 maßgebend!

$\min A_{sw} / s_w = 0{,}102 \cdot 26 = \mathbf{2{,}65}$ **cm²/m**

b_w = mittlere Stegbreite = 260 mm

b) Querkrafttragfähigkeit

gewählt: senkrechte Querkraftbewehrung

$$V_{Rd,sy} = \frac{A_{sw}}{s_w} \cdot f_{yd} \cdot z \cdot \cot\theta$$

DIN 1045-1, 10.3.4: (4), Gl. (75)

$f_{yd} = 435 \text{ N/mm}^2$

$z = 0{,}9d = 0{,}558 \text{ m} < d - c_{v,l} - 30 \text{ mm}$

DIN 1045-1, 10.3.4: (2)

$\cot\theta = 1{,}2$ vereinfacht bei reiner Biegung

DIN 1045-1, 10.3.4: (5)

Querkraft-bewehrung Bügel zweischnittig	vorh a_s (cm²/m)	$V_{Rd,sy}$ [kN] Gl. (75)	$V_{Rd,max}$ [kN] Gl. (76) → c)
∅ 10 / 100 mm	15,71	**458**	
∅ 10 / 150 mm	10,47	**305**	< 700
∅ 10 / 300 mm	5,24	**153**	

Die Querkrafttragfähigkeit der Bügel ∅ 10 / 100 mm und ∅ 10 / 150 mm kann wegen der geringeren Verbundtragfähigkeit nach 4.3.2.2 b) nicht ausgenutzt werden.
Die Querkrafttragfähigkeit der Bügel ∅ 10 / 300 mm ist hier wegen der vereinfachten Annahme für $\cot\theta = 1{,}2$ geringer als die Verbundtragfähigkeit (153 kN/m < 176 kN/m). Eine genauere Berechnung von $\cot\theta$ nach Gl. (73) würde auch hier die Querkrafttragfähigkeit mindestens auf die Verbundtragfähigkeit anheben. Darauf wird in diesem Beispiel verzichtet.

Querkraft- und Verbundbewehrung
Gewählt: Bereich 1)
Bügel 2-schnittig ∅ 10 / 100 mm
= **15,41 cm²/m**

und Bereich 2)
Bügel 2-schnittig ∅ 10 / 150 mm
= **10,47 cm²/m**

und Bereich 3)
Bügel 2-schnittig ∅ 10 / 300 mm
= **5,24 cm²/m** > 2,65 cm²/m = min a_{sw}

Prinzipiell könnten hier die Bügeldurchmesser verringert und die Bügelabstände weiter abgestuft werden. Für eine relativ großzügige Abdeckung der Querkraft- bzw. Schubkraftdeckungslinie mit Bügeln ∅ 10 und nur 3 Abstufungen spricht das einfache Verlegen (nur ein Bügeldurchmesser und eine Bügelform) sowie ein robuster Bügelkorb für die 3-lagige Längsbewehrung und die Ortbetonergänzung.

maximale Bügelabstände für Bereich 3) maßgebend:
DIN 1045-1, 13.2.3: Tab. 31
siehe c) hier: $V_{Rd,sy} < 0{,}30\,V_{Rd,max}$
$s_{max} = 0{,}7h = 504$ mm bzw. 300 mm

Übersicht Querkraft- und Verbundbewehrung:

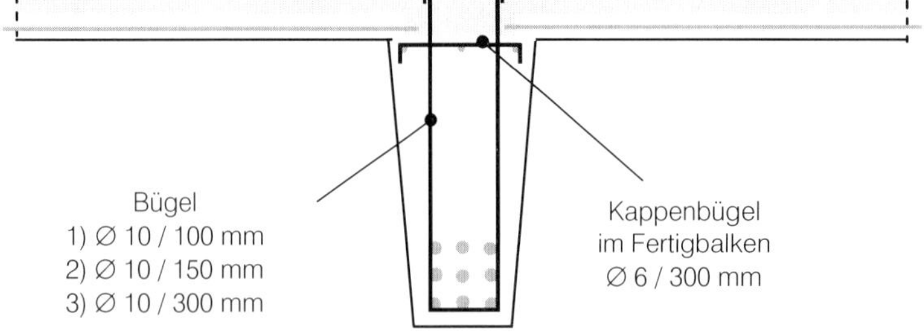

Beachte:
DIN 1045-1, 12.7: (5) *Bei Plattenbalken dürfen die für die Querkrafttragfähigkeit erforderlichen Bügel im Bereich der Platte mittels durchgehender Querstäbe nach* Bild 56 i) *geschlossen werden, wenn der Bemessungswert der Querkraft $V_{Ed} \leq 2/3\,V_{Rd,max}$ beträgt.*

Die durchgehenden Querstäbe der Plattenstützbewehrung mit $a_s = 2{,}57$ cm²/m < erf a_{sw} reichen in diesem Beispiel dafür nicht aus, daher sind die Querkraftbügel z. B. mit Kappenbügeln zu schließen (Bild 56 f).

Die Kappenbügel ∅ 6 im Fertigbalken werden konstruktiv für den Montagezustand der Fertigbalken (umfassen obere Längsbewehrung) und zur Abdeckung von Querzugspannungen an der Auflagerkante unter den Fertigplatten gewählt.

Bereiche 1) – 3):

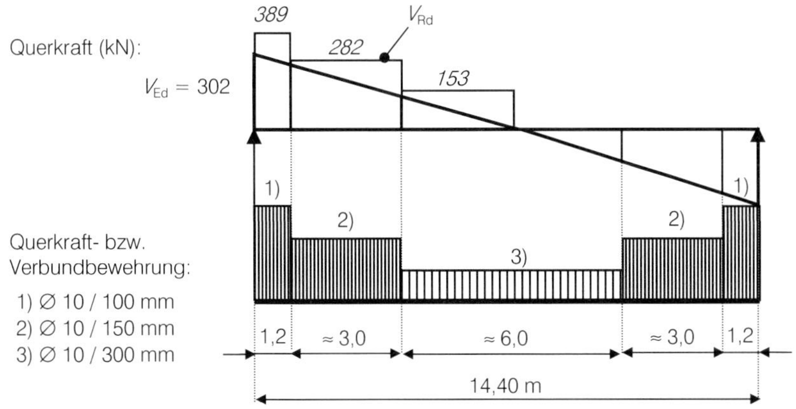

DIN 1045-1, 10.3.6: Bild 35
Schubkraftdeckungsdiagramm
siehe auch 4.3.2.2: Nachweis der Verbundbewehrung Fuge Fertigteil – Ortbeton mit Bügeln – *abgedeckte Querkraft*

bzw. DIN 1045-1, 13.2.3: Bild 68
Einschneiden der Querkraftdeckungslinie
(auf das mögliche Einschneiden wird in diesem Beispiel verzichtet)

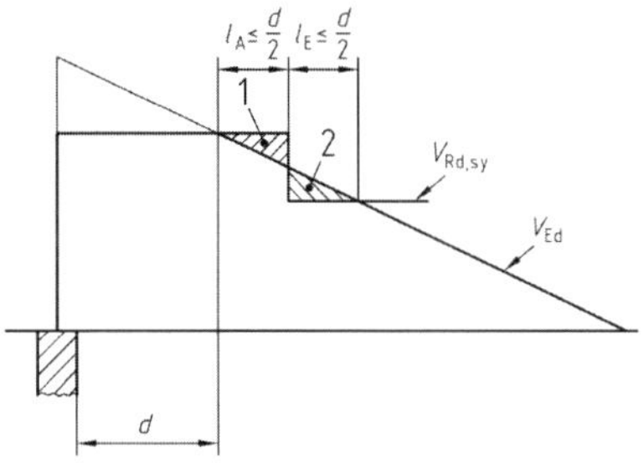

c) Bemessungswert der maximalen Querkrafttragfähigkeit $V_{Rd,max}$

DIN 1045-1, 10.3.1: Nachweisverfahren
(1) Begrenzung durch Druckstrebenfestigkeit des Betons $V_{Rd,max}$

gewählt: senkrechte Querkraftbewehrung

$V_{Rd,max} = b_w \cdot z \cdot \alpha_c \cdot f_{cd} / (\cot\theta + \tan\theta)$

DIN 1045-1, 10.3.4: (6) Gl. (76)

$\cot\theta = 1{,}2$

siehe b)

$\alpha_c = 0{,}75$ Abminderungsbeiwert für Druckstrebenfestigkeit

$\eta_1 = 1{,}0$ Normalbeton

$f_{cd} = 17{,}0\ \text{N/mm}^2$ Ortbeton C30/37 maßgebend.

DIN 1045-1, 10.3.4, Bild 33:
$b_w = \min b = 200$ mm
10.3.4: (2) $z = 0{,}9d = 558$ mm
$< d - 2c_{v,l} = 620 - 2 \cdot 30 = 560$ mm

$V_{Rd,max} = 0{,}20 \cdot 0{,}558 \cdot 0{,}75 \cdot 17{,}0 / (1{,}2 + 1/1{,}2)$
$= \mathbf{0{,}700\ MN}$
$> V_{Ed} = 0{,}302$ MN

DIN 1045-1, 10.3.2: (3) Beim Nachweis von $V_{Rd,max}$ dürfen die Abminderungen des Bemessungswertes nach (1) und (2) nicht vorgenommen werden.
Näherungsweise darf hier $V_{Rd,max}$ mit $\theta = 40°$ ermittelt werden.

Verhältnis zum Bemessungswert der Querkraft:
$V_{Ed,red} = 0{,}272\ \text{MN} = \mathbf{0{,}39\, V_{Rd,max}} < 0{,}60\, V_{Rd,max}$
$> 0{,}30\, V_{Rd,max}$

Bemessungswert Querkraftbewehrung abgemindert gemäß DIN 1045-1,10.3.2: (1) relevant für Längs- und Querabstand der Querkraftbewehrung gemäß DIN 1045-1,13.2.3: Tab. 31
hier: $s_{max} = 0{,}5h$ bzw. 300 mm

4.3.2.4 Schubkraftübertragung zwischen Balkensteg und Druckgurt

Die Längskraftdifferenz in einem einseitigen Gurtabschnitt entspricht der zwischen Gurtplatte und Steg aufgeteilten Betondruckkraft.

Untersucht wird die Schubkraftübertragung über die Fugen f – f.

maximale Gurtabschnittslänge
a_v = halber Abstand
zwischen max M und $M = 0$.

$a_v \leq l_{eff} / 4$
$= 14{,}40 / 4 = 3{,}60$ m

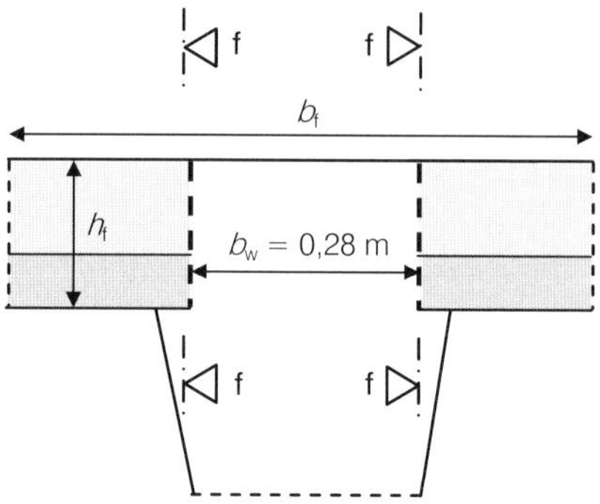

Zwischen Balkensteg und Druckgurt (Platte) sind Schubkräfte zu übertragen. Diese werden hier auf der sicheren Seite liegend, an einem vereinfachten Modell ermittelt. Über die Länge eines Abschnitts a_v des Plattenbalkens ändert sich das Biegemoment vom Wert $M_{Ed}(x)$ auf den Wert $M_{Ed}(x + a_v)$. Es wird angenommen, dass die Biegemomente in der Platte über eine Breite b_f konstante Betondruckspannungen erzeugen. Die sich aus der Momentendifferenz zwischen Anfang und Ende des betrachteten Abschnitts ergebenden Plattendruckkräfte sollen dabei anteilig zwischen Platte und Steg übertragen werden.

DIN 1045-1, 10.3.5: (2)

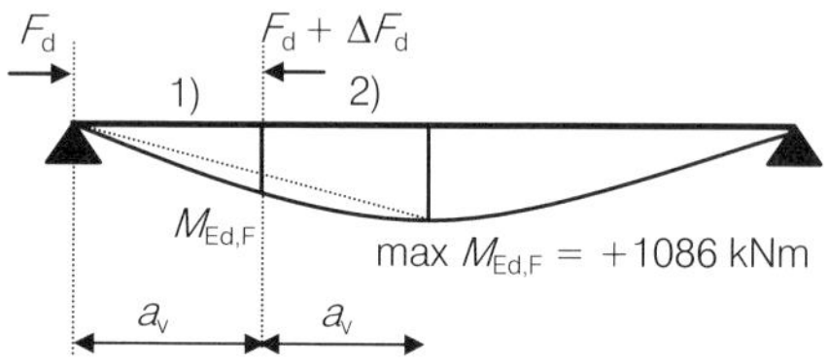

Gurtabschnitt 1):

Gurtabschnittanfang:
mit $M_{Ed} = 0$ ist $F_{cd} = 0$

Gurtabschnittende bei $l_{eff} / 4$:

$M_{Ed,F} = 302 \cdot 3{,}60 - 41{,}90 \cdot 3{,}60^2 / 2$
$M_{Ed,F} = +816$ kNm
$b_f = 2{,}40$ m
$h_f = 0{,}12$ m
und $z = 0{,}56$ m (aus der Bemessung):
$\sigma_{cd} = M_{Ed} / (z \cdot b_f \cdot h_f)$
$\sigma_{cd} = 0{,}816 / (0{,}56 \cdot 2{,}40 \cdot 0{,}12) = 5{,}06$ MN/m²
einseitiger Gurtabschnitt:
$F_{cd} = 5{,}06 \cdot (2{,}40 - 0{,}28) / 2 \cdot 0{,}12 = 0{,}644$ MN

Schnittkräfte siehe 3.2.1.2

Bemessung siehe 4.2.2.3

$V_{Ed,1} = \Delta F_d = 0{,}644 - 0 = 0{,}644$ MN

DIN 1045-1, 10.3.5: Gl. (82)

Erforderliche Gurtquerbewehrung im Gurtabschnitt 1)

Die Schubkraftübertragung findet über die zusammengesetzte Fuge aus Fertigplatte und Ortbeton statt. Auch hier hat die Oberflächenbeschaffenheit der Fertigplattenfuge (glatt, rau, verzahnt) Einfluss.

DIN 1045-1, 10.3.5: (3) *Vereinfachend darf in Druckgurten* cot $\theta = 1{,}2$ *gesetzt werden.*

Vereinfacht wird hier der Druckstrebenwinkel für die gesamte Druckgurtfuge mit cot $\theta = 1{,}0$ ($\theta = 45°$) begrenzt.

→ Annahme des Druckstrebenwinkels auf der sicheren Seite liegend mit 45° (cot $\theta = 1{,}0$) berücksichtigt die glatte Oberfläche des Stirnflächenanteils der Fertigplatte in der Fuge.

erf $A_{sf} / s_f = V_{Ed} / (f_{yd} \cdot a_v \cdot \cot\theta)$
$= 0{,}644 \cdot 10^4 / (435 \cdot 3{,}60 \cdot 1{,}0)$ = **4,11 cm²/m**

DIN 1045-1, 10.3.4: (4) Gl. (75) umgestellt
DIN 1045-1, 10.3.5: (3) mit $z = a_v$

Davon sind jeweils erf $A_{sf} / s_f = 4{,}11 / 2 = 2{,}0$ cm²/m in der Biegedruck- bzw. Biegezugzone der Gurtplatte anzuordnen.

DIN 1045-1, 10.3.5: (4)

Druckstrebentragfähigkeit des Betons $V_{Rd,max}$

$V_{Rd,max} = h_f \cdot a_v \cdot \alpha_c \cdot f_{cd} / (\cot\theta + \tan\theta)$

cot $\theta = 1{,}0$; $\alpha_c = 0{,}75$; $\eta_1 = 1{,}0$ Normalbeton

DIN 1045-1, 10.3.4: (6) Gl. (76) und
DIN 1045-1, 10.3.5: (3) mit $b_w = h_f$ und $z = a_v$

$V_{Rd,max} = 0{,}12 \cdot 3{,}60 \cdot 0{,}75 \cdot 17{,}0 / (1{,}0 + 1 / 1{,}0)$
= **2,75 MN** > $V_{Ed} = 0{,}644$ MN

Gurtabschnitt 2)

Die Momentendifferenz zwischen Anfang (bei l_{eff} / 4) und Ende (bei l_{eff} / 2) des Gurtabschnitts ist deutlich geringer als im Gurtabschnitt 1), so dass sich in Anbetracht der ohnehin vorhandenen Plattenbewehrung R257A aus Querbiegung ein Nachweis erübrigt.

Interaktion der Druckstrebentragfähigkeit $V_{Rd,max}$ bei Scheiben- und Plattenbeanspruchung

Die Gurtplatte im T-Querschnitt wird hinsichtlich ihrer Druckstreben aus der Querkraft in der Platte und den Schubkräften am Anschnitt aus Plattenbalkenwirkung kombiniert beansprucht. In der Regel werden die Nachweise für beide Beanspruchungsarten getrennt geführt. DIN 1045-1, 10.3.5 (5) ermöglicht eine vereinfachte Berücksichtigung der Interaktion der Querkraftdruckstreben bei durch Querkraft stärker beanspruchten Platten aus beiden Beanspruchungsrichtungen. Da in diesem Beispiel für die Gurtplatte keine Querkraftbewehrung (vgl. 4.3.1.1) und damit keine Absicherung gegen $V_{Rd,max}$ erforderlich ist, braucht dieser Nachweis nicht geführt werden.

DIN 1045-1, 10.3.5: (5)
Wenn Querkraftbewehrung in der Gurtplatte erforderlich wird, sollte der Nachweis der Druckstreben in beiden Beanspruchungsrichtungen des Gurtes (Scheibe und Platte) in linearer Interaktion geführt werden:
$(V_{Ed} / V_{Rd,max})_{Platte} + (V_{Ed} / V_{Rd,max})_{Scheibe} \leq 1{,}0$.

DIN 1045-1, 10.3.1: (4)

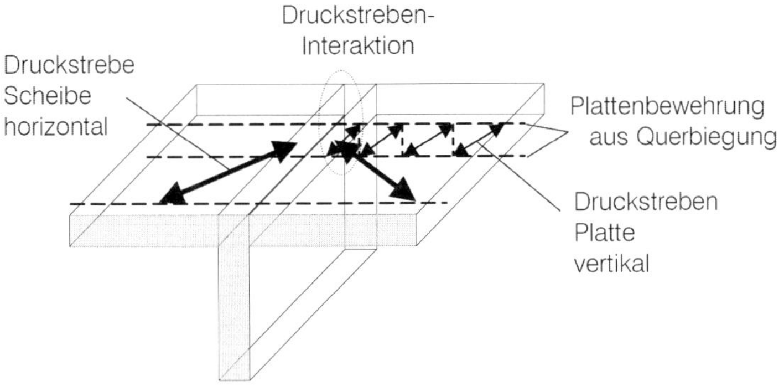

Gurtquerbewehrung – gewählt:
Oben aus Biegebemessung vorhanden (Stützbewehrung):
Betonstahl-Lagermatte BSt 500 M (A)
R257A 150 · 7,0 / 250 · 6,0
= 2,57 cm²/m / 1,13 cm²/m (längs / quer)
> erf A_{sf} / s_f = 2,0 cm²/m

Unten aus Biegebemessung vorhanden (Feldbewehrung):
Betonstahl-Lagermatte BSt 500 M (A)
R257A 150 · 7,0 / 250 · 6,0
= 2,57 cm²/m / 1,13 cm²/m (längs / quer)
> erf A_{sf} / s_f = 2,0 cm²/m

DIN 1045-1, 10.3.5: (4) *Bei kombinierter Beanspruchung durch Schubkräfte zwischen Gurt und Steg und durch Querbiegung darf der größere erforderliche Stahlquerschnitt, der sich entweder nach diesem Abschnitt oder aus der Bemessung für Querbiegung ergibt, angeordnet werden.*
Dabei sind Biegedruckzone und Biegezugzone jeweils getrennt unter Ansatz von jeweils der Hälfte der für die Schubbeanspruchung allein ermittelten Querkraftbewehrung zu betrachten.

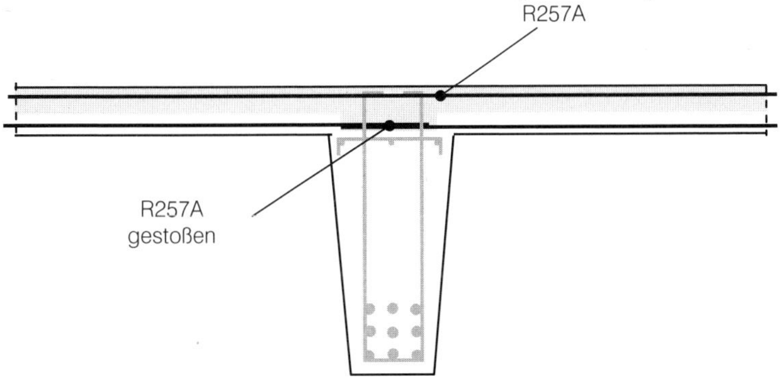

Übergreifungsstoß der unteren Feldbewehrung siehe 6.2.2

5 Nachweise in den Grenzzuständen der Gebrauchstauglichkeit

DIN 1045-1, 11

5.1 Begrenzung der Spannungen unter Gebrauchsbedingungen

DIN 1045-1, 11.1

Die Bedingungen nach DIN 1045-1, 11.1.1: (3) (siehe Kommentar) sind im Beispiel sowohl für die Durchlaufplatte als auch für den Plattenbalken eingehalten, die Spannungsnachweise unter Gebrauchsbedingungen können entfallen.

DIN 1045-1, 11.1.1: (3) *Die Spannungsnachweise nach 11.1.2 (Betondruckspannungen) und 11.1.3 (Betonstahlspannungen) dürfen für nicht vorgespannte Tragwerke des üblichen Hochbaus, die nach Abschnitt bemessen wurden, im Allgemeinen entfallen, wenn die Schnittgrößen nach der Elastizitätstheorie ermittelt und im Grenzzustand der Tragfähigkeit um nicht mehr als 15 % umgelagert wurden und die bauliche Durchbildung nach Abschnitt 13 (Konstruktionsregeln) durchgeführt wird und insbesondere die Festlegungen für die Mindestbewehrung nach 13.1.1 eingehalten sind.*

5.2 Grenzzustände der Rissbildung

5.2.1 Mindestbewehrung zur Begrenzung der Rissbreite

DIN 1045-1, 11.2.2

Durchlaufplatte

Für die dünne Platte als Innenbauteil sind keine Nachweise zur Begrenzung der Rissbreite erforderlich (DIN 1045-1, 11.2.1: (12), siehe Kommentar).

Zur Veranschaulichung wird aber in diesem Beispiel die Begrenzung der Rissbreite für die statisch erforderliche Bewehrung der Platte in Abschnitt 5.2.2.1 nachgewiesen.

DIN 1045-1, 11.2.1: (12) Bei Platten in der Expositionsklasse XC1, die durch Biegung ohne wesentlichen zentrischen Zug beansprucht werden, sind keine Nachweise zur Begrenzung der Rissweite notwendig, wenn deren Gesamtdicke 200 mm nicht übersteigt, die Festlegungen nach 13.3 (Konstruktionsregeln Vollplatten) eingehalten sind und keine strengere Begrenzung nach Absatz (6) erforderlich ist.

Fertig- bzw. Plattenbalken

Bei den vorliegenden Verhältnissen (Herstellung des Fertigbalkens im Fertigteilwerk, Abmessungen, statisches System) kann davon ausgegangen werden, dass keine nennenswerte Zwangbeanspruchung auftritt und die Rissschnittgröße nicht erreicht wird.

Auf den Nachweis der Mindestbewehrung zur Begrenzung der Rissbreite wird daher verzichtet.

5.2.2 Begrenzung der Rissbreite für die statisch erforderliche Bewehrung

5.2.2.1 Durchlaufplatte

Der Nachweis darf auch entfallen, siehe auch Kommentar zu 5.2.1.

Die Anforderungen an die Dauerhaftigkeit und das Erscheinungsbild des Tragwerks gelten bei der hier vorausgesetzten Expositionsklasse XC1 als erfüllt, wenn der Rechenwert der Rissbreite auf w_k = 0,4 mm begrenzt wird (Anforderungsklasse F).

DIN 1045-1, 11.2.1: (6) Tabellen 18 und 19

Extremale Biegemomente unter quasi-ständiger Einwirkungskombination:

quasi-ständig wegen Anforderungsklasse F

Auflager B: $m_{perm,B} = -4{,}49$ kNm/m

siehe 3.1.2

Feld: $m_{perm,F} = +3{,}53$ kNm/m

$\sigma_s \approx (m_{perm} / m_{Ed}) \cdot (\text{erf } a_s / \text{vorh } a_s) \cdot \sigma_{sd}$

vorhandene Betonstahlspannungen unter der maßgebenden Einwirkungskombination

Auflager B: $\sigma_{s,perm} \approx (4{,}49 / 7{,}21) \cdot (1{,}70 / 2{,}57) \cdot 456{,}5$ = **188 N/mm²**

siehe 4.2.1.2

Feld: $\sigma_{s,perm} \approx (3{,}53 / 6{,}39) \cdot (1{,}52 / 2{,}57) \cdot 456{,}5$ = 149 N/mm²

Höchstwert der Stababstände für w_k = 0,4 mm und σ_s = 200 N/mm²:

zul s = **300 mm** > vorh s = 150 mm (R257A)

DIN 1045-1, 11.2.3: Begrenzung der Rissbreite ohne direkte Berechnung;
Tab. 21: Höchstwerte der Stababstände von Betonstählen

5.2.2.2 Plattenbalken

Expositionklasse XC1 – Anforderungsklasse F
Rechenwert der Rissbreite auf w_k = 0,4 mm begrenzen.

DIN 1045-1, 11.2.1: (6) Tabellen 18 und 19

Extremales Biegemoment unter quasi-ständiger Einwirkungskombination:

quasi-ständig wegen Anforderungsklasse F

M_{perm} = +617 kNm

siehe 3.2.2

$\sigma_{s,perm} \approx (M_{perm} / M_{Ed}) \cdot (\text{erf } A_s / \text{vorh } A_s) \cdot f_{yd}$
$\approx (617 / 1086) \cdot (44{,}6 / 44{,}2) \cdot 435$ = **250 N/mm²**

siehe 4.2.2.3

für σ_s = 250 N/mm²:
Grenzdurchmesser interpoliert: d_s^* = 23 mm

DIN 1045-1, 11.2.3: Tab. 20 bzw. Anhang A10: Grenzdurchmesser d_s^* bei Betonstählen

Modifikation des Grenzdurchmessers:

$$d_s = d_s^* \cdot \sigma_s \cdot A_s / [4\,(h - d) \cdot b \cdot f_{ct,0}] \geq d_s^* \cdot f_{ct,eff} / f_{ct,0}$$

max $d_s = 23 \cdot 250 \cdot 44{,}2 \cdot 10^{-4} / [4 \cdot (0{,}72 - 0{,}62) \cdot 0{,}26 \cdot 3{,}0]$
= **81 mm**
> vorh d_s = 25 mm

DIN 1045-1, 11.2.3: Gl. (131)
Betonzugfestigkeit für C35/45:
$f_{ct,eff}$ = 3,2 N/mm²
$f_{ct,0}$ = 3,0 N/mm²
b = Breite der Zugzone = b_m angenommen

5.3 Begrenzung der Verformungen

DIN 1045-1, 11.3

5.3.1 Durchlaufplatte

Der Nachweis der Begrenzung der Durchbiegung darf für Stahlbetonbauteile vereinfacht durch eine Begrenzung der Biegeschlankheit geführt werden.

DIN 1045-1, 11.3.2: (1)

DIN 1045-1, 11.3.2: (2) *Für Deckenplatten des üblichen Hochbaus ist... i. Allg. eine Begrenzung der Biegeschlankheit auf den Wert* $l_i / d \leq 35$ *ausreichend (normale Anforderungen z. B.* $v < l / 250$*). Für Deckenplatten mit höheren Anforderungen (z. B.* $v < l / 500$*, u. a. bei rissempfindlichen leichten Trennwänden) sollte* $l_i / d \leq 150 / l_i$ *sein.*
Dies wird erst ab $l_i \geq 4{,}29$ m *maßgebend.*
Die Decke mit $l_i = 1{,}92$ m *erfüllt daher hier auch die höheren Anforderungen bezüglich der Durchbiegung.*

Normale Anforderungen:

$l_i / d \leq 35$

$l_i = \alpha \cdot l$

Endfeld: $l_{i,1} = 0{,}8 \cdot 2{,}40 = 1{,}92$ m

Innenfeld: $l_{i,2} = 0{,}6 \cdot 2{,}40 = 1{,}44$ m

$d = 95$ mm

$l_i / d = 1920 / 95 = \mathbf{20 < 35}$

DIN 1045-1, 11.3.2: (3) + (4)
Tab. 22: Ersatzstützweite
Endfeld $\alpha = 0{,}8$ und Innenfeld $\alpha = 0{,}6$

Der vereinfachte Nachweis der Begrenzung der Durchbiegung gilt damit als erbracht.

DIN 1045-1, 11.3.2: (1)

5.3.2 Fertig- bzw. Plattenbalken

In DIN 1045-1 werden für Deckenplatten des üblichen Hochbaus Vorgaben zur Begrenzung der Biegeschlankheit gemacht, bei denen nur die Lagerungsbedingungen eingehen.

DIN 1045-1, 11.3.2: (2)

In der Praxis existieren darüber hinaus Verfahren, die auf den Grundlagen der DIN 1045-1, 11.3.1 basieren, jedoch weitere Parameter berücksichtigen.

Z. B. wurde auf der Basis von Vergleichsberechnungen in [50] ein Biegeschlankheitsnachweis entwickelt, der zwischen Balken- und Plattentragwerken unterscheidet und Einflüsse der Belastung und des Bewehrungsgrades teilweise berücksichtigt.

[50] *Krüger/Mertzsch:* Beitrag zum Trag- und Verformungsverhalten bewehrter Betonquerschnitte im Grenzzustand der Gebrauchstauglichkeit.
Rostocker Berichte aus dem Fachbereich Bauingenieurwesen, Universität Rostock, Heft 3, 2001, siehe auch im Anhang A8.

Dieser vereinfachte Nachweis soll hier zum Nachweis der Begrenzung der Durchbiegung herangezogen werden.

erf $d = l_i / \lambda_d$

[50] Gl. (7.1)

mit $l_i = \alpha_i \cdot l_{eff}$

$\alpha_i = 1{,}0$ frei drehbar gelagerter Einfeldträger

$l_i = 1{,}0 \cdot 14{,}40 = 14{,}40$ m

[50] Tab. (7.2)

$\rho \leq 2{,}0$ % Bewehrungsgrad Balken

Bei einer Biegebewehrung von (Plattenbalken) 9 ∅ 25 = 44,2 cm² und $b_m / d = 260 / 620$ mm ist $\rho = 0{,}027 = 2{,}7$ % → 2,0 %

Für normale Anforderungen an den Durchhang des Balkens von 1/250 der Stützweite ergibt sich die Grenzschlankheit λ_d:

DIN 1045-1, 11.3.1: (8)
Dieser Grenzwert für den Durchhang ist bei jeder Aufgabenstellung zu überprüfen. Für dieses Beispiel werden geringe Anforderungen an benachbarte Ausbaukonstruktionen und das Aussehen angenommen, diese Vorgabe ist zweckmäßig.

$\lambda_d = \mathbf{21{,}9}$

vorh $l_i / d = 14{,}40 / 0{,}55 = \mathbf{26}$ Montagezustand Fertigbalken

vorh $l_i / d = 14{,}40 / 0{,}62 = \mathbf{23}$ Endzustand Plattenbalken

[50] λ_d aus Tab. 7.3 extrapoliert für $l_i = 14{,}40$ m

$> \max \lambda_d = 21{,}9$

d siehe 4.2.2.2 und 4.2.2.3

Der vereinfachte Nachweis der Begrenzung der Durchbiegung kann damit nicht erbracht werden!

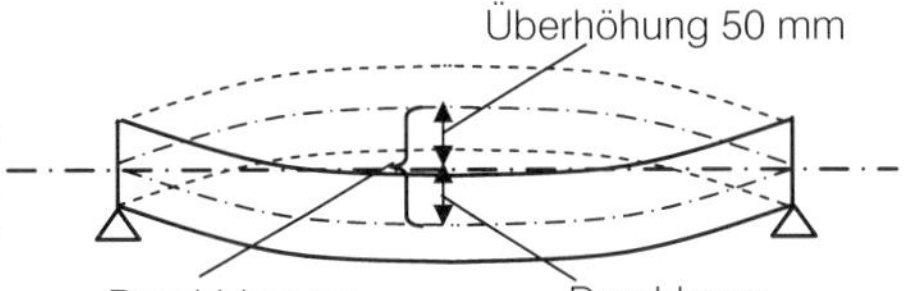

Kritisch ist vor allen Dingen der Montagezustand des Fertigbalkens (Trapezquerschnitt ohne die Druckplatte des Plattenbalkens) mit der Belastung aus aufgelegten Fertigplatten mit der noch nicht erhärteten Frischbetonschicht.

Alternativ zu möglichen zusätzlichen Unterstützungen des Fertigbalkens im Montagezustand (dann bei der Bemessung der oberen Biegebewehrung beachten!) oder einer Vergrößerung der Bauteilhöhe, wird hier um den zulässigen Durchhang sicherzustellen, eine **Schalungsüberhöhung von 50 mm** ($< l / 250 = 58$ mm) vorgesehen.

DIN 1045-1, 11.3.1: (9) *Überhöhungen sind zulässig, um einen Teil oder den gesamten Durchhang auszugleichen. Die Schalungsüberhöhung sollte im Allgemeinen* 1/250 *der Stützweite nicht überschreiten.* Überhöhung im Schalplan angeben!

Damit ist ein großer Teil der zu erwartenden Durchbiegung vorweggenommen.

Wegen der gegenüber einem einfachen Balken wesentlich höheren Biegesteifigkeit des Plattenbalkens, des hohen Bewehrungsgrades (> 2 %) und der relativ geringen Überschreitung der in [50] vorgegebenen Biegeschlankheit kann man davon ausgehen, dass mit der Überhöhung des Fertigbalkens auch der Durchhang (bzw. die bleibenden Durchbiegungen) des Plattenbalkens unter der quasi-ständigen Einwirkungskombination im Endzustand ausreichend begrenzt werden.

Weitere Nachweise (z. B. eine exaktere Durchbiegungsberechnung) werden daher in diesem Beispiel nicht vorgenommen.

6 Bewehrungsführung, bauliche Durchbildung

6.1 Grundmaß der Verankerungslänge

DIN 1045-1, 12.6.2

Grundmaß: $l_b = (d_s / 4) \cdot (f_{yd} / f_{bd})$

DIN 1045-1, 12.6.2: (2) Gl. (140)

Bemessungswert Verbundspannung:
gute Verbundbedingungen: $f_{bd} = 3{,}4$ N/mm² für C35/45
gute Verbundbedingungen: $f_{bd} = 3{,}0$ N/mm² für C30/37

DIN 1045-1, 12.5: Tab. 25: $d_s < 32$ mm

Bemessungswert Stahlspannung : $f_{yd} = 435$ N/mm²

DIN 1045-1, 12.4: Bild 54: Verbundbedingungen

Bauteil	Bewehrung	Verbund-Beton	d_s	l_b (mm)
Platte	Längsbewehrung	gut – C30/37	7	**254**
	Querbewehrung		6	**218**
Balken	Längsbewehrung, unten	gut – C35/45	25	**800**

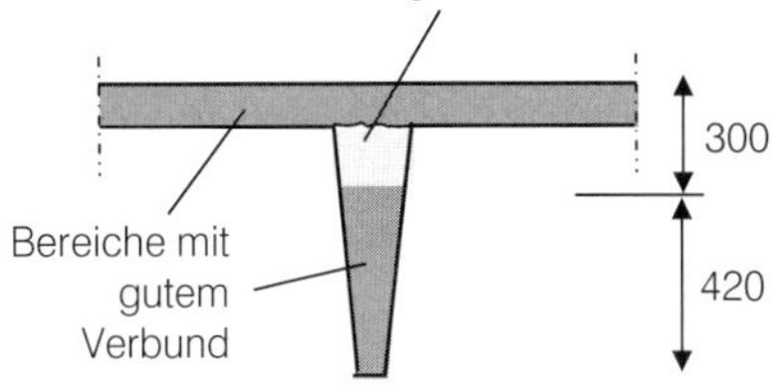

Die Platte mit h < 300 mm wird im 2. Betoniergang hergestellt und liegt daher wieder vollständig im guten Verbundbereich.

6.2 Durchlaufplatte

6.2.1 Verankerung am Endauflager

Mindestens die Hälfte der (erforderlichen) Feldbewehrung ist zum Auflager zu führen und dort zu verankern.

DIN 1045-1, 13.3.2: (1)
Zugkraftdeckung Platten

Im Beispiel: Führung der gesamten Feldbewehrung über das Endauflager.

Zugkraft Endauflager:

$$F_{sd} = V_{Ed} \cdot a_l / z + N_{Ed} \qquad \geq V_{Ed} / 2$$

DIN 1045-1, 13.2.2: (7) Gl. (148)

$$v_{Ed,A} = 12{,}85 \text{ kN/m} \qquad N_{Ed} = 0$$

siehe 3.1.1.2

Versatzmaß $a_l = 1{,}0\, d$

DIN 1045-1, 13.3.2: (1)
Platten ohne Querkraftbewehrung

$$F_{sd} = 12{,}85 \cdot 1{,}0 / 0{,}9 = 14{,}3 \text{ kN/m}$$

DIN 1045-1, 13.2.2: (3)
$z = 0{,}9d$ angenommen.

$$a_{s,erf} = F_{sd} / f_{yd} = 0{,}0143 \cdot 10^4 / 435 = 0{,}33 \text{ cm}^2\text{/m}$$

Erforderliche Verankerungslänge: Ø 7 / 150 mm

	gerade Stabenden: $\alpha_a = 1{,}0$	
$l_{b,net} = \alpha_a \cdot l_b \cdot (a_{s,erf} / a_{s,vorh})$	$l_{b,net} = 1{,}0 \cdot 254 \cdot (0{,}33 / 2{,}57) = 33$ mm	DIN 1045-1, 12.6.2: (3) Gl. (141)
$\geq l_{b,min} = 0{,}3\, \alpha_a\, l_b$	$< l_{b,min} = 0{,}3 \cdot 1{,}0 \cdot 254 =$ **76 mm**	
$\geq 10 d_s$	$< 10 \cdot 7 = 70$ mm	DIN 1045-1, 12.6: Tab. 26: Verankerungsarten gerade Stabenden aus Fertigplatte kragend.
$l_{b,dir} = l_{b,net} \cdot 2/3$	$l_{b,dir} = 2/3 \cdot 76 =$ **51 mm**	DIN 1045-1, 13.2.2: (8) Gl. (149) bei direkter Auflagerung
$\geq 6{,}7 d_s$	$> 6{,}7 \cdot 7 = 47$ mm	

Die Feldbewehrung wird um **170 mm** > erf $l_{b,dir}$ hinter die Auflagervorderkante des Fertigbalkens und damit auch über die rechnerische Auflagerlinie von Endauflager A geführt. Die Feldbewehrung soll daher am Endauflager 150 mm aus der Fertigplatte herausragen.

DIN 1045-1, 13.2.2: (8)

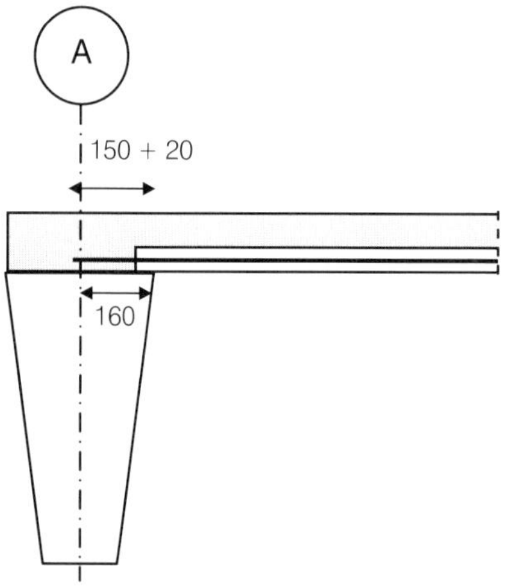

Die rechnerische Auflagerlinie wurde vereinfacht Mitte Obergurt des Fertigbalkens angenommen.

6.2.2 Verankerung am Zwischenauflager

Mindestens die Hälfte der erforderlichen Feldbewehrung ist zum Auflager zu führen und dort zu verankern.

DIN 1045-1, 13.3.2: Zugkraftdeckung Platten hier: (1)

Im Beispiel: Führung der gesamten Feldbewehrung zu den Zwischenauflagern B und C.

Wegen der geringen Spannweite von 2,40 m wird keine Bewehrungsabstufung vorgenommen.

$\min l_{b,dir} > 6d_s = 6 \cdot 7 = 42$ mm

DIN 1045-1, 13.2.2: (9) An Zwischenauflagern von durchlaufenden Bauteilen ist die erforderliche Bewehrung mindestens um das Maß $6d_s$ bis hinter den Auflagerrand zu führen. Gurtquerbewehrung siehe 4.3.2.4

Darüber hinaus ist die für die Übertragung der Schubkräfte zwischen Plattenbalkensteg und -gurt notwendige untere Gurtquerbewehrung (entspricht der Plattenfeldbewehrung) Ø 7 / 150 mm über den Zwischenauflagern durchzuführen, d. h. zu übergreifen.

Übergreifungslänge Ø 7 / 150 mm:

	gerade Stabenden: $\alpha_a = 1{,}0$; $\alpha_1 = 1{,}0$
$l_{s,min} = 0{,}3 \cdot \alpha_a \cdot \alpha_1 \cdot l_b$	$l_{s,min} = 0{,}3 \cdot 1{,}0 \cdot 254 = 76$ mm
$\geq 15d_s$	$< 15 \cdot 7 = 105$ mm
≥ 200 mm	$<$ **200 mm**
$l_{b,net} = \alpha_a \cdot l_b \cdot (a_{s,erf} / a_{s,vorh})$	$l_{b,net} = 1{,}0 \cdot 254 \cdot (2{,}1 / 2{,}57) =$ **208 mm**
$\geq l_{b,min} = 0{,}3 \cdot \alpha_a \cdot l_b$	$> 0{,}3 \cdot 1{,}0 \cdot 254 = 76$ mm
$\geq 10d_s$	$> 10 \cdot 7 = 70$ mm
$l_s = l_{b,net} \cdot \alpha_1$	$l_{b,dir} = 208 \cdot 1{,}0 =$ **208 mm**
$\geq l_{s,min}$	> 200 mm

DIN 1045-1, 12.8.2: (1) Gl. (144), lichter Stababstand der gestoßenen Stäbe $\leq 4d_s$
DIN 1045-1, 12.8.2: (1) $\alpha_a = 1{,}0$
DIN 1045-1, Tab. 27:
α_1 für gestoßene Stäbe > 33 % in der Zugzone und $d_s < 16$ mm, Bild 57: $s \geq 10d_s$, daher [a]):
$\alpha_1 = 1{,}0$ ansetzbar.

DIN 1045-1, 12.6.2: (3) Gl. (141)
l_b siehe 6.1
$a_{s,erf} = 2{,}1$ cm²/m siehe 4.3.2.4 Gurtquerbewehrung

DIN 1045-1, 12.8.2: (1) Gl. (144)

Gewählte Übergreifungslänge
$l_s =$ **210 mm** $>$ erf l_s

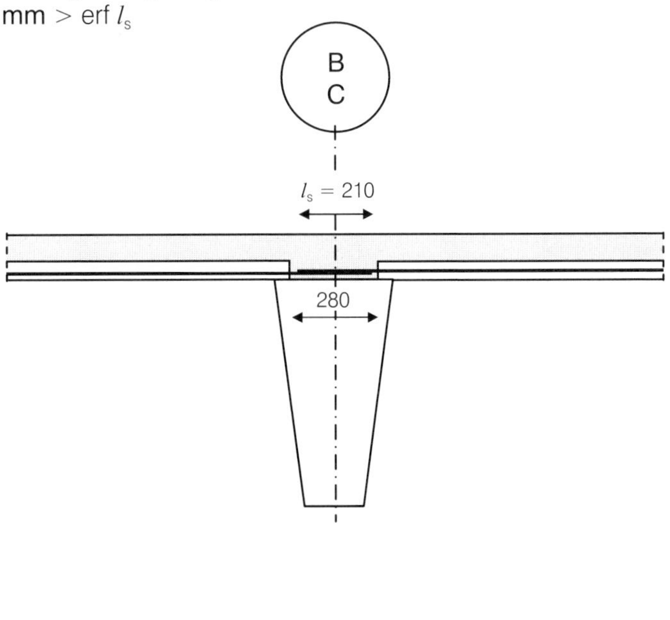

lichte Weite zwischen den Fertigplattenstirnseiten: $320 - 2 \cdot 20 = 280$ mm

Die Feldbewehrung muss mindestens 245 mm aus den Fertigplatten herausragend geliefert oder durch Zulagebewehrung auf den Elementdecken gestoßen werden.

6.2.3 Stöße der Querbewehrung

Betonstahlmatte R257A, oben
Der Stoß der Querbewehrung muss mindestens zwei Längsstäbe überdecken (hier: s_l = 150 mm). Bei R257A reicht eine Maschenüberdeckung aus.

DIN 1045-1, 12.8.4: (6) Stöße von Betonstahlmatten in 2 Ebenen, Tab. 28: min $s_l \geq 150$ mm

Betonstahl, unten
Die Fertigplatten selbst werden mit Betonstahl oder Betonstahlmatten zweckmäßigerweise im Fertigteilwerk ohne Stöße ausgeführt. Auf der Baustelle sind die Stöße der Querbewehrung der Fertigplatten durch Zulagen auf den Fertigplatten auszuführen.

DIN 1045-1, 13.4.3: (1) ... *Die Querbewehrung darf entweder in den Fertigteilen oder im Ortbeton liegen. (Bei Querbewehrung aus einer Plattenberechnung mit Ansatz gleicher Steifigkeiten in beiden Richtungen ist* 8.2 (6) *zu beachten).*

erf $a_{s,quer} = 0{,}20 \cdot 1{,}63 = 0{,}33$ cm²/m

siehe 4.2.1.2: erforderliche Zugbewehrung zur Sicherstellung eines duktilen Bauteilverhaltens ist maßgebend.
DIN 1045, 13.3.2: (2) Die Querbewehrung einachsig gespannter Platten muss mindestens 20 % der Zugbewehrung bei einem nach 13.3.2: (4) maximalem Stababstand ≤ 250 mm betragen.

Hier: **Zulagen gewählt: Ø 6 / 250 mm = 1,13 cm²/m**

Übergreifungslänge

	gerade Stabenden: $\alpha_a = 1{,}0$; $\alpha_1 = 1{,}0$
$l_{s,min} = 0{,}3 \cdot \alpha_a \cdot \alpha_1 \cdot l_b$	$l_{s,min} = 0{,}3 \cdot 1{,}0 \cdot 218 = 65$ mm
$\geq 15 d_s$	$< 15 \cdot 6 = 90$ mm
≥ 200 mm	$<$ **200 mm**
$l_{b,net} = \alpha_a \cdot l_b \cdot (a_{s,erf} / a_{s,vorh})$	$l_{b,net} = 1{,}0 \cdot 218 \cdot (0{,}33 / 1{,}13) = 64$ mm
$\geq l_{b,min} = 0{,}3 \cdot \alpha_a \cdot l_b$	$< 0{,}3 \cdot 1{,}0 \cdot 218 =$ **65 mm**
$\geq 10 d_s$	$> 10 \cdot 6 = 60$ mm
$l_s = l_{b,net} \cdot \alpha_1$	$l_s = 65 \cdot 1{,}0 = 65$ mm
$\geq l_{s,min}$	$<$ **200 mm**

DIN 1045-1, 12.8.2: (1) Gl. (144), lichter Stababstand der gestoßenen Stäbe $> 4d_s$
DIN 1045-1, 12.8.2: (1) $\alpha_a = 1{,}0$
DIN 1045-1, Tab. 27:
α_1 für gestoßene Stäbe > 33 % in der Zugzone und $d_s < 16$ mm, Bild 57: $s \geq 10d_s$, daher [a]):
$\alpha_1 = 1{,}0$ ansetzbar.

DIN 1045-1, 12.6.2: (3) Gl. (141)
l_b siehe 6.1

DIN 1045-1, 12.8.2: (1) Gl. (144)

Der vertikale lichte Stababstand beträgt bei der 50 mm dicken Elementplatte und 20 mm Betondeckung unten für die Längsbewehrung mit R257A sowie 10 mm Mindestbetondeckung der Zulagebewehrung zur Fuge Elementdecke-Ortbeton:

$a_v = 50 - (20 + 7 + 6) + 10 = 27$ mm

Auf das Vorhaltemaß für die reduzierte Betondeckung im Bereich von Verbundfugen Ortbeton-Fertigteil (DIN 1045-1, Tab. 4, Fußnote b) darf verzichtet werden.
Die Betondeckung im Bereich der Elementdeckenfugen muss aber dem Nennmaß nach DIN 1045-1 entsprechen (hier also c_{nom}= 20 mm) – Annahme: Fuge mindestens 10 mm mit Beton verfüllt.

In der Praxis wird in der Regel die Zulagebewehrung auch im Grundriss versetzt verlegt werden:

Grundriss:
Querbewehrung
und Zulagen
Ø 6 /250 mm

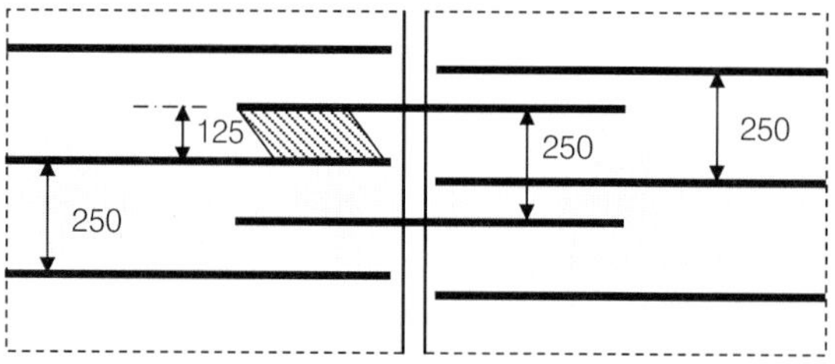

Querschnitt mit Plattenquerbewehrung:

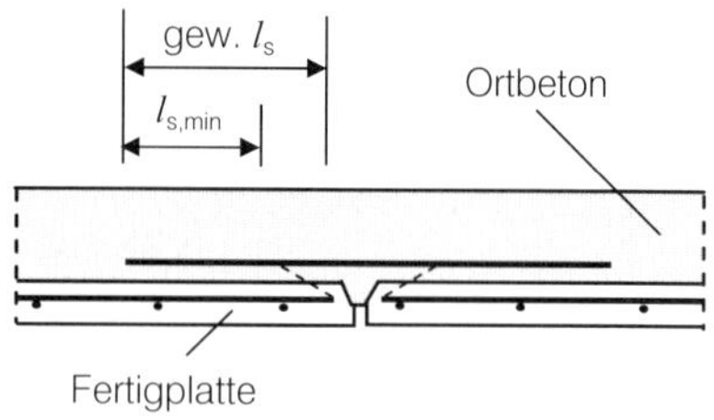

Im ungünstigsten Verlegefall ergibt sich ein maximaler horizontaler lichter Stababstand der gestoßenen Stäbe von: $a_h = 125 - 6 = 119$ mm

Somit: max $a = (27^2 + 119^2)^{0{,}5} = 122$ mm

gewählte Übergreifungslänge je Plattenseite:
gew $l_s = 300$ mm $\quad > l_{s,min} +$ (lichter Stababstand – 4 d_s)
$= 200 + (122 - 24) = 298$ mm

DIN 1045-1, 12.8.2:
(2) Ist der lichte Abstand der gestoßenen Stäbe $> 4d_s$ ..., so muss die Übergreifungslänge um die Differenz zwischen dem vorhandenen lichten Stababstand und $4d_s$ vergrößert werden.

gewählte Länge der Zulagen: 650 mm $> 2l_s$ + Fugenbreite

6.3 Plattenbalken

6.3.1 Verankerung am Auflager

Mindestens ein Viertel der (erforderlichen) Feldbewehrung ist zum Auflager zu führen und dort zu verankern.

DIN 1045-1, 13.2.2: (6)
Zugkraftdeckung Balken

Im Beispiel: Führung von 3 ∅ 25 = 33 % der Feldbewehrung über das Auflager.

Bei Querkraftbemessung beachten, siehe 4.3.2.2!

Zu verankernde Zugkraft Auflager:

$F_{sd} = V_{Ed} \cdot a_l / z + N_{Ed} \qquad \geq V_{Ed} / 2$

DIN 1045-1, 13.2.2: (7) Gl. (148)

$V_{Ed} = 302$ kN $\qquad N_{Ed} = 0$

siehe 4.3.2.2

Versatzmaß $a_l = 0{,}5\, z\,(\cot\theta - \cot\alpha) \geq 0$

DIN 1045-1, 13.2.2: (3) Gl. (147)

$\cot\theta = 1{,}0$ Druckstrebenneigung

$\cot\alpha = 0$ Neigung der Bügel zur Bauteilachse

siehe 4.3.2.2 und 4.3.2.3 Querkraftbemessung mit voller Schubdeckung wegen der Fuge zwischen Fertigbalken und Ortbetonergänzung

$a_l = 0{,}5 \cdot 0{,}9 \cdot 620\,(1{,}0 - 0) = 279$ mm

$F_{sd} = 302 \cdot 279 / (0{,}9 \cdot 620) = 151$ kN $\qquad \geq 302 / 2$

DIN 1045-1, 13.2.2: (3)
$z = 0{,}9d$ angenommen.

$A_{s,erf} = F_{sd} / f_{yd} = 0{,}151 \cdot 10^4 / 435 = 3{,}47$ cm²

Erforderliche Verankerungslänge für 3 ∅ 25 = 14,7 cm²

	gerade Stabenden: $\alpha_a = 1{,}0$
$l_{b,net} = \alpha_a \cdot l_b \cdot (a_{s,erf} / a_{s,vorh})$	$l_{b,net} = 1{,}0 \cdot 800 \cdot (3{,}47 / 14{,}7) = 189$ mm
$\geq l_{b,min} = 0{,}3\, \alpha_a\, l_b$	$< 0{,}3 \cdot 1{,}0 \cdot 800 = 240$ mm
$\geq 10 d_s$	$< 10 \cdot 25 =$ **250 mm**
$l_{b,dir} = l_{b,net} \cdot 2/3$	$l_{b,dir} = 2/3 \cdot 250 =$ **167 mm**
$\geq 6{,}7 d_s$	$= 6{,}7 \cdot 25 = 167$ mm

DIN 1045-1, 12.6: Tab. 26: Verankerungsarten
DIN 1045-1, 12.6.2: (3) Gl. (141)

DIN 1045-1, 13.2.2: (8) Gl. (149)
bei direkter Auflagerung

Die Feldbewehrung wird um **230 mm** > erf $l_{b,dir}$ hinter die Auflagervorderkante des Elastomerauflagers geführt.

DIN 1045-1, 13.2.2: (8)

Detail Verankerungsbereich:

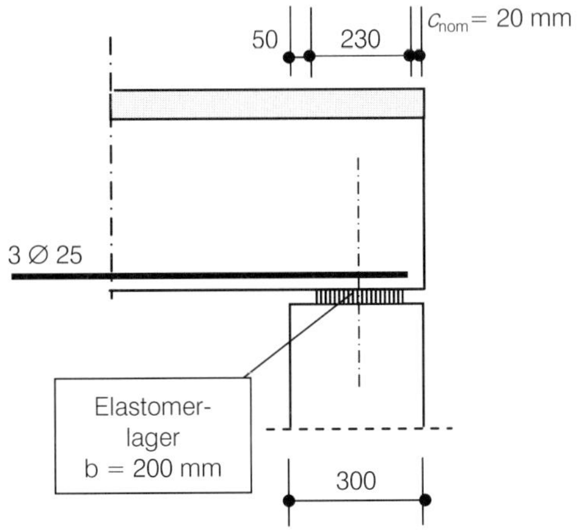

Betondeckung c_{nom} siehe 1.2

6.3.2 Verankerung außerhalb der Auflager

Die Stäbe der gestaffelten Biegebewehrung sind vom Punkt E der Zugkraftlinie, an dem sie rechnerisch nicht mehr benötigt werden, mit einer Länge $l_{b,net}$ zu verankern.

Zugkraftdeckung
DIN 1045-1, 13.2.2: Bild 66

$l_{b,net} = \alpha_a \cdot l_b \cdot (A_{s,erf} / A_{s,vorh})$

DIN 1045-1, 12.6.2: (3) Gl. (141)

Die Feldbewehrung wird im Beispiel gestaffelt. Dies geschieht von maximal 9 ∅ 25 auf 6 ∅ 25 und von 6 ∅ 25 auf 4 ∅ 25 bzw. auf 3 ∅ 25.

siehe 7 Bewehrungsskizze

Das bedeutet mit $\alpha_a = 1{,}0$ und $l_b = 800$ mm:

Staffelung von 9 ∅ 25 auf 6 ∅ 25: $A_{s,erf} / A_{s,vorh} = 6 / 9$
→ $l_{b,net} = 1{,}0 \cdot 800 \cdot (6 / 9)$ **= 540 mm**

Staffelung von 6 ∅ 25 auf 4 ∅ 25: $A_{s,erf} / A_{s,vorh} = 4 / 6$
→ $l_{b,net} = 1{,}0 \cdot 800 \cdot (4 / 6)$ **= 540 mm**

Staffelung von 6 ∅ 25 auf 3 ∅ 25: $A_{s,erf} / A_{s,vorh} = 3 / 6$
→ $l_{b,net} = 1{,}0 \cdot 800 \cdot (3 / 6)$ **= 400 mm**
$> l_{b,min} = 250$ mm

$l_{b,min}$ siehe 6.3.1

7 Darstellung der Bewehrung

Längsschnitt
M 1:75

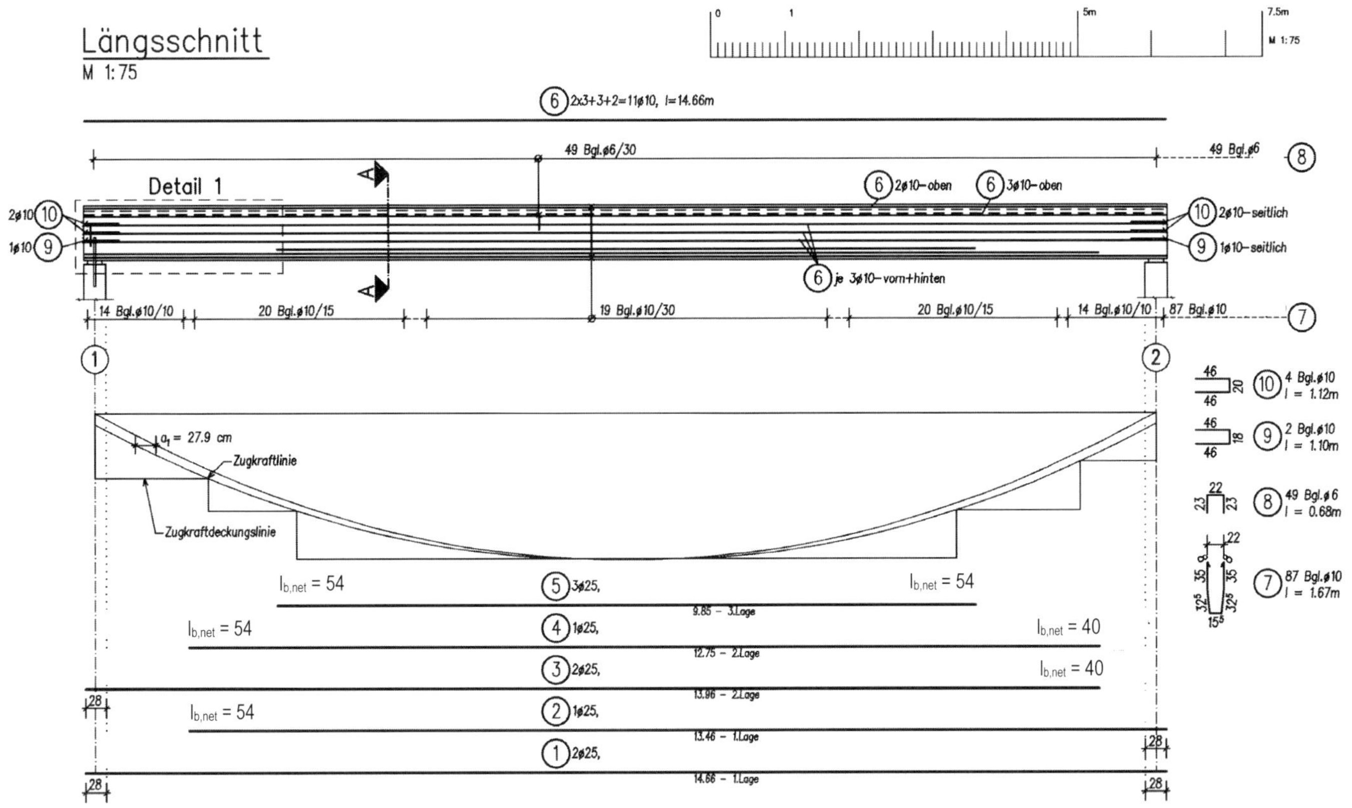

Detail 1
M 1:20

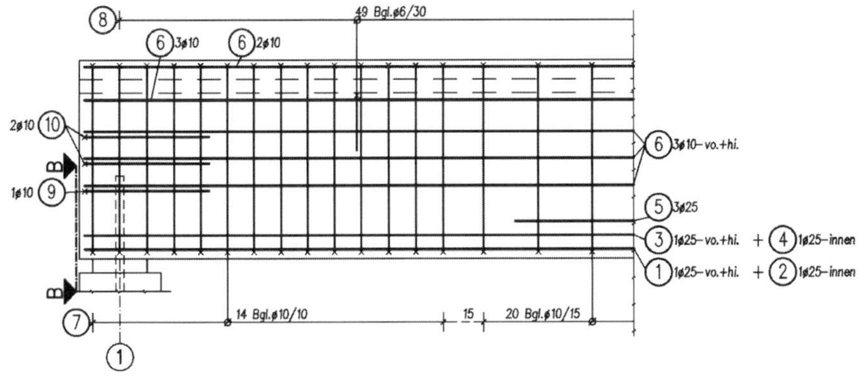

Schnitt B–B
M 1:20

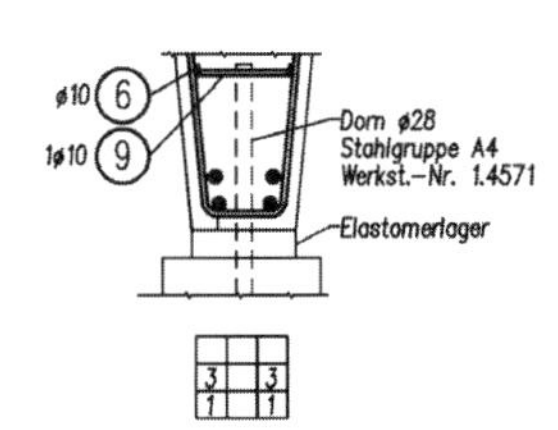

Schnitt A–A
M 1:20

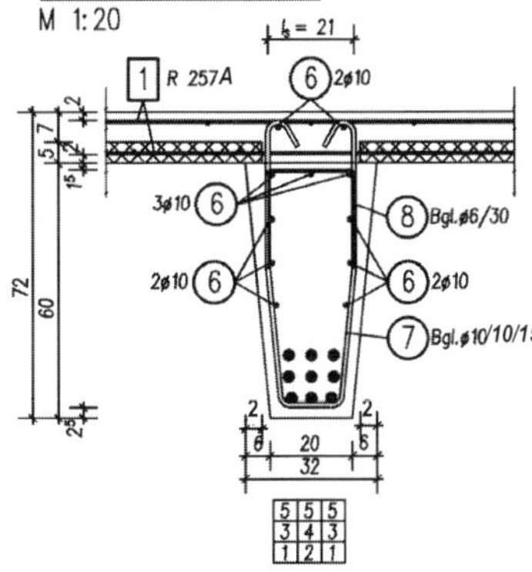

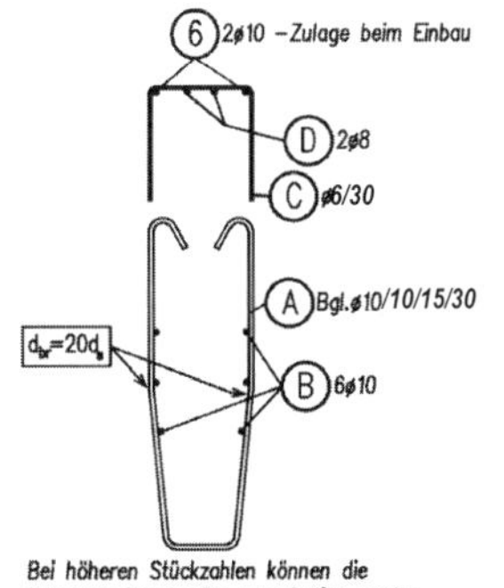

Bei höheren Stückzahlen können die Bügel als Bügelmatte vorgefertigt werden. (Positionen A und B, bzw. C und D als Bügelmatte punktgeschweißt und abgekantet)

Biegerollendurchmesser bzw. nachträglicher Einbau der Zulage gem. DIN 1045-1 Tab. 24, Spalte 1

Mindestwerte für Biegerollendurchmesser d_{br}

	Stabdurchm.	
Haken, Winkelhaken, Schlaufen	d_s < 20mm	d_{br}=4d_s
	≥20mm	d_{br}=7d_s

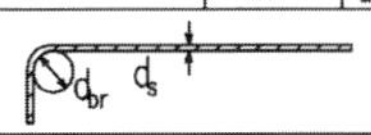

Baustoffangaben

Bauteil	C	Expos.-klasse	Größtkorn	Betonstahl	Bedingungen	Betondeckung C_v
Fertigbalken	C35/45	XC1 WO	16	BSt 500 S(A)	oben seitlich unten	1.5cm 2.5cm 2.5cm
Fertigplatte	C30/37		16	BSt 500 M(A)	oben unten	1.5cm 2.0cm
Ortbetonergänzung	C30/37		8	BSt 500 M(A) BSt 500 S(A)	oben	2.0cm

Beispiel 7 **Plattenbalkendecke mit Fertigplatten und statisch mitwirkender Ortbetonschicht**	Weihermüller, Vogel, Findeisen und Partner Wiesbaden, Leipzig, Berlin

Beispiel 8: Vorgespannter Dachbinder

Inhalt

Beispiel 8: Vorgespannter Dachbinder

Aufgabenstellung

Zu bemessen ist ein Spannbeton-Dachbinder.
Der Achsabstand zwischen benachbarten Bindern beträgt 6,0 m.
Es werden Spannglieder im nachträglichen Verbund eingesetzt.

DIN 1045-1, 3.1: Begriffe
3.1.1: üblicher Hochbau
3.1.8: Spannglied im nachträglichen Verbund
3.1.2: vorwiegend ruhende Einwirkung

Das Gebäude ist eine Lager- und Versandhalle. Der Dachbinder ist ein Innenbauteil. Die horizontale Aussteifung der Halle erfolgt durch eingespannte Stützen und die Ausbildung des Daches als Scheibe.

Besonders hingewiesen wird auf die Anforderungen zur Bauausführung in DIN 1045-3, 7: Vorspannen

Vorwiegend ruhende Einwirkung.

Baustoffe:

- Beton C35/45
- Betonstahl: BSt 500 S (A) (normalduktil)
- Spannstahl: St 1570/1770 (hochduktil), 7-drähtige Litzen

DIN 1045-1, 9.1: Beton
DIN 1045-1, 9.2: Betonstahl
(in DIN 488 mit B500A bezeichnet)
DIN 1045-1, 9.3: Spannstahl
DIN 1045-1, 9.3.1: (3) Für die Produktgruppen, das Herstellungsverfahren, die Eigenschaften, die Prüfverfahren und das Verfahren zum Übereinstimmungsnachweis gelten die Festlegungen der allgemeinen bauaufsichtlichen Zulassungen.
DIN 1045-1, 9.3.2: (6) *Es darf i. Allg. angenommen werden, dass Spannglieder mit nachträglichem Verbund ... eine hohe Duktilität ... aufweisen.*

1 System, Bauteilmaße, Betondeckung

1.1 System

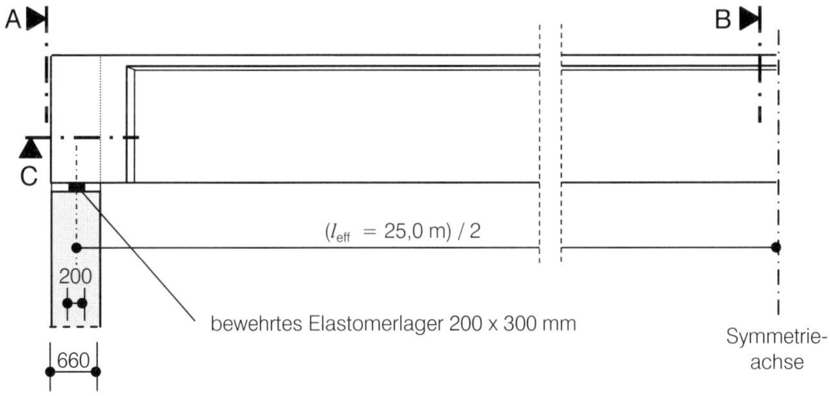

DIN 1045-1, 7.3.1: (6)
l_{eff} = *effektive Stützweite*

Vorausgesetzt wird eine Gabellagerung der Dachbinder auf den Stützen.

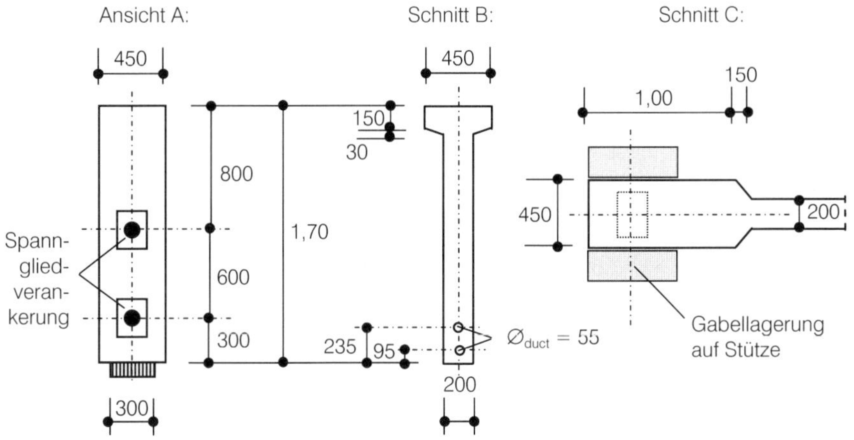

Ansicht A und Schnitt C im Auflagerbereich
Schnitt B in Feldmitte

DIN 1045-1, 12.10.3: Spannglieder im nachträglichen Verbund
Der lichte Abstand zwischen den Hüllrohren muss mindestens das 0,8fache des äußeren Hüllrohrdurchmessers, jedoch nicht weniger als ... 40 mm vertikal betragen, ...
hier: s_{duct} = 235 – 95 – 55 = 85 mm
$>$ 0,8 · 55 = 44 mm.

Index „duct": Hüllrohr

1.2 Mindestfestigkeitsklasse, Betondeckung

DIN 1045-1, 6: Sicherstellung der Dauerhaftigkeit

Expositionsklasse für Bewehrungskorrosion infolge Karbonatisierung: → XC1
Mindestfestigkeitsklasse Beton → C16/20

DIN 1045-1, Tab. 3: Expositionsklassen XC1 trocken (Innenbauteil)

Feuchtigkeitsklasse AKR: → WO

WO – ohne Betonkorrosion infolge Alkali-Kieselsäurereaktion (Innenbauteile des üblichen Hochbaus)

Mindestfestigkeitsklasse Beton für Bauteile mit Vorspannung im nachträglichen Verbund → C25/30

DIN 1045-1, 6.2: (3) und 8.7.2: (7) mit Tab. 6
Außerdem ist die Mindestbetonfestigkeitsklasse aus der allgemeinen bauaufsichtlichen Zulassung für das Spannverfahren zu beachten!

Gewählt: C35/45 XC1, WO

Die Expositionsklasse ist anzugeben (wichtig für die Betontechnologie nach DIN 1045-2).

Betondeckung wegen Expositionsklasse XC1:

		Betonstahl	(Spannglieder)
→ Mindestbetondeckung	c_{min}	= 10 mm	(= 20 mm)
+ Vorhaltemaß	Δc	= 10 mm	(= 10 mm)
→ Nennmaß	c_{nom}	= 20 mm	(= 30 mm)

DIN 1045-1, Tab. 4: Mindestbetondeckung c_{min} und Vorhaltemaß Δc in Abhängigkeit von der Expositionsklasse
Keine Abminderung von c_{min} um 5 mm gemäß [a]) zulässig, da Expositionsklasse XC1.

Zur Sicherstellung des Verbundes: $c_{min} \geq$ Stabdurchmesser $\geq$ 10 mm

Sicherstellung des Verbundes: DIN 1045-1, 6.3: (4)

Spannglieder $\varnothing_{duct}$ 55:	c_{min} = 55 mm	Δc = 10 mm	c_{nom} = 65 mm
Längsbewehrung $\varnothing$ 28:	c_{min} = 28 mm	Δc = 10 mm	c_{nom} = 38 mm
Längsbewehrung $\varnothing$ 20:	c_{min} = 20 mm	Δc = 10 mm	c_{nom} = 30 mm
Bügel $\varnothing$ 8:	c_{min} = 10 mm	Δc = 10 mm	c_{nom} = 20 mm

Daraus ergeben sich als Verlegemaße:

Spannglied mit Hüllrohr $\varnothing_{duct}$ 55:	$c_{v,duct}$	**≥ 65 mm**
Längsbewehrung $\varnothing$ 28:	$c_{v,l}$	**= 40 mm**
Längsbewehrung $\varnothing$ 20:	$c_{v,l}$	**= 30 mm**
Bügel $\varnothing$ 8:	$c_{Bü}$	$= c_{v,l} - d_{s,Bü}$

DIN 1045-1, 6.3: (11)

(Hinweis: Betondeckung für Feuerwiderstand gemäß DIN 4102 zusätzlich beachten!)
Die Längsbewehrung wird mit Abstandhaltern 30 mm bzw. 40 mm versehen (Abstandhalter nur in 5 mm-Stufen lieferbar).

1.3 Querschnittswerte Dachbinder

idealisierter Querschnitt mit

- Hüllrohrdurchmesser $\varnothing_{duct}$ = 55 mm
- Spannstahlquerschnitt $A_{p1,1} = A_{p1,2}$ = 7,0 cm² (gewählt)
- Verhältnis $E_p / E_{cm} = \alpha_{E,p}$ = 195.000 / 29.900 = 6,52
- Verhältnis $E_s / E_{cm} = \alpha_{E,s}$ = 200.000 / 29.900 = 6,69

Die Ermittlung des erforderlichen Spannstahlquerschnitts wird oft durch die Grenzzustände der Gebrauchstauglichkeit (Begrenzung der Spannstahlspannung, Dekompression, siehe 6) bestimmt. In diesem Beispiel wird der Spannstahlquerschnitt vorab gewählt.

DIN 1045-1, 9.3.3: (5) E_p für Litzen
DIN 1045-1, 9.2.4: (4) E_s für Betonstahl
DIN 1045-1, 9.1.7: Tab. 9: E_{cm} für C35/45
Betonquerschnitt A_c = ohne Abzug Bewehrung.
netto $A_{c,net}$ = unter Abzug der Hüllrohrfläche.

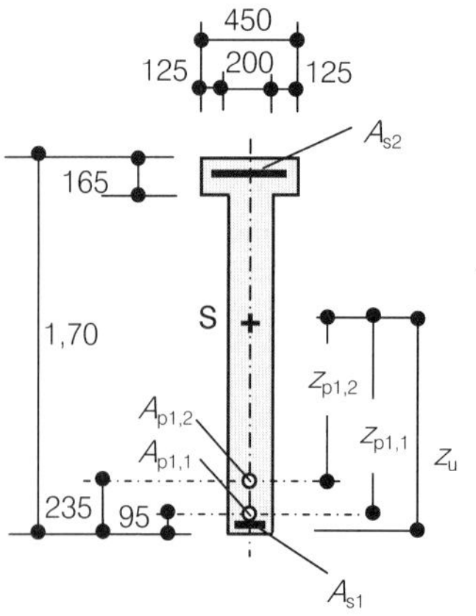

	A (m²)	I (m⁴)	z_u (m)	$z_{p1,1}$ (m)	$z_{p1,2}$ (m)
Beton A_c	0,381	0,104	0,934	0,839	0,699
netto $A_{c,net}$	0,376	0,101	0,943	0,848	0,708
ideell A_i	0,412	0,121	0,922	0,827	0,687

A_{s1} = 5 $\varnothing$ 20: aus der Biegebemessung 5.2
A_{s2} = 4 $\varnothing$ 28: Die Bewehrung A_{s2} des Obergurtes wurde im Hinblick auf die Kippstabilität / zweiachsige Biegung des gedrückten Obergurtes gewählt.

ideelle Querschnittswerte mit ($\alpha_E - 1$) und mit Berücksichtigung der Spannstahlbewehrung A_p = 14 cm² und der Betonstahlbewehrung A_s = 5 $\varnothing$ 20 + 4 $\varnothing$ 28 = 40,3 cm² (siehe Darstellung der Bewehrung) berechnet.
z. B. $A_i = 200 \cdot 1700 + 250 \cdot 165 + 1400 \cdot 5{,}52 + 4030 \cdot 5{,}69 = 411.909$ mm²

2 Ständige und veränderliche Einwirkungen

2.1 Charakteristische Werte

Übersicht der Einwirkungen:

nur lotrecht wirkende Einwirkungen

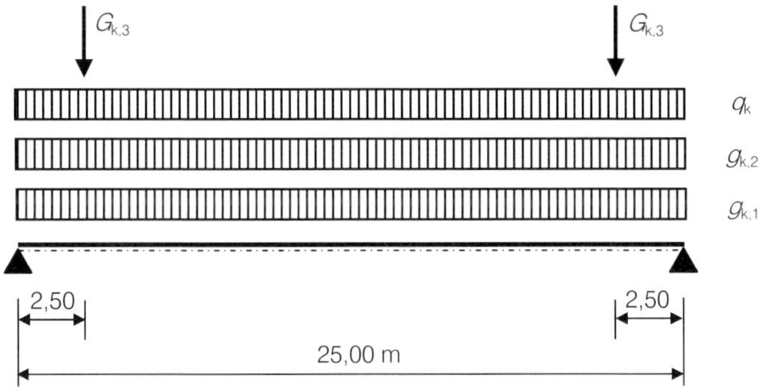

abgehängte Bühnen: $G_{k,3}$

Schneelast: q_k

Dacheigenlast: $g_{k,2}$
Bindereigenlast: $g_{k,1}$

Index k = charakteristisch

Bezeichnung der Einwirkungen	Charakteristischer Wert
Ständig (Eigenlasten):	
- Spannbetonträger: 0,381 m² · 25 kN/m³	$g_{k,1}$ = 9,50 kN/m
- Dachkonstruktion: z. B. Gasbetonplatten + Ausgleich + Bitumenbahnendichtung = 1,67 kN/m² mit Plattenspannweite 6 m: 1,67 kN/m² · 6 m	$g_{k,2}$ = 10,00 kN/m
Summe:	$g_{k,1+2}$ = **19,50 kN/m**
- Einzellasten aus abgehängter Bühne:	$G_{k,3}$ = **188,0 kN**
Veränderlich (Schneelast):	
- Schnee: s_k = 1,25 kN/m² Formbeiwert: $\mu_1 = 0{,}8$ $s = \mu_1 \cdot s_k = 1{,}0$ kN/m² mit Plattenspannweite 6,0 m: 1,0 kN/m² · 6 m	$q_{k,1}$ = **6,00 kN/m**

siehe 1.3: A_c
DIN 1055-1, Tab. 1: Wichte Stahlbeton

z. B.:
Gasbetonplatten h = 200 mm,
Rohdichteklasse 0,6
Eigenlast 7,20 kN/m³: g_k = 1,44 kN/m²
Ausgleich und Dichtung: g_k = 0,23 kN/m²

Vorgabe aus der Ausrüstungsplanung (Bühne) und zusätzliche Eigenlast der Stegverdickung am Auflager vereinfacht berücksichtigt.

DIN 1055-5: Schneelast und Eislast
charakteristischer Wert der Schneelast s_k auf dem Boden für Schneelastzone 3 (z. B. Harz),
Annahme: Geländehöhe A = 290 m ü NN,
$s_k = 0{,}31 + 2{,}91\,[(A + 140) / 760]^2$

Bild 3) und Tab. 1:
Formbeiwert für Flachdach
mit $0° \leq \alpha \leq 30°$: $\mu_1 = 0{,}8$

Ggf. für örtliche Nachweise auf dem Dach beachten:
[12] DIN 1055-3, 6.2: Einzellasten für Dächer
Tab. 2, Kategorie H: nicht begehbare Dächer, außer für übliche Erhaltungsmaßnahmen, Reparaturen: Mannlast Q_k = 1,0 kN

2.2 Bemessungswerte in den Grenzzuständen der Tragfähigkeit

Teilsicherheitsbeiwerte in den Grenzzuständen der Tragfähigkeit:

Einwirkungen	Endzustand	Bauzustände
ungünstige Auswirkung		
• ständige	$\gamma_G = 1{,}35$	$\gamma_G = 1{,}15$
• veränderliche	$\gamma_Q = 1{,}50$	$\gamma_Q = 1{,}15$
• Vorspannung [a)]	$\gamma_P = 1{,}00$	$\gamma_P = 1{,}00$

DIN 1045-1, 5.3.3: Tab. 1: Teilsicherheitsbeiwerte für die Einwirkungen auf Tragwerke
[a)] *sofern die Vorspannung als ... einwirkende Schnittgröße berücksichtigt wird ...*

DIN 1045-1, 5.3.3: (4) *Bei Fertigteilen dürfen für Bauzustände im Grenzzustand der Tragfähigkeit für Biegung und Längskraft die Teilsicherheitsbeiwerte für die ständigen und die veränderlichen Einwirkungen mit* $\gamma_G = 1{,}15$ *und* $\gamma_Q = 1{,}15$ *angesetzt werden...*

Grundkombination Endzustand:

$g_{d,1} = \gamma_G \cdot g_{k,1} = 1{,}35 \cdot 9{,}50 = 12{,}9$ kN/m

$g_{d,2} = \gamma_G \cdot g_{k,2} = 1{,}35 \cdot 10{,}00 = 13{,}5$ kN/m

$q_d = \gamma_Q \cdot q_{k,1} = 1{,}50 \cdot 6{,}00 = 9{,}0$ kN/m

e_d = **35,4 kN/m**

ungünstige Auswirkungen der Einwirkungen: Regelfall für den Einfeldträger ohne Längskraft

$G_{d,3} = \gamma_G \cdot G_{k,3} = 1{,}35 \cdot 188{,}0$ = **253,8 kN**

Bauzustand – Transport des Dachbinders:

$g_{d,1} = \gamma_G \cdot g_{k,1} = 1{,}15 \cdot 9{,}50$ = **10,9 kN/m**

2.3 Repräsentative Werte in den Grenzzuständen der Gebrauchstauglichkeit

Kombinationsbeiwerte in den Grenzzuständen der Gebrauchstauglichkeit:

Einwirkungskombination	Schneelast
• selten	$\psi_{0,1} = 0{,}50$
• häufig	$\psi_{1,1} = 0{,}20$
• quasi-ständig	$\psi_{2,1} = 0$

Grundlagen der Tragwerksplanung: DIN 1055-100, Tab. A.2
Schnee- und Eislasten für Orte bis zu NN +1000 m

$\psi_{0,i}$ nur bei i > 1, d. h. mehr als einer veränderlichen Einwirkung, in diesem Beispiel nicht relevant.

Der erste Fußzeiger von $\psi_{j,i}$ bezeichnet die Einwirkungskombination, der zweite die veränderliche Last, die mit $\psi_{j,i}$ multipliziert wird.

a) seltene Einwirkungskombination (für Spannungen)

$g_{k,1+2}$ = 19,5 kN/m

$q_{k,1}$ = 6,0 kN/m

e_{rare} = **25,5 kN/m**

$G_{rare} = G_{k,3}$ = **188,0 kN**

DIN 1055-100, 10.3: Bemessungssituationen
(1) Die Bemessungssituationen im Grenzzustand der Gebrauchstauglichkeit werden wie folgt eingeteilt:
- seltene Situationen mit nicht umkehrbaren (bleibenden) Auswirkungen auf das Tragwerk,
- häufige Situationen mit umkehrbaren (nicht bleibenden) Auswirkungen auf das Tragwerk,
- quasi-ständige Situationen mit Langzeitauswirkungen auf das Tragwerk.

b) häufige Einwirkungskombination (für Spannungen und Rissbreiten)

$g_{k,1+2}$ = 19,5 kN/m

$\psi_{1,1} \cdot q_{k,1} = 0{,}2 \cdot 6{,}00$ = 1,2 kN/m

e_{frequ} = **20,7 kN/m**

$G_{frequ} = G_{k,3}$ = **188,0 kN**

c) quasi-ständige Einwirkungskombination (für Spannungen und Verformungen)

$g_{k,1+2}$ = 19,5 kN/m

$\psi_{2,1} \cdot q_{k,1} = 0 \cdot 6{,}00$ = 0,0 kN/m

e_{perm} = **19,5 kN/m**

$G_{perm} = G_{k,3}$ = **188,0 kN**

3 Einwirkungen infolge Vorspannung

DIN 1045-1, 8.7.1: (1) Vorspannung mittels Spanngliedern kann als eine Einwirkung aus Anker- und Umlenkkräften oder als einwirkende Schnittgröße betrachtet werden.

3.1 Spanngliedführung; Kennwerte des Spannverfahrens

Es wird eine parabolische Spanngliedführung in zwei Lagen gewählt. Die Parabeln lassen sich angeben zu:

$$z_i(x) = 4 \cdot f_i \cdot (\xi - \xi^2) \qquad \text{mit } \xi = x / l_{tot}$$

l_{tot} bezeichnet die gesamte Trägerlänge.

Die Parabelstiche der Spanngliedlagen betragen:

Spanngliedlage 1: $f_1 = 300 - 95 = 205$ mm
Spanngliedlage 2: $f_2 = 900 - 235 = 665$ mm

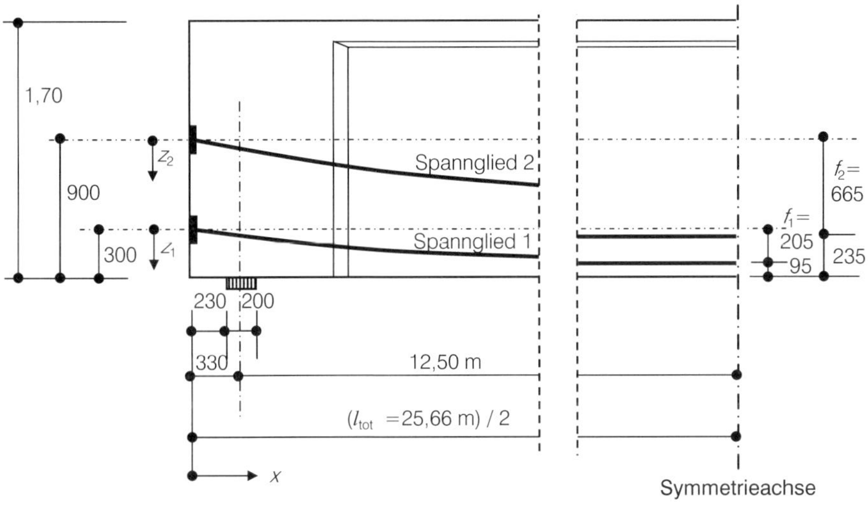

Kennwerte des Spannverfahrens:

Die Kennwerte werden aus der bauaufsichtlichen Zulassung eines Spannverfahrens entnommen.

Reibungsbeiwert	μ	= 0,22
ungewollter Umlenkwinkel	k	= 0,005 m^{-1}
Schlupf in den Spannankern	Δl_{sl}	= 3,0 mm

3.2 Charakteristische Werte der Vorspannkraft

3.2.1 Allgemeines

In Abhängigkeit von der Art der Vorspannung sind bei der Ermittlung der Vorspannkraft P_{m0} folgende Einflüsse zu berücksichtigen:

DIN 1045-1, 8.7.2: (4)
P_{m0} mittlere Vorspannkraft zum Zeitpunkt $t = t_0$

- die elastische Trägerverformung,
- die Kurzzeitrelaxation des Spannstahls,
- der Reibungsverlust,
- der Verankerungsschlupf.

DIN 1045-1, 8.7.2:
(8) Die tatsächlichen Werte der Spannkraftverluste während des Spannens sind durch Messung der Spannkraft und des zugehörigen Dehnwegs zu überprüfen.

3.2.2 Maximale Vorspannkraft zum Zeitpunkt $t = t_0$

Spannstahleigenschaften:

DIN 1045-1, 9.3.2

Zugfestigkeit $f_{pk} = 1770\ \text{N/mm}^2$

Streckgrenze (0,1%-Dehngrenze) $f_{p0,1k} = 1500\ \text{N/mm}^2$

Spannstahl: St 1570/1770 (hochduktil), 7-drähtige Litzen mit $A_p = 7\ \text{cm}^2$ je Spannglied. Die Eigenschaften werden aus einer bauaufsichtlichen Zulassung für Spannstahllitzen St 1570/1770 entnommen. Zu prüfen ist zusätzlich, ob diese Litzen auch der allgemeinen bauaufsichtlichen Zulassung des gewählten Spannverfahrens zugrunde liegen. Davon wird in diesem Beispiel ausgegangen.

Am Spannglied (Spannende) aufgebrachte Höchstkraft während des Spannvorganges:

DIN 1045-1, 8.7.2: (1) Gl. (48)

$$P_{0,max} = A_p \cdot 0{,}80\, f_{pk} = 7 \cdot 10^{-4} \cdot 0{,}80 \cdot 1770 = 0{,}991\ \text{MN}$$

bzw. $$P_{0,max} = A_p \cdot 0{,}90\, f_{p0,1k} = 7 \cdot 10^{-4} \cdot 0{,}90 \cdot 1500 = \mathbf{0{,}945\ MN}$$

DIN 1045-1, 8.7.2: (2) *Ein Überspannen ist unter der Voraussetzung zulässig, dass die Spannpresse eine Messunsicherheit der aufgebrachten Spannkraft von ± 5 %, bezogen auf den Endwert der Vorspannkraft, sicherstellt; unter dieser Voraussetzung darf während des Spannvorgangs die höchste Pressenkraft $P_{0,max}$ auf $0{,}95\, f_{p0,1k} \cdot A_p$ gesteigert werden.*

Mittelwert der maximalen Vorspannkraft zum Zeitpunkt $t = t_0$ unmittelbar nach Absetzen der Pressenkraft auf den Anker:

DIN 1045-1, 8.7.2: (3) Gl. (49)

$$P_{m0,max} = A_p \cdot 0{,}75\, f_{pk} = 7 \cdot 10^{-4} \cdot 0{,}75 \cdot 1770 = 0{,}929\ \text{MN}$$

bzw. $$P_{m0,max} = A_p \cdot 0{,}85\, f_{p0,1k} = 7 \cdot 10^{-4} \cdot 0{,}85 \cdot 1500 = \mathbf{0{,}892\ MN}$$

3.2.3 Spannkraftverluste infolge elastischer Trägerverformung

Die Spannglieder werden wechselseitig, d. h. bei $x = 0$ m (Spannglied 1) bzw. $x = 25{,}66$ m (Spannglied 2) so weit vorgespannt, dass die Spannkraftverluste infolge elastischer Trägerverformung vernachlässigbar klein bleiben.

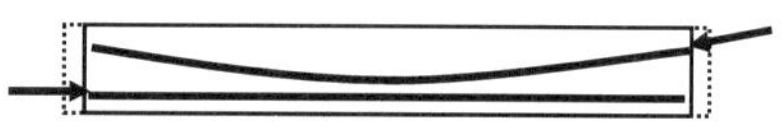

Die elastische Verkürzung durch die Trägerverformung ist im Spannprotokoll zu berücksichtigen.

Genauere Angaben zum Spannvorgang im anzufertigenden Spannprotokoll (mit Spannprogramm).

Außerdem: DIN 1045-1, 8.7.1:
(8) *Bei Spanngliedern mit Verbund sollte bei der Schnittgrößenermittlung der Spannstahl als im starren Verbund mit dem Beton liegend angenommen werden. Der Anstieg der Spanngliedkraft infolge Tragwerksverformung vor Herstellung des Verbundes darf vernachlässigt werden (z. B. bei Bauteilen im Bauzustand).*

3.2.4 Spannkraftverluste infolge Spanngliedreibung

Der Spannkraftverlust aus Reibung $\Delta P_\mu(x)$ in Spanngliedern darf abgeschätzt werden aus:

$$\Delta P_\mu(x) = P_0 \cdot (1 - e^{-\mu \cdot (\theta + k \cdot x)})$$

DIN 1045-1, 8.7.3: (3) Gl. (50)

mit:

$\mu = 0{,}22$ Reibungsbeiwert zwischen Spannglied und Hüllrohr (siehe 3.1)

θ Summe der planmäßigen horizontalen und vertikalen Umlenkwinkel über die Länge x (unabhängig von Richtung und Vorzeichen)

Summe der Umlenkwinkel (i = 1, 2):

$\theta_i(x) = x \cdot 8 \cdot f_i / l^2_{tot}$ bei parabolischer Spanngliedführung

siehe 3.1: parabolische Spanngliedführung Umlenkwinkel aus der 1. Ableitung $z_i'(x)$

$\theta_1(x) = x \cdot 8 \cdot 0{,}205 / 25{,}66^2 = 0{,}00249 \cdot x$ — Spannglied 1

$\theta_2(x) = x \cdot 8 \cdot 0{,}665 / 25{,}66^2 = 0{,}00808 \cdot x$ — Spannglied 2

$k = 0{,}005\ m^{-1}$ ungewollter Umlenkwinkel (pro Längeneinheit)

siehe 3.1, abhängig von der Art des Spannglieds

Verhältnis $\Delta P_\mu / P_0$ = Spannkraftverlust infolge Reibung / Spannkraft:

	Spannglied 1		Spannglied 2	
x (m)	θ (m^{-1})	$1 - e^{-\mu(\theta + kx)}$	θ (m^{-1})	$1 - e^{-\mu(\theta + kx)}$
0,00	0,000	**0,000**	0,000	**0,000**
12,83	0,032	**0,021**	0,104	**0,036**
25,66	0,064	**0,041**	0,207	**0,071**

Wegen des wechselseitigen Vorspannens gelten die Werte der Spannkraftverluste für Spannglied 2 (Spannpresse bei x = 25,66 m) gespiegelt. In der Tabelle entspricht x = 0 jeweils der Anspannstelle.

3.2.5 Spannkraftverluste infolge Schlupf in den Spannankern

Beim Nachlassen des Spannglieds verringert sich die anfängliche Spannkraft P_{m0} an der Anspannstelle als Folge des Schlupfes Δl_{sl} um den Wert ΔP_{sl}. Am Ende des Nachlassweges l_{sl} erhält man wieder die ursprüngliche Spannkraft $P_{m0}(x)$.

Zur Beschreibung des Spannkraftverlaufs über die Binderlänge ist somit die Kenntnis des Spannkraftverlustes ΔP_{sl} und des Nachlassweges l_{sl} erforderlich.
Ihrer Berechnung wird ein Schlupf von Δl_{sl} = 3,0 mm zugrunde gelegt.

siehe 3.1

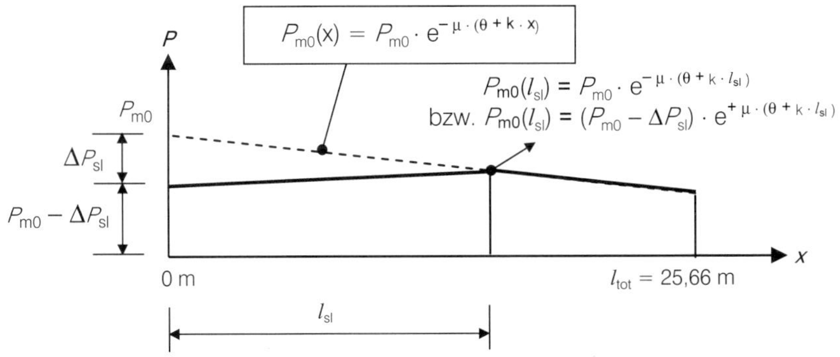

Der Nachlassweg ergibt sich aus den beiden folgenden Bedingungen:

$$P_{m0} \cdot e^{-\mu \cdot (\theta_i + k \cdot l_{sl})} - (P_{m0} - \Delta P_{sl}) \cdot e^{+\mu \cdot (\theta_i + k \cdot l_{sl})}$$

Schnittpunkt der Spannkraftverläufe beim Anspannen und Nachlassen unter der Annahme des gleichen Reibungsbeiwertes μ

oder näherungsweise für kleine Exponenten $\mu \cdot (\theta_i + k \cdot l_{sl})$:

kleine Exponenten $x < 0{,}1$: $e^x = 1 + x$
$e^{0,1} = 1{,}105 \approx 1{,}100 = 1 + 0{,}1$

$$P_{m0} \cdot [1 - \mu \cdot (\theta_i + k \cdot l_{sl})] = (P_{m0} - \Delta P_{sl}) \cdot [1 + \mu \cdot (\theta_i + k \cdot l_{sl})]$$

Darüber hinaus ist näherungsweise:

Näherung, da $P_{m0}(x)$ nichtlinear verläuft.

$$\varepsilon_{sl} = \Delta l_{sl} / l_{sl} = 0{,}5 \cdot \Delta\sigma_{psl} / E_p$$

d. h. mit $\Delta\sigma_{psl} = \Delta P_{sl} / A_p$

$$l_{sl} = 2 \cdot \Delta l_{sl} \cdot E_p \cdot A_p / \Delta P_{sl}$$

Durch Umformen dieser Gleichungen und mit dem Exponenten

$$\mu \cdot (\theta_i + k \cdot l_{sl}) = \mu \cdot (8 \cdot f_i / l^2_{tot} + k) \cdot l_{sl}$$

siehe 3.2.4
f_i = Parabelstich

erhält man für l_{sl} die Näherungsbeziehung:

$$l_{sl} = \sqrt{\frac{\Delta l_{sl} \cdot E_p \cdot A_p}{P_{m0} \cdot \mu \cdot \left(\frac{8 \cdot f_i}{l^2_{tot}} + k\right)}}$$

In dieser Gleichung ist die Spannkraft P_{m0} noch unbekannt.

Unter der Voraussetzung, dass die Spannkraft $P_{m0}(l_{sl})$ am Ende des Nachlassweges l_{sl} gerade den zulässigen Wert nach Abschnitt 3.2.2 erreicht, d. h.

$$P_{m0}(l_{sl}) = 0{,}892 \text{ MN}$$

und damit $P_{m0} = 0{,}892 \cdot e^{+\mu \cdot (\theta_i + k \cdot l_{sl})}$ wird,

ergeben sich iterativ aus den vorigen Gleichungen die Werte für P_{m0}, ΔP_{sl} und l_{sl} für die Spanngliedlagen 1 und 2 zum Zeitpunkt $t = 0$ wie folgt:

Spanngliedlage	P_{m0} (MN)	ΔP_{sl} (MN)	l_{sl} (m)
1	0,917	0,050	16,46
2	0,925	0,066	12,40

Spannkraftverlauf für die Spanngliedlagen 1 und 2 zum Zeitpunkt $t = 0$ unter Berücksichtigung der Reibung und des Schlupfes in den Verankerungen (grafisch):

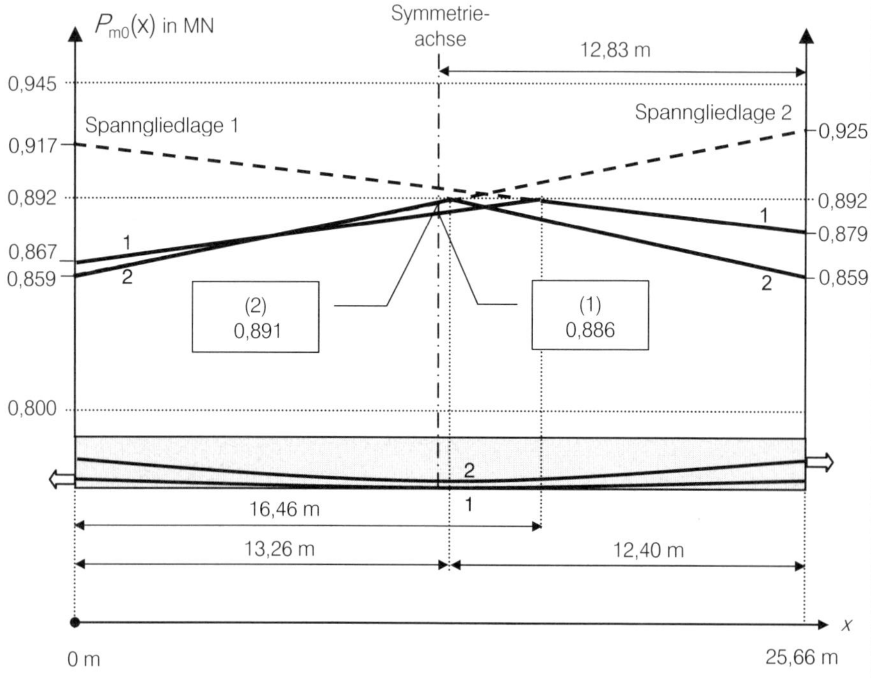

DIN 1045-1, 8.7.2:
(8) Die tatsächlichen Werte der Spannkraftverluste während des Spannens sind durch Messung der Spannkraft und des zugehörigen Dehnwegs zu überprüfen.

unteres Spannglied 1 bei $x = 0$ m, oberes Spannglied 2 bei $x = 25{,}66$ m angespannt.

$P_{0,max}$ = 0,945 MN siehe 3.2.2
$P_{m0,max}$ = 0,892 MN siehe 3.2.2

Spanngliedlage 1:
$P_{m0}(0) = 0{,}917$ MN beim Anspannen
$P_{m0}(0) = 0{,}917 - 0{,}050 = 0{,}867$ MN durch Schlupf nach Ablassen
$P_{m0}(25{,}66) = 0{,}917\,(1 - 0{,}041) = 0{,}879$ MN durch Spanngliedreibung siehe 3.2.4

Spanngliedlage 2:
$P_{m0}(25{,}66) = 0{,}925$ MN beim Anspannen
$P_{m0}(25{,}66) = 0{,}925 - 0{,}066 = 0{,}859$ MN durch Schlupf nach Ablassen
$P_{m0}(0) = 0{,}925\,(1 - 0{,}071) = 0{,}859$ MN durch Spanngliedreibung siehe 3.2.4

3.2.6 Zeitabhängige Spannkraftverluste

Zeitabhängige Spannkraftverluste zum Zeitpunkt $t = \infty$ dürfen für einsträngige Vorspannung im Verbund berechnet werden aus der Spannungsänderung im Spannstahl aus Kriechen und Schwinden des Betons und Relaxation des Spannstahls an der Stelle x.

$$\Delta\sigma_{p,c+s+r} = \frac{\varepsilon_{cs\infty} \cdot E_p + \Delta\sigma_{pr} + \alpha_p \cdot \varphi(\infty, t_0) \cdot (\sigma_{cg} + \sigma_{cp0})}{1 + \alpha_p \cdot \frac{A_p}{A_c}\left(1 + \frac{A_c}{I_c} \cdot z_{cp}^2\right) \cdot [1 + 0{,}8\varphi(\infty, t_0)]}$$

DIN 1045-1, 8.7.3: (6) Gl. (51)

mit

a) E_p = 195.000 N/mm² E-Modul Spannstahl (Litzen)
E_{cm} = 29.900 N/mm² E-Modul Beton C35/45
α_p = E_p / E_{cm} = 6,52
$A_{p,1}$ = 7,0 cm² = $A_{p,2}$
A_{ci} = 0,412 m²
I_{ci} = 0,121 m⁴
z_{cp} = 0,757 m Schwerpunktabstand Beton–Spannglieder

} Querschnittswerte siehe 1.3

$z_{cp} = (z_{p1} + z_{p2}) / 2 = (0{,}827 + 0{,}687) / 2$

b) $\varepsilon_{cs\infty} = \varepsilon_{cas\infty} + \varepsilon_{cds\infty}$ **Schwinddehnung** zum Zeitpunkt $t = \infty$

DIN 1045-1, 9.1.4: (9) Gl. (61)

$\varepsilon_{cas\infty}$ = – 0,07 ‰ aus Bild 20: Schrumpfdehnung für Normalbeton zum Zeitpunkt $t = \infty$

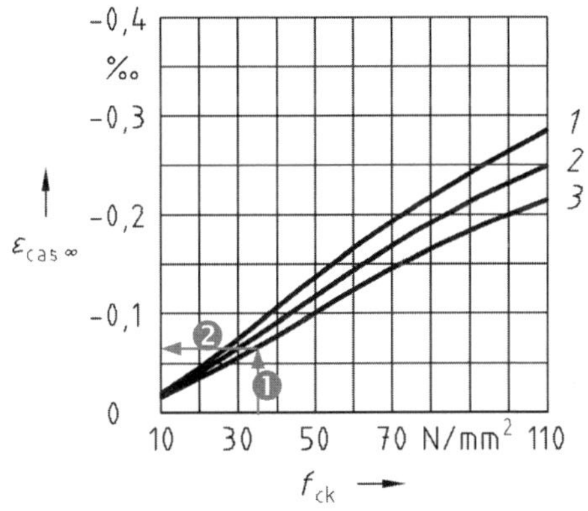

DIN 1045-1, 9.1.4: Bild 20: Schrumpfdehnung $\varepsilon_{cas\infty}$ Normalbeton, für C35/45 und Zementfestigkeitsklasse 42,5R (Kurve 3)

$\varepsilon_{cds\infty}$ = – 0,63 ‰ aus Bild 21: Trocknungsschwinddehnung für Normalbeton zum Zeitpunkt $t = \infty$

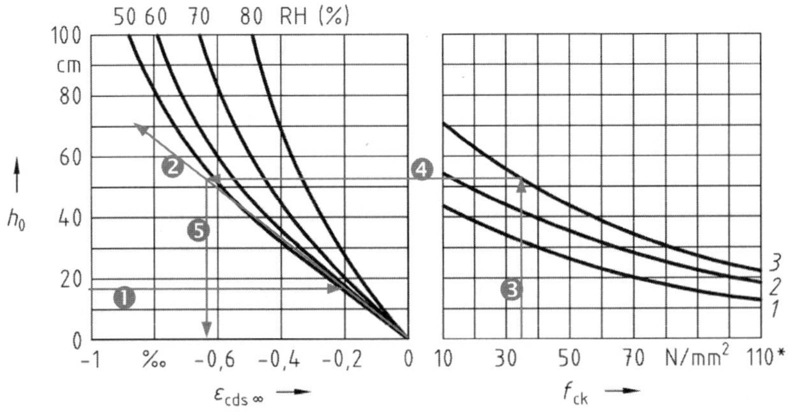

DIN 1045-1, 9.1.4, Bild 21: Trocknungsschwinddehnung $\varepsilon_{cds\infty}$ Normalbeton, für C35/45 und Zementfestigkeitsklasse 42,5R (Kurve 3)
50 % relative Luftfeuchte (trockener Innenraum)
$h_0 = 2\,A_c / u = 0{,}381 / (1{,}70 + 0{,}45) = 0{,}18$ m

$\varepsilon_{cs\infty}$ = – 0,07 – 0,63 = **– 0,7 ‰**

c) $\varphi(\infty, t_0)$ = 2,5

aus Bild 18: **Endkriechzahl** für Normalbeton und trockene Umgebungsbedingungen zum Zeitpunkt $t = \infty$

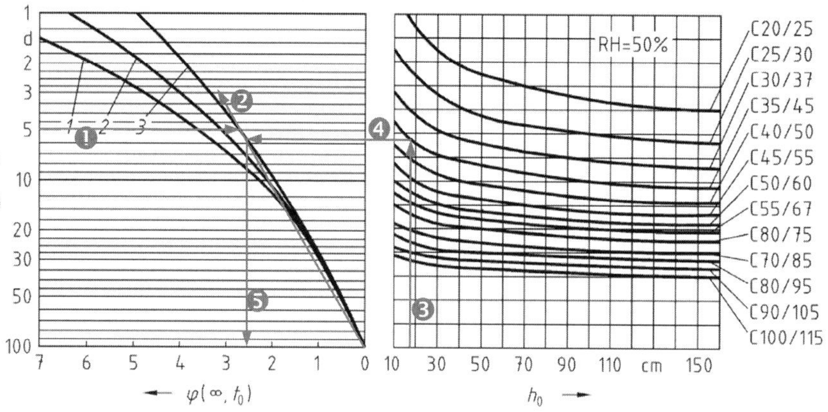

DIN 1045-1, 9.1.4, Bild 18: Endkriechzahl $\varphi(\infty, t_0)$ Normalbeton, für C35/45 und Zementfestigkeitsklasse 42,5R (Kurve 3)
50 % relative Luftfeuchte (trockener Innenraum)
Belastungsalter: 5 Tage (Vorspannen)
h_0 = 0,18 m

d) $\Delta\sigma_{pr}$

Spannungsänderung im Spannstahl an der Stelle x infolge **Relaxation** ($\Delta\sigma_{pr} < 0$)

DIN 1045-1, 8.7.3: (6) ... *Diese darf mit den Angaben der allgemeinen bauaufsichtlichen Zulassung des Spannstahls für das Verhältnis der Ausgangsspannung zur charakteristischen Zugfestigkeit (σ_{p0} / f_{pk}) bestimmt werden; mit einer Ausgangsspannung von* $\sigma_{p0} = \sigma_{pg0} - 0{,}3\ \Delta\sigma_{p,c+s+r}$, *wobei σ_{pg0} die anfängliche Spannstahlspannung aus der Vorspannung und den ständigen Einwirkungen ist. Zur Vereinfachung darf auf der sicheren Seite liegend $\sigma_{p0} = \sigma_{pg0}$ gesetzt werden; für übliche Hochbauten darf σ_{p0} zu 0,95 σ_{pg0} angenommen werden. Ansonsten ist $\Delta\sigma_{pr}$ in Gl. (51) iterativ zu ermitteln.*

Anfängliche Spannung in den Spanngliedern in Feldmitte:

Die mittleren Spannkräfte P_{m0} enthalten bereits, bedingt durch den Spannvorgang, einen Teil der Spannungsänderung infolge der Trägereigenlast, daher Annahme $\sigma_{pg0} = \sigma_{pm0}$.

$\sigma_{pg0} = (P_{m0,1} + P_{m0,2}) / (A_{p,1} + A_{p,2})$

$P_{m0,1}$ (12,83 m) = 0,867 + (0,892 – 0,867) · 12,83 / 16,46 = 0,886 MN

$P_{m0,2}$ (12,83 m) = 0,859 + (0,892 – 0,859) · 12,83 / 13,26 = 0,891 MN

$P_{m0,1}$ und $P_{m0,2}$ werden aus dem Spannkraftverlauf zum Zeitpunkt $t = 0$ siehe 3.2.5 für die Feldmitte (x = 12,83 m) ermittelt.

σ_{pg0} = (0,886 + 0,891) / 14,0 · 10^{-4} = 1269 N/mm²

$(A_{p,1} + A_{p,2}) = 2 \cdot 7{,}0$ cm²

Annahme für den üblichen Hochbau (vereinfacht):
σ_{p0} = 0,95 σ_{pg0} = 0,95 · 1269 = 1206 N/mm²

DIN 1045-1, 8.7.3: (6)

Relaxationsverlust aus allgemeiner bauaufsichtlicher Zulassung des Spannstahls:

mit σ_{p0} / f_{pk} = 1206 / 1770 = 0,68

erhält man den Rechenwert für Spannkraftverluste für kaltgezogenen Spannstahl mit sehr niedriger Relaxation in einer Zeitspanne von 10^6 Stunden nach dem Vorspannen ≈ 6 % der Anfangsspannung σ_{p0}:

$\Delta\sigma_{pr}$ = 0,06 · 1206 = **– 72,4 N/mm²**

Rechenwert für Spannkraftverluste aus einer allgemeinen bauaufsichtlichen Zulassung des Deutschen Instituts für Bautechnik (DIBt) für Spannstahllitzen: 10^6 Stunden entspricht $t = \infty$ (Hinweis: z. B. für kaltgezogenen Spannstahl mit *normaler* Relaxation in einer Zeitspanne von 10^6 Stunden nach dem Vorspannen würde man ≈ 16 % Spannkraftverlust erhalten.)

e) **Spannungen σ_{cg} und σ_{cp0} im Betonquerschnitt:**

zwischen den Spanngliedlagen

- Betonspannung σ_{cg} in Höhe der Spannglieder infolge der ständigen Einwirkungen, jedoch ohne den Spannungsanteil aus der Vorspannung P_k:

Andere quasi-ständige Einwirkungen treten nicht auf, siehe 2.3.

Biegemoment in Feldmitte infolge e_{perm} und G_{perm}:

$g_{k,1+2}$ = 19,5 kN/m
$G_{k,3}$ = 188 kN
Unterschiedlicher Zeitpunkt der Lasteintragung der Eigenlasten wird hier vernachlässigt.

$$M_{perm} = 19{,}5 \cdot 25{,}0^2 / 8 + 188 \cdot 2{,}50 = 1993 \text{ kNm}$$

$$\sigma_{cg} = (M_{perm} / I_{c,net}) \cdot 0{,}5\,(z_{p,1} + z_{p,2})$$
$$= (1{,}993 / 0{,}101) \cdot 0{,}5\,(0{,}85 + 0{,}71) = \mathbf{+15{,}4\ N/mm^2}$$

Querschnittswerte siehe 1.3

- Anfangswert der Betonspannung infolge Vorspannung σ_{cp0}:

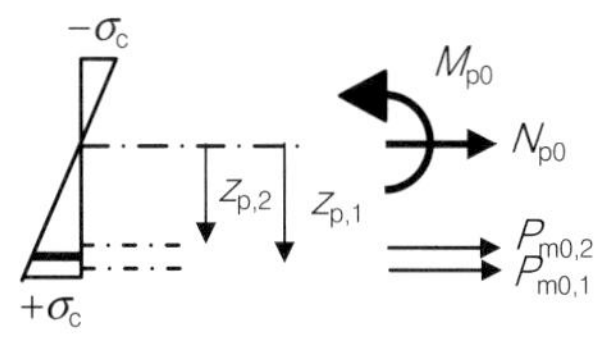

$$\sigma_{cp0} = (N_{p0} / A_{c,net}) + (M_{p0} / I_{c,net}) \cdot 0{,}5\,(z_{p,1} + z_{p,2})$$

$$N_{p0} = -(P_{m0,1} + P_{m0,2}) = -(0{,}886 + 0{,}891) = -1{,}777 \text{ MN}$$

$$M_{p0} = N_{p0} \cdot 0{,}5\,(z_{p,1} + z_{p,2})$$
$$= -1{,}777 \cdot 0{,}5\,(0{,}85 + 0{,}71) = -1{,}386 \text{ MNm}$$

$$\sigma_{cp0} = (-1{,}777 / 0{,}376) + (-1{,}386 / 0{,}101) \cdot 0{,}5\,(0{,}85 + 0{,}71)$$
$$= -4{,}73 - 10{,}70$$
$$= \mathbf{-15{,}4\ N/mm^2}$$

d. h. $\sigma_{cg} - \sigma_{cp0} = 15{,}4 - 15{,}4 \approx 0$ N/mm²
Betondruckspannung nach Vorspannen unter Eigenlasten – Querschnitt gerade überdrückt.

Spannkraftverlust:

$$\Delta\sigma_{p,c+s+r} = \frac{-0{,}7 \cdot 10^{-3} \cdot 195000 - 72{,}4 + 6{,}52 \cdot 2{,}5 \cdot (15{,}4 - 15{,}4)}{1 + 6{,}52 \cdot \dfrac{14 \cdot 10^{-4}}{0{,}412}\left(1 + \dfrac{0{,}412}{0{,}121} \cdot 0{,}757^2\right) \cdot [1 + 0{,}8 \cdot 2{,}5]}$$

DIN 1045-1, 8.7.3: Gl. (51)
ideelle Querschnittswerte siehe 1.3

$$\Delta\sigma_{p,c+s+r} = -175 \text{ N/mm}^2$$

Der Spannkraftverlust je Spannglied zum Zeitpunkt $t = \infty$ beträgt demnach:

$A_{p,1} = A_{p,2} = 7{,}0$ cm²

$$\Delta P_{p,c+s+r} = -175 \cdot 7{,}0 \cdot 10^{-4} = \mathbf{-0{,}123\ MN}$$

Die mittlere Spannkraft in den Spanngliedern in Feldmitte zum Zeitpunkt $t = \infty$ ist dann:

$$P_{m\infty,1} = P_{m0,1} + \Delta P_{p,c+s+r} = 0{,}886 - 0{,}123 = \mathbf{0{,}763\ MN}$$

$$P_{m\infty,2} = P_{m0,2} + \Delta P_{p,c+s+r} = 0{,}891 - 0{,}123 = \mathbf{0{,}768\ MN}$$

4 Schnittgrößenermittlung

4.1 Grenzzustände der Tragfähigkeit

4.1.1 Ständige und veränderliche Einwirkungen

Feldmoment:

$M_{Ed,max}$ = 35,4 · 25,0² / 8 + 253,8 · 2,50 = 3400 kNm = **3,400 MNm**

Querkraft:

$V_{Ed,max}$ = 35,4 · 25,0 / 2 + 253,8 = 696 kN = **0,696 MN**

siehe 2.2: e_d = 35,4 kN/m und $G_{d,3}$ = 253,8 kN

Die Nachweise des Transport- und Montagezustandes werden hier nicht durchgeführt.
DIN 1045-1, 8.7.1:
(8) *Bei Spanngliedern mit Verbund sollte bei der Schnittgrößenermittlung der Spannstahl als im starren Verbund mit dem Beton liegend angenommen werden. Der Anstieg der Spanngliedkraft infolge der Tragwerksverformung vor Herstellung des Verbundes darf vernachlässigt werden (z. B. bei Bauteilen im Bauzustand).*

4.1.2 Vorspannkraft

Die Vorspannung wird als einwirkende Schnittgröße betrachtet.
Für die Nachweise in den Grenzzuständen der Tragfähigkeit werden die Vorspannkräfte zum Zeitpunkt $t = \infty$ als einwirkende Normalkraft behandelt.

DIN 1045-1, 8.7.1: (1) Vorspannung mittels Spanngliedern kann als eine Einwirkung aus Vorspann- und Umlenkkräften oder als einwirkende Schnittgröße betrachtet werden.

Teilsicherheitsbeiwert: γ_P = 1,0

DIN 1045-1, 5.3.3: Tab. 1 und 8.7.5: Grenzzustand der Tragfähigkeit
(1) *Der Bemessungswert der Vorspannkraft $P_d = \gamma_P \cdot P_{mt}$ darf im Allgemeinen mit γ_P = 1,0 ermittelt werden.*
(2) *Mögliche Streuungen der Vorspannkraft dürfen bei den Nachweisen im Grenzzustand der Tragfähigkeit im Allgemeinen vernachlässigt werden.*
Dies gilt nicht bei Spanngliedern ohne Verbund bei Anwendung nichtlinearer Verfahren (siehe DIN 1045-1, 8.7.5: (3)).

a) **Bemessungswert der Vorspannkraft in Feldmitte** (Biegebemessung):

$P_{d,1} = P_{m\infty,1} \cdot \gamma_P$ = 0,763 · 1,0 = 0,763 MN
$P_{d,2} = P_{m\infty,2} \cdot \gamma_P$ = 0,768 · 1,0 = 0,768 MN
$\Sigma P_d = N_{Ed}$ = **1,531 MN**

b) **Bemessungswert der Vorspannkraft am Auflager** (Querkraft, Verankerung):

Tangentenneigung der Spannglieder:
$z_i'(x) = 4 \cdot f_i \cdot (1 / l_{tot} - 2\,x / l^2_{tot}) = \tan\alpha$

siehe 3.1: Parabeln der Spanngliedführung $z_i(x)$ und Parabelstiche:
Spanngliedlage 1: f_1 = 205 mm
Spanngliedlage 2: f_2 = 665 mm

Spanngliedlage 1 (x = 0): $\tan\alpha_1$ = 4 · 0,205 / 25,66 = 0,0320
Spanngliedlage 2 (x = 0): $\tan\alpha_2$ = 4 · 0,665 / 25,66 = 0,1037

Auflagerachse mit $x \approx 0$ angenommen.
α_1 = 1,83° und α_2 = 5,92°

Spannkräfte am Auflagerrand:
zum Zeitpunkt $t = \infty$, linkes Auflager:

Annahme: Die Größe der zeitabhängigen Spannkraftverluste in Feldmitte werden auch für den Bereich der Auflager angesetzt.

$P_{m\infty,1}$(0 m) $= P_{m0,1}(x = 0) + \Delta P_{p,c+s+r}$
= 0,867 – 0,123 = **0,744 MN**

siehe 3.2.5 und 3.2.6

$P_{m\infty,2}$(0 m) $= P_{m0,2}(x = 0) + \Delta P_{p,c+s+r}$
= 0,859 – 0,123 = **0,736 MN**

Aufteilung in Komponenten als einwirkende Schnittgrößen:

Spannglied	$P_{m\infty}$ (kN)	α (°)	N_p (kN) $= P_{m\infty} \cdot \cos\alpha$	V_p (kN) $= P_{m\infty} \cdot \sin\alpha$
1	–744	1,83	–743,6	–23,8
2	–736	5,92	–732,1	–75,9
Summe:			**–1476**	**–99,7**

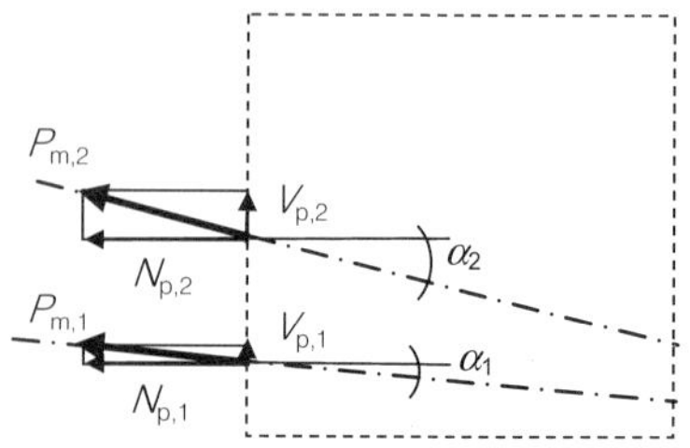

4.2 Grenzzustände der Gebrauchstauglichkeit

4.2.1 Ständige und veränderliche Einwirkungen

a) seltene Einwirkungskombination:

Einwirkungskombinationen siehe 2.3

$M_{rare} = (25{,}5 \cdot 25{,}0^2 / 8 + 188 \cdot 2{,}50) \cdot 10^{-3} = \mathbf{2{,}462\ MNm}$

b) häufige Einwirkungskombination:

$M_{frequ} = (20{,}7 \cdot 25{,}0^2 / 8 + 188 \cdot 2{,}50) \cdot 10^{-3} = \mathbf{2{,}087\ MNm}$

c) quasi-ständige Einwirkungskombination:

$M_{perm} = (19{,}5 \cdot 25{,}0^2 / 8 + 188 \cdot 2{,}50) \cdot 10^{-3} = \mathbf{1{,}993\ MNm}$

4.2.2 Vorspannkraft

Mögliche Streuungen der Vorspannkraft sind zu berücksichtigen.

DIN 1045-1, 8.7.4: (1) Dazu sind obere und untere charakteristische Werte der Vorspannkraft anzusetzen.

Streuungsbeiwerte bei Vorspannung im nachträglichen Verbund:

$r_{sup} = 1{,}10$ für den oberen charakteristischen Wert

$r_{inf} = 0{,}90$ für den unteren charakteristischen Wert

DIN 1045-1, 8.7.4: (2) r_{sup} und r_{inf} bei Vorspannung mit nachträglichem Verbund

Zum Zeitpunkt t = 0:

mittlere Vorspannkraft siehe 3.2.5 Maximalwert

oberer charakteristischer Wert der Vorspannkraft:

$P_{k,sup,1} = r_{sup} \cdot P_{m0,1} = 1{,}10 \cdot 0{,}892 = 0{,}981\ MN$

$P_{k,sup,2} = r_{sup} \cdot P_{m0,2} = 1{,}10 \cdot 0{,}892 = 0{,}981\ MN$

$\Sigma P_{k,sup} = \mathbf{1{,}962\ MN}$

unterer charakteristischer Wert der Vorspannkraft:

$P_{k,inf,1} = r_{inf} \cdot P_{m0,1} = 0{,}90 \cdot 0{,}892 = 0{,}803\ MN$

$P_{k,inf,2} = r_{inf} \cdot P_{m0,2} = 0{,}90 \cdot 0{,}892 = 0{,}803\ MN$

$\Sigma P_{k,inf} = \mathbf{1{,}606\ MN}$

Zum Zeitpunkt $t = \infty$:

mittlere Vorspannkraft siehe 3.2.6

oberer charakteristischer Wert der Vorspannkraft in Feldmitte:

$P_{k,sup,1} = r_{sup} \cdot P_{m\infty,1} = 1{,}10 \cdot 0{,}763 = 0{,}839\ MN$

$P_{k,sup,2} = r_{sup} \cdot P_{m\infty,2} = 1{,}10 \cdot 0{,}768 = 0{,}845\ MN$

$\Sigma P_{k,sup} = \mathbf{1{,}684\ MN}$

unterer charakteristischer Wert der Vorspannkraft in Feldmitte:

$P_{k,inf,1} = r_{inf} \cdot P_{m\infty,1} = 0{,}90 \cdot 0{,}763 = 0{,}687\ MN$

$P_{k,inf,2} = r_{inf} \cdot P_{m\infty,2} = 0{,}90 \cdot 0{,}768 = 0{,}691\ MN$

$\Sigma P_{k,inf} = \mathbf{1{,}378\ MN}$

5 Bemessung in den Grenzzuständen der Tragfähigkeit

5.1 Bemessungswerte der Baustoffe

Teilsicherheitsbeiwerte in den Grenzzuständen der Tragfähigkeit:

- Beton < C55/67 $\gamma_c = 1{,}50$
- Betonstahl / Spannstahl $\gamma_s = 1{,}15$

DIN 1045-1, 5.3.3: (7) *Bei Fertigteilen mit einer werksmäßigen und ständig überwachten Herstellung darf der Teilsicherheitsbeiwert für den Beton auf* $\gamma_c = 1{,}35$ *verringert werden, wenn durch eine Überprüfung der Betonfestigkeit am fertigen Bauteil sichergestellt wird, dass Fertigteile mit zu geringer Betonfestigkeit ausgesondert werden...*
Hiervon wird in diesem Beispiel nicht ausgegangen, daher wird $\gamma_c = 1{,}50$ angesetzt

DIN 1045-1, 5.3.3: Tab. 2: Teilsicherheitsbeiwerte für die Bestimmung des Tragwiderstands, ständige und vorübergehende Bemessungssituation (Normalfall)

Beton C35/45: $f_{ck} = 35$ N/mm²
$f_{cd} = 0{,}85 \cdot 35 / 1{,}50$ = **19,8 N/mm²**

Betonstahl BSt 500 S (A): $f_{yk} = 500$ N/mm²
$f_{yd} = 500 / 1{,}15$ = **435 N/mm²**

Spannstahl St 1570/1770: $f_{pk} = 1770$ N/mm²
$f_{p0,1k} / \gamma_s = 1500 / 1{,}15$ = **1304 N/mm²**
$f_{pk} / \gamma_s = 1770 / 1{,}15$ = **1539 N/mm²**

DIN 1045-1, Tab. 9: Festigkeits- und Formänderungskennwerte von Normalbeton
DIN 1045-1, 9.1.6: (2) Abminderung mit $\alpha = 0{,}85$ berücksichtigt Langzeitwirkung

DIN 1045-1, Tab. 11: Eigenschaften der Betonstähle

DIN 1045-1, 9.3.3: Bild 29 rechnerische Spannungs- Dehnungs-Linie des Spannstahls für die Querschnittsbemessung

5.2 Bemessung für Biegung mit Längskraft

5.2.1 Bemessung des Feldquerschnitts im Endzustand

Die Bemessung vorgespannter Bauteile für Biegung mit Längskraft kann mit unterschiedlichen Berechnungsansätzen vorgenommen werden [40].

[40] *Zilch/Rogge*: 4.1.6. BK 2002/1

In der Praxis wird oft auch alternativ bemessen: Die Zugkraft aus den äußeren Einwirkungen wird mit M_{Ed} / z ermittelt. Der Hebelarm z ist dabei auf den Schwerpunkt der Zugkräfte der Bewehrungen bezogen, dies ist in der Regel der Schwerpunkt der Spannglieder. Diese Zugkraft ist durch die Gesamtzugkräfte der Spannstahlbewehrung (inkl. Vordehnung) und der Betonstahlbewehrung aufzunehmen.
Zu prüfen ist abschließend, dass die Dehnung der äußeren Bewehrungslage auf maximal 2,5 % begrenzt bleibt.

Im Folgenden werden die Vordehnungen des Spannstahls als einwirkende Normalkraft in Höhe der Spanngliedachsen berücksichtigt und die Bemessung auf den Schwerpunkt der Gesamtbewehrung bezogen.
Die Stahldehnungen (die Zusatzdehnung für den Spannstahl und die Dehnung für den Betonstahl) im Grenzzustand der Tragfähigkeit ergeben mit den Bemessungsspannungen und den Bewehrungsquerschnitten die aufnehmbaren Zugkräfte des Bauteilwiderstandes.

Moment aus ständigen und veränderlichen Einwirkungen:

$$M_{Ed} = +3400 \text{ kNm}$$

siehe 4.1.1

Die mittlere Nutzhöhe wird ermittelt mit zunächst geschätztem Bewehrungsquerschnitt – siehe Kommentarskizze für den Schwerpunkt der Bewehrung – und unter der Annahme, dass der mögliche Spannungszuwachs in den Spanngliedern im Grenzzustand der Tragfähigkeit kleiner gleich der Betonstahlstreckgrenze ist (gleiche Gewichtung von Betonstahl und Spannstahl):

$c_{v,l}$ siehe 1.2

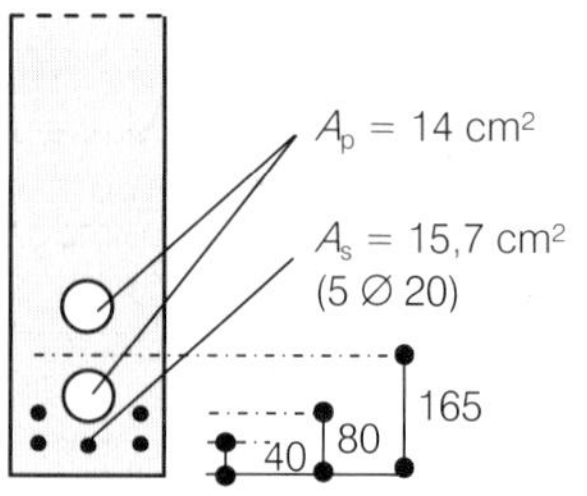

$c_{v,l}$ = 30 mm → Achsmaß der 1. Lage Ø 20: 30 + 20 / 2 = 40 mm

d ≈ 1700 – (3 · 3,14 · 40 + 2 · 3,14 · 80 + 14,0 · 165) / (14,0 + 15,7)
= 1590 mm

Da der Plattenbalkenquerschnitt gedrungen ist (b_f / b_w = 450 mm / 200 mm ≈ 2,3 < 5), ist der Anteil der Betondruckzone im Steg zu berücksichtigen. Vereinfachter Bemessungsquerschnitt = Rechteckquerschnitt:

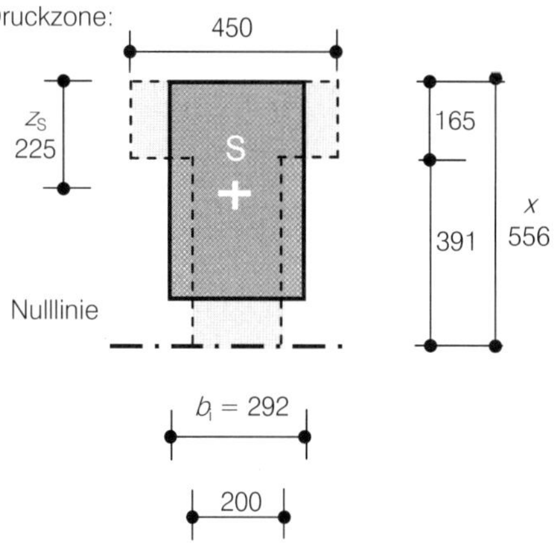

Annahme für die Druckzonenhöhe:
x / d ≤ 0,35: x = 0,35 · 1590 = 556 mm

Schwerpunkt der Betondruckzone:
z_S = (200 · 556² / 2 + 250 · 165² / 2) / (200 · 556 + 250 · 165) = 225 mm

Höhe des rechteckigen Ersatzquerschnittes: h_i = 2 z_o = 450 mm

ideelle Ersatzquerschnittsbreite b_i:
b_i = (450 · 165 + 200 · 285) / 450 = 292 mm

Bemessungsquerschnitt: b / h / d = **0,292 / 1,70 / 1,59 m**

Auf die Bewehrungsachse (der gemittelten Gesamtbewehrung) bezogenes Biegemoment mit den Vorspannkräften aus Vordehnung als einwirkende Normalkräfte (Druckkräfte negativ):

Vorzeichen: in Bezug auf die gemittelte Bewehrungsachse erzeugt $N_{Ed,1}$ auf der Trägerunterseite Zug (+) und $N_{Ed,2}$ auf der Trägerunterseite Druck (–)
siehe 4.1.1: M_{Ed}

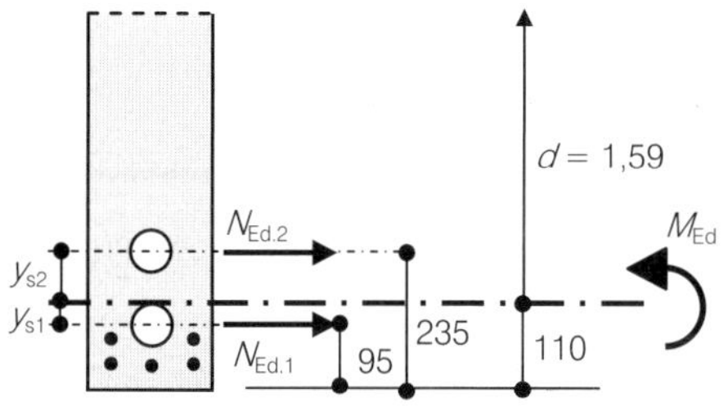

M_{Eds} = M_{Ed} + $N_{Ed,1}$ · y_{s1} – $N_{Ed,2}$ · y_{s2}
= 3400 – 763 · (0,11 – 0,095) + 768 · (0,235 – 0,11)
= 3400 – 11,4 + 96,0
= 3485 kNm
= 3,485 MNm

Allgemeines Bemessungsdiagramm:
μ_{Eds} = M_{Eds} / (b · d^2 · f_{cd}) = 3,485 / (0,292 · 1,59² · 19,8) = 0,238

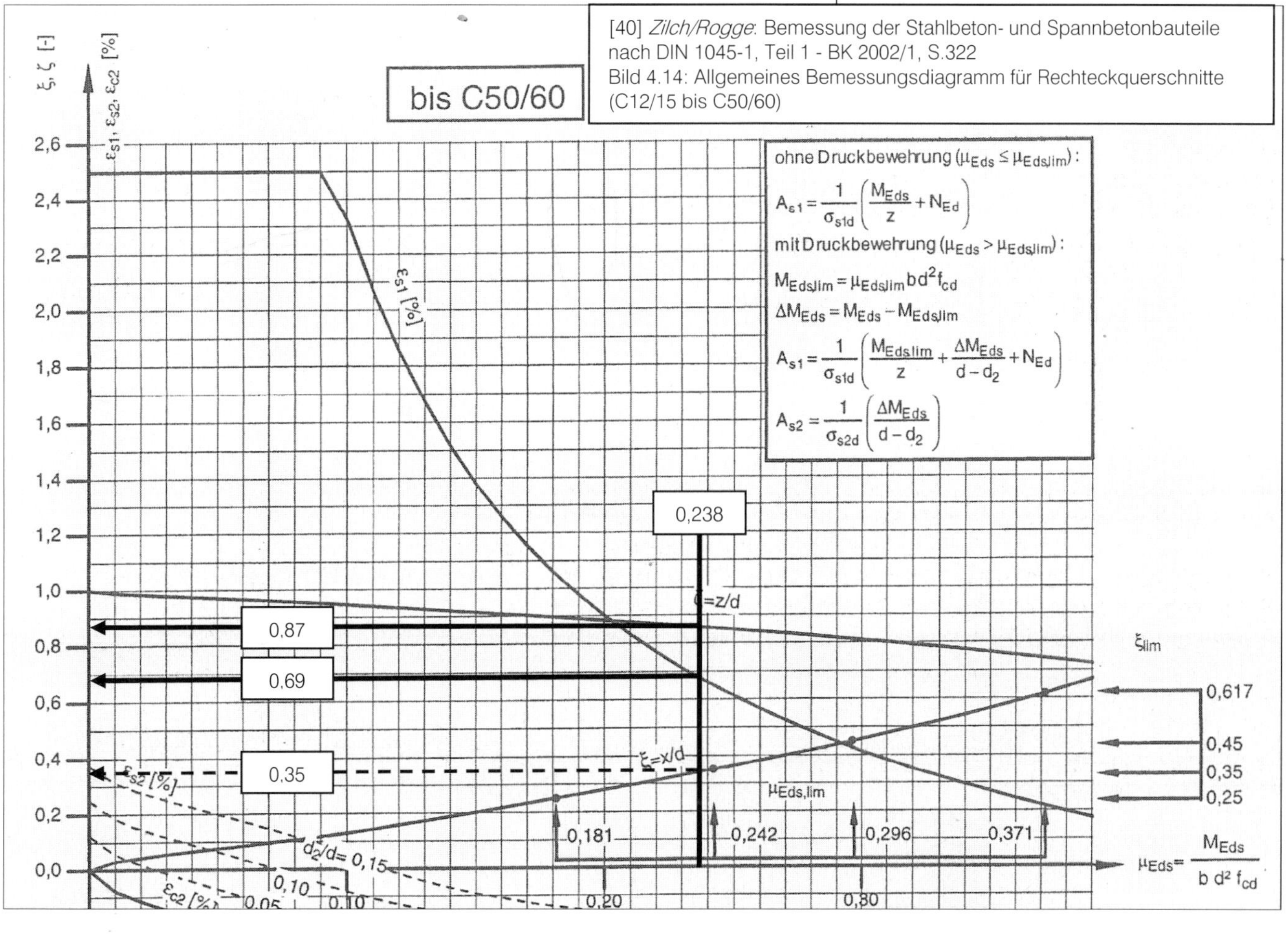

[40] *Zilch/Rogge*: Bemessung der Stahlbeton- und Spannbetonbauteile nach DIN 1045-1, Teil 1 - BK 2002/1, S.322
Bild 4.14: Allgemeines Bemessungsdiagramm für Rechteckquerschnitte (C12/15 bis C50/60)

Abgelesen für $\mu_{Eds} = 0{,}238$:

$\varepsilon_{s1} = \mathbf{0{,}69\ \%} = 0{,}0069$ gemittelte Stahldehnung der Bewehrung

im Schwerpunkt der Bewehrungslagen

$\zeta = 0{,}87$ $z = 0{,}87 \cdot 1{,}59 = \mathbf{1{,}38\ m}$

$\xi = \mathbf{0{,}35}$ $x = 0{,}35 \cdot 1{,}59 = 0{,}56\ \text{m}$

$\xi = 0{,}35$ entspricht der Annahme für Ermittlung von b_i.
(Anderenfalls ist eine iterative Verbesserung notwendig.)

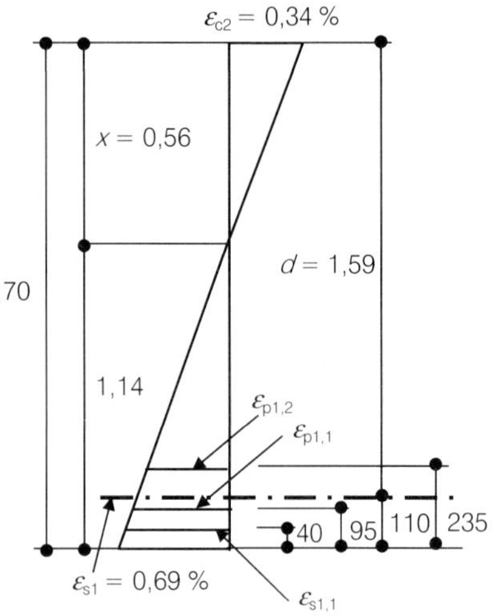

Nachweis:

Aufnehmbare Zugkraft ≥ Zugkraft aus Einwirkungen

$N_{Rd} \geq N_{Ed}$

$A_{s1} \cdot \sigma_{s1d} + A_{p1} \cdot \Delta\sigma_{p1d} \geq M_{Eds} / z + N_{Ed}$

mit $N_{Ed} = A_{p1} \cdot \sigma^{(0)}{}_{p1}$ Vorspannkraft als einwirkende Normalkraft

und $N_{Rd,p1} = A_{p1} \cdot \Delta\sigma_{p1d}$ Zuwachs der Vorspannkraft infolge der Zusatzdehnung

$\sigma_{p1d} = \sigma^{(0)}{}_{p1} + \Delta\sigma_{p1d}$ Bemessungswert der Spannstahlspannung

erf $\boldsymbol{A_{s1} \geq (M_{Eds} / z - A_{p1} \cdot \sigma_{p1d}) / \sigma_{s1d}}$

Die Stahlspannungen im Bemessungszustand sind abhängig von den Dehnungen:

Betonstahl:

$\varepsilon_{s1,1} > 0{,}69\ \%$

$\sigma_{s1} = \varepsilon_{s1} \cdot E_s = 0{,}0069 \cdot 200.000 = 1380\ \text{N/mm}^2 > f_{yd} = 435\ \text{N/mm}^2$

maßgebend: $\sigma_{s1d} = \mathbf{435\ N/mm^2}$

Arbeitslinien Betonstahl und Spannstahl:
DIN 1045-1, 9.2.4: Bild 27
DIN 1045-1, 9.3.3: Bild 29

Gesamtdehnung Spannstahl:

1. Spanngliedlage:

Vordehnung infolge Vorspannkraft:

$\varepsilon^{(0)}{}_{p1,1} = N_{Ed,1} / (A_{p,1} \cdot E_p)$
$= 0{,}763 / (7 \cdot 10^{-4} \cdot 195.000) = 0{,}0056 = 0{,}56\ \%$

Zusatzdehnung im Grenzzustand der Tragfähigkeit:

$\Delta\varepsilon_{p1,1} = 0{,}69 \cdot (1{,}14 - 0{,}095) / (1{,}14 - 0{,}11)$
$= 0{,}70\ \% < 2{,}5\ \%$

Gesamtdehnung:

$\varepsilon^{(0)}{}_{p1,1} + \Delta\varepsilon_{p1,1} = 0{,}56 + 0{,}70 = 1{,}26\ \%$

$\sigma_{p1,1} = \Sigma\, \varepsilon_{p1,1} \cdot E_p$
$= 0{,}0126 \cdot 195.000 = 2457\ \text{N/mm}^2 > f_{pd} = 1304\ \text{N/mm}^2$

maßgebend: $\sigma_{p1,1} = \mathbf{1304\ N/mm^2}$

Die Gesamtdehnung des Spannstahls setzt sich aus der Vordehnung infolge der Vorspannkraft und der weiteren Zusatzdehnung infolge der äußeren Belastung zusammen, die daraus resultierende Spannstahlspannung darf aber den Bemessungswert der Spannstahlzugfestigkeit nicht überschreiten. Daraus ergibt sich eine zusätzlich aufnehmbare Spannstahlkraft, die zusammen mit der (hier erforderlichen) Betonstahlzugkraft die erforderlichen Schnittgrößen für den Gleichgewichtszustand im Querschnitt bereitstellt.

Hier: Untersuchung für den Zeitpunkt $t = \infty$

Zunächst Verwendung der vereinfachten Spannungs-Dehnungslinien (Funktion 3 = horizontaler Ast) nach DIN 1045-1, 9.2.4: Bild 27,
d. h. $f_{yd} = 435\ \text{N/mm}^2$ = konstant.
und
DIN 1045-1, 9.3.3: Bild 29,
d. h. $f_{pd} = 1304\ \text{N/mm}^2$ = konstant.
Darin ist die Vorspannung (als N_{Ed}) und die aufnehmbare Zusatzspannung ($\Delta\sigma_{p1}$) aus äußeren Lasten enthalten.
Maximale Zusatzdehnung aus Lastbeanspruchung: $\Delta\varepsilon_p \leq 2{,}5\ \%$

2. Spanngliedlage:

Vordehnung infolge Vorspannkraft:

$\varepsilon^{(0)}{}_{p1,2} = N_{Ed,,2} / (A_{p,2} \cdot E_p)$
$= 0{,}768 / (7 \cdot 10^{-4} \cdot 195.000) = 0{,}0056 = 0{,}56\ \%$

Zusatzdehnung im Grenzzustand der Tragfähigkeit:

$\Delta\varepsilon_{p1,2} = 0{,}69 \cdot (1{,}14 - 0{,}235) / (1{,}14 - 0{,}11)$
$= 0{,}61\ \% < 2{,}5\ \%$

Gesamtdehnung:

$\varepsilon^{(0)}{}_{p1,2} + \Delta\varepsilon_{p1,2} = 0{,}56 + 0{,}61 = 1{,}17\ \%$

$\sigma_{p1,2} = \varepsilon_{p1} \cdot E_p$
$= 0{,}0117 \cdot 195.000 = 2281\ \text{N/mm}^2 > f_{pd} = 1304\ \text{N/mm}^2$

maßgebend: $\sigma_{p1,2} = \mathbf{1304\ N/mm^2}$

$$\text{erf } A_{s1} = 10^4 \cdot (3{,}485 / 1{,}38 - 14 \cdot 10^{-4} \cdot 1304) / 435$$
$$= \mathbf{16{,}1\ cm^2}$$
$$> 15{,}7\ cm^2 = \text{vorh } A_{s1} = 5\ \varnothing\ 20$$

vorhandener Gesamtspannstahlquerschnitt:
$A_p = 14{,}0\ cm^2$

Mit der vereinfachten Annahme der konstanten Bemessungsspannungen der bilinearen Spannungs-Dehnungslinien des Spann- und Betonstahls ist der Nachweis mit den gewählten Bewehrungsquerschnitten nicht erfolgreich.

Mögliche Zusatzbetrachtungen:

a) Ausnutzung der höheren zulässigen **Betonstahlspannung** gemäß bilinearer Spannungs-Dehnungs-Linie des Betonstahls für die Bemessung bis max $f_{tk,cal} / \gamma_s = 525 / 1{,}15 = 456{,}5\ N/mm^2$:

Ausnutzung der zulässigen Betonstahlspannung f_{yd} gemäß DIN 1045-1, 9.2.4: Bild 27, Funktion 2
$E_s = 200.000\ N/mm^2$

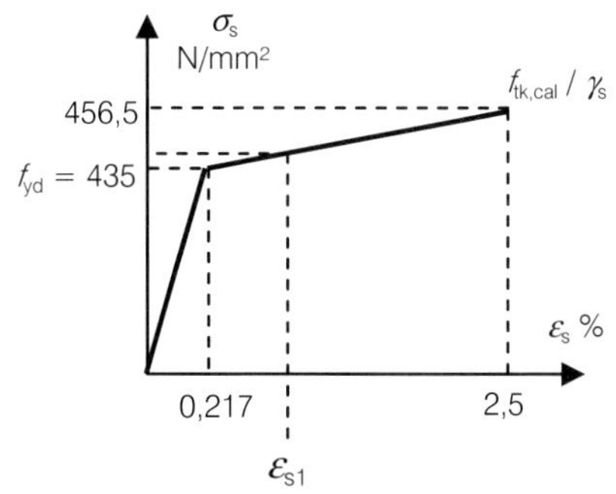

Fließpunkt der Spannungs-Dehnungs-Linie bei $f_{yd} = 435\ N/mm^2$:

$$\varepsilon_s = f_{yd} / E_s = 435 / 200.000 = 0{,}217\ \%$$

Dehnung für die gemittelte Bewehrungslage (die Betonstähle liegen noch unterhalb der gemittelten Bewehrungslage mit etwas größerer Dehnung):

$$\varepsilon_{s1} = 0{,}69\ \%$$
$$\sigma_{s1d} = 456{,}5 - (456{,}5 - 435) \cdot (2{,}5 - 0{,}69) / (2{,}5 - 0{,}217)$$
$$= \mathbf{439\ N/mm^2}$$

b) Ausnutzung der höheren zulässigen **Spannstahlspannung** gemäß bilinearer Spannungs-Dehnungs-Linie des Spannstahls für die Bemessung Funktion bis max $f_{pk} / \gamma_s = 1770 / 1{,}15 = 1539\ N/mm^2$:

Ausnutzung der zulässigen Spannstahlspannung f_{pd} gemäß DIN 1045-1, 9.3.3: Bild 29, Funktion 2
$E_p = 195.000\ N/mm^2$

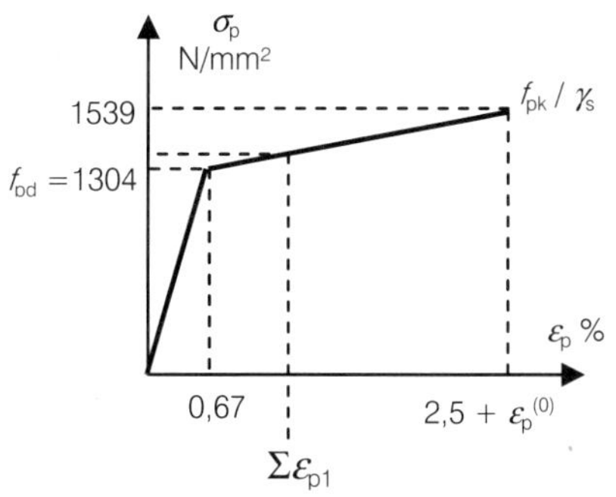

Knickpunkt der Spannungs-Dehnungs-Linie bei $f_{pd} = 1304\ N/mm^2$:

$$\varepsilon_p = f_{pd} / E_p = 1304 / 195.000 = 0{,}67\ \%$$

- für Spannglied 1:

$$\varepsilon^{(0)}_{p1,1} = 0{,}56\ \% \qquad \varepsilon^{(0)}_{p1,1} + 2{,}5\ \% = 3{,}06\ \%$$
$$\Sigma\varepsilon_{p1,1} = 1{,}26\ \%$$
$$\sigma_{p1,1d} = 1539 - (1539 - 1304) \cdot (3{,}06 - 1{,}26) / (3{,}06 - 0{,}67)$$
$$= \mathbf{1362\ N/mm^2}$$

- für Spannglied 2:

$$\varepsilon^{(0)}_{p1,2} = 0{,}56\ \% \qquad \varepsilon^{(0)}_{p1,2} + 2{,}5\ \% = 3{,}06\ \%$$
$$\Sigma\varepsilon_{p1,2} = 1{,}17\ \%$$
$$\sigma_{p1,2d} = 1539 - (1539 - 1304) \cdot (3{,}06 - 1{,}17) / (3{,}06 - 0{,}67)$$
$$= \mathbf{1353\ N/mm^2}$$

Diese Bemessungsspannungen führen zu:

$$\text{erf } A_{s1} = 10^4 \cdot (3{,}485 / 1{,}38 - 7 \cdot 10^{-4} \cdot 1362 - 7 \cdot 10^{-4} \cdot 1353) / 439$$
$$= \mathbf{14{,}2\ cm^2}$$
$$< 15{,}7\ cm^2 = \text{vorh } A_{s1} = \mathbf{5\ \varnothing\ 20\ gewählt}$$

jedes Spannglied mit $A_p = 7\ cm^2$

5.2.2 Nachweis der vorgedrückten Zugzone

Im Bauzustand ist nachzuweisen, dass die Tragfähigkeit der vorgedrückten Zugzone unter der Einwirkungskombination aus Eigenlast des Dachbinders $g_{k,1}$ und der Vorspannung nicht überschritten wird.

Darstellung schematisch.

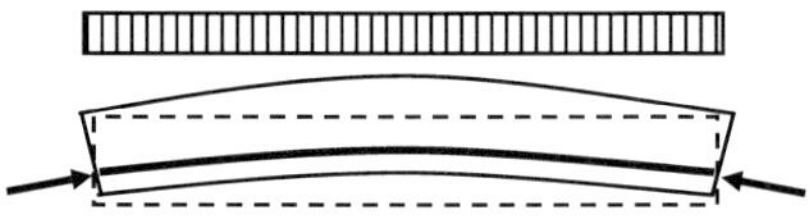

Teilsicherheitsbeiwerte:

- günstige Auswirkung der Eigenlast: $\gamma_G = 1{,}0$
- Vorspannung: $\gamma_P = 1{,}0$

DIN 1045-1, 5.3.3: Tab. 1

Der Nachweis wird in Form einer Bemessung des Feldquerschnitts für Biegung mit Längskraft zum Zeitpunkt $t = 0$ durchgeführt. Spannkraftverluste infolge Betonstauchungen werden vernachlässigt.

Bemessungswert Feldmoment infolge $g_{d,1}$:

$$M_{Ed} = 1{,}0 \cdot 9{,}50 \cdot 25{,}00^2 / 8 \quad = 742 \text{ kNm} \quad = \mathbf{-0{,}742 \text{ MNm}}$$

negativ in Bezug auf die Definition in der unteren Skizze (Zugzone oben)

Bemessungswert der Normalkraft infolge der Vorspannkräfte:

$$\Sigma P_{m0} = 1{,}0 \cdot (2 \cdot 0{,}892) \quad = 1{,}784 \text{ MN}$$
$$N_{Ed,P} = -\Sigma P_{m0} \quad = \mathbf{-1{,}784 \text{ MN}}$$

siehe 3.2.5

Bemessungsmoment auf die Bewehrungsachse A_{s2} bezogen:

Der Schwerpunkt der erforderlichen Obergurtbewehrung wird im Schwerpunkt des Obergurtes angenommen.

$$y_{p1,1} = 1{,}70 - 0{,}095 - 0{,}165 / 2 \quad = 1{,}523 \text{ m}$$
$$y_{p1,2} = 1{,}70 - 0{,}235 - 0{,}165 / 2 \quad = 1{,}383 \text{ m}$$
Mittelwert Hebelarm: $y_{pm} = 1{,}453$ m

siehe 1.3: mittlerer Hebelarm der Vorspannkräfte im Nettobetonquerschnitt (ohne verpresste Hüllrohre)

$$M_{Eds} = -0{,}742 - (-1{,}784 \cdot 1{,}453) \quad = \mathbf{+1{,}850 \text{ MNm}}$$

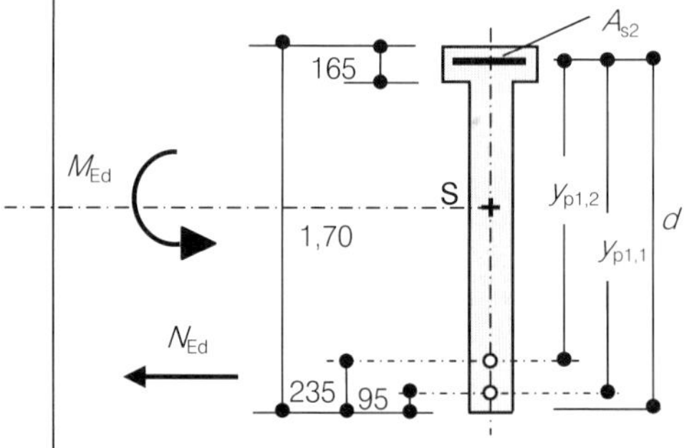

Bemessungsquerschnitt (angenommene Zugzone oben):

$$d = 1{,}70 - 0{,}165 / 2 = 1{,}62 \text{ m}$$

$$b / h / d = \mathbf{0{,}20 / 1{,}70 / 1{,}62 \text{ m}}$$

Bemessung mit dem allgemeinen Bemessungsdiagramm:

$$\mu_{Eds} = M_{Eds} / (b \cdot d^2 \cdot f_{cd})$$
$$= 1{,}850 / (0{,}20 \cdot 1{,}62^2 \cdot 19{,}8) = \mathbf{0{,}18} \quad < 0{,}40$$

[40] *Zilch/Rogge*: BK 2002/1: Bild 4.14: allgemeines Bemessungsdiagramm für Rechteckquerschnitte (C12/15 bis C50/60), siehe 5.2.1.

für $\mu_{Eds} = 0{,}18$ abgelesen:
$$\zeta = 0{,}90 \quad \rightarrow z = 0{,}90 \cdot 1{,}62 = 1{,}46 \text{ m}$$
$$\varepsilon_{s1} = 1{,}05 \text{ \%} \quad \rightarrow \sigma_{sd} \geq 435 \text{ N/mm}^2$$

zulässige Betonstahlspannung f_{yd} gemäß DIN 1045-1, 9.2.4: Bild 27, Funktion 2

$$\text{erf } A_{s,2} = (M_{Eds} / z + N_{Ed}) / \sigma_{sd}$$
$$= (1{,}850 / 1{,}46 - 1{,}784) / 435 \quad < \mathbf{0}$$

$\mu_{Ed,lim} = 0{,}40$: bezogenes Grenzmoment bei voll ausgenutzter Betondruckzone und ohne Druckbewehrung

Schlussfolgerungen:

- Wegen $\mu_{Eds} = 0{,}18 < \mu_{Ed,lim} = 0{,}40$ ist die Tragfähigkeitsgrenze der vorgedrückten Zugzone nicht erreicht;
- Eine Betonstahlbewehrung an der Trägeroberseite ist für diesen Grenzzustand nicht erforderlich.

5.3 Bemessung für Querkraft

5.3.1 Bemessungswert der aufzunehmenden Querkraft

a) Allgemeines: Bauteil mit geneigter Spanngliedführung

Einwirkungen siehe 2.2
Geometrie siehe 1.1

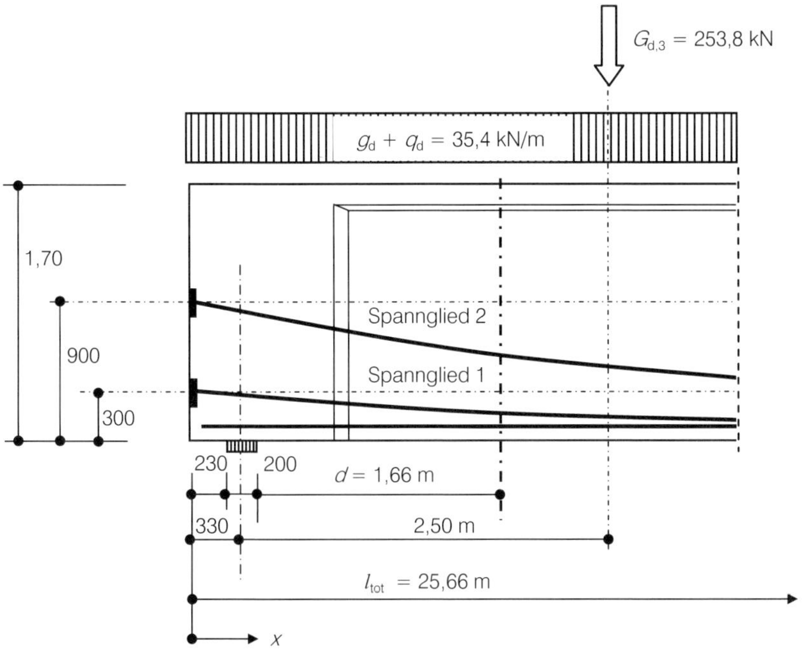

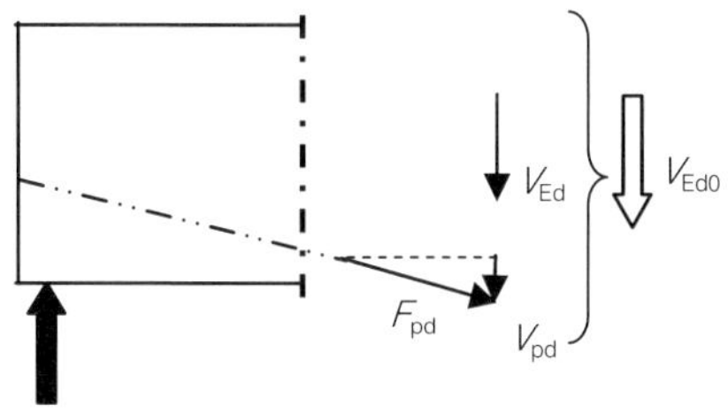

DIN 1045-1, 10.3.2: Gl. (69) und Bild 31 mit $V_{ccd} + V_{td} = 0$

Nutzhöhe für untere Betonstahlbewehrungslage 3 ∅ 20 (bis ins Auflager geführt): $d = 1{,}70 - 0{,}04 = 1{,}66$ m
siehe auch 5.2

Bemessungswert der Querkraft unter Berücksichtigung der geneigten Spanngliedlage:

$$V_{Ed} = V_{Ed0} - V_{pd}$$

DIN 1045-1, 10.3.2: Gl. (69)

mit

V_{Ed0} – Grundbemessungswert Querkraft im Querschnitt
V_{pd} – Querkraftkomponente der Spannstahlkraft im Grenzzustand der Tragfähigkeit

b) Grundbemessungswert der Querkraft V_{Ed0}

- Bemessungswert für die Ermittlung der Querkraftbewehrung:

bei gleichmäßig verteilter Belastung und direkter Auflagerung im Abstand d vom Auflagerrand
und

DIN 1045-1, 10.3.2: (1) *Bemessungswert der einwirkenden Querkraft bei gleichmäßig verteilter Belastung*

bei Einzellast $G_{d,3}$ mit Abstand vom Auflagerrand: $x = 2{,}50 - 0{,}10 = 2{,}40$ m
$\beta = x / (2{,}5d) = 2{,}40 / (2{,}5 \cdot 1{,}66)$
$\beta = 0{,}578$

DIN 1045-1, 10.3.2: (2) *Der Anteil der Querkraft einer im Abstand $x \leq 2{,}5d$ vom Auflagerrand wirkenden Einzellast darf bei direkter Auflagerung mit dem Beiwert β abgemindert werden.*

$V_{Ed0,red} = 35{,}4 \cdot (25{,}0 / 2 - 1{,}66 - 0{,}10) + 253{,}8 \cdot 0{,}578$
$= 380{,}2 + 146{,}7$
$=$ **527 kN** für den Nachweis der Querkraftbewehrung

siehe 4.1.1: V_{Ed} = 696 kN ohne Abminderung

- Bemessungswert für den Nachweis der Druckstreben:

DIN 1045-1, 10.3.2: (3) Beim Nachweis von $V_{Rd,max}$ dürfen die Abminderungen nach den Absätzen (1) und (2) nicht vorgenommen werden.

V_{Ed0} = **696 kN**

c) Querkraftkomponente der Spannstahlkraft

Die Spannstahlkräfte liefern aufgrund ihrer jeweiligen Neigungswinkel (parabolische Spanngliedführung) Querkraftkomponenten, die den Bemessungswert der Querkraft verändern.

Spanngliedneigungen im Abstand *d* vom Auflagerrand:

Die Parabeln der Spanngliedführung lassen sich angeben zu:

siehe 3.1
Parabelstiche:
Spanngliedlage 1: $f_1 = 205$ cm
Spanngliedlage 2: $f_2 = 66{,}5$ cm

$$z_i(x) = 4 \cdot f_i \cdot (x / l_{tot} - x^2 / l^2_{tot})$$

Tangentenneigung:

$$z_i'(x) = 4 \cdot f_i \cdot (1 / l_{tot} - 2\,x / l^2_{tot}) = \tan\alpha$$

Spanngliedlage 1:

$$\tan\alpha_1 = 4 \cdot 0{,}205 \cdot (1 / 25{,}66 - 2 \cdot 2{,}09 / 25{,}66^2) = 0{,}0268$$

Abstand *d* vom Auflagerrand:
$x = 0{,}33 + 0{,}10 + 1{,}66 = 2{,}09$ m , siehe a)

Spanngliedlage 2:

$$\tan\alpha_2 = 4 \cdot 0{,}665 \cdot (1 / 25{,}66 - 2 \cdot 2{,}09 / 25{,}66^2) = 0{,}0868$$

Spannkräfte im Abstand *d* vom Auflagerrand:

zum Zeitpunkt $t = 0$, linkes Auflager:

siehe 3.2.5

$$P_{m0,1}(2{,}09\text{ m}) = 0{,}867 + (0{,}892 - 0{,}867) \cdot 2{,}09 / 16{,}46 = 0{,}870\text{ MN}$$

$$P_{m0,2}(2{,}09\text{ m}) = 0{,}859 + (0{,}892 - 0{,}859) \cdot 2{,}09 / 13{,}26 = 0{,}864\text{ MN}$$

zum Zeitpunkt $t = \infty$, linkes Auflager:

siehe 3.2.6

$$P_{m\infty,1}(2{,}09\text{ m}) = P_{m0,1}(2{,}09\text{ m}) + \Delta P_{p,c+s+r} = 0{,}870 - 0{,}123 = \mathbf{0{,}747\text{ MN}}$$

$$P_{m\infty,2}(2{,}09\text{ m}) = P_{m0,2}(2{,}09\text{ m}) + \Delta P_{p,c+s+r} = 0{,}864 - 0{,}123 = \mathbf{0{,}741\text{ MN}}$$

Querkraftkomponenten unter $\tan\alpha$ und $\gamma_p = 1{,}0$:

DIN 1045.-1, 5.3.3, Tab. 1 und
DIN 1045-1, 8.7.5:
(1) *Der Bemessungswert der Vorspannkraft* $P_d = \gamma_P \cdot P_{mt}$ *darf generell mit* $\gamma_P = 1{,}0$ *ermittelt werden.*
(2) *Mögliche Streuungen der Vorspannkraft dürfen bei den Nachweisen im Grenzzustand der Tragfähigkeit im Allgemeinen vernachlässigt werden.*

$$V_{pd,1+2} = 0{,}747 \cdot 0{,}0268 + 0{,}741 \cdot 0{,}0868$$

$$V_{pd,1+2} = \mathbf{0{,}084\text{ MN}}$$

d) Bemessungswert der einwirkenden Querkraft

$V_{Ed,red} = 527 - 84 =$ **443 kN** für den Nachweis der Querkraftbewehrung

DIN 1045-1, 10.3.2: Gl. (69)
mit Abzug der Spannkraftkomponente

$V_{Ed} = 696 - 84 =$ **612 kN** für den Nachweis der Druckstreben

5.3.2 Mindestquerkraftbewehrung

$\min A_{sw} = \rho_w \cdot s_w \cdot b_w \cdot \sin \alpha$

DIN 1045-1, 13.2.3: (4) Gl. (151)

$\min \rho_w = 1{,}0\rho = 1{,}0 \cdot 0{,}102 = 0{,}102\ \%$

gewählt: Bügel 90° mit $\sin \alpha = 1{,}0$

DIN 1045-1, 13.2.3: (5) allgemein: $1{,}0\rho$
Für gegliederte Querschnitte mit schmalem Steg und vorgespanntem Zuggurt gilt $1{,}6\rho$ (z. B. Hohlkasten oder Doppel-T-Querschnitt), also nicht für den vorliegenden T-Querschnitt.

Normalquerschnitt: $\min A_{sw} / s_w = 0{,}102 \cdot 20 = \mathbf{2{,}04\ cm^2/m}$

DIN 1045-1, 13.1: Tab. 29
$\rho = 0{,}102\ \%$ für $f_{ck} = 35\ N/mm^2$

im Auflagerbereich: $\min A_{sw} / s_w = 0{,}102 \cdot 45 = \mathbf{4{,}59\ cm^2/m}$

verstärkter Querschnittsteil

5.3.3 Erforderliche Querkraftbewehrung

gewählt: senkrechte Querkraftbewehrung

Verfahren mit veränderlicher Druckstrebenneigung

für Tragfähigkeit der Querkraftbewehrung $V_{Rd,sy}$:

DIN 1045-1, 10.3.1: Nachweisverfahren
(1) Ist Querkraftbewehrung erforderlich, so sind folgende Bemessungswerte der aufnehmbaren Querkraft zu ermitteln:
Begrenzung durch Tragfähigkeit der Querkraftbewehrung $V_{Rd,sy}$

$V_{Rd,sy} = f_{yd} \cdot z \cdot \cot \theta \cdot A_{sw} / s_w$

DIN 1045-1, 10.3.4: (4) Gl. (75)

Druckstrebenneigung:

$$\cot \theta \le \frac{1{,}2 - 1{,}4 \cdot \frac{\sigma_{cd}}{f_{cd}}}{1 - \frac{V_{Rd,c}}{V_{Ed}}} \quad \begin{cases} \ge 0{,}58 \\ \le 3{,}0 \text{ für Normalbeton} \end{cases}$$

DIN 1045-1, 10.3.4: Gl. (73)
flachstmögliche Druckstrebenneigung!

Querkrafttraganteil des Betonquerschnitts:

$V_{Rd,c} = c_j \cdot 0{,}48 \cdot \eta_1 \cdot f_{ck}^{1/3} (1 + 1{,}2\sigma_{cd} / f_{cd})\ b_w \cdot z$

$\sigma_{cd} = N_{Ed} / A_{c,net}$
$= -(0{,}747 + 0{,}741) / 0{,}376$
$= -3{,}96\ N/mm^2$

DIN 1045-1, 10.3.4: Gl. (74)
(2) $z = 0{,}9d < d - c_{v,l} - 30$ mm; *Voraussetzung bei geneigten Spanngliedern ist ausreichend verankerte Betonstahllängsbewehrung in der vorgedrückten Zugzone zur Aufnahme der Längszugkräfte infolge Querkraft.*
$c_j = 0{,}50$
$\eta_1 = 1{,}0$ Normalbeton
$N_{Ed} = P_{m\infty,1} + P_{m\infty,2}$, siehe 5.3.1 c), Druck < 0

$V_{Rd,c} = 0{,}24 \cdot 35^{1/3} \cdot (1 - 1{,}2 \cdot 3{,}96 / 19{,}8) \cdot 0{,}20 \cdot 0{,}9 \cdot 1{,}66$
$= 0{,}178\ MN = \mathbf{178\ kN}$

DIN 1045-1, 10.3.4, Bild 33:
$b_w = \min b = 200$ mm
$d = 1{,}66$ m, siehe 5.3.1 a)

$\cot \theta = (1{,}2 + 1{,}4 \cdot 3{,}96 / 19{,}8) / (1 - 178 / 443) = 2{,}47 < 3{,}0$
gewählt: $\cot \theta = \mathbf{2{,}0}$

$\cot \theta$ darf zwischen Gl. (73) und 1,0 frei gewählt werden → steilere Druckstrebenwinkel θ reduzieren die Verankerungslängen und die Ausnutzung der Betondruckstreben!

erf $A_{sw} / s_w = V_{Ed} / (f_{yd} \cdot z \cdot \cot \theta)$
$= 0{,}443 \cdot 10^4 / (435 \cdot 0{,}9 \cdot 1{,}66 \cdot 2{,}0)$
$= \mathbf{3{,}41\ cm^2/m}$
$> \min A_{sw} / s_w = 2{,}04\ cm^2/m$

DIN 1045-1, 10.3.4: Gl. (75) umgestellt

siehe 5.3.2

Querkraftbewehrung
Gewählt: Bügel 2-schnittig Ø 8 / 200 mm
$= \mathbf{5{,}03\ cm^2/m} > 3{,}41\ cm^2/m = \text{erf}\ a_{sw}$

Diese Bewehrung wird über die gesamte Dachbinderlänge eingebaut.

Auflagerbereich: Bügel 2-schnittig Ø 10 / 200 mm
$= \mathbf{7{,}85\ cm^2/m} > 4{,}59\ cm^2/m = \min a_{sw}$

Diese Verbügelung deckt die Mindestbewehrung des verstärkten Bereiches ab, verstärkt aber vor allem den Lasteinleitungsbereich der Spannglieder (Querzug).
siehe auch 7.2

5.3.4 Nachweis der Druckstrebenfestigkeit des Betons

DIN 1045-1, 10.3.1: Nachweisverfahren
(1) Druckstrebenfestigkeit Beton $V_{Rd,max}$

$V_{Rd,max} = b_w \cdot z \cdot \alpha_c \cdot f_{cd} / (\cot\theta + \tan\theta)$

DIN 1045-1, 10.3.4: (6) Gl. (76)

$\cot\theta = 2{,}0$

siehe 5.3.3
Da die gewählte Querkraftbewehrung maßgebend wird, kann eine noch steilere Druckstrebe (als für die Bewehrungsbemessung gewählte) aufgenommen werden und cot θ könnte entsprechend weiter reduziert werden.

$\alpha_c = 0{,}75 \cdot \eta_1 = 0{,}75$ $\quad \eta_1 = 1{,}0$ Normalbeton

Weil der äußere Hüllrohrdurchmesser d_h größer als 1/8 der Stegbreite ist:
$\Sigma d_h = 55$ mm $> b_w / 8 = 200 / 8 = 25$ mm

muss für die Ermittlung von $V_{Rd,max}$ eine Nettostegbreite berücksichtigt werden:

DIN 1045-1, 10.3.4: (8) Gl. (79)
Berücksichtigung des Nennwertes für die Querschnittsbreite durch Abzug des halben äußeren Hüllrohrdurchmessers für verpresste Spannglieder (auch einzelne) bis C50/60.

$b_{w,nom} = b_w - 0{,}5\,\Sigma d_h$
$= 200 - 0{,}5 \cdot 55 = 172$ mm

$V_{Rd,max} = 0{,}172 \cdot 0{,}9 \cdot 1{,}66 \cdot 0{,}75 \cdot 19{,}8 / (2{,}0 + 1 / 2{,}0)$
$= \mathbf{1{,}526\ MN} > V_{Ed} = 0{,}612$ MN

DIN 1045-1, 10.3.2: (3) Beim Nachweis von $V_{Rd,max}$ dürfen die Abminderungen des Bemessungswertes nach (1) und (2) nicht vorgenommen werden.

Verhältnis zum Bemessungswert der Querkraft:
$V_{Ed,red} = 0{,}443$ MN $= \mathbf{0{,}29\,V_{Rd,max}} < 0{,}30\,V_{Rd,max}$

Bemessungswert der Querkraftbewehrung abgemindert gemäß DIN 1045-1,10.3.2 relevant für Längs- und Querabstand der Querkraftbewehrung gemäß DIN 1045-1,13.2.3: Tab. 31
hier: $s_{max} = 0{,}7h$ bzw. 300 mm
$>$ 200 mm = gewählt.

5.3.5 Aufhängebewehrung der Einzellast

Die abgehängte Bühnenlast wird im Bereich des Untergurtes angehängt und muss über Zugstäbe (Bügel) in den Obergurt verankert werden.

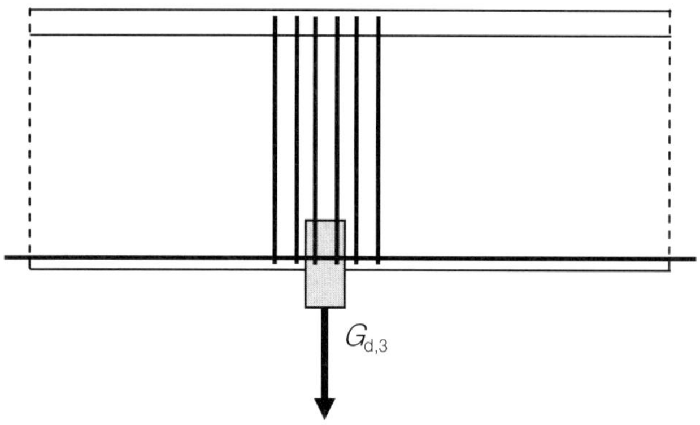

Die örtliche Lasteintragung der Abhängung mit Verbindungsmitteln und Stahlkonstruktionen wird nicht in diesem Beispiel behandelt.

Auf die Lage der Spannglieder ist zu achten!

$G_{d,3} = 253{,}8$ kN

siehe 2.2

erf $A_{sw} = G_{d,3} / f_{yd} = 0{,}254 \cdot 10^4 / 435 = \mathbf{5{,}84\ cm^2}$

f_{yd} siehe 5.1

Aufhängebewehrung
Gewählt: 6 Bügel 2-schnittig Ø 8 / 100 mm
$= \mathbf{6{,}03\ cm^2/m} > 5{,}84\ cm^2/m =$ erf A_{sw}

5.4 Nachweis seitliches Ausweichen schlanker Träger

5.4.1 Allgemeines

Schlanke Biegeträger, deren gedrückte Querschnittsteile nicht konstruktiv gehalten werden, können seitlich ausweichen (kippen). Der gedrückte Querschnittsteil (z. B. Obergurt) weicht aus der Hauptbiegeebene aus.

DIN 1045-1, 8.6.8: (1) Die Sicherheit schlanker Träger gegen seitliches Ausweichen ist nachzuweisen.

Die Ausbildung eines Daches als horizontale Scheibe (z. B. Massivdach) mit konstruktiver Anbindung des Obergurtes (Ringanker) verhindert das Kippen. Zu beachten sind auch die Bau- und Montagezustände bis zum Wirksamwerden der Scheibe und des Anschlusses.

DIN 1045-1, 8.6.8: (3) Schlanke Fertigteilträger müssen während des Anhebens, des Transports und der Montage gegen seitliches Ausweichen ausreichend gesichert sein.

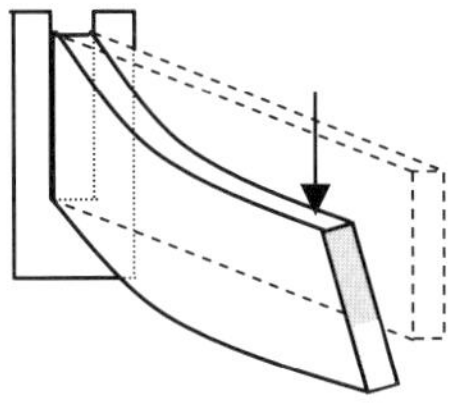

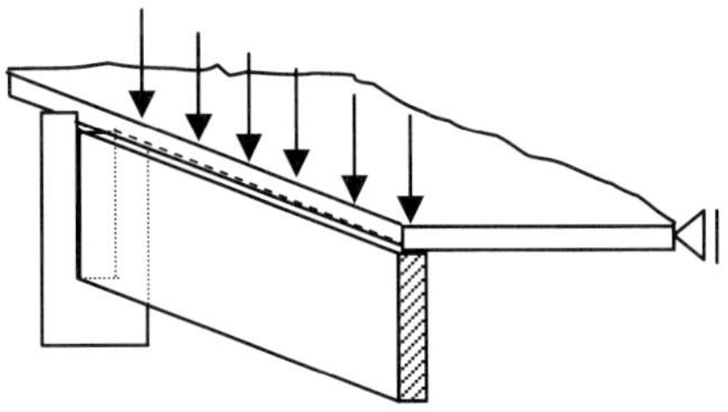

5.4.2 Vereinfachter Nachweis

Prüfung, ob auf genaueren Nachweis verzichtet werden kann, wenn:

$$b \geq \sqrt[4]{\left(\frac{l_{0t}}{50}\right)^3 \cdot h}$$

DIN 1045-1, 8.6.8: Gl. (46)

b = 0,45 m Druckgurtbreite
h = 1,70 m

l_{0t} = 25,0 m (= l_{eff})
Länge des Druckgurtes zwischen seitlichen Abstützungen

siehe 1

$$0{,}45 \text{ m} < \sqrt[4]{\left(\frac{25}{50}\right)^3 \cdot 1{,}70} = 0{,}68 \text{ m}$$

→ Ein genauerer Nachweis wird erforderlich!

Alternative: Obergurtverbreiterung

5.4.3 Näherungsweiser Nachweis der Kippstabilität

Annahmen:

Es wird in diesem Beispiel gezeigt, ob im Endzustand die Kippsicherheit des Trägerobergurtes auch ohne eine ausgesteifte, horizontale Dachscheibe gewährleistet ist.
Näherungsweise Untersuchung der Kippstabilität nach [52].

[52] *König / Pauli*: Nachweis der Kippstabilität von schlanken Fertigteilträgern aus Stahlbeton und Spannbeton. Beton- und Stahlbetonbau 87 (1992), S. 109-112, S. 149-151

Die Kippstabilität im Transportzustand sei durch eine stabile Traversenkonstruktion und mehrere Anbindepunkte über die Trägerlänge gewährleistet.

Wird hier vorausgesetzt.

Der Dachbinder wird in den Stützen gabelgelagert.

Das Nachweiskonzept basiert auf zwei Grenzbetrachtungen möglicher Gleichgewichtszustände am verformten System unter Vorgabe von Vorverformungen. Dabei wird einerseits eine Grenzverdrehung des Querschnitts infolge zweiachsiger Biegung im Grenzzustand der Tragfähigkeit und andererseits eine Grenzverdrehung infolge Torsion bestimmt, die durch die Überschreitung des Torsionsrissmomentes im Auflagerbereich beschränkt wird.

a) Grenzzustand Biegung

Biegemoment:

$M_{Ed,y} = 35{,}4 \cdot 25{,}0^2 / 8 + 253{,}8 \cdot 2{,}50 \quad = 3400$ kNm

siehe 4.1.1

Bemessungswerte der Baustoffe:

Beton	C35/45:	$f_{cd} = 19{,}8$ N/mm²
Betonstahl	BSt 500 S:	$f_{yd} = 435$ N/mm²

b) Querschnittswerte

siehe 1.3

Schwerpunkt:

$e_0 = 766$ mm

Abstand Schubmittelpunkt - Schwerpunkt:

$e_M = 302$ mm

Bewehrung:

$A_{s,1} = 15{,}7$ cm² (5 ∅ 20)

$A_{s,2} = 24{,}6$ cm² (4 ∅ 28)

$\Sigma A_{p,1} = 14{,}0$ cm² (Litzen)

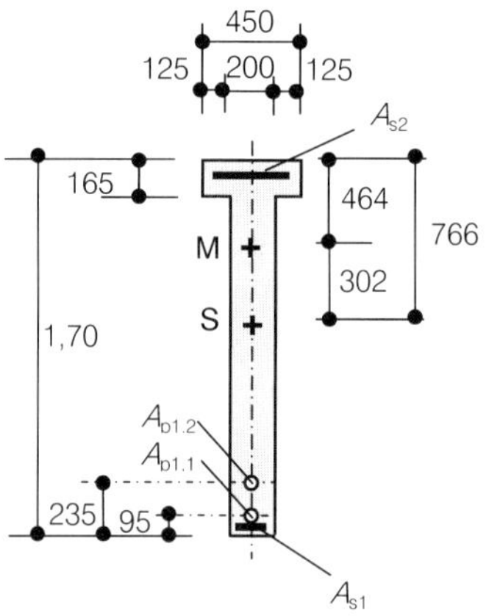

Zur Erhöhung der Seitensteifigkeit und der Kippstabilität (zweiachsige Biegung) wurden 4 ∅ 28 als Obergurtbewehrung vorgewählt.

Die Querschnittsanalyse am verformten System Theorie II. Ordnung für die Steifigkeiten und die Ermittlung des aufnehmbaren Biegemoments $M_{Rd,z}$ um die schwache Achse bei vorgegebenen Hauptbiegemoment $M_{Ed,y}$ im Grenzzustand der Tragfähigkeit muss iterativ durchgeführt werden. In diesem Beispiel werden mit dem abacus-Computerprogramm [56] auf der Basis einer nichtlinearen Berechnung diese Werte ermittelt.

Der jeweilige Dehnungszustand muss iterativ ermittelt werden (Bemessungshilfsmittel oder Software).

[56] abacus – Programm: Fertigteilträger FETT-KIN V6.0

Der Verformungsberechnung liegen die folgenden Bemessungswerte der Baustoffe zugrunde:

Beton	C35/45:	$f_{cd} = f_{cm} / \gamma_c = 43 / 1{,}5$	$= 28{,}7$ N/mm²
Betonstahl	BSt 500 S:	$f_{yd} = 500 / 1{,}0$	$= 500$ N/mm²

DIN 1045-1, 8.6.8: (6) und 8.6.1: (7) ... *Die Formänderungen dürfen auf der Grundlage von Bemessungswerten, die auf den Mittelwerten der Baustoffkennwerte beruhen (z. B. f_{cm} / γ_c, E_{cm} / γ_c) ermittelt werden.*
→ für Betonstahl aber mit $\gamma_s = 1{,}0$
DIN 1045-1, 9.1.7: Tab. 9
$f_c = f_{cm} = 43$ N/mm²

Die Berechnungsergebnisse in Feldmitte sind:

Biegesteifigkeit um die schwache Achse: $EI_z =$ **44,4 MNm²**

Torsionssteifigkeit: $GI_T =$ **11,3 MNm²**

Dabei wurde die Mittelwerte der Vorspannkräfte zum Zeitpunkt $t = \infty$ mit $\gamma_P = 1{,}0$ als Einwirkung berücksichtigt.

DIN 1045.-1, 5.3.3: Tab. 1 und 8.7.5: Grenzzustand der Tragfähigkeit
(1) *Der Bemessungswert der Vorspannkraft $P_d = \gamma_P \cdot P_{mt}$ darf im Allgemeinen mit $\gamma_P = 1{,}0$ ermittelt werden.*
(2) *Mögliche Streuungen der Vorspannkraft dürfen bei den Nachweisen im Grenzzustand der Tragfähigkeit im Allgemeinen vernachlässigt werden.*
Dies gilt nicht bei Spanngliedern ohne Verbund bei Anwendung nichtlinearer Verfahren (siehe DIN 1045-1, 8.7.5: (3)).

c) Angesetzte Vorverformungen

Die Imperfektion wird durch eine ungewollte Ausmitte berücksichtigt.

$e_a = l_{eff} / 300 \quad = 25{,}0 / 300 \quad = \mathbf{0{,}083\ m}$

Diese Annahme ersetzt ungefähr die von [52] *König/Pauli* empfohlene ungewollte Ausmitte von $e_u = l / 500$ bzw. $l / 250$ (Berücksichtigung von Kriecheinflüssen ohne Dachscheibenaussteifung).

DIN 1045-1, 8.6.8: (6) *Bei genaueren Nachweisen der Kippsicherheit ... unter Berücksichtigung von Imperfektionen ... Sofern keine genauen Angaben vorliegen, darf* $e_a = l_{eff} / 300$ *angesetzt werden.*

Der Verlauf der Vorverformungen wird affin zu den Verformungen angenommen – eine Überlagerung ist dann möglich. [52] 3.4

DIN 1045-4: 7 Konformität von Fertigteilen: Bei schlanken Balken (z. B. Pfetten, Bindern) ist die ungewollte Verkrümmung des Druckgurtes in horizontaler Richtung, als Stichmaß in halber Balkenlänge gemessen, auf $l / 700$ zu begrenzen. Dabei ist l der Abstand der Auflager.

d) Grenzbetrachtung zweiachsige Biegung

Querschnittsanalyse notwendig für aufnehmbares Querbiegemoment $M_{z,Rd}$ bei vorgegebenem Hauptbiegemoment ($M_{Ed,y} = 3400$ kNm).

[56] abacus – Programm: Fertigteilträger FETT-KIN V6.0

zweiachsige Biegung:

Die Querschnittsanalyse im Grenzzustand der Tragfähigkeit mit [56] ergab bei vorgegebenem Hauptbiegemoment $M_{Ed,y} = 3400$ kNm ein aufnehmbares Querbiegemoment

max $M_{Rd,z}$ $= \mathbf{211\ kNm}$

mögl $\upsilon = 211 / 3400$ $= \mathbf{0{,}062}$

[52] Gl. (7) mit $\upsilon_0 - 0$ für sehr kleine Verdrehungen

Maßgebender Schnitt x = 12.83 m

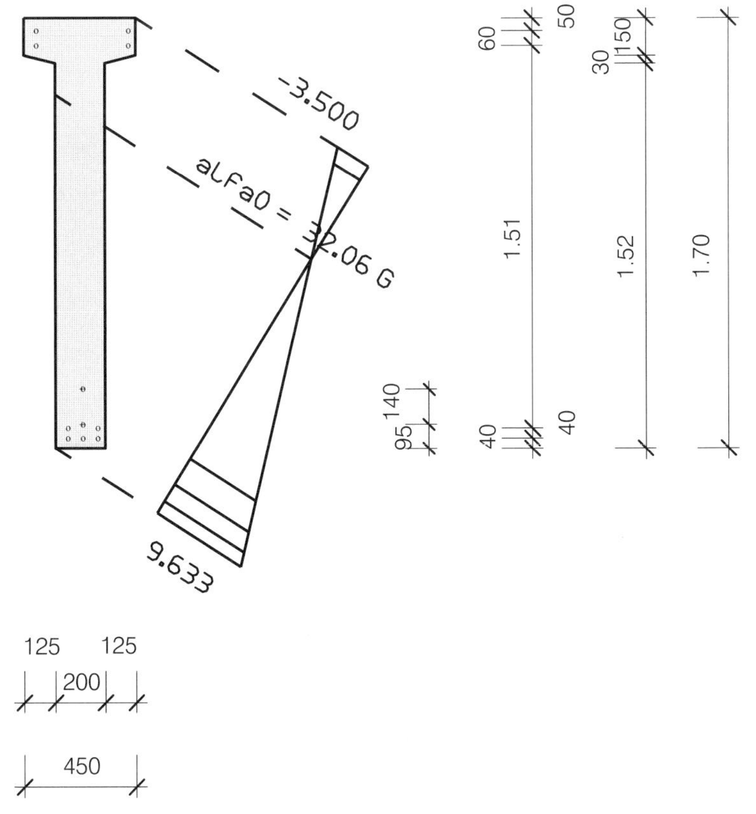

My = 3392.34 kNm
Mz = 57.40 kNm
gamma = 1.14

eps.c = –3.500 o/oo
eps.s = 9.184 o/oo

Aufnehmbar:
Mz = 210.93 kNm

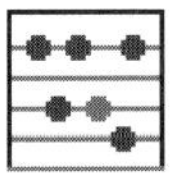

[56] abacus – Programm:
Fertigteilträger FETT-KIN V6.0

e) Grenzbetrachtung Torsion

$f_{ctm} = 3{,}2$ N/mm² für C35/45

DIN 1045-1, 9.1.7: Tab. 9

Auflagerbereich Zustand I (Querschnitt ohne Verstärkung B–B):

$W_{t1} = 0{,}261 \cdot 45 \cdot 16{,}5^2 = 3198 \text{ cm}^3$

$W_{t2} = 0{,}305 \cdot 153{,}5 \cdot 20^2 = 18727 \text{ cm}^3$

$\Sigma W_t = 21.900 \text{ cm}^3 = 0{,}0219 \text{ m}^3$

[51] Schneider-Bautabellen:
4. Statik: 11. Flächenmomente

Auflagerbereich Zustand I (Querschnitt mit Verstärkung A–A):

$W_t = 0{,}278 \cdot 170 \cdot 45^2 = 95.700 \text{ cm}^3 = 0{,}0957 \text{ m}^3$

Querschnittsverbreiterung im Auflagerbereich mit $b / h = 0{,}45 / 1{,}70$ m, siehe 1.

Aufnehmbares Torsionsmoment:

Querschnitt B–B: $T_{R,B} = 3{,}2 \cdot 10^3 \cdot 0{,}0219 =$ **70,1 kNm**

Querschnitt A–A: $T_{R,A} = 3{,}2 \cdot 10^3 \cdot 0{,}0957 = 306$ kNm

[52] definierter Grenzzustand mit Torsionsrissmoment: Der Querschnitt soll im Zustand I verbleiben.

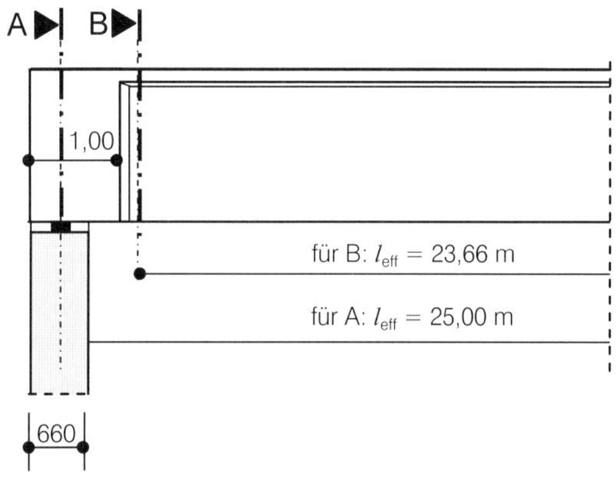

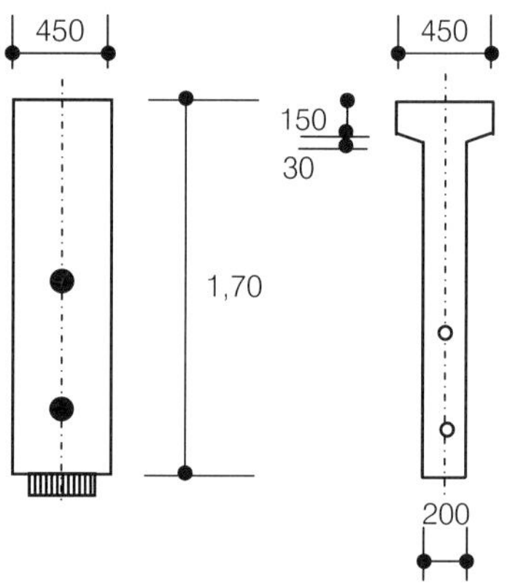

Mögliche Verdrehung bis zum Erreichen des Torsionsrissmomentes (Querschnitt B–B):

$$\text{mögl } \vartheta_T = T_R \cdot l_0 / (\pi \cdot GI_T)$$
$$\text{mögl } \vartheta_T = 70{,}1 \cdot 10^{-3} \cdot 25{,}0 / (\pi \cdot 11{,}3)$$
$$= \mathbf{0{,}049}$$

Die Querschnittsverbreiterung im Auflagerbereich wird bei der Ermittlung der Grenzverdrehung auf der sicheren Seite liegend vernachlässigt.

Als **zulässige Grenzverdrehung** ist der kleinere Wert (zweiachsige Biegung oder Torsion) ϑ_{gr} = **0,049** für die weitere Berechnung maßgebend.

Horizontale Verschiebung des Schubmittelpunktes

Bemessungsgesamtlast:

$g_{d,1} = 12{,}9$ kN/m

$g_{d,2} = 13{,}5$ kN/m

$q_{d,1} = \underline{\ 9{,}0 \text{ kN/m}}$

$e_d = 35{,}4$ kN/m

Der Verlauf der Vorverformungen wurde affin zu den Verformungen angenommen – eine Überlagerung ist möglich.

Querschnitt: siehe 5.4.3 b)
Einwirkungen siehe 2.1 bzw. 2.2
Die abgehängten Bühnenlasten $G_{k,3}$ werden bei der Verdrehungsberechnung vernachlässigt, da sie an der Binderunterseite und in Auflagernähe angreifen (mit wesentlich geringerer Verschiebung des Lastangriffspunktes).

$v_M = [1/(8\,\pi^2) - 1/\pi^3 + 3/\pi^4] \cdot e_d \cdot \upsilon \cdot l^4 / EI_z$
$v_M = 0{,}0112 \cdot 35{,}4 \cdot 10^{-3} \cdot 0{,}049 \cdot 25{,}0^4 / 44{,}4 = 0{,}171$ m

ges $v_M = e_a + v_M$
ges $v_M = 0{,}083 + 0{,}171 =$ **0,254 m**

Verschiebungen der Lastangriffspunkte infolge v_M und υ:
$v_{g,1} = 0{,}254 - 0{,}302 \cdot 0{,}049 = 0{,}239$ m
$v_{g,2+q,1} = 0{,}254 + 0{,}464 \cdot 0{,}049 = 0{,}277$ m

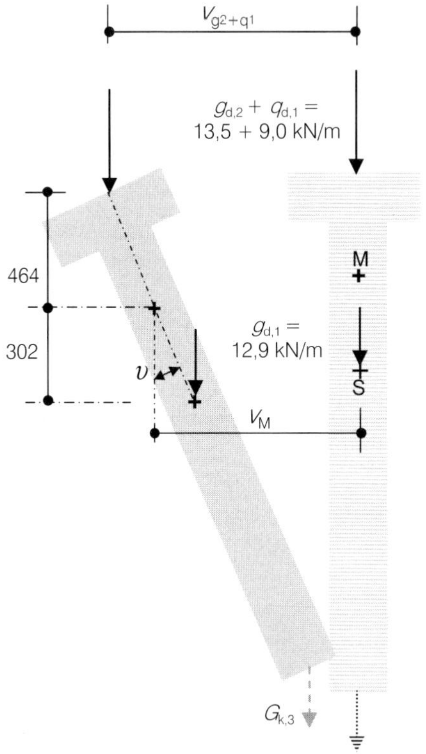

Torsionsmoment am Auflager infolge der Verschiebungen der Lastangriffspunkte und der planmäßigen Ausmitte im Grenzzustand der Tragfähigkeit:

Querschnitt A–A:
$T_A = (g_d + q_d) \cdot v \cdot l_A / \pi$
$T_A = [12{,}9 \cdot 0{,}239 + (13{,}5 + 9{,}0) \cdot 0{,}277] \cdot 25{,}0 / \pi$
$=$ **74,1 kNm**

Querschnitt B–B:
$T_B \approx T_A \cdot l_B / l_A$
$T_B \approx 74{,}1 \cdot 23{,}66 / 25{,}0$
$=$ **70,1 kNm**

f) Kippsicherheit im Endzustand

Querschnitt A–A: $T_{R,A} = 306$ kNm $> T_{E,A} = 74{,}1$ kNm

Querschnitt B–B: $T_{R,B} = 70{,}1$ kNm $= T_{E,B} = 70{,}1$ kNm

T_R = aufnehmbares Torsionsrissmoment

Die Kippsicherheit im Endzustand ist sichergestellt!

Voraussetzung für diesen Nachweis ist die Einhaltung des definierten Grenzzustandes des ungerissenen Querschnitts im Auflagerbereich zur Aufnahme des Torsionsrissmomentes (= Bauteilwiderstand). Nach Überschreiten des Rissmomentes fällt die Torsionssteifigkeit deutlich ab und die Torsionsverdrehungen nehmen überproportional zu.

Bei vorgespannten Trägern ist die Annahme des Zustandes I u. U. gerechtfertigt. In der Regel ist nachzuweisen, dass die Hauptzugspannungen den Bemessungswert der Betonzugfestigkeit im maßgebenden Querschnitt nicht überschreiten.
In anderen Fällen sollte die Aufnahme des berechneten einwirkenden Torsionsmoments durch entsprechende Bewehrung (Bügel als Torsionsbewehrung ausbilden) sichergestellt werden.

Hinweis:
Die Auflagerkonstruktion (Gabeln der Stützen) ist für das maximal auftretende Torsionsmoment aus dem Träger zu bemessen.
DIN 1045-1, 8.6.8: (5) Sofern keine genaueren Angaben vorliegen, ist die Auflagerkonstruktion so zu bemessen, dass sie mindestens ein Torsionsmoment aus dem Träger
$T_{Ed} = V_{Ed} \cdot l_{eff} / 300$ aufnehmen kann.
Hier mit $V_{Ed} = 612$ kN (siehe 5.3.1 d)):
min $T_{Ed} = 612 \cdot 25{,}0 / 300 = 51$ kNm
$< T_{Ed} = 74{,}1$ kNm im Endzustand maßgebend für Auflager!

Die Stützenbemessung erfolgt in diesem Beispiel nicht.

6 Nachweise in den Grenzzuständen der Gebrauchstauglichkeit

6.1 Begrenzung der Spannungen unter Gebrauchsbedingungen

DIN 1045-1, 11.1

DIN 1045-1, 11.1.1: (3) *Die Spannungsnachweise nach 11.1.2 und 11.1.3 dürfen für nicht vorgespannte Tragwerke des üblichen Hochbaus .... i. Allg. entfallen, wenn ...*

Wegen der Vorspannung des Dachbinders dürfen die Spannungsnachweise unter Gebrauchsbedingungen nicht entfallen.

Zu Beginn der Nachweise im Grenzzustand der Gebrauchstauglichkeit sollte eine Überprüfung stehen, in welchen Bereichen der Dachbinder unter der seltenen Einwirkungskombination die mittlere Betonzugfestigkeit f_{ctm} überschreitet (und zwar zum Zeitpunkt $t = t_0$ und $t = \infty$).

Dann steht für alle Spannungsnachweise im Gebrauchszustand fest, ob die Nachweise für den ungerissenen oder den gerissenen Querschnitt zu führen sind.

In diesem Beispiel wird vereinfacht nur der Querschnitt in Feldmitte zum Zeitpunkt $t = \infty$ überprüft.

Maximales Biegemoment unter der seltenen Einwirkungskombination

$$M_{rare} = 2{,}462 \text{ MNm}$$

siehe 4.2.1

Mittelwert der Vorspannkraft zum Zeitpunkt $t = \infty$ in Feldmitte:

$$P_{m\infty,1} = 0{,}763 \text{ MN} = -N_{Ed\infty,1}$$
$$P_{m\infty,2} = 0{,}768 \text{ MN} = -N_{Ed\infty,2}$$
$$\Sigma P_{m0} = 1{,}531 \text{ MN} = -N_{Ed\infty}$$

Maßgebend sind die mittleren Vorspannkräfte unter Berücksichtigung der zeitabhängigen Vorspannverluste.

siehe 3.2.5 und 3.2.6

Überprüfung mit den Vorspannkräften zum Zeitpunkt $t = \infty$, ob der Querschnitt im Zustand I verbleibt:

$$M_p = -P_{m\infty,1} \cdot z_{p1} - P_{m\infty,2} \cdot z_{p2}$$
$$= -0{,}763 \cdot 0{,}829 - 0{,}768 \cdot 0{,}689$$
$$= -1{,}162 \text{ MNm}$$

ideeller Querschnitt siehe 1.3

siehe 1.3: Querschnittswerte
$z_o = h - z_u = 1{,}70 - 0{,}922 = 0{,}778$ m

Spannung $\sigma_{c,o}$ am oberen Querschnittsrand:

$$\sigma_{c,o} = (N_{Ed} / A_i) - (M_{rare} + M_p) \cdot z_o / I_i$$
$$\sigma_{c,o} = (-1{,}531 / 0{,}412) - (2{,}462 - 1{,}162) \cdot 0{,}778 / 0{,}121$$
$$= -3{,}72 - 8{,}36$$
$$= \mathbf{-12{,}1 \text{ N/mm}^2}$$

Spannung $\sigma_{c,u}$ am unteren Querschnittsrand:

$$\sigma_{c,u} = (N_{Ed} / A_i) + (M_{rare} + M_p) \cdot z_u / I_i$$
$$\sigma_{c,u} = (-1{,}531 / 0{,}412) + (2{,}462 - 1{,}162) \cdot 0{,}922 / 0{,}121$$
$$= -3{,}72 + 9{,}91$$
$$= \mathbf{+6{,}19 \text{ N/mm}^2}$$
$$> +3{,}2 \text{ N/mm}^2 = f_{ctm}$$

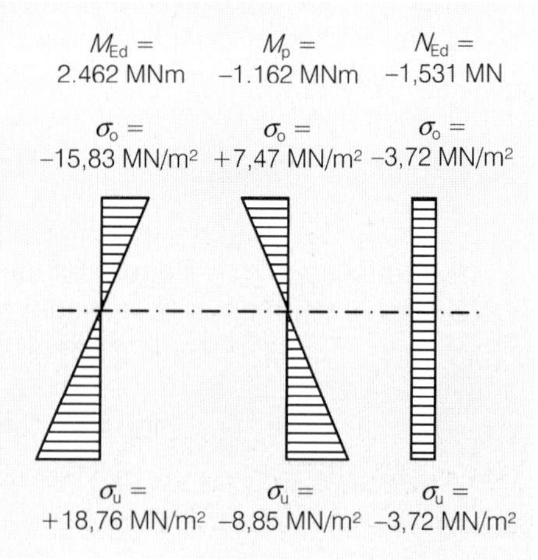

Die Spannungsnachweise im Grenzzustand der Gebrauchstauglichkeit werden am gerissenen Querschnitt im Zustand II in Feldmitte geführt.

DIN 1045-1, 9.1.7: Tab. 9: f_{ctm} für C35/45

6.1.1 Begrenzung der Betondruckspannungen

DIN 1045-1, 11.1.2

Zur Vermeidung überproportionaler Kriechverformungen ist die Betonspannung in der Druckzone auf $0{,}45 f_{ck}$ unter quasi-ständiger Einwirkungskombination zu begrenzen.

DIN 1045-1, 11.1.2: (2)

[40] *Zilch/Rogge*: BK 2002/1, 3.3.2, S. 281: Maßgebender Zeitpunkt der Beanspruchung für diesen Nachweis ist in der Regel $t = t_0$ zu Beginn des Kriechprozesses, da auch bereits zu Belastungsbeginn vorhandene übergroße Druckspannungen einen nicht umkehrbaren, nichtlinearen Kriechverlauf einleiten. Für den Beton C35/45 wird daher der mittlere E-Modul für die Spannungsermittlung verwendet.
DIN 1045-1, Tab. 9: E_{cm}= 29.900 N/mm²
DIN 1045-1, 9.2.4: (4) E_s

Ermittlung der Druckzonenhöhe und des inneren Hebelarms

Annahme: lineare Spannungsverteilung

Verhältnis der E-Moduln ($E_s \approx E_p$):

$\alpha_e \quad = E_s / E_{cm} = 200.000 / 29.900 = 6{,}69$

Eingangswerte:

$A_{s1} + A_{p1} = 29{,}7$ cm² $\qquad A_{s2} = 24{,}6$ cm²

$b_{eff} \quad = 450$ mm $\qquad b_w = 200$ mm

$d_2 \quad = h_f / 2 = 165 / 2 \quad = 82{,}5$ mm

$\rho_{l,II} \quad = 29{,}7 / (20 \cdot 159) \quad = 0{,}0093$

$\alpha_e \cdot \rho_l \quad = 6{,}69 \cdot 0{,}0093 \quad = 0{,}0622$

$x / d \quad = 0{,}205$

Ermittlung der Druckzonenhöhe für Plattenbalken Zustand II nach
[46] *Litzner*: Grundlagen der Bemessung nach EC2. BK 1995/I, 8.3: Grenzzustände der Tragwerksverformung, Tab. 8.9, S. 666
Die obere und untere Bewehrung wird bei der Ermittlung der Druckzonenhöhe im Zustand II berücksichtigt: $k_{xII} = 0{,}205$

$x \quad = 0{,}205 \cdot 1{,}59 \quad = 0{,}326$ m $\qquad$ (reine Biegung)

$z \quad \approx d - x / 3 \quad = 1{,}59 - 0{,}326 / 3 = 1{,}48$ m

vereinfacht für Rechteckquerschnitt

Mittlere Breite der Druckzone b_m mit der Höhe x:

$b_m = [450 \cdot 165 + 200 \cdot (326 - 165)] / 326 = 327$ mm

$b_f / h_f = 450 / 165$ mm

Ermittlung der Betondruckspannung

in Feldmitte: $\quad M_{perm} \quad = 1{,}993$ MNm

siehe 4.2.1

unterer charakteristischer Wert der Vorspannkraft zum Zeitpunkt $t = \infty$:

Unterer Wert der Vorspannung führt zu höherer Druckspannung an der Binderoberseite!

$P_{k,inf} \quad = 1{,}378 = N_p$

siehe 4.2.2

Mittlerer Abstand der Spannglieder zum Querschnittsschwerpunkt:

$a_p \quad = 0{,}5\,(0{,}827 + 0{,}687) = 0{,}757$ m

ideeller Querschnitt siehe 1.3

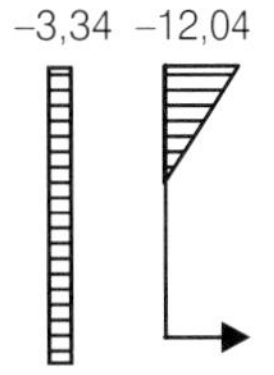

Biegemoment aus Vorspannkraft:

$M_p \quad = -1{,}378 \cdot 0{,}757 = -1{,}043$ MNm

max $|\sigma_c| \approx (N_p / A_i) - 2 \cdot (M_{perm} + M_p) / (z \cdot x \cdot b)$

$= (-1{,}378 / 0{,}412) - 2 \cdot (1{,}993 - 1{,}043) / (1{,}48 \cdot 0{,}326 \cdot 0{,}327)$

$= -3{,}34 - 12{,}04$

$=$ **15,4 N/mm²**

$< 0{,}45 \cdot 35$ N/mm² $= 15{,}8$ N/mm²

DIN 1045-1, 11.1.2: (2) $\sigma_c \leq 0{,}45 f_{ck}$ für die quasi-ständige Einwirkungskombination

Im Auflagerbereich:

DIN 1045-1, 11.1.2: (3) *Im Bereich von Verankerungen und Auflagern dürfen die vorgenannten Nachweise entfallen, wenn die Festlegungen in 8.7.7 sowie Abschnitt 13 (Konstruktionsregeln) eingehalten sind.*

Die Nachweise im Grenzzustand der Gebrauchstauglichkeit dürfen entfallen, da die Bewehrung im Verankerungsbereich gemäß bauaufsichtlicher Zulassung zum Spannverfahren ausgeführt wird.

Nachweis der Krafteinleitung im Verankerungsbereich siehe 7.2

DIN 1045-1, 8.7.7: Verankerungsbereiche bei Spanngliedern mit nachträglichem Verbund... Die im Verankerungsbereich erforderliche Spaltzug- und Zusatzbewehrung ist der allgemeinen bauaufsichtlichen Zulassung für das Spannverfahren zu entnehmen.
Der Nachweis der Kraftaufnahme und -weiterleitung im Tragwerk ist mit einem geeigneten Verfahren ... zu führen.

6.1.2 Begrenzung der Betonstahlspannungen

DIN 1045-1, 11.1.3

Begrenzung der Betonstahlspannung auf $0{,}8 f_{yk}$ unter der seltenen Einwirkungskombination:

DIN 1045-1, 11.1.3: (1)
Zur Vermeidung breiter Risse ist das Überschreiten der Streckgrenze des Betonstahls auf Gebrauchslastniveau unbedingt zu verhindern.

in Feldmitte:

$$M_{rare} = 2{,}462 \text{ MNm}$$

siehe 4.2.1

unterer charakteristischer Wert der Vorspannkraft zum Zeitpunkt $t = \infty$ nach Abzug der zeitabhängigen Spannkraftverluste:

Führt zu größtem Spannungszuwachs in der Betonstahlbewehrung

$$P_{k,\,inf,1} = 0{,}687 \text{ MN} = -N_{Ed,1}$$
$$P_{k,\,inf,2} = 0{,}691 \text{ MN} = -N_{Ed,2}$$
$$\Sigma P_{k,\,inf} = 1{,}378 \text{ MN}$$

siehe 4.2.2
praktisch im Bereich des maximalen Biegemomentes in Feldmitte, Druckkraft < 0

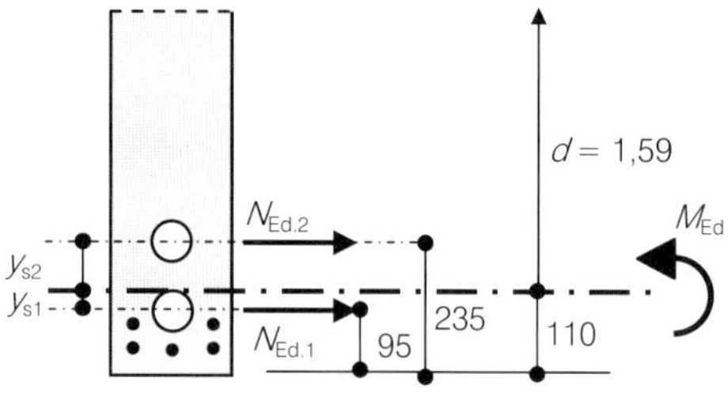

auf die gemittelte Bewehrungsachse bezogenes Moment:

$$M_{Eds} = M_{rare} + N_{Ed,1} \cdot y_{s1} - N_{Ed,2} \cdot y_{s2}$$
$$= 2{,}462 - 0{,}687 \cdot (0{,}11 - 0{,}095) + 0{,}691 \cdot (0{,}235 - 0{,}11)$$
$$= 2{,}538 \text{ MNm}$$

Stahlspannung unter äußerer Einwirkung:

gemittelte Bewehrungslage: siehe 5.2
Für den inneren Hebelarm wird vereinfacht der aus der Bemessung im Grenzzustand der Tragfähigkeit mit $z = 0{,}87d$ zugrunde gelegt.

$$\sigma_s \approx \Delta\sigma_p \approx (M_{Eds} / z + N_{Ed}) / (A_{s,1} + A_p)$$
$$= [2{,}538 / (0{,}87 \cdot 1{,}59) - 1{,}378] / [(15{,}2 + 14{,}0) \cdot 10^{-4}]$$
$$= \mathbf{+156 \text{ N/mm}^2}$$
$$< 0{,}8 \cdot 500 = 400 \text{ N/mm}^2$$

Näherungsweise Spannungsermittlung siehe [27] DAfStb–Heft 425: 10.4.2, S. 118
Unterschiede im Verbundverhalten und der E-Moduln der Stähle vernachlässigt.

6.1.3 Begrenzung der Spannstahlspannungen

DIN 1045-1, 11.1.4

a) Begrenzung der Spannstahlspannungen auf $0{,}65 f_{pk}$ unter der quasiständigen Einwirkungskombination mit dem Mittelwert der Vorspannung

DIN 1045-1, 11.1.4: (1)
zur Begrenzung der Gefahr einer Spannungsrisskorrosion

in Feldmitte:

$$M_{perm} = 1{,}993 \text{ MNm}$$

siehe 4.2.1

Mittelwert der Vorspannkraft zum Zeitpunkt $t = \infty$ nach Abzug der zeitabhängigen Spannkraftverluste:

$$P_{m\infty,1} + P_{m\infty,2} = 0{,}763 + 0{,}768 = 1{,}531 \text{ MN} = -N_{Ed\infty}$$

siehe 3.2.6, praktisch im Bereich des maximalen Biegemomentes in Feldmitte
Druckkraft < 0

auf die gemittelte Bewehrungsachse bezogenes Moment:

$$M_{Eds} = M_{perm} + N_{Ed\infty,1} \cdot y_{s1} - N_{Ed\infty,2} \cdot y_{s2}$$
$$= 1{,}993 - 0{,}763 \cdot (0{,}11 - 0{,}095) + 0{,}768 \cdot (0{,}235 - 0{,}11)$$
$$= 2{,}077 \text{ MNm}$$

Stahlspannung unter äußerer Einwirkung:

$$\sigma_s \approx \Delta\sigma_p \approx (M_{Eds} / z + N_{Ed\infty}) / (A_{s,1} + A_p)$$
$$= [2{,}077 / (0{,}87 \cdot 1{,}59) - 1{,}531] / [(15{,}2 + 14{,}0) \cdot 10^{-4}]$$
$$\mathbf{< 0}$$

Für den inneren Hebelarm wird vereinfacht der aus der Bemessung im Grenzzustand der Tragfähigkeit mit $z = 0{,}87d$ zugrunde gelegt (siehe 5.2.1).
Der Querschnitt bleibt unter der quasiständigen Einwirkungskombination und der mittleren Vorspannung zum Zeitpunkt $t = \infty$ überdrückt.

Gesamtspannstahlspannung:

$$\sigma_{p,perm} = \sigma_{p,m0} + \Delta\sigma_p$$
$$= 1{,}531 / (14{,}0 \cdot 10^{-4}) + 0$$
$$= \mathbf{1094\ N/mm^2}$$
$$< 0{,}65\ f_{pk} = 0{,}65 \cdot 1770 = 1150\ N/mm^2$$

b) Begrenzung der Spannstahlspannung auf $0{,}9 f_{p0,1k}$ bzw. $0{,}8 f_{pk}$ unter der seltenen Einwirkungskombination mit Mittelwert der Vorspannung zu jedem Zeitpunkt und in jedem Querschnitt

DIN 1045-1, 11.1.4: (2)
Zur Begrenzung nichtelastischer Stahldehnungen.

maßgebend: Querschnitt in Feldmitte mit maximalem Biegemoment der seltenen Einwirkungskombination

$M_{rare} = 2{,}462$ MNm

siehe 4.2.1

Es werden im Folgenden die Spannstahlspannungen zu den Zeitpunkten $t = 0$ und $t = \infty$ untersucht:

	Zeitpunkt $t = 0$	Zeitpunkt $t = \infty$
Mittelwert der Vorspannkraft $P_{mt} = -N_{Ed}$	$P_{m0,1} = 0{,}886$ MN $P_{m0,2} = 0{,}891$ MN $\Sigma P_{m0} = 1{,}777$ MN	$P_{m\infty,1} = 0{,}763$ MN $P_{m\infty,2} = 0{,}768$ MN $\Sigma P_{m\infty} = 1{,}531$ MN
auf die gemittelte Bewehrungsachse bezogenes Moment $M_{Eds} = M_{rare} + N_{Ed,1} \cdot y_{s1} - N_{Ed,2} \cdot y_{s2}$	= 2,462 – – 0,886 · (0,11 – 0,095) + 0,891 · (0,235 – 0,11) = 2,560 MNm	= 2,462 – – 0,763 · (0,11 – 0,095) + 0,768 · (0,235 – 0,11) = 2,547 MNm
Stahlspannung unter äußerer Einwirkung: $\sigma_s \approx \Delta\sigma_p \approx (M_{Eds} / z + N_{Ed\infty}) / (A_{s,1} + A_p)$	= [2,560 / (0,87 · 1,59) – 1,777] / $[(15{,}7 + 14{,}0) \cdot 10^{-4}]$ = **+25 N/mm²**	= [2,547 / (0,87 · 1,59) – 1,531] / $[(15{,}7 + 14{,}0) \cdot 10^{-4}]$ = **+106 N/mm²**
Gesamtspannstahlspannung: $\boldsymbol{\sigma_{p,rare}} = \sigma_{p,mt} + \Delta\sigma_p$	$= 1{,}777 / (14{,}0 \cdot 10^{-4})$ + 25 = **1294 N/mm²**	$= 1{,}531 / (14{,}0 \cdot 10^{-4})$ + 106 = **1200 N/mm²**
$< 0{,}9 f_{p0,1k}$ $= 0{,}9 \cdot 1500$	**< 1350 N/mm²**	
$< 0{,}8 f_{pk}$ $= 0{,}8 \cdot 1770$	**< 1416 N/mm²**	

siehe 3.2.5 und 3.2.6

siehe 6.1.2

Für den inneren Hebelarm wird vereinfacht der aus der Bemessung im Grenzzustand der Tragfähigkeit mit $z = 0{,}87d$ zugrunde gelegt (siehe 5.2.1).

$\Sigma A_p = 14\ cm^2$

Die Spannstahlspannungen sind ausreichend begrenzt.

6.2 Grenzzustände der Rissbildung

6.2.1 Mindestbewehrung zur Begrenzung der Rissbreite

Prüfung, ob Mindestbewehrung erforderlich ist:

seltene Einwirkungskombination in Feldmitte:

$M_{rare} = 2{,}462$ MNm

Unterer charakteristischer Wert der Vorspannkraft zum Zeitpunkt $t = \infty$ mit Abzug der zeitabhängigen Spannkraftverluste:

$P_{k,inf,1} + P_{k,inf,2} = 0{,}687 + 0{,}691 = 1{,}378 \text{ MN} = -N_{Ed}$

Moment aus Vorspannkraft:

$M_p = -P_{k,1} \cdot z_{p1} - P_{k,2} \cdot z_{p2}$
$= -0{,}687 \cdot 0{,}827 - 0{,}691 \cdot 0{,}687$
$= -1{,}043$ MNm

Spannung $\sigma_{c,u}$ am unteren Querschnittsrand:

$\sigma_{c,u} = (N_{Ed} / A_i) + (M_{rare} + M_p) \cdot z_u / I_i$
$\sigma_{c,u} = (-1{,}378/ 0{,}412) + (2{,}462 - 1{,}043) \cdot 0{,}922 / 0{,}121$
$= -3{,}34 + 10{,}81$
$=$ **+7,47 N/mm²**
$> -1{,}0$ N/mm²

→ Mindestbewehrung ist erforderlich:

$A_s = k_c \cdot k \cdot f_{ct,eff} \cdot A_{ct} / \sigma_s$

$k_c = 0{,}4 \cdot [1 + \sigma_c / (k_1 \cdot f_{ct,eff})] \quad \leq 1{,}0$

σ_c in der Schwerelinie des Querschnitts vor Erstriss:
$\sigma_c = -3{,}34$ N/mm²

$f_{ct,eff} = 3{,}2$ N/mm²

$k_1 = 1{,}5\, h / h'$ Drucknormalkraft in Schwerelinie
$= 1{,}5 \cdot 1{,}7 / 1 = 2{,}55$

$k_c = 0{,}4 \cdot [1 - 3{,}34 / (2{,}55 \cdot 3{,}2)] = 0{,}24$

$k = 0{,}8$ für $b_w = 200 \text{ mm} < 300 \text{ mm}$

Höhe der Zugzone unter Rissschnittgrößen:
$h_t = 0{,}922 \cdot 3{,}2 / (3{,}2 + 3{,}34)$
$= 0{,}45$ m

$A_{ct} = b_w \cdot h_t = 0{,}20 \cdot 0{,}45 = 0{,}090 \text{ m}^2$

DIN 1045-1, 11.2.2

DIN 1045-1, 11.2.2: (3) *In Bauteilen mit Vorspannung im Verbund ist die Mindestbewehrung zur Rissbreitenbegrenzung nicht in Bereichen erforderlich, in denen im Beton unter der seltenen Einwirkungskombination und unter den maßgebenden charakteristischen Werten der Vorspannung Betondruckspannungen am Querschnittsrand auftreten, die dem Betrag nach größer als* 1 N/mm² *sind.*

siehe 4.2.2

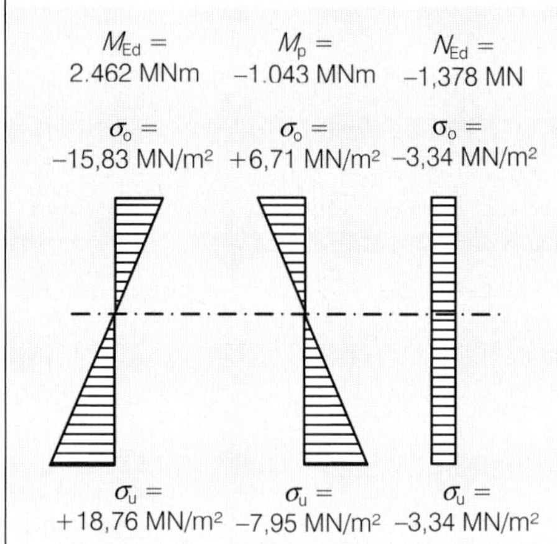

ideelle Querschnittswerte siehe 1.3

DIN 1045-1, 11.2.2 (5), Gl. (127)

minimale Druckspannung in der Querschnittsschwerelinie mit unteren charakteristischen Vorspannungswerten bei jeder Einwirkungskombination, also auch für den Erstriss

DIN 1045-1, 9.1.7: Tab. 9
f_{ctm} für C35/45

k: im Bauteil selbst hervorgerufener Zwang – für h ist dabei die kleinere Querschnittsabmessung (h oder b) einzusetzen

A_{ct} = Betonzugzone im ungerissenen Zustand, unter Einwirkungskombination Erstriss, (Erstriss entsteht schon unter geringeren Einwirkungen als der seltenen Kombination).

Schwerpunkt siehe 1.3

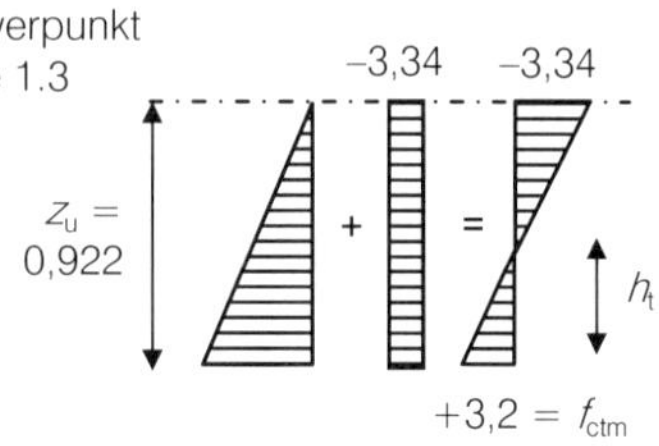

DIN 1045-1, 11.2.1: (6) Tabellen 18 und 19

Für eine Rissbreite $w_k = 0{,}2$ mm (Mindestanforderungsklasse D: Bauteile mit Vorspannung im nachträglichen Verbund unter Expositionsklasse XC1) und mit einem Grenzdurchmesser $d_s^* = 20$ mm (gewählte Betonstahlbewehrung) ist eine Betonstahlspannung von $\sigma_s \approx 190$ N/mm² bei der Erstrissbildung ausnutzbar.

Anforderungsklasse D: $w_k = 0{,}2$ mm

DIN 1045-1, 11.2.3: Begrenzung der Rissbreite ohne direkte Berechnung
Tab. 20: Grenzdurchmesser d_s^* bei Betonstählen

$\min A_s = 0{,}24 \cdot 0{,}8 \cdot 3{,}2 \cdot 0{,}090 \cdot 10^4 / 190 \quad = \mathbf{2{,}91\ cm^2}$
$< \text{vorh } A_s = 15{,}7$ cm²

Hinweis: Wenn die gewählte Betonstahlbewehrung als Mindestbewehrung nicht ausreicht:
DIN 1045-1, 11.2.1: (7) *Spannglieder im sofortigen und nachträglichen Verbund dürfen in ihrem Wirkungsbereich zum Teil auf die Mindestbewehrung mit $\xi_1 \cdot A_p$ angerechnet werden.*

Konstruktiv gewählt:
Stegbewehrung: Betonstahl BSt 500 S (A)
Ø 8 / 200 mm

Verteilung der Mindestbewehrung mindestens über die gesamte Zugzone zur Vermeidung breiter Sammelrisse.

siehe auch 7.3: Oberflächenbewehrung für vorgespannte Bauteile

6.2.2 Begrenzung der Rissbreite für die statisch erforderliche Bewehrung

Die Anforderungen an die Dauerhaftigkeit und das Erscheinungsbild des Tragwerks gelten bei der hier vorausgesetzten Expositionsklasse XC1 und bei Vorspannung mit nachträglichem Verbund als erfüllt, wenn der Rechenwert der Rissbreite auf $w_k = 0{,}2$ mm unter der häufigen Einwirkungskombination begrenzt wird (Anforderungsklasse D).

DIN 1045-1, 11.2.1: (6) Tabellen 18 und 19

Stahlspannung unter häufiger Einwirkungskombination:

häufig wegen Anforderungsklasse D

a) **unterer Querschnittsrand** zum Zeitpunkt $t = \infty$:

$\sigma_{s,frequ} < 156$ N/mm² $= \sigma_{s,rare}$
= Stahlspannung unter seltener Einwirkungskombination und mit unteren charakteristischen Werten der Vorspannung

siehe 6.1.2
Das Biegemoment der häufigen Einwirkungskombination ist kleiner als das der seltenen Einwirkungskombination.

vorh $d_s = 20$ mm < **zul $d_s^* = 28$ mm** für $\sigma_s = 160$ N/mm² und $w_k = 0{,}2$ mm

DIN 1045-1, 11.2.3: Tab. 20: Grenzdurchmesser d_s^* bei Betonstählen

b) **oberer Querschnittsrand** zum Zeitpunkt $t = 0$:

Biegemoment in Feldmitte aus der Trägereigenlast $g_{k,1} = 9{,}50$ kN/m:

$M_{perm} = 9{,}50 \cdot 25{,}0^2 / 8 = 742 \text{ kNm} = 0{,}742 \text{ MNm}$

oberer charakteristischer Wert der Vorspannkraft zum Zeitpunkt $t = 0$:

$P_{k,sup} = 1{,}962 \text{ MN} = -N_{Ed}$

Moment aus Vorspannkraft:
$M_p = -P_{k,sup} \cdot (z_{p1} + z_{p2}) / 2$
$= -1{,}962 \cdot (0{,}827 + 0{,}687) / 2$
$= -1{,}485$ MNm

Der Nachweis zur Beschränkung der Rissbreite am oberen Querschnittsrand wird hier für die ungünstigste Einwirkungskombination Trägereigenlast $g_{k,1}$ (siehe 2.1) und dem oberen charakteristischen Wert der Vorspannung (siehe 4.2.2) geführt. Dies führt zur maximalen Zugspannung am Obergurt. Dieser Zustand (Bauzustand) ist zeitlich begrenzt, die Anforderungen an die Rissbreitenbegrenzung sind ggf. abhängig von der Expositionsklasse zu modifizieren. Bei XC1 ist die Mindestanforderungsklasse D allerdings nicht zu unterschreiten.
DIN 1045-1, 11.2.1: (7) *Für Bauzustände dürfen vom Bauherrn andere Anforderungsklassen festgelegt werden, als im Endzustand ... erforderlich sind.*
Die Mindestanforderungsklassen für die Umgebungsbedingungen des Bauzustandes dürfen jedoch nicht unterschritten werden.

$P_{k,sup}$ siehe 4.2.2
ideelle Querschnittswerte siehe 1.3

Spannung $\sigma_{c,o}$ am oberen Querschnittsrand:

$\sigma_{c,o} = (N_{Ed} / A_i) - (M_{perm} + M_p) \cdot z_o / I_i$
$\sigma_{c,o} = (-1{,}962 / 0{,}412) - (0{,}742 - 1{,}485) \cdot 0{,}778 / 0{,}121$
$= -4{,}76 + 4{,}78$
$= \mathbf{+0{,}02\ N/mm^2}$
$< +3{,}2\ N/mm^2 = f_{ctm}$

siehe 1.3: Querschnittswerte
$z_o = h - z_u = 1{,}70 - 0{,}922 = 0{,}778$ m

Das kleinste Biegemoment aus Eigenlast (quasi-ständig) ist hier der maßgebende Fall.

DIN 1045-1, 9.1.7: Tab. 9: f_{ctm} für C35/45

Der Querschnitt verbleibt im Zustand I, kein Rissbreitennachweis erforderlich!

Bei allen weiteren Einwirkungskombinationen mit größerem Biegemoment und kleineren Vorspannkräften nimmt die Druckspannung am oberen Querschnittsrand zu, d. h. es entstehen keine Risse.

6.2.3 Grenzzustand der Dekompression

Die Einhaltung des Grenzzustandes der Dekompression für vorgespannte Bauteile bedeutet, dass der Betonquerschnitt unter der maßgebenden, von der Anforderungsklasse abhängigen Einwirkungskombination, im Endzustand vollständig überdrückt wird.

DIN 1045-1, 11.2.1: (9)

Die Spannungsermittlung kann mit dem Vollquerschnitt im Zustand I erfolgen. Für den Nachweis der Dekompression am oberen Querschnittsrand ist dann die mit dem oberen Grenzwert der Vorspannung ermittelte Betonspannung, am unteren Querschnittsrand die mit dem unteren Grenzwert der Vorspannung ermittelte Betonspannung maßgebend.

Neben dem Korrosionsschutz dient der Nachweis der Dekompression vor allem einer Begrenzung der Spannungsschwankungen im Spannstahl infolge wechselnder veränderlicher Einwirkungen.

Bei der in diesem Beispiel maßgebenden Anforderungsklasse D unter der hier vorausgesetzten Expositionsklasse XC1 (Innenbauteil) und bei Vorspannung mit nachträglichem Verbund ist **kein Nachweis der Dekompression erforderlich.**

DIN 1045-1, 11.2.1: (6) Tabellen 18 und 19

Stattdessen ist nur die Rissbreite unter der häufigen Einwirkungskombination auf $w_k = 0{,}2$ mm zu begrenzen, siehe 6.2.2 a).

Bei anderen Expositionsklassen > XC1 werden für Bauteile mit Vorspannung höhere Mindestanforderungsklassen relevant.

Der Dekompressionsnachweis wird dann oft für die Bemessung der Spannstahlbewehrung maßgebend, da eine höhere Vorspannkraft (als für den Gleichgewichtszustand im Grenzzustand der Tragfähigkeit erforderlich) notwendig ist, um den Querschnitt unter der entsprechenden Einwirkungskombination zu überdrücken.

6.3 Begrenzung der Verformungen

DIN 1045-1, 11.3

Ein Nachweis über die Begrenzung der Biegeschlankheit ist nicht ohne Weiteres möglich, da das Bauteil vorgespannt ist.

DIN 1045-1, 11.3.2: *Nachweis der Begrenzung der Verformungen von Stahlbetonbauteilen ohne direkte Berechnung*

Näherungsweise Durchbiegungsermittlung des vorgespannten Dachbinders:

DIN 1045-1, 11.3.1: (8) *Es darf angenommen werden, dass das Erscheinungsbild und die Gebrauchstauglichkeit eines Tragwerks nicht beeinträchtigt werden, wenn der Durchhang eines Balkens...unter der quasi-ständigen Einwirkungskombination* 1 / 250 *der Stützweite nicht überschreitet...*

Maßgebend: quasi-ständige Einwirkungskombination

e_{perm} = 19,5 kN/m
G_{perm} = 188,0 kN

siehe 2.3

Die Vorspannung wird als äußere Einwirkung aufgefasst und über die negativen Biegemomente an den Auflagern und über die Umlenkkräfte u_i berücksichtigt:

Negative Biegemomente am Auflager:

Spanngliedlage 1:
unterer charakteristischer Wert am Trägeranfang
zum Zeitpunkt $t = \infty$:

Tangentenneigung bei $x = 0$:
$\tan \alpha_1 = 4 \cdot 0{,}205 / 25{,}66 = 0{,}032$
$\alpha_1 = 1{,}83°$

siehe 5.3.1 c)

$P_{k,inf,1} = 0{,}687$ MN

siehe 4.2.2

Horizontalkomponente und Biegemoment am Auflager:
$P_{k,inf,1,h} = 0{,}687 \cdot \cos \alpha_1 = 0{,}687$ MN
$M_{p,inf,1} = -0{,}687 \cdot (1{,}70 / 2 - 0{,}30) = -0{,}378$ MNm
$= \mathbf{-378\ kNm}$

Auf der sicheren Seite liegend wird das negative Biegemoment auf den Schwerpunkt am verstärkten Querschnitt im Auflagerbereich bei $h / 2 = 1{,}70$ m / 2 bezogen.

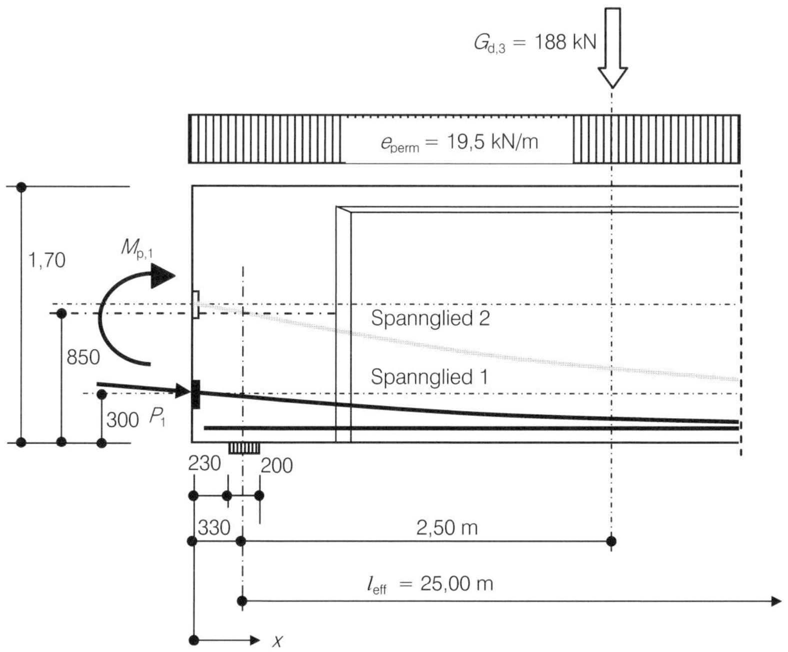

Umlenkkräfte u_i infolge der geneigten Spanngliedführung:

$u_i = z_i''(x) \cdot P_{k,inf}$

$z_i''(x)$: zweite Ableitung der Funktion $z_i(x)$ siehe 3.1

mit $\Sigma P_{k,inf}$ = 1,378 MN wird für die Spanngliedlagen 1 und 2:

siehe 4.2.2, näherungsweise wird $P_{k,inf}$ über die gesamte Spanngliedlänge als konstant angenommen.

$u_1 = -(8 \cdot f_1 / l^2_{tot}) \cdot P_{k,inf} / 2$
$= -(8 \cdot 0{,}205 / 25{,}66^2) \cdot 1378 / 2 = -1{,}7$ kN/m

Parabelstiche f_i siehe 3.1

$u_2 = -(8 \cdot f_2 / l^2_{tot}) \cdot P_{k,inf} / 2$
$= -(8 \cdot 0{,}665 / 25{,}66^2) \cdot 1378 / 2 = -5{,}5$ kN/m

$u_1 + u_2 = $ **−7,2 kN/m**

Unter der quasi-ständigen Einwirkungskombination mit dem unteren Grenzwert der Vorspannkraft wird die mittlere Zugfestigkeit des Betons an der Unterseite überschritten, die Biegesteifigkeit des Querschnitts wird daher im Zustand II unter Berücksichtigung des Kriechens ermittelt.

Aus der Ermittlung der Betondruckspannung in 6.1.1 unter quasi-ständiger Einwirkungskombination würde sich im ungerissenen Querschnitt mit den ideellen Querschnittswerten nach 1.3 die Zugspannung an der Querschnittsunterseite ergeben:
$\sigma_{c,u} = (N_p / A_i) + (M_{perm} + M_p) \cdot z_u / I_i$
$= (-1{,}378 / 0{,}412) + (1{,}993 - 1{,}043) \cdot 0{,}922 / 0{,}121 = -3{,}34 + 7{,}24 = +3{,}90$ N/mm²

Effektiver E-Modul des Betons:

Endkriechzahl: $\varphi = 2{,}5$

siehe 3.2.6

$E_{c,eff} = E_{cm} / (1 + 0{,}9 \cdot \varphi_\infty)$
$= 29.900 / (1 + 0{,}9 \cdot 2{,}5) = 9.200$ MN/m²

[63] Ableitung effektiver E-Modul aus
$$\varepsilon_c(t_0) + \varepsilon_{cc}(t,t_0) = \frac{\sigma_c(t_0)}{E_{cm}} + \frac{\sigma_c(t_0)}{E_{c0}} \cdot \varphi(t,t_0)$$
[29] $E_{cm} \approx \alpha_i \cdot E_{c0m}$ und
$\alpha_i = 0{,}8 + 0{,}2 \cdot f_{cm} / 88$ (≈ 0,9)
→ $E_{c,eff} = E_{cm} / [1 + \alpha_i \cdot \varphi(t,t_0)]$

$E_s = 200.000$ MNm²

Verhältnis der E-Moduln:
$\alpha_e = E_s / E_{c,eff} = 200.000 / 9.200 = 21{,}7$

DIN 1045-1, Tab. 9:
C35/45 → E_{cm} = 29.900 N/mm²

DIN 1045-1, 9.2.4: (4) E_s

Eingangswerte zur Ermittlung der Biegesteifigkeit:

$A_{s1} + A_{p1} = 29{,}2$ cm² $\quad A_{s2} = 24{,}6$ cm²
$b_{eff} = 450$ mm $\quad b_w = 200$ mm
$d_2 = h_f / 2 = 165 / 2 = 82{,}5$ mm
$\rho_{I,II} = 29{,}2 / (20 \cdot 159) = 0{,}0092$
$\alpha_e \cdot \rho_I = 21{,}7 \cdot 0{,}0092 = 0{,}200$
$x / d = 0{,}326$
$k_{II} = 1{,}497$
$I_{II} = k_{II} \cdot b_w \cdot d^3 / 12$
$= 1{,}497 \cdot 0{,}20 \cdot 1{,}59^3 / 12$
$= 0{,}100$ m⁴
$B_{II} = 9.200 \cdot 0{,}100$
$= 920$ MNm²

Ermittlung der Biegesteifigkeit für Plattenbalken Zustand II nach
[46] *Litzner*: Grundlagen der Bemessung nach EC2 - BK 1995/I, 8.3: Grenzzustände der Tragwerksverformung, Tab. 8.9, S. 666
Die obere und untere Bewehrung wird bei der Ermittlung der Biegesteifigkeit im Zustand II berücksichtigt.
Mit k_{xII} = 0,326 wird der Steifigkeitsbeiwert für den Zustand II: k_{II} = 1,497

Rechnerische Durchbiegung:

$$f = \frac{10^3}{920 \cdot 10^3} \cdot \left[\frac{5}{384} \cdot (19{,}5 - 7{,}2) \cdot 25{,}0^4 + \frac{188}{24} \cdot 25^3 (3 \cdot 0{,}1 - 4 \cdot 0{,}1^3) + \frac{25{,}0^2}{16} (-378 - 378) \right]$$

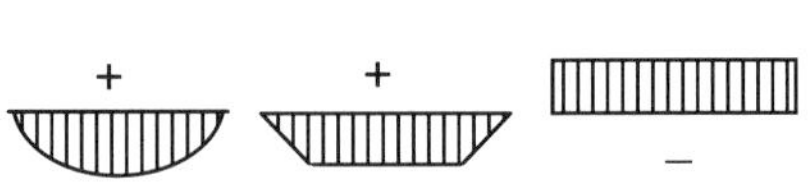

$f = 1{,}087 \cdot 10^{-3} \cdot (62.561 + 36.229 - 29.531)$

$\mathbf{f = 75{,}3}$ **mm** $< l_{eff} / 250 = 25.000 / 250 = 100$ mm

DIN 1045-1, 11.3.1: (8)
zulässiger Durchhang l_{eff} / 250 nach DIN 1045-1, 11.3.1: (8)

7 Bewehrungsführung, bauliche Durchbildung

7.1 Betonstahlbewehrung

7.1.1 Grundmaß der Verankerungslänge

DIN 1045-1, 12.6.2

Grundmaß:

$l_b = (d_s / 4) \cdot (f_{yd} / f_{bd})$

DIN 1045-1, 12.6.2: (2) Gl. (140)

Bemessungswert Verbundspannung:

DIN 1045-1, 12.5: Tab. 25: $d_s < 32$ mm

gute Verbundbedingungen: $f_{bd} = 3{,}4$ N/mm² für C35/45

mäßige Verbundbedingungen: $f_{bd} = 0{,}7 \cdot 3{,}4 = 2{,}38$ N/mm²

DIN 1045-1, 12.4: Bild 54: Verbundbedingungen

Bemessungswert Stahlspannung : $f_{yd} = 435$ N/mm²

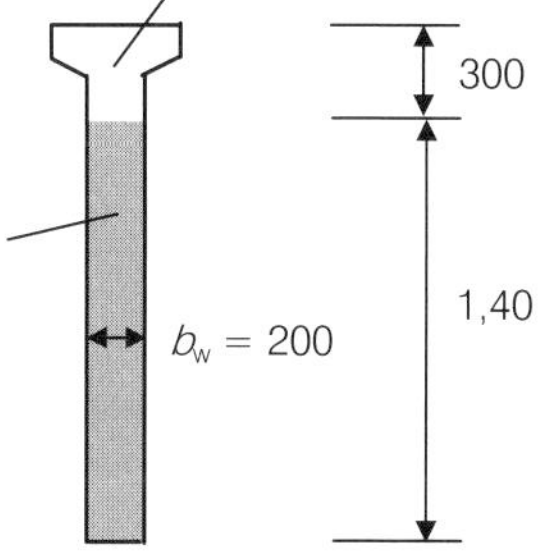

Bewehrung	Verbund	d_s	l_b (mm)
Längsbewehrung, oben	mäßig	28	**1280**
Längsbewehrung, unten	gut	20	**640**
Stegbewehrung, oben	gut	8	**256**

7.1.2 Verankerung an den Endauflagern

Feldbewehrung:

Mindestens ein Viertel der (erforderlichen) Feldbewehrung ist über das Auflager zu führen und dort zu verankern.
Im Beispiel: Führung der gesamten Spannstahlbewehrung und von 3 Ø 20 der Feldbewehrung über das Endauflager.

DIN 1045-1, 13.2.2: (6) Zugkraftdeckung Balken

Zu verankernde Zugkraft Endauflager:

DIN 1045-1, 13.2.2: Zugkraftdeckung Balken hier: (7) Gl. (148)

$F_{sd} = V_{Ed} \cdot a_l / z + N_{Ed} \quad \geq V_{Ed} / 2$

$V_{Ed} = V_{Ed,max} - V_{pd}$
$= 696 - 99{,}7$
$= \mathbf{596}$ **kN**

siehe 4.1.1 und 4.1.2

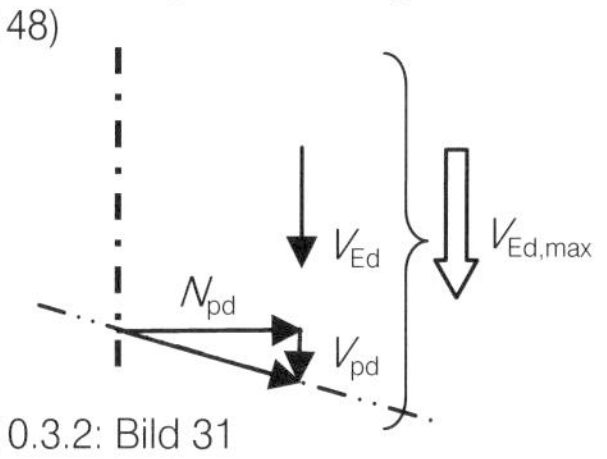

$N_{Ed} = -744$ kN (hier auf der sicheren Seite liegend: nur Ansatz der im Verankerungsbereich wirksamen Vorspannkraft im unteren Spannglied 1)

DIN 1045-1, 10.3.2: Bild 31 mit $V_{ccd} + V_{td} = 0$

Versatzmaß $a_l = 0{,}5z(\cot\theta - \cot\alpha) \geq 0$

DIN 1045-1, 13.2.2: (3) Gl. (147)

$\cot\theta = 2{,}0$ Druckstrebenneigung (gewählt)

siehe 5.3.3 Querkraftbemessung

$\cot\alpha = 0$ Neigung der Bügel zur Bauteilachse

$a_l = 0{,}5 \cdot 0{,}9 \cdot 1{,}66\,(2{,}0 - 0) = 1{,}49$ m

DIN 1045-1, 13.2.2: (3) $z = 0{,}9d$ angenommen.
$d = 1{,}66$ m, siehe 5.3.1 a)

$F_{sd} = 596 \cdot 1{,}49 / (0{,}9 \cdot 1{,}66) - 744 \qquad < 0!$

Eine Bewehrung zur Aufnahme von F_{sd} ist rechnerisch nicht erforderlich.

$A_{s,erf} = F_{sd} / f_{yd} = 0$

Erforderliche Verankerungslänge der Feldbewehrung 3 Ø 20:

DIN 1045-1, 12.6: Tab. 26: Verankerungsarten
DIN 1045-1, 12.6.2: (3) $l_{b,min}$

	gerade Stabenden: $\alpha_a = 1{,}0$
$l_{b,min} = 0{,}3\ \alpha_a\ l_b$	$l_{b,min} = 0{,}3 \cdot 1{,}0 \cdot 640 = 192$ mm
$\geq 10 d_s$	$< 10 \cdot 20 =$ **200 mm**
	$l_{b,net} = l_{b,min}$
$l_{b,dir} = 2/3\ l_{b,net}$	$l_{b,dir} = 2/3 \cdot 200 =$ **133 mm**
$\geq 6{,}7 d_s$	$= 6{,}7 \cdot 20 = 133$ mm

DIN 1045-1, 12.6.2: (3) Gl. (141)
$l_{b,net} = l_{b,min}$ wegen $A_{s,erf} = 0$

DIN 1045-1, 13.2.2: (8) Gl. (149)
bei direkter Auflagerung

Die Feldbewehrung wird um **350 mm** > erf $l_{b,dir}$ hinter die Auflagervorderkante geführt.

aus konstruktiven Gründen

7.1.3 Übergreifungslänge der Längsbewehrung

Die Stäbe der Biegezug-, Steg- und Obergurtbewehrung werden durch Übergreifen gestoßen.

bei 25 m Trägerlänge 1 bis 2 Stöße.

Übergreifungslänge Betonstahl:

Kriterium	Ø 28 oben	Ø 20 unten	Ø 8 Steg
	gerade Stabenden: $\alpha_a = 1{,}0$ $\alpha_1 = 2{,}0$	gerade Stabenden: $\alpha_a = 1{,}0$ $\alpha_1 = 2{,}0$	gerade Stabenden: $\alpha_a = 1{,}0$ $\alpha_1 = 1{,}0$
$l_{s,min} = 0{,}3 \cdot \alpha_a \cdot \alpha_1 \cdot l_b$	$l_{s,min} =$ $= 0{,}3 \cdot 2 \cdot 1280$ = **768 mm**	$l_{s,min} =$ $= 0{,}3 \cdot 2 \cdot 640$ = **384 mm**	$l_{s,min} =$ $= 0{,}3 \cdot 1 \cdot 256$ $= 77$ mm
$\geq 15 d_s$	$> 15 \cdot 28$	$> 15 \cdot 20$	$< 15 \cdot 8$
≥ 200 mm	> 200 mm	> 200 mm	< **200 mm**
$l_{b,net} = \alpha_a \cdot l_b \cdot (A_{s,erf} / A_{s,vorh})$	$l_{b,net} = 1 \cdot 1280 \cdot (1{,}0)$ = **1280 mm**	$l_{b,net} = 1 \cdot 640 \cdot (14{,}2 / 15{,}7)$ = **580 mm**	$l_{b,net} = 1 \cdot 256 \cdot (1{,}0)$ = **256 mm**
$\geq l_{b,min} = 0{,}3 \cdot \alpha_a \cdot l_b$	> 384 mm		
$\geq 10 d_s$		> 200 mm	> 80 mm
$l_s = l_{b,net} \cdot \alpha_1$	$l_s = 1280 \cdot 2{,}0$ = **2560 mm**	$l_s = 580 \cdot 2{,}0$ = **1160 mm**	$l_s = 256 \cdot 1{,}0$ = **260 mm**
$\geq l_{s,min}$	$> l_{s,min}$	$> l_{s,min}$	$> l_{s,min}$
gewählt l_s	= **2,60 m**	= **1,30 m**	= **0,30 m**

DIN 1045-1, 12.8.2: (1)

DIN 1045-1, Tab. 27:
α_1 für gestoßene Stäbe > 33 % in der Zugzone und $d_s < 16$ mm, Bild 57: $s \geq 10 d_s$, daher [a]):
$\alpha_1 = 1{,}0$ ansetzbar.
$d_s > 16$ mm, Bild 57: $s < 10 d_s$: $\alpha_1 = 2{,}0$
l_b siehe 7.1.1

DIN 1045-1, 12.6: Tab. 26: Verankerungsarten
DIN 1045-1, 12.6.2: (3) Gl. (141)

Annahme für $(A_{s,erf} / A_{s,vorh})$:
Stoß im Bereich von max M_{Ed}

DIN 1045-1, 12.8.2: (1) Gl. (144), lichter Stababstand der gestoßenen Stäbe $\leq 4 d_s$

7.1.4 Mindestbewehrung zur Sicherstellung eines duktilen Bauteilverhaltens

Vermeidung des Versagens ohne Vorankündigung

Rissmoment des Querschnitts im Zustand I:

$M_{cr} = f_{ctm} \cdot I_c / z_u$
$= 3{,}2 \cdot 10^3 \cdot 0{,}104 / 0{,}934$
$= 357$ kNm

min $A_s = M_{cr} / (f_{yk} \cdot z)$
$= 0{,}357 \cdot 10^4 / (500 \cdot 0{,}9 \cdot 1{,}59)$
$= \mathbf{5{,}0}$ **cm²**

$<$ vorh $A_{s,min} = A_{s,1} + A_{p,1} / 3$
$= 15{,}7 + 14{,}0 / 3$
$= 20{,}4$ cm²

DIN 1045-1, 13.1.1:
Mindestbewehrung und Höchstbewehrung
(1) Bemessung mit f_{ctm} und $\sigma_s = f_{yk}$
ohne Anrechnung der Vorspannkraft!
Hier: mit f_{ctm} für C35/45 = 3,2 N/mm².
(2) *Auf die Mindestbewehrung nach Absatz (1) darf bei Spannbetonbauteilen ein Drittel der Querschnittsfläche der im Verbund liegenden Spannglieder angerechnet werden, wenn mindestens zwei Spannglieder vorhanden sind. Es dürfen nur Spannglieder angerechnet werden, die nicht mehr als* 0,2h *oder* 250 mm... *von der Betonstahlbewehrung entfernt liegen. Dabei ist die anrechenbare Spannung im Spannstahl auf* f_{yk} *des Betonstahls begrenzt.*

Werte des Betonquerschnitts siehe 1.3
$z = 0{,}9d$ angenommen.

7.1.5 Oberflächenbewehrung bei vorgespannten Bauteilen

Bei vorgespannten Bauteilen ist stets eine Oberflächenbewehrung anzuordnen.

DIN 1045-1, 13.1.2: (1)

Bei Balken mit $b_w < h$ (0,20 m < 1,70 m) und Expositionsklasse XC1 an jeder Seitenfläche:

$a_{s,surf} = 0{,}5 \cdot \rho \cdot b_w$

DIN 1045-1, 13.2.1: Tab. 30

$\rho = 1{,}02$ ‰ $= 0{,}102$ %

DIN 1045-1, 13.1.2: Tab. 29 für $f_{ck} = 35$ N/mm²

$a_{s,surf} = 0{,}5 \cdot 0{,}102 \cdot 20$
$= \mathbf{1{,}02}$ **cm²/m**
$< 2{,}51$ cm²/m = ∅ 8 / 200 mm

je m Steghöhe
siehe 6.2.1: gewählte Stegbewehrung

7.2 Vorgespannte Bewehrung

Die direkt mit dem Spannverfahren zusammenhängenden konstruktiven und baulichen Einzelheiten sind in den allgemeinen bauaufsichtlichen Zulassungen des Spannverfahrens geregelt.

DIN 1045-1, 8.7.7: Verankerungsbereiche bei Spanngliedern mit nachträglichem Verbund... Die im Verankerungsbereich erforderliche Spaltzug- und Zusatzbewehrung ist der allgemeinen bauaufsichtlichen Zulassung für das Spannverfahren zu entnehmen. Der Nachweis der Kraftaufnahme und –weiterleitung im Tragwerk ist mit einem geeigneten Verfahren (z. B. mit einem Stabwerkmodell nach 10.6) zu führen.

Im Allgemeinen kann dann der Nachweis für die direkte Überleitung der Spannkräfte auf den Bauwerkbeton entfallen. Diese Überleitung wird durch die Festlegungen der Zulassung für die Ankerplattengröße, die Randabstände, die zusätzliche (Wendel-)Bewehrung abhängig von Betonfestigkeitsklasse und der Litzenanzahl geregelt.
Die in der Zulassung geforderte Zusatzbewehrung darf nicht auf die statisch erforderliche Bewehrung angerechnet werden.

Die Aufnahme der im Bauwerkbeton im Verankerungsbereich außerhalb der Wendel auftretenden Kräfte ist dagegen nachzuweisen.

Modellierung des Lasteinleitungsbereiches mit einem Stabwerk:

Lastausbreitungswinkel der Verankerungskräfte bei Vorspannung im nachträglichen Verbund $\beta = 35°$:

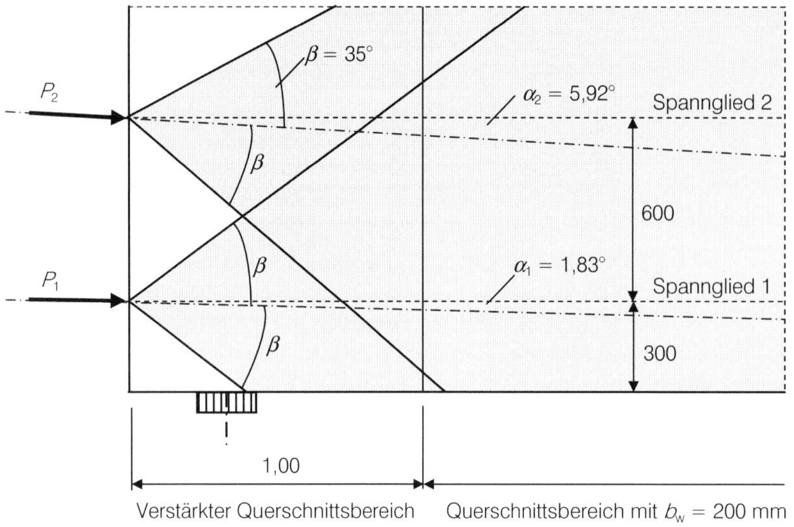

Hinweise zur Modellierung mit Stabwerkmodellen siehe auch:
[48] *Schlaich/Schäfer*: Konstruieren im Stahlbetonbau; BK 1998/II, S. 750 ff.

DIN 1045-1, 7.3.1: (5) und Bild 6:
a) Draufsicht
b) Ansicht

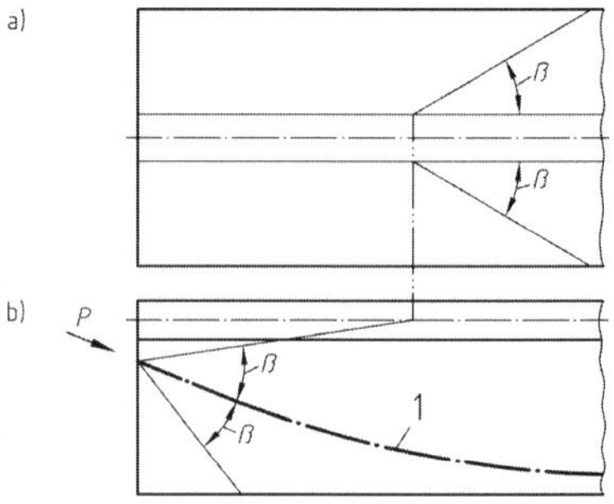

Trägerende, Seitenansicht, Ausschnitt siehe 4.1.2: $\alpha_1 = 1{,}83°$ und $\alpha_2 = 5{,}92°$

Aus dem Modell der Lastausbreitung lässt sich z. B. folgendes einfaches Stabwerkmodell für die Querzugkräfte aus der Ausbreitung der Ankerkräfte bilden:

DIN 1045-1, 10.6: Stabwerkmodelle

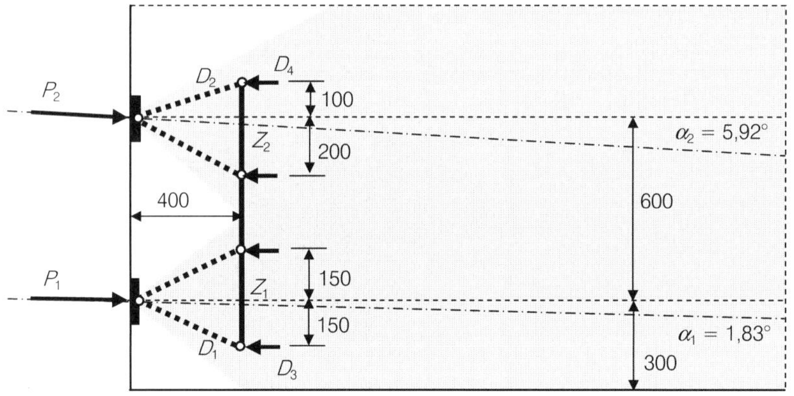

Eine verfeinerte Modellierung des Auflagerbereiches bei Spanngliedverankerung im Rechteckquerschnitt wird in
[48] *Schlaich/Schäfer*: Konstruieren im Stahlbetonbau; BK 1998/II, S. 824 vorgenommen.
Diese liefert keine größeren Querzugkräfte als der Standardfall der konzentrierten Lasteinleitung. Die übliche Berechnung der „Spaltzugbewehrung" ohne Berücksichtigung der Auflagerkraft liegt also auf der sicheren Seite.

Der Nachweis der Knoten und Stäbe unmittelbar hinter der Ankerplatte wird durch die Festlegungen der Zulassung entbehrlich, die einfache Modellierung des Einzelknotens hinter der Ankerplatte ist daher ausreichend.

Untersucht werden die maßgebenden Druckstäbe D_1 und D_2 und die Zugstäbe Z_1 und Z_2 des Stabwerkmodells.

Einwirkung:

Mittelwert der Vorspannkraft zum Zeitpunkt $t = t_0$ nach Absetzen der Pressenkraft auf den Anker und unter Berücksichtigung von Spanngliedreibung und Schlupf:

$P_{m0,1}(x = 25{,}66) = 0{,}879$ MN $= 879$ kN

Stabkräfte:

$D_1 = F_{cd,1} = 0{,}5 \cdot 879 / \cos(\arctan 150 / 400) = -469$ kN
$D_3 = F_{cd,3} = 0{,}5 \cdot 879 = -440$ kN
$D_4 = F_{cd,4} = 879 \cdot 200 / 300 = -586$ kN
$D_2 = F_{cd,2} = 586 / \cos(\arctan 100 / 400) = -604$ kN
$Z_1 = F_{td,1} = 469 \cdot \sin(\arctan 150 / 400) = +165$ kN
$Z_2 = F_{td,2} = 604 \cdot \sin(\arctan 100 / 400) = +147$ kN

DIN 1045.-1, 5.3.3: Tab. 1 und 8.7.5: Grenzzustand der Tragfähigkeit
(1) *Der Bemessungswert der Vorspannkraft* $P_d = \gamma_P \cdot P_{mt}$ *darf im Allgemeinen mit* $\gamma_P = 1{,}0$ *ermittelt werden.*
(2) *Mögliche Streuungen der Vorspannkraft dürfen bei den Nachweisen im Grenzzustand der Tragfähigkeit i. Allg. vernachlässigt werden.*

siehe 3.2.5 am Auflager $x = 25{,}66$ m

unter Vernachlässigung der Spanngliedtangentenwinkel α_{1+2}

Nachweis der Druckstreben:

Die Druckstrebe hat mindestens den Querschnitt der Ankerplatte. Der Druckstrebenquerschnitt kann danach gleich bleiben (prismatisch) oder sich vergrößern (fächer- oder flaschenförmig). Die Querschnittserweiterung ist mit konstruktiver oder über weitere Stabwerkmodelle berechnete Querzugbewehrung abzudecken und ist durch die absoluten Abmessungen des Bauteils begrenzt.

Wesentlichen Einfluss hat die Annahme des Druckstrebenquerschnittes $a \cdot b$. Weitere Betrachtungen dazu in [48] *Schlaich/Schäfer*: Konstruieren im Stahlbetonbau; BK 1998/II, S. 750 ff.

Der Wendelbereich mit der Ankerplatte dient der örtlichen Lasteinleitung der Vorspannkräfte.

Annahme:

Die Mindestquerschnittsabmessung a der Druckstrebe wird bestimmt durch den Durchmesser der Bewehrungswendel hinter der Ankerplatte (aus der Zulassung eines Spannverfahrens z. B. Wendel-∅ = 300 mm)

mit max $F_{cd,2} = 604$ kN

und $a_2 = 300 \cdot \cos(\arctan 100 / 400) = 290$ mm

ist die maximale Betondruckspannung:

$\sigma_c = -0{,}604 / (0{,}29 \cdot 0{,}29)$
$= \mathbf{7{,}18}$ **N/mm²**

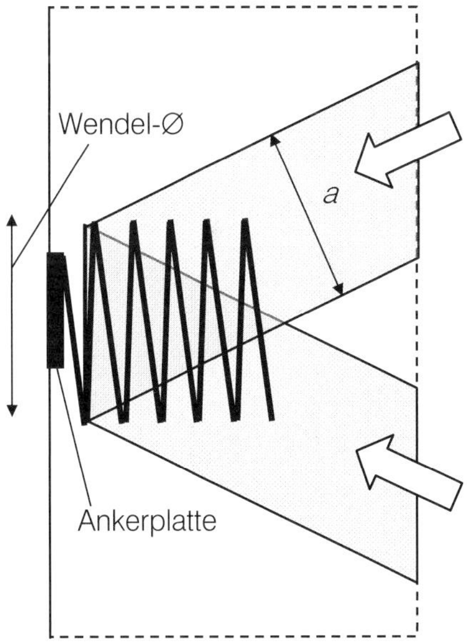

Bei Druckstreben parallel zu Rissen:
$< \sigma_{Rd,max} = 0{,}75 \cdot \eta_1 \cdot f_{cd}$
$= 0{,}75 \cdot 19{,}8 = 14{,}9$ N/mm²

Bei Druckstreben mit kreuzenden Rissen [48] *Schlaich/Schäfer*
$< \sigma_{Rd,max} = 0{,}6 \cdot \eta_1 \cdot f_{cd}$
$= 0{,}6 \cdot 19{,}8 = 11{,}9$ N/mm²

DIN 1045-1, 10.6.2: (2) Bemessungswert der Betondruckstrebenfestigkeit
a) $\sigma_{Rd,max} = 1{,}0 \cdot \eta_1 \cdot f_{cd}$ für ungerissene Betondruckzone und
b) $\sigma_{Rd,max} = 0{,}75 \cdot \eta_1 \cdot f_{cd}$ für Druckstreben parallel zu Rissen.
Bei Druckstreben mit kreuzenden Rissen können kleinere Werte erforderlich sein.

[48] *Schlaich/Schäfer* BK 1998/II, S. 779 empfehlen für Druckstreben mit Schrägrissen $\sigma_{Rd,max} = 0{,}6 \cdot \eta_1 \cdot f_{cd}$
Bemessungswerte der Baustoffe siehe 5.1
$\eta_1 = 1{,}0$ für Normalbeton

Im Auflagerbereich sind normal zur diagonal verlaufenden Querkraftdruckstrebe Querzugrisse (Schubrisse) möglich, die die Druckstreben des Stabwerkmodells in verschiedenen Richtungen kreuzen können.

Nachweis der Zugstäbe:

erf $A_s = F_{td,1} / f_{yd} = 0{,}165 \cdot 10^4 / 435 =$ **3,79 cm²**

Die vorhandenen Bügel der Querkraftbewehrung im verstärkten Querschnittsbereich (konstruktiv zur Rissebegrenzung und zur Sicherstellung eines duktilen Bauteilverhaltens) können voll herangezogen werden.

vorhanden im Auflagerbereich:

3 Bügel 2-schnittig Ø 10 / 200 mm = 4,71 cm²

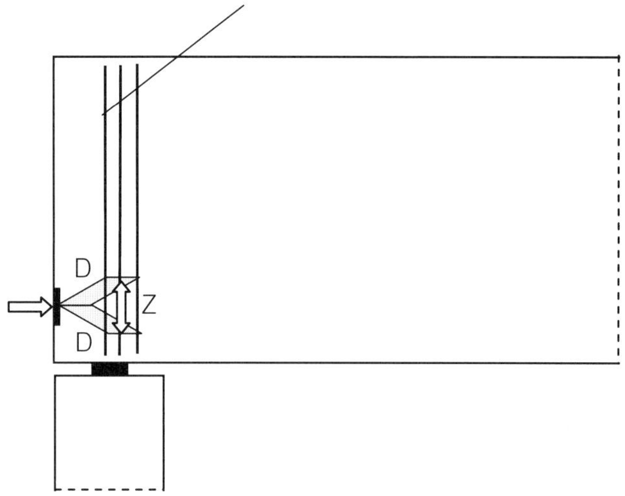

Nachweis der Druck-Zug-Knoten:

Knotentyp: Bewehrungsverankerung im Bauteilinneren (nicht am Rand, z. B. bei Einleitung konzentrierter Einzellasten).

Kein konzentrierter Knoten, Betondruckspannungen im Knoten brauchen bei Nachweis der Verankerung nicht nachgewiesen werden.

Daher Einleitung der Querzugkraft $F_{td,1}$ über Verbund in die Bewehrung und Verankerung der Bewehrung nach oben (geschlossene Bügel).

DIN 1045-1, 10.6.3: Bild 49 sinngemäß

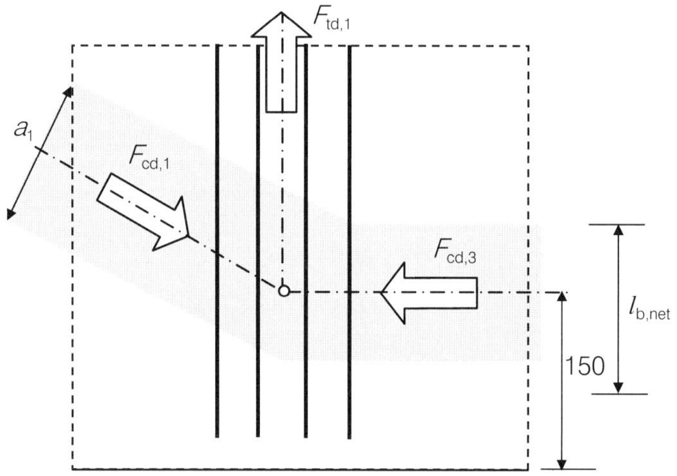

erf $l_{b,net}$ = 256 mm < vorh l_b (Randabstand, geschlossene Bügel)

für Betonstahl Ø 8,
voll ausgelastet, guter Verbundbereich (vertikale Bügel),
gerade Stabenden.

siehe 7.1.3, entsprechend der Stegbewehrung

8 Darstellung der Bewehrung

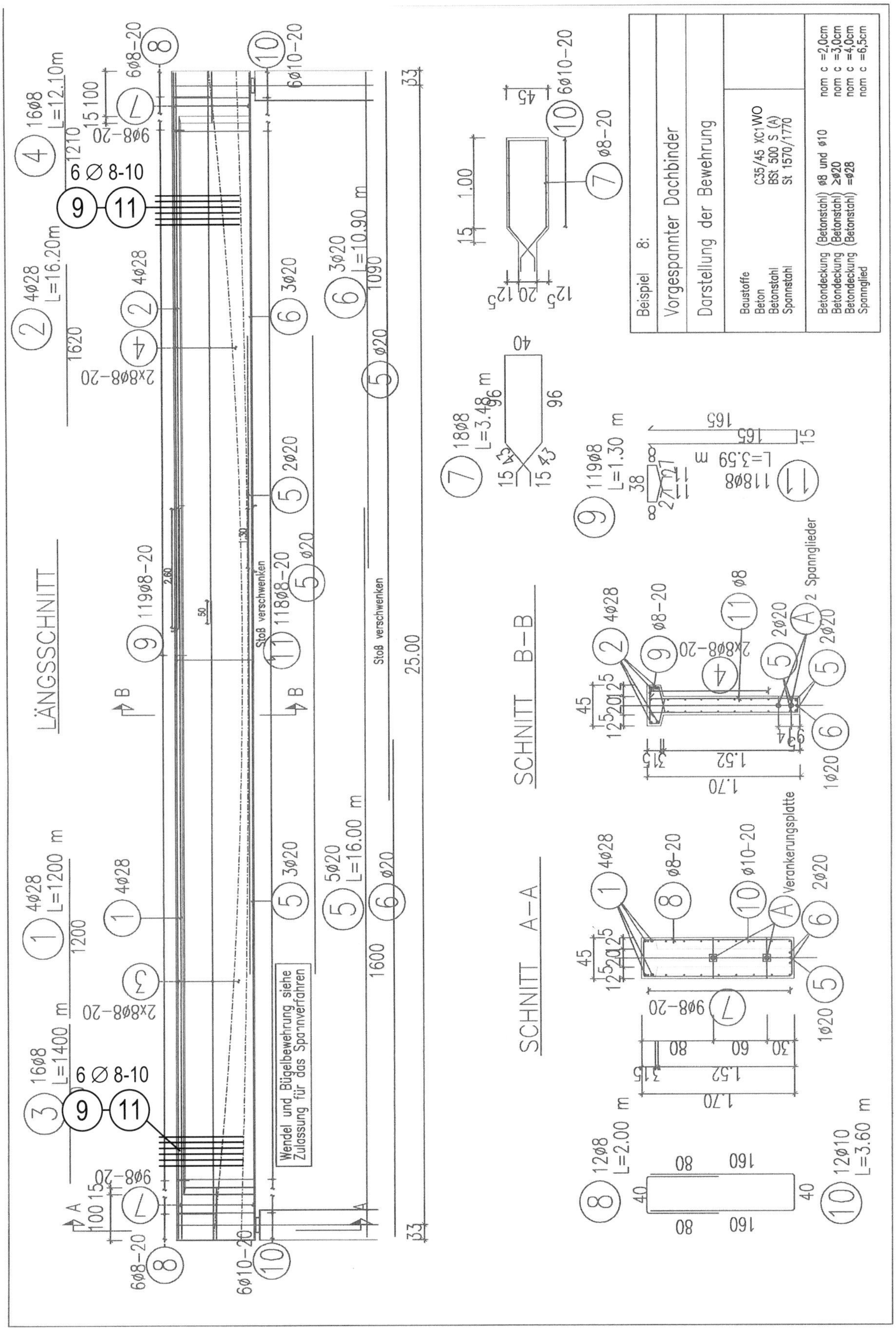

Beispiel 9: Hochbau – Innenstütze

Inhalt

Beispiel 9: Hochbau – Innenstütze

Aufgabenstellung

Zu bemessen ist eine Innenstütze im 1. Obergeschoss eines dreigeschossigen Gebäudes, welches als Warenhaus oder für den Einzelhandel genutzt werden soll.
Die Stütze ist mit den Unterzügen oben und unten monolithisch verbunden. Der Skelettbau ist durch Wand- und Deckenscheiben horizontal ausgesteift.

DIN 1045-1, 3.1.1: üblicher Hochbau

DIN 1045-1, 8.6.2: (1) ausgesteiftes, unverschiebliches Tragwerk

Umgebungsbedingungen: Die Stützen sind Innenbauteile.

Vorwiegend ruhende Einwirkung.

DIN 1045-1, 3.1.2 : vorwiegend ruhende Einwirkung

Es werden zwei Fälle untersucht, die sich infolge der Querschnitts- und Baustoffwahl für die Innenstütze unterscheiden.

	Fall A: unbewehrte Stütze	Fall B: bewehrte Stütze
• Stützenquerschnitt	250 / 250 mm	200 / 200 mm
• Betonfestigkeitsklasse	C40/50	C30/37
• Betonstahl		BSt 500 S (A)

DIN 1045-1, 3.1.17: unbewehrtes Bauteil

DIN 1045-1, 9.1: Beton
DIN 1045-1, 9.2: Betonstahl
(in DIN 488 mit B500A bezeichnet)

Die Mindestquerschnittsabmessungen für den Brandschutz nach DIN 4102 sind gesondert zu beachten (siehe B 4.2.5).

1 System, Bauteilmaße, Betondeckung

1.1 System

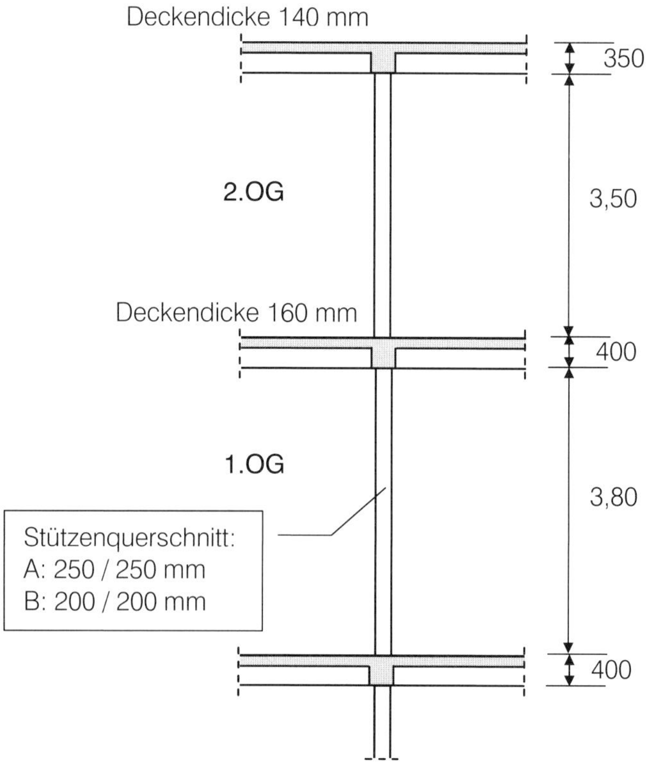

Stützenraster: 5,0 × 6,0 m

Ausschnitt Tragwerk, Seitenansicht
Die aussteifenden Wandscheiben befinden sich außerhalb dieser Teilansicht.

Stützenmindestquerschnitt 200 / 200 mm
DIN 1045-1, 13.5.1: (1) Die geringste zulässige Seitenlänge eines Stützenquerschnittes ist 200 mm für Stützen mit Vollquerschnitt, die vor Ort (senkrecht) betoniert werden.

Dem Fall A liegt die theoretische Annahme zugrunde, dass alle anderen Stahlbetonbauteile der Geschosse in C40/50 ausgeführt werden und man für die Stützen die Betonfestigkeitsklasse nicht wechselt.
Wichtig ist in diesem Zusammenhang, dass für die Bemessung unbewehrter Betonbauteile nur eine maximale Betonfestigkeitsklasse C35/45 rechnerisch ausgenutzt werden darf, siehe DIN 1045-1, 10.2: (2).

1.2 Mindestfestigkeitsklasse, Betondeckung

DIN 1045-1, 6: Sicherstellung der Dauerhaftigkeit

Expositionsklasse für Bewehrungskorrosion
infolge Karbonatisierung: → XC1
Mindestfestigkeitsklasse Beton → C16/20

DIN 1045-1, Tab. 3: Expositionsklassen
XC1 trocken (Innenbauteil)

Feuchtigkeitsklasse AKR: → WO

WO – ohne Betonkorrosion infolge Alkali-Kieselsäurereaktion (Innenbauteile des üblichen Hochbaus)

Gewählt: C40/50 X0, WO (Fall A)
C30/37 XC1, WO (Fall B)

Die höhere Betonfestigkeitsklasse wird im Hinblick auf die Bemessung gewählt.
Die Expositions- und Feuchtigkeitsklasse ist anzugeben (wichtig für die Betontechnologie nach DIN 1045-2).

Betondeckung
wegen Expositionsklasse XC1:

→ Mindestbetondeckung c_{min} = 10 mm
+ Vorhaltemaß Δc = 10 mm
= Nennmaß der Betondeckung c_{nom} = 20 mm

DIN 1045-1, Tab. 4: Mindestbetondeckung c_{min} und Vorhaltemaß Δc in Abhängigkeit von der Expositionsklasse. Keine Abminderung von c_{min} um 5 mm gemäß [a]) zulässig, da Expositionsklasse XC1.

Zur Sicherstellung des Verbundes: c_{min} ≥ Stabdurchmesser ≥ 10 mm
Längsbewehrung ∅ 20: c_{min} = 20 mm Δc = 10 mm c_{nom} = 30 mm
Bügel ∅ 10: c_{min} = 10 mm Δc = 10 mm c_{nom} = 20 mm

DIN 1045-1, 6.3: (4)

Daraus ergeben sich als Verlegemaße:
Längsbewehrung ∅ 20: $c_{v,l}$ = **30 mm**
Bügel ∅ 10: $c_{v,Bü}$ = **20 mm**

DIN 1045-1, 6.3: (11)

(Hinweis: Betondeckung für Feuerwiderstand gemäß DIN 4102 zusätzlich beachten, in diesem Beispiel in B 4.2.5).

2 Einwirkungen

2.1 Charakteristische Werte

Index k = charakteristisch

Bezeichnung der Einwirkungen	Charakteristischer Wert
Ständig (Eigenlasten):	
2.OG:	
Stahlbetonplatte 140 mm: 3,50 kN/m²	
Dachaufbau: 0,60 kN/m²	
Installation, abgehängte Decke: 0,50 kN/m²	
Summe: 4,60 kN/m²	
Einflussfläche: 5,0 · 6,0 = 30 m²	$G_{k,1}$ = 138 kN
Stahlbeton-Unterzug 350 / 210 mm: 1,84 kN/m	
Einflusslänge: 5,0 + 6,0 = 11 m	$G_{k,2}$ = 20,2 kN
Stütze 250 / 250 mm: 1,50 kN/m	
Einflusslänge: 3,5 m	$G_{k,3}$ = 5,3 kN

DIN 1055-1, Tab. 1:
Wichte Stahlbeton 25 kN/m³
Annahmen für Dachaufbau und Installation

Unterzüge in beiden Achsenrichtungen

Die unbewehrte Stütze wird im Fall A mit der Wichte von Normalbeton 24 kN/m³ berücksichtigt und deren Eigenlast vereinfacht auch für die leichtere, bewehrte Stütze im Fall B (0,20² m² · 25 kN/m³ = 1,0 kN/m) angesetzt.

1. OG:

Stahlbetonplatte 160 mm: 4,00 kN/m²
Fußbodenaufbau: 1,20 kN/m²
Installation, abgehängte Decke: <u>0,50 kN/m²</u>
Summe: 5,70 kN/m²
Einflussfläche: $5{,}0 \cdot 6{,}0 = 30$ m²

$G_{k,4} = 171$ kN

DIN 1055-1, Tab. 1:
Wichte Stahlbeton 25 kN/m³

Stahlbeton-Unterzug 350 / 240 mm: 2,10 kN/m
Einflusslänge: $5{,}0 + 6{,}0 = 11$ m

$G_{k,5} = 23{,}1$ kN

Unterzüge in beiden Achsenrichtungen

Stütze 250 / 250 mm: 1,50 kN/m
Einflusslänge: 3,8 m

$G_{k,6} = 5{,}7$ kN

Die unbewehrte Stütze wird im Fall A mit der Wichte von Normalbeton 24 kN/m³ berücksichtigt und deren Eigenlast vereinfacht auch für die leichtere, bewehrte Stütze im Fall B ($0{,}20^2$ m² · 25 kN/m³ = 1,0 kN/m) angesetzt.

Summe ständige Einwirkungen: **$\Sigma G_k = 363$ kN**

am Fußpunkt der Stütze

Veränderlich (Schneelast):

2.OG:

- Schnee: $s_k = 1{,}25$ kN/m²
  Formbeiwert: $\mu_1 = 0{,}8$
  $s = \mu_1 \cdot s_k = 1{,}0$ kN/m²

DIN 1055-5: Schneelast und Eislast
charakteristischer Wert der Schneelast s_k auf dem Boden für Schneelastzone 3,
Annahme: Geländehöhe $A = 290$ m ü NN,
$s_k = 0{,}31 + 2{,}91\,[(A + 140) / 760]^2$
Bild 3) und Tab. 1:
Formbeiwert für Flachdach
mit $0° \leq \alpha \leq 30°$: $\mu_1 = 0{,}8$

Einflussfläche: $5{,}0 \cdot 6{,}0 = 30$ m²

$Q_{k,1} = 30$ kN

Ggf. für örtliche Nachweise auf dem Dach beachten:
[12.1] DIN 1055-3, 6.2: Einzellasten für Dächer
Tab. 2, Kategorie H: nicht begehbare Dächer, außer für übliche Erhaltungsmaßnahmen, Reparaturen: Mannlast $Q_k = 1{,}0$ kN

1.OG:

Nutzlast Einzelhandel: $q_{k,2} = 5{,}00$ kN/m²
Einflussfläche: $5{,}0 \cdot 6{,}0 = 30$ m²

$Q_{k,2} = 150$ kN

DIN 1055-3, 6.1, Tab. 1, Kategorie D2:
Ladenflächen Einzelhandel und Warenhaus
6.1: (5) *Für die Lastweiterleitung auf sekundäre Tragglieder (Unterzüge, Stützen...usw.) dürfen die Nutzlasten nach Gleichung (1)*
$q_k' = \alpha_A \cdot q_k$ *abgemindert werden.*
(7) *Der Abminderungsbeiwert* α_A *berechnet sich für die Kategorien C bis E1 nach Gleichung* (3) $\alpha_A = 0{,}7 + 10 / A \leq 1{,}0$
hier: $\alpha_A = 0{,}7 + 10 / 30 \text{ m}^2 > 1{,}0$;
eine Abminderung der Nutzlasten für die Weiterleitung auf die Stütze ist daher nicht möglich.

Summe veränderliche Einwirkungen: **$\Sigma Q_k = 180$ kN**

2.2 Bemessungswerte in den Grenzzuständen der Tragfähigkeit

Teilsicherheitsbeiwerte in den Grenzzuständen der Tragfähigkeit:

Einwirkungen	günstig	ungünstig
• ständige	$\gamma_G = 1{,}0$	$\gamma_G = 1{,}35$
• veränderliche	$\gamma_Q = 0$	$\gamma_Q = 1{,}50$

DIN 1045-1, Tab. 1: Teilsicherheitsbeiwerte für die Einwirkungen auf Tragwerke

Kombinationsbeiwerte in den Grenzzuständen der Tragfähigkeit:

Bemessungssituation	Schneelast	Nutzlast
ständig und vorübergehend	$\psi_{0,1} = 0{,}5$	$\psi_{0,2} = 0{,}7$

Grundlagen der Tragwerksplanung: DIN 1055-100, Tab. A.2
Nutzlasten Kategorie D: Verkaufsräume sowie Schnee- und Eislasten für Orte bis zu NN +1000 m

allgemeine Grundkombination:

$$E_d = \gamma_G \cdot G_k + \gamma_{Q,1} \cdot Q_{k,1} + \Sigma(\gamma_{Q,i} \cdot \psi_{0,i} \cdot Q_{k,i})$$

DIN 1055-100, 9.4: Kombinationsregeln für Einwirkungen, Tab. 2: Ständige und vorübergehende Bemessungssituation hier mit i = 1 für die vorherrschende Einwirkung und i > 1 für alle weiteren veränderlichen Einwirkungen.

unterer Bemessungswert mit günstiger Wirkung der Eigenlast:

$$\min E_d = 1{,}0 \cdot 363 + 0 = 363 \text{ kN}$$

Dieser Bemessungswert führt zur minimalen Normalkraft und kann bei gleichzeitiger Momentenbeanspruchung aus anderen, unabhängigen Einwirkungen (maximale Ausmitte) bemessungswirksam werden – in diesem Beispiel nicht relevant.

oberer Bemessungswert mit ungünstiger Wirkung der Eigenlast und Kombination der veränderlichen Einwirkungen:

a) Leiteinwirkung Schneelast $Q_{k,1} = 30$ kN:
$\max E_d = 1{,}35 \cdot 363 + 1{,}5 \cdot (30 + 0{,}7 \cdot 150) = 693$ kN

b) ist maßgebend für die Grenzzustände der Tragfähigkeit

b) Leiteinwirkung Nutzlast $Q_{k,2} = 150$ kN:
$\max E_d = 1{,}35 \cdot 363 + 1{,}5 \cdot (150 + 0{,}5 \cdot 30) =$ **738 kN**

Die Grenzzustände der Gebrauchstauglichkeit sind für die Bemessung der Stütze nicht maßgebend (siehe Abschnitt B 5), daher werden hier keine repräsentativen Werte der Einwirkungen ermittelt.

3 Schnittgrößenermittlung in den Grenzzuständen der Tragfähigkeit

Längskraft: $N_{Ed} = -738$ **kN**

Druckkraft < 0
Die gesamte Stützeneigenlast wird vereinfacht am Stützenkopf angesetzt, damit wird die Normalkraft mit ihrem Extremwert über die gesamte Höhe der Stütze auf der sicheren Seite konstant angenommen.

Da alle horizontalen Kräfte von aussteifenden Scheiben aufgenommen sowie die Vertikallasten planmäßig mittig eingetragen werden und eine Innenstütze im üblichen Hochbau untersucht wird, ergibt sich für die

Biegemomente: $M_{Ed} = 0$

DIN 1045-1, 7.3.2: (6) *In rahmenartigen Tragwerken des üblichen Hochbaus, bei denen alle horizontalen Kräfte von aussteifenden Scheiben aufgenommen werden, dürfen bei Innenstützen, die mit Balken oder Platten biegefest verbunden sind, die Biegemomente aus Rahmenwirkung vernachlässigt werden, wenn das Stützweitenverhältnis benachbarter Felder annähernd gleicher Steifigkeit* $0{,}5 < l_{eff,1} / l_{eff,2} < 2{,}0$ *beträgt.*

A Unbewehrte Stütze

A 4 Nachweise in den Grenzzuständen der Tragfähigkeit

A 4.1 Bemessungswerte der Baustoffe

Teilsicherheitsbeiwerte in Grenzzuständen der Tragfähigkeit:

- unbewehrter Beton < C55/67 $\gamma_c = 1{,}80$

DIN 1045-1, 5.3.3: (8) Der Teilsicherheitsbeiwert für die Bestimmung des Tragwiderstandes des unbewehrten Betons ist wegen der geringen Verformungsfähigkeit auf $\gamma_c = 1{,}8$ erhöht.
hier: ständige und vorübergehende Bemessungssituation (Normalfall)

Beton C40/50 → C35/45 : $f_{ck} = 35\ \text{N/mm}^2$
$f_{cd} = 0{,}85 \cdot 35 / 1{,}80$ $= \mathbf{16{,}5\ N/mm^2}$

DIN 1045-1, Tab. 9: Festigkeits- und Formänderungskennwerte von Normalbeton

DIN 1045-1, 10.2: (2) Bei unbewehrten Querschnitten darf rechnerisch keine höhere Betonfestigkeitsklasse als C35/45 ausgenutzt werden.

DIN 1045-1, 9.1.6: (2) Abminderung mit $\alpha = 0{,}85$ berücksichtigt Langzeitwirkung

A 4.2 Bemessung für stabförmige Bauteile unter Längsdruck

DIN 1045-1, 8.6

A 4.2.1 Ersatzlänge und Schlankheit der Stütze

Die Innenstütze wird als Einzeldruckglied nachgewiesen.
Unbewehrte Druckglieder sind immer als schlanke Bauteile zu betrachten.

DIN 1045-1, 8.6.2: (3) und Bild 11 d)
DIN 1045-1, 8.6.7: (1)

Ersatzlänge:

DIN 1045-1, 8.6.2: (4)
l_{col} – Stützenlänge zwischen den idealisierten Einspannstellen
Index col = column (Stütze)

$l_0 = \beta \cdot l_{col}$

$l_{col} = 4{,}20$ m Geschosshöhe

In beiden Querschnittsrichtungen sind die Werte identisch.

$\beta = 1{,}0$ Ersatzlängenbeiwert des beidseitig gelenkig gelagerten Stabes

$l_0 = \mathbf{4{,}20\ m}$

Die Ersatzlänge ist durch den Abstand der Wendepunkte der Biegelinie begrenzt und hängt wesentlich von den Lagerungsbedingungen der Stütze ab. Auf der sicheren Seite liegend wird die Stützenlagerung am Kopf und am Fuß als ideal gelenkig angenommen.

Schlankheit:

$\lambda = l_0 / i = 4{,}20 \cdot \sqrt{12} / 0{,}25$ $= \mathbf{58}$

$< \lambda_{max} = 85$

i = Trägheitsradius des Querschnitts
$i^2 = I / A$

DIN 1045-1, 8.6.7: (2) *Die Schlankheit am Einbauort betonierter unbewehrter ... Stützen sollte i. Allg. den Wert* $\lambda = 85$ *nicht überschreiten.*

Grenzwert für Berechnung nach Theorie II. Ordnung:

$l_{col} / h = 4{,}20 / 0{,}25 = \mathbf{17}$ $\mathbf{> 2{,}5}$

DIN 1045-1, 8.6.7: (1)

Die Stütze ist auf Einflüsse nach Theorie II. Ordnung zu untersuchen!

A 4.2.2 Imperfektionen

Geometrische Ersatzimperfektion für Einzeldruckglieder – ungewollte Lastausmitte für die Längskraft:

Der Einfluss der Verformungen nach Theorie II. Ordnung wird durch ungewollte Vorverformungen verstärkt.

$e_a = \alpha_{a1} \cdot l_0 / 2$

DIN 1045-1, 8.6.4: Gl. (33)

mit $l_0 = 4{,}20$ m

siehe A 4.2.1

$\alpha_{a1} = 1 / (100 \cdot \sqrt{l_{col}}) \leq 1 / 200$
$= 1 / (100 \cdot \sqrt{4{,}2})$
$= 1 / 205 < 1 / 200$

DIN 1045-1, 7.2: Gl. (4) mit $h_{ges} = l_{col}$

$e_a = 4200 / (2 \cdot 205)$
$= \mathbf{10{,}2\ mm}$

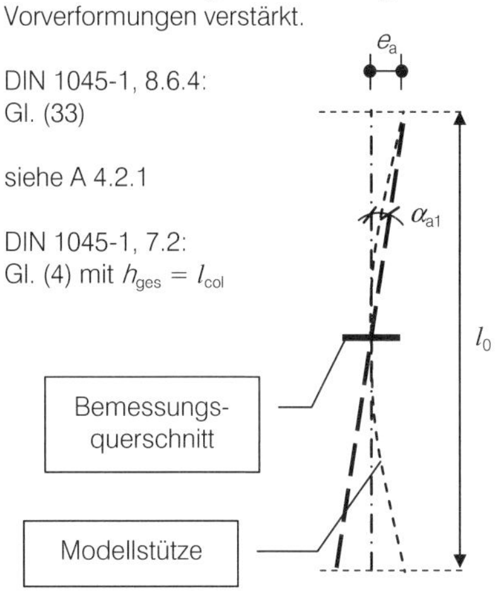

A 4.2.3 Druckglieder mit zweiachsiger Lastausmitte

Die Stütze kann nach beiden Querschnittsrichtungen ausweichen. Dennoch dürfen getrennte Nachweise in den Richtungen der beiden Hauptachsen y und z geführt werden, da der rechnerische Lastangriffspunkt der Längsdruckkraft mittig und damit innerhalb des schraffierten Bereiches des Bildes 14 der DIN 1045-1, 8.6.6 liegt.

DIN 1045-1, 8.6.6: (2)

Da der Querschnitt doppeltsymmetrisch und die Stützenlänge zwischen den Einspannstellen auch in beiden Richtungen identisch ist, wird im Folgenden nur ein Nachweis geführt.

A 4.2.4 Nachweis als Druckglied aus unbewehrtem Beton

Aufnehmbare Längsdruckkraft:

$N_{Rd} = -(b \cdot h \cdot f_{cd} \cdot \varphi)$

DIN 1045-1, 8.6.7: Gl. (44)

mit:

φ Beiwert zur Berücksichtigung Theorie II. Ordnung

$\varphi = 1{,}14 \cdot (1 - 2\,e_{tot} / h) - 0{,}02\,l_0 / h \quad \leq 1 - 2\,e_{tot} / h$
≥ 0

DIN 1045-1, 8.6.7: Gl. (45)
$e_0 = 0$ Lastausmitte Theorie I. Ordnung
$e_a = 10{,}2$ mm ungewollte zusätzliche Ausmitte, siehe A 4.2.2
e_a darf auch zu $0{,}5\,l_0 / 200 = 2100 / 200$ $= 10{,}5$ mm angenommen werden.
$e_\varphi =$ Ausmitte infolge Kriechens, darf i. Allg. vernachlässigt werden.

$e_{tot} = e_0 + e_a + e_\varphi$ Gesamtausmitte
$e_{tot} = 0 + 10{,}2 + 0 = 10{,}2$ mm

$\varphi = 1{,}14 \cdot (1 - 2 \cdot 10{,}2 / 250) - 0{,}02 \cdot 4200 / 250$
$\varphi = \mathbf{0{,}711}$
$< 1 - 2 \cdot 10{,}2 / 250 = 0{,}92$

$N_{Rd} = -0{,}25^2 \cdot 16{,}5 \cdot 0{,}711 = -0{,}733$ MN
$= \mathbf{-733\ kN}$
$\approx N_{Ed} = -738$ kN

Die im Verhältnis zur einwirkenden geringfügig kleinere aufnehmbare Druckkraft ist akzeptabel, da z. B. die Ersatzlänge auf der sicheren Seite angenommen wurde.

B Bewehrte Stütze

B 4 Nachweise in den Grenzzuständen der Tragfähigkeit

B 4.1 Bemessungswerte der Baustoffe

Teilsicherheitsbeiwerte in Grenzzuständen der Tragfähigkeit:

- Beton < C55/67 $\gamma_c = 1{,}50$
- Betonstahl BSt 500 $\gamma_s = 1{,}15$

DIN 1045-1, 5.3.3: Tab. 2: Teilsicherheitsbeiwerte für die Bestimmung des Tragwiderstands
hier: Ständige und vorübergehende Bemessungssituation (Normalfall)

DIN 1045-1, Tab. 9: Festigkeits- und Formänderungskennwerte von Normalbeton

Beton C30/37: $f_{ck} = 30$ N/mm²
$f_{cd} = 0{,}85 \cdot 30 / 1{,}50$ = **17,0 N/mm²**

DIN 1045-1, 9.1.6: (2) Abminderung mit $\alpha = 0{,}85$ berücksichtigt Langzeitwirkung

Betonstahl BSt 500 S (A): $f_{yk} = 500$ N/mm²
$f_{yd} = 500 / 1{,}15$ = **435 N/mm²**

DIN 1045-1, Tab. 11: Eigenschaften der Betonstähle

B 4.2 Bemessung für stabförmige Bauteile unter Längsdruck

DIN 1045-1, 8.6

B 4.2.1 Ersatzlänge und Schlankheit der Stütze

Die Innenstütze wird als Einzeldruckglied nachgewiesen.

DIN 1045-1, 8.6.2: (3) und Bild 11 d)

Ersatzlänge:

$l_0 = \beta \cdot l_{col}$

DIN 1045-1, 8.6.2: (4)
l_{col} – Stützenlänge zwischen den idealisierten Einspannstellen
Index col = column (Stütze)

$l_{col} = 4{,}20$ m Geschosshöhe

$\beta = 1{,}0$ Ersatzlängenbeiwert beidseitig gelenkig gelagerter Stab

$l_0 =$ **4,20 m**

Die Ersatzlänge ist durch den Abstand der Wendepunkte der Biegelinie begrenzt und hängt wesentlich von den Lagerungsbedingungen der Stütze ab. Auf der sicheren Seite liegend wird die Stützenlagerung am Kopf und am Fuß als ideal gelenkig angenommen.

Schlankheit:

$\lambda = l_0 / i = 4{,}20 \cdot \sqrt{12} / 0{,}20 = \mathbf{73}$

i = Trägheitsradius des Querschnitts
$i^2 = I / A$

DIN 1045-1, 8.6.3: (1) Bei Einzeldruckgliedern darf durch Vergleich der Schlankheit mit Grenzwerten entschieden werden, ob Auswirkungen nach Theorie II. Ordnung zu berücksichtigen sind (geometrische Nichtlinearität).

Grenzwerte für Berechnung nach Theorie II. Ordnung:

$\nu_{Ed} = N_{Ed} / (A_c \cdot f_{cd})$
$= -0{,}738 / (0{,}20^2 \cdot 17{,}0)$
$= \mathbf{-1{,}09}$

DIN 1045-1, 8.6.3: Gl. (29)

Grenzwerte der Schlankheit für schlanke Einzeldruckglieder:

$\lambda_{max} = \mathbf{25}$ für $|\nu_{Ed}| = 1{,}09 \geq 0{,}41$

DIN 1045-1, 8.6.3: Gl. (27)

Da $\lambda = 73 > \lambda_{max} = 25$ gilt die Stütze als schlankes Druckglied.

Die Stütze braucht dennoch nicht nach Theorie II. Ordnung untersucht zu werden, wenn:

$\lambda \leq \lambda_{crit} = 25\,(2 - e_{01} / e_{02})$

DIN 1045-1, 8.6.3: Gl. (30)

$\lambda_{crit} = \mathbf{25}$

DIN 1045-1, 8.6.3: (4) *Sonderfall der beidseitig gelenkig gelagerten Stütze in unverschieblich ausgesteiften Tragwerken*

Da $\lambda = 73$ auch $> \lambda_{crit} = 25$ ist die Stütze auf Einflüsse nach Theorie II. Ordnung zu untersuchen.

B 4.2.2 Imperfektionen

Für Einzeldruckglieder – ungewollte Lastausmitte für die Längskraft:

$e_a = 10{,}2$ mm

siehe Fall A

B 4.2.3 Mindest- und Höchstwert der Längsbewehrung

$A_{s,max} = 0{,}09 \cdot A_c$

Bei Annahme eines 100 %-igen Übergreifungsstoßes in der Stütze für die Längsbewehrung außerhalb des Stoßbereiches:

$A_{s,max} = 0{,}5 \cdot 0{,}09 \cdot A_c = 0{,}045 \cdot 20^2 \qquad = \mathbf{18{,}0\ cm^2}$

DIN 1045-1, 13.5.2: (2) Der gesamte Bewehrungsquerschnitt darf, auch im Bereich von Übergreifungsstößen, den maximalen Wert von $0{,}09 A_c$ nicht überschreiten.

$A_{s,min} = 0{,}15 \cdot |N_{Ed}| / f_{yd}$
$= 10^4 \cdot 0{,}15 \cdot 0{,}738 / 435 \qquad = 2{,}54\ cm^2$

→ aber maßgebend: konstruktiv 4 ∅ 12 $\quad A_{s,min} = \mathbf{4{,}52\ cm^2}$

DIN 1045-1, 13.5.2: Gl. (155)

DIN 1045-1, 13.5.1: (2) min $d_{s,l} = 12$ mm
DIN 1045-1, 13.5.1: (3) in Stützen mit polygonalem Querschnitt in jeder Ecke mindestens ein Längsstab, maximaler Längsstababstand: 300 mm für $b \leq 400$ mm genügt ein Längsstab je Ecke.

B 4.2.4 Kaltbemessung der Stütze

Die Bemessung darf in einer Richtung der Hauptachse geführt werden.

siehe A 4.2.3 Druckglieder mit zweiachsiger Lastausmitte

Zur Bemessung wird das e / h-Diagramm aus [41] herangezogen.

[41] *Kordina/Quast*: Bemessung ... nach DIN 1045-1 – Teil II; BK 2001/1. Zu den Grundlagen der Bemessungshilfsmittel: 3.2, S. 366 ff.
Das e / h-Diagramm wird hier wegen seiner prinzipiell uneingeschränkten Anwendbarkeit (kleine bis große bezogene Ausmitten) angewandt. Im alternativ angebotenen μ-Nomogramm [41] liegt das Beispiel 9 außerhalb des Ablesebereiches. Zur alternativ möglichen Anwendung des Modellstützenverfahrens und der Nutzung der Interaktionsdiagramme Biegung mit Längskraft [40] siehe Beispiel 10.

Eingangswerte:

$l_0 / h = 4200 / 200 \qquad = 21$

Ausmitten

$e_1 / h = (e_0 + e_a) / h = 10{,}2 / 200 \qquad = 0{,}05$

$e_\varphi = 0$ Kriechauswirkungen vernachlässigt

DIN 1045-1, 8.6.3:
(5) *Kriechauswirkungen dürfen in der Regel vernachlässigt werden, wenn die Stützen an beiden Enden monolithisch mit lastabtragenden Bauteilen verbunden sind...*

Achsabstand Bewehrung:

$d_1 = c_{v,Bü} + d_{s,Bü} + d_{s,l} / 2 = 20 + 10 + 20 / 2 \qquad = 40$ mm

$d_1 / h = 40 / 200 \qquad = 0{,}20$

$c_{v,Bü}$ siehe 1.2, Annahme:
Bügel- ∅ = 10 mm, Längs- ∅ = 20 mm

f_{cd} = 30 / 1,5 = 20 N/mm²

Bezogene Längskraft:

ν_{Ed} = –0,738 / (0,20² · 20,0) = –0,92

Die Bemessungsdiagramme basieren auf den Grundlagen des EC 2, wodurch der Abminderungsbeiwert nach DIN 1045-1, 9.1.6: (2) α = 0,85 noch nicht berücksichtigt wurde. Bei der Anwendung der Hilfsmittel im BK 2001/1 muss daher mit $f_{cd} = f_{ck} / \gamma_c$ als Eingangswert gerechnet werden!
siehe auch:
[41] *Kordina/Quast*: Bemessung der Stahlbeton- und Spannbetonbauteile nach DIN 1045-1 – Teil II; BK 2001/1, S. 349, Fußnote [1])

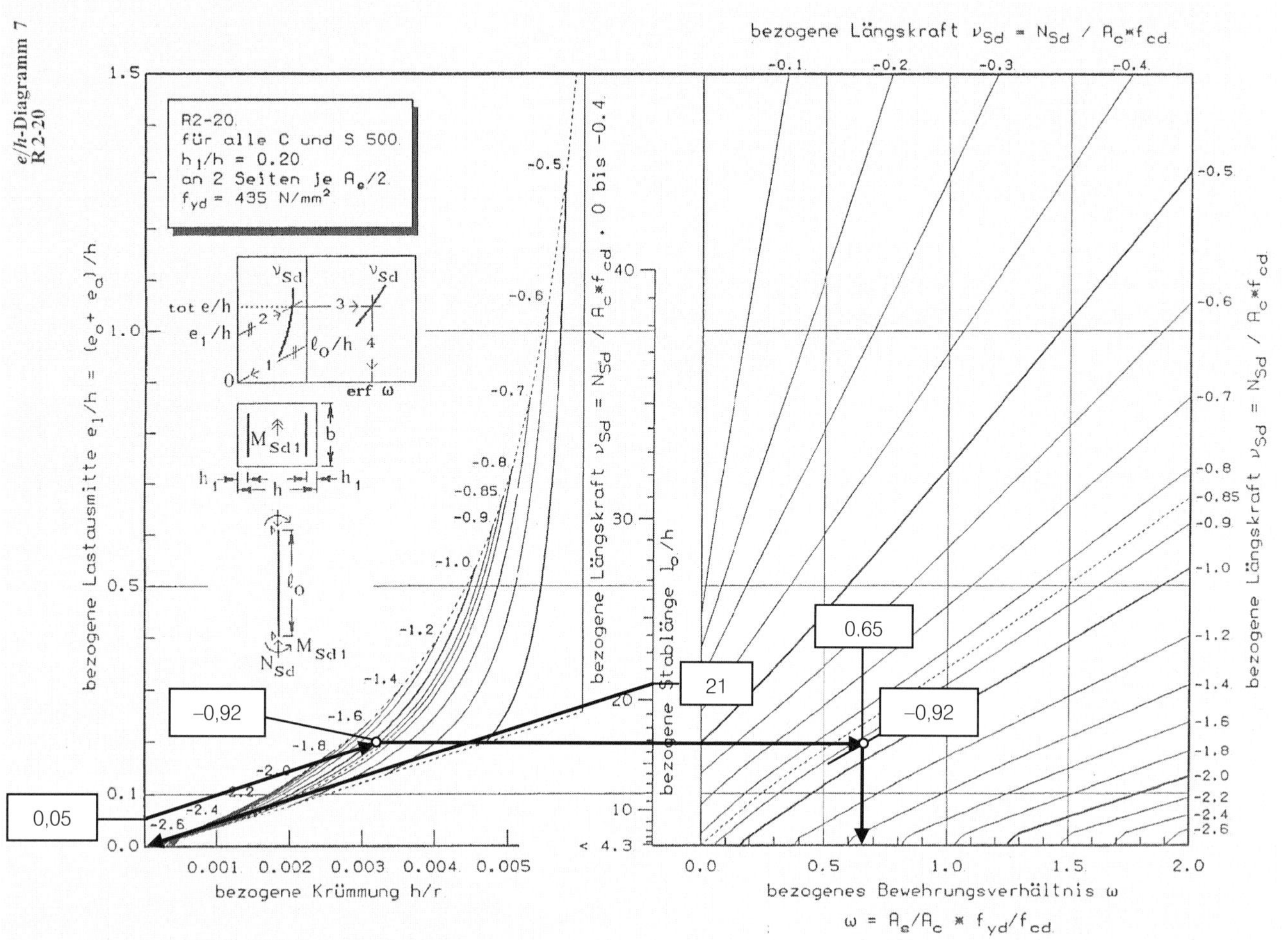

abgelesen aus dem *e* / *h*-Diagramm 7, [41] S. 398:

erf ω = 0,65

erf $A_s = \omega \cdot A_c \cdot f_{cd} / f_{yd}$ = 0,65 · 20² · 20,0 / 435 = **11,95 cm²**

[41] *Kordina/Quast*: Bemessung der Stahlbeton- und Spannbetonbauteile nach DIN 1045-1 – Teil II; BK 2001/1, S. 398

Gewählt:
Längsbewehrung BSt 500 S (A)
4 Ø 20 = 12,6 cm² > 11,95 = erf A_s
> min A_s = 4,52 cm²
< max A_s = 18,0 cm²

DIN 1045-1, 13.5.1: (3) In jeder Querschnittsecke wird ein Stab angeordnet.

siehe 1.2:
erf $c_{nom,l}$ = 20 + 10 = 30 mm beachten, mit Bügel- Ø 10 und
$c_{nom,Bü}$ = 20 mm eingehalten.

Hinweis DAfStb-Heft 525 [29] zu 10.2:
Bei höheren Bewehrungsgraden in der Druckzone kann es sinnvoll sein, mit dem Nettoquerschnitt des Betons zu rechnen.

B 4.2.5 Heißbemessung der Stütze

Ergänzend wird der brandschutztechnische Nachweis der unbekleideten Hochbau-Innenstütze im Zwischengeschoss des durch Wand- und Deckenscheiben ausgesteiften, dreigeschossigen Skelettbaus durchgeführt, wobei eine mehrseitige Brandbeanspruchung vorausgesetzt ist.

Die Stütze ist an beiden Enden konstruktiv monolithisch mit den Unterzügen und Decken verbunden.

Anwendungsgrenzen für Tabelle 31:

- Stahlbetonstützen aus Beton ≤ C45/55;
- Stützen mit Rechteckquerschnitt: max $l_{col} = 6$ m;
- Stützen mit Kreisquerschnitt: max $l_{col} = 5$ m;
- Gebäude ausgesteift im Sinne von DIN 1045-1, 8.6.2 (2) und (5);
- Stützenenden rotationsbehindert gelagert;
- Ersatzlänge der Stütze bei Normaltemperatur, jedoch ≥ Geschosshöhe;
- Bewehrungs- und Konstruktionsregeln DIN 1045-1.

Diese Randbedingungen sind für die Zwischengeschossstütze in diesem Beispiel eingehalten.

Die brandschutztechnische Bemessung erfolgt i. d. R. mit Tabellenverfahren nach DIN 4102-4 [20]. Dabei werden für die Bauteile je nach geforderter Feuerwiderstandsklasse konstruktive Randbedingungen vorgegeben (wie z. B. Mindestquerschnittsabmessungen, Mindestachsabstände der Bewehrung).

Für den brandschutztechnischen Nachweis von Stahlbetonstützen ist in DIN 4102-4 [20] Tabelle 31 anzuwenden. Für die Anwendung dieser Tabelle ist der Lastausnutzungsgrad der Stütze im Brandfall Eingangswert. Wegen dem in DIN 1045-1 gegenüber DIN 1045:1988-07 [6] neuen Teilsicherheitskonzept wurde die Tab. 31 vollständig überarbeitet und über die Anlage 3.1/10 in der Musterliste der Technischen Baubestimmungen bauaufsichtlich eingeführt (siehe → *www.dibt.de* → Aktuelles → Technische Baubestimmungen). Zu den Hintergründen siehe auch [70].

Anmerkung: Eine rotationsbehinderte Lagerung ist dann gegeben, wenn die Stützenenden in Tragwerksteile eingespannt sind, die auch im Brandfall eine Verdrehung wirksam behindern oder die nicht dem Brandfall ausgesetzt sind. Dies ist bei über mehrere Geschosse durchlaufenden Stützen regelmäßig anzunehmen, da eine zumindest zeitweise Begrenzung der Brandausbreitung auf nur ein Geschoss unterstellt wird.

Weitere Vorgaben sind:

Achsabstand der Längsstäbe: (siehe 1.2)
$u = c_{v,l} + d_{s,l} / 2 = 30 + 20 / 2 = 40$ mm

Normalkraftanteile:

Eigenlast:	N_{Gk}	= –363 kN
Nutzlast Einzelhandel:	$N_{Qk,1}$	= –150 kN
Schneelast:	$N_{Qk,2}$	= –30 kN
Bemessungswert DIN 1045-1:	N_{Ed}	= –738 kN

siehe 2.1

siehe 2.2

Für die Klassifizierung nach Tabelle 31 ist der Ausnutzungsfaktor $\alpha_1 = (N_{Ed,A} / N_{Rd})$ zu bestimmen.

Belastung im Brandfall (näherungsweise Annahme):

$$N_{Ed,A} = 0{,}7 \cdot N_{Ed} = -(0{,}7 \cdot 738) = -517 \text{ kN}$$

Vereinfachung nach DIN 4102-22, 4.2: Gl. (2)

Genauer ist der Ansatz der außergewöhnlichen Einwirkungskombination nach DIN 1055-100:

$$N_{Ed,A} = \sum_{j\geq 1} \gamma_{GA,j} \cdot G_{k,j} + \psi_{1,1} \cdot Q_{k,1} + \sum_{i>1} \psi_{2i} \cdot Q_{k,i}$$

$$N_{Ed,A} = -[1{,}0 \cdot 363 + 0{,}7 \cdot 150 + 0) = -468 \text{ kN (d. h. hier} \approx 0{,}65 \cdot N_{Ed})$$

DIN 1055-100, Tabelle A.2:
Leiteinwirkung Verkauf $Q_{k,1}$, Kategorie D:
$\psi_{1,1} = 0{,}7$
Schnee $Q_{k,1}$ für Orte bis NN +1000 m
$\psi_{0,2} = 0{,}5$ und $\psi_{2,2} = 0$

Auf der sicheren Seite liegend kann mit $A_{s,erf} = 11{,}95$ cm² für $N_{Rd} = N_{Ed} = -738$ kN angenommen werden.

Mit dem gewählten $A_{s,vorh} = 12{,}6$ cm² ($\omega_{tot,vorh} = 0{,}69$) und C30/37 kann man die Stützentragfähigkeit im kalten Zustand im e/h-Diagramm [41] extrapolieren und abschätzen:

→ $\nu_{Ed} \approx -0{,}95$ → $N_{Rd} \approx -0{,}95 \cdot 0{,}20^2 \cdot 20 = -760$ kN

Der Ausnutzungsfaktor beträgt dann:

$\alpha_1 = (N_{fi,d,t} / N_{Rd}) = -468 / -760 = 0{,}62$

Die Stütze wird zunächst auf die Feuerwiderstandsklasse **R 60** nachgewiesen. Die Interpolation erfolgt zweidimensional und man erhält:

α_1	$l_{col} = 2{,}0$ m	**$l_{col} = 4{,}20$ m**	$l_{col} = 6{,}0$ m
0,5	$h = 160$ mm $u = 34$ mm		$h = 180$ mm $u = 37$ mm
0,62	$h = 178$ mm $u = 34$ mm	**$h = 202$ mm** **$u = 36$ mm**	$h = 222$ mm $u = 37$ mm
0,7	$h = 190$ mm $u = 34$ mm		$h = 250$ mm $u = 37$ mm

erf $h_{min} = 202$ mm $\approx$ vorh $h = 200$ mm
erf $u_{min} = 36$ mm $<$ vorh $u = 40$ mm

Soll diese Stütze die Feuerwiderstandsklasse R 90 aufweisen, muss der Ausnutzungsgrad α_1 durch eine Vergrößerung der Längsbewehrung reduziert werden. Die Interpolation erfolgt für die Stützenabmessung 200 mm zweidimensional nach folgendem Diagramm und man erhält:

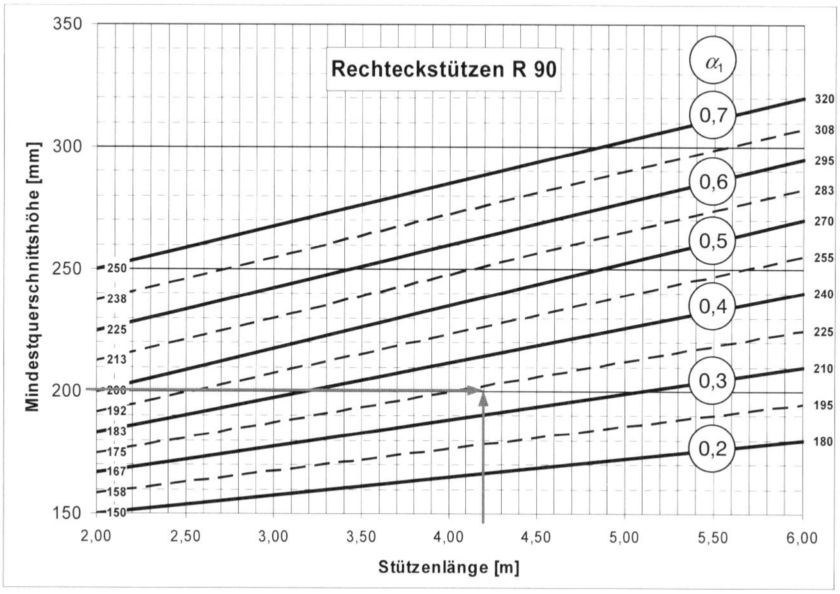

erf $\alpha_1 = 0{,}34 \rightarrow$ erf $N_{Rd} = (N_{Ed,A} / \alpha_1) = -468 / 0{,}34 = -1377$ kN

Die bezogene Längskraft hierfür beträgt:
$\nu_{Ed} = -1{,}377 / (0{,}20^2 \cdot 20) = -1{,}7$

Die Bemessung mit dem e/h-Diagramm [41] ergibt:
abgelesen: erf $\omega = 1{,}9$

erf $A_s = \omega \cdot A_c \cdot f_{cd} / f_{yd} = 1{,}9 \cdot 20^2 \cdot 20 / 435 = 35{,}0$ cm²

→ Bewehrungsgrad zu hoch, Stützenquerschnitt vergrößern!

Hinweis: Bei Verwendung eines M/N-Interaktionsdiagramms für symmetrisch bewehrte Querschnitte ist das Moment nach Theorie II. Ordnung zu bestimmen (z. B. mit zusätzlicher Ausmitte e_2 nach Modellstützenverfahren). Der Bemessungspunkt ① für erf A_s liegt dann im Schnittpunkt der bezogenen Schnittgrößen ν_{Ed} und $\mu_{Ed,II}$. Die Stützentragfähigkeit N_{Rd} mit der oft größeren vorhandenen Bewehrung $A_{s,vorh}$ wird dann im extrapolierten Bemessungspunkt ② bei vorh ω ermittelt → α_1 darf mit konstanter Ausmitte ermittelt werden.

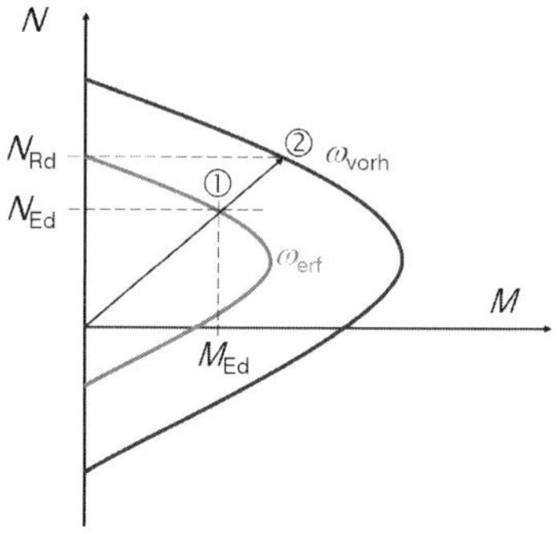

Das Diagramm stellt grafisch die Tabelle 31 für R 90 mit den Interpolationen zwischen den Ausnutzungsfaktoren $0{,}2 \leq \alpha_1 \leq 0{,}7$ und den Stützenlängen $2\text{ m} \leq l_{col} \leq 6{,}0\text{ m}$ dar.

Hinweis für Dachgeschossstützen:
Das Kopfende der Stütze im 2. OG kann wegen der Einbindung in die im Brandfall ebenfalls heiß werdende, dünne Dachdecke nur eingeschränkt als rotationsbehindert gelagert gelten und erfüllt daher eine Randbedingung von Tab. 31 nicht. Hilfsweise könnte die Heißbemessung mit Tab. 31 an einer Ersatzstütze mit einer Länge l_{col}^* vorgenommen werden, deren Knicklänge $0{,}5 l_{col}^*$ der im Heißfall zu erwartenden Knicklänge entspricht.
→ Hier: $l_{col}^* = 0{,}7 \cdot 4{,}20 / 0{,}5 = 5{,}88$ m < 6 m Anwendungsgrenze für Rechteckstützen

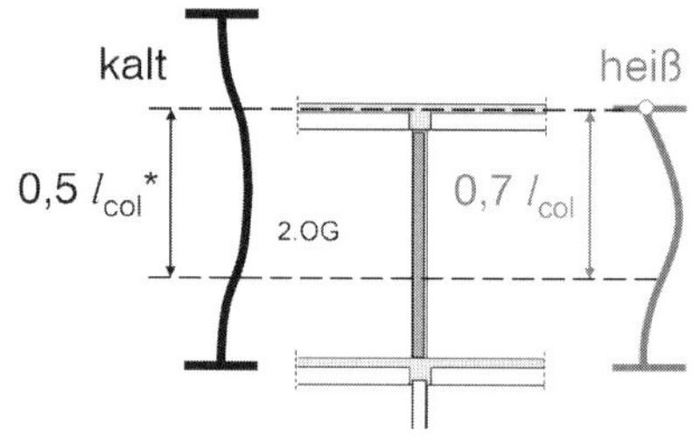

Diese für einen Feuerwiderstand R 90 erforderliche große Bewehrungsmenge ist z. B. mit 3 ∅ 28 auf jeder Stützenseite in einer 200 mm breiten Stütze nicht mehr umzusetzen (max. Bewehrungsgrad 9 % wird überschritten, Nutzhöhe wird kleiner).
Der Stützenquerschnitt muss für R 90 daher aus konstruktiven Gründen vergrößert werden.

B 5 Nachweise in den Grenzzuständen der Gebrauchstauglichkeit

DIN 1045-1, 11

Für die untersuchte mittig gedrückte Innenstütze brauchen keine Nachweise in den Grenzzuständen der Gebrauchstauglichkeit geführt zu werden.

Begrenzung der Betondruckspannungen DIN 1045-1, 11.1.2:
Kriechen darf bei beidseitig monolithisch mit lastabtragenden Bauteilen verbundenen Stützen vernachlässigt werden.

DIN 1045-1, 8.6.3: (5)

Begrenzung der Rissbreiten DIN 1045-1, 11.2:
Bei überwiegend mittig gedrückter Stütze treten unter Gebrauchslasten keine Risse auf.

B 6 Bewehrungsführung, bauliche Durchbildung

B 6.1 Übergreifung der Längsstäbe

DIN 1045-1, 12.6.2

Grundmaß: $l_b = (d_s / 4) \cdot (f_{yd} / f_{bd})$

DIN 1045-1, 12.6.2: (2) Gl. (140)

Bemessungswert Verbundspannung:

gute Verbundbedingungen: $f_{bd} = 3{,}0$ N/mm² für C30/37

Bemessungswert Stahlspannung : $f_{yd} = 435$ N/mm²

$l_b = (20 / 4) \cdot (435 / 3{,}0)$ = **725 mm**

DIN 1045-1, 12.5: Tab. 25: $d_s < 32$ mm
DIN 1045-1, 12.4: (2) a) gute Verbundbedingungen für alle Stäbe mit einer Neigung von $\alpha = 90°$ zur Waagerechten während des Betonierens (hier: senkrecht betonierte Stütze).

Die Stäbe der Längsbewehrung ∅ 20 werden im Bereich des Stützenfußes nach den Regeln für Druckstäbe durch Übergreifen gestoßen.

DIN 1045-1, 13.5.2: (2)
Bewehrungsgrad im Stoßbereich beachten:
8 ∅ 20 mm = 25,1 cm²
$\rho = 25{,}1 / 20^2 = 0{,}063 A_c < 0{,}09 A_c$

	gerade Stabenden:
$l_{s,min} = 0{,}3 \cdot \alpha_a \cdot \alpha_1 \cdot l_b$	$\alpha_a = 1{,}0$ $\alpha_1 = 1{,}0$
	$l_{s,min} = 0{,}3 \cdot 1{,}0 \cdot 725$ = 218 mm
$\geq 15 d_s$	$< 15 \cdot 20$ = **300 mm**
≥ 200 mm	> 200 mm
$l_{b,net} = \alpha_a \cdot l_b \cdot (A_{s,erf} / A_{s,vorh})$	$l_{b,net} = 1{,}0 \cdot 725 \cdot (11{,}95 / 12{,}6)$ = **688 mm**
$\geq l_{b,min} = 0{,}6 \cdot l_b$	$> 0{,}6 \cdot 725$ = 435 mm
$\geq 10 d_s$	$> 10 \cdot 20$ = 200 mm
$l_s = l_{b,net} \cdot \alpha_1$	$l_s = 688 \cdot 1{,}0$ = **688 mm**
$\geq l_{s,min}$	> 300 mm
gewählt l_s	= **700 mm** > erf l_s

DIN 1045-1, 12.8.2: (1)
DIN 1045-1, 12.6: Tab. 26: Verankerungsarten
DIN 1045-1, Tab. 27: $\alpha_1 = 1{,}0$ für Druckstoß

DIN 1045-1, 12.6.2: (3) Gl. (141)
siehe B 4.2.4: $A_{s,erf} / A_{s,vorh}$
$l_{b,min}$ für Druckstäbe

DIN 1045-1, 12.8.2: (1) Gl. (144), lichter Stababstand der gestoßenen Stäbe $\leq 4 d_s$

B 6.2 Querbewehrung

Als Querbewehrung der Stütze werden Bügel angeordnet.

Die Stützenquerbewehrung soll das Ausknicken der gedrückten Längsstäbe verhindern und wird daher konstruktiv in Abhängigkeit vom Längsstabdurchmesser gewählt.

Mindestdurchmesser:

min $d_{s,quer}$ $\geq 0{,}25 d_{s,l}$ ≥ 6 mm

DIN 1045-1, 13.5.3: (1) und (2) $d_{sV} \leq 28$ mm

gew $d_{s,quer}$ = **10 mm** $> 0{,}25 \cdot 20 = 5$ mm > 6 mm

Bügelabstände :

DIN 1045-1, 13.5.3: (3)
Verankerung der Bügel gemäß
DIN 1045-1, 12.7 und Bild 56 e), Hakenform a)
→ siehe auch Anmerkungen unten

Bereich 1:

Maximalabstand: max $s_{quer,1}$ $\leq 12 d_{s,l} = 12 \cdot 20 = 240$ mm

= min b = **200 mm**

≤ 300 mm

DIN 1045-1, 13.5.3: (4)

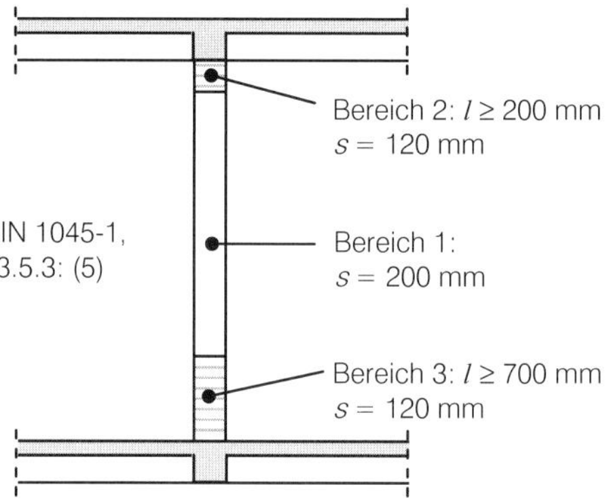

Bereich 2:
unmittelbar über und unter Balken oder Platten über eine Höhe von max $b = 200$ mm:

DIN 1045-1, 13.5.3: (5)

Maximalabstand: max $s_{quer,2}$ $= 0{,}6 \cdot$ max $s_{quer,1}$

$= 0{,}6 \cdot 200 =$ **120 mm**

Bereich 3:
bei Übergreifungsstößen mit $d_{s,l} > 14$ mm über eine Höhe von $l_s = 700$ mm

DIN 1045-1, 13.5.3: (5)

mit: max $s_{quer,2}$ = **120 mm**

Bügelform:

DIN 1045-1, 13.5.3: (3)
Für Stützenbügel gilt Bild 56 e), Hakenform a).

In den Kernquerschnitt der Stütze gerichtete Haken nach DIN 1045-1, Bild 56 a) und e) sind für das Schließen der Bügel günstiger als 90°-Winkelhaken nach Bild 56 b).

DIN 1045-1, 12.7: Bild 56

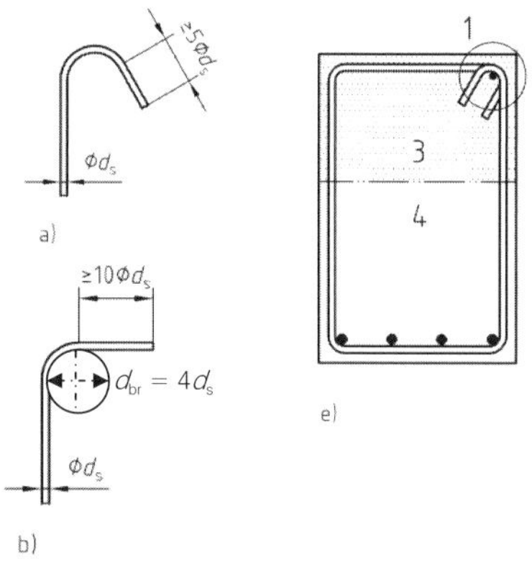

In der Praxis werden 90°-Winkelhaken wegen ihrer einfacheren Herstellung und Einbaubarkeit bevorzugt. Diese Konstruktionsform erfüllt den gleichen Zweck, wenn Maßnahmen ergriffen werden, die einen ähnlichen Widerstand gegen Abplatzen der Betondeckung wie bei Haken erwarten lassen. Mindestens eine der folgenden Maßnahmen kommt hierfür in Frage:

- Vergrößerung des Mindestbügeldurchmessers um eine Durchmessergröße gegenüber Absatz 13.5.3 (1);
- Halbierung der Bügelabstände nach Absatz 13.5.3 (4) bzw. (5);
- angeschweißte Querstäbe (Bügelmatten);
- Vergrößerung der Winkelhakenlänge von $10 d_s$ ($+3 d_s$) auf $\geq 15 d_s$ ($+3 d_s$).

DIN 1045-1, 13.5.3: (8)

Mit dem in diesem Beispiel gewählten Bügeldurchmesser
gew. $d_{s,quer}$ = **10 mm** $> d_{s,min} = 6$ mm
dürfen die Bügel auch mit 90 °-Winkelhaken geschlossen werden.

B 7 Darstellung der Bewehrung

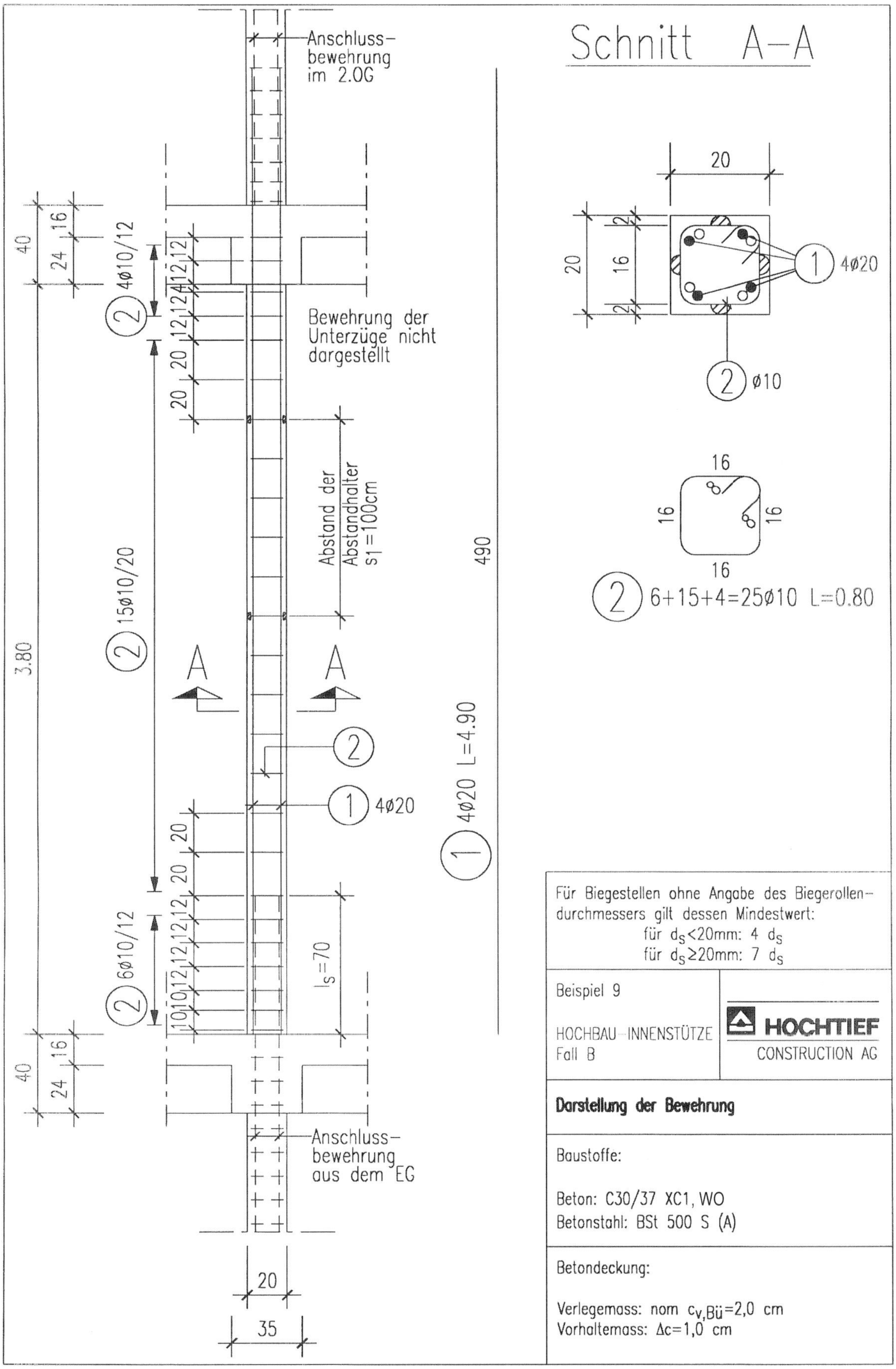

Beispiel 10: Hochbau – Randstütze

Inhalt

Beispiel 10: Hochbau – Randstütze

Aufgabenstellung

Zu bemessen ist eine Ortbeton-Randstütze einer geschlossenen Halle.
Der Stützenfuß ist in einem Einzelfundament eingespannt.
Am Stützenkopf liegt ein gelenkig aufgelagerter Fertigteilbinder auf.
Es handelt sich um einen eingeschossigen Skelettbau mit Pfettendach (Achsabstände der Binder 6,50 m), der in Hallenlängsrichtung ausgesteift und in Hallenquerrichtung als verschieblicher Rahmen ausgebildet ist.

DIN 1045-1, 3.1.1: üblicher Hochbau

In der durch Verbände ausgesteiften Hallenlängsrichtung wirken keine Horizontalkräfte auf die Stütze.
DIN 1045-1, 8.6.2: (1) ausgesteiftes, unverschiebliches Tragwerk in Hallenlängsrichtung

Gewerbliche Halle – Innenräume mit normaler Luftfeuchtigkeit.
Vorwiegend ruhende Einwirkung.

DIN 1045-1, 3.1.2: vorwiegend ruhende Einwirkung

Baustoffe:

- Beton: C30/37
- Betonstahl: BSt 500 S (A) (normalduktil)
- Scherbolzen: St 835/1030, glatt, rund

DIN 1045-1, 9.1: Beton
DIN 1045-1, 9.2: Betonstahl
(in DIN 488 mit B500A bezeichnet)
allgemeine bauaufsichtliche Zulassung

1 System, Bauteilmaße, Betondeckung

1.1 System

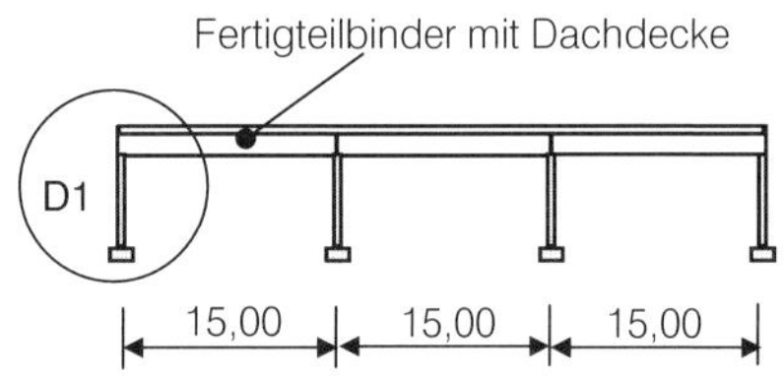

Hallenquerschnitt

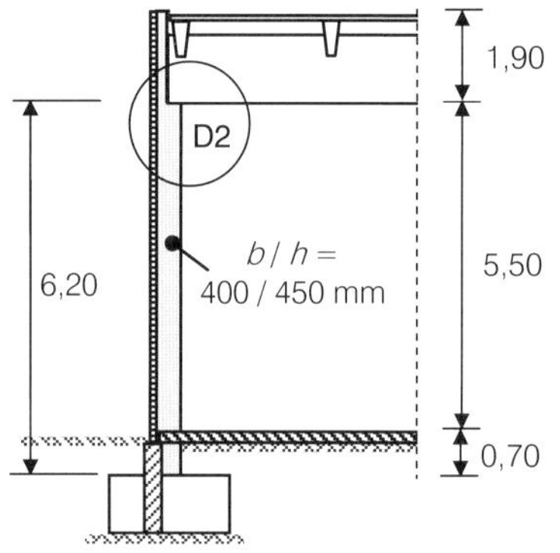

D1: Detailschnitt mit Randstütze

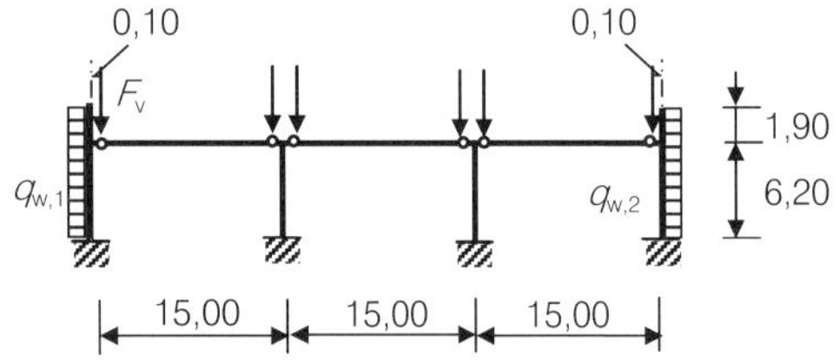

Hallenquerschnitt statisches System

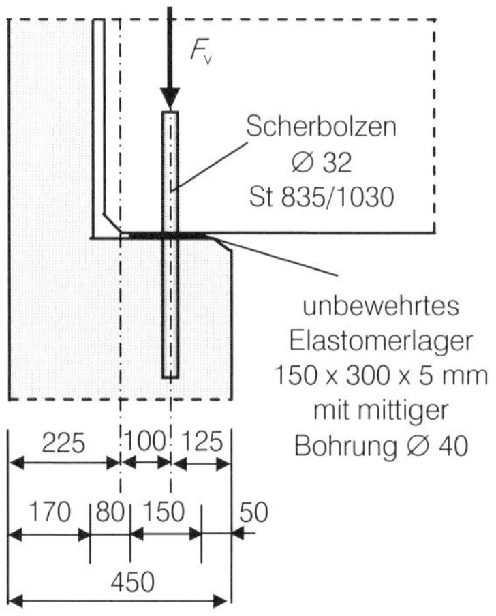

D2: Detailschnitt Auflagerausbildung

Es wird vorausgesetzt, dass Wind und sonstige Kräfte in Hallenlängsrichtung von anderen Bauteilen aufgenommen werden und die Halle durch Dehnfugen parallel zu den Bindern so unterteilt ist, dass Einwirkungen infolge von Zwang quer zu den Bindern vernachlässigt werden können.

Auch in der Querrichtung der Halle kann die Bauwerkslänge als hinreichend klein angesehen werden, so dass, insbesondere wegen der vorgesehenen Wärmedämmung und der Herstellung mit Fertigteilen, Zwangbeanspruchungen aus Temperatur und Schwinden ebenfalls nicht berücksichtigt werden müssen.

Mindeststützenquerschnitt 200 / 200 mm
DIN 1045-1, 13.5.1: (1) Die geringste zulässige Seitenlänge eines Stützenquerschnittes ist 200 mm für Stützen mit Vollquerschnitt, die vor Ort (senkrecht) betoniert werden.

Der obere Teil der Stütze (Dicke h = 170 mm) ist nur durch Wind auf die Außenwandplatten belastet (Balken).

Zur Ermittlung der Abmessungen des Elastomerlagers siehe [45] *Rahlwes/Maurer*. Lagerung und Lager von Bauwerken. BK 1995/II, S. 631 ff.

$F_v = \Sigma$ der vertikalen Einwirkungen aus der Binderauflagerlast
q_w = horizontale Windlast (Druck und Sog)

Annahmen: Die planmäßigen Ausmitten der lotrechten Einwirkungen F_v sind an den Innenstützen und Randstützen jeweils symmetrisch. Die Außenwandelemente tragen ihre Eigenlasten direkt auf Streifenfundamente ab und sind an den Stützen nur horizontal gehalten.

1.2 Mindestfestigkeitsklasse, Betondeckung

DIN 1045-1, 6: Sicherstellung der Dauerhaftigkeit

Expositionsklasse für Bewehrungskorrosion infolge Karbonatisierung: → XC1
Mindestfestigkeitsklasse Beton → C16/20

DIN 1045-1, Tab. 3: Expositionsklassen XC1 trocken (Innenräume mit normaler Luftfeuchte)

Feuchtigkeitsklasse AKR: → WO

WO – ohne Betonkorrosion infolge Alkali-Kieselsäurereaktion (Innenbauteile des üblichen Hochbaus)

Gewählt: C30/37 XC1, WO

Die höhere Betonfestigkeitsklasse wird im Hinblick auf die Bemessung gewählt.
Die Expositionsklasse ist anzugeben (wichtig für die Betontechnologie nach DIN 1045-2).

Betondeckung wegen Expositionsklasse XC1:

→ Mindestbetondeckung c_{min} = 10 mm
+ Vorhaltemaß Δc = 10 mm
= Nennmaß der Betondeckung c_{nom} = 20 mm

DIN 1045-1, Tab. 4: Mindestbetondeckung c_{min} und Vorhaltemaß Δc in Abhängigkeit von der Expositionsklasse. Keine Abminderung von c_{min} um 5 mm gemäß [a]) zulässig, da Expositionsklasse XC1.

Zur Sicherstellung des Verbundes: $c_{min} \geq$ Stabdurchmesser $\geq$ 10 mm
Längsbewehrung ∅ 20: c_{min} = 20 mm Δc = 10 mm c_{nom} = 30 mm
Bügel ∅ 10: c_{min} = 10 mm Δc = 10 mm c_{nom} = 20 mm

DIN 1045-1, 6.3: (4)

Daraus ergeben sich als Verlegemaße:
Längsbewehrung ∅ 20: $c_{v,l}$ = **30 mm**
Bügel ∅ 10: $c_{v,Bü}$ = **20 mm**

DIN 1045-1, 6.3: (11)

(Hinweis: Betondeckung für Feuerwiderstand zusätzlich beachten.)

2 Einwirkungen

2.1 Charakteristische Werte

Index k = charakteristisch

Bezeichnung der Einwirkungen	Charakteristischer Wert
Ständig (Eigenlasten):	
vertikale Auflagerkraft des Fertigteilbinders F_v	$G_{k,1}$ = 400 kN
Stütze: 0,40 m · 0,45 m · 6,20 m · 25 kN/m³ = 27,9 kN 0,40 m · 0,17 m · 1,90 m · 25 kN/m³ = 3,2 kN	$G_{k,,2}$ = 31,1 kN
Summe der ständigen Einwirkungen:	**ΣG_k = 431 kN**
Veränderlich:	
vertikale Auflagerkraft des Fertigteilbinders F_v aus Schneelast	$Q_{k,s}$ = **68 kN**
horizontale Windlast $w_e = c_{pe} \cdot q(z_e)$ Druck: $q_{k,w,1}$ = +0,7 · 0,95 = +0,665 kN/m² Sog: $q_{k,w,2}$ = −0,3 · 0,95 = −0,285 kN/m² Einflussbreite = Achsabstand Binder a = 6,50 m	 $q_{k,,w1}$ = **+4,32 kN/m** $q_{k,,w2}$ = **−1,85 kN/m**

aus einer Nebenrechnung mit Dach und Pfetten

DIN 1055-1, Tab. 1: Wichte Stahlbeton 25 kN/m³

im Fußpunkt der Stütze

aus einer Nebenrechnung mit Dach und Pfetten
DIN 1055-5: Schneelast und Eislast

DIN 1055-4: Windlasten
Anhang A, Bild A.1: Windzone 4, Binnenland
10.2, Tab. 2: vereinfachter Geschwindigkeitsdruck für Gebäudehöhe $h \leq$ 10 m über Gelände: $q(z_e \leq 10\text{ m})$ = 0,95 kN/m²
12.1.2, Bild 4: für Längsseiten der Halle → Bereiche D + E, für $h \leq b$ und h/d = (5,5 m + 1,90 m) / 45 m = 0,16 < 0,25 und für A > 10 m²:
Tab. 3: Außendruckbeiwerte für Wände Druck $c_{pe,10}$ = +0,7 und Sog $c_{pe,10}$ = −0,3

2.2 Bemessungswerte in den Grenzzuständen der Tragfähigkeit

Teilsicherheitsbeiwerte in den Grenzzuständen der Tragfähigkeit:

Einwirkungen	günstig	ungünstig
• ständige	$\gamma_G = 1{,}0$	$\gamma_G = 1{,}35$
• veränderliche	$\gamma_Q = 0$	$\gamma_Q = 1{,}50$

DIN 1045-1, Tab. 1: Teilsicherheitsbeiwerte für die Einwirkungen auf Tragwerke

Kombinationsbeiwerte in den Grenzzuständen der Tragfähigkeit:

Bemessungssituation	Schneelast	Windlast
ständig und vorübergehend	$\psi_{0,i} = 0{,}5$	$\psi_{0,i} = 0{,}6$

Grundlagen der Tragwerksplanung: DIN 1055-100, Tab. A.2
Schnee- und Eislasten für Orte bis zu NN +1000 m,
Windlasten

allgemeine Grundkombination:

$$E_d = \gamma_G \cdot G_k + \gamma_{Q,1} \cdot Q_{k,1} + \Sigma(\gamma_{Q,i} \cdot \psi_{0,i} \cdot Q_{k,i})$$

DIN 1055-100, 9.4: Kombinationsregeln für Einwirkungen, Tab. 2: ständige und vorübergehende Bemessungssituation
hier mit i = 1 für die vorherrschende Einwirkung und i > 1 alle weiteren veränderlichen Einwirkungen.

1. Grundkombination: Leiteinwirkung Schneelast $Q_{k,S} = 68$ kN

untere Bemessungswerte mit günstiger Wirkung:

$$\min G_d = 1{,}0 \cdot 431 \qquad = \mathbf{431\ kN}$$

veränderliche Einwirkungen mit $\gamma_Q = 0$

obere Bemessungswerte mit ungünstiger Wirkung
und Kombination der veränderlichen Einwirkungen:

$$\max G_d = 1{,}35 \cdot 431 \qquad = \mathbf{582\ kN}$$

$$\max Q_{d,S} = 1{,}5 \cdot 68 \qquad = \mathbf{102\ kN}$$

$$\max q_{d,W,1} = 1{,}5 \cdot 0{,}6 \cdot 4{,}32 \qquad = \mathbf{3{,}89\ kN/m}$$

$$\max q_{d,W,2} = -1{,}5 \cdot 0{,}6 \cdot 1{,}85 \qquad = \mathbf{-1{,}67\ kN/m}$$

2. Grundkombination: Leiteinwirkung Windlast $q_{k,W} = (4{,}32 + 1{,}85)$ kN/m

Diese Grundkombination wird maßgebend für die weiteren Nachweise in den Grenzzuständen der Tragfähigkeit.

untere Bemessungswerte mit günstiger Wirkung:

$$\min G_d = 1{,}0 \cdot 431 \qquad = \mathbf{431\ kN}$$

obere Bemessungswerte mit ungünstiger Wirkung
und Kombination der veränderlichen Einwirkungen:

$$\max G_d = 1{,}35 \cdot 431 \qquad = \mathbf{582\ kN}$$

$$\max Q_{d,S} = 1{,}5 \cdot 0{,}5 \cdot 68 \qquad = \mathbf{51\ kN}$$

$$\max q_{d,W,1} = 1{,}5 \cdot 4{,}32 \qquad = \mathbf{6{,}48\ kN/m}$$

$$\max q_{d,W,2} = -1{,}5 \cdot 1{,}85 \qquad = \mathbf{-2{,}78\ kN/m}$$

2.3 Repräsentative Werte in den Grenzzuständen der Gebrauchstauglichkeit

Kombinationsbeiwerte in den Grenzzuständen der Gebrauchstauglichkeit:

Einwirkungskombination	Schneelast	Windlast
ständig und vorübergehend	$\psi_{2,i} = 0$	$\psi_{2,i} = 0$

Grundlagen der Tragwerksplanung:
DIN 1055-100, Tab. A.2
Schnee- und Eislasten für Orte bis zu NN +1000 m,
Windlasten

quasi-ständige Einwirkungskombination:

DIN 1055-100, 10.3: Bemessungssituationen

$$E_{perm} = G_k + \Sigma(\gamma_{Q,i} \cdot \psi_{2,i} \cdot Q_{k,i})$$

mit $i \geq 1$

Die Bemessungswerte der quasi-ständigen Einwirkungskombination entsprechen bei der Kombination mit den veränderlichen Einwirkungen Wind und Schnee wegen $\psi_{2,i} = 0$ den charakteristischen Werten der ständigen Einwirkungen.

3 Schnittgrößenermittlung in den Grenzzuständen der Tragfähigkeit

Die Schnittgrößen werden zunächst nach Theorie I. Ordnung ermittelt. Bei den Nachweisen im Grenzzustand der Tragfähigkeit werden zusätzlich die Einflüsse infolge der Stützenauslenkungen nach Theorie II. Ordnung erfasst.

Die Schnittgrößen werden zuerst infolge der charakteristischen Werte ermittelt und danach die Bemessungswerte superponiert.

hier nur für die Randstützen

infolge Wind:

Die Randstützen werden jeweils über die Außenwandplatten mit Winddruck bzw. Windsog beaufschlagt. Über die Kopplung der Fertigteilbinder werden auch die Innenstützen zur Horizontallastabtragung in Hallenquerrichtung herangezogen. Die Verteilung der Horizontalkräfte an den Stützenköpfen hängt maßgeblich von den Biegesteifigkeiten der eingespannten Stützen ab. Näherungsweise Schnittkraftermittlung:

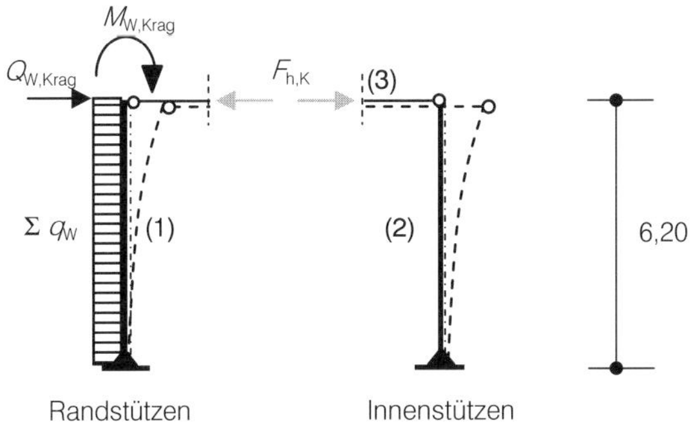

System

Folgende Systemannahmen und Vereinfachungen werden getroffen:
- Beide Randstützen haben die gleiche Biegesteifigkeit B_1 und werden zu einer Ersatzstütze (1) mit der Gesamtwindlast zusammengefasst.
- Die Biegesteifigkeiten der Innenstützen werden bei gleichen Querschnitts- und Fundamentabmessungen, aber geringeren Lastausmitten (höhere Normaldruckkraft wegen doppelten Binderauflasten und ähnlich großen Momenten), zu 125 % der der Randstützen geschätzt. Beide Innenstützen werden zu einer Ersatzstütze (2) mit der Biegesteifigkeit $B_2 = 1{,}25\ B_1$ zusammengefasst.
- Die Einspannung der Stützen wird starr angenommen.
- Die horizontale Kopplung durch die Fertigteilbinder (3) sei starr.
- Die Wirkung des windbelasteten Stützenkopfkragarmes wird durch Ersatzkräfte $Q_{W,Krag}$ und $M_{W,Krag}$ bei $h = 6{,}20$ m berücksichtigt.

Belastung:

$q_{k,W,1+2} = 4{,}32 + 1{,}85 = 6{,}17$ kN/m
$Q_{k,W,Krag} = 6{,}17 \cdot 1{,}90 = 11{,}7$ kN
$M_{k,W,Krag} = 6{,}17 \cdot 1{,}90^2 / 2 = 11{,}1$ kNm

Kragarm = Stützenkopfverlängerung = 1,90 m

Die Koppelkraft $F_{h,K}$ erhält man durch Gleichsetzen der Horizontalverschiebungen f der Randstützen und der Innenstützen über die Kopplung:

Durch die Beteiligung der gekoppelten Innenstützen werden Koppelkräfte im Binder erzeugt, die die Horizontalverschiebung der Randstützen reduzieren und die der Innenstützen erhöhen. Wenn beide Horizontalverschiebungen in Binderhöhe gleich sind, dann ist der Gleichgewichtszustand gefunden.

f infolge:

(1) $B_1 \cdot f = 6{,}17 \cdot 6{,}20^4 / 8 + 11{,}7 \cdot 6{,}20^3 / 3 + 11{,}1 \cdot 6{,}20^2 / 2 - F_{h,K} \cdot 6{,}20^3 / 3$

$= 1140 + 929 + 213 - F_{h,K} \cdot 79{,}4$

$= 2282 \text{ kNm}^3 - F_{h,K} \cdot 79{,}4 \text{ m}^3$

Verformungsgleichungen für den eingespannten Kragträger z. B. in [51] Schneider-Bautabellen, 10. Auflage, 4.1.3

B = Biegesteifigkeit EI

$F_{h,K}$ = horizontale Koppelkraft

(2) $B_2 \cdot f = 1{,}25\ B_1 \cdot f = F_{h,K} \cdot 6{,}20^3 / 3$

→ $B_1 \cdot f = F_{h,K} \cdot 6{,}20^3 / (3 \cdot 1{,}25) = F_{h,K} \cdot 63{,}6 \text{ m}^3$

wegen der Annahme $B_2 = 1{,}25\ B_1$

(1) = (2) $= 2282 - F_{h,K} \cdot 79{,}4 = F_{h,K} \cdot 63{,}6$

→ $F_{h,K}$ = **15,96 kN**

Bedingung: gleiche Verschiebungen!

Die Aufteilung der Koppelkraft auf die durch Winddruck- und Windsogeinwirkung belasteten Randstützen erfolgt aus der Verschiebungsgleichung für die Ersatzstütze (1), die jeweils für die beiden Randstützen angeschrieben lautet:

Die ingenieurmäßigen Annahmen lassen sich mit einer nichtlinearen Berechnung unter Berücksichtigung der Verteilung der Steifigkeiten und ggf. unterschiedlicher Fundamenteinspannungen exakter verifizieren.

Winddruckseite D:

$B_D \cdot f_D = (4{,}32 / 6{,}17) \cdot 2282 \text{ kNm}^3 - F_{h,K} \cdot 79{,}4 \text{ m}^3$
$= 1598 \text{ kNm}^3 - F_{h,K,D} \cdot 79{,}4 \text{ m}^3$

Windsogseite E:

$B_E \cdot f_E = (1{,}85 / 6{,}17) \cdot 2282 \text{ kNm}^3 - F_{h,K} \cdot 79{,}4 \text{ m}^3$
$= 684 \text{ kNm}^3 - F_{h,K,E} \cdot 79{,}4 \text{ m}^3$

Verschiebung für D und E gleichsetzen:

$F_{h,K,E} = F_{h,K,D} - 11{,}52$ kN

/ 79,4 m³ →
20,13 kN − $F_{h,K,D}$ = 8,61 kN − $F_{h,K,E}$

Koppelbedingung:

$(F_{h,K,E} + F_{h,K,D}) = 15{,}96$ kN → $(2 \cdot F_{h,K,D} - 11{,}52$ kN$) = 15{,}96$ kN
→ $F_{h,K,D}$ = **13,74 kN**
→ $F_{h,K,E}$ = **2,22 kN**

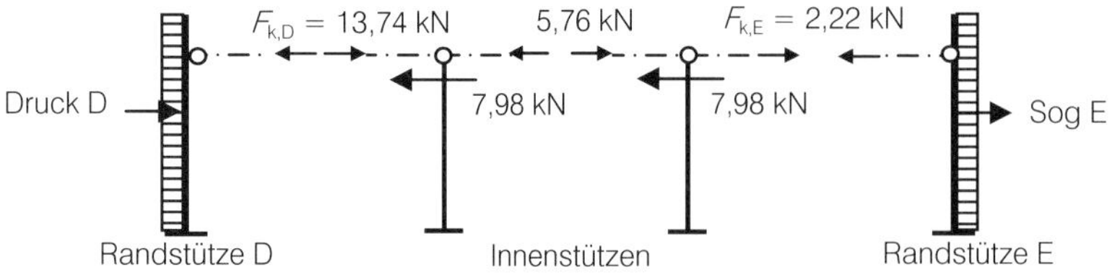

infolge $q_{k,W,1}$ (und $q_{k,W,2}$):

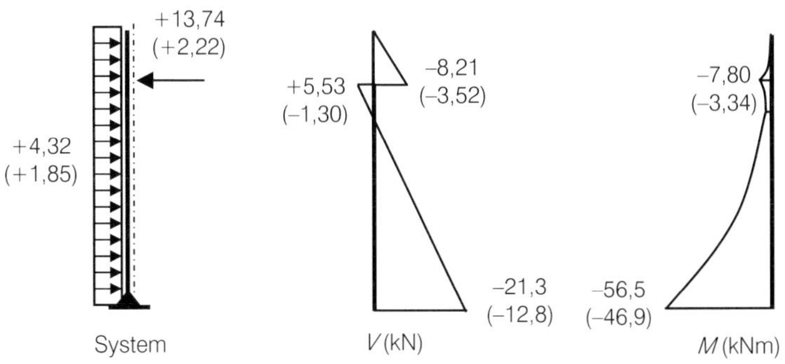

Werte für linke Randstütze mit Winddruck ohne Klammern, Werte für rechte Randstütze mit Windsog in Klammern.

infolge G_k:

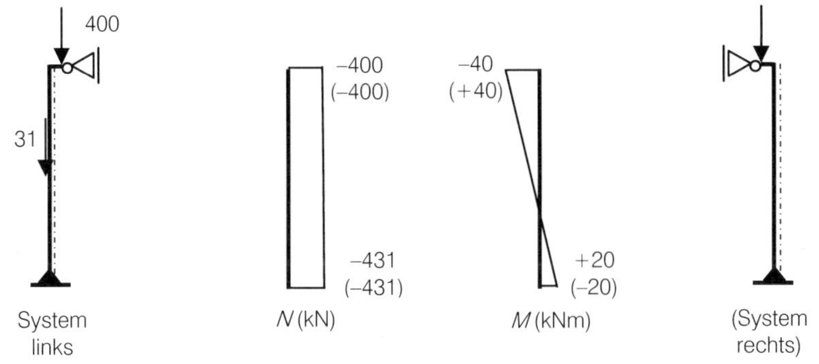

Die charakteristischen Werte der ständigen Einwirkungen bilden auch die quasi-ständige Einwirkungskombination für Nachweise in den Grenzzuständen der Gebrauchstauglichkeit, siehe 2.3.

Für die symmetrisch verteilten Eigen- und Schneelasten auf dem symmetrischen Tragsystem (Last- und Systemsymmetrie) kann für die Schnittgrößenermittlung nach Theorie I. Ordnung ein unverschiebliches statisches System angenommen werden.

infolge $Q_{k,S}$:

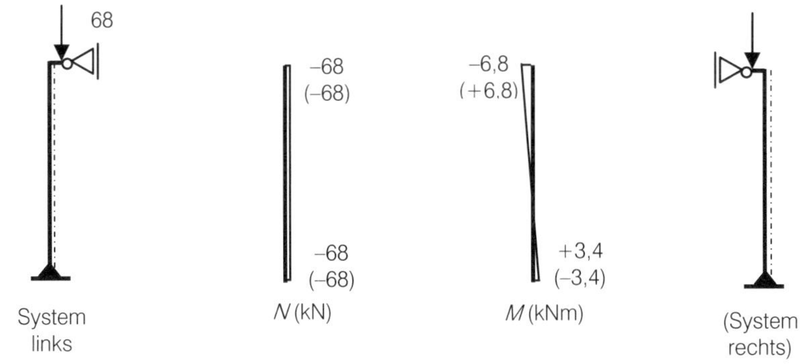

Werte für linke Randstütze mit Winddruck ohne Klammern, Werte für rechte Randstütze mit Windsog in Klammern.

Zusammenstellung der Bemessungsschnittgrößen

a) für den Querschnitt der Stützenkopfverlängerung:

$N_{Ed} = 0$

$M_{Ed} = 6{,}48 \cdot 1{,}90^2 / 2 \quad = \mathbf{11{,}7\ kNm}$

siehe 2.2
2. Grundkombination

b) für den Querschnitt am Stützenfuß:

Die Bemessungsschnittgrößen werden proportional dem Verhältnis des Bemessungs- zum charakteristischen Wert der Einwirkungen ermittelt.

„Günstig" und „ungünstig" bezieht sich auf die Auswirkungen der Einwirkungen auf die Schnittgrößen und die Grenzzustände der Tragfähigkeit.
(Teilsicherheitsbeiwerte siehe 2.2)

		Winddruckstütze D			Windsogstütze E		
Einwirkungs-kombination	Bemessungswert der Einwirkung	N_{Ed} (kN)	V_{Ed} (kN)	M_{Ed} (kNm)	N_{Ed} (kN)	V_{Ed} (kN)	M_{Ed} (kNm)
1) günstig	G_d = 431 kN	–431	0	+20,0	–431	0	–20,0
ungünstig	$q_{d,w,1}$ = 3,89 kN/m	0	–19,2	–50,9			
ungünstig	$q_{d,w,2}$ = 1,67 kN/m				0	–11,6	–42,3
	Summe:	**–431**	**–19,2**	**–30,9**	**–431**	**–11,6**	**–62,3**
1) ungünstig	G_d = 582 kN	–582	0	+27,0	–582	0	–27,0
ungünstig	$Q_{d,s}$ = 102 kN	–102	0	+5,1	–102	0	–5,1
ungünstig	$q_{d,w,1}$ = 3,89 kN/m	0	–19,2	–50,9			
ungünstig	$q_{d,w,2}$ = 1,67 kN/m				0	–11,6	–42,3
	Summe:	**–684**	**–19,2**	**–18,8**	**–684**	**–11,6**	**–74,4**
2) günstig	G_d = 431 kN	–431	0	+20,0	–431	0	–20,0
ungünstig	$q_{d,w,1}$ = 6,48 kN/m	0	–32,0	–84,8			
ungünstig	$q_{d,w,2}$ = 2,78 kN/m				0	–19,2	–70,4
	Summe:	**–431**	**–32,0**	**–64,8**	**–431**	**–19,2**	**–90,4**
2) ungünstig	G_d = 582 kN	–582	0	+27,0	–582	0	–27,0
ungünstig	$Q_{d,s}$ = 51 kN	–51	0	+2,6	–51	0	–2,6
ungünstig	$q_{d,w,1}$ = 6,48 kN/m	0	–32,0	–84,8			
ungünstig	$q_{d,w,2}$ = 2,78 kN/m				0	–19,2	–70,4
	Summe:	**–633**	**–32,0**	**–55,2**	**–633**	**–19,2**	**–100,0**

Maßgebend wird für die Bemessung der Windsog für die Randstütze E.

Untersucht werden im Folgenden die Kombinationen
- minimale Normaldruckkraft mit dazugehörigem Biegemoment,
- maximale Normaldruckkraft mit dazugehörigem Biegemoment,
- maximales Biegemoment mit dazugehöriger Normaldruckkraft.

4 Räumliche Steifigkeit und Stabilität

Die Stabilität in Hallenlängsrichtung ist durch andere Bauteile gesichert.

siehe Aufgabenstellung

In Hallenquerrichtung handelt es sich um ein verschiebliches Tragwerk im Sinne von DIN 1045-1, 8.6.2 (1).

Eine gegenseitige Aussteifung der Stützen zum Zeitpunkt des Stabilitätsversagens wird nicht vorausgesetzt. Der Nachweis in den durch Tragwerksverformungen bedingten Grenzzuständen der Tragfähigkeit wird daher nicht am Gesamtsystem, sondern für jede Stütze (hier nur Randstütze) gesondert geführt.

5 Nachweise in den Grenzzuständen der Tragfähigkeit

5.1 Bemessungswerte der Baustoffe

Teilsicherheitsbeiwerte in Grenzzuständen der Tragfähigkeit:

- Beton < C55/67 $\gamma_c = 1{,}50$
- Betonstahl BSt 500 $\gamma_s = 1{,}15$

DIN 1045-1, 5.3.3: Tab. 2: Teilsicherheitsbeiwerte für die Bestimmung des Tragwiderstands
hier: ständige und vorübergehende Bemessungssituation (Normalfall)

Beton C30/37: $f_{ck} = 30$ N/mm²
$f_{cd} = 0{,}85 \cdot 30 / 1{,}50$ = **17,0 N/mm²**

DIN 1045-1, Tab. 9: Festigkeits- und Formänderungskennwerte von Normalbeton
DIN 1045-1, 9.1.6: (2) Abminderung mit $\alpha = 0{,}85$ berücksichtigt Langzeitwirkung

Betonstahl BSt 500 S (A): $f_{yk} = 500$ N/mm²
$f_{yd} = 500 / 1{,}15$ = **435 N/mm²**

DIN 1045-1, Tab. 11: Eigenschaften der Betonstähle

5.2 Bemessung für stabförmige Bauteile unter Längsdruck

DIN 1045-1, 8.6

5.2.1 Ersatzlänge und Schlankheit der Stütze

Bei der Ermittlung der Ersatzlänge wird die günstige Koppelwirkung des Systems in Querrichtung vernachlässigt (elastische Stützenkopfhalterung).

DIN 1045-1, 8.6.2: (3) und Bild 11 a)

Ersatzlänge für Biegung um die y-Achse

DIN 1045-1, 8.6.2: (4)
l_{col} – Stützenlänge zwischen den idealisierten Einspannstellen
Index col = column (Stütze)

$l_{0,y} = \beta_y \cdot l_{col}$

$l_{col} = 6{,}20$ m Höhe Binderauflager (Eintrag der Drucknormalkraft)
$\beta_y = 2{,}1$ Ersatzlängenbeiwert elastisch eingespannte Kragstütze (geschätzt)

$l_{0,y} =$ **13,00 m**

Schlankheit: $\lambda_y = l_0 / i_y = 13{,}00 \cdot \sqrt{12} / 0{,}45 =$ **100**

Ein Ersatzlängenbeiwert von $\beta = 2{,}0$ setzt eine theoretisch starre Einspannung der auskragenden Stütze voraus. Tatsächlich ist die Stütze mit dem Einzelfundament auf dem Baugrund elastisch eingespannt und der Ersatzlängenbeiwert (i. d. R. > 2,0) ist in Abhängigkeit von der Drehfedergröße (Baugrundeigenschaften, Fundamentgröße) zu bestimmen.
In diesem Beispiel wird auf eine genauere Ermittlung verzichtet und der Ersatzlängenbeiwert der elastisch eingespannten Stütze zu $\beta = 2{,}1$ geschätzt. Hinweise zur Ermittlung der Ersatzlängenbeiwerte für elastische Fundamenteinspannungen finden sich z. B. in [53] *Petersen*: Statik und Stabilität der Baukonstruktionen. 2. Auflage, 5.2 (S. 337 ff.) und Anhang III.2 (S. 910 ff.) oder in BK 1991/I, S. 561

Ersatzlänge für Biegung um die z-Achse

$l_{0,z} = \beta_z \cdot l_{col}$

$l_{col} = 6{,}20$ m Höhe Binderauflager (Eintrag der Drucknormalkraft)
$\beta_z = 1{,}0$ Ersatzlängenbeiwert oben und unten gelenkig gelagerter Stab

$l_{0,z} =$ **6,20 m**

Schlankheit: $\lambda_z = l_0 / i_z = 6{,}20 \cdot \sqrt{12} / 0{,}40 =$ **54**

i = Trägheitsradius des Querschnitts
$i^2 = I / A$

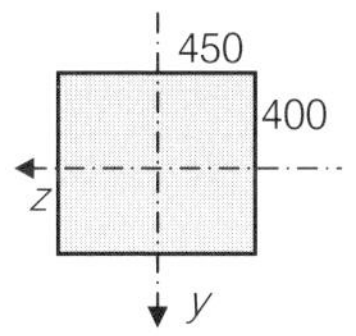

Grenzwerte für Berechnung nach Theorie II. Ordnung:

$\nu_{Ed} = N_{Ed} / (A_c \cdot f_{cd})$
$= -0{,}684 / (0{,}40 \cdot 0{,}45 \cdot 17{,}0) = \mathbf{-0{,}224}$

DIN 1045-1, 8.6.3: (1) Bei Einzeldruckgliedern darf durch Vergleich der Schlankheit mit Grenzwerten entschieden werden, ob Auswirkungen nach Theorie II. Ordnung zu berücksichtigen sind (geometrische Nichtlinearität).
DIN 1045-1, 8.6.3: Gl. (29)

Grenzwerte der Schlankheit für schlanke Einzeldruckglieder:

$\lambda_{max} = 16 / \sqrt{|\nu_{Ed}|} = 16 / \sqrt{0{,}224} = \mathbf{34}$ für $|\nu_{Ed}| = 0{,}224 < 0{,}41$

DIN 1045-1, 8.6.3: Gl. (28)

Da $\lambda_y = 100$ und $\lambda_z = 54 > \lambda_{max} = 34$ ist die Stütze auf Einflüsse nach Theorie II. Ordnung in beiden Querschnittsrichtungen zu untersuchen.

Die Stütze gilt als schlank.
Das Ausweichen der Stütze in Hallenlängsrichtung kann ggf. durch massive Außenwandplatten verhindert werden, diese Tragreserve wird in diesem Beispiel nicht berücksichtigt.

5.2.2 Imperfektionen

Für Einzeldruckglieder – ungewollte Lastausmitte für die Längskraft:

Der Einfluss der Theorie II. Ordnung wird durch ungewollte Vorverformungen verstärkt.

$e_a = \alpha_{a1} \cdot l_0 / 2$

DIN 1045-1, 8.6.4: Gl. (33)

$\alpha_{a1} = 1 / (100 \cdot \sqrt{l_{col}}) = 1 / (100 \cdot \sqrt{6{,}2}) \approx 1 / 250 \leq 1 / 200$

DIN 1045-1, 7.2: Gl. (4) mit $h_{ges} = l_{col}$

Die Wahrscheinlichkeit gleich großer Schiefstellung in gleicher Richtung nimmt mit der Anzahl der gekoppelten Stützen ab.

mittlere Längskraft: $N_{Ed,m} = 6\,F_{v,Binder} / 4 = 1{,}5\,F_{v,Binder}$
Randstütze: $N_{Ed,Rand} = 1\,F_{v,Binder} = 0{,}67\,N_{Ed,m} \approx 0{,}70\,N_{Ed,m}$
Die Randstütze kann noch als lastabtragend im Sinne von Gl. (5) angesehen werden → in Querrichtung: $n = 4$ gekoppelte, lastabtragende Stützen

DIN 1045-1, 7.2: (5) *Sind mehrere lastabtragende Bauteile nebeneinander vorhanden, darf* α_{a1} *nach* Gl. (4) *mit dem Faktor* α_n *abgemindert werden. ...*
Als lastabtragend gelten die lotrechten Bauteile dann, wenn sie mindestens 70 % *des Bemessungswerts der mittleren Längskraft* $N_{Ed,m} = F_{Ed} / n$ *aufnehmen ...*
$F_{v,Binder}$ – Auflagerkräfte der 3 Dachbinder

$$\alpha_n = \sqrt{\frac{1 + 1/n}{2}} = \sqrt{\frac{1 + 1/4}{2}} = 0{,}79 \quad \rightarrow \quad \alpha_{a1,red} = 0{,}79 / 250 = 1 / 316$$

DIN 1045-1, 7.2: Gl. (5)

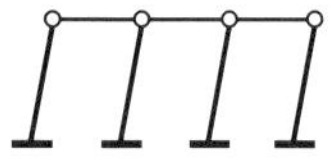

Biegung um die y-Achse mit $l_{0,y} = 13{,}00$ m:

siehe 5.2.1

Ausmitte in z-Richtung: $e_{a,z} = 13000 / (2 \cdot 316) = \mathbf{21\ mm}$

Biegung um die z-Achse mit $l_{0,z} = 6{,}20$ m:

Ausmitte in y-Richtung: $e_{a,y} = 6200 / (2 \cdot 250) = \mathbf{13\ mm}$

Für die Ausmitte in *y*-Richtung (Halle längs) kann die Abminderung der Schiefstellungen für die Einzeldruckglieder nicht angesetzt werden, da diese im ausgesteiften System voneinander unabhängig sind.

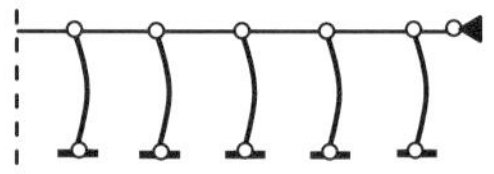

5.2.3 Mindest- und Höchstwert der Längsbewehrung

$A_{s,max} = 0{,}09 \cdot A_c = 0{,}09 \cdot 40 \cdot 45 = \mathbf{162\ cm^2}$

$A_{s,min} = 0{,}15 \cdot |N_{Ed}| / f_{yd} = 10^4 \cdot 0{,}15 \cdot 0{,}684 / 435 = 2{,}35\ cm^2$

aber maßgebend: konstruktiv 6 ∅ 12: $A_{s,min} = \mathbf{6{,}79\ cm^2}$

DIN 1045-1, 13.5.2: (2) Der gesamte Bewehrungsquerschnitt darf, auch im Bereich von Übergreifungsstößen, den maximalen Wert von 0,09 A_c nicht überschreiten.

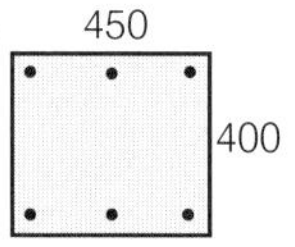

DIN 1045-1, 13.5.2: Gl. (155)
N_{Ed} siehe 3

DIN 1045-1, 13.5.1: (2) min $d_{s,l} = 12$ mm
DIN 1045-1, 13.5.1: (3) in jeder Ecke mindestens ein Längsstab ...

5.2.4 Druckglieder mit zweiachsiger Lastausmitte

Die Stütze kann nach beiden Querschnittsrichtungen ausweichen. Dennoch dürfen getrennte Nachweise in den Richtungen der beiden Hauptachsen y und z geführt werden, da die planmäßige Lastausmitte in Hallenlängsrichtung $e_{0y} = 0$ ist und damit innerhalb des schraffierten Bereiches des Bildes 14 der DIN 1045-1, 8.6.6 liegt.

DIN 1045-1, 8.6.6: (2)

DIN 1045-1, 8.6.6: Gl. (41)

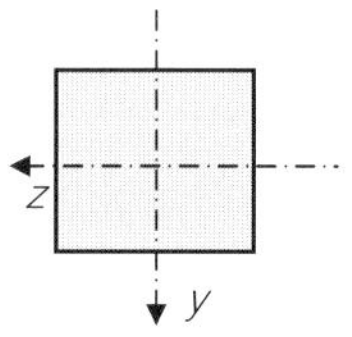

5.2.5 Bemessung der Stütze für Biegung mit Längskraft um die y-Achse

5.2.5.1 Bemessung der Stütze mit dem Interaktionsdiagramm für Biegung mit Längskraft

DIN 1045-1, 8.6.5: Modellstützenverfahren
Dabei wird die Berechnung nach Theorie II. Ordnung auf eine Querschnittsbemessung im kritischen Querschnitt einer Modellstütze mit einer Zusatzausmitte zurückgeführt. Diese Zusatzausmitte setzt sich aus Anteilen der geometrischen Nichtlinearität und der Imperfektion zusammen. Die Imperfektion wird durch eine der Verformungsfigur beim Stabilitätsversagen affine ungewollte Vorverformung berücksichtigt.
Geeigneter Anwendungsbereich:
Lastausmitten $e_0 \geq 0{,}1\ h \rightarrow$ hier: $e_0 \geq 45$ mm

Die Bemessung erfolgt auf der Basis des Modellstützenverfahrens und mit verschiedenen Bemessungshilfsmitteln zur Veranschaulichung.

Zunächst werden die Parameter für die Nachweise des Stützenquerschnittes an der Modellstütze bestimmt. Mit diesen Parametern wird zuerst die Bemessung mittels der Interaktionsdiagramme für symmetrisch bewehrte Rechteckquerschnitte für Biegung mit Längskraft in [40] durchgeführt.

Gesamtausmitte der Modellstütze

$$e_{tot} = e_1 + e_2 = (e_0 + e_a) + e_2$$

planmäßige Ausmitte + Vorverformung + Zusatzausmitte aus Theorie II. Ordnung
DIN 1045-1, 8.6.5: Gl. (34) und (35)

Untersucht werden die Schnittkraftkombinationen in tabellarischer Form:

siehe 3

Allgemeine Eingangswerte: $K_1 = \mathbf{1}$ für $\lambda > 35$

DIN 1045 1, 8.6.5: Gl. (38)

Grenztragfähigkeit nur zentrischer Druck:

$$N_{ud} = -(f_{cd} \cdot A_c + f_{yd} \cdot A_s)$$
$$= -(17{,}0 \cdot 0{,}40 \cdot 0{,}45 + 435 \cdot 25{,}1 \cdot 10^{-4}) = -(3{,}06 + 1{,}09)$$
$$= \mathbf{-4{,}15\ MN}$$

DIN 1045-1, 8.6.5: (9)
Bewehrungsquerschnitt: 8 ∅ 20 = 25,1 cm²
angenommen / geschätzt. Ein Überschätzen der Bewehrung liegt hier (für K_2) auf der sicheren Seite.

Grenztragfähigkeit bei größter Momententragfähigkeit:

$$N_{bal} = -0{,}4 \cdot f_{cd} \cdot A_c = -0{,}4 \cdot 3{,}06 = \mathbf{-1{,}22\ MN}$$

DIN 1045-1, 8.6.5: (9)
näherungsweise bei symmetrisch bewehrten Rechteckquerschnitten

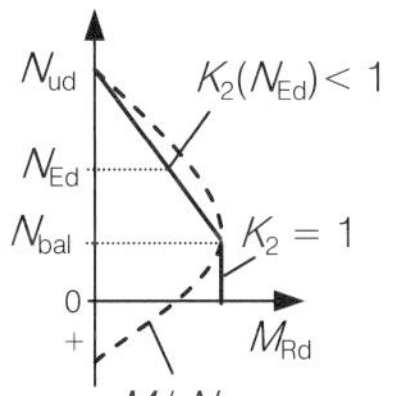

M / N-Interaktion

Bewehrungsdehnung an der Streckgrenze des Betonstahls:

$$\varepsilon_{yd} = f_{yd} / E_s = 435 / 200.000 = \mathbf{2{,}175 \cdot 10^{-3}}$$

DIN 1045-1, 8.6.5: (9)
DIN 1045-1, 9.2.4: (4) E_s

statische Nutzhöhe:

$$d = h - c_{v,Bü} - d_{s,Bü} - d_{s,l} / 2$$
$$= 450 - 20 - 10 - 20 / 2 = 410\ \text{mm}$$

Annahme:
Bügel $d_{s,Bü} \leq 10$ mm
Längs $d_{s,l} \leq 20$ mm

Querschnitt: $b / h / d =$ **400 / 450 / 410 mm**

$d_1 / h = (450 - 410) / 450 = 0{,}09 \approx 0{,}10$

für Bemessungshilfsmittel

Ersatzlänge der Modellstütze: $l_{0,y} = \mathbf{13{,}00\ m}$

Die Kriechauswirkungen können wegen der fehlenden Stützenverschiebung aus der quasi-ständigen Einwirkungskombination vernachlässigt werden. Wenn Kriechen berücksichtigt werden müsste, darf dies mit der effektiven Kriechzahl φ_{eff} erfolgen:

Kriechverformungen müssen bei schlanken Druckgliedern berücksichtigt werden, wenn sie die Standsicherheit des Tragwerks ungünstig beeinflussen. Im Beispiel bilden die kriecherzeugenden Einspannmomente aus dem quasi-ständigen Eigenlastanteil einen symmetrischen Lastfall mit symmetrischer Verformungsfigur, es tritt keine seitliche Verschiebung des Stützenkopfes auf. Für die Stabilitätsbetrachtung ist aber die seitliche Verschiebung maßgebend. Auf die Vergrößerung der Lastausmitte infolge Kriechen darf daher hier verzichtet werden.

$$\varphi_{eff} = \varphi(\infty, t_0) \cdot M_{1perm} / M_{1Ed}$$

DIN 1045-1, 8.6.3: (10), Gl. (32a) mit M_{1perm} = 20 kNm aus Eigenlast am Einspannquerschnitt Stützenfuß (siehe 3)

$\varphi(\infty, t_0)$ aus DIN 1045-1, 9.1.4, Bild 18

M_{1Ed} – Bemessungsmoment nach Theorie I. Ordnung in der jeweiligen Einwirkungskombination inkl. Imperfektionen (> M_{1perm})

→ näherungsweise Vergrößerung der Zusatzausmitte e_2 mit dem Faktor K_φ

$$K_\varphi = 1 + \beta \cdot \varphi_{eff} \geq 1$$

DIN 1045-1, 8.6.5: (10)

$$\beta = 0{,}35 + f_{ck} / 200 - \lambda / 150 \geq 0;$$
$$\beta = 0{,}35 + 30 / 200 - 100 / 150 = -0{,}17 < 0$$

→ $K_\varphi = 1$ → Kriechen braucht hier nicht berücksichtigt werden.

Bei großen Stützenschlankheiten liegt das Modellstützenverfahren so weit auf der sicheren Seite, dass auch der Kriecheinfluss mit abgedeckt ist (Hintergründe in [71]).

Schnittgrößen M_{Ed} und N_{Ed} siehe 3 b)	Einheit	(1) Kombination 1 ungünstig N_{Ed} (kN)	M_{Ed} (kNm)	(2) Kombination 2 günstig N_{Ed} (kN)	M_{Ed} (kNm)	(3) Kombination 2 ungünstig N_{Ed} (kN)	M_{Ed} (kNm)	DIN 1045-1
		–684	74,4	–431	90,4	–633	100,0	
$e_0 = M_{Ed} / N_{Ed}$	(mm)	109		210		158		
e_a (Imperfektion)	(mm)	21		21		21		Gl. (33)
$e_1 = e_0 + e_a$	(mm)	130		231		179		Gl. (35)
$K_2 = (N_{ud} - N_{Ed}) / (N_{ud} - N_{bal}) \leq 1$ $K_2 = 1$, da $N_{Ed} < N_{bal} = 1220$ kN		1		1		1		Gl. (40)
$K_\varphi = 1 + \beta \cdot \varphi_{eff} \geq 1$	(kNm)	1		1		1		8.6.5 (10)
$(1/r) = K_\varphi \cdot 2 \cdot K_2 \cdot \varepsilon_{yd} / (0{,}9d)$	(1/m)	$1{,}18 \cdot 10^{-2}$		$1{,}18 \cdot 10^{-2}$		$1{,}18 \cdot 10^{-2}$		Gl. (39)
$e_2 = K_1 \cdot (1/r) \cdot l_0^2 / 10\ (\cdot 10^3)$	(mm)	199		199		199		Gl. (38)
$e_{tot} = e_1 + e_2$	(mm)	329		430		378		Gl. (34)
$M_{Ed,II} = N_{Ed} \cdot e_{tot}$	(kNm)	225		185		239		
$\nu_{Ed} = N_{Ed} / (b \cdot h \cdot f_{cd})$		–0,22		–0,14		–0,21		[40] B.4.7
$\mu_{Ed} = M_{Ed,II} / (b \cdot h^2 \cdot f_{cd})$		0,16		0,13		0,17		[40] B.4.7
ω_{tot} (abgelesen)		0,19		0,18		0,21		[40] B.4.7
$A_{s,tot} = \omega_{tot} \cdot b \cdot h \cdot f_{cd} / f_{yd}$	(cm²)	13,4		12,7		**14,8**		[40] B.4.7

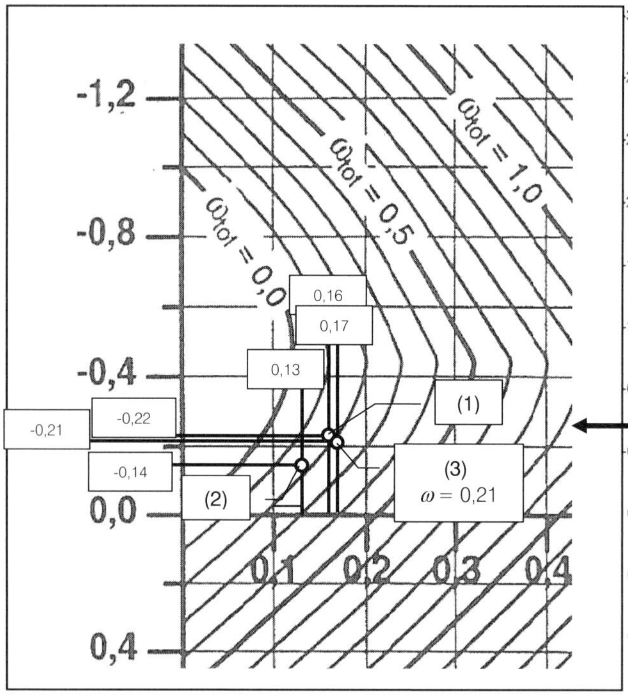

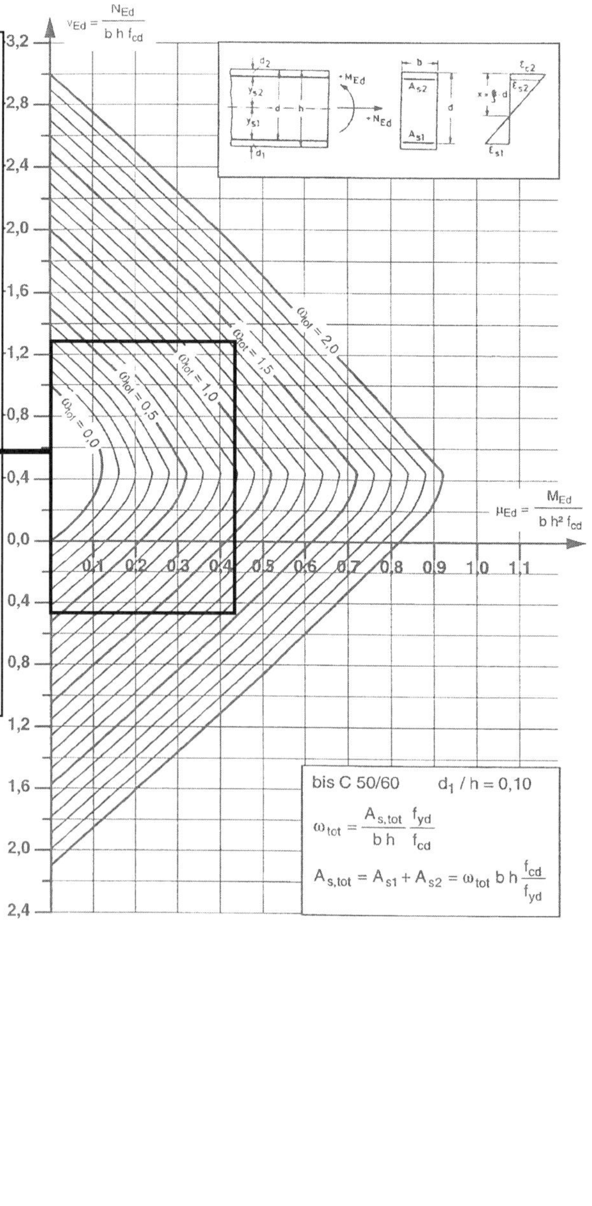

[40] *Zilch/Rogge*:
Bemessung der Stahlbeton- und Spannbetonbauteile nach DIN 1045-1, Teil 1- BK 2002/1, Bild 4.7, S. 315

Gewählt:
Längsbewehrung BSt 500 S (A)
8 Ø 16 = 16,1 cm² > erf A_s = 14,8 cm²
> min A_s = 6,79 cm²

siehe 1.2:
erf $c_{nom,l}$ = 16 + 10 = 26 mm beachten, mit Bügel-Ø 10 und $c_{nom,Bü}$ = 20 mm eingehalten.

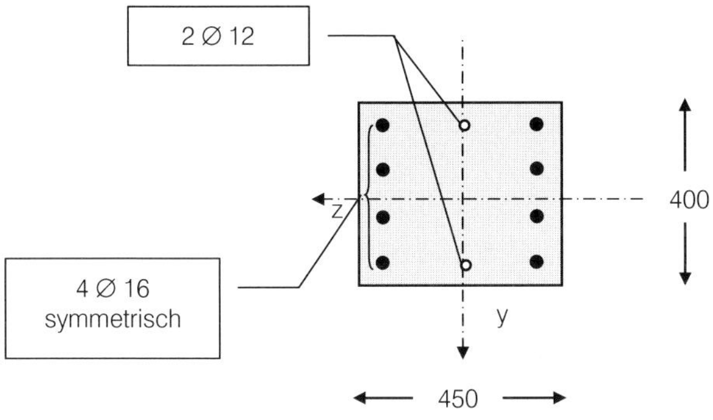

Konstruktiv: an Längsseiten je ein Ø 12, da die Bemessung für Biegung um die z-Achse (siehe 5.2.6) keine zusätzliche Bewehrung erforderlich macht.
DIN 1045-1, 13.5.1: (3) Der Abstand der Längsstäbe darf 300 mm nicht überschreiten.

Hinweis DAfStb-Heft 525 [29] zu 10.2:
Bei höheren Bewehrungsgraden in der Druckzone kann es sinnvoll sein, mit dem Nettoquerschnitt des Betons zu rechnen.

5.2.5.2 Bemessung der Stütze mit dem *e* / *h*-Diagramm

Die Bemessung für die maßgebende Einwirkungskombination wird mit dem *e* / *h*-Diagramm aus [41] zur Veranschaulichung wiederholt.

[41] *Kordina/Quast*: Bemessung der Stahlbeton- und Spannbetonbauteile nach DIN 1045-1 – Teil II; BK 2001/1. Zu den Grundlagen der Bemessungshilfsmittel: 3.2, S. 366 ff.

Eingangswerte:

maßgebend (siehe 5.2.5.1): N_{Ed} = **–633 kN**
$M_{Ed,1}$ = **113,3 kNm**

l_0 / h = 13,00 / 0,45 = **29**

Kriechverformungen müssen bei der Bemessung von schlanken Druckgliedern berücksichtigt werden, wenn sie die Standsicherheit des Tragwerks ungünstig beeinflussen. Kommentar siehe 5.2.5.1

Berücksichtigung der Kriechverformungen:
Näherungsweise Vergrößerung der bezogenen Stützenlänge l_0 / h mit dem Faktor $K_\varphi = (1 + \beta \cdot \varphi_{eff}) \geq 1$

analog DIN 1045-1, 8.6.5: (10)

Wegen $\beta = 0$ darf Kriechen vernachlässigt werden.

siehe 5.2.5.1

Ausmitten
$e_1 / h = (e_0 + e_a) / h = 179 / 450$ = **0,40**

e_1 siehe 5.2.5.1

Achsabstand der Bewehrung: $d_1 / h = 40 / 450$ ≈ **0,10**

f_{cd} = 30 / 1,5 = **20 N/mm²**

Bezogene Längskraft:
ν_{Ed} = –0,633 / (0,40 · 0,45 · 20,0) = **–0,18**

Die Bemessungsdiagramme basieren auf den Grundlagen des EC 2, wodurch der Abminderungsbeiwert nach DIN 1045-1, 9.1.6: (2) α = 0,85 noch nicht berücksichtigt wurde. Bei der Anwendung der Hilfsmittel im BK 2001/1 muss daher mit $f_{cd} = f_{ck} / \gamma_c$ als Eingangswert gerechnet werden!
siehe auch:
[41] *Kordina/Quast*: Bemessung der Stahlbeton- und Spannbetonbauteile nach DIN 1045-1 – Teil II; BK 2001/1, S. 349, Fußnote 1)

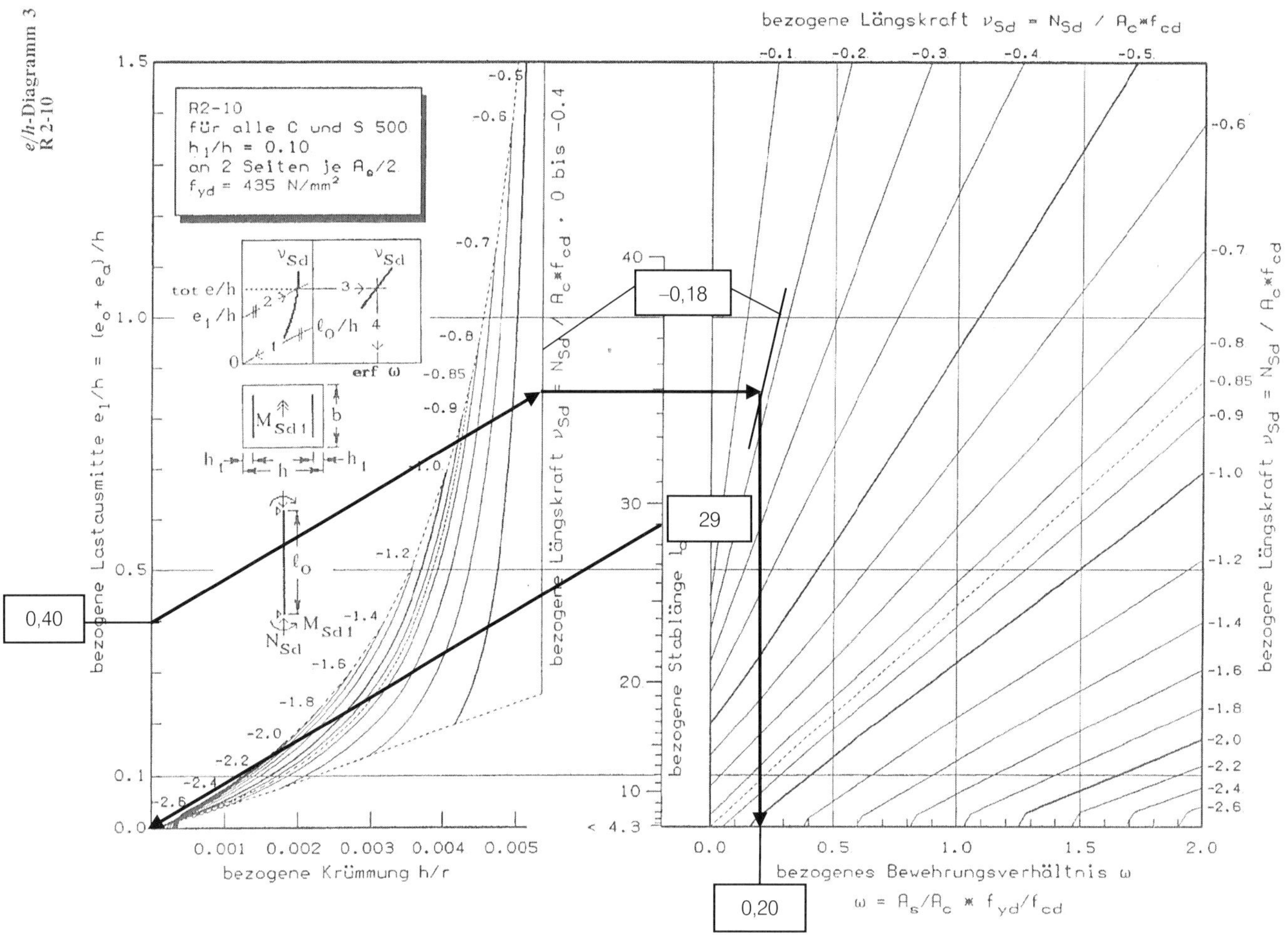

abgelesen aus dem e / h-Diagramm 3, [41] S. 394:

erf ω = 0,20

erf A_s = $\omega \cdot A_c \cdot f_{cd} / f_{yd}$ = 0,20 · 40 · 45 · 20,0 / 435
= **16,5 cm²**
≈ vorh A_s = 16,1 cm²

[41] *Kordina/Quast*: Bemessung der Stahlbeton- und Spannbetonbauteile nach DIN 1045-1 – Teil II; BK 2001/1, S. 394

Das Bemessungsergebnis weicht hier um ca. 10 % von dem unter 5.2.5.1 mit dem Interaktionsdiagramm ermittelten ab. Diese Abweichung liegt aber im Rahmen der möglichen Ablesegenauigkeit der Diagramme. (außerdem: d_1 / h = 40 / 450 = 0,09 < 0,10)

5.2.5.3 Bemessung der Stütze mit dem μ-Nomogramm

Die Bemessung für die maßgebende Einwirkungskombination wird mit dem μ-Nomogramm aus [41] zur Veranschaulichung wiederholt.

[41] *Kordina/Quast*: Bemessung der Stahlbeton- und Spannbetonbauteile nach DIN 1045-1 – Teil II; BK 2001/1
Zu den Grundlagen der Bemessungshilfsmittel: 3.2, S. 366 ff.

Eingangswerte:

maßgebend (siehe 5.2.5.1): N_{Ed} = **–633 kN**

bezogene Stützenlänge mit Berücksichtigung der Kriechverformungen:
l_0 / h = **29** (siehe 5.2.5.2)

Ausmitten: e_1 = **179 mm** (siehe 5.2.5.1)

Achsabstand der Bewehrung: d_1 / h = 40 / 450 ≈ **0,10**

f_{cd} = 30 / 1,5 = **20 N/mm²**

Bezogene Längskraft:
ν_{Ed} = –0,633 / (0,40 · 0,45 · 20,0) = **–0,18**

Bezogenes Moment ($M_{Ed,1}$):
μ_{Ed} = (0,633 · 0,179) / (0,40 · 0,45² · 20,0) = **0,070**

Die Bemessungsdiagramme basieren auf den Grundlagen des EC 2, wodurch der Abminderungsbeiwert nach DIN 1045-1, 9.1.6: (2) α = 0,85 noch nicht berücksichtigt wurde. Bei der Anwendung der Hilfsmittel im BK 2001/1 muss daher mit $f_{cd} = f_{ck} / \gamma_c$ als Eingangswert gerechnet werden.
siehe auch:
[41] *Kordina/Quast*: Bemessung der Stahlbeton- und Spannbetonbauteile nach DIN 1045-1 – Teil II; BK 2001/1, S. 349, Fußnote [1)]

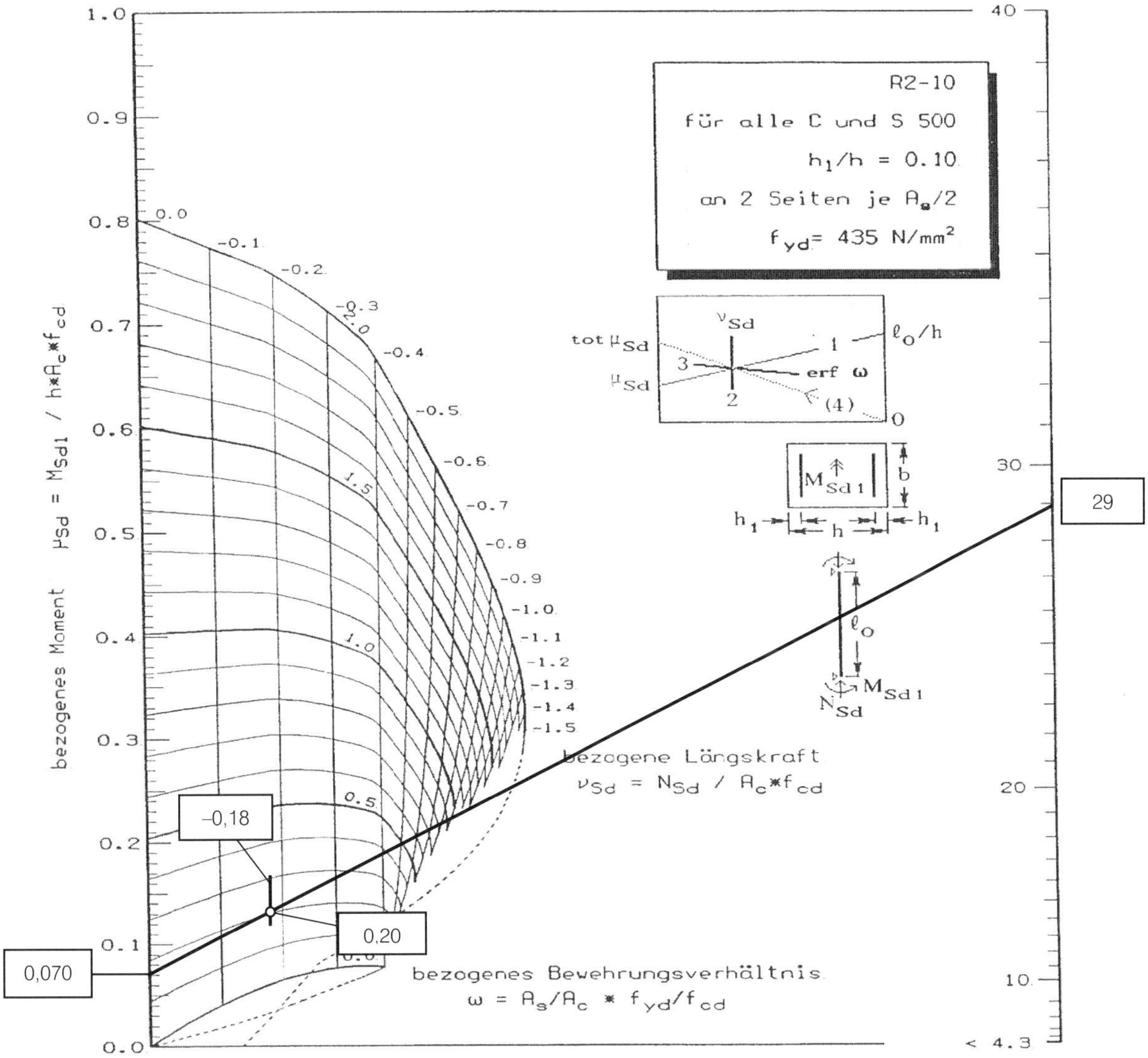

abgelesen aus dem μ-Nomogramm 4, [41] S. 395:

erf ω = 0,20

erf A_s = $\omega \cdot A_c \cdot f_{cd} / f_{yd}$ = 0,20 · 40 · 45 · 20,0 / 435
= **16,5 cm²**
≈ vorh A_s = 16,1 cm²

[41] *Kordina/Quast*: Bemessung der Stahlbeton- und Spannbetonbauteile nach DIN 1045-1 – Teil II; BK 2001/1, S. 395

Das Bemessungsergebnis weicht hier um ca. 10 % von dem unter 5.2.5.1 mit dem Interaktionsdiagramm ermittelten ab.
Diese Abweichung liegt aber im Rahmen der möglichen Ablesegenauigkeit des Diagramms bzw. des Nomogramms.

5.2.6 Bemessung der Stützenkopfverlängerung für Biegung um die y-Achse

Nutzhöhe:

$$d = h - c_{v,Bü} - d_{s,Bü} - 0{,}5 \cdot d_{s,l} = 170 - 20 - 10 - 20 / 2 = 130 \text{ mm}$$

c_{nom} siehe 1.2
Annahme:
Bügel $\varnothing \leq 10$ mm
Stab $\varnothing \leq 20$ mm

Bemessungsquerschnitt: $b / h / d =$ **0,40 / 0,17 / 0,13 m**

Bemessung mit dimensionslosen Beiwerten

M_{Ed} siehe Abschnitt 3, a), S. 10-7

$\mu_{Eds} = |M_{Eds}| / (b \cdot d^2 \cdot f_{cd}) = 11{,}7 \cdot 10^{-3} / (0{,}40 \cdot 0{,}13^2 \cdot 17{,}0) = 0{,}102$

Anhang A4: Werte für $\mu_{Eds} = 0{,}10$ abgelesen:
$\omega = 0{,}1058$ und $\sigma_{sd} = 454{,}9$ N/mm²

Anhang A4:
Bemessungstabelle bis C50/60
Rechteckquerschnitt ohne Druckbewehrung
Biegung mit Längskraft
Bezogene Werte:
ω – mechanischer Bewehrungsgrad

erf $A_s = \omega \cdot b \cdot d \cdot f_{cd} / \sigma_{sd} = 0{,}1058 \cdot 40 \cdot 13 \cdot 17{,}0 / 454{,}9 =$ **2,06 cm²**

für Winddruck,
für Windsog entsprechend geringer

Gewählt: Längsbewehrung
Betonstahl BSt 500 S (A): **2 Ø 16** = 4,02 cm²
bzw. **2 Ø 12** = 2,26 cm²
> 2,06 cm² = erf A_s

Verlängerung aus der Stützenlängsbewehrung 4 Ø 16, konstruktiv

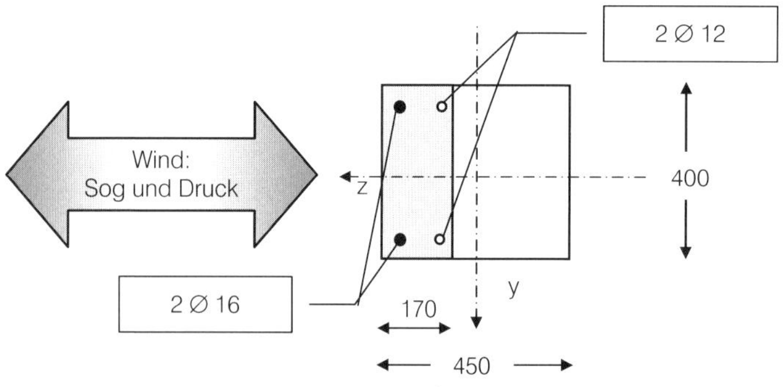

DIN 1045-1, 13.5.1: (3) Der Abstand der Längsstäbe darf 300 mm nicht überschreiten. Für Querschnitte mit $b \leq 400$ mm und $h \leq b$ genügt je ein Bewehrungsstab in den Ecken.

5.2.7 Bemessung der Stütze für Biegung mit Längskraft um die z-Achse

Die Randstütze wird für Biegung um die z-Achse als unbewehrtes Einzeldruckglied nachgewiesen. Druckglieder aus unbewehrtem Beton sind immer als schlanke Bauteile zu betrachten.

DIN 1045-1, 8.6.2: (3) und Bild 11 d)
DIN 1045-1, 8.6.7: (1)
Theoretische Annahme eines unbewehrten Querschnitts, um die Bemessungsregeln aufzuzeigen.

Ersatzlänge: $l_{0,z} = 6{,}20$ m

siehe 5.2.1

Schlankheit: $\lambda_z = 54$ $< \lambda_{max} = 85$

DIN 1045-1, 8.6.7: (2) *Die Schlankheit am Einbauort betonierter unbewehrter ...Stützen sollte i. Allg. den Wert* $\lambda = 85$ *nicht überschreiten.*

Grenzwert für Berechnung nach Theorie II. Ordnung:

$l_{col} / h = 6{,}20 / 0{,}40 =$ **15,5** **> 2,5**

DIN 1045-1, 8.6.7: (1)

Die Stütze ist auf Einflüsse nach Theorie II. Ordnung zu untersuchen!

Aufnehmbare Längsdruckkraft:

$N_{Rd} = -(b \cdot h \cdot f_{cd} \cdot \varphi)$

DIN 1045-1, 8.6.7: Gl. (44)
in Hallenlängsrichtung unverschieblich ausgesteiftes Tragwerk

mit:

φ Beiwert zur Berücksichtigung Theorie II. Ordnung

$\varphi = 1{,}14 \cdot (1 - 2\, e_{tot} / h) - 0{,}02\, l_0 / h \quad \leq 1 - 2\, e_{tot} / h \quad \geq 0$

$e_{tot} = e_0 + e_a + e_\varphi$ Gesamtausmitte

$e_{tot} = 0 + 13 + 0 = 13$ mm

$\varphi = 1{,}14 \cdot (1 - 2 \cdot 13 / 400) - 0{,}02 \cdot 6200 / 400$

$\varphi =$ **0,756**

$< 1 - 2 \cdot 13 / 400 = 0{,}94$

DIN 1045-1, 8.6.7: Gl. (45)
$e_0 = 0$ Lastausmitte Theorie I. Ordnung
$e_a = 13$ mm ungewollte zusätzliche Ausmitte, siehe 5.2.2
e_a darf auch zu $0{,}5\, l_0 / 200 = 3100 / 200 = 16$ mm angenommen werden.
$e_\varphi =$ Ausmitte infolge Kriechens, darf hier i.a. vernachlässigt werden.

$|N_{Rd}| = 0{,}45 \cdot 0{,}40 \cdot 17{,}0 \cdot 0{,}756 =$ **2,31 MN** $> |N_{Ed}| = 0{,}684$ MN

5.3 Bemessung für Querkraft

In der Regel für Stützen nicht erforderlich, hier nur beispielhaft überprüft.

Querkraft am Stützenfuß
maßgebend : Winddruckstütze
Einwirkungskombination 2, günstig
= max V_{Ed} bei min$|N_{Ed}|$

$V_{Ed} = -32{,}0$ kN bei min$|N_{Ed}| = -431$ kN

Bei sehr hohen Horizontalkräften auf Stützen ist auch die Querkrafttragfähigkeit zu überprüfen.

Mindestquerbewehrung für Stützen siehe DIN 1045-1, 13.5.3

siehe 3: Zusammenstellung der Bemessungsschnittgrößen am Stützenfuß

Der Ermittlung der Querkraftbewehrung darf bei gleichmäßig verteilter Belastung und direkter Auflagerung die Querkraft im Abstand d vom Auflagerrand zugrunde gelegt werden.

$d = 0{,}41$ m

$V_{Ed,red} = 32{,}0 - 0{,}41 \cdot 6{,}48 =$ **29,3 kN**

DIN 1045-1, 10.3.2:
(1) *Bemessungswert der einwirkenden Querkraft*

siehe 5.2.5

Winddruck siehe 2.2

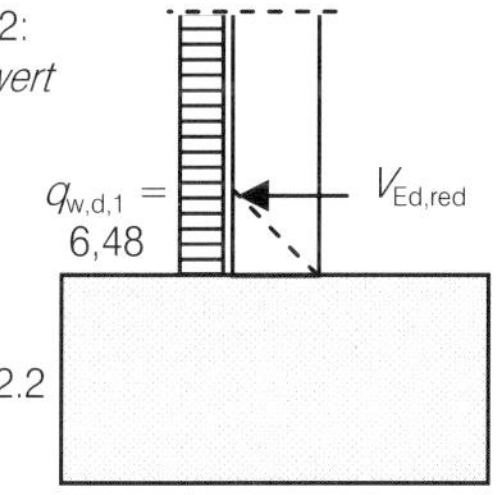

aufnehmbare Querkraft $V_{Rd,ct}$ ohne Querkraftbewehrung:

$V_{Rd,ct} = [(0{,}15 / \gamma_c) \cdot \kappa \cdot \eta_1\, (100\, \rho_l \cdot f_{ck})^{1/3} - 0{,}12\, \sigma_{cd}]\, b_w \cdot d$

DIN 1045-1, 10.3.3: (1) Gl. (70)

Normalbeton: $\eta_1 = 1$

$\kappa = 1 + (200 / d)^{1/2} \quad \leq 2{,}0$

$\kappa = 1 + (200 / 410)^{1/2} \quad = 1{,}70$

DIN 1045-1, 10.3.3: (1) Gl. (71)

$\rho_l = A_{sl} / (b_w\, d) = 8{,}04 / (40 \cdot 41) = 0{,}0049 < 0{,}02$

DIN 1045-1, Bild 32:
A_{sl} = Fläche der Zugbewehrung, die mindestens um das Maß d über den betrachteten Querschnitt hinaus geführt und dort wirksam verankert wird.
hier: 4 Ø 16 = 8,04 cm², siehe 5.2.5

$f_{ck} = 30$ N/mm²

C30/37

$\sigma_{cd} = N_{Ed} / A_c = -0{,}431 / (0{,}40 \cdot 0{,}45) = -2{,}39$ MN/m²

$N_{Ed} < 0$ Drucklängskraft

$V_{Rd,ct} = [(0{,}15 / 1{,}5) \cdot 1{,}70 \cdot (0{,}49 \cdot 30)^{1/3} + 0{,}12 \cdot 2{,}39] \cdot 0{,}40 \cdot 0{,}41$
= **0,115 MN**

$V_{Ed,red} = 29{,}3$ kN $< V_{Rd,ct} = 115$ kN

→ Keine Querkraftbewehrung erforderlich!

→ aber konstruktive Regeln für Stützenquerbewehrung beachten, siehe 8.2

6 Nachweise in den Grenzzuständen der Gebrauchstauglichkeit

DIN 1045-1, 11

6.1 Begrenzung der Betondruckspannungen

Nachweis am Stützenfuß:

Zustand I: $W_y = 0{,}40 \cdot 0{,}45^2 / 6 = 0{,}0135\ m^3$

$N_{perm} = -431\ kN = -0{,}431\ MN$

$M_{perm} = 20\ kNm = 0{,}02\ MNm$

$\sigma_c = -0{,}431 / (0{,}40 \cdot 0{,}45) - 0{,}02 / 0{,}0135$
$= -2{,}39 - 1{,}48$
$= \mathbf{-3{,}87\ MN/m^2}$

$< 0{,}45 f_{ck} = 0{,}45 \cdot 30 = 13{,}5\ MN/m^2$

Dies stellt sicher, dass die Kriechverformungen nur linear zunehmen.

DIN 1045-1, 11.1.2: (2) Falls die Gebrauchstauglichkeit, Tragfähigkeit oder Dauerhaftigkeit des Bauwerks durch das Kriechen wesentlich beeinflusst werden, sind die Betondruckspannungen unter der quasi-ständigen Einwirkungskombination zur Vermeidung von überproportionalen Kriechverformungen auf $0{,}45 f_{ck}$ zu begrenzen.

siehe 2.3 und 3: charakteristische Werte der ständigen Einwirkungen.

Bewehrung vernachlässigt.

Die Auswirkungen des Kriechens auf die Tragfähigkeit und Gebrauchstauglichkeit sind in diesem Beispiel wegen der Lastsymmetrie unter der quasi-ständigen Einwirkungskombination vernachlässigbar. Der Nachweis wird hier nur beispielhaft erläutert.

6.2 Grenzzustände der Rissbildung

DIN 1045-1, 11.2.2

Die Anforderungen an die Dauerhaftigkeit und das Erscheinungsbild des Tragwerks gelten bei der hier vorausgesetzten Expositionsklasse XC1 als erfüllt, wenn der Nachweis der Rissbreitenbegrenzung bei der Anforderungsklasse F unter der quasi-ständigen Einwirkungskombination geführt wird.
Unter dieser Einwirkungskombination bleibt der Querschnitt am Stützenfuß im Zustand I – keine Nachweise erforderlich.

DIN 1045-1, 11.2.1: (6) Tabellen 18 und 19

quasi-ständig wegen Anforderungsklasse F

6.3 Begrenzung der Verformungen

DIN 1045-1, 11.3

Die Verformungen (Horizontalverschiebungen) des Hallenquerrahmens aus Stützen und koppelnden Fertigteilbindern müssen mit den verbundenen Ausbaubauteilen, insbesondere den Außenwänden, verträglich sein.

Es wird angenommen, dass die Kopfverschiebung der Stützen des Hallenquerrahmens unter der häufigen Einwirkungskombination als Vorgabe durch den Bauherrn und in Absprache mit weiteren beteiligten Planern auf 1 / 250 der Stützenhöhe zu begrenzen ist.

Die Ermittlung dieser Verschiebungen soll mit einer vereinfachten nichtlinearen Berechnung erfolgen. Der vereinfachte Nachweis durch eine Begrenzung der Biegeschlankheit der Stützen ist hier nicht möglich.

Unter der quasi-ständigen Einwirkungskombination würde sich der Hallenquerrahmen aufgrund der Last- und Systemsymmetrie und bei vernachlässigbaren Imperfektionen nicht verschieben.

Für den Hallenquerrahmen wird hier eine Untersuchung der häufigen Einwirkungskombination vorgenommen:

$$E_{frequ} = G_k + \psi_{1,W} \cdot Q_{k,W} + \psi_{2,S} \cdot Q_{k,S}$$

Die häufige Einwirkungskombination wird hier herangezogen, da die veränderlichen Einwirkungen Wind (für Horizontalverformung maßgebend) und Schnee unter der quasi-ständigen Einwirkungskombination immer entfallen (wegen $\psi_2 = 0$).

DIN 1055-100, 10.4: Kombinationsregeln für Einwirkungen, Tab. 3: seltene, häufige und quasi-ständige Einwirkungskombination

Für die Ermittlung der Koppelkräfte zwischen den Randstützen wurde im Abschnitt 3 eine Verformungsbetrachtung nach Theorie I. Ordnung an einem Ersatzsystem vorgenommen:

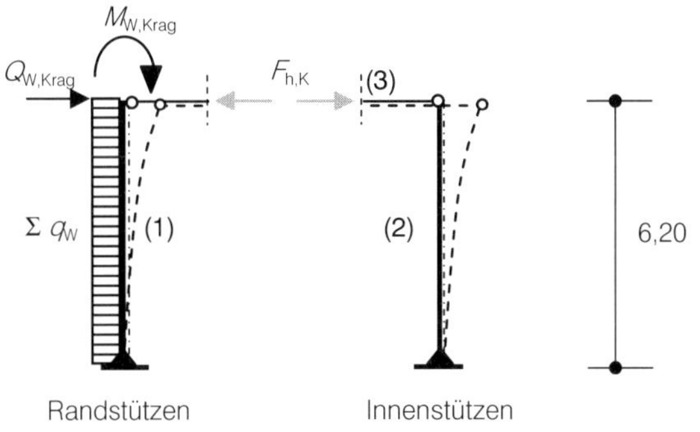

System

Der Verschiebungsansatz für die beiden Randstützen lautet mit der Koppelkraft $F_{h,K}$ = 15,96 kN:

siehe Abschnitt 3.

$B_1 \cdot f = 6{,}17 \cdot 6{,}20^4 / 8 + 11{,}7 \cdot 6{,}20^3 / 3 + 11{,}1 \cdot 6{,}20^2 / 2 - F_{h,K} \cdot 6{,}20^3 / 3$
$= 1140 + 929 + 213 - 15{,}96 \cdot 79{,}4$
$= 1015$ kNm³

horizontale Kopfverschiebung infolge

$\Sigma\, q_W$	= 6,17 kN/m	Wind
$Q_{W,Krag}$	= 11,7 kN	Wind, Kragarm
$M_{W,Krag}$	= 11,1 kNm	Wind, Kragarm
$F_{h,K}$	= 15,96 kN	Koppelkraft

Da der Wind in der häufigen Kombination nur mit 50 % angesetzt wird:
$\psi_{1,W} \cdot B_1 \cdot f = 0{,}5 \cdot 1015 = 508$ kNm³

DIN 1055-100, Tabelle A.2:
$\psi_{1,W} = 0{,}5$ → Wind
$\psi_{2,S} = 0$ → Schnee, Orte bis +1000 m NN

Ermittelt man die Biegesteifigkeit der beiden Randstützen im gerissenen Zustand II und unter Vernachlässigung der Längsdruckkraft (überwiegende Biegung) nach [46] (Anhang A9) und mit E_{cm} dann ist:

DIN 1045-1, 9.1.5: Verformungsberechnungen mit Mittelwerten der Betonfestigkeit f_{cm} und des E-Moduls E_{cm}

DIN 1045-1, Tab. 9: E_{cm}

$E_{cm} = 28.300$ MN/m²
$\alpha_e = E_s / E_{cm} = 200.000 / 28.300 = 7{,}07$
$I_{II} = k_{II} \cdot b \cdot d^3 / 12$
$x / d = 0{,}215$
$k_{II} = 0{,}302$ nach [46]
$I_{II} = 0{,}302 \cdot 0{,}40 \cdot 0{,}41^3 / 12 = 6{,}94 \cdot 0{,}10^{-4}$ m⁴

Ermittlung der Biegesteifigkeit Zustand II nach [46] → Anhang A9
Die Zug- und Druckbewehrung wird bei der Ermittlung der Biegesteifigkeit im Zustand II berücksichtigt.
Längsbewehrung 4 ∅ 16 = 8,04 cm²
Mit $\rho_{II} = 8{,}04 / (40 \cdot 41) = 0{,}0049$ und
$A_{s2} = 8{,}04$ cm² mit $d_2 = 40$ mm und
$d / h = 410 / 450$ wird
$k_{xII} = 0{,}215$ und $k_{II} = 0{,}302$.

$B_{1,II} = 2 \cdot E_c \cdot I_{II}$ (beide Randstützen zusammengefasst)
$= 2 \cdot 28.300 \cdot 6{,}94 \cdot 0{,}10^{-4}$
$= 39{,}3$ MNm²
$= 39.300$ kNm²

Die dazugehörige Horizontalverschiebung ist dann:

$f = 508 / 39.300 = 0{,}013$ m $= 13$ mm (Theorie I. Ordnung)

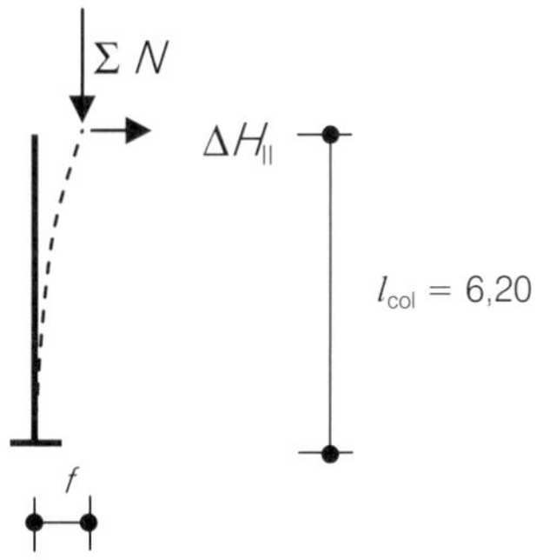

Für eine Schätzung des Verschiebungszuwachses infolge der Auslenkung der Normalkräfte wird vereinfacht eine zusätzliche horizontale Abtriebskraft an einer Ersatzstütze (für die 4 gekoppelten Stützen) ermittelt:

$\Delta H_{II} = \Sigma\, N \cdot f / l_{col}$ (für kleine Verschiebungen)

Summe der Vertikallasten der häufigen Einwirkungskombination:

$\Sigma\, N = G_k + \psi_{2,S} \cdot Q_{k,S}$
$= 6 \cdot (400 + 0 \cdot 68)$
$= 2400$ kN

Die Vertikallasten aus Abschnitt 3 beziehen sich auf ein Binderauflager, für alle 4 Stützen zusammen kommen diese Binderauflagerkräfte 6-fach vor (drei Dachbinder).
Kombinationsfaktor für Schnee $\psi_{2,S} = 0$

Summe der Biegesteifigkeiten:

Randstützen: $B_{1,\text{II}} = 39.300$ kNm²
Innenstützen: $B_{2,\text{II}} = 49.125$ kNm² (Annahme = 1,25 $B_{1,\text{II}}$)
$\Sigma B_{\text{II}} = 88.425$ kNm²

Die Zusatzverschiebung aus der horizontalen Ersatzkraft ist:

$$\Delta f = \Delta H_{\text{II}} \cdot 6{,}20^3 / (3 \cdot \Sigma B_{\text{II}})$$

Beginnt man mit der Horizontalverschiebung nach Theorie I. Ordnung von 13 mm erhält man nach wenigen Iterationen:

Zu der Verschiebung nach Theorie I. Ordnung wird jeweils die Zusatzverschiebung aus der dazugehörigen horizontalen „Abtriebskraft" addiert und mit der vergrößerten Verschiebung die Rechnung wiederholt.

	Σf (mm)	ΔH_{II} (kN)	Δf (mm)
1	13,0	5,03	4,5
2	17,5	6,78	6,1
3	19,1	7,39	6,6
4	19,6	7,60	6,8
5	19,8	7,68	6,9

Jede Verformungsberechnung ist einer kritischen Wertung bezüglich der Annahmen zu unterziehen.

eine Gesamtverschiebung der Stützen in Höhe der Binderauflager von ca.

$f_{\text{II}} =$ **20 mm** $= l_{\text{col}} / 310 \quad < l_{\text{col}} / 250$ (Vorgabe)

Diese Gesamtverschiebung wurde unter vereinfachten Annahmen abgeschätzt:
auf der sicheren Seite:
- geringe Biegesteifigkeit der Stützen.

auf der unsicheren Seite:
- starre Fundamenteinspannung.

Die Verträglichkeit der Verformungen mit angrenzenden Bauteilen ist zu prüfen bzw. konstruktiv zu sichern.

7 Nachweise im Krafteinleitungsbereich am Binderauflager

7.1 Allgemeines

Im Bereich des Binderauflagers auf der Stütze sind folgende Nachweise zu führen:

- Nachweis der Teilflächenbelastung F_{Rdu} unter der konzentrierten Auflagerkraft des Binders
- Nachweis der Aufnahme der Querzugkräfte F_{dt} infolge der Behinderung der Querdehnung des unbewehrten Elastomerlagers
- Nachweis der Aufnahme der Spaltzugkraft F_{dS} und der Randzugkraft F_{dr}
- Nachweis der Tragfähigkeit des Scherbolzens zur Weiterleitung der Koppelkräfte im Querrahmensystem

DIN 1045-1, 13.8: Verbindung und Lagerung von Fertigteilen
13.8.1: (1) Verbindungen müssen so bemessen werden, dass sie allen Einwirkungen widerstehen, wobei die Annahmen zu berücksichtigen sind, die für die Schnittgrößenermittlung des Tragwerks als Ganzes und für die Bemessung der einzelnen, zu verbindenden Bauteile getroffen wurden.
13.8.2: Druckfugen
(5) Die Querzugspannungen im Fugenbereich sind durch entsprechende Bewehrung in den benachbarten Bauteilen aufzunehmen.

Die Auflagerkraft des Binders ist im Grenzzustand der Tragfähigkeit:

siehe 3: Eigenlasten (ohne Stütze) + Schnee

$$F_{\text{Ed,v}} = \gamma_G \cdot G_k + \gamma_{Q,S} \cdot Q_{k,S}$$
$$= 1{,}35 \cdot 400 + 1{,}50 \cdot 68$$
$$= \mathbf{642\ kN}$$

7.2 Teilflächenbelastung

aufnehmbare Teilflächenbelastung:

$$F_{Rdu} = A_{c0} \cdot f_{cd} \cdot \sqrt{A_{c1} / A_{c0}} \leq 3{,}0 \cdot f_{cd} \cdot A_{c0}$$

DIN 1045-1, 10.7: Gl. (116) für Normalbeton

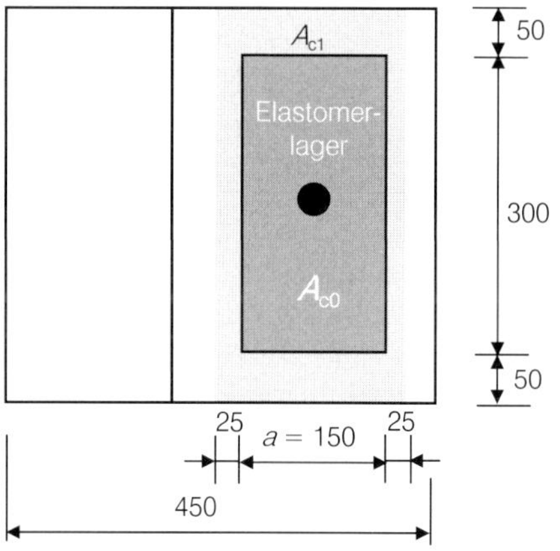

Die aufnehmbare Teilflächenlast wird zunächst unter der Annahme ermittelt, dass der Fertigteilbinder überhöht hergestellt worden ist und sich daher unter der Last über dem Auflager eine annähernd horizontale Tangente an die Binderbiegelinie und somit eine gleichmäßige Verteilung der Druckspannungen über die gesamte Elastomerlagerfläche einstellt. Diese Annahme entspricht den bisherigen Nachweisen mit der auf dem Elastomerlager mittig angreifenden Binderauflagerkraft:

Belastungsfläche (Elastomerlager):
$A_{c0} = 0{,}15 \cdot 0{,}30 = 0{,}045\ m^2$

Geometrisch ähnliche rechnerische Verteilungsfläche mit $b_1 / d_1 = b_2 / d_2$:
$A_{c1} = 0{,}20 \cdot 0{,}40 = 0{,}080\ m^2$

DIN 1045-1, 10.7: (2) A_{c1} = geometrisch ähnlich und Schwerpunkt in Belastungsrichtung wie A_{c0}, siehe auch Bild 51

F_{Rdu} $= 0{,}045 \cdot 17{,}0 \cdot (0{,}08 / 0{,}045)^{1/2} \leq 3{,}0 \cdot 17{,}0 \cdot 0{,}045$
$= 1{,}02\ MN < 2{,}295\ MN$

Nimmt man stattdessen ungünstiger eine ungleichmäßige Druckspannungsverteilung (z. B. dreieckförmig) an, sind die Teilflächen mit der Veränderung des Lastschwerpunktes zu reduzieren:

DIN 1045-1, 10.7: (2) ... Der Wert von F_{Rdu} muss verringert werden, wenn die örtlichen Lasten nicht gleichmäßig über die Fläche A_{c0} verteilt sind...

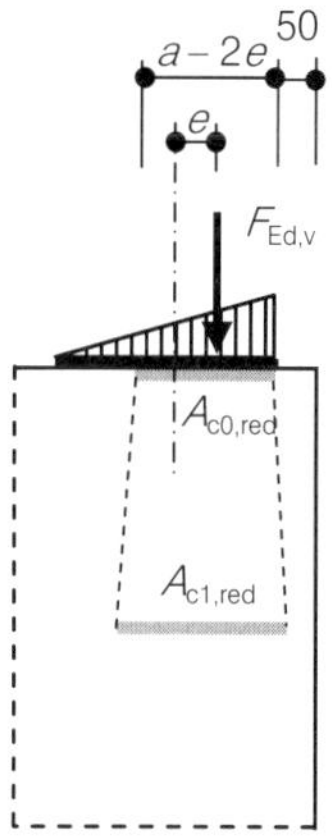

$F_{Ed,v}$ auf dem Kernrand (Spannungsdreieck):
$e = a / 6 = 0{,}15 / 6$

reduzierte Belastungsfläche (Elastomerlager):
$A_{c0,red} = (0{,}15 - 0{,}15 / 3) \cdot 0{,}30 = 0{,}10 \cdot 0{,}30 = 0{,}030\ m^2$

Geometrisch ähnliche rechnerische Verteilungsfläche:
$A_{c1,red} = (0{,}40 / 3) \cdot 0{,}40 = 0{,}053\ m^2$

F_{Rdu} $= 0{,}03 \cdot 17{,}0 \cdot (0{,}053 / 0{,}03)^{1/2} \leq 3{,}0 \cdot 17{,}0 \cdot 0{,}03$
$=$ **0,680 MN** $< 1{,}530\ MN$

$F_{Ed,v}$ $= 642\ kN < F_{Rdu} = 680\ kN$

Die Teilflächenbelastung unter dem Binderauflager kann aufgenommen werden.

In der Hallenlängsrichtung (rechtwinklig zu den Dachbindern) ist planmäßig keine Ausmitte der Auflagerreaktion zu erwarten.

7.3 Querzugkraft unter dem Elastomerauflager

[49], 3.1.3: Elastomerlager:
Werden die angrenzenden Bauteile außer durch die jeweils rechnerische Pressung in der Lagerfuge nur unwesentlich durch andere Lagerreaktionen beansprucht und die Standsicherheit des Bauwerks bei Überbeanspruchung des Lagers oder Ausfall der Lagerfunktion nicht gefährdet, so entspricht die Lagerung den Voraussetzungen der Lagerungsklasse 2 nach DIN 4141-3.

[21] DIN 4141-3: Lagerung für Hochbauten

[49] *Bachmann/Steinle/Hahn*: Bauen mit Betonfertigteilen im Hochbau, BK 2009/1

Das Elastomerlager dient hier nur der Aufnahme der vertikalen Auflagerreaktionen des Binders, die Horizontalkräfte werden über den Scherbolzen weitergeleitet.

Querzugkraft infolge Querdehnungsbehinderung des Elastomers:

$F_{dt} = 1{,}5 \cdot F_{Ed,v} \cdot t \cdot a \cdot 10^{-5}$
$= 1{,}5 \cdot 642 \cdot 5 \cdot 150 \cdot 10^{-5}$
$=$ **7,22 kN**

[49] 3.1.3
a und t (mm): Breite und Dicke des Elastomerlagers

Die erforderliche Bewehrung wird gemeinsam mit der Spaltzug- und Randzugkraft nach 7.4 ermittelt.

7.4 Spaltzugkraft und Randzugkraft infolge Auflagerkraft

Die Spaltzug- und Randzugkraft unter dem Binderauflager werden näherungsweise nach [22] ermittelt.
Die Ermittlung dieser Kräfte erfolgt für die ebene Beanspruchung in Richtung der Auflagerausmitte auf der Stütze.
Für die andere Stützenrichtung sind die Beanspruchungen wesentlich geringer (wegen der größeren Lagerlänge und der auf der Stütze mittigen Lasteintragung). Die Spaltzugkraft in dieser Richtung wird durch die gewählte Bügelbewehrung konstruktiv mit abgedeckt.

[22] DAfStb–Heft 240: Hilfsmittel zur Berechnung der Schnittgrößen und Formänderungen von Stahlbetontragwerken. 3. Auflage, 1991: 5. Spalt- und Randzugkräfte bei Teilflächenbelastungen, S. 63 ff., Gl. (5.3) für F_S und Gl. (5.4) für F_R

[22], Bild 5.2:

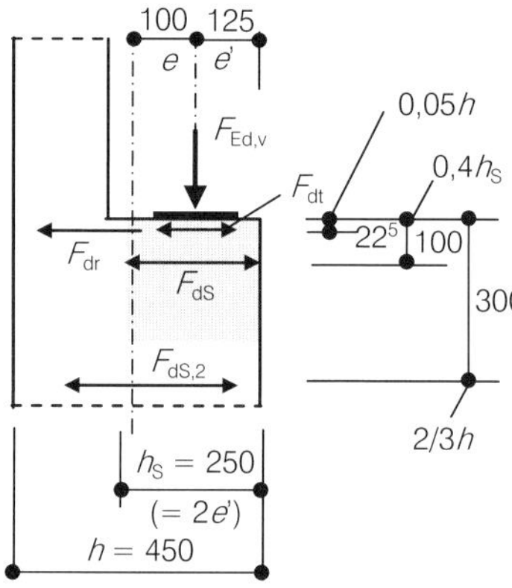

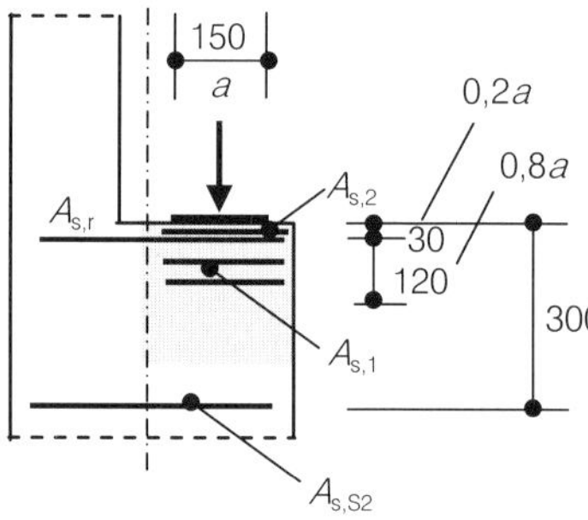

Resultierende Spaltzugkraft F_{dS}:

$F_{dS} = 0{,}25 \cdot F_{Ed,v} \cdot (1 - a / h_S)$
$= 0{,}25 \cdot 642 \cdot (1 - 150 / 250)$
$=$ **64,2 kN**

Infolge der Ausmitte der Auflagerreaktion des Binders in Bezug auf die Stützenschwerachse tritt die Randzugkraft auf:

$F_{dr} = F_{Ed,v} \cdot (e / h - 1 / 6) \geq 0$
$= 642 \cdot (100 / 450 - 0{,}167) =$ **35,5 kN**

Resultierende, sekundäre Spaltzugkraft $F_{dS,2}$:

$F_{dS,2} = 0{,}3 \cdot F_{dr} = 0{,}3 \cdot 35{,}5 =$ **10,6 kN**

Die Spalt- und Querzugbewehrung wird sinngemäß entsprechend [49] ermittelt und angeordnet:

erf $A_{s,1} = 0{,}8 \cdot F_{dS} / f_{yd}$
$= 0{,}8 \cdot 64{,}2 \cdot 10^{-3} \cdot 10^4 / 400 =$ **1,3 cm²**

erf $A_{s,2} \geq (0{,}2 \cdot F_{dS} + F_{dt}) / f_{yd}$ mit $F_{dS} \geq 0{,}1 \cdot F_{Ed,v} = 64{,}2$ kN
$\geq (0{,}2 \cdot 64{,}2 + 7{,}22) \cdot 10^1 / 400$

erf $A_{s,2}$ $= 0{,}5$ cm²
erf $A_{s,r} = F_{dr} / f_{yd} = 35{,}5 \cdot 10^{-3} \cdot 10^4 / 435 = 0{,}8$ cm²
} = **1,3 cm²**

erf $A_{s,S2} = F_{dS,2} / f_{yd} = 10{,}6 \cdot 10^{-3} \cdot 10^4 / 435 =$ **0,3 cm²**

[49] *Bachmann/Steinle/Hahn*: Bauen mit Betonfertigteilen im Hochbau. 3.1.3, BK 2009/1,
In [49] werden die ursprünglich auf zul $\sigma_s = 500$ N/mm² / 1,75 der alten DIN 1045:1988-07 abgestimmten Gleichungen auf das Format $1{,}5 \cdot Z_k / (f_{yk} / 1{,}15)$ transformiert. In diesem Beispiel werden die Zugkräfte direkt als Bemessungswerte mit $F_d \approx 1{,}4\ F_k$ (642 kN / 468 kN, vgl. 7.1) verwendet. Um den alten globalen Sicherheitsbeiwert 1,75 abzubilden, wird daher $f_{yd} = 400$ N/mm² (mit $\gamma_s = 1{,}25$) eingesetzt.

Die Bewehrung für die Randzugkraft wird mit der Bewehrung $A_{S,2}$ unmittelbar unter dem Auflager sowie mit evtl. erforderlicher Bewehrung für die Verankerung des Scherbolzens zur Weiterleitung der Koppelkräfte aus 7.5 überlagert.

7.5 Weiterleitung der Koppelkräfte

Im System des Hallenquerrahmens sind 4 Stützen über die drei Fertigteilbinder gekoppelt. Die Überleitung der horizontalen Koppelkräfte erfolgt über die in die Stütze einbetonierten Scherbolzen ∅ 32.

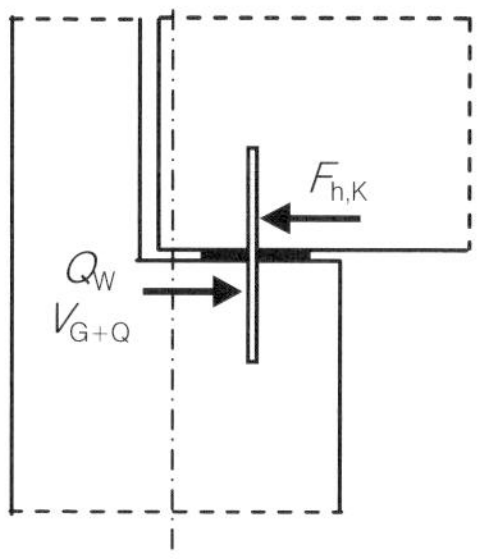

Aus den Systemannahmen des Abschnittes 3 ergeben sich zwei relevante Bemessungssituationen für den Scherbolzen und seine Verankerung:

1) Winddruckstütze:
Die Stütze wird durch Winddruck Q_W gegen den Binder gedrückt.
Die Binderlängskräfte $F_{h,K}$ infolge der symmetrischen ständigen und Schneeeinwirkungen (ungünstige Wirkung, da Querkraft V_{G+Q} in Windrichtung wirkt) sind ebenfalls Druckkräfte.

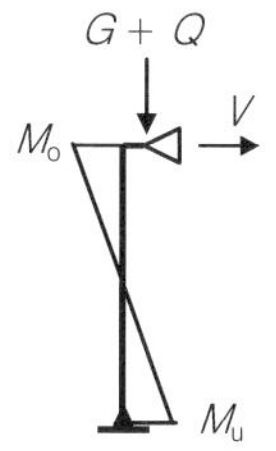

2) Windsogstütze:
Die Stütze wird durch eine Binderzugkraft gegen Windsog Q_w gehalten.
Die Binderlängskräfte $F_{h,K}$ infolge der symmetrischen ständigen und Schneeeinwirkungen (günstige Wirkung) sind gegenwirkende Druckkräfte.

Bemessungskräfte für Scherbolzen = Koppelkräfte Binder [kN]:

charakteristische Werte der Schnittgrößen siehe 3

Einwirkung		(1) max $F_{h,K}$	(2) min $F_{h,K}$
$Q_{d,W}$ Winddruck	1,50 · (+13,74)	+20,6	
$Q_{d,W}$ Windsog	1,50 · (–2,22)		–3,33
G_d ungünstig	1,35 · (40 + 20) / 6,2	+13,1	
G_d günstig	1,00 · (40 + 20) / 6,2		+9,68
$Q_{d,S}$ ungünstig	1,50 · 0,5 · (6,8 + 3,4) / 6,2	+1,23	
Summe		**+34,9**	**+6,35**

maßgebend: 2. Grundkombination mit Wind als Leiteinwirkung mit γ_Q = 1,5; siehe 2.2
siehe 3: charakteristische Werte Koppelkräfte aus Wind: $F_{h,K,1}$ = 13,74 kN; $F_{h,K,2}$ = 2,22 kN

Ermittlung der Querkraft $V = \gamma_F (M_o - M_u) / l_{col}$

maßgebend: 2. Grundkombination mit Wind als Leiteinwirkung, Schnee dann mit γ_Q = 1,5 und $\psi_{0,S}$ = 0,5 siehe 2.2

Sollten Zugkräfte am Scherbolzen auftreten (z. B. bei fehlenden Rückstellkräften aus dem ausmittigen Binderauflager), müssen diese wie die Randzugkraft in die Stütze mit Bewehrung „eingehängt" werden.
Die in [49] vorausgesetzten Randabstände des Scherbolzens mit $ü_\perp$ und $ü_\parallel \geq 8d$ = 256 mm werden hier nicht eingehalten ($ü_\perp$ = 125 mm und $ü_\parallel$ = 200 mm). Die Unterschreitung des Randabstandes $ü_\parallel$ wird durch die reichliche Wahl der den Lagerbereich umfassenden Rückhängebewehrung A_{sr} kompensiert. Wenn Zugkräfte in Richtung des geringen Randabstand $ü_\perp$ auftreten würden, könnte dies durch eine Schlaufe ∅ 12 in direktem zentrischem Kontakt mit dem Bolzen entgegen der Zugkraftrichtung kompensiert werden → in diesem Beispiel nicht erforderlich.

Randabstände vgl. 7.2

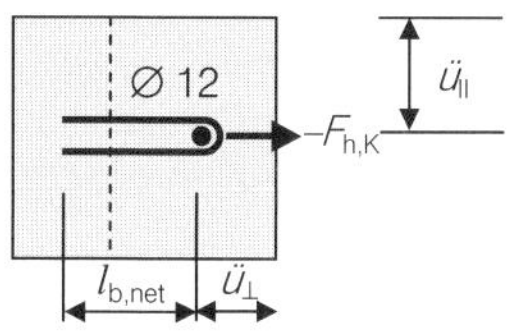

Tragfähigkeit des Scherbolzens

[49] *Bachmann/Steinle/Hahn*: Bauen mit Betonfertigteilen im Hochbau. BK 2009/1, 3.2.3
→ empfohlene Einbindelänge des Scherbolzens: 6d

Aufnehmbare Scherkraft $F_{R,B}$ des Bolzens ∅ 32, St 835/1030 [49]:

$F_{R,B}$ $= 1{,}25 \cdot f_{yd} \cdot W_B / (a + x_e)$

f_{yd} $= 835 / 1{,}15 = 726$ N/mm²
W_B $= \pi \cdot 32^3 / 32 = 3217$ mm³
a = 5 mm   Hebelarm = Dicke des Elastomerlagers
x_e ≈ 32 mm   rechnerische Bolzeneinspanntiefe

mit γ_s = 1,15

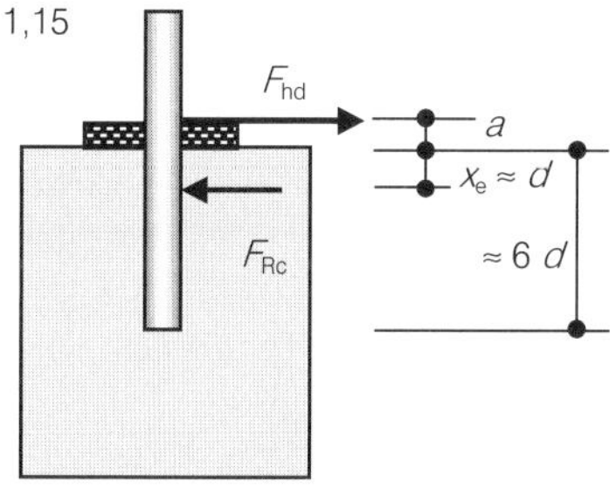

$F_{R,B}$ $= 1{,}25 \cdot 726 \cdot 3217 / (5 + 32) = 78.900$ N
= **78,9 kN**

Aufnehmbare Scherkraft F_{Rc} des Betons [49]

$$F_{Rc} = (0{,}9 \cdot f_{ck} / \gamma_c) \cdot d_B^{2,1} / (333 + 12{,}2 \cdot a)$$
$$= (0{,}9 \cdot 30 / 2{,}1) \cdot 32^{2,1} / (333 + 12{,}2 \cdot 5)$$
$$= \mathbf{47{,}6\ kN}$$

Der globale Sicherheitsbeiwert soll bei diesem Nachweis $\gamma = 3{,}0$ betragen (Empfehlung [49]). Der Sicherheitsbeiwert der Einwirkungen (1) für den Winddruckfall beträgt:
$\gamma_F = 34{,}9 / (20{,}6/1{,}5 + 13{,}1/1{,}35 + 1{,}23/1{,}5)$
$\gamma_F = 1{,}44$; mit $\gamma = \gamma_F \cdot \gamma_c$ ergibt sich hier für
$\gamma_c = 3{,}0 / 1{,}44 = 2{,}1$
mit a und d in (mm): F_{Rc} in (kN)

Nachweis

$$\max F_{h,K} = 34{,}9\ kN \quad < F_{Rc} = 47{,}6\ kN$$
$$< F_{R,B} = 78{,}9\ kN$$

[49] 3.2.3: Wird das Ausbrechen des Betons unter der Austrittstelle des Bolzens behindert, z. B. ... durch eine Lagerpressung, so wird die zulässige Belastung des Betons etwa verdoppelt. Voraussetzung: ausreichender Randabstand

Die Tragfähigkeit der Scherbolzenverbindung ist nachgewiesen.

7.6 Bewehrungswahl

Gewählt: Bügel Ø 10
Querzug- und Randzugkraft:
1 Ø 10, vierschnittig: A_s = **3,1 cm²** > 1,3 cm² = $A_{s,2} + A_{s,r}$
2 Ø 10, zweischnittig: A_s = **3,1 cm²** > 1,3 cm² = $A_{s,1}$
1 Ø 10, zweischnittig: A_s = **1,6 cm²** > 0,3 cm² = $A_{s,S2}$

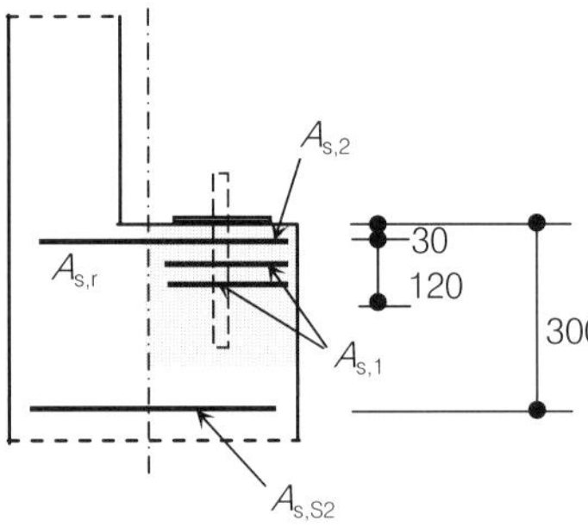

8 Bewehrungsführung, bauliche Durchbildung

8.1 Übergreifung der Längsstäbe

DIN 1045-1, 12.6.2

Grundmaß: $l_b = (d_s / 4) \cdot (f_{yd} / f_{bd})$

DIN 1045-1, 12.6.2: (2) Gl. (140)

Bemessungswert Verbundspannung: f_{bd} = 3,0 N/mm² für C30/37

Bemessungswert Stahlspannung : f_{yd} = 435 N/mm²

DIN 1045-1, 12.5: Tab. 25: $d_s < 32$ mm
DIN 1045-1, 12.4: (2) a) gute Verbundbedingungen für alle Stäbe mit einer Neigung von $\alpha = 90°$ zur Waagerechten während des Betonierens (hier: senkrecht betonierte Stütze).

$$l_b = (16 / 4) \cdot (435 / 3{,}0) = \mathbf{580\ mm}$$

Die Stäbe der Längsbewehrung Ø 16 werden im Bereich des Stützenfußes und der Fundamenteinspannung nach den Regeln für Zugstäbe durch Übergreifen gestoßen.

Die Übergreifungsstöße werden sowohl auf Druck als auch Zug beansprucht (Winddruck und Windsog). Die Übergreifungslänge für Stöße von Druckstäben ist kürzer als die für Zugstäbe, daher werden für die Stützen die Stoßlängen symmetrisch mit der Übergreifungslänge für Zugstäbe gewählt.

$l_{s,min} = 0{,}3 \cdot \alpha_a \cdot \alpha_1 \cdot l_b$ $\geq 15 d_s$ ≥ 200 mm	gerade Stabenden: $\alpha_a = 1{,}0$ $\alpha_1 = 2{,}0$ $l_{s,min} = 0{,}3 \cdot 2{,}0 \cdot 580$ = **348 mm** $> 15 \cdot 16$ = 240 mm > 200 mm	DIN 1045-1, 12.8.2: (1) DIN 1045-1, 12.6: Tab. 26: Verankerungsarten DIN 1045-1, Tab. 27: $\alpha_1 = 2{,}0$ Zugstoß α_1 für gestoßene Stäbe > 33 % in der Zugzone und $d_s \geq 16$ mm, Bild 57: $s < 10 d_s$
$l_{b,net} = \alpha_a \cdot l_b \cdot (A_{s,erf} / A_{s,vorh})$ $\geq l_{b,min} = 0{,}3 \cdot \alpha_a \cdot l_b$ $\geq 10 d_s$	$l_{b,net} = 1{,}0 \cdot 580 \cdot (14{,}8 / 16{,}1)$ = **533 mm** $> 0{,}3 \cdot 1{,}0 \cdot 580$ = 174 mm $> 10 \cdot 16$ = 160 mm	DIN 1045-1, 12.6.2: (3) Gl. (141) siehe 5.2.5.1: $A_{s,erf} / A_{s,vorh}$ $l_{b,min}$ für Zugstäbe
$l_s = l_{b,net} \cdot \alpha_1$ $\geq l_{s,min}$	$l_s = 533 \cdot 2{,}0$ = **1066 mm** > 348 mm	DIN 1045-1, 12.8.2: (1) Gl. (144), lichter Stababstand der gestoßenen Stäbe $\leq 4 d_s$
gewählt l_s	= **1,20 m** > erf l_s	

8.2 Querbewehrung

Als Querbewehrung der Stütze werden Bügel angeordnet.

Mindestdurchmesser

min $d_{s,quer} \geq 0{,}25 d_{s,l} \quad \geq 6$ mm

DIN 1045-1, 13.5.3: (1)

gewählt: $d_{s,quer}$ = **10 mm** $> 0{,}25 \cdot 16 = 4$ mm > 6 mm

DIN 1045-1, 13.5.3: (3)
Verankerung der Bügel gemäß
DIN 1045-1, 12.8: Bild 56 e), Hakenform a)

Bügelabstände

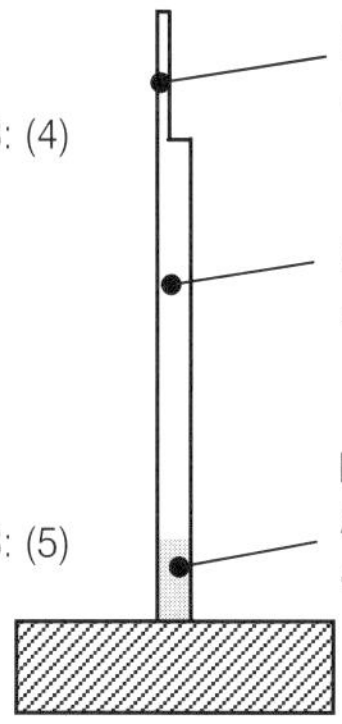

Bereich 1: max $s_{quer,1}$ $\leq 12 d_{s,l} = 12 \cdot 16 = 192$ mm
$\leq$ min b = 400 mm
$\leq$ 300 mm
gew $s_{quer,1}$ = **200 mm**

DIN 1045-1, 13.5.3: (4)

Bereich 2: (Übergreifungsstoß) max $s_{quer,2} = 0{,}6 \cdot \max s_{quer,1}$
$= 0{,}6 \cdot 200 = 120$ mm
gew $s_{quer,2}$ = **120 mm**

DIN 1045-1, 13.5.3: (5)

Bereich 3: (Stützenkopfverlängerung) konstruktiv: ∅ 8 mm
gew $s_{quer,3} = s_{max} = 0{,}7h = 0{,}7 \cdot 170$ ≈ **120 mm**

DIN 1045-1, 13.2.3: Tab. 31
maximaler Längsabstand von Bügeln (Balken)
mit $V_{Ed} < 0{,}30\, V_{Rd,max}$

damit vorh A_{sw} / s_w = 8,38 cm²/m

> Mindestquerkraftbewehrung Balken

Bemessung der auf Biegung beanspruchten Stützenkopfverlängerung analog zu Balken.
DIN 1045-1, 13.2.3: (4) Gl. (151)

= min $A_{sw} = \rho_w \cdot s_w \cdot b_w \cdot \sin \alpha$

min $\rho_w = 1{,}0\rho = 1{,}0 \cdot 0{,}093 = 0{,}093$ %

min $A_{sw} / s_w = 0{,}093 \cdot 40 = 3{,}72$ cm²/m

DIN 1045-1, 13.2.3: (5) allgemein
DIN 1045-1, 13.1: Tab. 29
$\rho = 0{,}093$ % für $f_{ck} = 30$ N/mm²
Bügel 90° mit $\sin \alpha = 1{,}0$

Überprüfung, ob Bügel im Stützenquerschnitt als Querbewehrung allein ausreichen:
Abstand der Längsbewehrung ∅ 16 ist mit ca. 110 mm kleiner als der 15-fache Bügeldurchmesser = 150 mm – es sind keine zusätzlichen Schlaufen erforderlich.

DIN 1045-1, 13.5.3: (7) ... Längsstäbe ..., deren Abstand vom Eckbereich den 15fachen Bügeldurchmesser überschreitet, sind durch zusätzliche Querbewehrung ... zu sichern...

Die 2 ∅ 12 sind konstruktiv gewählt (Biegung um z-Achse kann der unbewehrte Querschnitt aufnehmen), daher keine weitere Querbewehrung.

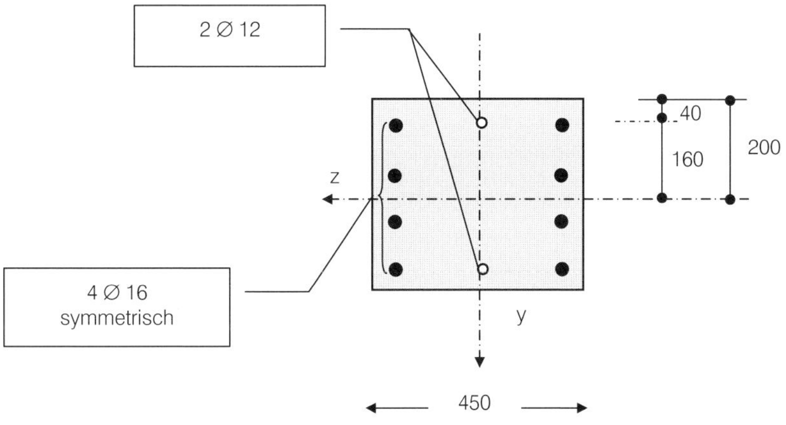

9 Darstellung der Bewehrung

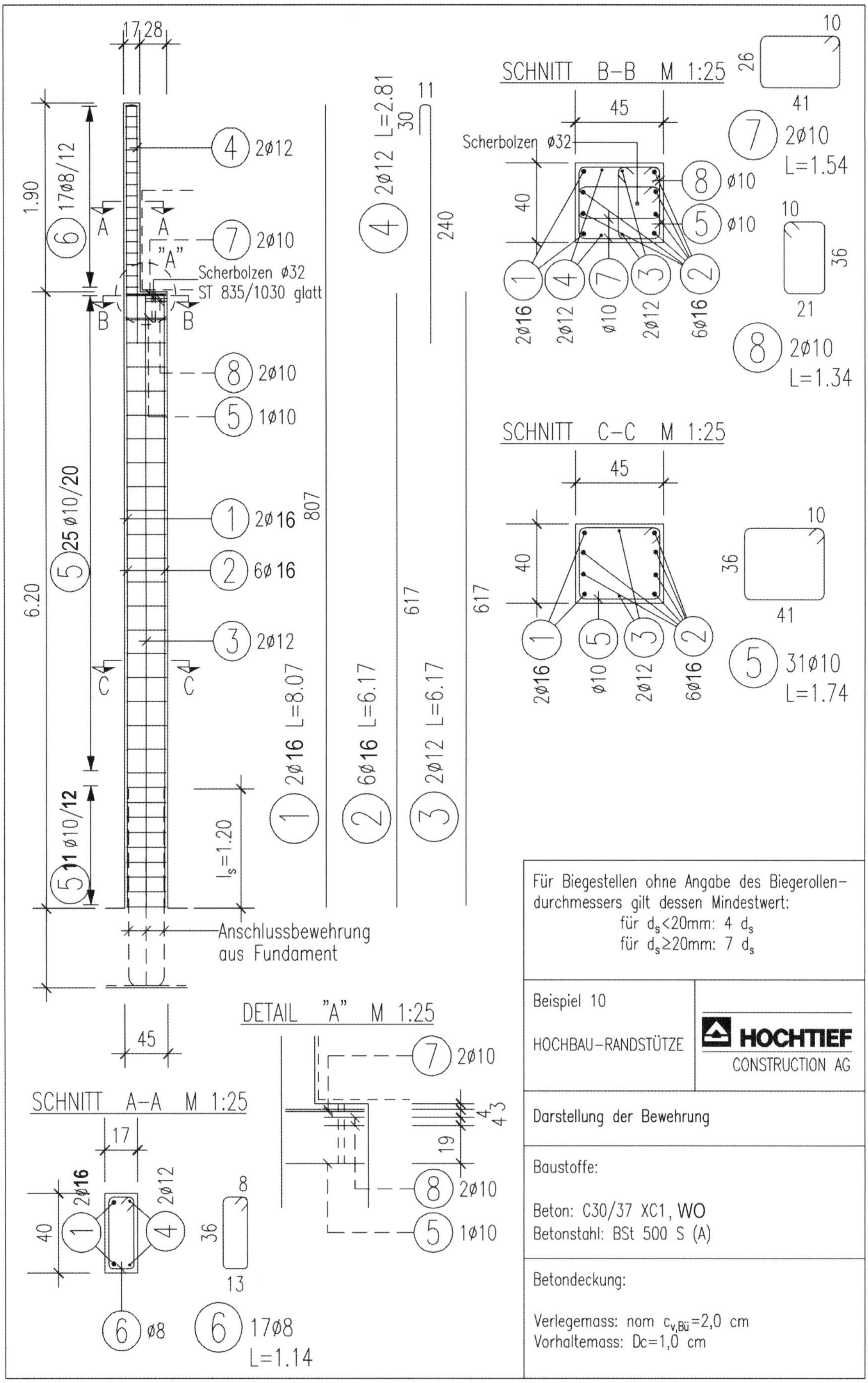

Beispiel 11: Blockfundament

Inhalt

Beispiel 11: Blockfundament

Aufgabenstellung

Zu bemessen ist ein quadratisches Blockfundament für Stahlbeton-Fertigteilstützen. Die Aussparung im Blockfundament wird mit rauer (verzahnter) Schalungsfläche hergestellt.

DIN 1045-1, 3.1.1: üblicher Hochbau

Aus der Stützenbemessung werden 2 Lastfälle abgeleitet:

(1) Randstütze: einachsige Biegung mit geringer Ausmitte.
(2) Innenstütze: planmäßig mittige Druckkraft.

Lastfall 1: im Montagezustand als Randstütze, in einer Achsrichtung verschieblich und in der anderen unverschieblich gehalten.
Lastfall 2: im Endzustand als Innenstütze

Vorwiegend ruhende Einwirkungen.

DIN 1045-1, 3.1.2 : vorwiegend ruhend

Nichtbindiger Baugrund, schwach betonangreifend, frostfrei.

aus dem Baugrundgutachten und nach DIN 4030-1 [19]

Baustoffe:

- Beton: C30/37 für das Fundament
- Beton: C40/50 für die Fertigteilstütze
- Betonstahl: BSt 500 S (A) (normalduktil)

DIN 1045-1, 9.1: Beton

DIN 1045-1, 9.2: Betonstahl (in DIN 488 mit B500A bezeichnet)

Der Nachweis der Tragfähigkeit in der Sohlfläche ist nicht Gegenstand des Beispiels, → siehe hierzu DIN 1054 [18], 7.3

1 System, Bauteilmaße, Betondeckung

1.1 System

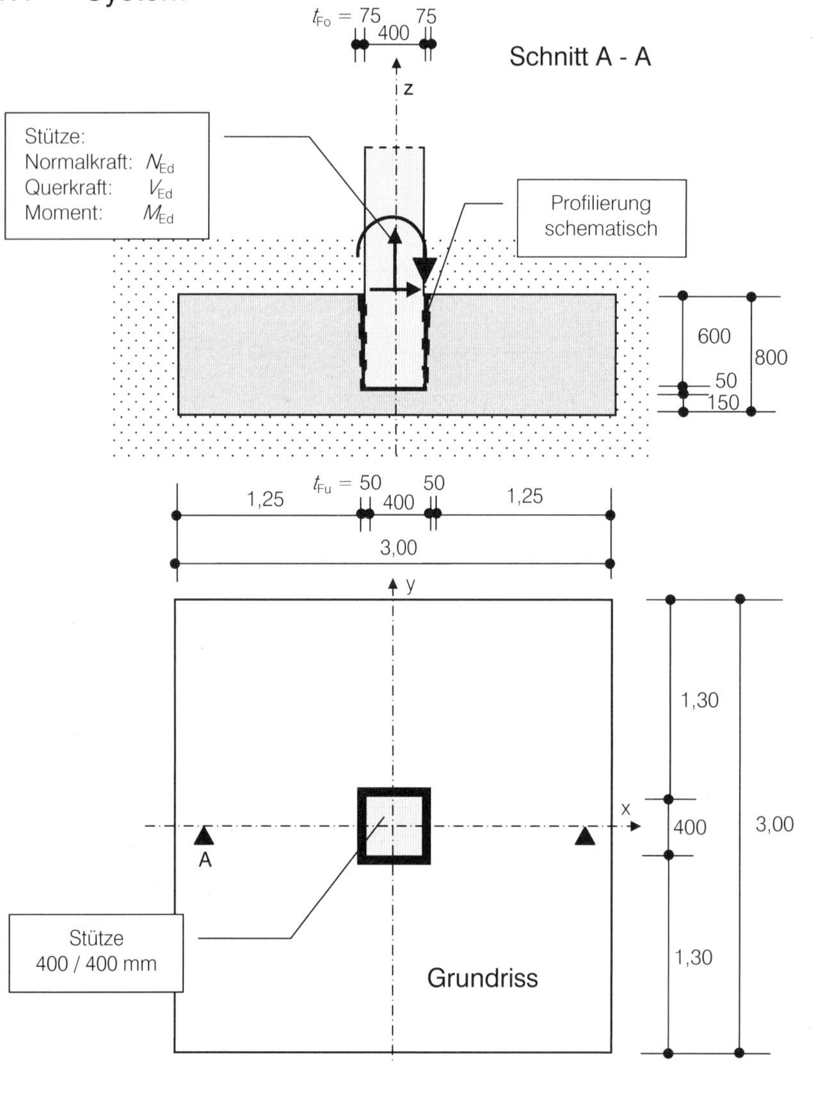

Der folgenden Berechnung liegt ein Bemessungsmodell zugrunde, bei dem Stützenfuß, Füllbeton und Fundament monolithisch zusammenwirken, d. h. bei dem die in Höhe der Fundamentoberkante wirkenden Beanspruchungen aus der Stütze (Moment und Längskraft) über vertikale Schubspannungen in das Fundament abgetragen werden.

Diese Lastabtragung kann sich jedoch nur unter den folgenden Voraussetzungen einstellen:

- Die Seitenflächen des Stützenfußes und die Innenflächen der Köcheraussparung werden mit einer gewellten oder gezahnten Schalung hergestellt, deren Profiltiefe mindestens 10 mm beträgt, siehe DIN 1045-1, 10.3.6, Bild 35 a) Verzahnung.
- Der Füllbeton weist die gleiche Betonfestigkeitsklasse wie das Fundament auf (i. Allg. geringer als die der Stütze). Dieser Beton muss gut verdichtet werden, (z. B. mit einem Schwertrüttler). Deshalb muss die Fuge zwischen Stützenfuß und Köcher für das jeweilige Rüttelgerät ausreichend breit sein. Andererseits sollte die Fugenbreite nicht größer sein als das Maß, das für den Toleranzausgleich zwischen Stütze und Fundament unbedingt erforderlich ist. Gewählt in der Köcheraussparung: kleinste Fugenbreite unten = 50 mm, größte Fugenbreite oben = 75 mm, Fugenbreite unter Stützenfuß = 50 mm.

[49] *Bachmann/Steinle/Hahn*: Bauen mit Betonfertigteilen im Hochbau. BK 2009/1, 2.6.4 Blockfundamente
Einbindetiefe $t \geq 1{,}5\ h_{col} = 1{,}5 \cdot 400 = 600$ mm

1.2 Mindestfestigkeitsklasse, Betondeckung

DIN 1045-1, 6: Sicherstellung der Dauerhaftigkeit

Expositionsklasse für Bewehrungskorrosion
infolge Karbonatisierung: → XC2
Mindestfestigkeitsklasse Beton → C16/20

DIN 1045-1, Tab. 3: Expositionsklassen
XC2 nass, selten trocken (Gründungsbauteile)

Expositionsklasse / Feuchtigkeitsklasse für Betonangriff
infolge schwach betonangreifenden Bodens: → XA1
Feuchtigkeitsklasse: → WF
Mindestfestigkeitsklasse Beton → C25/30

DIN 1045-1, Tab. 3: Expositionsklassen
XA1 chemisch schwach angreifende Umgebung
WF – Betonkorrosion infolge Alkali-Kieselsäurereaktion (feuchte Umgebung im Boden)

Gewählt: C30/37 XC2, XA1, WF

Die Expositionsklassen unterschiedlicher Kategorien (hier Karbonatisierung XC, chemischer Angriff XA und AKR W) sind anzugeben (wichtig für die Betontechnologie DIN 1045-2).

Betondeckung
wegen Expositionsklasse XC2:

→ Mindestbetondeckung c_{min} = 20 mm
+ Vorhaltemaß Δc = 15 mm
= Nennmaß der Betondeckung c_{nom} = 35 mm

DIN 1045-1, Tab. 4: Mindestbetondeckung c_{min} und Vorhaltemaß Δc in Abhängigkeit von der Expositionsklasse.

Zur Sicherstellung des Verbundes: $c_{min} \geq$ Stabdurchmesser $\geq$ 20 mm

Hinweis:
DIN 1045-1, 6.3: (10) *Für ein bewehrtes Bauteil, ...das unmittelbar auf dem Baugrund hergestellt wird, sollte das Vorhaltemaß mindestens um* 50 mm *erhöht werden.*
In diesem Beispiel wird das Vorhaltemaß nicht erhöht, da eine Sauberkeitsschicht C8/10 vorgesehen ist.

Daraus ergibt sich als Verlegemaß für die außenliegende Bewehrung:
Bügel Ø 12: $c_{v,Bü}$ = **35 mm**

DIN 1045-1, 6.3: (4) und (11)

2 Einwirkungen

2.1 Charakteristische Werte

Lastfall 1: Randstütze mit geringer Ausmitte
Lastfall 2: Innenstütze planmäßig mittiger Druck

Bezeichnung der Einwirkungen		charakteristischer Wert Lastfall 1	Lastfall 2
Ständig:			
Schnittkräfte der Stütze an OK Fundament:	$N_{Ek,G}$ =	−460 kN	−1350 kN
	$V_{Ek,G}$ =	±40 kN	0
	$M_{Ek,G}$ =	±84 kNm	±20,3 kNm
Fundament (Eigenlast): Stützenfuß, Platte 25,0 · (3,0 · 3,0 · 0,80)	$G_{k,1}$ =	180 kN	180 kN
Veränderlich:			
Schnittkräfte der Stütze an OK Fundament:	$N_{Ek,Q}$ =	−518 kN	−1500 kN
	$V_{Ek,Q}$ =	±44 kN	0
	$M_{Ek,Q}$ =	±95 kNm	±22,5 kNm

Die Schnittkräfte werden aus der Stützenbemessung für Biegung um die y-Achse übernommen (nicht in diesem Beispiel).
Annahme: Das Biegemoment beinhaltet bereits den Anteil aus Theorie II. Ordnung und aus den Imperfektionen (LF 2: Annahme $e_1 = e_a$ = 15 mm nach DIN 1045-1, 8.6.4).

DIN 1055-1, Tab. 1:
Wichte Stahlbeton mit 25 kN/m³
Die Fundamenteigenlast wird für die Nachweise der Baugrundstandsicherheit benötigt (nicht in diesem Beispiel).

Im Lastfall 2 ist die Stütze oben und unten unverschieblich gehalten, sie ist aber als schlanke Stütze nach Theorie II. Ordnung nachzuweisen. Am Fundament ist in diesem Fall nur die Ausmitte aus Imperfektion zu berücksichtigen, die Zusatzausmitte e_2 aus Theorie II. Ordnung wirkt in halber Stützenhöhe, siehe auch DIN 1045-1, 8.6.5: Bild 12

2.2 Bemessungswerte in den Grenzzuständen der Tragfähigkeit

Teilsicherheitsbeiwerte in den Grenzzuständen der Tragfähigkeit:

Einwirkungen	günstig	ungünstig
• ständige	$\gamma_G = 1{,}0$	$\gamma_G = 1{,}35$
• veränderliche	$\gamma_Q = 0$	$\gamma_Q = 1{,}50$

DIN 1045-1, Tab. 1: Teilsicherheitsbeiwerte für die Einwirkungen auf Tragwerke

<u>Schnittkräfte Lastfall 1</u>

		LF 1.1 *G* ungünstig *Q* ungünstig	LF 1.2 (*G* günstig) (*Q* ungünstig)
Längskräfte der Stütze:			
$N_{Ed,G}$	$= 1{,}35 \cdot 460$	$= -621$ kN	$(= -460$ kN$)$
$N_{Ed,Q}$	$= 1{,}50 \cdot 518$	$= -777$ kN	$(= -777$ kN$)$
ΣN_{Ed}		**= –1398 kN**	**(= –1237 kN)**
Querkräfte der Stütze:			
$V_{Ed,G}$	$= 1{,}35 \cdot 40$	$= \pm 54$ kN	$(= \pm 40$ kN$)$
$V_{Ed,Q}$	$= 1{,}50 \cdot 44$	$= \pm 66$ kN	$(= \pm 66$ kN$)$
ΣV_{Ed}		**= ±120 kN**	**(= ±106 kN)**
Momente der Stütze:			
$M_{Ed,G}$	$= 1{,}35 \cdot 84$	$= \pm 113{,}4$ kNm	$(= \pm 84{,}0$ kNm$)$
$M_{Ed,Q}$	$= 1{,}50 \cdot 95$	$= \pm 142{,}5$ kNm	$(= \pm 142{,}5$ kNm$)$
ΣM_{Ed}		**= ±256 kNm**	**(= ±227 kNm)**

Die Kombination aus günstigen Einwirkungen aus Eigenlasten *G* mit den ungünstigen Einwirkungen aus Wind *Q* kann zu extremalen Beanspruchungen des Fundamentes führen.

<u>Schnittkräfte Lastfall 2</u> *G* und *Q* ungünstig:

Längskräfte der Stütze:

$N_{Ed,G} = 1{,}35 \cdot 1350 = -1823$ kN

$N_{Ed,Q} = 1{,}50 \cdot 1500 = -2250$ kN

ΣN_{Ed} **= –4073 kN**

Momente der Stütze:

$M_{Ed,G} = 1{,}35 \cdot 20{,}3 = \pm 27{,}4$ kNm

$M_{Ed,Q} = 1{,}50 \cdot 22{,}5 = \pm 33{,}7$ kNm

ΣM_{Ed} **= ±61 kNm**

Fundament:

$\Sigma G_d = 1{,}35 \cdot 180 = 243$ kN $(= 180$ kN$)$

2.3 Repräsentative Werte in den Grenzzuständen der Gebrauchstauglichkeit

Kombinationsbeiwert: $\psi_{2,i} = 0{,}5$

Grundlagen der Tragwerksplanung: DIN 1055-100, Tab. A.2: sonstige Einwirkungen

quasi-ständige Einwirkungskombination im Lastfall 2:

$E_{perm} = G_k + \psi_{2,1} \cdot Q_{k,1}$

$= N_{Ek,G} + \psi_{2,1} \cdot N_{Ed,Q} = -1350 - 0{,}5 \cdot 1500$ **= –2100 kN**

$= M_{Ek,G} + \psi_{2,1} \cdot M_{Ed,Q} = 20{,}3 + 0{,}5 \cdot 22{,}5$ **= 31,5 kNm**

DIN 1055-100, 10.3: Bemessungssituationen für Begrenzung der Rissbreite

3 Schnittgrößenermittlung

3.1 Grenzzustände der Tragfähigkeit

Schnittgrößen des Blockfundamentes in der Fundamentsohle:

mit: $A_F = 3{,}0^2 = 9{,}00\ m^2$
$W_F = 3{,}0 \cdot 3{,}0^2 / 6 = 4{,}50\ m^3$
$I_F = 3{,}0 \cdot 3{,}0^3 / 12 = 6{,}75\ m^4$
$a_x = a_y = 1{,}30\ m$

Für die Biegebemessung der Fundamentplatte wird die Eigenlast des Fundamentes vernachlässigt, da der Sohldruck und die Eigenlast der Platte ohne Durchbiegung im Gleichgewicht sind. Für die Nachweise des aufnehmbaren Sohldrucks nach DIN 1054 [18] (nicht in diesem Beispiel) ist die Platteneigenlast zu berücksichtigen.

Die Biegemomente für die Bemessung werden am Stützenanschnitt ermittelt.

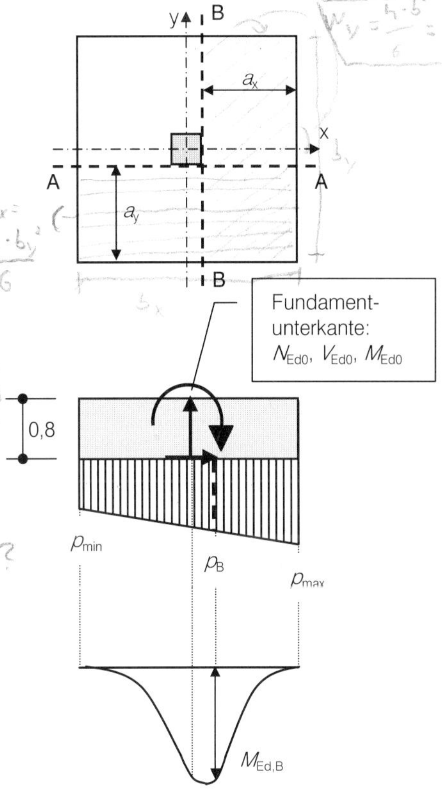

		Lastfall 1		Lastfall 2
		1.1	1.2	
N_{Ed0}	(kN)	–1398	–1237	–4073
$V_{Ed0} = V_{Ed}$	(kN)	120	106	0
M_{Ed}	(kNm)	256	227	61
$M_{Ed0} = M_{Ed} + V_{Ed} \cdot 0{,}8\ m$	(kNm)	352	312	61
$p_{min} = (N_{Ed0} / A_F) - (M_{Ed0} / W_F)$	(kN/m²)	77,1	68,2	439
$p_{max} = (N_{Ed0} / A_F) + (M_{Ed0} / W_F)$	(kN/m²)	234	207	466
$p_B = (N_{Ed0} / A_F) + (M_{Ed0} / I_F) \cdot 0{,}5\ h_{col}$	(kN/m²)	166	147	454
$p_A = p_m = (N_{Ed0} / A_F)$	(kN/m²)	155	137	453
$M_{Ed,B} = a_x^2\ (2\ p_{max} + p_B) \cdot b_F / 6$	(kNm)	535	473	**1172**
$M_{Ed,A} = a_y^2 \cdot p_m \cdot b_F / 2$	(kNm)	394	348	**1147**

Maßgebend für die Biegebemessung in beiden Achsrichtungen: Lastfall 2!

3.2 Grenzzustände der Gebrauchstauglichkeit

Das Bemessungsmoment für die quasi-ständige Einwirkungskombination wird analog 3.1 mit

Wird für Nachweise der Rissbreitenbegrenzung benötigt.

$N_{Ed0} = -2100$ kN und $M_{Ed0} = 31{,}5$ kNm ermittelt.

$p_{min} = 226\ kN/m^2$
$p_{max} = 240\ kN/m^2$
$p_B = 234\ kN/m^2$

$M_{Ed,B,perm}$ = **604 kNm**

4 Bemessung in den Grenzzuständen der Tragfähigkeit

4.1 Bemessungswerte der Baustoffe

Teilsicherheitsbeiwerte in Grenzzuständen der Tragfähigkeit:

- Beton < C55/67 $\gamma_c = 1{,}50$
- Betonstahl BSt 500 $\gamma_s = 1{,}15$

DIN 1045-1, 5.3.3: Tab. 2: Teilsicherheitsbeiwerte für die Bestimmung des Tragwiderstands
Hier: ständige und vorübergehende Bemessungssituation (Normalfall)

Beton C30/37: $f_{ck} = 30$ N/mm²
$f_{cd} = 0{,}85 \cdot 30 / 1{,}50$ **= 17,0 N/mm²**

DIN 1045-1, Tab. 9: Festigkeits- und Formänderungskennwerte von Normalbeton
DIN 1045-1, 9.1.6: (2) Abminderung mit $\alpha = 0{,}85$ berücksichtigt Langzeitwirkung

Betonstahl BSt 500 S (A): $f_{yk} = 500$ N/mm²
$f_{yd} = 500 / 1{,}15$ **= 435 N/mm²**

DIN 1045-1, Tab. 11:
Eigenschaften der Betonstähle

4.2 Bemessung für Biegung

4.2.1 Längsbewehrung in x- und y-Richtung

$c_{v,l}$ siehe 1.2 = 35 mm
Annahme: Bügel Ø ≤ 12 mm
Stab Ø ≤ 12 mm

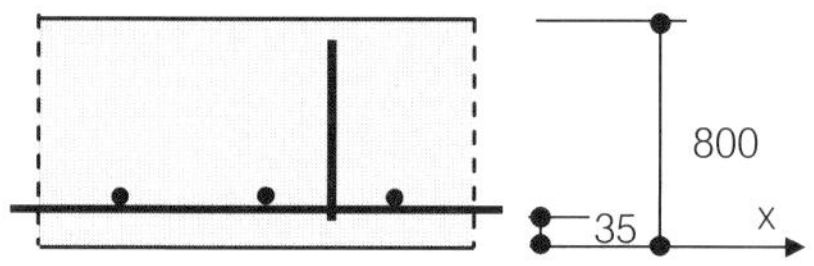

Nutzhöhen:

$d_x = h - c_v - d_{s,Bü} - 0{,}5 \cdot d_{s,l}$
$= 800 - 35 - 12 - 0{,}5 \cdot 12$ **= 747 mm**

$d_y = d_x - d_{s,l} = 747 - 12$ **= 735 mm**

Bemessungsquerschnitte:

$b / h / d_x = b / h / d_y$ **= 3,00 / 0,80 / 0,74 m**

Vereinfacht in beiden Achsrichtungen als Mittelwert gleich angesetzt.

Die Bemessung der Biegezugbewehrung wird für das Gesamtmoment max $M_{Ed,B}$ des Lastfalles 2 unter Zugrundelegung der Fundamentbreite b durchgeführt (Berechtigung dieser Annahme siehe auch [23]).
Die Verteilung der Bewehrung in y-Richtung wird entsprechend dem tatsächlichen Momentenverlauf nach dem theoretischen Streifenmodell in [22] vorgenommen.

[23] *Dieterle*: Zur Bemessung quadratischer Stützenfundamente aus Stahlbeton unter zentrischer Belastung mit Hilfe von Bemessungsdiagrammen. DAfStb–Heft 387
[22] DAfStb–Heft 240: Hilfsmittel zur Berechnung der Schnittgrößen und Formänderungen von Stahlbetontragwerken. 3. Auflage, 1991, Tafel 2.9, S. 36

Bemessung mit dimensionslosen Beiwerten:

C30/37, Moment siehe 3.1

$\mu_{Eds} = M_{Eds} / (b \cdot d^2 \cdot f_{cd}) = 1{,}172 / (3{,}0 \cdot 0{,}74^2 \cdot 17{,}0) = 0{,}042$

Anhang A4: Werte für $\mu_{Eds} = 0{,}042$ interpoliert:
$\omega = 0{,}0431$ und $\sigma_{sd} = 456{,}5$ N/mm²

Anhang A4:
Bemessungstabelle bis C50/60
Rechteckquerschnitt ohne Druckbewehrung
Biegung mit Längskraft
Bezogene Werte:
ω – mechanischer Bewehrungsgrad

erf $A_s = \omega \cdot b \cdot d \cdot f_{cd} / \sigma_{sd} = 0{,}0431 \cdot 300 \cdot 74 \cdot 17{,}0 / 456{,}5$ **= 35,6 cm²**

Verteilung der Biegezugbewehrung [22]:

$c / b = h_{col} / b = 0{,}40 / 3{,}0 = 0{,}13 \approx 0{,}1$

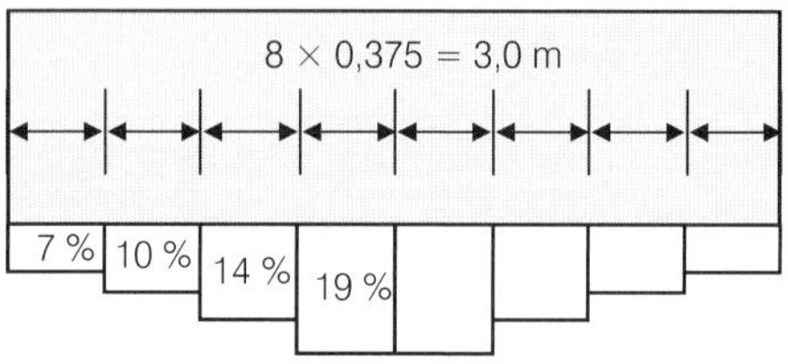

[22] DAfStb–Heft 240: Hilfsmittel zur Berechnung der Schnittgrößen und Formänderungen von Stahlbetontragwerken. 3. Auflage, 1991, Tafel 2.9, S. 36

erforderlich in cm²: $\Sigma A_s = 35{,}6\ \text{cm}^2$

2,49	3,56	4,98	6,76	6,76	4,98	3,56	2,49

Gewählte Längsbewehrung x- und y-Richtung:
BSt 500 S (A): $\Sigma A_s = \mathbf{36{,}2\ cm^2}$

3 ∅12	3 ∅12	4 ∅12	6 ∅12	6 ∅12	4 ∅12	3 ∅12	3 ∅12
3,39	3,39	4,52	6,79	6,79	4,52	3,39	3,39

minimaler Stababstand in den Mittelstreifen:
min $s = (375 - 6 \cdot 12) / 6 = 50$ mm

4.2.2 Mindestbewehrung zur Sicherstellung eines duktilen Bauteilverhaltens

Im Sicherheitskonzept von DIN 1045-1 ist eine Vorankündigung des Bauteilversagens durch duktile Verformungen vorgesehen. Dieses Prinzip nach Abschnitt 5.3.2 (1) kann im Rahmen der Anwendungsregel nach Abschnitt 5.3.2 (2) durch eine Mindestbewehrung (Robustheitsbewehrung) nach Abschnitt 13.1.1 erfüllt werden, die das Rissmoment des Querschnitts aufnehmen kann.
Im Gegensatz zu freitragenden Bauteilen wie Balken und Platten verhalten sich massige Gründungsbauteile aus Stahlbeton bei der Rissentstehung wesentlich gutmütiger, da ein duktiles Bauteilverhalten durch Umlagerung des Sohldrucks sichergestellt werden kann. Diese Umlagerungen ermöglichen i. d. R. neue Gleichgewichtszustände bei zunehmenden Verformungen, so dass ein Sprödbruch nicht zu erwarten ist. Deshalb darf dann auf die Robustheitsbewehrung verzichtet werden.
Aus konstruktiven Gründen wird bei massigen Stahlbetonbauteilen eine kreuzweise Bewehrung von mindestens 0,06 % der Betonquerschnittsfläche, maximal 25 cm²/m, empfohlen
→ min $A_s = 0{,}0006 \cdot 300 \cdot 80 = 14{,}4\ \text{cm}^2 <$ vorh A_s.

DIN 1045-1, 13.1.1: (6)
Bei Gründungsbauteilen … aus Stahlbeton darf auf die Mindestbewehrung nach Absatz (1) verzichtet werden, wenn das duktile Bauteilverhalten durch Umlagerung des Sohldrucks … sichergestellt werden kann. Dies ist in der Regel bei Gründungsbauteilen zu erwarten. Dabei müssen die Schnittgrößen für äußere Lasten nach Abschnitt 8.2 *ermittelt sowie die Grenzzustände der Tragfähigkeit nach Abschnitt* 10 *und der Gebrauchstauglichkeit nach Abschnitt* 11 *nachgewiesen werden.*

Voraussetzung ist, dass zur Beurteilung ausreichender Baugrundeigenschaften ein Baugrundgutachten vorliegt.
Mit relevantem Wasserdruck belastete Bauteile sind von dieser Regelung ausgeschlossen, da sie diese Umlagerung nicht zulassen.

[61] DAfStb-Rili Massige Bauteile, Erläuterungen 3.2.3: Bei Bauteilen mit Anforderungen an eine Wasserundurchlässigkeit sollte diese konstruktive Mindestbewehrung von 0,06 % auf 0,10 % angehoben werden.
→ hier $b / h = 3{,}0\ \text{m} / 0{,}8\ \text{m}$

4.2.3 Mindestbewehrung zur Sicherstellung der Querkrafttragfähigkeit

Zur Sicherstellung der Querkrafttragfähigkeit sind Platten im Bereich von Stützen für Mindestmomente m_{Ed} zu bemessen, sofern die Schnittgrößenermittlung nicht zu höheren Werten führt.

DIN 1045-1, 10.5.6: Mindestmomente

$m_{Ed} = \eta \cdot V_{Ed}$

DIN 1045-1, 10.5.6: Gl. (115); wegen Doppelsymmetrie in x- und y-Richtung gleich.

$\eta = 0{,}125$ für Innenstütze, Zug auf der A_{load} gegenüberliegenden Plattenseite = Fundamentunterseite

DIN 1045-1, 10.5.6: Tab. 14

$m_{Ed} = 0{,}125 \cdot 4073 = 509\ \text{kNm/m}$

LF 2: $N_{Ed} = V_{Ed} = 4073$ kN, siehe 2.2

auf Verteilungsbreite: $b_m = 0{,}3\, l = 0{,}3 \cdot 3{,}0 = 0{,}90$ m

DIN 1045-1, 10.5.6: Tab. 14
$l_x = l_y = 3{,}0$ m – Fundamentabmessungen

min $M_{Ed} = 509 \cdot 0{,}90 = \mathbf{458\ kNm}$

Bemessung mit dimensionslosen Beiwerten:

$\mu_{Eds} = M_{Eds} / (b \cdot d^2 \cdot f_{cd}) = 0{,}458 / (0{,}9 \cdot 0{,}74^2 \cdot 17{,}0) = 0{,}055$

Anhang A4: für $\mu_{Eds} = 0{,}055$ interpoliert: $\omega = 0{,}057$ und $\sigma_{sd} = 456{,}5$ N/mm²

min $A_s = \omega \cdot b \cdot d \cdot f_{cd} / \sigma_{sd}$
$= 0{,}057 \cdot 90 \cdot 74 \cdot 17{,}0 / 456{,}5 =$ **14,1 cm²**
$<$ vorh $A_s = 14 \cdot 1{,}13 = 15{,}8$ cm²
mindestens 14 ∅ 12 auf 0,90 m Fundamentbreite im Stützenbereich.

Anhang A4:
Bemessungstabelle bis C50/60
Rechteckquerschnitt ohne Druckbewehrung
Biegung mit Längskraft
Bezogene Werte:
ω – mechanischer Bewehrungsgrad

Die Biegebewehrung auf 0,90 m Fundamentbreite (entsprechend den Abstufungsstreifen nach 4.2.1 ca. 14 ∅12) deckt die Mindestbewehrung auf der erforderlichen Verteilungsbreite ab.

4.3 Bemessung für Querkraft

4.3.1 Endzustand

Die Bemessungsregeln der DIN 1045-1 für Durchstanzen gelten auch für Fundamente.

Kritischer Rundschnitt:
Fundamentrandabstand von der Stütze:
$a_R = 1{,}30 \text{ m} < 2{,}0d = 2{,}0 \cdot 0{,}74 = 1{,}48$ m
→ gedrungenes Fundament,
der kritische Rundschnitt wird im Abstand von 1,0 d geführt.

Voraussetzung für die Annahme des kritischen Rundschnitts: monolithische Tragwirkung über die verzahnte Verbindung Stützenfuß – Köcheraussparung.

DIN 1045-1, 10.5: Durchstanzen
DIN 1045-1, 10.5.1: (1)
$d_{x,y}$ siehe 4.2

DIN 1045-1, 10.5.2: (14)
Bei Fundamenten und Bodenplatten ist es auch zulässig, den kritischen Nachweisschnitt im Abstand von 1,0*d vom Stützenanschnitt zu führen. Die Bemessungswerte des Durchstanzwiderstandes nach* 10.5.3 *dürfen in diesem Rundschnitt entsprechend angepasst werden.*

im Abstand:	$a_{crit,red}$	$= 1{,}0d$	$= 0{,}74$ m
Umfang:	$u_{crit,red}$	$= 4 \cdot 0{,}40 + 2 \cdot \pi \cdot 0{,}74$	$= 6{,}25$ m
Fläche:	$A_{crit,red}$	$= 0{,}40^2 + 4 \cdot 0{,}40 \cdot 0{,}74 + \pi \cdot 0{,}74^2$	$= 3{,}06$ m²
im Abstand:	$a_{crit;1,5d}$	$= 1{,}5d$	$= 1{,}11$ m
Umfang:	$u_{crit;1,5d}$	$= 4 \cdot 0{,}40 + 2 \cdot \pi \cdot 1{,}11$	$= 8{,}57$ m

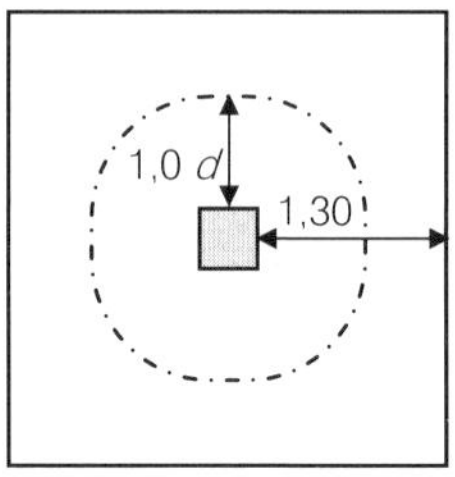

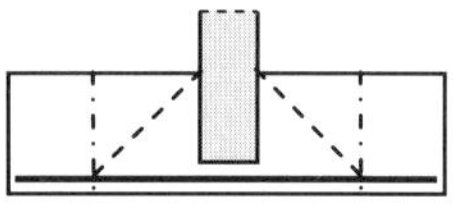

Aufzunehmende Querkraft:

Lastfall 1 (Randstütze)

$V_{Ed} = 1398$ kN $(= -N_{Ed})$

günstige Wirkung Sohldruck:

$V_{Ed,red} = V_{Ed} - p_m \cdot A_{crit,red}$

$p_m = 155$ kN/m²

$V_{Ed,red} = 1398 - 155 \cdot 3{,}06$
$= 924$ kN

$v_{Ed} = \beta \cdot V_{Ed,red} / u_{crit,red}$ $\beta = 1{,}4$
$= 1{,}4 \cdot 0{,}924 / 6{,}25$
$=$ **0,207 MN/m**

Lastfall 2 (Innenstütze)

$V_{Ed} = 4073$ kN $(= -N_{Ed})$

$V_{Ed,red} = V_{Ed} - p_m \cdot A_{crit,red}$

$p_m = 453$ kN/m²

$V_{Ed,red} = 4073 - 453 \cdot 3{,}06$
$= 2687$ kN

$v_{Ed} = \beta \cdot V_{Ed,red} / u_{crit,red}$ $\beta = 1{,}05$
$= 1{,}05 \cdot 2{,}687 / 6{,}25$
$=$ **0,451 MN/m**

siehe 3.1

DIN 1045-1, 10.5.3: (4) Bei Fundamentplatten darf die Querkraft V_{Ed} um die günstige Wirkung des Sohldrucks auf 100 % der Fläche unter dem reduzierten Nachweisschnitt bei 1,0d nach 10.5.2 (14) abgemindert werden.

DIN 1045-1, 10.5.3: Gl. (100)
Bild 44: $\beta = 1{,}4$ für Randstütze
$\beta = 1{,}05$ für Innenstütze
(Berücksichtigung nichtrotationssymmetrischer Querkraftverteilung im Rundschnitt)

Querkrafttragfähigkeit ohne Durchstanzbewehrung

im Rundschnitt $1{,}5d$

DIN 1045-1, 10.5.4: Gl. (105)

$$v_{Rd,ct} = [(0{,}21 / \gamma_c) \cdot \eta_1 \cdot \kappa (100 \cdot \rho_l \cdot f_{ck})^{1/3} - 0{,}12 \cdot \sigma_{cd}] \cdot d$$

DIN 1045-1, 10.5.4: Gl. (106)

$$\text{mit } \kappa = 1 + (200 / d)^{1/2} \leq 2{,}0$$
$$= 1 + (200 / 740)^{1/2} = 1{,}52 < 2{,}0$$

Bewehrungsgrad ρ_l im Rundschnitt $1{,}5d$:

Im Rundschnitt $1{,}5d$ liegen damit in beiden Richtungen mindestens 28 ∅ 12 mit jeweils 31,64 cm² Bewehrung auf 2,62 m (siehe 4.2), die außerhalb des betrachteten, kritischen Rundschnitts im Abstand von $1{,}0d$ verankert sind (siehe 5.3).

$$b_{crit} = h_{col} + 3{,}0\, d = 0{,}40 + 3 \cdot 0{,}74 = 2{,}62 \text{ m}$$
$$\rho_{lx} = \rho_{ly} = 31{,}64 / (262 \cdot 74) = 0{,}0016$$
$$\rho_l = (0{,}0016 \cdot 0{,}0016)^{1/2} = 0{,}0016$$
$$\leq 0{,}02$$
$$\leq 0{,}50 f_{cd} / f_{yd} = 0{,}5 \cdot 17{,}0 / 435 = 0{,}02$$

$\eta_1 = 1{,}0$ - Normalbeton
Betonnormalspannung: $\sigma_{cd} = 0$ ($N_{Ed} = 0$)

$$v_{Rd,ct} = [(0{,}21 / 1{,}5) \cdot 1{,}0 \cdot 1{,}52\, (100 \cdot 0{,}0016 \cdot 30)^{1/3}] \cdot 0{,}74$$
$$= \mathbf{0{,}266 \text{ MN/m}}$$

Querkrafttragfähigkeit ohne Durchstanzbewehrung im Rundschnitt $1{,}0d$

DIN 1045-1, 10.5.4: (2)
Wird bei Fundamenten … die Nachweisschnittlänge nach 10.5.2 (14) *reduziert, darf der Durchstanzwiderstand ohne Durchstanzbewehrung nach* Gleichung (105) *im Nachweisschnitt* $1{,}0d$ *mit einem Faktor k erhöht werden:* $v_{Rd,ct,r=1,0d} = k \cdot v_{Rd,ct,r=1,5d}$.
Der Faktor k entspricht dabei dem Verhältnis der Nachweisschnittumfänge:
$k = (u_{crit,r=1,5d} / u_{crit,r=1,0d}) \geq 1{,}2$.

$$v_{Rd,ct;1,0d} = (u_{crit;1,5d} / u_{crit;1,0d}) \cdot v_{Rd,ct;1,5d}$$
$$= (8{,}57 / 6{,}25) \cdot 0{,}266$$
$$= \mathbf{0{,}365 \text{ MN/m}}$$
$$> v_{Ed} = 0{,}207 \text{ MN/m (Lastfall 1: Randstütze)}$$
$$< v_{Ed} = 0{,}451 \text{ MN/m (Lastfall 2: Innenstütze)}$$

Durchstanzbewehrung ist für den Lastfall 2 erforderlich!

Alternative: Längsbewehrung erhöhen z. B. von 28 ∅ 12 auf 21 ∅ 20 mit
$\rho_{lx} = \rho_{ly} = 65{,}9 / (262 \cdot 74) = 0{,}0034$
(Verringerung von d hier nicht beachtet):
$v_{Rd,ct;1,0d} = 0{,}468$ MN/m $> 0{,}451$ MN/m
In diesem Fall wäre die Durchstanzbewehrung entbehrlich!

Fundamente mit Durchstanzbewehrung

Tragfähigkeit der Betondruckstreben

DIN 1045-1, 10.5.5: (6)

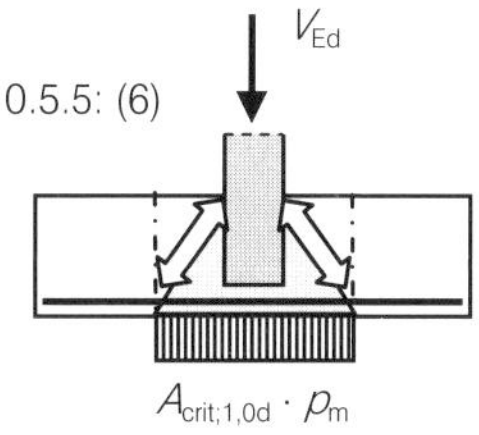

$$v_{Rd,max;1,0d} = 1{,}5\, v_{Rd,ct;1,0d}$$
$$= 1{,}5 \cdot 0{,}365 = \mathbf{0{,}548 \text{ MN/m}}$$
$$> v_{Ed} = 0{,}451 \text{ MN/m (LF 2)}$$

v_{Ed} kann mit Durchstanzbewehrung aufgenommen werden!

Gewählte Bügelbewehrung 90°:

Der Empfehlung, den 1. Bemessungsschnitt im Abstand $0{,}3d$ anzunehmen, wird hier aus konstruktiven Gründen (vorhandene vertikale Stehbügel eng an der Stützenhülse, siehe Abschn. 7 – Pos. 2) nicht gefolgt.

Bemessungsschnitt 1

(erste Bewehrungsreihe im Abstand $0{,}5d = 0{,}74 / 2 = 0{,}37$ m):

DIN 1045-1, 10.5.5: Bild 45

DIN 1045-1, 10.5.5: Gl. (108)
Es darf $v_{Rd,c} = v_{Rd,ct}$ angenommen werden.
$v_{Rd,ct}$ nach DIN 1045-1, Gl. (105)

$$v_{Rd,sy} = v_{Rd,c} + \kappa_s \cdot A_{sw} \cdot f_{yd} / u$$

DIN 1045-1, 10.5.5: Gl. (110)

$$\text{mit } \kappa_s = 0{,}7 + 0{,}3\, (d - 400) / 400 \quad (\geq 0{,}7 \text{ und } \leq 1{,}0)$$
$$\kappa_s = 0{,}7 + 0{,}3\, (740 - 400) / 400 = 0{,}955$$

Umfang des Bemessungsschnittes 1

$$u_1 = 2\, (2 \cdot 0{,}40 + \pi \cdot 0{,}5 \cdot 0{,}74) = 3{,}92 \text{ m}$$

$$v_{Ed,1} = 2{,}687 \cdot 1{,}05 / 3{,}92 = 0{,}720 \text{ MN/m}$$

DIN 1045-1, 10.5.5: Gl. (108) umgestellt

$$\text{erf } A_{sw,1} = (v_{Ed,1} - v_{Rd,ct}) \cdot u_1 / (\kappa_s \cdot f_{yd})$$
$$= (0{,}720 - 0{,}266) \cdot 3{,}92 \cdot 10^4 / (0{,}955 \cdot 435)$$
$$= \mathbf{42{,}8 \text{ cm}^2}$$

$\max d_{sw} \leq 0{,}05d = 0{,}05 \cdot 740 = 37$ mm → gewählt wird max Ø 12

max d_{sw} der Durchstanzbewehrung (Bügel): DIN 1045-1, 13.3.3: Gl. (154)

Maximaler Abstand der Bügelschenkel im Rundschnitt = $1{,}5d$
Mindestanzahl der Bügelschenkel im Schnittumfang u_1:
$\min n = 3{,}92 / (1{,}5 \cdot 0{,}74) = 4$ Bügelschenkel

DIN 1045-1, 13.3.3: (5) und Bild 72 a)
Gewählt: 40 Bügelschenkel

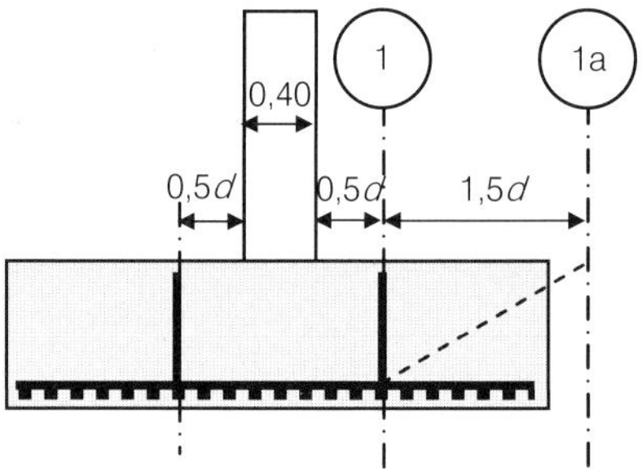

Durchstanzbewehrung Fundament Bewehrungsreihe 1
Gewählt:
20 Bügel mit 40 Stäben Ø 12 (gleichmäßig im Schnitt verteilt)
= **45,2 cm²** > 42,8 cm² = erf $A_{sw,1}$

Mindestdurchstanzbewehrung Rundschnitt 1

$\min A_{sw,1} = \min \rho_w \cdot s_w \cdot u_1$
$\min \rho_w = 0{,}6\rho = 0{,}6 \cdot 0{,}00093 = 0{,}00056$
$\min A_{sw,1} = 0{,}00056 \cdot 1{,}0 \cdot 74 \cdot 392 =$ **16,2 cm²** < vorh $A_{sw,1}$

DIN 1045-1,
10.5.5: nach Gl. (114) mit sin $\alpha = 1$ (Bügel)
13.3.3: (2) für min ρ_w und
13.1.2: Tab. 29 für C30/37 $\rho = 0{,}00093$
10.5.5: nach Gl. (109)
im 1. Schnitt Bügel: $s_w = 1{,}0d$

Der zugehörige äußere Rundschnitt im Abstand $1{,}5d$ von Schnitt 1 liegt außerhalb der Fundamentfläche ($a = 2{,}0d = 1{,}48$ m > 1,30 m = Randabstand).
Deshalb braucht keine weitere Bewehrungsreihe bemessen zu werden.

Konstruktiv ist aber eine zweite Bewehrungsreihe mit Mindestbewehrung anzuordnen. Mittig zwischen erster Bewehrungsreihe und Fundamentrand wird im Abstand von $a_2 = 0{,}37 + (1{,}30 - 0{,}37) / 2 = 0{,}83$ m ($\approx 1{,}13d$) die zweite Bewehrungsreihe angeordnet. Diese hat dann eine wirksame Breite von $s_w = 0{,}83 - 0{,}37 = 0{,}46$ m $< 0{,}75d = 0{,}56$ m
Eine Anordnung dichter am freien Fundamentrand ist wenig sinnvoll, da die vom Rand zu übertragende Querkraft durch flachere Druckstreben eingetragen wird.

DIN 1045-1, 13.3.3: (7) Ist bei Bügeln als Durchstanzbewehrung rechnerisch nur eine Bewehrungsreihe erforderlich, so ist stets eine zweite Reihe mit der Mindestbewehrung nach Gleichung (114) vorzusehen...
siehe Bild 45

$u_2 = 2\,(2 \cdot 0{,}40 + \pi \cdot 0{,}83) \qquad = 6{,}81$ m

Umfang der Bewehrungsreihe 2
im Abstand von 0,83 m

Mindestdurchstanzbewehrung Rundschnitt 2

DIN 1045-1, 10.5.5: Gl. (114)

$\min A_{sw,2} = 0{,}00056 \cdot 46 \cdot 681 =$ **17,5 cm²**

Maximaler Abstand der Bügelschenkel im Rundschnitt 2
Mindestanzahl der Bügelschenkel im Schnittumfang u_2:
$\min n = 6{,}81 / (1{,}5 \cdot 0{,}74) = 6$ Bügelschenkel

DIN 1045-1, 13.3.3: (5) und Bild 72 a)
Gewählt: 16 Bügelschenkel

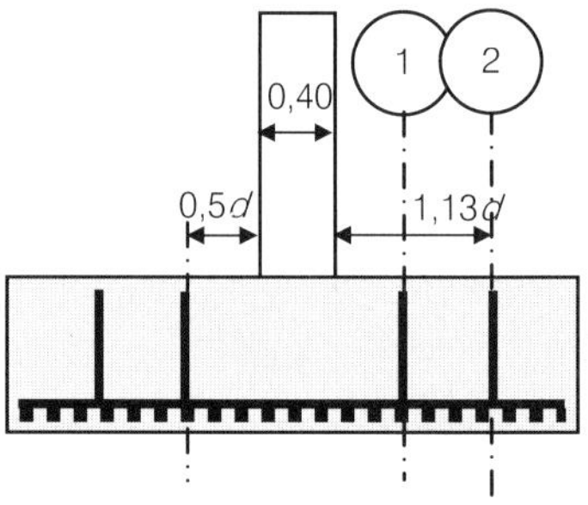

Durchstanzbewehrung Fundament Bewehrungsreihe 2
Gewählt:
8 Bügel mit 16 Stäben Ø 12 (gleichmäßig im Schnitt verteilt)
= **18,1 cm²** > 17,5 cm² = min $A_{sw,2}$

Tragmodell mit Druckstreben:

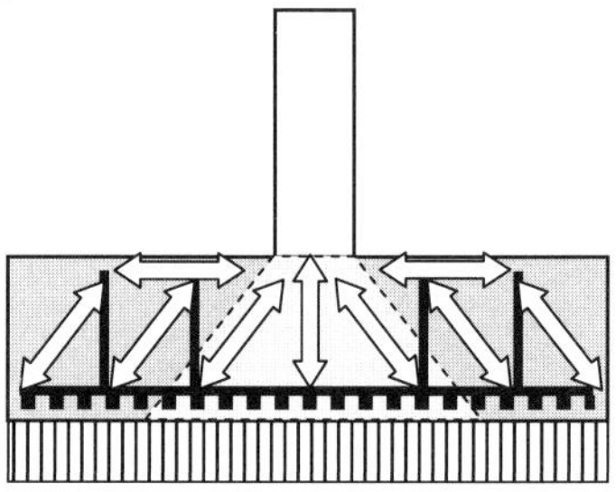

Bewehrungsvorschlag:

Bügel Ø 12

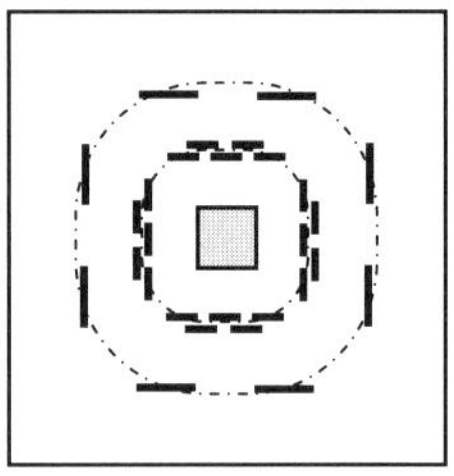

4.3.2 Bauzustand

Als Bauzustand wird die Situation des Einstellens der Fertigteilstütze auf den 150 mm dicken Montageboden des Blockfundamentes bis zur Erhärtung des Vergussbetons untersucht.

DIN 1045-1, 10.5: Durchstanzen
DIN 1045-1, 10.5.1: (1)
min $d_{x,y}$ = 150 – 35 – 1,5 · 12 = 100 mm

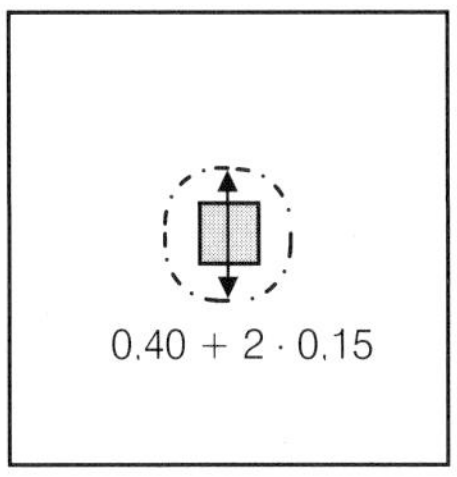

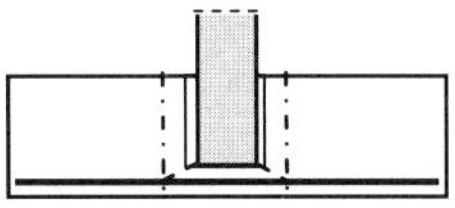

Kritischer Rundschnitt:

Abstand: $a_{crit} = 1{,}5d = 1{,}5 \cdot 0{,}10 = 0{,}15$ m
Umfang: $u_{crit} = 4 \cdot 0{,}40 + 2 \cdot \pi \cdot 0{,}15 = 2{,}54$ m
Fläche: $A_{crit} = 0{,}40^2 + 4 \cdot 0{,}40 \cdot 0{,}15 + \pi \cdot 0{,}15^2 = 0{,}47$ m²

Aufzunehmende Querkraft:

Eigenlast Stütze $l_{col} = 6$ m:
$N_{Ek,G} = 0{,}40^2 \cdot 6{,}0 \cdot 25{,}0 = 24$ kN
$N_{Ed,G} = 24 \cdot 1{,}35 = 32{,}4$ kN $= V_{Ed}$ (mit $\gamma_G = 1{,}35$)

Voraussetzung für $A_{load} = 0{,}40^2$ m²: regelmäßige Unterstützung des Stützenfußes, z. B. steifer Beton als Montagemörtel unter dem Stützenfuß oder Montageplatte

$v_{Ed} = \beta \cdot V_{Ed} / u$ $\beta = 1{,}05$

$v_{Ed} = 1{,}05 \cdot 0{,}0324 / 2{,}54 = 0{,}013$ MN/m $=$ **13 kN/m**

DIN 1045-1, 10.5.3: Gl. (100) und Bild 44
Lasteintragung bei Montage der Stütze analog Innenstütze.

Querkrafttragfähigkeit ohne Durchstanzbewehrung

$v_{Rd,ct} = [(0{,}21 / \gamma_c) \cdot \eta_1 \cdot \kappa (100 \cdot \rho_l \cdot f_{ck})^{1/3} - 0{,}12\sigma_{cd}] \cdot d$

DIN 1045-1, 10.5.4: Gl. (105)

mit $\kappa = 1 + (200 / d)^{1/2} \leq 2{,}0$
$= 1 + (200 / 100)^{1/2} > 2{,}0 \quad = 2{,}0$

DIN 1045-1, 10.5.4: Gl. (106)

Bewehrungsgrad im kritischen Rundschnitt ρ_l:

$b_{crit} = h_{col} + 3{,}0\, d = 0{,}40 + 3 \cdot 0{,}10 = 0{,}70$ m

Im kritischen Rundschnitt liegen damit in beiden Richtungen mindestens 10 Ø 12 mit jeweils 11,3 cm² Bewehrung auf 0,70 m Breite (siehe 4.2).

$\rho_{lx} = \rho_{ly} = 11{,}3 / (70 \cdot 10) = 0{,}016$
$\rho_l = (0{,}016 \cdot 0{,}016)^{1/2} = 0{,}016$
$\leq 0{,}02$
$\leq 0{,}50 f_{cd} / f_{yd} = 0{,}5 \cdot 17{,}0 / 435 = 0{,}02$

$v_{Rd,ct} = [(0{,}21 / 1{,}5) \cdot 1{,}0 \cdot 2{,}0\, (100 \cdot 0{,}016 \cdot 30)^{1/3}] \cdot 0{,}10$
$= 0{,}102$ MN/m
$=$ **102 kN/m**
> 13 kN/m $= v_{Ed}$

Betonnormalspannung: $\sigma_{cd} = 0$ ($N_{Ed} = 0$)
$\eta_1 = 1{,}0$ – Normalbeton

Für den Bauzustand ist keine Durchstanzbewehrung erforderlich!

4.4 Kraftübertragung von der Stütze auf das Blockfundament

4.4.1 Übersicht

Die durch die äußeren Einwirkungen im Stützenfuß hervorgerufenen inneren Kräfte müssen über Druckfelder und Zugstreben auf das Blockfundament übertragen werden. Dabei stellen sich in den beiden Lastfällen 1 und 2 unterschiedliche Lastpfade ein.

Bemessungswerte siehe 2.2, LF 1.1

a) Modell Lastfall 1: geringe Ausmitte

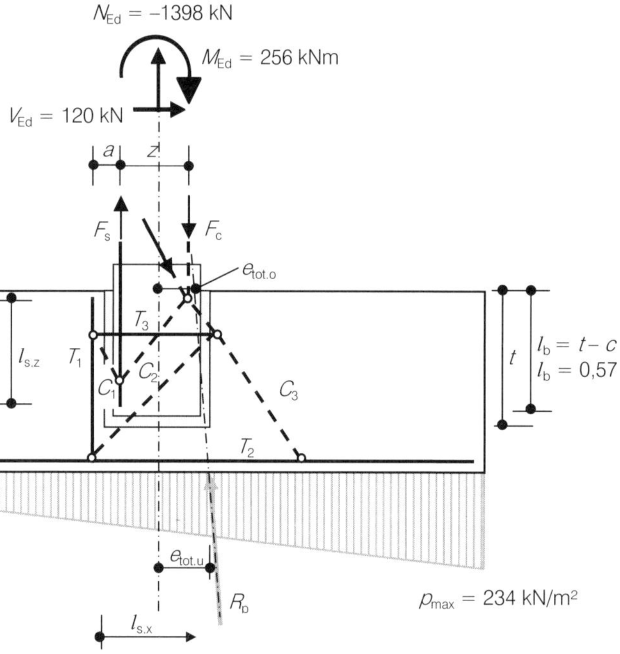

Stabwerkmodellierung siehe [65] DAfStb-Heft 399: *Eligehausen/Gerster*. Das Bewehren von Stahlbetonbauteilen, S. 63

Wenn die Fugen rau sind, dann ist die Stützenzugkraft F_s mit der Vertikalzugkraft T_1 im Fundament mittels einer schrägen Druckstrebe C_1 wie bei einem Übergreifungsstoß gestoßen. Die Zugkraft T_1 und die Betondruckkraft C_3 wird in Richtung des Sohldrucks weitergeleitet. Die horizontalen Zugkräfte des sich ausbildenden Sprengwerks werden über die Biegezugbewehrung T_2 aufgenommen. Im Bereich des Übergreifungsstoßes ist eine horizontale Bewehrung für T_3 im Bereich der Köcheraussparung erforderlich.

Geringe Ausmitte der Resultierenden R_p (Sohldruck ohne Fundamenteigenlast):
OK Fundament: $e_{tot,o}$ = 256 / 1398 = 0,18 m
UK Fundament: $e_{tot,u}$ = 352 / 1398 = 0,25 m
Momente und p siehe 3.1

Für dieses Modell Lastfall 1 sind folgende Nachweise zu führen:

- Aufnahme der Zugkraft T_1 im Blockfundament (lotrechte Bügel $A_{s,z}$)
- Aufnahme der Zugkraft T_3 im Fundament (horizontale Bügel $A_{s,x}$)
- Verankerung der Zugstäbe in der Stütze für die Zugkraft F_s (Verankerungslänge l_b)
- Übergreifen der lotrechten Bügel mit der vertikalen Biegezugbewehrung im Stützenfuß (Übergreifungslänge $l_{s,z}$)
- Übergreifen der lotrechten Bügel mit der horizontalen Biegezugbewehrung der Platte (Übergreifungslänge $l_{s,x}$)

b) Modell Lastfall 2: planmäßig mittige Druckkraft

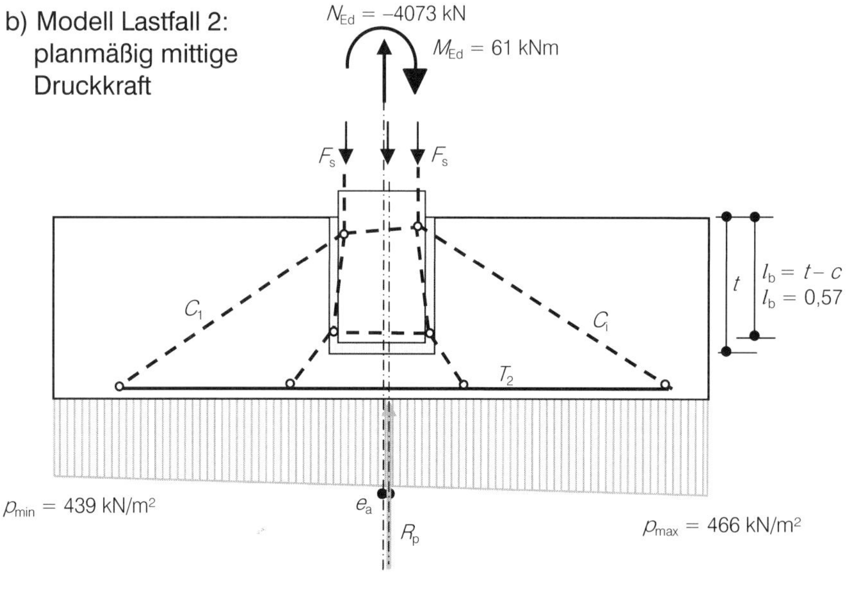

Stabwerkmodellierung siehe [65] DAfStb-Heft 399: *Eligehausen/Gerster*. Das Bewehren von Stahlbetonbauteilen, S. 63

Wenn die Fugen rau sind, dann wird die (quasi-mittige) Stützendruckkraft N_{Ed} im Fundament mittels schräger Druckstreben C_1 bis C_i in Richtung des Sohldrucks weitergeleitet. Die horizontalen Zugkräfte des sich ausbildenden Sprengwerks werden über die Biegezugbewehrung T_2 aufgenommen.

Ausmitte der Resultierenden R_p = Imperfektion e_a (Sohldruck ohne Fundamenteigenlast):
Moment und p siehe 3.1

Die Druckfelder C_1 bis C_i bilden sich über die verzahnte Vergussfuge aus. Die gedrückten Stäbe der Stützenlängsbewehrung sind nach den Regeln für Druckstäbe zu verankern.

c) Längsbewehrung in der Fertigteilstütze

Die Übertragung der im Stützenfuß wirkenden Kräfte in das Blockfundament und den Baugrund wird mit Stabwerkmodellen beschrieben. Für die erforderlichen Nachweise ist die Kenntnis der Stützenkräfte, insbesondere in der Stützenlängsbewehrung, erforderlich.

Nachfolgend sind die Bemessungsschnittgrößen aus einer Stützenbemessung nach Theorie II. Ordnung für beide Lastfälle zusammengestellt.

Bemessung dieser Stütze nicht in diesem Beispiel. Mit den Bemessungsschnittgrößen N_{Ed} und M_{Ed} ergeben sich tatsächlich querschnittsbezogen geringere Bewehrungsmengen in der Stütze (für das Beispiel Blockfundament hier Beispielwerte). Prinzip Nachweisgang Stützenbemessung siehe Beispiele 9 und 10.

Lastfall	Bemessungsschnittgrößen N_{Ed} (kN)	M_{Ed} (kNm)	erf $A_{s,1}$ = erf $A_{s,2}$ (cm²)
1	−1398	256	7,36
2	−4073	61	17,66

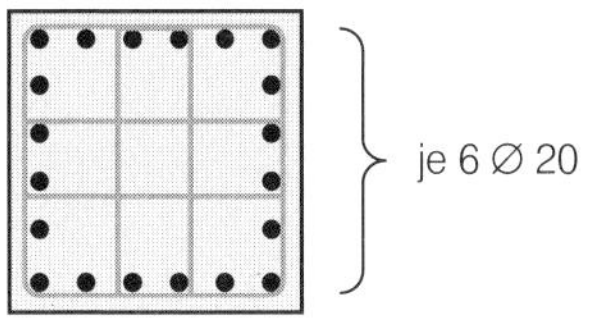

Gewählt wurden je Seite 6 Ø 20 = $A_{s,1} = A_{s,2}$ = 18,85 cm².
Für die Stütze als Druckglied mit zweiachsiger Ausmitte sind die Nachweise in beiden Achsrichtungen getrennt geführt worden. Die Bewehrung wird doppeltsymmetrisch angeordnet (Last- und Querschnittssymmetrie).

DIN 1045-1, 8.6.6: Druckglieder mit zweiachsiger Ausmitte

4.4.2 Bemessung der Bügel des Blockfundamentes

Zur Abschätzung von T_1 wird eine Gleichgewichtsbetrachtung im Schnitt durch den Punkt P der resultierenden Betondruckkräfte (Stütze) gewählt.

Das Stabwerkmodell in 4.4.1 a) zur Übertragung der Zugkraft F_s der Stützenlängsbewehrung auf die Stehbügel T_1 des Blockfundamentes zeigt, dass diese Zugkraft mit den Vertikalkomponenten der Druckstreben C_1 und C_2 im Gleichgewicht steht. Die Neigung der Druckstreben und damit die Aufteilung der Kraftkomponenten ist zunächst unbestimmt und könnte über Grenzwertbetrachtungen weiter untersucht werden. Üblicherweise ist die Annahme von 45°-Winkeln ausreichend.

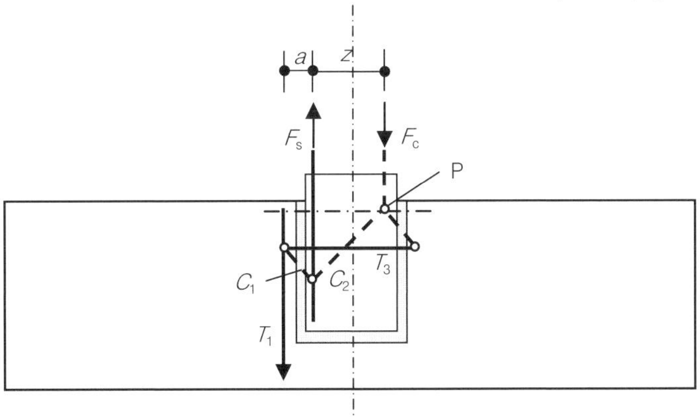

Versatz Bewehrung: $a = d_1 + t_F + c_{nom} + d_s / 2$
$= 50 + 75 + 35 + 12 / 2 \qquad = 170$ mm

Annahme für die Stütze:
$d_1 = c_{nom} + d_{s,Bü} + d_{s,l} / 2 = 30 + 10 + 20 / 2$
Fugendicke: max t_F = 75 mm, siehe 1.1

Innerer Hebelarm z: $z \approx 0{,}9d = 0{,}9\,(h - d_1) \qquad \geq z_s = h - 2\,d_1$
$z = 0{,}9\,(400 - 50) \qquad > 400 - 2 \cdot 50$
$= 315$ mm $\qquad > 300$ mm

z_s = Abstand der symmetrischen Bewehrung
Der größere innere Hebelarm sollte gewählt werden.

Stützenzugkraft: F_s = erf $A_{s,F} \cdot f_{yd} = 7{,}36 \cdot 10^{-4} \cdot 435 = 0{,}320$ MN

Gleichgewicht: $T_1 = F_s \cdot z / (a + z)$
$= 0{,}320 \cdot 315 / (170 + 315)$
$= 0{,}208$ MN

Bewehrung Stehbügel: erf $A_{s,z} = T_1 / f_{yd}$
$= 10^4 \cdot 0{,}208 / 435 \qquad = \mathbf{4{,}78\ cm^2}$

Bewehrung Horizontalbügel (Querbewehrung Übergreifungsstoß):
$T_3 = T_1 = 0{,}208$ MN (Druckstrebe 45 °)
erf $A_{s,x} = \mathbf{4{,}78\ cm^2}$

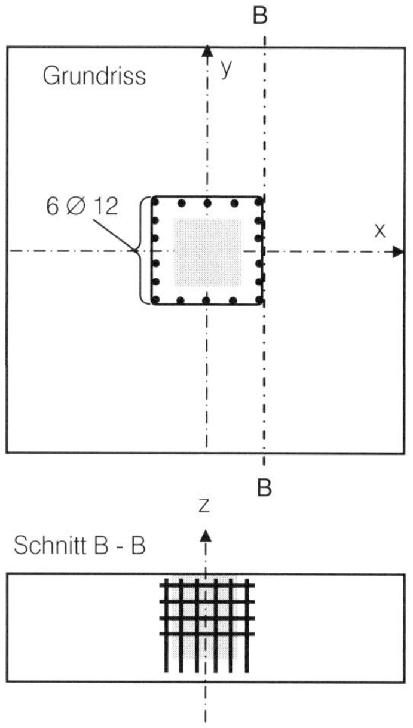

Zweischnittige horizontale Bügel im Hinblick auf die Verankerung, gleichmäßig über die Einbindetiefe verteilt ([65] DAfStb-Heft 399).

Gewählt: BSt 500 S (A)

Vertikal:
parallel y-Achse: **einschnittige Stehbügel 6 Ø 12** $= 6{,}79\ cm^2$
$> 4{,}78\ cm^2$

parallel x-Achse: einschnittige Stehbügel 3 Ø 12 konstruktiv

Horizontal:
zweischnittige Umfassungsbügel 4 Ø 10 $= 6{,}28\ cm^2$
$> 4{,}78\ cm^2$

5 Bewehrungsführung, bauliche Durchbildung

5.1 Verankerung der Stützenlängsbewehrung

Grundmaß der Verankerungslänge $l_b = (d_s / 4) \cdot (f_{yd} / f_{bd})$

DIN 1045-1, 12.6.2: (2) Gl. (140)

Bemessungswert Verbundspannung:
liegend gefertigte Stütze: $h = 400$ mm
gute Verbundbedingungen: $f_{bd} = 3{,}7$ N/mm² für C40/50

DIN 1045-1, 12.4: (2) c) gute Verbundbedingungen für liegend gefertigte Stützen mit Außenrüttler verdichtet und $h \leq 500$ mm.
DIN 1045-1, 12.5: Tab. 25: $d_s < 32$ mm

Erhöhung der Verbundspannung, da nach Verguss der Köcheraussparung die Betondeckung um die Stützenlängsbewehrung mit deutlich mehr als 200 mm = $10d_s$ gesichert ist, so dass im Zusammenwirken mit der horizontalen Umbügelung von einer allseitigen Querdehnungsbehinderung ausgegangen werden kann.

[65] DAfStb-Heft 399 und
DIN 1045-1, 12.5: (5) *Die Werte nach Tab. 25 dürfen...erhöht werden...a) Ist ein Querdruck p rechtwinklig zur Bewehrungsebene vorhanden...*
oder b) Falls eine allseitige, durch Bewehrung gesicherte Betondeckung von mindestens $10d_s$ *vorhanden ist, beträgt die zulässige Erhöhung* 50 %....*Ausnahme:* $s < 10d_s$

$$f_{bd,eff} = 3{,}7 \cdot 1{,}50 = 5{,}55\ \text{N/mm}^2$$

Da im Köcher ein Querdruck rechtwinklig zur Bewehrungsebene durch Anpressen des Stützenfußes entsteht sowie das Spalten und Abplatzen der Betondeckung infolge der Spaltzugkräfte bei engeren Stababständen im Köcher unmöglich ist, ist in diesem Fall die 50 % Erhöhung der Verbundspannungen auch bei $s < 10d_s$ gerechtfertigt.
Hintergründe siehe auch [67] DAfStb-Heft 300

Bemessungswert der Stahlspannung: $f_{yd} = 435$ N/mm²

$$l_b = (20 / 4) \cdot (435 / 5{,}55) = \mathbf{391\ mm}$$

a) Verankerung Biegezugbewehrung Lastfall 1

siehe 5.2 b)

Die Stützenlängsstäbe werden mit den lotrechten Stehbügeln im Blockfundament durch Übergreifen auf Zug gestoßen.
Für diesen Nachweis ist zunächst die erforderliche Verankerungslänge für die Stäbe Ø 20 zu ermitteln.

Mit dieser Verankerung wird die Stützenzugkraft zunächst am Stützenfuß in den Beton eingeleitet.

	gerade Stabenden: $\alpha_a = 1{,}0$
$l_{b,min} = 0{,}3\ \alpha_a\ l_b$	$l_{b,min} = 0{,}3 \cdot 1{,}0 \cdot 391 = 117$ mm
$\geq 10d_s$	$< 10 \cdot 2{,}0 = \mathbf{200\ mm}$
$l_{b,net} = \alpha_a \cdot l_b \cdot (A_{s,erf} / A_{s,vorh})$	$l_{b,net} = 1{,}0 \cdot 391 \cdot (7{,}36 / 18{,}85) = 153$ mm
$\geq l_{b,min}$	$< \mathbf{200\ mm} = l_{b,min}$

DIN 1045-1, 12.6: Tab. 26: Verankerungsarten gerade Stabenden

DIN 1045-1, 12.6.2: (3) $l_{b,min}$, Zugstäbe

DIN 1045-1, 12.6.2: (3) Gl. (141)
Bewehrung: siehe 4.4.1 c)

b) Verankerung Druckbewehrung Lastfall 2

$l_{b,min} = 0{,}6 l_b \geq 10 d_s$	$l_{b,min} = 0{,}6 \cdot 391 = \mathbf{235\ mm}$ $> 10 \cdot 20 = 200$ mm	DIN 1045-1, 12.6.2: (3) $l_{b,min}$, Druckstäbe
$l_{b,net} = \alpha_a \cdot l_b \cdot (A_{s,erf} / A_{s,vorh})$ $\geq l_{b,min}$	gerade Stabenden: $\alpha_a = 1{,}0$ $l_{b,net} = 1{,}0 \cdot 391\ (17{,}66 / 18{,}85) = \mathbf{366\ mm}$ > 235 mm $= l_{b,min}$	DIN 1045-1, 12.6: Tab. 26: Verankerungsarten gerade Stabenden DIN 1045-1, 12.6.2: (3) Gl. (141) Bewehrung: siehe 4.4.1 c)

vorh $l_b = t - c_{nom} = 600 - 30 = \mathbf{570\ mm} > l_{b,net} = 366$ mm (Druck)

Annahme $c_{nom} = 30$ mm aus Stützenbemessung
t = Einbindetiefe des Stützenfußes

5.2 Verankerung der lotrechten Stehbügel

Grundmaß der Verankerungslänge $l_b = (d_s / 4) \cdot (f_{yd} / f_{bd})$

DIN 1045-1, 12.6.2: (2) Gl. (140)

Bemessungswert Verbundspannung:
gute Verbundbedingungen: $f_{bd} = 3{,}0$ N/mm² für C30/37

DIN 1045-1, 12.4: (2) a) gute Verbundbedingungen für lotrechte Stäbe.
DIN 1045-1, 12.5: Tab. 25: $d_s < 32$ mm

Erhöhung der Verbundspannung:
$f_{bd,eff} = 3{,}0 \cdot 1{,}50 = 4{,}5$ N/mm²

siehe 5.1
DIN 1045-1, 12.5: (5) *Die Werte nach Tab. 25 dürfen...erhöht werden...b) Falls eine allseitige, durch Bewehrung gesicherte Betondeckung von mindestens* 10 d_s *vorhanden ist, beträgt die zulässige Erhöhung* 50 %....

Bemessungswert Stahlspannung: $f_{yd} = 435$ N/mm²

$l_b = (12 / 4) \cdot (435 / 4{,}5) = \mathbf{290\ mm}$

für Ø 12

a) erforderliche Verankerungslänge der Stehbügel Ø 12

$l_{b,min} = 0{,}3\ \alpha_a\ l_b \geq 10\ d_s$	gerade Stabenden: $\alpha_a = 1{,}0$ $l_{b,min} = 0{,}3 \cdot 1{,}0 \cdot 290 = 87$ mm $< 10 \cdot 12 = \mathbf{120\ mm}$	DIN 1045-1, 12.6: Tab. 26: Verankerungsarten gerade Stabenden DIN 1045-1, 12.6.2: (3) $l_{b,min}$ Zugstäbe
$l_{b,net} = \alpha_a \cdot l_b \cdot (A_{s,erf} / A_{s,vorh})$ $\geq l_{b,min}$	$l_{b,net} = 1{,}0 \cdot 290 \cdot (4{,}78 / 6{,}79) = \mathbf{204\ mm}$ > 120 mm $= l_{b,min}$	DIN 1045-1, 12.6.2: (3) Gl. (141) Bewehrung: siehe 4.4.2

b) Übergreifung der lotrechten Stehbügelschenkel Ø 12 mit der Biegezugbewehrung im Stützenfuß Ø 20

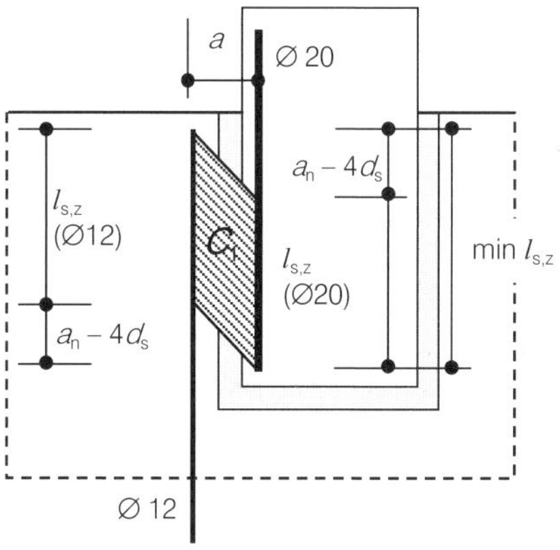

Beim Übergreifen von Stäben mit unterschiedlichen Durchmessern ist die größere erforderliche Übergreifungslänge maßgebend. Die Druckstreben zwischen den in unterschiedlichen Betonfestigkeitsklassen mit $l_{b,net}$ verankerten Stäben durchlaufen die verzahnte Vergussfuge in der Köcheraussparung. Die höhere Betonfestigkeitsklasse der Stütze ist hierfür nicht relevant, da die Verankerungslänge der Ø 20 auch für C30/37 den konstruktiven Mindestwert von $10 d_s$ erfordern würde.

Bei der Ermittlung der Übergreifungslänge der Stützenzugbewehrung Ø 20 darf berücksichtigt werden, dass nur der in der Druckstrebe C_1 übertragene Zugkraftanteil über den Übergreifungsstoß auf die Stehbügel zu übertragen ist. Der Ausnutzungsgrad nach 5.1 wird weiter reduziert:
$l_{b,net} = 1{,}0 \cdot 391 \cdot (208 / 320) \cdot (7{,}36 / 18{,}85) = 99$ mm < 200 mm $= l_{b,min}$

vgl. 4.4.2:
Stehbügel Ø 12: $T_1 = 0{,}208$ MN
Stützenbewehrung Ø 20: $F_s = 0{,}320$ MN

In diesem Beispiel bleibt die Mindestverankerungslänge $l_{b,min}$ maßgebend.

	Stehbügelschenkel ∅ 12	Stützenbewehrung ∅ 20
	gerade Stabenden:	gerade Stabenden:
$l_{s,min} = 0{,}3\ \alpha_a \cdot \alpha_1 \cdot l_b$	$\alpha_a = 1{,}0 \quad \alpha_1 = 1{,}4$	$\alpha_a = 1{,}0 \quad \alpha_1 = 2{,}0$
	$l_{s,min} = 0{,}3 \cdot 1{,}0 \cdot 1{,}4 \cdot 290 = 122$ mm	$l_{s,min} = 0{,}3 \cdot 2{,}0 \cdot 391 = 235$ mm
$\geq 15 d_s$	$< 15 \cdot 12 = 180$ mm	$< 15 \cdot 20 =$ **300 mm**
≥ 200 mm	< **200 mm**	> 200 mm
$l_s = l_{b,net} \cdot \alpha_1$	$l_s = 204 \cdot 1{,}4 =$ **290 mm**	$l_s = 200 \cdot 2 =$ **400 mm**
$\geq l_{s,min}$	≥ 200 mm	> 300 mm

DIN 1045-1, 12.8.2: (1)
DIN 1045-1, 12.6: Tab. 26: Verankerungsarten
DIN 1045-1, Tab. 27:
α_1 für gestoßene Stäbe > 33 % in der Zugzone und Bild 57: $s < 10 d_s$:
$d_s < 16$ mm: $\alpha_1 = 1{,}4$; l_b siehe 5.1
$d_s \geq 16$ mm: $\alpha_1 = 2{,}0$; l_b siehe 5.2

DIN 1045-1, 12.8.2: Gl. (144)
$d_s = 12$ mm; $l_{b,net}$ siehe 5.2 a)
$d_s = 20$ mm; l_{bnet} siehe 5.1 a) Zug

Der Abstand der gestoßenen Stäbe $a = 170$ mm ist größer als $4 d_s$.

Die Übergreifungslänge ist zu vergrößern auf:

lichter Stababstand:

$a_n = a - (d_{s1} + d_{s2}) / 2 = 170 - (20 + 12) / 2 \quad = 154$ mm

Stehbügelschenkel ∅ 12:

$\min l_s = l_s + (a_n - 4 d_s) = 290 + (154 - 4 \cdot 12) \quad = 396$ mm

DIN 1045-1, 12.8.2: (2)
Ist der lichte Abstand der gestoßenen Stäbe > $4 d_s$..., so muss die Übergreifungslänge um die Differenz zwischen dem vorhandenen lichten Stababstand und $4 d_s$ vergrößert werden.

a siehe 4.4.2

Maßgebend : Stützenbewehrung ∅ 20

$\min \boldsymbol{l_s} = l_s + (a_n - 4 d_s) = 400 + (154 - 4 \cdot 20) \quad = \mathbf{474\ mm}$

$< \text{vorh}\ \boldsymbol{l_s} = t - (c_{nom,col} + c_{nom,F}) = 600 - (30 + 35) \quad = 535$ mm

Betondeckung:
Stütze: $c_{nom,col} = 30$ mm
Fundament: $c_{nom,F} = 35$ mm

Eine Querbewehrung im Bereich des Übergreifungsstoßes ist eigentlich nicht erforderlich, da die Querzugkräfte aufgrund der schrägen Druckstreben zwischen den gestoßenen Stäben auch durch weitere Druckstreben im Blockfundament aufgenommen werden können.
Der konstruktiven Empfehlung in [65] DAfStb-Heft 399 folgend werden in 4.4.2 Bügel als Querbewehrung bemessen.

DIN 1045-1, 12.8.3: (1)
...- Die Querbewehrung muss zwischen der Längsbewehrung und der Betonoberfläche angeordnet sein....

Es werden Horizontalbügel 4 ∅ 10 um die Fundamentaussparung angeordnet.

c) Übergreifung der waagrechten Stehbügelschenkel ∅ 12 mit der Biegezugbewehrung der Fundamentplatte ∅ 12

Die Zugkräfte der lotrechten Stehbügel werden analog einer Rahmenecke in die waagrechten Bügelschenkel umgelenkt, die mit einer Übergreifungslänge l_s mit der Biegelängsbewehrung gestoßen werden. Da diese Umlenkung nur im Lastfall 1 (Randstütze) auftritt, die Biegebewehrung aber für den maßgebenden Lastfall 2 (Innenstütze) mit wesentlich größerem Biegemoment in der Fundamentplatte bemessen wurde (siehe 3.1) kann die Biegelängsbewehrung der Platte die umgelenkten Zugkräfte des LF 1 ohne weiteres aufnehmen.

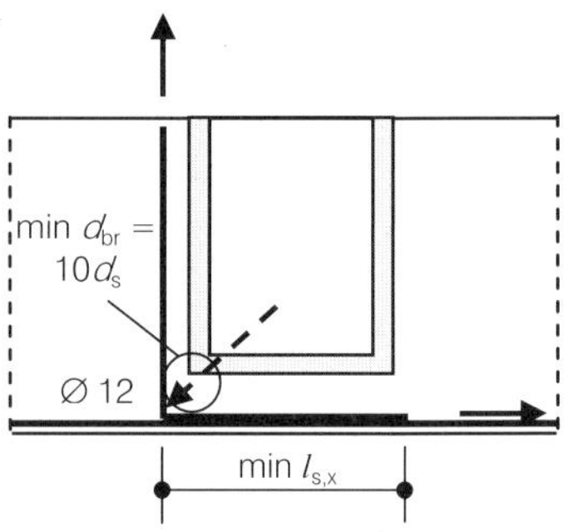

Die Druckdiagonale am Knoten in der Bewehrungsabbiegung ist mit dem zulässigen Biegerollendurchmesser nachzuweisen.

DIN 1045-1, 10.6.3: (3) und Bild 50

Hier wird der Mindestbiegerollendurchmesser für abgebogene Stäbe mit $d_{br} = 10 d_s$ gewählt. Wegen der Bewehrungsauslastung der Stehbügel von nur ca. 70 % ($A_{s,erf} / A_{s,vorh} = 4{,}78 / 6{,}79\ cm^2$) wird kein gesonderter Nachweis des Biegerollendurchmessers geführt.

DIN 1045-1, 12.3: Tab. 23: min d_{br}
Biegerollendurchmesser für gebogene Stäbe mit Betondeckung > 100 mm zur Biegeebene

Grundmaß der Verankerungslänge:

$l_b = (d_s / 4) \cdot (f_{yd} / f_{bd})$

DIN 1045-1, 12.6.2: (2) Gl. (140)

Bemessungswert Stahlspannung : $f_{yd} = 435$ N/mm²

Bemessungswert Verbundspannung:
Gute Verbundbedingungen: $f_{bd} = 3{,}0$ N/mm² für C30/37

DIN 1045-1, 12.4: (2) b) gute Verbundbedingungen bis 300 mm über UK Frischbeton

$l_b = (12 / 4) \cdot (435 / 3{,}0) =$ **435 mm**

DIN 1045-1, 12.5: Tab. 25: $d_s < 32$ mm

	gerade Stabenden:
	$\alpha_a = 1{,}0$ $\alpha_1 = 1{,}4$
$l_{s,min} = 0{,}3 \cdot \alpha_a \cdot \alpha_1 \cdot l_b$	$l_{s,min} = 0{,}3 \cdot 1{,}4 \cdot 435 = 183$ mm
$\geq 15 d_s$	$> 15 \cdot 12 = 180$ mm
≥ 200 mm	$<$ **200 mm**
$l_{b,net} = \alpha_a \cdot l_b \cdot (A_{s,erf} / A_{s,vorh})$	$l_{b,net} = 1{,}0 \cdot 435 \cdot (4{,}78 / 6{,}79) =$ **306 mm**
$\geq l_{b,min} = 0{,}3 \cdot \alpha_a \cdot l_b$	$> 0{,}3 \cdot 1{,}0 \cdot 435 = 131$ mm
$\geq 10 d_s$	$> 10 \cdot 12 = 120$ mm
$l_s = l_{b,net} \cdot \alpha_1$	$l_s = 306 \cdot 1{,}4 =$ **428 mm**
$\geq l_{s,min}$	> 200 mm
gewählt $l_{s,x}$	= **450 mm** $>$ erf $l_s = 428$ mm

DIN 1045-1, 12.8.2: (1)
DIN 1045-1, 12.6: Tab. 26: Verankerungsarten
DIN 1045-1, Tab. 27: $\alpha_1 = 1{,}4$ Zugstoß
α_1 für gestoßene Stäbe > 33 % in der Zugzone und $d_s < 16$ mm, Bild 57: $s < 10 d_s$

DIN 1045-1, 12.6.2: (3) Gl. (141)
siehe 4.4.2: $A_{s,erf} / A_{s,vorh}$
$l_{b,min}$ für Zugstäbe

DIN 1045-1, 12.8.2: (1) Gl. (144), lichter Stababstand der gestoßenen Stäbe $\leq 4 d_s$

Alternativ bietet sich hier wegen der Bügelsymmetrie die Ausbildung U-förmiger Stehbügel an, die die Fundamentaussparung umfassen.

5.3 Verankerung der Biegezugbewehrung des Blockfundamentes

[48]: Die Zuggurtkräfte am Ende der Auskragung von Fundamenten sind wegen der tatsächlichen (nicht gleichmäßigen, unter der Fundamentmitte konzentrierten) Verteilung des Sohldrucks gering. Deshalb können Bewehrungsmatten im Allgemeinen mit geraden Stabenden verankert werden, wenn die Bewehrung nicht abgestuft wird.
Bei einer Bewehrung mit Stabstahl oder bei gedrungenen Fundamenten sollten aber immer Endhaken oder -aufbiegungen vorgesehen werden, damit bei einer örtlichen Überlastung des Verbundes die Verankerung des Zugbandes gesichert ist.

[48] *Schlaich/Schäfer*: Konstruieren im Stahlbetonbau. BK 1998/II, 4.7.1, S. 862

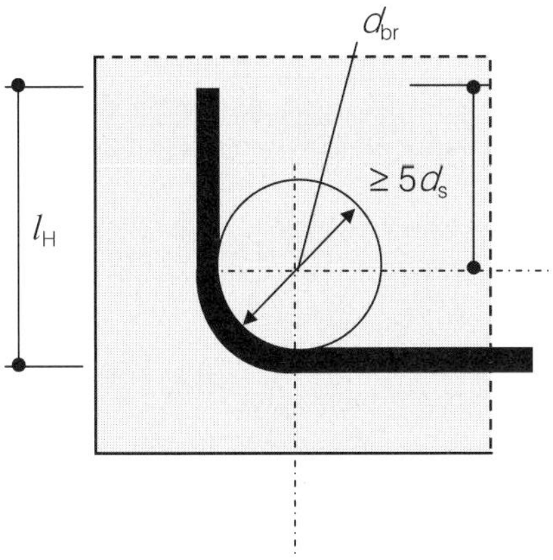

Alle Stäbe der Biegezugbewehrung Ø 12 werden bis zu den Plattenrändern geführt und dort konstruktiv mit Winkelhaken verankert.

Gewählter Endhaken:

min $l_H = 5\, d_s + d_{br} / 2 + d_s = 5 \cdot 12 + 4 \cdot 12 / 2 + 12 = 96$ mm

gewählt: $l_H =$ **100 mm**

DIN 1045-1, 12.3.1: (2) Tab. 23
Biegerollendurchmesser für Winkelhaken
$d_s < 20$ mm: $d_{br} = 4 d_s$

6 Nachweise in den Grenzzuständen der Gebrauchstauglichkeit

6.1 Begrenzung der Spannungen unter Gebrauchsbedingungen

Die Bedingungen nach DIN 1045-1, 11.1.1: (3) (siehe Kommentar) sind im Beispiel für das Blockfundament eingehalten, die Spannungsnachweise unter Gebrauchsbedingungen können entfallen.

DIN 1045-1, 11.1.1: (3) *Die Spannungsnachweise nach 11.1.2 (Betondruckspannungen) und 11.1.3 (Betonstahlspannungen) dürfen für nicht vorgespannte Tragwerke des üblichen Hochbaus, die nach Abschnitt 10 bemessen wurden, im Allgemeinen entfallen, wenn die Schnittgrößen nach der Elastizitätstheorie ermittelt und im Grenzzustand der Tragfähigkeit um nicht mehr als 15 % umgelagert wurden und die bauliche Durchbildung nach Abschnitt 13 (Konstruktionsregeln) durchgeführt wird und insbesondere die Festlegungen für die Mindestbewehrung nach 13.1.1 eingehalten sind.*

6.2 Grenzzustände der Rissbildung

6.2.1 Mindestbewehrung zur Begrenzung der Rissbreite

DIN 1045-1, 11.2.2

Bei den vorliegenden Fundamentabmessungen und dem vorhandenen Sohldruck unter Gebrauchslasten kann man davon ausgehen, dass eine mögliche durch Bodenreibung verursachte Zwangzugkraft wesentlich kleiner als die Rissschnittgröße ist. Auf einen Nachweis der Mindestbewehrung kann daher verzichtet werden.

6.2.2 Begrenzung der Rissbreite für die statisch erforderliche Bewehrung

Die Anforderungen an die Dauerhaftigkeit und das Erscheinungsbild des Tragwerks gelten bei der hier vorausgesetzten Expositionsklasse XC2 als erfüllt, wenn der Rechenwert der Rissbreite auf $w_k = 0{,}3$ mm begrenzt wird (Anforderungsklasse E).

DIN 1045-1, 11.2.1: (6) Tabellen 18 und 19

Biegemoment unter quasi-ständiger Einwirkungskombination:

$M_{B,perm} = 604$ kNm

quasi-ständig wegen Anforderungsklasse E siehe 3.2

Biegemoment und Bewehrung aus der Bemessung:

$M_{Ed,B} = 1172$ kNm

siehe 3.1

$$\sigma_{s,perm} \approx (M_{perm} / M_{Ed}) \cdot (\text{erf } A_s / \text{vorh } A_s) \cdot \sigma_{sd}$$
$$\approx (604 / 1172) \cdot (35{,}6 / 36{,}2) \cdot 456{,}5 = 231 \text{ N/mm}^2$$

siehe 4.2.1: A_s und σ_{sd}

Grenzdurchmesser d_s^* für $w_k = 0{,}3$ mm und $\sigma_s = 240$ N/mm²:

$d_s^* = 19$ mm

DIN 1045-1, 11.2.3: Begrenzung der Rissbreite ohne direkte Berechnung
Tab. 20: Grenzdurchmesser d_s^* bei Betonstählen

Der Grenzdurchmesser muss in Abhängigkeit von der wirksamen Betonzugfestigkeit modifiziert werden:

$$d_s = d_s^* \cdot f_{ct,eff} / f_{ct,0}$$

$$\max d_s = 19 \cdot 2{,}9 / 3{,}0$$
$$= \mathbf{18{,}4 \text{ mm}}$$
$$> \text{vorh } d_s = 12 \text{ mm}$$

DIN 1045-1, 11.2.3: (4) Gl. (131)
Betonzugfestigkeit für C30/37:
$f_{ct,eff} = f_{ctm} = 2{,}9$ N/mm², Tab. 9
$f_{ct,0} = 3{,}0$ N/mm²

Nachweis erbracht!

7 Darstellung der Bewehrung

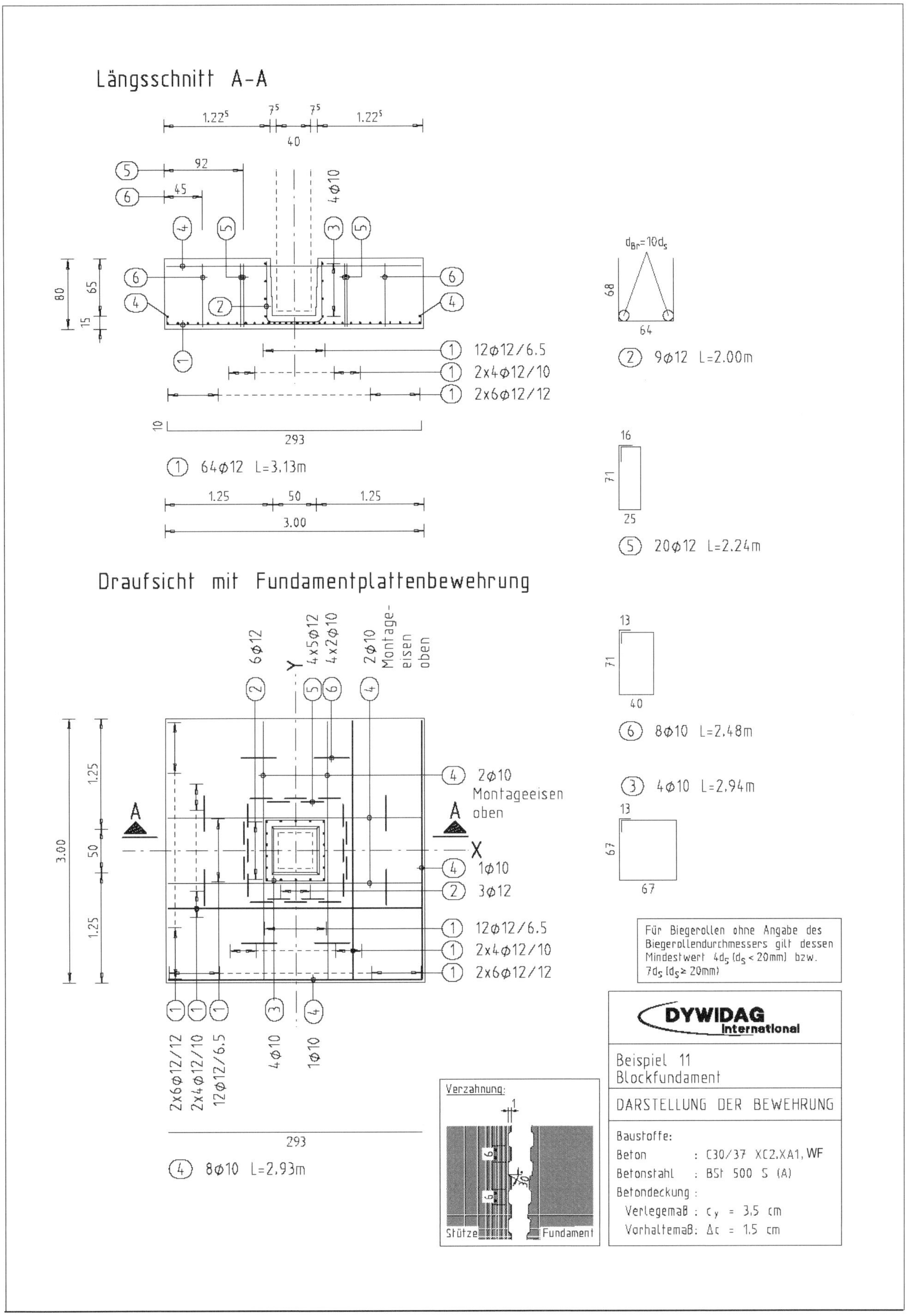

Beispiel 12: Köcherfundament

Inhalt

Beispiel 12: Köcherfundament

Aufgabenstellung

Zu bemessen ist ein rechteckiges Köcherfundament für Stahlbeton-Fertigteilstützen. Zur Vermeidung einer klaffenden Bodenfuge wird die Stütze ausmittig auf dem Fundament angeordnet.
Das Fundament ist für Randstützen einer Industriehalle vorgesehen.
Die Aussparung im Köcher wird mit rauer (verzahnter) Schalungsfläche hergestellt.

DIN 1045-1, 3.1.1: üblicher Hochbau

In der anderen Achsrichtung ist die Randstütze unverschieblich gehalten.

Vorwiegend ruhende Einwirkung.
Nichtbindiger Baugrund, nicht betonangreifend, frostfrei.

DIN 1045-1, 3.1.2: vorwiegend ruhende Einwirkung
aus Baugrundgutachten, Nachweise in der Sohlfläche nach DIN 1054 nicht in diesem Beispiel.

Baustoffe:

- Beton: C25/30 für das Fundament
- Beton: C45/55 für die Fertigteilstütze
- Betonstahl: BSt 500 S (A) (normalduktil)

DIN 1045-1, 9.1: Beton

DIN 1045-1, 9.2: Betonstahl
(in DIN 488 mit B500A bezeichnet)

1 System, Bauteilmaße, Betondeckung

1.1 System

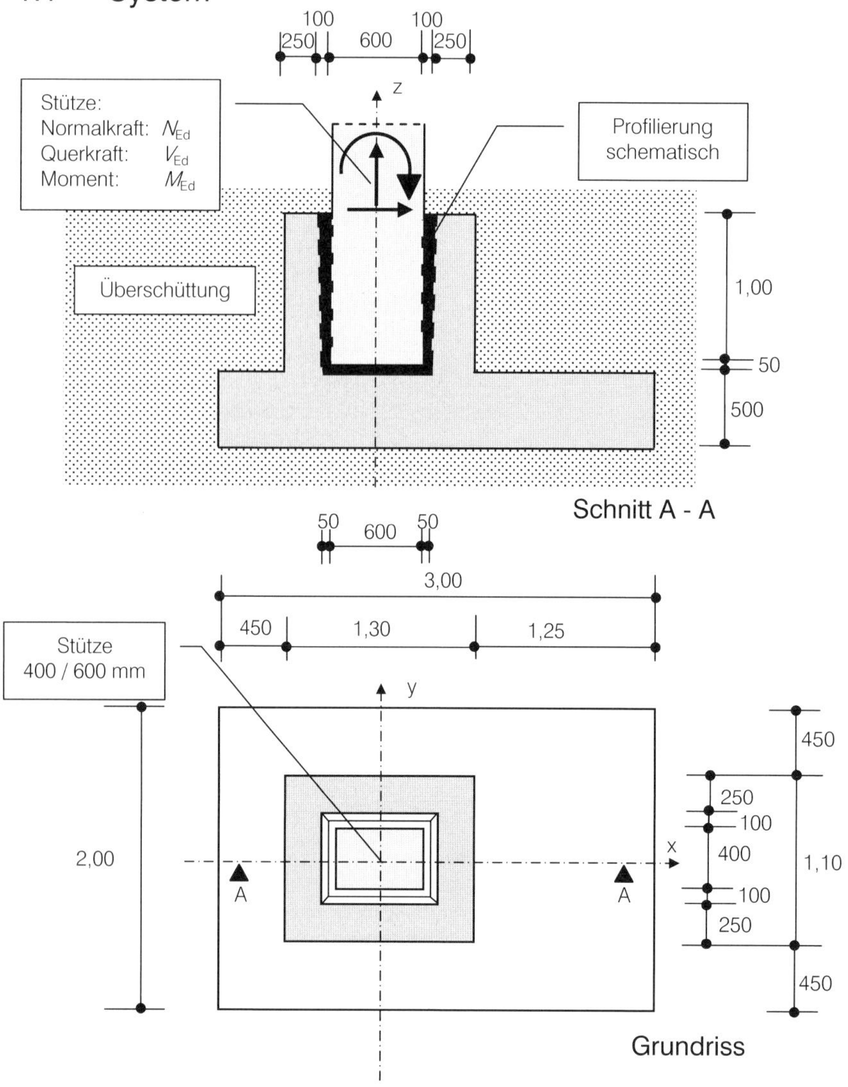

Der folgenden Berechnung liegt ein Bemessungsmodell zugrunde, bei dem Stützenfuß, Füllbeton, Köcher und Fundament monolithisch zusammenwirken, d. h. bei dem die in Höhe der Fundamentoberkante wirkenden Beanspruchungen aus der Stütze (Moment und Längskraft) über vertikale Schubspannungen in den Köcher abgetragen werden.

Diese Lastabtragung kann sich jedoch nur unter den folgenden Voraussetzungen einstellen:

- Die Seitenflächen des Stützenfußes und die Innenflächen der Köcheraussparung werden mit einer gewellten oder gezahnten Schalung hergestellt, deren Profiltiefe mindestens 10 mm beträgt, siehe DIN 1045-1, 10.3.6, Bild 35 a) Verzahnung.
- Der Füllbeton weist die gleiche Betonfestigkeitsklasse wie das Fundament auf (i. Allg. geringer als die der Stütze). Dieser Beton muss gut verdichtet werden (z. B. mit einem Schwertrüttler). Deshalb muss die Fuge zwischen Stützenfuß und Köcher für das jeweilige Rüttelgerät ausreichend breit sein. Andererseits sollte die Fugenbreite nicht größer sein als das Maß, das für den Toleranzausgleich zwischen Stütze und Fundament unbedingt erforderlich ist. Gewählt in der Köcheraussparung: kleinste Fugenbreite unten = 50 mm, größte Fugenbreite oben = 100 mm, Fugenbreite unter Stützenfuß = 50 mm.

[49] *Bachmann/Steinle/Hahn*: Bauen mit Betonfertigteilen im Hochbau. BK 2009/1, 2.6.4 Blockfundamente
Einbindetiefe $t \geq 1{,}5\ h_{col} = 1{,}5 \cdot 600 = 900$ mm
Gewählt: $t = 1{,}00$ m
Die Einbindetiefe hängt insbesondere von der notwendigen Verankerung der Stützenlängsbewehrung im Köcher ab.

1.2 Mindestfestigkeitsklasse, Betondeckung

Expositionsklasse für Bewehrungskorrosion
infolge Karbonatisierung: → XC2
Mindestfestigkeitsklasse Beton → C16/20

Feuchtigkeitsklasse AKR: → WF

Gewählt: C25/30 XC2, WF

Betondeckung
wegen Expositionsklasse XC2:

→ Mindestbetondeckung c_{min} = 20 mm
→ Abminderung wegen C25/30 Δc_{min} = –5 mm
+ Vorhaltemaß Δc = 15 mm
= Nennmaß der Betondeckung c_{nom} = 30 mm

Zur Sicherstellung des Verbundes: $c_{min} \geq$ Stabdurchmesser

Längsbewehrung y ∅ 8: c_{min} = 8 mm Δc = 10 mm $c_{nom,y}$ = 18 mm
Längsbewehrung x ∅ 20: c_{min} = 20 mm Δc = 10 mm $c_{nom,x}$ = 30 mm

Daraus ergeben sich als Verlegemaße:
Längsbewehrung y ∅ 8 (ohne Bügelumschließung): $c_{v,l,y}$ = **30 mm**
Längsbewehrung x ∅ 20: $c_{v,l,y} + d_{s,l,y}$ = 30 + 8 = $c_{v,l,x} \approx$ **40 mm**

2 Einwirkungen

2.1 Charakteristische Werte

Bezeichnung der Einwirkungen		Charakteristischer Wert
Ständig: Schnittkräfte der Stütze an der Oberkante des Fundaments:	$N_{Ek,G}$ = $V_{Ek,G}$ = $M^{I}_{Ek,G}$ = $\Delta M^{II}_{Ek,G}$ =	–257 kN 0 kN +96 kNm +48 kNm
Veränderlich: Schnittkräfte der Stütze an der Oberkante des Fundaments:	$N_{Ek,Q1}$ = $V_{Ek,Q1}$ = $M^{I}_{Ek,Q1}$ = $\Delta M^{II}_{Ek,Q1}$ = $V_{Ek,Q2}$ = $M^{I}_{Ek,Q2}$ =	–573 kN +20 kN +180 kNm +106 kNm +35 kN +90 kNm
Eigenlast Köcher + Stützenfuß: an UK Köcher: (1,30 · 1,10 · 1,05) · 25,0	$N_{Ek,GF}$ =	–37,5 kN

DIN 1045-1, 6: Sicherstellung der Dauerhaftigkeit

DIN 1045-1, Tab. 3: Expositionsklassen
XC2 nass, selten trocken (Gründungsbauteile)
WF – Betonkorrosion infolge Alkali-Kieselsäurereaktion (Bodenfeuchte)
Frost bei Fundamenten im Boden: Der Boden weist eine Wärmespeicherkapazität auf, er kühlt langsamer ab und wärmt sich insgesamt langsamer auf. Somit liegt bei diesen Bauteilen i. d. R. kein erheblicher Angriff durch Frost vor und die Expositionsklasse XF1 braucht nicht angenommen zu werden.

Expositionsklasse wichtig für DIN 1045-2.

DIN 1045-1, Tab. 4: Mindestbetondeckung c_{min} und Vorhaltemaß Δc in Abhängigkeit von der Expositionsklasse. Die Abminderung von c_{min} um 5 mm gemäß [a]) ist zulässig, da gewählt C25/30 zwei Festigkeitsklassen höher ist als min C16/20 für XC2.
Hinweis: DIN 1045-1, 6.3: (10) *Für ein bewehrtes Bauteil, ... das unmittelbar auf dem Baugrund hergestellt wird, sollte das Vorhaltemaß mindestens um* 50 mm *erhöht werden.*
In diesem Beispiel wird das Vorhaltemaß nicht erhöht, da eine Sauberkeitsschicht C8/10 vorgesehen ist.

DIN 1045-1, 6.3: (8) Für Verbundbedingung ist Δc = 10 mm ausreichend.

DIN 1045-1, 6.3: (4) und (11)

Annahmen:
Längsbewehrung ∅ 8 in y-Richtung 1. Lage,
Längsbewehrung ∅ 20 in x-Richtung 2. Lage, dabei Querkraftzulagen ohne Umschließung der Längsbewehrung, Ausnutzung des Nennmaßes der Betondeckung für die Längsbewehrung ∅ 8 in der 1. Lage, auf der die Querkraftzulagen stehen.

Die Schnittkräfte werden aus der Stützenbemessung für Biegung um die y-Achse übernommen (nicht in diesem Beispiel).
Das Biegemoment M^{I} wird hier nach der Berechnung Theorie I. Ordnung angegeben.
Das Zusatzmoment ΔM^{II} beinhaltet den Anteil aus Theorie II. Ordnung, aus Imperfektionen und aus Kriechen. Da diese Zusatzbeanspruchungen der schlanken Stütze der Bemessung des Stützenfußes zugrunde liegen, ist das Köcherfundament ebenfalls dafür zu bemessen.

Die veränderlichen Einwirkungen sind:
Q_1 aus industrieller Nutzung, z. B. Bühne mit Behältern und Technik, vorwiegend ruhend, Nutzlasten nach DIN 1055-3 in Kategorie E: Fabriken und Werkstätten eingeordnet;
Q_2 aus Wind.

DIN 1055-1, Tab. 1:
Wichte Stahlbeton 25 kN/m³

2.2 Bemessungswerte in den Grenzzuständen der Tragfähigkeit

Teilsicherheitsbeiwerte in den Grenzzuständen der Tragfähigkeit:

Einwirkungen	günstig	ungünstig
• ständige	$\gamma_G = 1{,}0$	$\gamma_G = 1{,}35$
• veränderliche	$\gamma_Q = 0$	$\gamma_Q = 1{,}50$

DIN 1045-1, Tab. 1: Teilsicherheitsbeiwerte für die Einwirkungen auf Tragwerke

Folgende Lastfälle werden hier untersucht:
LF 1: ständige Lasten (ungünstig) und beide Verkehrslasten (ungünstig).
LF 2: ständige Lasten und Bühne (beide günstig) und Wind (ungünstig).

Grundlagen der Tragwerksplanung:
DIN 1055-100 Tab. A.2: Kombinationsbeiwert für die Bühnenlast in Kategorie E:
(Fabriken und Werkstätten) $\psi_{0,1} = 1{,}0$

Schnittkräfte OK Fundament		**LF 1** max G max Q_{1+2}	**LF 2** (min G, $Q_1 = 0$) (max Q_2)
Längskräfte der Stütze:			
$N_{Ed,G}$	$= 1{,}35 \cdot 257$	$= -347$ kN	
$N_{Ed,G}$	$= 1{,}00 \cdot 257$		$(= -257$ kN)
$N_{Ed,Q1}$	$= 1{,}50 \cdot 573$	$= -860$ kN	$(= 0$ kN)
ΣN_{Ed}		**= –1207 kN**	**(= –257 kN)**
Querkräfte der Stütze:			
$V_{Ed,G}$		$= 0$ kN	$(= 0$ kN)
$\Sigma V_{Ed,Q,i}$	$= 1{,}50 \cdot (20 + 35)$	$= +82{,}5$ kN	
$\Sigma V_{Ed,Q,i}$	$= 0 + 1{,}50 \cdot 35$		$(= +52{,}5$ kN)
ΣV_{Ed}		**= +82,5 kN**	**(= +52,5 kN)**
Momente der Stütze:			
$M^{I}_{Ed,G} + \Delta M^{II}_{Ed,G}$	$= 1{,}35 \cdot (96 + 48)$	$= +194$ kNm	
$M^{I}_{Ed,G} + \Delta M^{II}_{Ed,G}$	$= 1{,}00 \cdot (96 + 48)$		$(= +144$ kNm)
$\Sigma M^{I}_{Ed,Qi} + \Delta M^{II}_{Ed,Q1}$	$= 1{,}5 \cdot (270 + 106)$	$= +564$ kNm	
$\Sigma M^{I}_{Ed,Qi} + \Delta M^{II}_{Ed,Q2}$	$= 0 + 1{,}5 \cdot 90 + 0$		$(= +135$ kNm)
ΣM_{Ed}		**= +758 kNm**	**(= +279 kNm)**
Eigenlast Fundamentköcher und Stützenfuß:			
$N_{Ed,GF}$	$= 1{,}35 \cdot 37{,}5$	**= –51 kN**	
$N_{Ed,GF}$	$= 1{,}00 \cdot 37{,}5$		**(= –37 kN)**

DIN 1055-100, 9.4:
Maßgebend wird also im Grenzzustand der Tragfähigkeit für die ständige und vorübergehende Bemessungssituation die Einwirkungskombination mit Wind als Leiteinwirkung in Kombination mit der 1,0fachen Bühnenlast.

Die Kombination aus günstigen Auswirkungen der Eigenlasten G mit den ungünstigen Auswirkungen der Windlast kann zu extremalen Beanspruchungen des Fundamentes führen.

Für die Biegebemessung der Fundamentplatte werden die Eigenlast des Fundamentes und die Überschüttung nicht berücksichtigt, da der Sohldruck und die Eigenlast der Platte ohne Durchbiegung im Gleichgewicht sind. Für die Nachweise der Baugrundstandsicherheit nach DIN 1054 (nicht in diesem Beispiel) sind die Platteneigenlast und die Überschüttung zu berücksichtigen.

2.3 Repräsentative Werte in den Grenzzuständen der Gebrauchstauglichkeit

Kombinationsbeiwerte:

$\psi_{2,1} = 0{,}8$ Bühne
$\psi_{2,2} = 0$ Wind

Grundlagen der Tragwerksplanung:
DIN 1055-100 Tab. A.2: Kombinationsbeiwert für die Bühnenlast in Kategorie E:
(Fabriken und Werkstätten) $\psi_{2,1} = 0{,}8$

Wind: $\psi_{2,2} = 0$

quasi-ständige Einwirkungskombination im Lastfall 2:

$$E_{perm} = G_k + \psi_{2,1} \cdot Q_{k,1} + \psi_{2,2} \cdot Q_{k,2}$$

$= N_{Ek,G} + \psi_{2,1} \cdot N_{Ed,Q1}$	$= -257 - 0{,}8 \cdot 573$	**= –715 kN**
$= N_{Ed,GF}$		**= –37 kN**
$= V_{Ek,G} + \Sigma\psi_{2,i} \cdot V_{Ed,Qi}$	$= 0 + 0{,}8 \cdot 20$	**= 16 kN**
$= M_{Ek,G} + \Sigma\psi_{2,i} \cdot M_{Ed,Qi}$	$= (96 + 48) + 0{,}8 \cdot (180 + 106)$	**= 373 kNm**

DIN 1055-100, 10.3: Bemessungssituationen
Die quasi-ständige Einwirkungskombination wird in diesem Beispiel für die Rissbreitenbegrenzung benötigt.

3 Schnittgrößenermittlung

3.1 Grenzzustände der Tragfähigkeit

Schnittgrößen des Köcherfundamentes in der Fundamentsohle:

ohne Eigenlast der Fundamentplatte

Werte der Fundamentfläche auf den Schwerpunkt S bezogen:

mit: $b_F / d_F = 2{,}0 / 3{,}0$ m

$A_F = 2{,}0 \cdot 3{,}0 \qquad = 6{,}00\ \text{m}^2$

$W_F = 2{,}0 \cdot 3{,}0^2 / 6 \qquad = 3{,}00\ \text{m}^3$

$I_F = 2{,}0 \cdot 3{,}0^3 / 12 \qquad = 4{,}50\ \text{m}^4$

Schnittgrößen auf S bezogen:		Lastfall 1	Lastfall 2
$N_{Ed0} = N_{Ed} + N_{Ed,GF}$	(kN)	–1258	–294
$V_{Ed0} = V_{Ed}$	(kN)	82,5	52,5
M_{Ed}	(kNm)	758	279
$M_{Ed0} = M_{Ed} + V_{Ed} \cdot 1{,}55\ \text{m} + N_{Ed0} \cdot 0{,}40\ \text{m}$	(kNm)	383	243

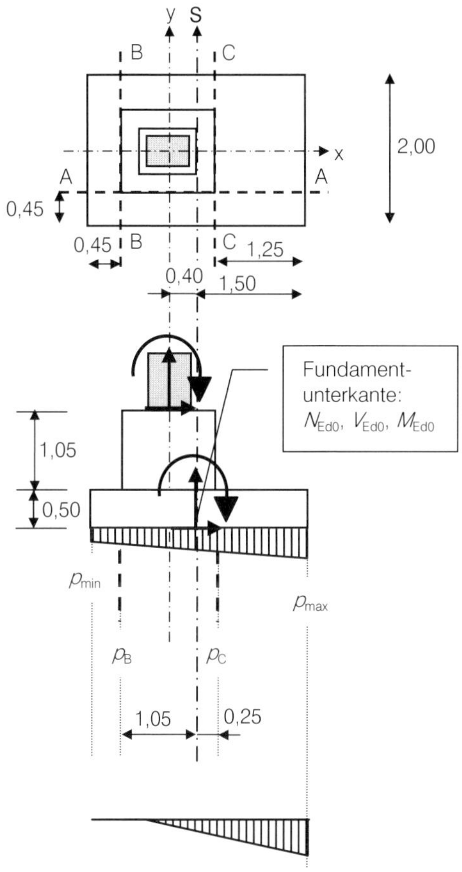

Die Biegemomente für die Bemessung werden am Köcheranschnitt ermittelt.

LF 1:

$e_0 = |M_{Ed0} / N_{Ed0}| = 383 / 1258 = 0{,}30\ \text{m} < d_F / 6$ (im Kern)

$p_{min} = (N_{Ed0} / A_F) - (M_{Ed0} / W_F) \qquad = 82\ \text{kN/m}^2$

$p_{max} = (N_{Ed0} / A_F) + (M_{Ed0} / W_F) \qquad = 337\ \text{kN/m}^2$

$p_B = (N_{Ed0} / A_F) + (M_{Ed0} / I_F) \cdot (-1{,}05) \qquad = 120\ \text{kN/m}^2$

$p_C = (N_{Ed0} / A_F) + (M_{Ed0} / I_F) \cdot (+0{,}25) \qquad = 231\ \text{kN/m}^2$

$M_{Ed,B} = 0{,}45^2\,(2\,p_{min} + p_B) \cdot b_F / 6 \qquad = 19\ \text{kNm}$ (Schnitt B)

$M_{Ed,C} = 1{,}25^2\,(2\,p_{max} + p_C) \cdot b_F / 6 \qquad =$ **472 kNm** (Schnitt C)

$M_{Ed,A} = 0{,}45^2 \cdot p_C \cdot d_F / 2 \qquad =$ **70 kNm** (Schnitt A)

LF 2:

$e_0 = M_{Ed0} / |N_{Ed0}| = 243 / 294 = 0{,}83\ \text{m} < d_F / 3$ (außerhalb Kern)

$p_{max} = 2 \cdot N_{Ed0} / [3 \cdot (d_F / 2 - e) \cdot b_F] \qquad = 146\ \text{kN/m}^2$

$< p_{max}$ Lastfall 1

Maßgebend für die Biegebemessung in beiden Achsrichtungen: Lastfall 1

Das Klaffen der Bodenfuge im Lastfall 2 wird durch die Eigenlasten der Fundamentplatte und der Überschüttung verringert bzw. vermieden. Für diesen Fall ist eine obere konstruktive Biegebewehrung im abhebenden Teil der Fundamentplatte anzuordnen.

Die maßgebende Querkraft wird beim Querkraftnachweis (Durchstanzen oder Schub) ermittelt.

3.2 Grenzzustände der Gebrauchstauglichkeit

Das Bemessungsmoment unter der quasi-ständigen Einwirkungskombination wird analog 3.1 ermittelt mit

$N_{Ed0} = -715 - 37 = -752\ \text{kN}$

$V_{Ed0} = 16\ \text{kN}$

$M_{Ed0} = 373 + 16 \cdot 1{,}55 - 752 \cdot 0{,}40 = 97{,}0\ \text{kNm}$

$p_{min} = 93\ \text{kN/m}^2 \qquad p_{max} = 158\ \text{kN/m}^2$

$p_C = 131\ \text{kN/m}^2$

$M_{Ed,C,perm}$ = **232 kNm**

4 Bemessung in den Grenzzuständen der Tragfähigkeit

4.1 Bemessungswerte der Baustoffe

Teilsicherheitsbeiwerte in den Grenzzuständen der Tragfähigkeit:

- Beton < C55/67 $\gamma_c = 1{,}50$
- Betonstahl BSt 500 $\gamma_s = 1{,}15$

DIN 1045-1, 5.3.3: Tab. 2
Teilsicherheitsbeiwerte für die Bestimmung des Tragwiderstands
Hier: Ständige und vorübergehende Bemessungssituation (Normalfall)

Beton C25/30: $f_{ck} = 25$ N/mm²
$f_{cd} = 0{,}85 \cdot 25 / 1{,}50$ = **14,2 N/mm²**

DIN 1045-1, Tab. 9: Festigkeits- und Formänderungskennwerte von Normalbeton
DIN 1045-1, 9.1.6: (2) Abminderung mit $\alpha = 0{,}85$ berücksichtigt Langzeitwirkung

Betonstahl BSt 500 S (A): $f_{yk} = 500$ N/mm²
$f_{yd} = 500 / 1{,}15$ = **435 N/mm²**

DIN 1045-1, Tab. 11:
Eigenschaften der Betonstähle

4.2 Bemessung für Biegung

4.2.1 Mindestbewehrung zur Sicherstellung eines duktilen Bauteilverhaltens

Endzustand Rissmoment (auf 1 m-Streifen bezogen):

$m_{cr} = f_{ctm} \cdot b \cdot h^2 / 6 = 2{,}6 \cdot 10^3 \cdot 1{,}0 \cdot 0{,}50^2 / 6$
$= 108$ kNm/m

min $a_s = m_{cr} / (f_{yk} \cdot z)$
$= 0{,}108 \cdot 10^4 / (500 \cdot 0{,}9 \cdot 0{,}45)$ = **5,3 cm²/m**

Bei Einzelfundamenten ohne äußeren Zwang darf auf eine Mindestbewehrung für ein duktiles Bauteilverhalten verzichtet werden, wenn die Schnittgrößen für äußere Lasten nach 8.2 ermittelt sowie alle Nachweise der Grenzzustände nach 10 und 11 erfüllt werden. Die nach Abschnitt 5.3.2 (1) geforderte Duktilität wird hier durch die Baugrundreaktion (Umlagerung) sichergestellt ([61] DAfStb-Rili Massige Bauteile sinngemäß).
→ min a_s hier beispielhaft nachgewiesen.
DIN 1045-1, 13.1.1: Mindestbewehrung
(1) Bemessung mit f_{ctm} und $\sigma_s = f_{yk}$
DIN 1045-1, 9.1.7: Tab. 9 f_{ctm} für C25/30
min $d = d_x = 0{,}45$ m, siehe 4.2.2
$z = 0{,}9d$ angenommen
$f_{yk} = 500$ N/mm².

4.2.2 Längsbewehrung in x-Richtung

Nutzhöhe:
$d_x = h - c_{v,l,x} - 0{,}5 \cdot d_{s,l,x}$
$= 500 - 40 - 0{,}5 \cdot 20$ = 450 mm

$c_{v,l,x}$ siehe 1.2
Annahme:
Stab-∅ ≤ 20 mm

Bemessungsquerschnitt: $b / h / d_x$ = **2,00 / 0,50 / 0,45 m**

Die Bemessung der Biegezugbewehrung wird für das Moment um die y-Achse max $M_{Ed,C}$ des Lastfalles 1 unter Zugrundelegung der Fundamentbreite b_F durchgeführt (Berechtigung dieser Annahme siehe auch [22] für gedrungenes Fundament).

[22] DAfStb.-Heft 240: Hilfsmittel zur Berechnung der Schnittgrößen und Formänderungen von Stahlbetontragwerken. 3. Auflage, 1991, 2.5.2.1, S. 35

Bemessung mit dimensionslosen Beiwerten:

$\mu_{Eds} = M_{Eds} / (b \cdot d^2 \cdot f_{cd}) = 0{,}472 / (2{,}0 \cdot 0{,}45^2 \cdot 14{,}2) = 0{,}082$

C25/30, Moment siehe 3.1

Anhang A4: Werte für $\mu_{Eds} = 0{,}082$ interpoliert:
$\omega = 0{,}086$ und $\sigma_{sd} = 456{,}5$ N/mm²

Anhang A4:
Bemessungstabelle bis C50/60
Rechteckquerschnitt ohne Druckbewehrung
Biegung mit Längskraft

erf $A_{s,x} = \omega \cdot b \cdot d \cdot f_{cd} / \sigma_{sd}$
$= 0{,}086 \cdot 200 \cdot 45 \cdot 14{,}2 / 456{,}5$ = **24,0 cm²**

Die in dieser Beispielsammlung genutzten Bemessungshilfsmittel basieren auf der ansteigenden Spannungs-Dehnungslinie des Betonstahls nach DIN 1045-1, 9.2.4: Bild 27 mit Kurve 2.

Verteilung der Biegezugbewehrung [22]:

[22] DAfStb.-Heft 240: Hilfsmittel zur Berechnung der Schnittgrößen und Formänderungen von Stahlbetontragwerken. 3. Auflage, 1991, 2.5.2.1, S. 35

Bei gedrungenen Fundamenten ($c / b = c_{Kö} / b_F$ = 1,10 / 2,0 = 0,55 > 0,3; $d / a = h_F / a$ = 0,50 / 0,45 = 1,11 > 1,0) kann die Konzentration der Plattenmomente unter der Stütze (Köcher) unberücksichtigt bleiben und das Gesamtmoment (die Gesamtbewehrung) gleichmäßig über die Breite verteilt werden.

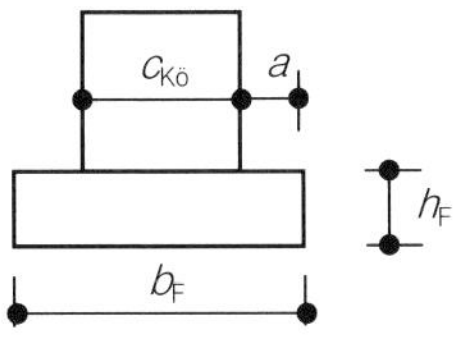

Gewählte Längsbewehrung x-Richtung (Gesamtbewehrung)

BSt 500 S (A): unten **8 Ø 20 = 25,1 cm²**
> 24,0 cm² = erf A_s
> 5,3 · 2,00 = 10,6 cm² = min A_s

oben **8 Ø 10 konstruktiv**

DIN 1045-1, 13.3.2: (4) $s \leq$ 250 mm

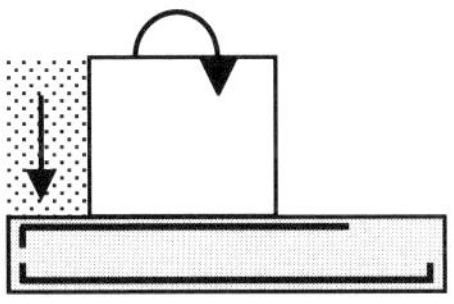

Obere Bewehrung konstruktiv für Lastfall 2 zur Verminderung der klaffenden Bodenfuge mit der Überschüttung auf der abhebenden Seite (siehe 3.1).

4.2.3 Längsbewehrung in y-Richtung

Nutzhöhe:

$$d_y = h - c_{v,l,y} - 0{,}5 \cdot d_{s,l,y}$$
$$= 500 - 30 - 0{,}5 \cdot 8 = 466 \text{ mm} \approx 0{,}46 \text{ m}$$

$c_{v,l,y}$ siehe 1.2
Stab- Ø 8 mm

Bemessungsquerschnitt: $b / h / d_y$ **= 3,00 / 0,50 / 0,46 m**

Bemessung mit dimensionslosen Beiwerten:

$$\mu_{Eds} = M_{Eds} / (b \cdot d^2 \cdot f_{cd}) = 0{,}070 / (3{,}0 \cdot 0{,}46^2 \cdot 14{,}2) = 0{,}008 \approx 0{,}01$$

C25/30, Moment siehe 3.1

Anhang A4: Werte für μ_{Eds} = 0,01 abgelesen:
ω = 0,01 und σ_{sd} = 456,5 N/mm²

$$\text{erf } A_{s,y} = \omega \cdot b \cdot d \cdot f_{cd} / \sigma_{sd} = 0{,}01 \cdot 300 \cdot 46 \cdot 14{,}2 / 456{,}5 = 4{,}3 \text{ cm}^2$$

Anhang A4:
Bemessungstabelle bis C50/60
Rechteckquerschnitt ohne Druckbewehrung
Biegung mit Längskraft
Bezogene Werte:
ω – mechanischer Bewehrungsgrad

< Mindestquerbewehrung für erf $A_{s,y}$:

$$\min A_{s,y} = 0{,}20 \cdot \text{erf } A_{s,x} = 0{,}20 \cdot 24{,}0 \cdot 3{,}0 / 2{,}0 = 7{,}2 \text{ cm}^2$$

DIN 1045-1, 13.3.2: (3) In zweiachsig gespannten Platten darf die Bewehrung in der minderbeanspruchten Richtung nicht weniger als 20 % der in der höherbeanspruchten Richtung betragen (hier auf d_F = 3,0 m und b_F = 2,0 m bezogen).

Gewählte Längsbewehrung y-Richtung

BSt 500 S (A): **20 Ø 8 / 150 mm** = 10,0 cm²
> 7,2 cm² = min $A_{s,y}$

DIN 1045-1, 13.3.2: (4) $s \leq$ 250 mm

4.3 Bemessung für Querkraft

4.3.1 Durchstanzen

Die Bemessungsregeln der DIN 1045-1 für Durchstanzen gelten auch für Fundamente.

DIN 1045-1, 10.5: Durchstanzen
DIN 1045-1, 10.5.1: (1)
min d_x siehe 4.2.3

Der kritische Rundschnitt in der gedrungenen Fundamentplatte um den Köcher darf im Abstand von 1,0d geführt werden:

Abstand: $a_{crit} = 1{,}0d = 1{,}0 \cdot 0{,}45 = 0{,}45$ m

DIN 1045-1, 10.5.2: (14)
Voraussetzung für A_{load} = Köchergrundfläche: monolithische Tragwirkung über verzahnte Verbindung Stützenfuß – Köcher.

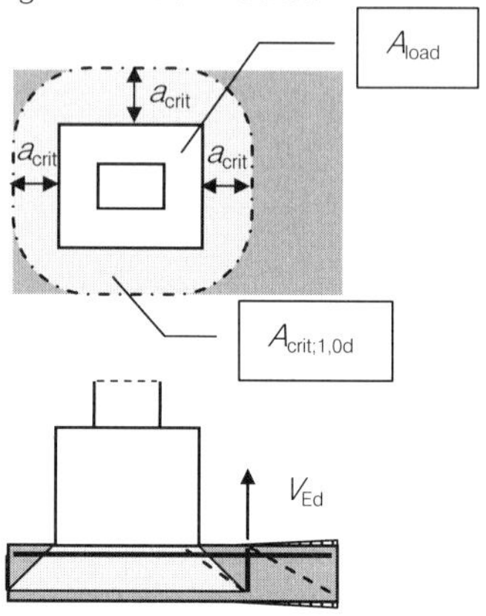

Das Durchstanzen ist offenbar nicht maßgebend, da bei diesen geometrischen Verhältnissen (gedrungene Fundamentabmessungen) auch der engere kritische Rundschnitt auf dem Fundamentrand liegt und ein großer Teil der Querkraft über Druckstreben direkt auf den Baugrund übertragen wird (Abzug des Sohldrucks unter $A_{crit;1,0d}$ zulässig).

Stattdessen stellt sich neben dem Durchstanzkegel in der auskragenden Fundamentplatte einachsige Beanspruchung ein, die Platte ist für Querkraft nachzuweisen.

4.3.2 Querkraft

Der Ermittlung der Querkraftbewehrung darf bei gleichmäßig verteilter Belastung und direkter Auflagerung die Querkraft im Abstand d vom Auflagerrand zugrunde gelegt werden.

DIN 1045-1, 10.3.2: (1)
Bemessungswert der einwirkenden Querkraft

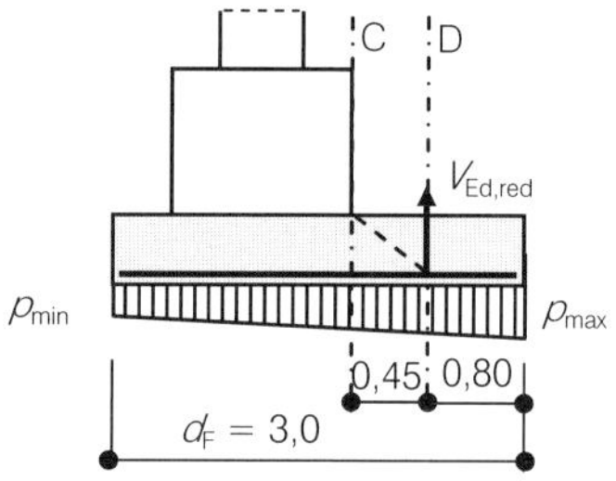

Schnitt D im Abstand d = 0,45 m vom Köcher:

$p_D = 337 - (337 - 82) \cdot 0{,}80 / 3{,}0 = 269$ kN/m²

$V_{Ed,red} = 0{,}5 \cdot (337 + 269) \cdot 0{,}8 \cdot 2{,}0$ ($b_F = 2{,}0$ m)

$V_{Ed,red}$ = **485 kN** für den Nachweis der Querkraftbewehrung

siehe 3.1: p_{min} = 82 kN/m²
p_{max} = 337 kN/m²
p_C = 231 kN/m²

Schnitt C am Köcherrand (Auflagerrand):

$V_{Ed} = 0{,}5 \cdot (337 + 231) \cdot 1{,}25 \cdot 2{,}0$ ($b_F = 2{,}0$ m)

V_{Ed} = **710 kN** für den Nachweis der Druckstreben

DIN 1045-1, 10.3.2:
(3) Beim Nachweis von $V_{Rd,max}$ dürfen die Abminderungen nach den Absätzen (1) und (2) nicht vorgenommen werden.

a) Aufnehmbare Querkraft $V_{Rd,ct}$ bei Bauteilen ohne Querkraftbewehrung

$$V_{Rd,ct} = [(0{,}15 / \gamma_c) \cdot \kappa \cdot \eta_1 (100\rho_l \cdot f_{ck})^{1/3} - 0{,}12\sigma_{cd}] \cdot b_w \cdot d \geq V_{Rd,ct,min}$$

DIN 1045-1, 10.3.3: Gl. (70)

$$\kappa = 1 + (200 / d)^{1/2} \leq 2{,}0$$

$$\kappa = 1 + (200 / 450)^{1/2} = 1{,}67 < 2{,}0$$

DIN 1045-1, 10.3.3: Gl. (71)

$$V_{Rd,ct,min} = \left[\eta_1 \cdot \frac{\kappa_1}{\gamma_c} \cdot \sqrt{\kappa^3 \cdot f_{ck}} - 0{,}12\sigma_{cd}\right] \cdot b_w \cdot d$$

DIN 1045-1, 10.3.3: (1) Gl. (70a) mit Gl. (70b)

Normalbeton: $\eta_1 = 1$

$f_{ck} = 25$ N/mm² $\sigma_{cd} = N_{Ed} / A_c = 0$

C25/30
$N_{Ed} = 0$ Längskraft im Querschnitt infolge äußerer Einwirkung oder Vorspannung

$\kappa_1 = 0{,}0525$ für $d \leq 600$ mm

$$V_{Rd,ct,min} = \left[\frac{0{,}0525}{1{,}5} \cdot \sqrt{1{,}67^3 \cdot 25}\right] \cdot 2{,}0 \cdot 0{,}45 \qquad = 0{,}340 \text{ MN}$$

$$\rho_l = A_{sl} / (b_w\, d) = 25{,}1 / (200 \cdot 45) = 0{,}0028 \qquad \leq 0{,}02$$

$$V_{Rd,ct} = 0{,}10 \cdot 1{,}67 \cdot 1{,}0\,(100 \cdot 0{,}0028 \cdot 25)^{1/3} \cdot 2{,}0 \cdot 0{,}45 = \mathbf{0{,}288\ MN}$$
$$= 288 \text{ kN} < V_{Rd,ct,min} = 340 \text{ kN} < V_{Ed,red} = 485 \text{ kN}$$

DIN 1045-1, Bild 32: A_{sl} = Fläche der Zugbewehrung, die mindestens um das Maß d über den betrachteten Querschnitt hinaus geführt und dort wirksam verankert wird.
Hier: $A_{s,x}$ = 25,1 cm² siehe 4.2.2

→ Querkraftbewehrung ist erforderlich!

b) Erforderliche Querkraftbewehrung

gewählt: senkrechte Querkraftbewehrung

Verfahren mit veränderlicher Druckstrebenneigung

für Tragfähigkeit der Querkraftbewehrung $V_{Rd,sy}$:

DIN 1045-1, 10.3.1: Nachweisverfahren
(1) Ist Querkraftbewehrung erforderlich, so ist folgender Bemessungswert der aufnehmbaren Querkraft zu ermitteln:
Begrenzung durch Tragfähigkeit der Querkraftbewehrung $V_{Rd,sy}$

$$V_{Rd,sy} = f_{yd} \cdot z \cdot \cot\theta \cdot A_{sw} / s_w$$

DIN 1045-1, 10.3.4: (4) Gl. 75

Druckstrebenneigung:

$$\cot\theta \leq \frac{1{,}2 - 1{,}4 \cdot \dfrac{\sigma_{cd}}{f_{cd}}}{1 - \dfrac{V_{Rd,c}}{V_{Ed}}} \quad \begin{cases} \geq 0{,}58 \\ \leq 3{,}0 \text{ für Normalbeton} \end{cases}$$

DIN 1045-1, 10.3.4: Gl. (73)
flachstmögliche Druckstrebenneigung!

$c_{v,Bü} + d_{s,Bü} + 30$ mm

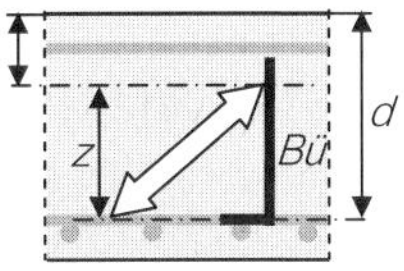

Querkrafttraganteil des Betonquerschnitts:

$$V_{Rd,c} = c_j \cdot 0{,}48 \cdot \eta_1 \cdot f_{ck}^{1/3}\,(1 + 1{,}2\sigma_{cd} / f_{cd}) \cdot b_w \cdot z$$

$$z = 0{,}9 \cdot 450 = 405 \text{ mm} > 450 - 80 = \mathbf{370\ mm}$$

$$V_{Rd,c} = 0{,}24 \cdot 1{,}0 \cdot 25^{1/3} \cdot 2{,}0 \cdot 0{,}37$$
$$= 0{,}519 \text{ MN} = \mathbf{519\ kN}$$

$$\cot\theta = 1{,}2 / (1 - 519 / 485) = < 0$$

Da $V_{Ed} < V_{Rd,c}$ darf der flachstmögliche Druckstrebenwinkel mit $\cot\theta = 3{,}0$ angenommen werden.

DIN 1045-1, 10.3.4: Gl. (74)
(2) $z = 0{,}9d \leq d - 2c_{nom,l}$
Da die Bügel mit mindestens 30 mm die Druckstrebe im Querkraftfachwerk umfassen sollen, ist speziell bei Zulagen die tatsächliche Bügelabmessung zu beachten: Hier Stehbügel Ø 10 als Unterstützungen (siehe e)):
$z \leq d - c_{v,Bü} - d_{s,Bü} - 30$
$= 450 - 40 - 10 - 30 = 370$ mm
$c_{v,l,x}$ siehe 1.2 mit Ø 10, oben 1. Lage
$c_j = 0{,}5$
$\eta_1 = 1{,}0$ Normalbeton
$N_{Ed} = 0$: $\sigma_{cd} = 0$

entspricht einer Mindestquerkraftbewehrung

$$\text{erf } A_{sw} / s_w = V_{Ed} / (f_{yd} \cdot z \cdot \cot\theta)$$
$$= 0{,}485 \cdot 10^4 / (435 \cdot 0{,}37 \cdot 3{,}0)$$
$$= \mathbf{10{,}0\ cm^2/m}$$

DIN 1045-1, 10.3.4: Gl. (75) umgestellt

b) Mindestquerkraftbewehrung

Für eine gedrungene Fundamentplatte mit $b / h = 2{,}0 / 0{,}5 = 4$ ist der einfache Wert der Mindestquerkraftbewehrung für Balken anzuordnen.

DIN 1045-1, 13.3.3: (2) ...Im Bereich $5 \geq b / h \geq 4$ ist eine Mindestbewehrung erforderlich, die...bei Platten mit rechnerisch erforderlicher Querkraftbewehrung ($V_{Ed} > V_{Rd,ct}$) zwischen dem 0,6-fachen und dem einfachen Wert der erforderlichen Mindestbewehrung nach 13.2.3 (Balken) interpoliert werden darf.

$$\min A_{sw} = \rho_w \cdot s_w \cdot b_w \cdot \sin\alpha$$

$$\min \rho_w = 1{,}0\rho = 0{,}083\ \%$$

gewählt Bügel 90°: $\sin\alpha = 1{,}0$

DIN 1045-1, 13.2.3: (4) Gl. (151)

$$\min A_{sw} / s_w = 0{,}083 \cdot 200$$
$$= \mathbf{16{,}6\ cm^2/m} \quad > \text{erf } A_{sw} / s_w$$

DIN 1045-1, 13.2..3: (5) allgemein
DIN 1045-1, 13.1, Tab. 29:
$\rho = 0{,}083$ % für $f_{ck} = 25$ N/mm²

d) Bemessungswert Querkraft aus der Begrenzung der Druckstrebenfestigkeit des Betons $V_{Rd,max}$

DIN 1045-1, 10.3.1: Nachweisverfahren
(1) Begrenzung durch Druckstrebenfestigkeit Beton $V_{Rd,max}$

gewählt: senkrechte Querkraftbewehrung

$V_{Rd,max} = b_w \cdot z \cdot \alpha_c \cdot f_{cd} / (\cot\theta + \tan\theta)$

DIN 1045-1, 10.3.4: (6) Gl. (76)

$\cot\theta = 3{,}0$

siehe c), cot θ könnte abgemindert werden, da die anzuordnende Mindestbewehrung größer als die mit cot $\theta = 3{,}0$ ermittelte erforderliche Querkraftbewehrung ist, d. h. es sind steilere Druckstreben möglich.

$\alpha_c = 0{,}75$ Abminderungsbeiwert Druckstrebenfestigkeit

$\eta_1 = 1{,}0$ Normalbeton
$f_{cd} = 14{,}2$ N/mm² für C25/30

DIN 1045-1, 10.3.2: (3) Beim Nachweis von $V_{Rd,max}$ dürfen die Abminderungen des Bemessungswertes nach (1) und (2) nicht vorgenommen werden.

$V_{Rd,max} = 2{,}0 \cdot 0{,}37 \cdot 0{,}75 \cdot 14{,}2 / (3{,}0 + 1/3{,}0)$
$= \mathbf{2{,}36\ MN} > V_{Ed} = 0{,}710$ MN

Verhältnis zum Bemessungswert der Querkraft:

$V_{Ed,red} = 0{,}485\ \text{MN} = \mathbf{0{,}21}\ V_{Rd,max} < 0{,}30\ V_{Rd,max}$

Bemessungswert Querkraftbewehrung abgemindert gemäß DIN 1045-1,10.3.2 relevant für Längs- und Querabstand der Querkraftbewehrung gemäß DIN 1045-1,13.2.3: Tab. 31
Längsabstand:
hier: $s_{max} = 0{,}7h = 350$ mm bzw. 300 mm
Querabstand:
hier: $s_{max} = h = 500$ mm bzw. 800 mm

e) Wahl der Querkraftbewehrung

Gewählt: Querkraftzulagen
3 Stehbügel Ø 10 / 250 mm
= 18,8 cm²/m
> 16,6 cm²/m = min A_{sw} / s_w

DIN 1045-1, 13.3.3: (3) *In Platten mit* $V_{Ed} \leq 0{,}30\ V_{Rd,max}$ *ist die vollständige Querkraftbewehrung aus Querkraftzulagen zulässig.*
hier gewählt: Stehbügel (Querkraftzulage ohne Umschließung der Längsbewehrung)
DIN 1045-1, 3.1.21: Platte mit $b / h \geq 4$

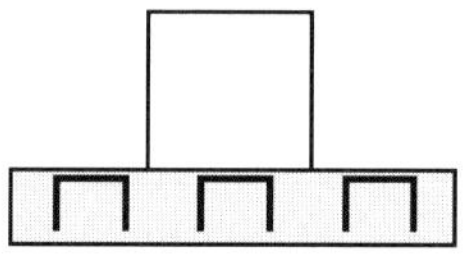

4.4 Kraftübertragung von der Stütze auf das Köcherfundament

4.4.1 Übersicht

Die durch die äußeren Einwirkungen im Stützenfuß hervorgerufenen inneren Kräfte müssen über Druckfelder und Zugstreben auf das Köcherfundament übertragen werden.

Maßgebend sind die extremalen Schnittgrößen des Lastfalles 1, siehe 3.1.

Für das folgende Stabwerkmodell sind die Nachweise zu führen:

- Einleitung der Querkraft V_{Ed} im Köcher über die Zugkraft T_2 (horizontale Bügel $A_{s,x1}$)
- Aufnahme der Zugkraft T_1 aus F_s und T_2 im Köcherfundament (lotrechte Bügel $A_{s,z}$)
- Aufnahme der Zugkraft T_3 aus der Sprengwirkung der Druckstreben C_1 und C_2 im Köcher (horizontale Bügel $A_{s,x2}$)
- Verankerung der Zugstäbe in der Stütze für die Zugkraft F_s (Verankerungslänge l_b)
- Übergreifen der lotrechten Bügel mit der vertikalen Biegezugbewehrung im Stützenfuß (Übergreifungslänge $l_{s,z}$)
- Übergreifen der lotrechten Bügel mit der horizontalen Biegezugbewehrung der Platte

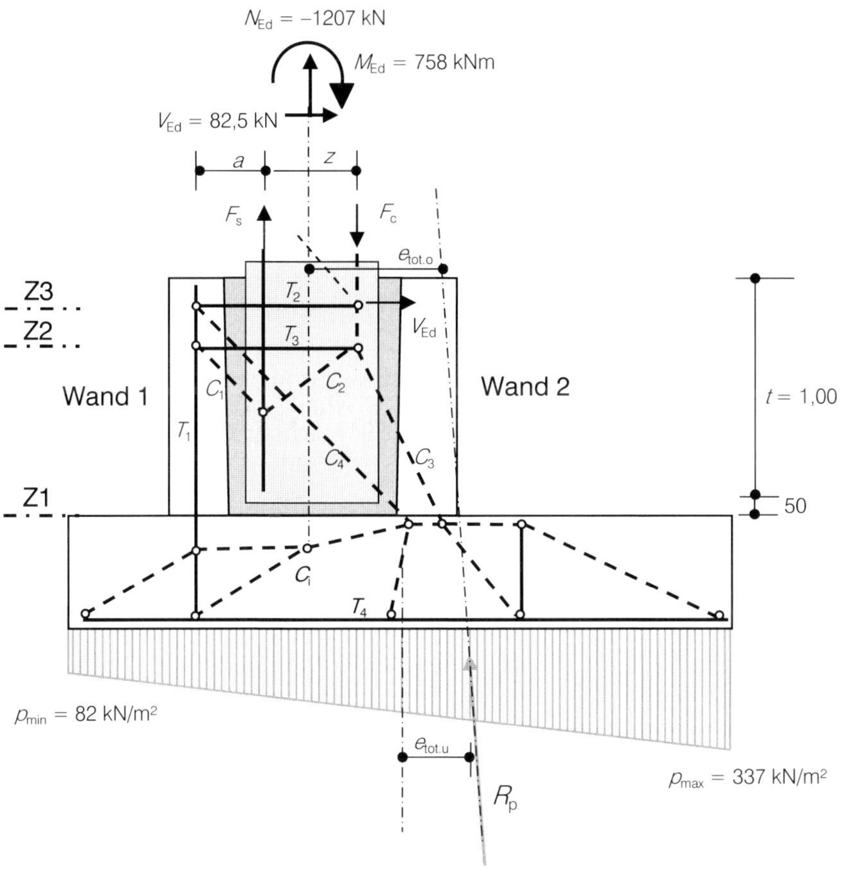

Stabwerkmodellierung siehe z. B. [48] *Schlaich/Schäfer*: Konstruieren im Stahlbetonbau; BK 1998/II, 4.7.3,S. 865 ff.:

Die Stützenquerkraft V_{Ed} wird im oberen Köcherbereich über eine Zugkraft T_2 in die schrägen Druckstreben C_4 der Köcherseitenwände zurückgehängt und liefert einen Zugkraftanteil für T_1.
Wenn die Fugen rau sind, dann ist die Stützenzugkraft F_s mit der Vertikalzugkraft T_1 im Fundament mittels einer schrägen Druckstrebe C_1 wie bei einem Übergreifungsstoß gestoßen. Dabei wird die Köcherquerwand W1 mit Horizontalkräften beaufschlagt, deren Sprengwirkung in den Köcherseitenwänden über Zuggurte T_3 im Bereich der Übergreifungslänge $T_1 - F_s$ aufgenommen wird.
Die Stützendruckkraft F_c wird in Richtung des Sohldrucks über weitere Druckstreben C_3 und C_i weitergeleitet. Die horizontalen Zugkräfte des sich ausbildenden Sprengwerks in der Fundamentplatte werden über die Biegezugbewehrung T_4 aufgenommen.

große Ausmitte der Resultierenden R_p (Sohldruck mit Köchereigenlast, ohne Eigenlast der Fundamentplatte):
OK Fundament: $e_{tot,o}$ = 758 / 1207 = 0,63 m
UK Fundament: $e_{tot,u}$ = 383 / 1258 = 0,30 m
Momente und p siehe 3.1
OKF: Bezug auf Schwerachse Stütze
UKF: Bezug auf Schwerachse Fundamentplatte

Vereinfachte Modelle der horizontalen Kraftverteilung zu den Köcherwänden in den Schnitten Z3 und Z2:

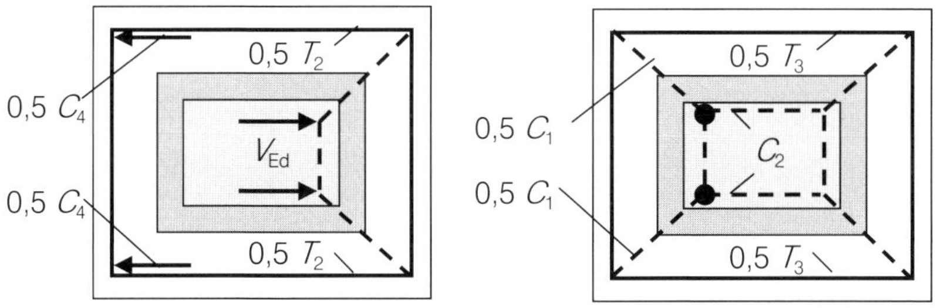

Bewehrung im Köcher:

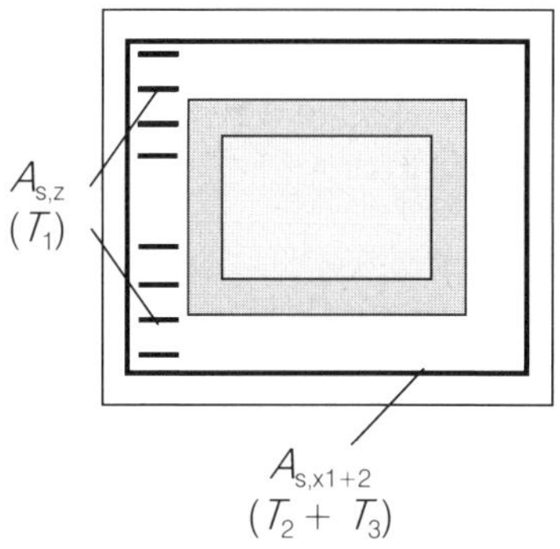

Längsbewehrung in der Fertigteilstütze

Die Übertragung der im Stützenfuß wirkenden Kräfte in das Köcherfundament und den Baugrund wird mit Stabwerkmodellen beschrieben. Für die erforderlichen Nachweise ist die Kenntnis der Stützenkräfte, insbesondere in der Stützenlängsbewehrung, erforderlich.

Bemessung dieser Stütze nicht in diesem Beispiel, zum Nachweisgang siehe Beispiele 9 und 10 zur Stützenbemessung.

Die Stützenbemessung ergab: erf $A_{s,1}$ = erf $A_{s,2}$ = 20,7 cm².

Gewählt wurden je Seite 6 ∅ 25 mit: vorh $A_{s,1}$ = vorh $A_{s,2}$ = 29,4 cm².

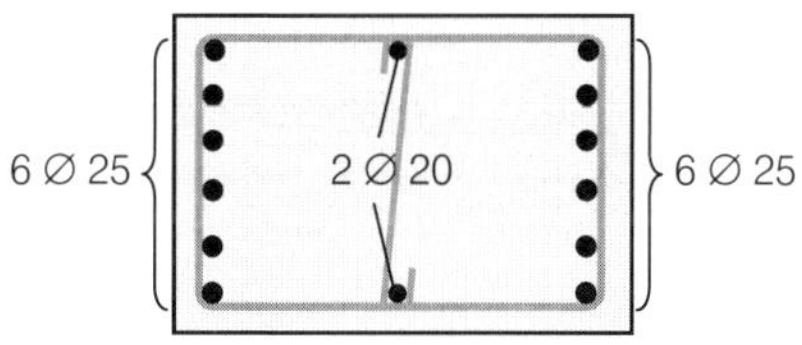

4.4.2 Bemessung der horizontalen und lotrechten Bügel des Köchers

a) Zurückhängen der Querkraft V_{Ed}

$T_2 = V_{Ed} = 82{,}5$ kN

erf $A_{s,x1} = T_2 / f_{yd} = 0{,}0825 \cdot 10^4 / 435 \quad = \mathbf{1{,}9\ cm^2}$

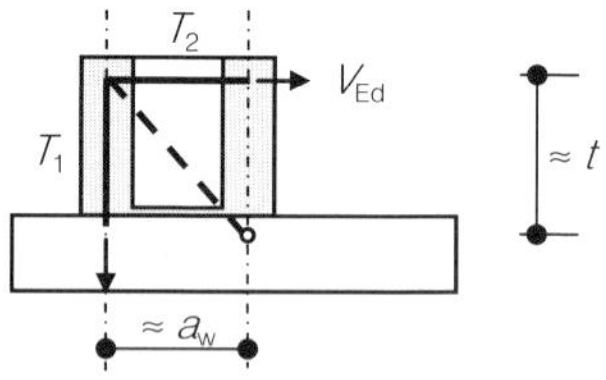

b) Lotrechte Zugkraft T_1

Anteil der Zugkraft T_1 aus der Umlenkung von T_2:

$T_1 = T_2 \cdot t / a_w = 82{,}5 \cdot 1{,}00 / 1{,}05 = 78{,}6$ kN

Abstand der Köcherwandachsen:
$a_w = 1{,}30 - 0{,}25 = 1{,}05$ m

Anteil der Zugkraft T_1 aus F_s und dem Versatz der Bewehrungen:

Versatz Bewehrung: $a = d_1 + t_F + d_w / 2$
$= 53 + 100 + 250 / 2 \quad = 278$ mm

Annahme für Stütze:
$d_1 = c_{nom} + d_{s,Bü} + d_{s,l} / 2 = 30 + 10 + 25 / 2$
Fugendicke: max $t_F = 100$ mm, siehe 1.1
Schwerpunkt zweischnittige Bügelbewehrung für T_1 in Köcherwandmitte angenommen.

innerer Hebelarm z: $z \approx 0{,}9d = 0{,}9\ (h - d_1) \quad < z_s = h - 2d_1$
$z = 0{,}9\ (600 - 53) \quad z_s = 600 - 2 \cdot 53$
$= 492$ mm $\quad = 494$ mm

z_s = Abstand der symmetrischen Bewehrung
Der größere innere Hebelarm sollte gewählt werden.

Stützenzugkraft: $F_s = \text{erf}\ A_{s,F} \cdot f_{yd} = 20{,}7 \cdot 10^{-4} \cdot 435 = 0{,}900$ MN

Gleichgewicht: $T_1 = F_s \cdot z / (a + z) = 0{,}900 \cdot 494 / (278 + 494)$
$T_1 = 0{,}576$ MN

Summe $T_1 = 0{,}078 + 0{,}576 = 0{,}654$ MN

Bewehrung Stehbügel: erf $A_{s,z} = T_1 / f_{yd}$
$= 10^4 \cdot 0{,}654 / 435 \quad = \mathbf{15{,}0\ cm^2}$

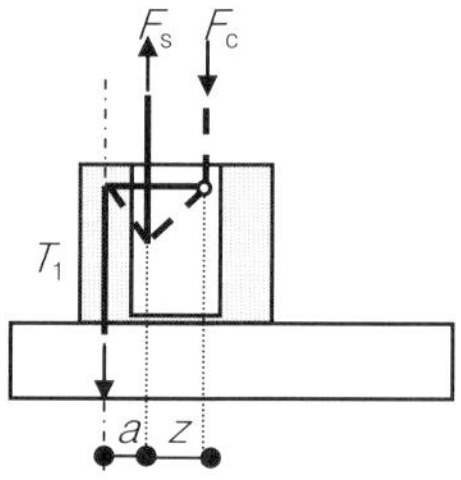

Anteile T_1 aus Umlenkung T_2 und aus F_s

c) Aufnahme der Horizontalkomponente der Druckstreben mit Zugkraft T_3

Maßgebend für die Sprengwirkung der Druckstreben C_1 ist der Druckstrebenwinkel bei der Zugkraftumlagerung von F_s auf T_1. Dieser hängt von der Rauigkeit der Vergussfuge und von der Übergreifungslänge l_s ab. Je steiler der mögliche Druckstrebenwinkel θ umso geringer die Zugkraft T_3.

Annahme: Druckstrebenwinkel = 45°

- Fugenrauigkeit: Verzahnung nach DIN 1045-1, 10.3.6: Bild 35, Druckstrebenneigung ≤ 45° in Bezug auf die vertikale Vergussfuge möglich (d. h. $\theta \geq 45°$ gemäß Skizze)
- geometrische Randbedingungen bei 45°:
  $t - c_{nom,col} - c_{nom,F} = \text{vorh}\ l_s \geq a + \text{erf}\ l_s$

Die geometrischen Randbedingungen abhängig von der erforderlichen Übergreifungslänge werden im Abschnitt 5: Bewehrungsführung, bauliche Durchbildung überprüft. Ggf. ist der mögliche Druckstrebenwinkel anzupassen.

Die erforderlichen horizontalen Bügel für T_3 sind über die Übergreifungslänge erf l_s zu verteilen.

Gleichgewicht: $T_3 = C_{1x} = T_1 / \tan\theta \quad = 0{,}576 / \tan 45°$
$T_3 = 0{,}576$ MN

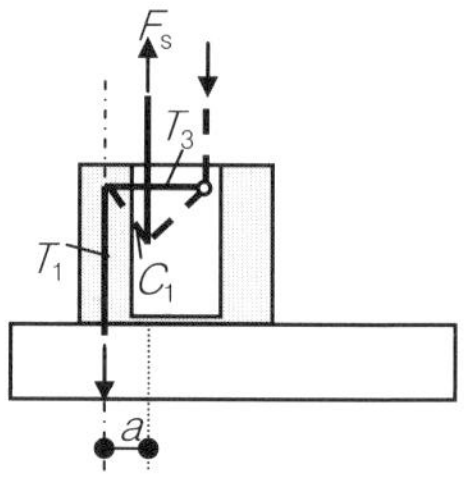

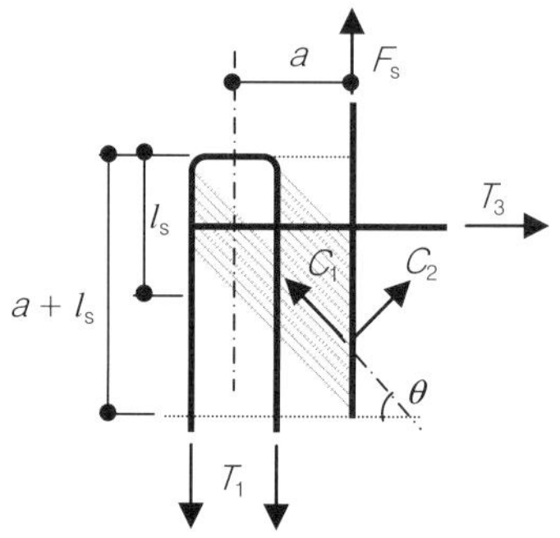

Anteil T_1 aus Stützenlängszugkraft F_s

Bewehrung Bügel: erf $A_{s,x2} = T_3 / f_{yd}$

$= 10^4 \cdot 0{,}576 / 435 = \mathbf{13{,}2\ cm^2}$

Zur Bewehrungskonstruktion siehe auch:
[65] DAfStb-Heft 399: *Eligehausen/Gerster*: Das Bewehren von Stahlbetonbauteilen
[66] DAfStb-Heft 411: *Mainka/Paschen*: Untersuchungen über das Tragverhalten von Köcherfundamenten

Die Stabwerksmodellierung in 4.4.1 im Grundriss zeigt, dass sich die Horizontalkomponenten aus der schrägen Stützenzugkraftübertragung in die steiferen Ecken nahe der Köcherwände abstützen. Das entspricht dem Druckbogenmodell aus [65], Bild 7.20a. Bei der Anordnung von horizontalen Rechteckbügeln findet die Kraftkonzentration nicht in der Köcherwand vor der Stütze sondern eher in Richtung der Bügelumlenkpunkte in den Wandecken statt. Deshalb wird auch die lotrechte Bewehrung in dieser Richtung konzentriert. Diese Bügelanordnung reagiert auf die in der Praxis verbreitete einfache, rechteckige Form der horizontalen Bügel, die nicht optimal ist. Die Rissgefahr in der Köcherwand vor der Stütze ist durch diese Anordnung höher, führt aber auch zu einer Umlagerung der Kräfte in die steiferen Ecken hin.
Dabei müssen durchaus lotrechte Bügel (hier 50 %) vor der Stütze in der Köcherwand verbleiben. Eine gleichmäßigere Verteilung ist denkbar, führt aber auch zu ungleichmäßigeren Dehnungen, da die Bügel direkt vor der Stütze dann am stärksten beansprucht werden. Das ist der Grund, in [66] die Bügelkonzentration vor der Stütze zu empfehlen. In diesem Fall ist dann ein Achteckbügel ([65], Bild 7.21) sachgerechter, der die Horizontalkräfte in die Wände umleitet. Diese Bügelform (oder Wendel) gehört auch zur Bewehrungsempfehlung in [66]. Bei sehr langen Köcherwänden vor breiten Stützen sollte allerdings die Bügel-Verteilung verändert werden, da hier die Gefahr des horizontalen Durchstanzens des Stützenfußes in der unteren Köcherwand deutlich zunimmt (Druckgewölbe zu flach). Dort müssen mehr Bügel vor der Stütze angeordnet werden.

d) Bewehrungswahl

Gewählt: BSt 500 S (A)

horizontal: je Köcherseitenwand

2 x 4 zweischnittige Bügel Ø 12 $= 18{,}1\ cm^2$

$> 1{,}9 + 13{,}2 = 15{,}1\ cm^2$

$> A_{s,x1} + A_{s,x2}$

lotrecht:

Wand 1: **8 zweischnittige Bügel Ø 12** $= 18{,}1\ cm^2$

$> A_{s,z} = 15{,}0\ cm^2$

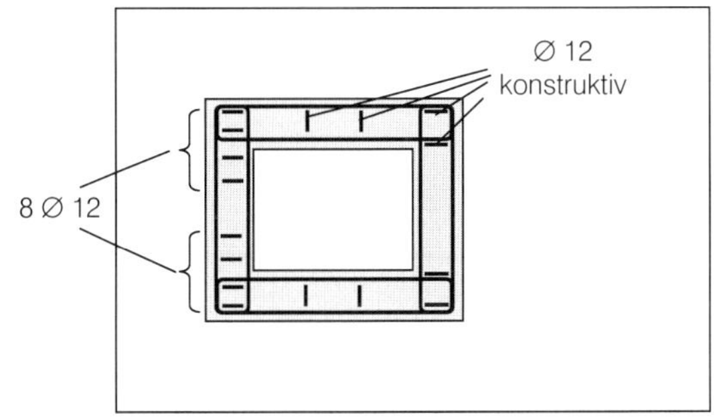

Grundriss

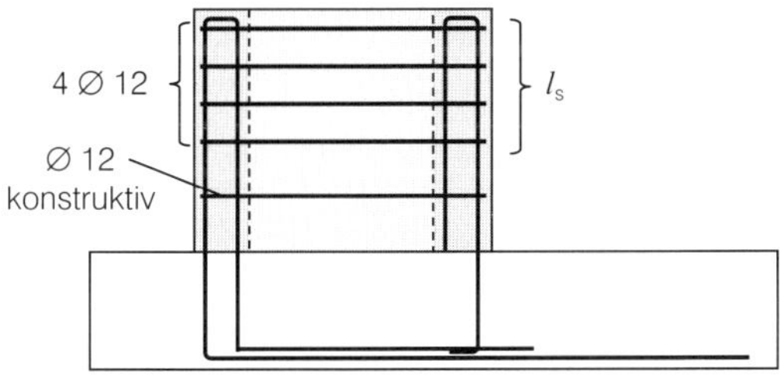

Schnitt

Da die Einwirkungen der Randstütze in diesem Beispiel unsymmetrisch sind, wird auch die Bewehrung unsymmetrisch angeordnet.

Maßgebend für Verteilung der Horizontalbügel: $l_{s,z}$ für Ø 25 = 670 mm siehe 5.2 b)

5 Bewehrungsführung, bauliche Durchbildung

5.1 Verankerung der Stützenlängsbewehrung

Grundmaß der Verankerungslänge: $l_b = (d_s / 4) \cdot (f_{yd} / f_{bd})$

DIN 1045-1, 12.6.2: (2) Gl. (140)

Bemessungswert Verbundspannung:

liegend gefertigte Stütze mit $h = 400$ mm in Betonierrichtung

gute Verbundbedingungen: $f_{bd} = 4{,}0\ N/mm^2$ für C45/55

DIN 1045-1, 12.4:
(2) c) gute Verbundbedingungen für liegend gefertigte Stützen mit Außenrüttler verdichtet und $h \leq 500$ mm.
DIN 1045-1, 12.5: Tab. 25: $d_s < 32$

Bemessungswert Stahlspannung : $f_{yd} = 435\ N/mm^2$

$l_b = (25 / 4) \cdot (435 / 4{,}0) = \mathbf{680\ mm}$

a) Verankerung Biegezugbewehrung

Die Stützenlängsstäbe werden mit den lotrechten Stehbügeln im Köcherfundament durch Übergreifen auf Zug gestoßen. Für diesen Nachweis ist zunächst die erforderliche Verankerungslänge für die Stäbe ∅ 25 zu ermitteln.

	Gerade Stabenden: $\alpha_a = 1{,}0$
$l_{b,min} = 0{,}3\ \alpha_a\ l_b$	$l_{b,min} = 0{,}3 \cdot 1{,}0 \cdot 680 = 204$ mm
$\geq 10 d_s$	$< 10 \cdot 25 =$ **250 mm**
$l_{b,net} = \alpha_a \cdot l_b \cdot (A_{s,erf} / A_{s,vorh})$	$l_{b,net} = 1{,}0 \cdot 680 \cdot (20{,}7 / 29{,}4) =$ **479 mm**
$\geq l_{b,min}$	> 250 mm $= l_{b,min}$

Die Biegezugbewehrung der Stütze wird am Fuß mit geraden Stabenden verankert. Mit dieser Verankerung wird die Stützenzugkraft zunächst am Stützenfuß in den Beton eingeleitet.
Wenn die Stützenbewehrung in anderen Einwirkungskombinationen auch Druckbewehrung sein kann, sind Haken, Winkelhaken oder Schlaufen nicht zulässig.

DIN 1045-1, 12.6: Tab.26: Verankerungsarten
DIN 1045-1, 12.6.2: (3) $l_{b,min}$, Zugstäbe

DIN 1045-1, 12.6.2: (3) Gl. (141)
Bewehrung: siehe 4.4.1

b) Verankerung Druckbewehrung

Die Stützenlängsstäbe auf der Druckseite werden als Druckstäbe ∅ 25 in der Stütze verankert. Der Druckkraftanteil der Bewehrung kann dann aus dem Stützenfuß über die verzahnte Vergussfuge in die Köcherwände übertragen werden.

DIN 1045-1, 12.6.1: (3) Für Druckbewehrungen sind Haken, Winkelhaken oder Schlaufen nicht zulässig.

$l_{b,min} = 0{,}6\ l_b$	$l_{b,min} = 0{,}6 \cdot 680 =$ **408 mm**
$\geq 10 d_s$	$> 10 \cdot 25 = 250$ mm
	gerade Stabenden: $\alpha_a = 1{,}0$
$l_{b,net} = \alpha_a \cdot l_b \cdot (A_{s,erf} / A_{s,vorh})$	$l_{b,net} = 1{,}0 \cdot 680\ (20{,}7 / 29{,}4) =$ **479 mm**
$\geq l_{b,min}$	> 408 mm $= l_{b,min}$

DIN 1045-1, 12.6.2: (3) $l_{b,min}$, Druckstäbe

DIN 1045-1, 12.6: Tab.26: Verankerungsarten gerade Stabenden
DIN 1045-1, 12.6.2: (3) Gl. (141)
Bewehrung: siehe 4.4.1

vorh $l_b = t - c_{nom} = 1000 - 30 = 970$ mm $>$ erf $l_{b,net} = 479$ mm (Druck und Zug)

Annahme $c_{nom} = 30$ mm aus Stützenbemessung
t = Einbindetiefe des Stützenfußes

5.2 Verankerung der lotrechten Stehbügel

Grundmaß der Verankerungslänge: $l_b = (d_s / 4) \cdot (f_{yd} / f_{bd})$

DIN 1045-1, 12.6.2: (2) Gl. (140)

Bemessungswert Verbundspannung:

gute Verbundbedingungen: $f_{bd} = 2{,}7$ N/mm² für C25/30

DIN 1045-1, 12.4:
(2) a) gute Verbundbedingungen für lotrechte Stäbe.

DIN 1045-1, 12.5: Tab. 25: $d_s < 32$ mm

Bemessungswert Stahlspannung : $f_{yd} = 435$ N/mm²

$l_b = (12 / 4) \cdot (435 / 2{,}7) =$ **483 mm**

a) erforderliche Verankerungslänge der Stehbügel ∅ 12

	Bügelschlaufen: $\alpha_a = 0{,}7$
$l_{b,min} = 0{,}3\ \alpha_a\ l_b$	$l_{b,min} = 0{,}3 \cdot 0{,}7 \cdot 483 = 101$ mm
$\geq 10 d_s$	$< 10 \cdot 12 =$ **120 mm**
$l_{b,net} = \alpha_a \cdot l_b \cdot (A_{s,erf} / A_{s,vorh})$	$l_{b,net} = 0{,}7 \cdot 483 \cdot (15{,}0 / 18{,}1) =$ **280 mm**
$\geq l_{b,min}$	> 120 mm $= l_{b,min}$

DIN 1045-1, 12.6: Tab. 26: Verankerungsarten Schlaufen

DIN 1045-1, 12.6.2: (3) $l_{b,min}$ Zugstäbe

DIN 1045-1, 12.6.2: (3) Gl. (141)
Bewehrung: siehe 4.4.2

b) Übergreifung der vertikalen Stehbügelschenkel Ø 12 mit der Biegezugbewehrung im Stützenfuß Ø 25

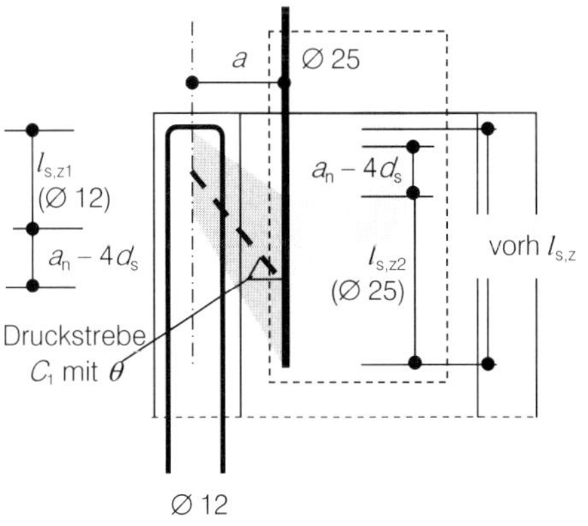

Beim Übergreifen von Stäben mit unterschiedlichen Durchmessern ist die größere erforderliche Übergreifungslänge maßgebend. Die Druckstreben zwischen den in unterschiedlichen Betonfestigkeitsklassen mit $l_{b,net}$ verankerten Stäben durchlaufen die verzahnte Vergussfuge in der Köcheraussparung.

Bei der Ermittlung der Übergreifungslänge der Stützenzugbewehrung Ø 25 darf berücksichtigt werden, dass nur der in der Druckstrebe C_1 übertragene Zugkraftanteil über den Übergreifungsstoß auf die Stehbügel zu übertragen ist. Der Ausnutzungsgrad nach 5.1 a) wird weiter reduziert:

Vgl. 4.4.2 b):
Stehbügel Ø 12: T_1 = 0,576 MN
Stützenbewehrung Ø 20: F_s = 0,900 MN

$l_{b,net}$ = 1,0 · 680 · (576 / 900) · (20,7 / 29,7) = 303 mm > 250 mm = $l_{b,min}$

	Stehbügelschenkel Ø 12	Stützenbewehrung Ø 25
$l_{s,min}$ = 0,3 $\alpha_a \cdot \alpha_1 \cdot l_b$	Bügelschenkel: α_a = 0,7 α_1 = 1,4 $l_{s,min}$ = 0,3 · 0,7 · 1,4 · 483 = 142 mm	Gerade Stabenden: α_a = 1,0 α_1 = 2,0 $l_{s,min}$ = 0,3 · 1,0 · 2,0 · 680 = **408 mm**
≥ 15d_s ≥ 200 mm	< 15 · 12 = 180 mm < **200 mm**	> 15 · 25 = 375 mm > 200 mm
$l_s = l_{b,net} \cdot \alpha_1$ ≥ $l_{s,min}$	$l_{s,z1}$ = 280 · 1,4 = **392 mm** > 200 mm	$l_{s,z2}$ = 303 · 2,0 = **606 mm** > 408 mm

DIN 1045-1, 12.8.2 (1)
DIN 1045-1, 12.6: Tab. 26: Verankerungsarten
DIN 1045-1, Tab. 27:
α_1 für gestoßene Stäbe > 33 % in der Zugzone und Bild 57: $s < 10d_s$:
d_s < 16 mm: α_1 = 1,4; l_b siehe 5.1
d_s ≥ 16 mm: α_1 = 2,0; l_b siehe 5.2

d_s = 12 mm; $l_{b,net}$ siehe 5.2 a)
d_s = 25 mm; l_{bnet} siehe 5.1 a) Zug!

DIN 1045-1, 12.8.2: Gl. (144)
max $l_{s,z2}$ = 606 mm auch maßgebend für die konstruktive Verteilungshöhe der horizontalen Köcherbügel, siehe 4.4.2 d).

Der Abstand der gestoßenen Stäbe a = 278 mm ist größer als 4d_s.

a siehe 4.4.2 b)

Die Übergreifungslänge ist mindestens zu vergrößern auf:

Bezug wird vereinfacht für beide Bügelschenkel auf die Köcherwandachse (entspricht dem Bewehrungsschwerpunkt) genommen.

lichter Stababstand:
a_n = $a - (d_{s1} + d_{s2}) / 2$ = 278 – (25 + 12) / 2 = 260 mm

Stehbügelschenkel Ø 12:
min l_s = $l_{s,z1} + (a_n - 4\,d_s)$ = 392 + (260 – 4 · 12) = 604 mm

DIN 1045-1, 12.8.2: (2)
Ist der lichte Abstand der gestoßenen Stäbe > 4d_s..., so muss die Übergreifungslänge um die Differenz zwischen dem vorhandenen lichten Stababstand und 4d_s vergrößert werden.

Maßgebend: Stützenbewehrung Ø 25

min $l_{s,z}$ = $l_{s,z2} + (a_n - 4\,d_s)$ = 606 + (260 – 4 · 25) = **766 mm**

< vorh $l_{s,z}$ = $t - (c_{nom,col} + c_{nom,F})$ = 1000 – (30 + 30) = 940 mm

Betondeckung:
Stütze: $c_{nom,col}$ = 30 mm
Fundament: $c_{nom,F}$ = 30 mm

c) Kontrolle des möglichen Druckstrebenwinkels bei minimalen Übergreifungslängen wegen Annahme der Druckstrebenneigung θ = 45°

siehe 4.4.2 c)

$$\tan\theta = [\text{vorh } l_{s,z} - 0{,}5\,(l_{s,z1} + l_{s,z2})] / a$$
$$= [940 - 0{,}5\,(392 + 606)] / 278 = 1{,}59$$
$$\theta = 57{,}8° > 45°$$

siehe Skizze b)
d. h. der angenommene 45° Druckstrebenwinkel kann sich geometrisch einstellen.

Die Annahme zur Bemessung der horizontalen Köcherbügel ist berechtigt.

Die Querbewehrung im Bereich des Übergreifungsstoßes ist durch die horizontalen Bügel im Köcher abgedeckt.

DIN 1045-1, 12.8.3: (1)
...- Die Querbewehrung muss zwischen der Längsbewehrung und der Betonoberfläche angeordnet sein....

d) Übergreifung der horizontalen Stehbügelschenkel mit der Biegezugbewehrung der Fundamentplatte Ø 20

Die Zugkräfte der vertikalen Stehbügel werden analog einer Rahmenecke in die horizontalen Bügelschenkel umgelenkt. Die Kräfte der horizontalen Bügelschenkel sind zusätzlich zu denen der Biegebewehrung der Fundamentplatte zu übertragen und zu verankern.

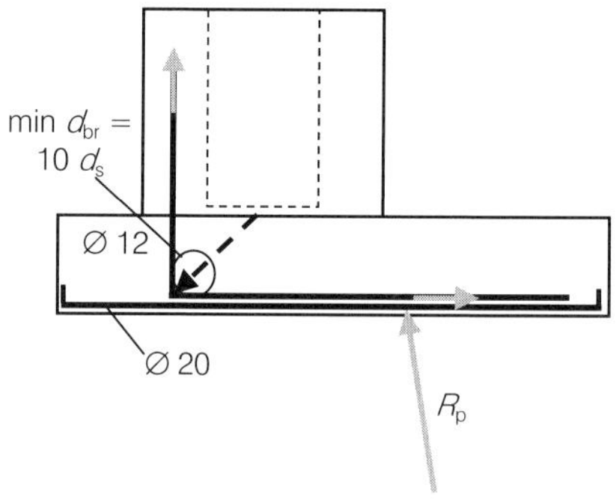

Die Verankerung der horizontalen Bügelschenkel erfolgt ab der theoretischen Wirkungslinie des resultierenden Sohldrucks R_p.

Bei den vorliegenden Fundamentabmessungen und Sohldrücken werden die horizontalen Bügelschenkel mit geraden Stabenden konstruktiv bis zum Fundamentrand geführt.

Die Druckdiagonale am Knoten in der Bewehrungsabbiegung ist mit dem zulässigen Biegerollendurchmesser nachzuweisen.

DIN 1045-1, 10.6.3: (3) und Bild 50

Hier wird der Mindestbiegerollendurchmesser für abgebogene Stäbe mit $d_{br} = 10 d_s$ gewählt. Wegen der Bewehrungsauslastung der Stehbügel von nur ca. 80 % ($A_{s,erf} / A_{s,vorh} = 15{,}0 / 18{,}1\ cm^2$) wird kein gesonderter Nachweis des Biegerollendurchmessers geführt.

DIN 1045-1, 12.3: Tab. 23: min d_{br} Biegerollendurchmesser für gebogene Stäbe mit Betondeckung > 100 mm zur Biegeebene

5.3 Übergreifung der horizontalen Köcherbügel

Die Schenkel der horizontalen Köcherbügel werden durch Übergreifen gestoßen.

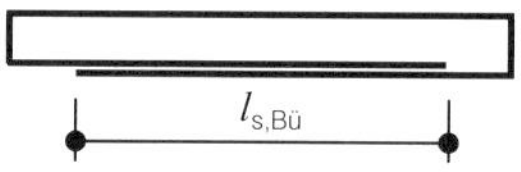

Grundmaß der Verankerungslänge: $l_b = (d_s / 4) \cdot (f_{yd} / f_{bd})$

DIN 1045-1, 12.6.2: (2) Gl. (140)

Bemessungswert Verbundspannung:

DIN 1045-1, 12.4: (2) b) mäßige Verbundbedingungen 300 mm unter OK Betonierabschnitt bei Bauteilhöhen > 600 mm, horizontale Stäbe.

mäßige Verbundbedingungen: $f_{bd} = 0{,}7 \cdot 2{,}7\ N/mm^2$ für C25/30
$f_{bd} = 1{,}89\ N/mm^2$

DIN 1045-1, 12.5: Tab. 25: $d_s < 32$ mm und (2)

Bemessungswert Stahlspannung : $f_{yd} = 435\ N/mm^2$

$l_b = (12 / 4) \cdot (435 / 1{,}89) =$ **690 mm**

Die mäßigen Verbundbedingungen betreffen nur die Horizontalbügel innerhalb der oberen 300 mm des Köchers, für tieferliegende Bügel können die guten Verbundbedingungen in Anspruch genommen werden. Darauf wird in diesem Beispiel verzichtet.

	gerade Stabenden: $\alpha_a = 1{,}0$ $\alpha_1 = 1{,}0$
$l_{s,min} = 0{,}3 \cdot \alpha_a \cdot \alpha_1 \cdot l_b$ $\geq 15 d_s$ ≥ 200 mm	$l_{s,min} = 0{,}3 \cdot 1{,}0 \cdot 1{,}0 \cdot 690 =$ **207 mm** $> 15 \cdot 12 = 180$ mm > 200 mm
$l_{b,net} = \alpha_a \cdot l_b \cdot (A_{s,erf} / A_{s,vorh})$ $\geq l_{b,min} = 0{,}3 \cdot \alpha_a \cdot l_b$ $\geq 10 d_s$	$l_{b,net} = 1{,}0 \cdot 690 \cdot (15{,}1 / 18{,}1) =$ **576 mm** $> 0{,}3 \cdot 1{,}0 \cdot 690 = 207$ mm $> 10 \cdot 12 = 120$ mm
$l_s = l_{b,net} \cdot \alpha_1$ $\geq l_{s,min}$	$l_s = 576 \cdot 1{,}0 =$ **576 mm** > 207 mm
gewählt $l_{s,Bü}$	= **600 mm** $>$ erf $l_s = 576$ mm

DIN 1045-1, 12.8.2 (1)
DIN 1045-1, 12.6: Tab. 26: Verankerungsarten
DIN 1045-1, Tab. 27: $\alpha_1 = 1{,}0$ Zugstoß mit [a)] α_1 für gestoßene Stäbe > 33 % in der Zugzone und $d_s < 16$ mm, Bild 57: $s = 606/3 = 202$ mm > $10 d_s = 120$ mm (4 Bügel auf ≈ 606 mm Höhe) und $s_0 > 5 d_s = 60$ mm

DIN 1045-1, 12.6.2: (3) Gl. (141)
siehe 4.4.2: $A_{s,erf} / A_{s,vorh}$
$l_{b,min}$ für Zugstäbe

DIN 1045-1, 12.8.2: (1) Gl. (144), lichter Stababstand der gestoßenen Stäbe ≤ $4 d_s$

5.4 Verankerung der Biegezugbewehrung der Fundamentplatte

[48]: Die Zuggurtkräfte am Ende der Auskragung von Fundamenten sind wegen der tatsächlichen (nicht gleichmäßigen) Verteilung des Sohldrucks gering. Deshalb können Bewehrungsmatten im Allgemeinen mit geraden Stabenden verankert werden, wenn die Bewehrung nicht abgestuft wird. Bei einer Bewehrung mit Stabstahl oder bei gedrungenen Fundamenten sollten aber immer Endhaken oder -aufbiegungen vorgesehen werden, damit bei einer örtlichen Überlastung des Verbundes die Verankerung des Zugbandes gesichert ist.

[48] *Schlaich/Schäfer*: Konstruieren im Stahlbetonbau. BK 1998/II, 4.7.1, S. 862

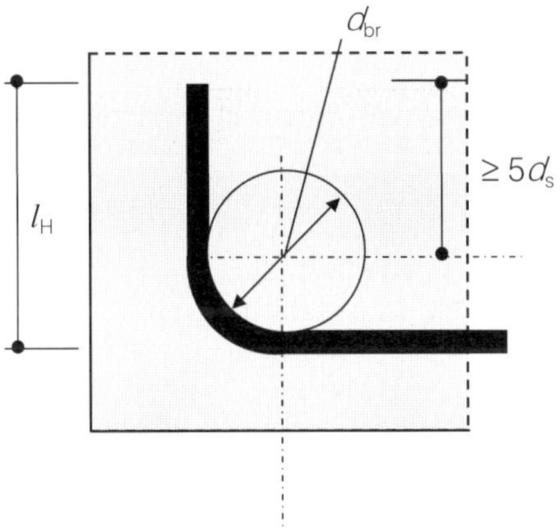

Alle Stäbe der Biegezugbewehrung x– ∅ 20 und y– ∅ 8 werden bis zu den jeweiligen Plattenrändern geführt und dort konstruktiv mit Winkelhaken verankert.

Gewählte Endhaken:

DIN 1045-1, 12.3: Tab. 23 Biegerollendurchmesser für Winkelhaken
$d_s \geq 20$ mm: $d_{br} = 7d_s$
$d_s < 20$ mm: $d_{br} = 4d_s$

x– ∅ 20: $\min l_H = 5d_s + d_{br}/2 + d_s$
$= 5 \cdot 20 + 7 \cdot 20/2 + 20 = 190$ mm
gewählt: l_H = **190 mm**

y– ∅ 8: $\min l_H = 5d_s + d_{br}/2 + d_s$
$= 5 \cdot 8 + 4 \cdot 8/2 + 8 = 64$ mm
gewählt: l_H = **80 mm**

6 Nachweise in den Grenzzuständen der Gebrauchstauglichkeit

6.1 Begrenzung der Spannungen unter Gebrauchsbedingungen

DIN 1045-1, 11.1

Die Bedingungen nach DIN 1045-1, 11.1.1: (3) (siehe Kommentar) sind im Beispiel für das Köcherfundament eingehalten, die Spannungsnachweise unter Gebrauchsbedingungen können entfallen.

DIN 1045-1, 11.1.1: (3) *Die Spannungsnachweise nach 11.1.2 (Betondruckspannungen) und 11.1.3 (Betonstahlspannungen) dürfen für nicht vorgespannte Tragwerke des üblichen Hochbaus, die nach Abschnitt 10 bemessen wurden, im Allgemeinen entfallen, wenn die Schnittgrößen nach der Elastizitätstheorie ermittelt und im Grenzzustand der Tragfähigkeit um nicht mehr als 15 % umgelagert wurden und die bauliche Durchbildung nach Abschnitt 13 (Konstruktionsregeln) durchgeführt wird und insbesondere die Festlegungen für die Mindestbewehrung nach 13.1.1 eingehalten sind.*

6.2 Grenzzustände der Rissbildung

6.2.1 Mindestbewehrung zur Begrenzung der Rissbreite

DIN 1045-1, 11.2.2

Bei den vorliegenden Fundamentabmessungen und den vorhandenen Sohlnormalspannungen unter Gebrauchslasten kann man davon ausgehen, dass eine mögliche durch Bodenreibung verursachte Zwangzugkraft wesentlich kleiner als die Rissschnittgröße ist. Auf einen Nachweis der Mindestbewehrung kann daher verzichtet werden.

6.2.2 Begrenzung der Rissbreite für die statisch erforderliche Bewehrung

Die Anforderungen an die Dauerhaftigkeit und das Erscheinungsbild des Tragwerks gelten bei der hier vorausgesetzten Expositionklasse XC2 als erfüllt, wenn der Rechenwert der Rissbreite auf $w_k = 0{,}3$ mm begrenzt wird (Anforderungsklasse E).

DIN 1045-1, 11.2.1: (6) Tabellen 18 und 19

Biegemoment unter quasi-ständiger Einwirkungskombination:

quasi-ständig wegen Anforderungsklasse E

$$M_{C,perm} = 232 \text{ kNm}$$

siehe 3.2

Biegemoment und Bewehrung aus der Bemessung:

$$M_{Ed,C} = 472 \text{ kNm}$$

siehe 3.1

$$\sigma_{s,perm} \approx (M_{perm} / M_{Ed}) \cdot (\text{erf } A_s / \text{vorh } A_s) \cdot \sigma_{sd}$$
$$\approx (232 / 472) \cdot (24{,}0 / 25{,}1) \cdot 456{,}5 = 215 \text{ N/mm}^2$$

Bewehrung und σ_{sd} siehe 4.2.2
8 Ø 20 = 25,1 cm²

Grenzdurchmesser d_s^* für $w_k = 0{,}3$ mm und $\sigma_s = 215$ N/mm²:

$$d_s^* = 23{,}4 \text{ mm}$$

DIN 1045-1, 11.2.3: Begrenzung der Rissbreite ohne direkte Berechnung
Tab. 20: Grenzdurchmesser d_s^* bei Betonstählen bzw. Anhang A10
bzw. statt Interpolation:
$d_s^* = 3{,}6 \cdot 10^6 \cdot w_k / \sigma_s^2$

Der Grenzdurchmesser muss in Abhängigkeit von der wirksamen Betonzugfestigkeit modifiziert werden:

$$d_s = d_s^* \cdot f_{ct,eff} / f_{ct,0}$$

$$\max d_s = 23{,}4 \cdot 2{,}6 / 3{,}0$$
$$= \mathbf{20{,}3 \text{ mm}}$$
$$> \text{vorh } d_s = 20 \text{ mm}$$

DIN 1045-1, 11.2.3: (4) Gl. (131)
Betonzugfestigkeit für C25/30:
$f_{ct,eff} = f_{ctm} = 2{,}6$ N/mm², Tab. 9
$f_{ct,0} = 3{,}0$ N/mm²

→ Nachweis erfüllt!

7 Darstellung der Bewehrung

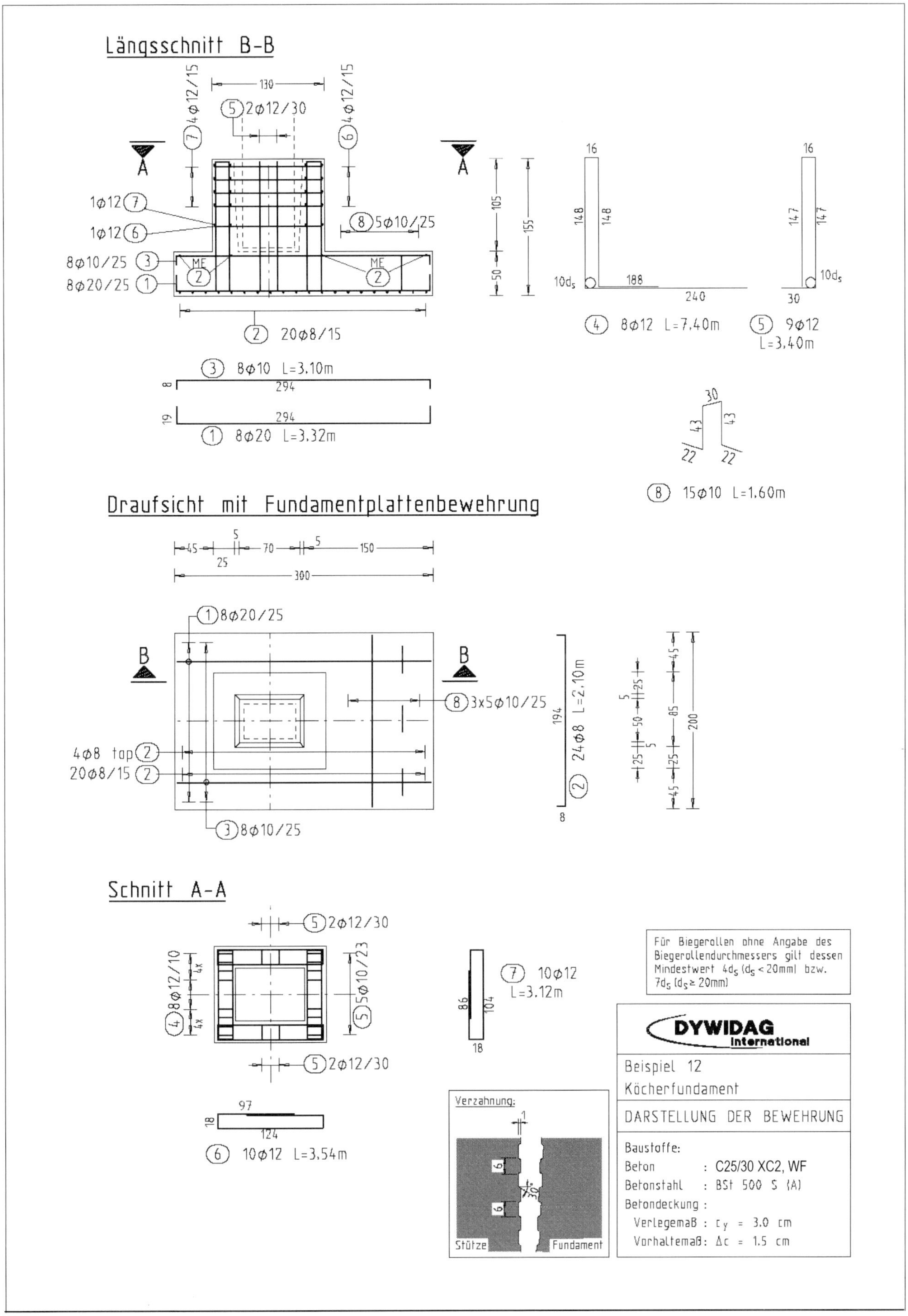

Literatur

[1] DIN 1045-1: Tragwerke aus Beton, Stahlbeton und Spannbeton – Teil 1: Bemessung und Konstruktion:2008-08.

[2] DIN 1045-2: Tragwerke aus Beton, Stahlbeton und Spannbeton – Teil 2: Beton; Festlegung, Eigenschaften, Herstellung und Konformität:2008-08.

[3] DIN 1045-3: Tragwerke aus Beton, Stahlbeton und Spannbeton – Teil 3: Bauausführung:2008-08.

[4] DIN 1045-4: Tragwerke aus Beton, Stahlbeton und Spannbeton – Teil 4: Ergänzende Regeln für die Herstellung und die Konformität von Fertigteilen:2001-07.

[5] DIN EN 206-1: Beton – Teil 1: Festlegung, Eigenschaften, Herstellung und Konformität:2001-07;
[5.1] *und* DIN EN 206-1/A1:2004-10, A1-Änderung;
[5.2] *und* DIN EN 206-1/A1:2005-09, A2-Änderung.

[6] DIN 1045: Beton und Stahlbeton, Bemessung und Ausführung, Ausgabe Juli 1988.

[7] DIN 4227-1: Spannbeton; Bauteile aus Normalbeton mit beschränkter oder voller Vorspannung Deutsches Institut für Normung e.V., 1988-07.

[8] DIN V ENV 1992-1-1: Eurocode 2: Planung von Stahlbeton- und Spannbetontragwerken – Teil 1: Grundlagen und Anwendungsregeln für den Hochbau. Deutsche Fassung ENV 1992-1-1:1992-06.
[8.1] DIN EN 1992-1-1: Eurocode 2: Bemessung und Konstruktion von Stahlbeton- und Spannbetontragwerken – Teil 1-1: Allgemeine Bemessungsregeln für den Hochbau:2005-10.

[9] DIN 1055-100: Einwirkungen auf Tragwerke – Teil 100: Grundlagen der Tragwerksplanung, Sicherheitskonzept und Bemessungsregeln:2001-03.

[10] DIN 1055-1: Einwirkungen auf Tragwerke – Wichte und Flächenlasten von Baustoffen, Bauteilen und Lagerstoffen:2001-01.

[11] DIN 1055-2: Lastannahmen für Bauten; Bodenkenngrößen, Wichte, Reibungswinkel, Kohäsion, Wandreibungwinkel Deutsches Institut für Normung e.V., 1976-02.

[12] DIN 1055-3: Einwirkungen auf Tragwerke – Teil 3: Eigen- und Nutzlasten für Hochbauten:2006-03.

[13] DIN 1055-4: Einwirkungen auf Tragwerke – Teil 4: Windlasten:2005-03;
[13.1] *und* DIN 1055-4/Ber 1, Berichtigung 1:2006-03.

[14] DIN 1055-5: Einwirkungen auf Tragwerke – Teil 5: Schnee- und Eislasten:2005-07.

[15] DIN 1055-9: Einwirkungen auf Tragwerke – Teil 9: Außergewöhnliche Einwirkungen:2003-08.

[16] DIN 488-1: Betonstahl; Sorten, Eigenschaften, Kennzeichen:1984-09.

[17] DIN 1053-1: Mauerwerk; Teil 1: Berechnung und Ausführung:1996-11.
[17.1] DIN 1053-100: Mauerwerk – Teil 100: Berechnung auf der Grundlage des semiprobabilistischen Sicherheitskonzepts:2004-08.

[18] DIN 1054: Baugrund - Sicherheitsnachweise im Erd- und Grundbau:2005-01;
[18.1] *und* DIN 1054/Ber 1, Berichtigung 1:2005-04;
[18.2] *und* DIN 1054/Ber 2, Berichtigung 2:2007-04;
[18.3] *und* DIN 1054/Ber 3, Berichtigung 3:2008-01;
[18.4] *und* DIN 1054/Ber 4, Berichtigung 4:2008-10.

[19] DIN 4030-1: Beurteilung betonangreifender Wässer, Böden und Gase – Teil 1: Grundlagen und Grenzwerte:2008-06.

[20] DIN 4102-4: Brandverhalten von Baustoffen und Bauteilen; Zusammenstellung und Anwendung klassifizierter Baustoffe, Bauteile und Sonderbauteile:1994-03;
[20.1] *und* DIN 4102-4/A1:2004-11, A1-Änderung;
[20.2] *und* DIN 4102-22: Brandverhalten von Baustoffen und Bauteilen – Teil 22: Anwendungsnorm zu DIN 4102-4 auf der Bemessungsbasis von Teilsicherheitsbeiwerten:2004-11.

[21] DIN 4141-3: Lager im Bauwesen; Lagerung für Hochbauten
Deutsches Institut für Normung e.V., 1984-09.

[22] *Grasser / Thielen:* Hilfsmittel zur Berechnung der Schnittgrößen und Formänderungen von Stahlbetontragwerken nach DIN 1045, Ausgabe Juli 1988.
Deutscher Ausschuss für Stahlbeton. Heft 240, 3. Auflage. Berlin, Köln: Beuth Verlag GmbH 1991.

[23] *Dieterle:* Zur Bemessung quadratischer Stützenfundamente aus Stahlbeton unter zentrischer Belastung mit Hilfe von Bemessungsdiagrammen.
Deutscher Ausschuss für Stahlbeton. Heft 387. Berlin: Ernst & Sohn 1987.

[24] *Bertram / Bunke:* Erläuterungen zu DIN 1045 Beton- und Stahlbeton, Ausgabe 07.88.
Deutscher Ausschuss für Stahlbeton. Heft 400. Berlin, Köln: Beuth Verlag GmbH 1989.

[25] *Schießl:* Grundlagen der Neuregelung zur Beschränkung der Rissbreite.
Deutscher Ausschuss für Stahlbeton. Heft 400. Berlin, Köln: Beuth Verlag GmbH 1989.

[26] *Rostásy / Henning:* Zwang und Rissbildung in Wänden auf Fundamenten.
Deutscher Ausschuss für Stahlbeton. Heft 407. Berlin, Köln: Beuth Verlag GmbH 1990.

[27] *Kordina u.a.:* Bemessungshilfsmittel zu Eurocode 2 Teil 1 (DIN V ENV 1992 Teil 1-1, Ausgabe 06.92).
Deutscher Ausschuss für Stahlbeton. Heft 425. Berlin, Köln: Beuth Verlag GmbH 1992.

[28] *König / Tue:* Grundlagen und Bemessungshilfen für die Rissbreitenbeschränkung im Stahlbeton und Spannbeton sowie Kommentare, Hintergrundinformationen und Anwendungsbeispiele zu den Regelungen nach DIN 1045, EC2 und Model Code 90.
Deutscher Ausschuss für Stahlbeton. Heft 466. Berlin, Köln: Beuth Verlag GmbH 1996.

[29] Erläuterungen zu DIN 1045-1
Deutscher Ausschuss für Stahlbeton. Heft 525 – Beuth Verlag GmbH 2003
[29.1] *und* Berichtigung 1:2005-05 zum DAfStb-Heft 525.

[30] Deutscher Beton- und Bautechnik-Verein E.V. – Merkblatt
Wasserundurchlässige Baukörper aus Beton; 1996-06.

[31] Deutscher Beton- und Bautechnik-Verein E.V. – Merkblatt
Begrenzung der Rissbildung im Stahlbeton- und Spannbetonbau; 2006-01.

[32] Deutscher Beton- und Bautechnik-Verein E.V. – Merkblatt
Betondeckung und Bewehrung; 2002-07.

[33] Deutscher Beton- und Bautechnik-Verein E.V. –
Merkblatt Abstandhalter; 2002-07.

[34] Deutscher Beton- und Bautechnik-Verein E.V. – Merkblatt
Rückbiegen von Betonstahl und Anforderungen an Verwahrkästen; 2008-01.

[35] Deutscher Beton- und Bautechnik-Verein E.V.
Beispiele zur Bemessung nach DIN 1045.
5. Auflage 1991. Berlin, Wiesbaden: Bauverlag GmbH 1991.

[36] Deutscher Beton- und Bautechnik-Verein E.V.
Beispiele zur Bemessung von Betontragwerken nach EC 2: DIN V ENV 1992 Eurocode 2
Berlin, Wiesbaden: Bauverlag GmbH 1994.

[37] *Rossner / Graubner:* Spannbetonbauwerke – Teil 2: Bemessungsbeispiele nach Eurocode 2
Handbuch für Beton-, Stahlbeton- und Spannbetonbau, Berlin: Ernst & Sohn 1997.

[38] Richtlinie Betonbau beim Umgang mit wassergefährdenden Stoffen
Deutscher Ausschuss für Stahlbeton: Ausgabe 2004-10.

[39] BGR 106 Sicherheitsregeln für Transportanker und –systeme von Betonfertigteilen.
Hauptverband der gewerblichen Berufsgenossenschaften: Fachausschuss „Bau", 1992-04.

[40] *Zilch / Rogge:* Grundlagen der Bemessung von Beton-, Stahlbeton- und Spannbetonbauteilen nach DIN 1045-1
Beton-Kalender 2002/1, Berlin: Ernst & Sohn.

[41] *Kordina / Quast:* Bemessung von schlanken Bauteilen für den durch Tragwerksverformungen beeinflussten Grenzzustand der Tragfähigkeit – Stabilitätsnachweis.
Beton-Kalender 2001/1, Berlin: Ernst & Sohn.

[42] *Bertram:* Betonstahl, Verbindungselemente, Spannstahl
Beton-Kalender 2001/1, Berlin: Ernst & Sohn.

[43] *Stiglat / Wippel:* Massive Platten, Ausgewählte Kapitel der Schnittkraftermittlung und Bemessung
Beton-Kalender 2000/2, Berlin: Ernst & Sohn.

[44] *Czerny:* Tafeln für Rechteckplatten.
Beton-Kalender 1999/I, Berlin: Ernst & Sohn.

[45] *Rahlwes / Maurer:* Lagerung und Lager von Bauwerken.
Beton-Kalender 1995/II, Berlin: Ernst & Sohn.

[46] *Litzner:* Grundlagen der Bemessung nach Eurocode 2 – Vergleich mit DIN 1045 und DIN 4227
Beton-Kalender 1995/I, Berlin: Ernst & Sohn.

[47] *Litzner:* Grundlagen der Bemessung nach DIN 1045-1 in Beispielen
Beton-Kalender 2001/1, Berlin: Ernst & Sohn.

[48] *Schlaich / Schäfer:* Konstruieren im Stahlbetonbau.
Beton-Kalender 1998/II, Berlin: Ernst & Sohn.

[49] *Bachmann / Steinle / Hahn:* Bauen mit Betonfertigteilen im Hochbau.
Beton-Kalender 2009/1, Berlin: Ernst & Sohn.

[50] *Krüger / Mertzsch:* Beitrag zum Trag- und Verformungsverhalten bewehrter Betonquerschnitte im Grenzzustand der Gebrauchstauglichkeit. Rostocker Berichte aus dem Fachbereich Bauingenieurwesen, Universität Rostock, Heft 3, 2001.

[51] *Schneider:* Bautabellen, 10. Auflage.
Düsseldorf: Werner Verlag 1992.

[52] *König / Pauli:* Nachweis der Kippstabilität von schlanken Fertigteilträgern aus Stahlbeton und Spannbeton.
Beton- und Stahlbetonbau 87 / 1, 1992, S. 109-112, S.149 – 151.

[53] *Petersen:* Statik und Stabilität der Baukonstruktionen, 2. Auflage.
Braunschweig/Wiesbaden: Vieweg 1982.

[54] *Smoltczyk / Netzel:* 3.1 Flachgründungen
Grundbau-Taschenbuch Teil 3, 4. Auflage. Berlin: Ernst & Sohn 1992.

[55] *Horn:* Sohlreibung und räumlicher Erdwiderstand bei massiven Gründungen in nichtbindigen Böden.
Reihe: Straßenbau und Straßenverkehrstechnik.
Hrsg.: Bundesministerium für Verkehr, Abt. Straßenbau. Heft 110, 1970.

[56] abacus Computer GmbH:
Programm FETT V6.0: Fertigteilträger - Nachweise im Grenzzustand der Trag- und der Gebrauchsfähigkeit
Programm FETT-KIN V6.0: Fertigteilträger - Kippnachweis nach Theorie II. Ordnung.

[57] abacus Computer GmbH:
Programm ELFI V6.0: FEM-Berechnung und Bemessung für Platten, Scheiben und Faltwerke.

[58] SOFiSTiK-AG:
Programm SEPP „Statik ebener Platten", Version 10.80-99.

[59] Deutscher Beton- und Bautechnik-Verein E.V. – Merkblatt Unterstützungen; 2002-07.

[60] Deutscher Ausschuss für Stahlbeton: DAfStb-Richtlinie Wasserundurchlässige Bauwerke aus Beton, (WU-Richtlinie), Ausgabe 2003-11 und Berichtigung 1, Ausgabe 2006-03.

[61] Deutscher Ausschuss für Stahlbeton: DAfStb-Richtlinie Massige Bauteile aus Beton, Ausgabe 2005-03.

[62] *Russwurm/Fabritius:* Bewehren von Stahlbetontragwerken nach DIN 1045-1:2001-07 (Arbeitsblätter)
Hrsg.: Institut für Stahlbetonbewehrung e.V., 2002.

[63] *Fingerloos:* Kommentierte Kurzfassung zu DIN 1045-1: Tragwerke aus Beton und Stahlbeton – Teil 1: Bemessung und Konstruktion
Hrsg.: DBV, BVPI, VBI, ISB
Beuth-Verlag und IRB-Verlag, 3. überarbeitete Auflage 2008.

[64] *Fingerloos / Litzner:* Erläuterungen zur praktischen Anwendung der DIN 1045-1
Beton-Kalender 2006/2, Berlin: Ernst & Sohn.

[65] *Eligehausen / Gerster:* Das Bewehren von Stahlbetonbauteilen.
Erläuterungen zu verschiedenen gebräuchlichen Bauteilen
Deutscher Ausschuss für Stahlbeton. Heft 399. Berlin, Köln: Beuth Verlag GmbH 1993.

[66] *Mainka / Paschen:* Untersuchungen über das Tragverhalten von Köcherfundamenten
Deutscher Ausschuss für Stahlbeton. Heft 411. Berlin, Köln: Beuth Verlag GmbH 1990.

[67] *Rehm / Eligehausen / Neubert:* Erläuterung der Bewehrungsrichtlinien
Deutscher Ausschuss für Stahlbeton. Heft 300. Berlin: Ernst & Sohn Verlag 1979.

[68] *Fingerloos / Zilch:* Einführung in die Neuausgabe von DIN 1045-1.
Beton- und Stahlbetonbau 103 (2008), Heft 4, S. 221-235.

[69] *Hegger / Beutel:* Hintergründe und Anwendungshinweise zur Durchstanzbemessung nach DIN 1045-1.
Bauingenieur 77 (2002), Heft 11, S. 535-549.

[70] *Fingerloos / Richter:* Nachweis des konstruktiven Brandschutzes bei Stahlbetonstützen.
Beton- und Stahlbetonbau 102 (2007), Heft 4, S. 198-206.

[71] *Fingerloos:* Neuausgabe DIN 1045-1 - Erläuterungen zu den Änderungen. In: Deutscher Beton- und Bautechnik-Verein E. V., DBV-Heft 14: Weiterbildung Tragwerksplaner Massivbau – Brennpunkt Aktuelle Normung, 2007.

Stichwortverzeichnis

Anhang Stabdurchmessertabellen

A1 Querschnitte von Flächenbewehrungen (Platten, Wände, Scheiben) in cm²/m

Stababstand *s* [cm] ▼	◄ Durchmesser d_s [mm] ►											*Stäbe pro Meter*
	6	8	10	12	14	16	20	25	28	32	40	
5,0	5,65	10,05	15,71	22,62	30,79	40,21	62,83	98,17	-	-	-	*20,00*
5,5	5,14	9,14	14,28	20,56	27,99	36,56	57,12	89,25	-	-	-	*18,18*
6,0	4,71	8,38	13,09	18,85	25,66	33,51	52,36	81,81	102,63	-	-	*16,67*
6,5	4,35	7,73	12,08	17,40	23,68	30,93	48,33	75,52	94,73	123,73	-	*15,38*
7,0	4,04	7,18	11,22	16,16	21,99	28,72	44,88	70,12	87,96	114,89	-	*14,29*
7,5	3,77	6,70	10,47	15,08	20,53	26,81	41,89	65,45	82,10	107,23	-	*13,33*
8,0	3,53	6,28	9,82	14,14	19,24	25,13	39,27	61,36	76,97	100,53	157,08	*12,50*
8,5	3,33	5,91	9,24	13,31	18,11	23,65	36,96	57,75	72,44	94,62	147,84	*11,76*
9,0	3,14	5,59	8,73	12,57	17,10	22,34	34,91	54,54	68,42	89,36	139,63	*11,11*
9,5	2,98	5,29	8,27	11,90	16,20	21,16	33,07	51,67	64,82	84,66	132,28	*10,53*
10,0	2,83	5,03	7,85	11,31	15,39	20,11	31,42	49,09	61,58	80,42	125,66	*10,00*
10,5	2,69	4,79	7,48	10,77	14,66	19,15	29,92	46,75	58,64	76,60	119,68	*9,52*
11,0	2,57	4,57	7,14	10,28	13,99	18,28	28,56	44,62	55,98	73,11	114,24	*9,09*
11,5	2,46	4,37	6,83	9,83	13,39	17,48	27,32	42,68	53,54	69,93	109,27	*8,70*
12,0	2,36	4,19	6,54	9,42	12,83	16,76	26,18	40,91	51,31	67,02	104,72	*8,33*
12,5	2,26	4,02	6,28	9,05	12,32	16,08	25,13	39,27	49,26	64,34	100,53	*8,00*
13,0	2,17	3,87	6,04	8,70	11,84	15,47	24,17	37,76	47,37	61,87	96,66	*7,69*
13,5	2,09	3,72	5,82	8,38	11,40	14,89	23,27	36,36	45,61	59,57	93,08	*7,41*
14,0	2,02	3,59	5,61	8,08	11,00	14,36	22,44	35,06	43,98	57,45	89,76	*7,14*
14,5	1,95	3,47	5,42	7,80	10,62	13,87	21,67	33,85	42,47	55,47	86,66	*6,90*
15,0	1,88	3,35	5,24	7,54	10,26	13,40	20,94	32,72	41,05	53,62	83,78	*6,67*
16,0	1,77	3,14	4,91	7,07	9,62	12,57	19,63	30,68	38,48	50,27	78,54	*6,25*
17,0	1,66	2,96	4,62	6,65	9,06	11,83	18,48	28,87	36,22	47,31	73,92	*5,88*
18,0	1,57	2,79	4,36	6,28	8,55	11,17	17,45	27,27	34,21	44,68	69,81	*5,56*
19,0	1,49	2,65	4,13	5,95	8,10	10,58	16,53	25,84	32,41	42,33	66,14	*5,26*
20,0	1,41	2,51	3,93	5,65	7,70	10,05	15,71	24,54	30,79	40,21	62,83	*5,00*
21,0	1,35	2,39	3,74	5,39	7,33	9,57	14,96	23,37	29,32	38,30	59,84	*4,76*
22,0	1,29	2,28	3,57	5,14	7,00	9,14	14,28	22,31	27,99	36,56	57,12	*4,55*
23,0	1,23	2,19	3,41	4,92	6,69	8,74	13,66	21,34	26,77	34,97	54,64	*4,35*
24,0	1,18	2,09	3,27	4,71	6,41	8,38	13,09	20,45	25,66	33,51	52,36	*4,17*
25,0	1,13	2,01	3,14	4,52	6,16	8,04	12,57	19,63	24,63	32,17	50,27	*4,00*

A2 Querschnitte von Balkenbewehrungen in cm²

Stabanzahl *n* ▼	◄ Durchmesser d_s [mm] ►										
	6	8	10	12	14	16	20	25	28	32	40
1	0,28	0,50	0,79	1,13	1,54	2,01	3,14	4,91	6,16	8,04	12,57
2	0,57	1,01	1,57	2,26	3,08	4,02	6,28	9,82	12,32	16,08	25,13
3	0,85	1,51	2,36	3,39	4,62	6,03	9,42	14,73	18,47	24,13	37,70
4	1,13	2,01	3,14	4,52	6,16	8,04	12,57	19,63	24,63	32,17	50,27
5	1,41	2,51	3,93	5,65	7,70	10,05	15,71	24,54	30,79	40,21	62,83
6	1,70	3,02	4,71	6,79	9,24	12,06	18,85	29,45	36,95	48,25	75,40
7	1,98	3,52	5,50	7,92	10,78	14,07	21,99	34,36	43,10	56,30	87,96
8	2,26	4,02	6,28	9,05	12,32	16,08	25,13	39,27	49,26	64,34	100,53
9	2,54	4,52	7,07	10,18	13,85	18,10	28,27	44,18	55,42	72,38	113,10
10	2,83	5,03	7,85	11,31	15,39	20,11	31,42	49,09	61,58	80,42	125,66
11	3,11	5,53	8,64	12,44	16,93	22,12	34,56	54,00	67,73	88,47	138,23
12	3,39	6,03	9,42	13,57	18,47	24,13	37,70	58,90	73,89	96,51	150,80
13	3,68	6,53	10,21	14,70	20,01	26,14	40,84	63,81	80,05	104,55	163,36
14	3,96	7,04	11,00	15,83	21,55	28,15	43,98	68,72	86,21	112,59	175,93
15	4,24	7,54	11,78	16,96	23,09	30,16	47,12	73,63	92,36	120,64	188,50
16	4,52	8,04	12,57	18,10	24,63	32,17	50,27	78,54	98,52	128,68	201,06
17	4,81	8,55	13,35	19,23	26,17	34,18	53,41	83,45	104,68	136,72	213,63
18	5,09	9,05	14,14	20,36	27,71	36,19	56,55	88,36	110,84	144,76	226,19
19	5,37	9,55	14,92	21,49	29,25	38,20	59,69	93,27	116,99	152,81	238,76
20	5,65	10,05	15,71	22,62	30,79	40,21	62,83	98,17	123,15	160,85	251,33

A3 Lieferprogramm für Lagermatten (normalduktil) ab 01. Januar 2008

Typ	Abstand • Ø Aufbau längs / Aufbau quer	Querschnitt längs / quer [cm²/m]	Länge Breite [mm]	Überstände Anfang / Ende rechts / links	Gewicht je Matte [kg]
Q188A	150 • 6,0 / 150 • 6,0	1,88 / 1,88	6000 2300	75 25	41,7
Q257A	150 • 7,0 / 150 • 7,0	2,57 / 2,57		75 25	56,8
Q335A	150 • 8,0 / 150 • 8,0	3,35 / 3,35		75 25	74,3
Q424A	150 • 9,0 / 150 • 9,0	4,24 / 4,24		75 25	84,4
Q524A	150 • 10,0 / 150 • 10,0	5,24 / 5,24		75 25	100,9
Q636A	100 • 9,0 / 125 • 10,0	6,36 / 6,28	6000 2350	62,5 25	132,0
R188A	150 • 6,0 / 250 • 6,0	1,88 / 1,13	6000 2300	125 25	33,6
R257A	150 • 7,0 / 250 • 6,0	2,57 / 1,13		125 25	41,2
R335A	150 • 8,0 / 250 • 6,0	3,35 / 1,13		125 25	50,2
R424A	150 • 9,0 / 250 • 8,0	4,24 / 2,01		125 25	67,2
R524A	150 • 10,0 / 250 • 8,0	5,24 / 2,01		125 25	75,7

Weitere Informationen und Faltblatt zum Download:
www.isb-ev.de

Anhang Bemessungstafeln Biegung mit Längskraft

A4 ω-Tafel, ohne Druckbewehrung, für Beton bis C50/60, σ_{sd} ansteigend bis $f_{td,cal}$ [63]

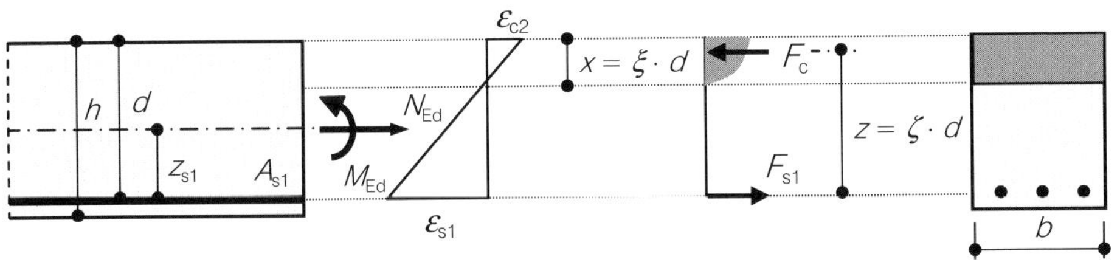

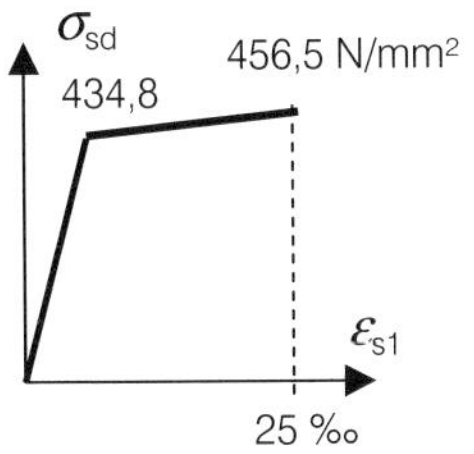

bezogenes Moment: $\mu_{Eds} = \dfrac{M_{Eds}}{b \cdot d^2 \cdot f_{cd}} = \dfrac{M_{Ed} - N_{Ed} \cdot z_{s1}}{b \cdot d^2 \cdot \alpha \cdot f_{ck} / \gamma_c}$ (Druckkraft negativ)

erforderliche Biegezugbewehrung: $A_{s1} = \dfrac{\omega_1 \cdot b \cdot d \cdot f_{cd} + N_{Ed}}{\sigma_{sd}}$

μ_{Eds}	ω_1	$\xi = x / d$	$\zeta = z / d$	ε_{c2} ‰	ε_{s1} ‰	σ_{sd} N/mm²
0,01	0,0101	0,030	0,990	-0,77	25,00	456,5
0,02	0,0203	0,044	0,985	-1,15	25,00	456,5
0,03	0,0306	0,055	0,980	-1,46	25,00	456,5
0,04	0,0410	0,066	0,976	-1,76	25,00	456,5
0,05	0,0515	0,076	0,971	-2,06	25,00	456,5
0,06	0,0621	0,086	0,967	-2,37	25,00	456,5
0,07	0,0728	0,097	0,962	-2,68	25,00	456,5
0,08	0,0836	0,107	0,956	-3,01	25,00	456,5
0,09	0,0946	0,118	0,951	-3,35	25,00	456,5
0,10	0,1058	0,131	0,946	-3,50	23,29	454,9
0,11	0,1170	0,145	0,940	-3,50	20,71	452,4
0,12	0,1285	0,159	0,934	-3,50	18,55	450,4
0,13	0,1401	0,173	0,928	-3,50	16,73	448,6
0,14	0,1519	0,188	0,922	-3,50	15,16	447,1
0,15	0,1638	0,202	0,916	-3,50	13,80	445,9
0,16	0,1759	0,217	0,910	-3,50	12,61	444,7
0,17	0,1882	0,232	0,903	-3,50	11,55	443,7
0,18	0,2007	0,248	0,897	-3,50	10,62	442,8
0,19	0,2134	0,264	0,890	-3,50	9,78	442,0
0,20	0,2263	0,280	0,884	-3,50	9,02	441,3
0,21	0,2395	0,296	0,877	-3,50	8,33	440,6
0,22	0,2529	0,312	0,870	-3,50	7,71	440,1
0,23	0,2665	0,329	0,863	-3,50	7,13	439,5
0,24	0,2804	0,346	0,856	-3,50	6,60	439,0
0,25	0,2946	0,364	0,849	-3,50	6,12	438,5
0,26	0,3091	0,382	0,841	-3,50	5,67	438,1
0,27	0,3239	0,400	0,834	-3,50	5,25	437,7
0,28	0,3391	0,419	0,826	-3,50	4,86	437,3
0,29	0,3546	0,438	0,818	-3,50	4,49	437,0
8.2 (3): Linear-elastische Berechnung Biegebauteile $\xi \leq 0{,}45$ wird überschritten → Druckbewehrung empfehlenswert → A5						
0,30	0,3706	0,458	0,810	-3,50	4,15	436,7
0,31	0,3869	0,478	0,801	-3,50	3,82	436,4
0,32	0,4038	0,499	0,793	-3,50	3,52	436,1
0,33	0,4211	0,520	0,784	-3,50	3,23	435,8
0,34	0,4391	0,542	0,774	-3,50	2,95	435,5
0,35	0,4576	0,565	0,765	-3,50	2,69	435,3
0,36	0,4768	0,589	0,755	-3,50	2,44	435,0
0,37	0,4968	0,614	0,745	-3,50	2,20	434,8
Bemessungswert der Fließgrenze des Betonstahls wird unterschritten → Druckbewehrung empfehlenswert						

Anhang Bemessungstafeln Biegung mit Längskraft

A5 ω-Tafel, mit Druckbewehrung, für ξ_{lim} = 0,45, für Beton bis C50/60, σ_{sd} ansteigend bis $f_{td,cal}$ [63]

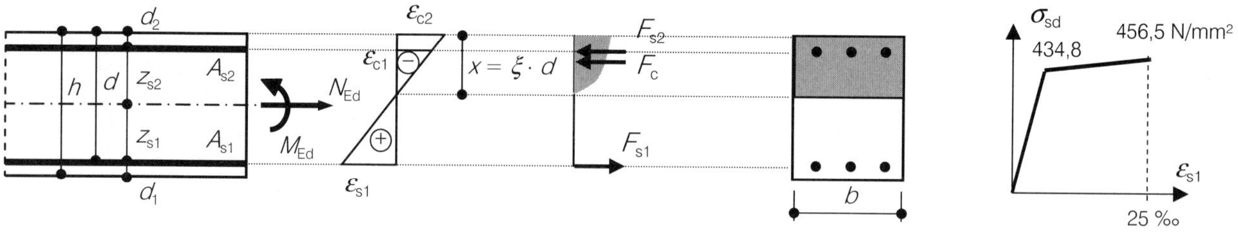

bezogenes Moment: $\mu_{Eds} = \dfrac{M_{Eds}}{b \cdot d^2 \cdot f_{cd}} = \dfrac{M_{Ed} - N_{Ed} \cdot z_{s1}}{b \cdot d^2 \cdot \alpha \cdot f_{ck} / \gamma_c}$ (Druckkraft negativ)

erforderliche Biegezugbewehrung: $A_{s1} = \dfrac{\omega_1 \cdot b \cdot d \cdot f_{cd} + N_{Ed}}{\sigma_{s1d}}$

erforderliche Druckbewehrung: $A_{s2} = \dfrac{\omega_2 \cdot b \cdot d \cdot f_{cd}}{\sigma_{s2d}}$

	σ_{s1d} = 436,8 N/mm²							
	d_2 / d = 0,05 σ_{s2d} = -435,7 N/mm²		d_2 / d = 0,10 σ_{s2d} = -435,3 N/mm²		d_2 / d = 0,15 σ_{s2d} = -434,9 N/mm²		d_2 / d = 0,20 σ_{s2d} = -388,9 N/mm²	
μ_{Eds}	ω_1	ω_2	ω_1	ω_2	ω_1	ω_2	ω_1	ω_2
0,30	0,3684	0,0041	0,3686	0,0043	0,3689	0,0046	0,3692	0,0049
0,31	0,3789	0,0146	0,3797	0,0155	0,3806	0,0164	0,3817	0,0174
0,32	0,3895	0,0252	0,3908	0,0266	0,3924	0,0281	0,3942	0,0299
0,33	0,4000	0,0357	0,4020	0,0377	0,4042	0,0399	0,4067	0,0424
0,34	0,4105	0,0462	0,4131	0,0488	0,4159	0,0517	0,4192	0,0549
0,35	0,4210	0,0567	0,4242	0,0599	0,4277	0,0634	0,4317	0,0674
0,36	0,4316	0,0673	0,4353	0,0710	0,4395	0,0752	0,4442	0,0799
0,37	0,4421	0,0778	0,4464	0,0821	0,4512	0,0869	0,4567	0,0924
0,38	0,4526	0,0883	0,4575	0,0932	0,4630	0,0987	0,4692	0,1049
0,39	0,4631	0,0989	0,4686	0,1043	0,4748	0,1105	0,4817	0,1174
0,40	0,4737	0,1094	0,4797	0,1155	0,4865	0,1222	0,4942	0,1299
0,41	0,4842	0,1199	0,4908	0,1266	0,4983	0,1340	0,5067	0,1424
0,42	0,4947	0,1304	0,5020	0,1377	0,5101	0,1458	0,5192	0,1549
0,43	0,5052	0,1410	0,5131	0,1488	0,5218	0,1575	0,5317	0,1674
0,44	0,5158	0,1515	0,5242	0,1599	0,5336	0,1693	0,5442	0,1799
0,45	0,5263	0,1620	0,5353	0,1710	0,5454	0,1811	0,5567	0,1924
0,46	0,5368	0,1725	0,5464	0,1821	0,5571	0,1928	0,5692	0,2049
0,47	0,5473	0,1831	0,5575	0,1932	0,5689	0,2046	0,5817	0,2174
0,48	0,5579	0,1936	0,5686	0,2043	0,5806	0,2164	0,5942	0,2299
0,49	0,5684	0,2041	0,5797	0,2155	0,5924	0,2281	0,6067	0,2424
0,50	0,5789	0,2146	0,5908	0,2266	0,6042	0,2399	0,6192	0,2549
0,51	0,5895	0,2252	0,6020	0,2377	0,6159	0,2517	0,6317	0,2674
0,52	0,6000	0,2357	0,6131	0,2488	0,6277	0,2634	0,6442	0,2799
0,53	0,6105	0,2462	0,6242	0,2599	0,6395	0,2752	0,6567	0,2924
0,54	0,6210	0,2567	0,6353	0,2710	0,6512	0,2869	0,6692	0,3049
0,55	0,6316	0,2673	0,6464	0,2821	0,6630	0,2987	0,6817	0,3174

Anhang Bemessungstafeln Biegung mit Längskraft

A6 Interaktionsdiagramm für den symmetrisch bewehrten Rechteckquerschnitt (C12/15 bis C50/60; $d_1 / h = 0{,}10$; BSt 500; $\gamma_s = 1{,}15$) [40]

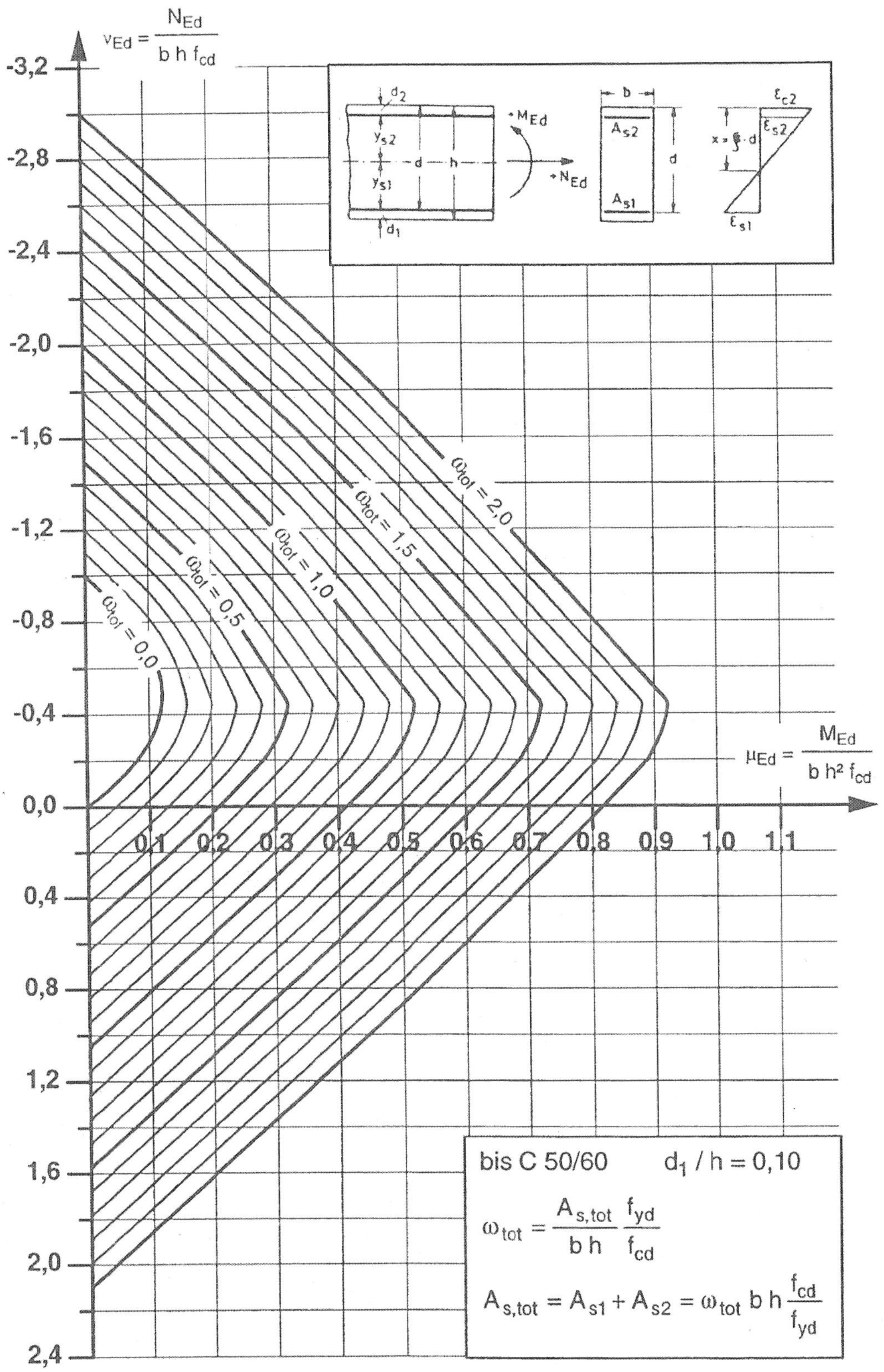

Anhang Bemessungstafeln Biegung mit Längskraft

A7 Allgemeines Bemessungsdiagramm für Rechteckquerschnitte (C12/15 bis C50/60) [40]

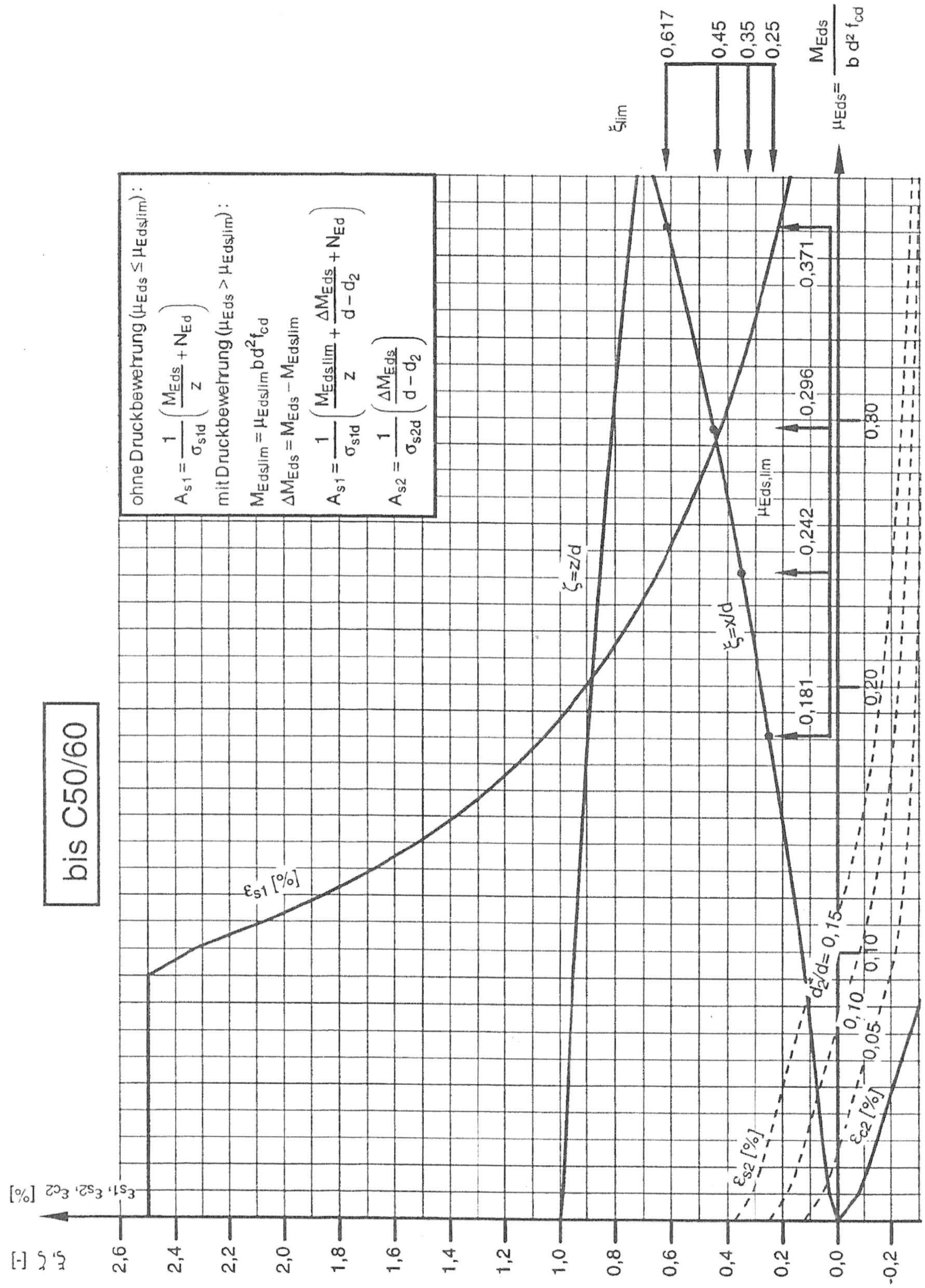

A8 Vereinfachter Nachweis der Begrenzung der Verformungen von Stahlbetonbauteilen mit alternativen Biegeschlankheiten [50]

Die erforderliche Nutzhöhe kann mit Gl. 7.1 bestimmt werden.

$$\text{erf } d = \frac{\ell_i}{\lambda_d} \qquad (7.1)$$

mit

λ_d Grenzschlankheit entsprechend Tabelle 7.3

$\ell_i = \alpha_i \ell_{eff}$ ideelle Stützweite von Balkentragwerken und Flachdecken (mit α_i nach Tabelle 7.2)

$\ell_i = \eta_i \ell_{eff}$ ideelle Stützweite von Plattentragwerken (ℓ_{eff} = min ℓ = L_y sowie η_i nach Bild 7.3)

Tabelle 7.2 α_i -Werte zur Bestimmung von ℓ_i

Statisches System	α_i
1. frei drehbar gelagerter Einfeldträger	1,00
2. Endfeld eines Durchlaufträgers	0,80
3. Mittelfeld eines Durchlaufträgers	0,70
4. Kragträger	2,50
5. Flachdecke - mit der größeren Spannweite	0,85

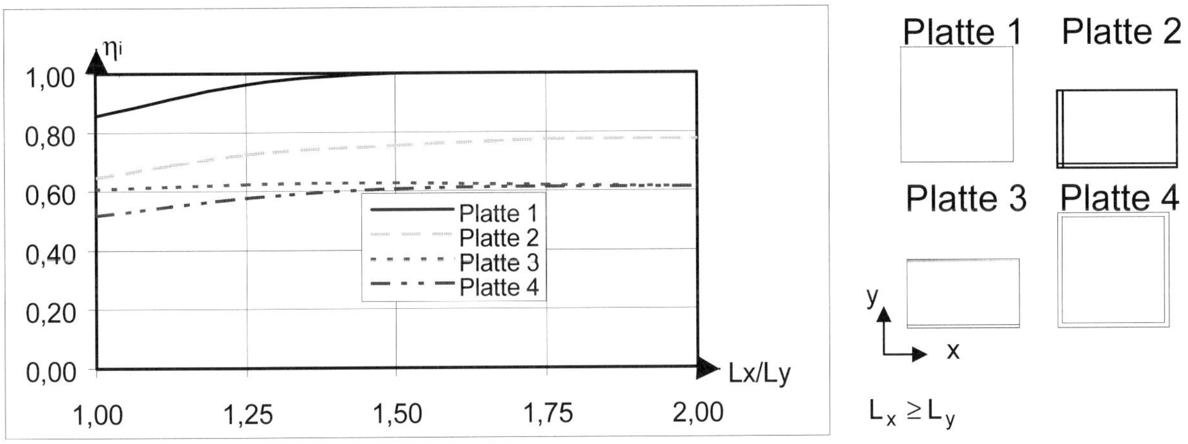

Bild 7.3: Beiwert zur Berücksichtigung der Plattengeometrie

Tabelle 7.3: Beiwerte λ_d zur Ermittlung der Biegeschlankheit (Zwischenwerte können linear interpoliert werden)

zul v	ℓ_i	Platten		Balken	
		$q \leq 2{,}0$ kN/m²	$q \leq 5{,}0$ kN/m²	$\rho \leq 1{,}0$ %	$\rho \leq 2{,}0$ %
$\frac{\ell}{250}$	≤ 4,0 m	32,5	29,0	27,3	28,6
	7,0 m	24,5	23,5	24,5	26,0
	12,0 m	19,3	19,4	21,6	23,2
$\frac{\ell}{500}$	≤ 4,0 m	29,0	23,0	16,0	16,5
	7,0 m	19,0	17,5	14,5	15,5
	12,0 m	13,8	13,4	13,2	14,0

A9 Geometrische Größen für Rechteck- und Plattenbalkenquerschnitte im Zustand I und II [46]

Tabelle 8.8: Zusammenstellung der geometrischen Größen x, I und S für die Zustände I und II in biegebeanspruchten Bauteilen mit Rechteckquerschnitt

Zeile	Größe	Zustand I	Zustand II
		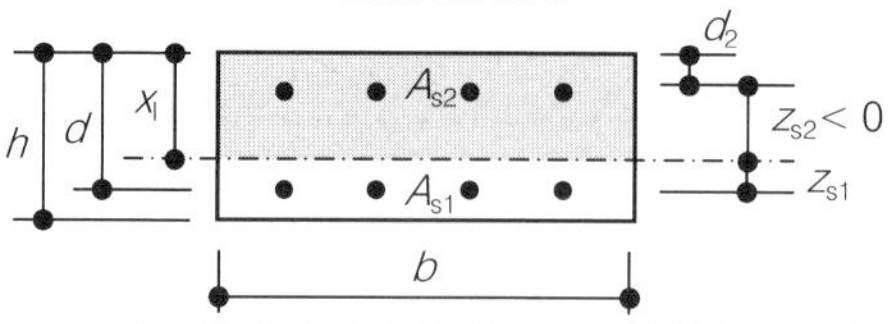	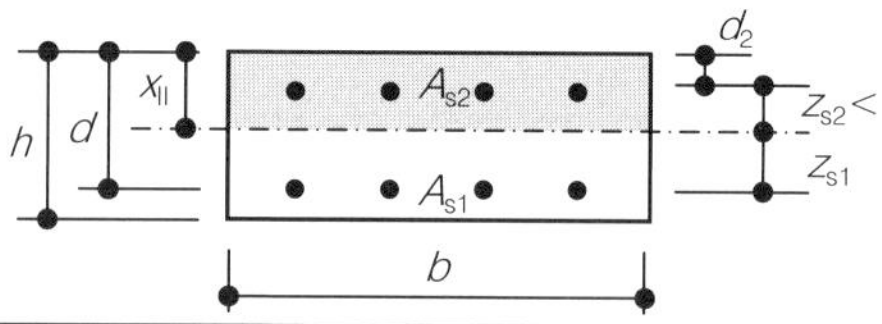
	1	2	3
1	x	$x_I = k_{xI} \cdot h$ $\rho_I = A_{s1} / (b \cdot h)$ $k_{xI} = (0{,}5 + A_I) / (1 + B_I)$ $A_I = \alpha_e \cdot \rho_I \cdot d / h \cdot [1 + A_{s2} \cdot d_2 / (A_{s1} \cdot d)]$ $B_I = \alpha_e \cdot \rho_I \cdot (1 + A_{s2} / A_{s1})$	$x_{II} = k_{xII} \cdot d$ $\rho_{II} = A_{s1} / (b \cdot d)$ $k_{xII} = -B_{II} + \sqrt{B_{II}^2 + 2 \cdot A_{II}}$ $A_{II} = \alpha_e \cdot \rho_{II} \cdot [1 + A_{s2} \cdot d_2 / (A_{s1} \cdot d)]$ $B_{II} = \alpha_e \cdot \rho_{II} \cdot (1 + A_{s2} / A_{s1})$
2	I	$I_I = k_I \cdot b \cdot h^3 / 12$ $k_I = 1 + 12 \cdot (0{,}5 - k_{xI})^2 +$ $+ 12 \cdot \alpha_e \cdot \rho_I \cdot (d / h - k_{xI})^2 +$ $+ 12 \cdot \alpha_e \cdot \rho_I \cdot A_{s2} / A_{s1} \cdot (k_{xI} - d_2 / h)^2$	$I_{II} = k_{II} \cdot b \cdot d^3 / 12$ $k_{II} = 4 \cdot k_{xII}^3 +$ $+ 12 \cdot \alpha_e \cdot \rho_{II} \cdot (1 - k_{xII})^2 +$ $+ 12 \cdot \alpha_e \cdot \rho_{II} \cdot A_{s2} / A_{s1} \cdot (k_{xII} - d_2 / d)^2$
3	S	$S_I = A_{s1} \cdot z_{s1} + A_{s2} \cdot z_{s2}$ $z_{s2} < 0$	$S_{II} = A_{s1} \cdot z_{s1} + A_{s2} \cdot z_{s2}$ $z_{s2} < 0$

Tabelle 8.9: Zusammenstellung der geometrischen Größen x, I und S für die Zustände I und II in biegebeanspruchten Bauteilen mit Plattenbalkenquerschnitt

Zeile	Größe	Zustand I	Zustand II
		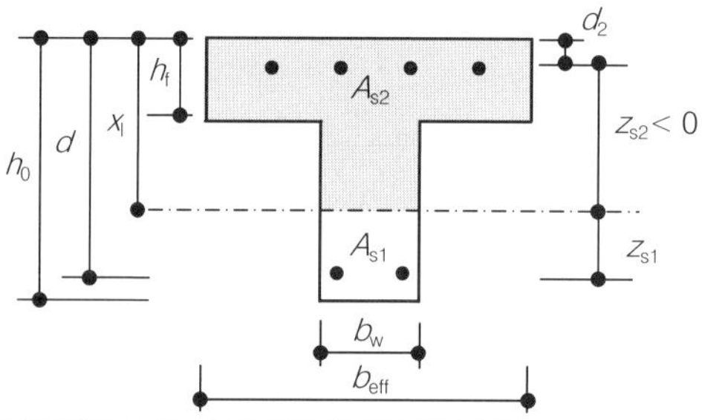	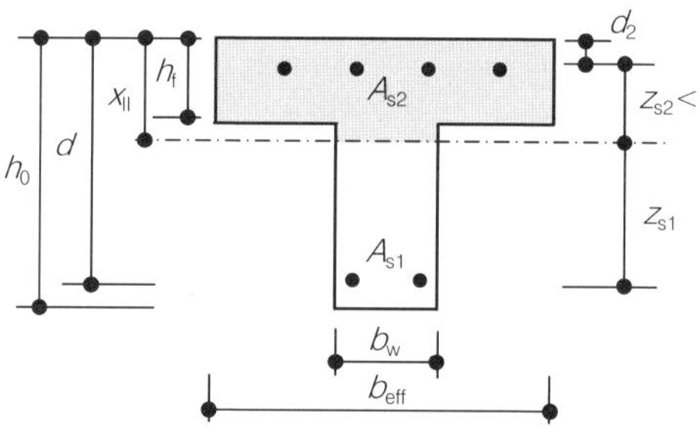
	1	2	3
1	x	$x_I = k_{xI} \cdot h_0$ $\rho_I = A_{s1} / (b_w \cdot h_0)$ $k_{xI} = (0{,}5 + C_I) / (1 + D_I)$ $C_I = 0{,}5 \cdot (b_{eff} / b_w - 1) \cdot (h_f / h_0)^2 + A_I$ $D_I = (b_{eff} / b_w - 1) \cdot (h_f / h_0) + B_I$ A_I, B_I – wie Tabelle 8.8, Z.1, Sp.2	$x_{II} = k_{xII} \cdot d$ $\rho_{II} = A_{s1} / (b_w \cdot d)$ $k_{xII} = -C_{II} + \sqrt{C_{II}^2 + D_{II}}$ $C_{II} = (b_{eff} / b_w - 1) \cdot (h_f / d) + B_{II}$ $D_{II} = (b_{eff} / b_w - 1) \cdot (h_f / d)^2 + 2 \cdot A_{II}$ A_{II}, B_{II} – wie Tabelle 8.8, Z.1, Sp.3
2	I	$I_I = k_I \cdot b_w \cdot h_0^3 / 12$ $k_I = 1 + \left(\frac{b_{eff}}{b_w} - 1\right) \cdot \left(\frac{h_f}{h_0}\right)^3 +$ $+ 12 \cdot (0{,}5 - k_{xI})^2 +$ $+ 12 \cdot \left(\frac{b_{eff}}{b_w} - 1\right) \cdot \left(\frac{h_f}{h_0}\right) \cdot \left(k_{xI} - 0{,}5 \frac{h_f}{h_0}\right)^2 +$ $+ 12 \cdot \alpha_e \cdot \rho_I \cdot (d / h_0 - k_{xI})^2$ $+ 12 \cdot \alpha_e \cdot \rho_I \cdot A_{s2} / A_{s1} \cdot (k_{xI} - d_2 / h_0)^2$	$I_{II} = k_{II} \cdot b_w \cdot d^3 / 12$ $k_{II} = 4 \cdot \left[\frac{b_{eff}}{b_w} \cdot k_{xII}^3 - \left(\frac{b_{eff}}{b_w} - 1\right) \cdot \left(k_{xII} - \frac{h_f}{d}\right)^3\right] +$ $+ 12 \cdot \alpha_e \cdot \rho_{II} \cdot (1 - k_{xII})^2 +$ $+ 12 \cdot \alpha_e \cdot \rho_{II} \cdot A_{s2} / A_{s1} \cdot (k_{xII} - d_2 / d)^2$
3	S	$S_I = A_{s1} \cdot z_{s1} + A_{s2} \cdot z_{s2}$ $z_{s2} < 0$	$S_{II} = A_{s1} \cdot z_{s1} + A_{s2} \cdot z_{s2}$; $z_{s2} < 0$

A10 Erweiterte Grenzdurchmessertabelle d_s^* zur Rissbreitenbegrenzung

<table>
<tr><th></th><th>1</th><th>2</th><th>3</th><th>4</th><th>5</th><th>6</th></tr>
<tr><th rowspan="2">Zeile</th><th rowspan="2">Stahlspannung σ_s [N/mm²]</th><th colspan="5">Grenzdurchmesser d_s^* der Stäbe in mm
in Abhängigkeit vom Rechenwert der Rissbreite w_k</th></tr>
<tr><th>w_k = 0,4 mm</th><th>w_k = 0,3 mm</th><th>w_k = 0,2 mm</th><th>w_k = 0,15 mm</th><th>w_k = 0,1 mm</th></tr>
<tr><td>1</td><td>160</td><td>56</td><td>42</td><td>28</td><td>21</td><td>14</td></tr>
<tr><td>2</td><td>170</td><td>50</td><td>37</td><td>25</td><td>19</td><td>12,5</td></tr>
<tr><td>3</td><td>180</td><td>44</td><td>33</td><td>22</td><td>17</td><td>11</td></tr>
<tr><td>4</td><td>190</td><td>40</td><td>30</td><td>20</td><td>15</td><td>10</td></tr>
<tr><td>5</td><td>200</td><td>36</td><td>27</td><td>18</td><td>13,5</td><td>9</td></tr>
<tr><td>6</td><td>210</td><td>33</td><td>24,5</td><td>16</td><td>12</td><td>8</td></tr>
<tr><td>7</td><td>220</td><td>30</td><td>22</td><td>15</td><td>11</td><td>7,5</td></tr>
<tr><td>8</td><td>230</td><td>27</td><td>20</td><td>14</td><td>10</td><td>7</td></tr>
<tr><td>9</td><td>240</td><td>25</td><td>19</td><td>13</td><td>9,5</td><td rowspan="2">6</td></tr>
<tr><td>10</td><td>250</td><td>23</td><td>17</td><td>11,5</td><td>9</td></tr>
<tr><td>11</td><td>260</td><td>21</td><td>16</td><td>11</td><td>8</td><td>5</td></tr>
<tr><td>12</td><td>270</td><td>20</td><td>15</td><td>10</td><td>7,5</td><td rowspan="2">5</td></tr>
<tr><td>13</td><td>280</td><td>18</td><td>14</td><td>9</td><td>7</td></tr>
<tr><td>14</td><td>300</td><td>16</td><td>12</td><td>8</td><td>6</td><td rowspan="2">4</td></tr>
<tr><td>15</td><td>320</td><td>14</td><td>11</td><td>7</td><td rowspan="2">5</td></tr>
<tr><td>16</td><td>340</td><td>13</td><td>9</td><td>6</td><td rowspan="6"></td></tr>
<tr><td>17</td><td>360</td><td>11</td><td>8</td><td>5,5</td><td rowspan="2">4</td></tr>
<tr><td>18</td><td>380</td><td>10</td><td>7,5</td><td>5</td></tr>
<tr><td>19</td><td>400</td><td>9</td><td>7</td><td>4,5</td><td rowspan="3"></td></tr>
<tr><td>20</td><td>420</td><td>8</td><td>6</td><td rowspan="2">4</td></tr>
<tr><td>21</td><td>450</td><td>7</td><td>5</td></tr>
</table>

Die Grenzdurchmesser basieren auf der Annahme einer wirksamen Betonzugfestigkeit von 3,0 N/mm².
Die Beziehung für die Grenzdurchmesser ist dann: $d_s^* = 3{,}6 \cdot 10^6 \cdot w_k / \sigma_s^2$
Ist die wirksame Betonzugfestigkeit zum Zeitpunkt der Rissbildung $f_{ct,eff} < 3{,}0$ N/mm², müssen die Grenzdurchmesser modifiziert werden: → $d_{s,mod} = d_s^* \cdot f_{ct,eff} / 3{,}0$. Für $f_{ct,eff} > 3{,}0$ N/mm² liegen die Tabellenwerte auf der sicheren Seite.